Albrecht Fölsing

HEINRICH HERTZ

Eine Biographie

Hoffmann und Campe

Die Deutsche Bibliothek – CIP-Einheitsaufnahme
Fölsing, Albrecht:
Heinrich Hertz : eine Biographie / Albrecht Fölsing.
– 1. Aufl. – Hamburg : Hoffmann und Campe, 1997
ISBN 3-455-11212-9

Schutzumschlaggestaltung: Werner Rebhuhn
Satz: Utesch GmbH, Hamburg
Druck und Bindung: Franz Spiegel Buch, Ulm
Printed in Germany

Inhalt

ANHANG

Für Ulla

Vorwort

Im Herbst des Jahres 1886 machte Heinrich Hertz, der neunundzwanzigjährige Professor für Physik an der Technischen Hochschule in Karlsruhe, bei Funkenüberschlägen in Drahtspulen eine folgenreiche Beobachtung. Aus diesen Funken entstanden die erkenntnisträchtigsten Forschungen in der Physik des ausgehenden 19. Jahrhunderts: Die Entdeckung der elektromagnetischen Wellen, die Identität von Licht und den elektromagnetischen Erscheinungen sowie eine einheitliche Theorie des elektromagnetischen Feldes, die sich von der seit zweihundert Jahren praktizierten Newtonschen Physik fundamental unterscheidet.

Durch diese Leistungen wurde Heinrich Hertz schon 1889 in der Fachwelt und auch in der breiteren Öffentlichkeit der berühmteste Physiker seiner Generation, und dies nicht nur in Deutschland und Europa, sondern auch in Amerika und sogar im fernen Australien. Man feierte ihn aber nicht als Pionier einer neuen Technik, weil von der noch niemand etwas ahnen konnte, sondern als bahnbrechenden Naturforscher. Daß die Kontinente mittels der »Hertzschen Wellen« durch die drahtlose »Funkentelegraphie« verbunden werden könnten, hat er nicht mehr erlebt, denn er starb 1894 im Alter von nur sechsunddreißig Jahren. In der deutschen Sprache ist im Begriff »Rundfunk« noch der Ursprung dieser Technologie aufbewahrt, die aus der Beobachtung winziger Fünkchen durch Heinrich Hertz hervorgegangen ist.

Wegen seines frühen Todes erscheint Heinrich Hertz als ein Physiker, der ganz dem 19. Jahrhundert angehört. Daß Max Planck aber nur ein Jahr jünger war, mag verdeutlichen, daß Hertz zu einer Generation gehörte, die nicht nur für die später »klassisch« genannte Physik einen gewissen Abschluß erreichte, sondern schon die moderne Physik des 20. Jahrhunderts vorbereitet und auf den Weg gebracht hat. Einige seiner Entdeckungen und theoretischen Analysen machen es mehr als nur wahrscheinlich, daß Heinrich Hertz, wenn er nur ein Jahrzehnt länger hätte leben und arbeiten können, die Entstehung der modernen Physik, also der Relativitäts- und der Quantentheorie, entscheidend mitgestaltet hätte. In philosophischen Analysen hat er eine Gedankenschärfe und Klarheit erreicht, die heute mehr denn je von Bedeutung für die Frage ist, inwieweit Menschen die Natur und die Welt verstehen können. Daher war Heinrich Hertz nicht nur einer der letzten großen klassischen Physiker, sondern zugleich ein sehr moderner Philosoph und dazu ein Schriftsteller von bewunderswerter Prägnanz.

Für Hermann von Helmholtz, Deutschlands überragenden Patriarchen der Naturwissenschaft und als Lehrer und Mentor für Heinrich Hertz eine wissenschaftliche Vaterfigur, »war die Nachricht vom Tode dieses bevorzugten Lieblings des Genius eine tief erschütternde ... Es war ein Geist, der ebenso der höchsten Schärfe und Klarheit des logischen Denkens fähig war, wie der größten Aufmerksamkeit in der Beobachtung unscheinbarer Phänomene.«[1] Als wollte Helmholtz den Deutschen ein Vermächtnis hinterlassen, erinnerte er kurz vor seinem Tod in einem Brief, der sein letzter blieb, daran, daß gegenüber Heinrich Hertz »eine Schuld unserer Nation zu tilgen« sei, »insofern Hertz während seines Lebens von den deutschen Landsleuten viel weniger geehrt worden ist, als vom Auslande, viel weniger jedenfalls, als seinen Verdiensten entsprach«.[2]

Zwar war Heinrich Hertz auch in Deutschland ein gefeierter Mann, ausgezeichnet durch die Mitgliedschaft in allen wichtigen Akademien, den preußischen Kronenorden und vieles mehr, aber die deutsche Gelehrtenrepublik wurde von würdigen Geheimräten jenseits des fünfzigsten Lebensjahres dominiert, und in diesem Umfeld hatte ein junger Mann von Dreißig eher als Hoffnung zu gelten denn als Autorität. In England, Frankreich und Italien wurde Heinrich Hertz dagegen durch eine Fülle der höchsten Auszeichnungen und Preise geehrt, die damals in der wissenschaftlichen Welt vergeben wurden.

Im 20. Jahrhundert waren sich alle Nationen einig, Heinrich Hertz als den Begründer einer weltumspannenden Kommunikationstechnologie im Gedächtnis zu bewahren, auch wenn diese Verkürzung auf die Anwendungen seiner Bedeutung als Naturforscher nicht gerecht wird. Nachdem man in Europa schon früher die Frequenzen nach »Hertz« gezählt hatte, wurde 1933 das »Hertz« in weltweiter Übereinkunft als Einheit der Schwingungszahl festgelegt. Im gleichen Jahr wurde in Deutschland aber damit begonnen, das Andenken dieses Mannes wegen seiner jüdischen Großeltern zu schmähen, wobei sich ausgerechnet sein letzter Assistent

Philipp Lenard als Exponent einer sich »deutsch« und »arisch« verstehenden Physik in übelster Weise hervorgetan hat. Die beiden Töchter von Heinrich Hertz und seine Frau haben Deutschland verlassen müssen und in England eine Zuflucht gefunden.

Jahrzehnte später wurden der hundertste Geburtstag von Heinrich Hertz und das hundertjährige Jubiläum der Entdeckung der elektromagnetischen Wellen auch wieder in Deutschland an den Stätten seines Wirkens in Karlsruhe und Bonn sowie in seiner Vaterstadt Hamburg gefeiert. Der Hamburger Fernsehturm trägt seinen Namen, und die Wellen, die den UKW-Rundfunk und das Fernsehen über die Stadt verbreiten, haben die gleiche Länge wie diejenigen, die Heinrich Hertz in seinem Karlsruher Hörsaal erzeugt hat. Nur wäre sein damaliges Verfahren, die Wellen mittels Funkenstrecken herzustellen, heute als »Störsender« verboten.

Ein intensiveres Interesse an Heinrich Hertz, das über elektromagnetische Felder und Wellen hinausging, ergab sich für mich während der Arbeit an meiner Biographie über Albert Einstein. Dabei wunderte ich mich zunächst, daß es über Hertz zwar viele Artikel, aber keine Biographie gab. Freilich waren seine wissenschaftlichen Abhandlungen in drei Bänden leicht zugänglich, und dazu war 1927 eine Auswahl aus seinen Briefen an die Eltern und aus Tagebüchern von seiner Tochter Johanna herausgegeben worden. Das schien der definitive Korpus seiner schriftlichen Hinterlassenschaft, über den eine Biographie wohl kaum hinausgelangt wäre.

Mein vages Interesse wandelte sich jedoch zur Faszination, als ich auf die unberührte und nahezu vollständige Sammlung der Briefe von Heinrich Hertz an seine Eltern im Hamburger Staatsarchiv stieß. Die etwa tausend Briefe waren nach dem Tod der Tochter Mathilde aus England dorthin gebracht und im Nachlaß seines Vaters, des Senators Gustav Ferdinand Hertz, deponiert worden, wo sie jedoch nicht beachtet wurden. Von noch größerer Bedeutung erwies sich dann jener Teil des Nachlasses von Heinrich Hertz, der gleichfalls nach Deutschland zurückgekehrt ist, aber in Privatbesitz verblieb. Hier konnte ich unzählige Briefe wissenschaftlichen und persönlichen Inhalts, Tagebücher, Experimentierprotokolle, Entwürfe veröffentlichter sowie Manuskripte nicht veröffentlichter Arbeiten einsehen.

Damit stand mir der wohl »dichteste« Nachlaß eines großen deutschen Naturforschers aus der zweiten Hälfte des 19. Jahrhunderts zur Verfügung, der sich vom Persönlichen und Wissenschaftlichen bis in die subtilen Verästelungen dessen erstreckt, was man heute Wissenschaftspolitik nennen würde. Er dokumentiert die hohen Ansprüche, die Heinrich Hertz an sich selbst stellte, seine Ängste, diesen Ansprüchen nicht genügen zu können und seine Triumphe, wenn er »mit der Natur sozusagen allein« war. Vor allem aber handelt es sich um Zeugnisse eines Mannes, der in hohem Maße zur Selbstreflexion fähig war, ständig die Pflicht spürte, sich von seinem Tun und Lassen Rechenschaft zu geben und bei der Betrachtung des menschlichen Treibens oft einen freundlich-distanzierten Humor aufblitzen ließ. Er lebte und verkörperte dasjenige, was man die Realisierung der »Protestantischen Ethik« in der Wissenschaft nennen könnte. Aus all diesen Gründen war die Beschäftigung mit Heinrich Hertz für mich ein großes Erlebnis; nur schade, daß sie mit dem Abschluß dieses Buches ein Ende finden muß.

Hamburg, im Mai 1997 A. F.

I. EINE JUGEND MIT ANSPRUCH

1. »Glänzt als Stern erster Größe«

In den ersten Frühjahrstagen des Jahres 1857 saß eine glückliche junge Mutter am Fenster ihres Hauses in der Poststraße in Hamburgs belebter Innenstadt. Im Arm hielt sie ihren wenige Wochen alten Sohn und malte sich die gemeinsame Zukunft aus: »Wie wollte ich ihn liebhaben, wie wollten wir zusammen lernen und streben, und dann sollte er ein großer und tüchtiger Mann werden und etwas bedeuten! Dies alles sagte ich ihm, bis ich zufällig auf die Straße blickte, die voll Menschen wimmelte, und mir sagen mußte: wie viele darunter, von denen ihre Mutter dasselbe gehofft.«[1] Die Wünsche der Anna Elisabeth Hertz aber gingen in Erfüllung, sogar in einem Maße, das sie sich in ihren Träumen kaum hatte vorstellen können, wenn auch auf einem Felde, das einer Hamburger Bürgersfrau eher ferne lag: Sie konnte daran teilhaben und voller Stolz erleben, wie ihr Sohn Heinrich ein erfolgreicher Physiker wurde, der schon in jungen Jahren zu den überragenden Größen seines Faches gezählt und mit Anerkennung und Ruhm überschüttet wurde.

Sie mußte allerdings auch ertragen, daß er bereits vor seinem 37. Geburtstag von einer schrecklichen Krankheit dahingerafft wurde. Die Erinnerungen an die gemeinsam verbrachte Zeit der Kindheit und Jugend ihres Sohnes, die sie sieben Jahre nach diesem schmerzlichen Verlust niederschrieb, setzten nicht nur Heinrich Hertz ein schönes Denkmal, sondern auch ihr selbst als einer klugen, lebenstüchtigen Frau und bedingungslos liebenden Mutter. In den sechzehn Jahren, die sie ihren Sohn überlebte, wird es ihr ein Trost gewesen sein, daß sein Ruhm nicht in Vergessenheit geriet, sondern noch anwuchs, und ihrem Sohn ein Ehrenplatz im Pantheon der großen Naturforscher sicher war.

Der »ein tüchtiger Mann werden und etwas bedeuten« sollte, war in eine angesehene Hamburger Familie hineingeboren worden. Sein Vater war ein erfolgreicher Jurist, der seine Laufbahn mit dem Amt des Justizsenators krönen und als Mitglied der Stadtregierung sein Wappen am Sims des Rathauses anbringen konnte. Seine Vorfahren hatten sich schon vor einigen Generationen in Hamburg niedergelassen und es zu beachtlichem Reichtum gebracht. Sie entstammten dem deutschen Judentum. Benjamin Wolf Hertz, einer der Ururgroßväter von Heinrich Hertz, war im 18. Jahrhundert Bankier und Oberhoffaktor des Fürstbischofs von Hildesheim, ein wohlhabender Mann, der viele Häuser besaß und dem als Vorsteher der jüdischen Gemeinde ein ehrendes Gedenken bewahrt wurde.[2] Seine ältesten Söhne wurden Juweliere und gründeten in Hildesheim die Firma »Gebr. Hertz«. Sie handelten mit Gold und Edelsteinen und allem, was gut und teuer war, wie zum Beispiel erhaltene Rechnungen für den Herzog Ernst II. von Sachsen-Gotha-Altenburg über drei Diamant-Solitäre, 37 Bilder und viele Bücher belegen.[3] Der vierte Sohn David Wolf Hertz ging 1793 nach Hamburg, um dort sein Glück zu versuchen.

Im ausgehenden 18. Jahrhundert war Hamburg mit mehr als 100 000 Einwohnern nicht nur die größte deutsche Stadt, es war mehr als das: Es war ein Staat. Die autonome Stadtrepublik, einst das reichste und mächtigste Mitglied der Hanse, unterschied sich auf so vielfältige Weise von den deutschen Monarchien und Fürstentümern, daß – polemisch, aber nicht ganz unberechtigt – die Frage aufgeworfen werden konnte, ob Hamburg überhaupt deutsch sei. Typisch deutsch war die Stadt gewiß nicht, denn die Konzentration auf den Seehandel hatte es mit sich gebracht, daß die Hamburger engere Verbindungen zu London oder Amsterdam unterhielten als etwa zu Berlin oder München. Vor allem aber waren die Bürger selbstbewußte Herren ihres eigenen Geschicks. Sie waren nicht, wie die anderen Deutschen, Untertanen eines Fürsten, brauchten sich weder vor dem Adel zu verneigen noch vor dem Glanz des Hofes und des Militärs zu beugen und von einer absolutistischen Bürokratie reglementieren zu lassen. Das in Deutschland verbreitete Streben nach Erhebung in den Adelsstand wurde in dem stolzen Selbstbewußtsein zurückgewiesen, daß ein Hamburger Kaufmann gar nicht erhoben werden könne.

Diese große Handelsstadt bot Juden damals die günstigsten Entfaltungsmöglichkeiten in Deutschland. Wie überall waren Juden zwar von den in Hamburg »Ämpter« genannten Zünften ausgeschlossen, aber der Handel stand ihnen offen, und das war in der Stadt ohnehin die respektabelste Tätigkeit. Als Kaufleute und Bankiers wurden Juden, sofern ihre Geschäfte gut gingen, akzeptiert und manchmal sogar geschätzt. Die Zeit der Pogrome, die es auch in Hamburg gegeben hatte, war vorbei. Manche immer wieder aufflackernde antisemitische Anwandlung der streng lutherischen

Hohen Geistlichkeit und gelegentliche Ausbrüche von Neid und Haß wurden, wenn sie den Gang der Geschäfte störten, vom Hohen Senat in die Schranken gewiesen. Daher war um 1800 die Israelitische Gemeinde mit 6300 Mitgliedern die größte in Deutschland, und daneben gab es noch eine kleine Portugiesische Gemeinde sephardischer Juden, die im 16. Jahrhundert von der iberischen Halbinsel vertrieben worden waren.

Als David Wolf Hertz 1793 nach Hamburg kam, lebten bereits zwanzig Familien des bei Juden nicht eben seltenen Namens Hertz in Hamburg und gingen ihren Geschäften nach, zum Teil mit großem Erfolg. Die meisten von ihnen waren Nachkommen eines Samson Hertz, der schon 1670 aus Hildesheim nach Hamburg gekommen war. Drei seiner Enkel waren Inhaber der Firma Moses Hertz Söhne an den Kohlhöfen, die zu den größten Handelshäusern und Banken zählte, ein Samson Meyer Hertz betrieb eine »Tobacksfabrikation«, und der Bankier Levin Hertz war Teilhaber des renommierten Bankhauses Heckscher et Comp., das von Salomon Heine dominiert wurde, dem als »Hamburger Rothschild« gerühmten steinreichen Onkel des Dichters Heinrich Heine. Die bedeutendsten Nachkommen des Moses Hertz waren Jacob Hertz und sein Sohn Adolph. Sie waren im 19. Jahrhundert führend im Afrika-Handel, unterhielten eine eigene Faktorei in Sansibar und eine große Reederei, die bis zu 20 Schiffe unter der Familienflagge über die Weltmeere segeln ließ.[4] Adolph Hertz wurde 1872 Senator, so daß es nach dem Amtsantritt des Juristen Gustav Ferdinand Hertz ab 1887 in der Stadtregierung zwei Senatoren des Namens Hertz gab. Sie betrachteten sich allerdings nicht mehr als verwandt.

Es ist nicht mehr auszumachen, ob David Wolf Hertz 1793 auf die Unterstützung der schon seit vier oder fünf Generationen in Hamburg ansässigen, nun schon sehr entfernten Verwandten hat rechnen können. Aber es gab in der Stadt noch einige Verwandte von seiten der Mutter, einer geborenen Schöna Hertz, andere von seiten des Vaters Benjamin Wolf Hertz. Die etwas verwickelten Verwandtschaftsverhältnisse lassen sich in den Einzelheiten kaum noch rekonstruieren, aber sehr wahrscheinlich war der Neuankömmling nicht auf sich allein gestellt und auf jeden Fall konnte er davon profitieren, daß er den Namen einer angesehenen Familie trug. David Wolf Hertz eröffnete ein Geschäft für Galanteriewaren und Juwelen auf dem Mönkedamm im Zentrum der Stadt, konnte die Galanteriewaren jedoch bald aufgeben und etablierte sich, wie die älteren Brüder in Hildesheim, als renommierter Juwelier auf Hamburgs Altem Wall.

Sein ältester Sohn Wolf David Hertz, der Großvater von Heinrich Hertz, wurde Kaufmann, importierte Tuche vor allem aus England und betrieb dazu ein Bankgeschäft. Er muß schon in jungen Jahren ein sehr reicher Mann gewesen sein, denn 1826 konnte er im Alter von 28 Jahren in Köln Bertha Oppenheim heiraten, eine Tochter des »Königlich-preußischen Oberhofagenten und Banquiers« Salomon Oppenheim, des Gründers des berühmten Bankhauses. Durch diese Großmutter hatte Heinrich Hertz verwandtschaftliche Beziehungen, die bis in die reichsten Familien und führenden Kreise Deutschlands und sogar Frankreichs reichten.

In dem achtzehnseitigen notariellen Ehevertrag verpflichtete sich der Bräutigam Wolf David Hertz, den enormen Betrag von 200 000 Mark Banco in die Ehe einzubringen, während sich die Mitgift der Tochter des »Banquiers« nur auf ein Viertel dieser Summe belief.[5] An seinem Geld gemessen nahm Wolf David Hertz also in dem exklusiven Zirkel der sechshundert reichsten Familien Hamburgs eine durchaus bevorzugte Stellung ein, denn deren durchschnittliches Geschäftskapital von 100 000 Mark übertraf er um das Doppelte. Nur Hamburger Bürger war er nicht, und als Jude konnte er es auch nicht werden.

Die Hamburger waren gegenüber Juden zwar relativ tolerant, toleranter jedenfalls als die Obrigkeit und die Bevölkerung in vielen anderen deutschen Staaten, aber das Bürgerrecht war für Juden nicht erreichbar. Damit waren sie von der Mitwirkung an den politischen Angelegenheiten der Stadt und von angesehenen Berufsständen wie dem der Juristen ausgeschlossen. Selbst bei Männern, die sich große Verdienste um das Gemeinwesen erworben hatten wie bei dem Bankier Salomon Heine wurde keine Ausnahme gemacht. Nach dem Großen Brand von 1842 hatte Heine durch Mut, Tatkraft und Einsatz seines Vermögens die Hamburger Kaufmannschaft vor dem Bankrott gerettet, was man ihm nie vergaß. Wenn er auf dem Jungfernstieg spazieren ging, zog man voller Achtung vor ihm den Hut, und sogar die Würde eines Ehrenbürgers wurde in Erwägung gezogen, aber nur kurzfristig, denn es blieb dabei, daß Juden das Bürgerrecht zu versagen sei. Der einzige Weg dazu war die Taufe.

Wolf David Hertz mag sich schon als junger Mann mit dem

Gedanken getragen haben, die Bande zum Judentum zu lösen, um Hamburger Bürger werden zu können. Nach dem Tod seines Vaters im Jahre 1822 hatte er seine Vornamen in Heinrich David verändert und damit der christlichen Tradition angenähert. Geheiratet hat er noch nach jüdischem Ritus, und auch die Geburt seines Sohnes David Gustav am 2. August 1827 wurde in der deutsch-israelitischen Gemeinde eingetragen, aber 1834 ließen Heinrich David und Betty Hertz sich und ihren Sohn taufen. Das geschah nicht in Hamburg, sondern in der Thomaskirche zu Leipzig, einer wahrhaft festen Burg der lutherischen Konfession. Danach war es nur noch eine Formalität, daß Heinrich David Hertz am 3. Januar 1835 gegen die Entrichtung einer Gebühr von dreißig Mark das Bürgerrecht erwarb. Die Vornamen des Sohnes waren fortan Gustav Ferdinand.

Als ehrbarer Kaufmann machte Heinrich David Hertz gute Geschäfte. Im englischen Leeds war er an einer Firma zur Herstellung und zum Handel feiner Tuche beteiligt, die er über den Hamburger Hafen nach Deutschland importierte, und auch seine Bank florierte. Wohnhaus und Geschäftsräume waren in der Ferdinandstraße 26 in der Nachbarschaft großer Handelshäuser und Banken wie den Warburgs. Er war einer der angesehensten Kaufleute, und als die Hamburger sich 1860 eine neue Verfassung gaben, dabei die Prinzipien des repräsentativen Parlamentarismus bedachten und sich eine freilich nur von Besitzbürgern und »Notabeln« gewählte Bürgerschaft zulegten, wurde Heinrich David Hertz eines der 192 Mitglieder dieses ersten Parlaments der Stadt.[6]

Der 1827 geborene Sohn Gustav Ferdinand machte an Hamburgs Gymnasium, der »Gelehrtenschule des Johanneums«, das Abitur und studierte Jura, zuerst in Bonn, dann in Berlin und schließlich in Göttingen. Jede Woche schilderte Gustav in ausführlichen Briefen an seinen Vater das Studentenleben und die allgemeinen Zeitläufte, besonders aufschlußreich und lebendig die Revolution von 1848, die er in Berlin miterlebte und aus dem Blickwinkel des liberalen Bürgertums kommentierte. Im Juni 1849 wurde er in Göttingen zum Doktor der Rechte promoviert und durfte zur Belohnung eine Bildungsreise unternehmen, die ihn bis nach Neapel führte. Aus Italien zurückgekehrt, ließ sich der Dr. jur. Gustav Ferdinand Hertz am 20. August 1849 in die Liste der Hamburger Advokaten eintragen und begann mit 22 Jahren eine glänzende Karriere als Jurist.[7]

Bereits als junger Advokat hatte Gustav Hertz »eine der bedeutendsten Anwaltspraxen«.[8] Der Vater Heinrich David hätte es wohl gern gesehen, wenn sein Sohn eine Tochter aus einer der großen Hamburger Kaufmannsfamilien geheiratet hätte, denn durch die eheliche Verbindung mit einer Amsinck, einer Gossler oder einer Godeffroy hätte er sich im Zentrum des informellen Netzwerks von Einfluß und Macht etabliert, das diese Kaufmannssippen über die Stadt gesponnen hatten. Sein Sohn verliebte sich aber in die acht Jahre jüngere Anna Elisabeth Pfefferkorn, Tochter eines Arztes aus einer seit langem in Frankfurt am Main ansässigen protestantischen Familie.

Vater Heinrich war offenbar nicht begeistert. Als er die prospektive Schwiegertochter auf einer Reise erstmals in Augenschein genommen hatte, berichtete er nach Hamburg: »Sie ist keine blendende Erscheinung und mancher wird viel zu tadeln daran haben, aber sie soll ja nicht die Welt glücklich machen, sondern ihr Haus und ihren Gustav, und das scheint sie zu verstehen.«[9] Da hatte ihm wohl seine Enttäuschung den Blick verzerrt, denn niemand sonst hatte an dieser temperamentvollen und gescheiten jungen Frau etwas auszusetzen, schon gar nicht Gustav Hertz. Die beiden heirateten in Frankfurt am 16. April 1856. In Hamburg bezogen sie ein Haus in der eleganten Poststraße 20, einen Neubau, der nach dem Großen Brand errichtet worden war. Die Kanzlei befand sich nur wenige Minuten Fußwegs entfernt in der Verlängerung der Poststraße auf der Schleusenbrücke Nr. 8, der über das Alsterfleet führenden Straße.

Das junge Paar konnte bald der Geburt des ersten Kindes entgegensehen, aber das freudig erwartete Ereignis gestaltete sich am 22. Februar 1857 zu einem Drama, bei dem das Leben des Kindes und die Gesundheit der Mutter am seidenen Faden hingen: Das Kind drohte an Sauerstoffmangel zu ersticken. Wie die Mutter viele Jahre später schrieb, konnte nur dank großer Mühen des Arztes »der halbtote Knabe uns und der Welt erhalten« bleiben.[10] Der Vater behielt in Erinnerung, daß sein Sohn »verschrumpelt und chiffoniert auf die Welt gekommen«[11] sei. Getauft wurde er auf die Namen Heinrich Rudolf, Heinrich zu Ehren des Großvaters, und Rudolf nach einem Onkel aus Frankfurt.

Bei ihrem Realitätssinn wollte die Mutter nicht verleugnen, daß ihr Erstgeborener für Fremde »ein unschönes, blasses und ausdrucksloses Kind« war. Sie freute sich aber an seinen klugen Augen und erlebte ihn als »schon frühzeitig eigentümlich intelligent ... und von klein auf sehr intensiv in seiner Auffassung«.[12] Gerade zehn Monate alt, bekam Heins, wie er in Frankfurter Färbung gerufen wurde, zu Weihnachten Tisch, Stuhl und Bilderbuch und beeindruckte seine Umgebung durch stundenlanges konzentriertes Betrachten der Bilder und sorgsamen Umgang mit dem Buch. Als Zweijähriger überraschte er seine Mutter damit, daß er eine Sammlung von Fabeln, die ihm vorgelesen worden waren, nun seinerseits der Mutter vortrug – alle 100 Fabeln aufs Wort genau aus dem Gedächtnis reproduziert. Bald lernte er auch unter Anleitung seiner Mutter, mit Papier und Bleistift umzugehen und geschickt zu zeichnen. Diese frühkindlichen Anregungen und Bildungsbemühungen fielen auf fruchtbaren Boden und trafen wohl auf ein inneres Bedürfnis des Knaben: »Sein Beschäftigungsdrang war in allen Zeiten seines Lebens ganz außerordentlich groß, und alles tat er mit großer Akkuratesse und angeborenem Eifer.«[13]

Zwei Wochen nach Heinrichs erstem Geburtstag kam ein Bruder zur Welt, der wie sein Vater Gustav hieß. Fortan war Heins der »Große« und damit in eine Rolle geraten, die er auch später gegenüber seinen vier jüngeren Geschwistern mit ironisch gebrochener Autorität ausfüllte. Für seine Mutter aber war er mehr als nur der »Große«. In der Familie wurde überliefert, daß Anna Elisabeth Hertz es wie ein Wunder empfunden hatte, daß ihr Heins bei der Geburt gerettet worden war; deshalb hatte sich in ihr die Überzeugung festgesetzt, daß der so wunderbar Gerettete zu ganz Besonderem ausersehen sein müsse.[14] Diese Überzeugung schien sich zu bestätigen.

Zwischen der hoffnungsvoll liebenden und dabei sehr ehrgeizigen Mutter und dem immer eifrigen, beim spielenden Lernen nie ermüdenden Jungen entwickelte sich eine innige Symbiose: Heins wurde der »Prinz« seiner Mutter, und immer gab er sich alle Mühe, ihre hochgesteckten Erwartungen nicht zu enttäuschen. Freilich blickt er auf den aus der Kindheit erhaltenen Photographien auch ein wenig ernst und verschlossen in die Welt, als laste bereits eine große Verantwortung auf ihm, und vielleicht haben die Ansprüche der Mutter später, als sie längst Heinrichs eigene geworden waren, nicht nur zu seinem ausgeprägten Ehrgeiz, sondern und auch zu Ängsten, häufigen Stimmungstrübungen und Depressionen beigetragen.

Der Vater scheint im Leben der Kinder zunächst deutlich hinter der Dominanz der Mutter zurückgestanden zu haben. Als fleißiger und vielbeschäftigter Mann sah er die Kinder an den Wochentagen nur beim Essen, aber dann waren es ihre Interessen, die das Gespräch bestimmten. Wichtiger noch wird das Gefühl liebevoller Obhut und Sekurität gewesen sein, das er seiner Familie vermitteln konnte, denn als erfolgreicher Advokat gehörte er zur kleinen, vermögenden Elite der Stadt.

Die ungekrönten Könige waren in Hamburg die Kaufleute nebst Maklern, Assekuradeuren und allen anderen Berufen, die dem Handel förderlich waren. Dazu gehörten auch die Rechtskundigen, auf deren Kenntnisse, Umsicht und Takt auch die ehrbarsten Kaufleute angewiesen waren, wenn der Handel ohne verbitterte Händel vonstatten gehen sollte. Zu den Eigentümlichkeiten hanseatischer Rechtspflege gehörte damals, daß Advokaten nur vor dem Handelsgericht selbständig auftreten durften, während sie bei den anderen Gerichten die Kaste der Prokuratoren als Prozeßanwälte bemühen mußten.[15] Trotzdem waren die Advokaten der gesellschaftlich und nach dem Einkommen dominierende Stand, dessen herausgehobene Rolle sich vor allem darin zeigte, daß von den 18 Senatoren der Stadtregierung die eine Hälfte Advokaten sein mußten, während die andere Hälfte dem Kaufmannsstand angehörte. Bürgermeister konnte nur ein Advokat werden.

Die großen Kaufmanssippen hielten es daher für zweckmäßig, daß einer der Söhne das Abitur auf dem Johanneum ablegte, Jura studierte und Advokat wurde, so daß er auf diesem Wege die Interessen des Kaufmannsstandes im allgemeinen und der Familie im besonderen befördern konnte. Auch dieser Brauch hat dazu beigetragen, daß die Advokaten in der Handelsstadt in höchstem Ansehen standen – zumindest die tüchtigeren unter ihnen, zu denen sich Gustav Ferdinand Hertz zweifellos zählen konnte.

1864, als Heins sieben Jahre alt war, zog die inzwischen fünfköpfige Familie – 1861 war der Bruder Rudolf geboren – in ein großes Haus mit einem hübschen Garten vor den Toren der Stadt. Bei der Eheschließung wäre das für einen berufstätigen Mann kaum sinnvoll und möglich gewesen, denn bis 1860 wurde der Zugang zur Stadt noch an den Toren kontrolliert und bei Einbruch der Dunkelheit durch die Torsperre unterbunden. Nach Beseitigung dieses Anachronismus kaufte Gustav Hertz in dem vor dem Dammtor gelegenen Ort mit dem charmanten Namen Pöseldorf ein Haus mit drei Etagen und einem Souterrain für Küche und Personal. Die Adresse war Magdalenenstraße 3.

Das Haus lag nicht direkt in einem Park am Ufer der Außenalster, wo die reichsten Kaufleute und Reeder sich Paläste errichtet hatten, die in strahlendem Weiß über das Wasser leuchteten. Die Magdalenenstraße war sozusagen die zweite Reihe, aber immer noch eine bevorzugte Lage, zumal sich damals hinter dem Haus über Hunderte von Metern bis zum Mittelweg ein Wald erstreckte. In dieser wunderschönen, ländlich anmutenden Umgebung verbrachte Heinrich Hertz seine Schuljahre, nahe der Stadt, aber doch fern von ihrem Lärm und Getriebe, begünstigt auch durch ein harmonisches Familienleben und den gesellschaftlichen Status seines Vaters.

Als erfolgreicher Anwalt erzielte Gustav Hertz ein hohes Einkommen, und dazu konnte er nach dem Tod von Heinrich David Hertz im Jahre 1863 über ein großes Erbe verfügen. In gediegener Hamburger Manier wurde in der Familie über Geld nicht gesprochen, einfach deshalb nicht, weil man es hatte. »Finanzielle Sorgen lagen ihnen fern«, bestätigte ein Freund der Familie, »aber noch ferner lag ihnen der Wunsch, Luxus und Aufwand zu treiben oder eine gesellschaftliche Rolle zu spielen.«[16] Das schloß natürlich nicht aus, daß zu üppige Herrendiners geladen wurde, wo beim Tafeln nach Hamburger Sitte auch Geschäftliches geregelt wurde, daß man zu »Gesellschaften« ging und selbst welche gab, und daß auch mal ein Ball ausgerichtet wurde.

Vor allem aber freuten sich die Eltern an ihren Söhnen, und je älter Heinrich wurde, desto wichtiger wurde der Einfluß seines Vaters auch auf seinen Bildungsgang. Daß der ziemlich ungewöhnlich verlief, lag an den vielfältigen Begabungen Heinrichs, an der behutsamen Förderung durch den Vater und an einigen Hamburger Besonderheiten.

Es war noch in der Poststraße, daß der kleine Heins erst in einen Kindergarten geschickt wurde und dann, wie er sich selbst erinnerte, »in eine kleinere Schule, wo ich lesen und schreiben lernte«.[17] Als Erfolg dieser Bemühungen haben sich viele Briefe und gereimte Glückwünsche in gestochen schöner lateinischer Schrift erhalten.[18] Allerdings muß die »kleinere Schule« etwas merkwürdig gewesen sein, denn der Vater nahm seinen Sohn wieder heraus, nicht etwa, weil er zu wenig, sondern weil er zu viel oder zumindest für sein zartes Alter Ungeeignetes lernen sollte, sogar schon, wie Heinrich sich später amüsiert erinnerte, »zu viel von Oxygen und Hydrogen gehört hatte«.[19]

Im Herbst 1863, also mit sechseinhalb Jahren, kam Heins dann in eine reguläre Schule, und das war in Hamburg eine Privatschule. Denn wie so vieles war auch das Schulwesen der Stadtrepublik ganz anders als anderswo, und in diesem Falle durchaus nicht auf der Höhe der Zeit. Hamburg war der einzige deutsche Staat, in dem es noch keine Schulpflicht und keine öffentlichen Volksschulen gab, wie sie in Preußen bereits 1717 eingeführt worden waren.[20] Die Kinder der besseren Kreise wurden in privaten »Bürgerschulen« erzogen und auf ihren künftigen Beruf oder den Eintritt ins Johanneum vorbereitet. Konnten die Eltern das Schulgeld für eine Bürgerschule nicht aufbringen, waren deren Kinder, wenn sie überhaupt etwas lernen wollten, auf unentgeltliche »Armenschulen« verwiesen, die von der »Allgemeinen Armenanstalt« unterhalten wurden und in ihrer Armseligkeit an Ausstattung und pädagogischem Anspruch ihrem Namen durchaus entsprachen. Wenn die Kinder der Ärmsten überhaupt nicht zur Schule gingen, was oft vorkam, so störte das im Hohen Senat niemanden.

Als Sohn eines Advokaten besuchte Heinrich Hertz natürlich eine Bürgerschule, selbstverständlich das Institut mit dem besten Ruf in der Stadt. Es war die von Dr. Friedrich Wichard Lange 1851 eröffnete Schule auf den Hohen Bleichen nahe der Poststraße, in der Heinrich auch blieb, als die Familie nach Pöseldorf zog und er einen längeren Weg hatte. Lange war als Schüler von Adolph Diesterweg in der Tradition der Reformpädagogik von Johann Heinrich Pestalozzi ausgebildet worden und hatte sich selbst profiliert als Herausgeber der Schriften von Friedrich Fröbel, der nicht nur als Erfinder des Kindergartens, sondern vor allem als Begründer einer ganzheitlich genannten Pädagogik gerühmt wird.[21] Daher dürfte Lange seine Schule als Muster progressiver Reformpädagogik in der Hansestadt gestaltet haben, in der sich die Anlagen der Knaben freier als in den meisten deutschen Schulen des 19. Jahrhunderts entfalten konnten.

Daß in dem Institut des Dr. Lange bei aller Reformpädagogik streng auf Leistung geachtet wurde, war selbstverständlich, nicht nur für die Schule, sondern auch für die Eltern und ganz besonders für Anna Elisabeth Hertz. Sie kümmerte sich intensiv um die Hausaufgaben ihres Sohnes, notfalls auch mal mit einem Klaps, denn von ihrer »sehr schlanken Hand« konnte sich die temperamentvolle Mama nicht freisprechen, aber sie versicherte auch, daß diese seltenen Szenen in um so innigerer »Versöhnung, Liebe und Zärtlichkeit« zu enden pflegten.[22] Den Lohn für die gemeinsamen Mühen gab es an jedem Sonnabend bei den wöchentlich erteilten Zeugnissen, denn dann, schrieb die Mama, »stürzte ich meinem Jungen entgegen, und auf der untersten Stufe der Treppe kramten wir zusammen die Mappe aus und durften uns meist eines guten Lobes erfreuen. Scherzhaft pflegte ich dann wohl zu sagen, daß er das ›Sehr‹ mir zu danken habe«.[23]

Die Mama konnte beinahe immer ihren kleinen, aber vielsagenden Scherz anbringen. »Glänzt als Stern erster Größe«, wurde ihrem Sohn bescheinigt, oder »keiner übertrifft ihn in der Stunde an Schnelligkeit und Schärfe der Auffassung«. Daß er bei der allwöchentlich nach Leistung festgelegten Sitzordnung zwar meistens, aber nicht immer als der »Erste« saß, lag an kleinen Schwankungen in Fleiß und Ordnung, vielleicht auch an einem zaghaften Protest gegen die ständige Streberei und dem Bedürfnis, sich von den Klassenkameraden nicht zu sehr zu isolieren.

Als die Mutter einmal aus Heins herausfragte, daß auf die Frage des Lehrers, wer wohl der geschickteste und klügste sei, alle auf ihn gewiesen hätten, war sie erfreut, aber ihr Sohn genierte sich und erwiderte: »In diesem Augenblick hätte ich gern unter der Bank gesessen.« Wohl nicht bei der Mama, aber um so mehr bei den Klassenkameraden wird ihm zugute gekommen sein, daß der Direktor dem Zehnjährigen auch mal ins Zeugnis schrieb: »Heinrich ist auf dem Spielplatz ein kleiner Durchgänger, der unsere ganze Wachsamkeit herausfordert.«[24]

In diesem Alter hatte Heinrich zu Weihnachten ein Tagebuch geschenkt bekommen, auf dessen schwarzem Umschlag sein Name in Goldprägung prangte, in das er auf Geheiß der Mama alles notieren sollte, was ihm wichtig war, und dazu eine neue Schulmappe. »Mama wünscht«, war der erste Eintrag, »daß in die neue Mappe nur gute Zeugnisse kommen. Ich hoffe es auch, aber glaube es nicht. Mühe will ich mir doch geben.«[25] Das Tagebuch hat er zunächst nur sporadisch geführt. Am ausführlichsten geriet der Bericht über die Ferien im Sommer 1867 bei den Verwandten in Frankfurt und eine anschließende Reise allein mit dem Papa, die per Schiff von Mainz rheinabwärts über Köln bis nach Amsterdam führte. Heinrichs Eintragungen, insbesondere topographische Skizzen vom Rhein, zeigen, daß seine Mutter beim Lob der Fähigkeiten ihres Sohnes nicht übertrieben hatte.[26]

Der vielseitig begabte Knabe war in einem Fach aber auch herzlich schlecht, denn beim Singen waren Hopfen und Malz verloren. »Wir sind bemüht gewesen, Heinrichs musikalische Fähigkeiten durch passende Übungen hervorzurufen«, hieß es im Jahreszeugnis für den Siebenjährigen, »aber unsere Bemühungen waren bis jetzt von nur geringem Erfolg ... Es sollte uns große Freude bereiten, wenn wir die harmonische Ausbildung dieses geistig geweckten, fähigen Knaben auch nach dieser Seite hin fördern könnten.« Diese Bemerkung stellt zwar dem pädagogischen Ethos des Dr. Lange und seiner Lehrer das beste Zeugnis aus, aber ändern konnten sie nichts. Nach einem weiteren Jahr hatte Heins brav Noten gelernt, wußte damit beim Singen aber nichts anzufangen: »Heinrich gehört, was das theoretische Verständnis betrifft, zu unseren besten Schülern, aber in Bezug auf die Gehörsbildung stehen wir leider noch auf dem alten Punkt.« Dabei blieb es. In den folgenden Zeugnissen hieß es unter »Singen« nur noch: »Heinrich beteiligt sich nicht an den Übungen.«

Trotz Musik und manch anderer Plackerei mochte Heins die Schule. Aus der weisen Distanz eines Siebzehnjährigen schrieb er später über die neun Jahre, die er bei Dr. Lange verbracht hatte: »Wir alle, oder doch wenigstens die Bessern unter uns, waren damals außerordentlich gern in jener Schule. Trotz der vielen Arbeit und der großen Strenge. Denn streng wurden wir gehalten. Nachsitzen, Strafarbeiten, Tadel in Ordnung und Betragen regnete es, aber was uns die Strenge und die Fülle der Arbeit versüßte, war meiner Meinung nach besonders der rege Wetteifer, der in uns wach gehalten wurde und die Gewissenhaftigkeit der Lehrer, bei denen keine Tugend und kein Fehler ohne Lohn und Strafe blieb.«[27] Aber wie so oft bei intelligenten Kindern war die Schule längst nicht alles, und wahrscheinlich nicht einmal das Wichtigste bei der Herausbildung der außergewöhnlichen Fähigkeiten und Interessen von Heinrich Hertz.

2. Zwischen Hobelbank und Homer

Das Institut des Dr. Lange war nur die eine Schule des Heinrich Hertz, denn eine zweite schuf er sich zu Hause. Zeichnen, Basteln, in Ton modellieren und Tischlern betrieb er mit nie ermüdendem Eifer und so großem Erfolg, daß zu jeder Tätigkeit alsbald der Rat erteilt wurde, es müsse daraus ein Beruf werden. So fragte der Hausarzt beim Anblick kleiner Tonfiguren, wer denn der Michelangelo im Hause sei, und hingerissen erklärte er: »Wirklich ein großes Talent, der Junge muß Bildhauer werden.«[1] Einem großen Talent meinte auch der Direktor der Gewerbeschule begegnet zu sein, in der Heinrich an den Sonntagen zusätzlich zum Schulpensum Zeichnen und Geometrie lernte. Alsbald redete der Direktor dieser Anstalt dem Vater dringend zu, der Junge müsse bei seiner großen Begabung Mathematiker werden. Heins verstand immerhin schon so viel von dieser Disziplin, daß er den gutgemeinten Rat mit einem originellen Grund zurückwies: »Mathematik ist eine so abstrakte Wissenschaft, und ich will doch so gerne mit den Menschen leben.«[2]

Diesem Wunsch und zugleich einem romantischen Knabenbedürfnis entsprachen wilde Indianerspiele mit den Altersgenossen, die in dem Wald zwischen der Magdalenenstraße und dem Mittelweg sowie in den Straßen von Pöseldorf ausgefochten wurden. Ernst Albrecht, der Sohn eines zeitweiligen Sozius in der Kanzlei des Vaters, der manchmal Wochen oder Monate im Haus der Familie Hertz lebte, berichtete, daß Heinrich sich daran »in führender Stellung« beteiligt habe. »In dem Garten des väterlichen Grundstücks hatte er, der geborene Baumeister, ohne irgendwelche sachverständige Hilfe ein unterirdisches Wigwam der Indianer gebaut. Ein paar Stühle und ein Tisch waren darin, und die Wände waren bedeckt mit Indianer-Waffen und Indianer-Kleidung. Man trat von oben durch eine hölzerne Klapptür ein und das ganze Bauwerk war, durch Äste und Zweige von oben abgedeckt, von oben nicht sichtbar. Es war alles sehr schön, und auch die jugendliche Tonpfeife fehlte nicht.«[3] Aber es gab noch Wichtigeres als Spiel und Friedenspfeife.

Nicht nur Schemel und Tisch für den Wigwam hatte Heins auf

seiner Hobelbank gebaut, sondern auch einen von der Mama bewunderten »sehr netten Schrank«. Schließlich wollte er sich gar eine Drehbank selbst herstellen. »Ich tischlerte fast den ganzen Tag an dem Schwungrad für die kleine Drechselbank, die ich mir machen wollte«, notierte Heinrich in seinem Tagebuch. »Sie soll an die Hobelbank angeschraubt werden.«[4] Von diesen Mühen wurde er dadurch befreit, daß ihm die Eltern zur Konfirmation eine fertige Drehbank schenkten, und dazu erhielt er eine einführende Unterweisung vom ortsansässigen Drechslermeister Schulz.

Der Meister wagte zwar nicht, dem Advokatensohn sein Handwerk als Beruf zu empfehlen, aber als er später erfuhr, daß sein Schüler Professor geworden sei, soll er doch ausgerufen haben: »Ach, wie schade, was wäre das für ein Drechsler geworden.«[5] Die Mutter erinnerte sich an »ganz allerliebste Sachen aus Elfenbein«, die ihr Sohn zunächst unter der Anleitung des Meisters Schulz aus dem Material herausgedreht hatte.

Aber Heinrich arbeitete auch selbständig und stellte sich Apparate für wissenschaftliche Untersuchungen und Experimente her, bei denen auch Freunde beteiligt wurden. Ein typischer Sonntag verlief dann so: »Nach der Gewerbeschule ging ich in die Kirche und von da nach Haus, wohin ich mir Herselmann mitnahm, dem ich gern die Batterie zeigen wollte. Ich setzte sie in Gang, sie wollte jedoch gar nicht recht spielen. Unterdessen machten wir Sauerstoff. Als Herselmann fort war, machte ich noch elektrisches Licht, das ganz gut ging. Abends las ich.«[6] Bei all diesen Aktivitäten fand Heinrich die Unterstützung seines Vaters.

Gustav Hertz war in der humanistischen Bildungstradition erzogen worden, und auch als Advokat liebte er griechische und lateinische Autoren über alles. Naturwissenschaften waren ihm jedoch nicht so fremd wie einem typisch klassisch Gebildeten jener Jahre. Sein Vater Heinrich David war nämlich so sehr an der Naturkunde interessiert gewesen, daß er sich in seinem Haus in der Ferdinandstraße ein kleines Laboratorium eingerichtet hatte. Bei seinem Sohn hat das zumindest Spuren hinterlassen, und in dessen gut sortierter Bibliothek gab es auch allgemeinbildende Bücher naturwissenschaftlichen Inhalts.

Seinem Enkel konnte der Großvater von dieser Passion nicht viel vermitteln, denn er starb 1863, als Heins erst sechs Jahre alt war, aber einige Instrumente aus seinem Laboratorium kamen in die

Magdalenenstraße und daher in die Hände des geschickten Enkels. Eine vom Großvater stammende empfindliche Waage für chemische Analysen wurde noch lange nach dem Tod von Heinrich Hertz in seiner Familie in Ehren gehalten.[7] Dazu kamen selbstgebastelte Apparate und Geschenke, zum Beispiel zum Geburtstag: »Ich bekam sehr schöne Sachen, besonders Gläser und dergleichen für chemische Experimente und ein sehr schönes Physikbuch.«[8]

Die naturwissenschaftlichen Interessen seines Sohnes hat Gustav Hertz mit väterlichem Wohlwollen begleitet und gefördert, und es sieht ganz so aus, als hätte er durch die Teilhabe an dieser Passion seines Sohnes im Laufe der Jahre selbst noch viel dazugelernt. Ein schönes Kompliment machte Heinrich Hertz seinem Vater und dazu auch seinem Bruder, als er als Dozent an der Universität Kiel seine ersten Vorlesungen hielt und in einem Brief nach Hamburg über seine Studenten klagte: »Ich glaube kaum, daß ein Zuhörer da ist, der mehr von Physik versteht als Papa und Gustav, meist haben sie aber weniger Verstand und alle haben, das könnt Ihr Euch denken, unendlich viel weniger guten Willen.«[9]

Wenn der Student und später der Professor Hertz seinem Vater seine wissenschaftlichen Probleme erläuterte, gerieten diese manchmal sehr langen Briefe zu hinreißend lebendigen und inhaltsreichen Berichten aus der »Hexenküche«[10] des Laboratoriums. In ihrem einzigartigen Charme stellen sie auch noch die gelungensten populären Darstellungen in den Schatten, weil sie nicht vom Olymp der fertigen Weisheit kamen, sondern intime Werkstattberichte vom persönlichen Erlebnis der Forschung waren, die nicht auf einen imaginierten »interessierten Laien« Rücksicht nehmen mußten, sondern im Zwiegespräch mit einem vertrauten Liebhaber der Wissenschaft entstanden.[11] Später erfreute Heinrich Hertz einmal seine Mutter mit der Bemerkung, »er habe nun viele und tüchtige Männer kenengelernt, aber niemals jemand gefunden, der einen so sicheren Blick wie sein Vater und ein so vielseitiges Wissen habe«.[12] Die von Zuneigung, ja von verhaltener Liebe geprägten Briefe des Sohnes an seinen Vater zeigen, daß er dies keineswegs nur der Mutter zuliebe gesagt hat.

Dank dem Verständnis und der Liberalität des Vaters konnte Heinrich Hertz eine Jugend verbringen, die nach den Maßstäben des 19. Jahrhunderts recht unkonventionell war. Von Gustav Hertz wird berichtet, daß er sich in seiner Jugend nach mehr Freiheit gesehnt habe und deshalb stets bestrebt war, seinen Söhnen eine freiere Entfaltung zu ermöglichen.[13] So war er auch für die Absicht seines Sohnes, Ingenieur werden zu wollen, aufgeschlossen. Dieser Wunsch Heinrichs war wegen seiner außergewöhnlichen Begabung für technische Dinge keineswegs unvernünftig, aber die Unterstützung des Vaters war doch ungewöhnlich, denn solch praktische Tätigkeit stand in geringem Ansehen, und bei den sich gebildet Dünkenden wurde ein Ingenieur gern und vorsätzlich mit einem Schlosser verwechselt. In der Handelsstadt Hamburg waren dem Bildungsdünkel zwar ziemlich enge Grenzen gezogen, denn mehr als die Kenntnis antiker Sprachen und akademische Grade bestimmte das Geld die gesellschaftliche Stellung, aber die Söhne aus besseren Kreisen wurden nicht Ingenieur, sondern Kaufmann oder in selteneren Fällen Jurist.

Die Bürgerschulen hatten ihre Lehrpläne ganz auf die Vorbereitung für den Kaufmannsstand ausgerichtet, so daß intensiver als auf den Gymnasien die »Realien« unterrichtet wurden, und bei den Sprachen kam es eher auf Englisch, Französisch und Spanisch an als auf Latein und Griechisch. Wer in die Fußstapfen der Väter treten und Kaufmann werden wollte, brauchte überhaupt kein Latein zu lernen, sondern beendete die Schule im Alter von etwa fünfzehn Jahren, trat eine Lehre in einer dem Vater befreundeten Firma an und verdiente sich danach die ersten Sporen vorzugsweise in einer ausländischen Niederlassung in England, Afrika oder Amerika. Nur diejenigen Schüler, die wegen späteren Studiums an einer Universität den Übergang aufs Johanneum anstrebten, wurden in Latein unterrichtet, aber auch das nicht schon mit zehn Jahren, sondern erst einige Jahre später.

Natürlich hätte Heinrich als Zehnjähriger in die Sexta, die unterste Klasse des Johanneums, eintreten können, aber er und sein Vater zogen die eher praktisch ausgerichtete Schule des Dr. Lange vor. Bei der alsbald fälligen Teilung seiner Klasse blieb Heinrich Hertz wegen seines Berufswunschs bei denjenigen, die nicht Latein lernten, und dies »auf Rat der Sachverständigen«, die bei einer so wichtigen Entscheidung zu konsultieren waren. An den Polytechnischen Schulen wurden die Studenten nämlich auch ohne Abitur und Lateinkenntnisse zugelassen, weshalb diese Anstalten dann bei den humanistisch Gebildeten in dem abträglichen Ruf von »Klempnerakademien« standen.

Daß Heinrich trotzdem bald Latein lernte, hatte vielleicht mit dem Vorbild des Vaters zu tun, der nach getaner Arbeit noch mit großem Genuß die Autoren der Antike las, auf jeden Fall aber mit einem Gefühl des Unbehagens, daß andere etwas lernten, das ihm verschlossen bleiben würde. Folglich sorgte der Vater für Privatunterricht bei einem Dr. Köstlin, der sich alsbald über die Begabung seines Schülers fürs Lateinische und seinen Fleiß in den höchsten Tönen ausließ.

Aber Heinrichs Begeisterung für die alten Sprachen, für Tischlern, Drechseln und für naturwissenschaftliche Experimente wurde neben den wachsenden Anforderungen der Schule in den Augen des Vaters dann doch zuviel, so daß er sich entschloß, diese Überlast zu beenden und seinen Sohn von der Schule des Dr. Lange zu nehmen.[14] Vielleicht haben bei diesem Schritt auch alterstypische Entwicklungsschwierigkeiten des frühreifen Knaben eine Rolle gespielt, vielleicht auch der Gedanke des Vaters, daß die Vorbereitung auf das Abitur den Vorteil hatte, den Zugang zur Universität offen zu halten. Zum 25. März 1872, also einen Monat nach seinem fünfzehnten Geburtstag, verließ Heinrich die Schule des Dr. Lange. In allen Fächern erhielt er nach Auskunft der stolzen Mama nur »vorzüglich«.

Eine Woche vor dem Abschluß der Schule war Heinrich auch konfirmiert worden. Größeren Eindruck als die Feier in der Kirche machten die Geschenke: »Nachher bekam ich wunderschöne Sachen wie eine Drehbank von Papa und Mama, eine goldene Uhr von Onkel Rudolf und eine Uhrkette von Tante Marie«, dazu noch einen Ring, einen Kompaß und viele kleinere Geschenke von Verwandten und Bekannten.[15] Der religiöse Gehalt der Zeremonie war dem Konfirmierten keine Erwähnung wert. Seine Eltern waren wohl typische Repräsentanten des norddeutschen Kulturprotestantismus, die sich eher als an Luther und den Evangelien an der Moralphilosophie Kants und einer unscharfen Synthese aus Christentum und der Überzeugung vom kulturellen Fortschritt orientierten. Ihre Religiosität fand daher weniger in regelmäßigem Kirchgang ihren Ausduck als in einem Ethos unbedingter Pflichterfüllung und in der Ausrichtung des Handelns an sittlichen Normen.

Seit der Taufe des alten Heinrich David Hertz mag viel von diesem protestantischen Lebensentwurf in die Familie eingeflossen sein, und für Gustav wurde sie durch eine humanistische Erziehung und das Studium an preußischen Universitäten noch befestigt. Natürlich mußten die evangelisch-lutherischen Konventionen schon wegen der bürgerlichen Schicklichkeit beachtet werden – schließlich hatte Gustav Hertz neben vielen anderen Ehrenämtern auch das eines »ersten Kirchspielherrn von St. Georg« inne –, aber weniger als um das Seelenheil haben sich die Eltern Hertz um die intellektuelle und charakterliche Entwicklung ihrer Kinder gekümmert. So verlor die Mutter kein Wort über sonntägliche Kirchgänge, sondern sie berichtet, daß Heinrich an den Sonntagen die Zeit von 9 bis 12 Uhr in der Gewerbeschule verbrachte. Nur zur Vorbereitung auf die Konfirmation verließ Heinrich vorzeitig die Gewerbeschule und ging um 11 Uhr in die Kirche. Aber in dem tiefen Ernst, mit dem er all seine Ziele verfolgte, war er ein nachgerade vorbildlicher Zögling des Kulturprotestantismus.

Statt Heinrich nach der Konfirmation gleich aufs Johanneum zu schicken, was mit etwas Nachhilfeunterricht in den alten Sprachen zweifellos möglich gewesen wäre, hielt Gustav Hertz dafür, daß sein Sohn jeder Schule fernbleiben und sich durch Privatunterricht und Selbststudium auf das Abitur vorbereiten sollte. Es wurden zwei arbeitsreiche und auch glückliche Jahre. Jeden Morgen erhielt Heinrich in aller Frühe von 7 bis 8 Uhr eine Stunde Unterricht, zweimal Griechisch und zweimal Latein von dem schon bekannten Dr. Köstlin und zweimal Mathematik von Julius Schlottke, einem Lehrer der Gewerbeschule, der sich durch Veröffentlichungen zur Darstellenden Geometrie einen Namen gemacht hatte. Nach einer Turnstunde, die nicht unbedingt auf eigenen, sondern auf Wunsch der Eltern absolviert wurde, saß Heinrich dann ab 9 Uhr über seinen Büchern und arbeitete so konzentriert, daß er nicht einmal aufblickte, wenn die Mama durchs Zimmer ging.

Um halb eins wurde das »Frühstück« eingenommen, wie man in Hamburg das Mittagessen nannte, gemeinsam mit der Mutter und dem kleinen Otto, dem vierten und jüngsten der Brüder, der 1867 geboren worden war, als Heinrich zehn Jahre alt war. Gustav jun., der Zweitälteste, war damals in einem Internat, und Rudolf, der in Hamburg zur Schule ging, war zum »Frühstück« noch nicht zurück. Otto oder Ottchen, wie er gerufen wurde, war mindestens so vielseitig begabt wie sein ältester Bruder, und dazu war er auch noch »musikalisch genial beanlagt«, wie sich die Mutter freute. Mit seinem glücklichen und glücklich machenden Naturell war Otto als Liebling der Familie die »Wonne des Hauses«[16] und auch der kleine Freund von Heinrich, der sich nach dem Essen durch eine halbe Stunde gemeinsamen Spielens mit dem Lieblingsbruder vom Lernen erholte und ablenkte.

Danach steckte Heinrich wieder für drei Stunden seine Nase in die Bücher. Nach dem Abendessen zog er sich in seine Werkstatt zurück und hobelte und drechselte, was das Zeug hielt. Er baute sich hauptsächlich wissenschaftliche Apparate zusammen, drehte Messingschrauben und goß sich auch kleine Gewichte für seine vom Großvater geerbte Waage selbst. Wenn er in die Stadt ging, dann zu wichtigen Besorgungen, wie »zu dem Mechaniker Möller hinter den Mühren, um mir ein Messingfutter für die Drehbank zu bestellen«.[17] Als er sich einen Spektralapparat zur Zerlegung des Lichts baute und wegen unglücklicher Umstände einige Wochen auf ein Prisma warten mußte, weil der Lieferant sein Geschäft geschlossen hatte, war er untröstlich. Da entschloß er sich, wie einst Spinoza, auch das Schleifen von Glas zu lernen.[18]

Ungewöhnliches technisches Talent und Lust zu allem Handwerklichen kennzeichneten auch später den Professor Hertz, wenn er Spulen wickelte oder die Glasbläserei betrieb und überhaupt alles, was irgend ging, selbst fabrizierte, vom hochempfindlichen Meßinstrument bis zum schweren Akkumulator. Diese Arbeitsweise wurde zum nachgerade charakteristischen Stil des virtuosen Experimentators, dem mit brillanten Ideen, aber einfach ausgeführten und dabei auf das Wesentliche konzentrierten Mitteln die erstaunlichsten Entdeckungen gelangen. Und erstaunt war auch der junge norwegische Physiker Vilhelm Bjerknes, der bei dem berühmten Henri Poincaré in Paris die mathematische Physik in ihrer elegantesten Form studiert hatte und 1890 nach Bonn zu Heinrich Hertz kam, denn über die Einführung in die vorderste Front der Forschung berichtete er seinem Vater: »Hertz führte mich im Laboratorium herum, zeigte mir das Werkzeug und die Materialien und fragte, ob ich sägen könne.«[19]

In der Magdalenenstraße machte der junge Amateur mit einem Freund chemische Experimente, und ein anderer Freund machte ihm ein bedeutsames Geschenk für physikalische: »Schon damals begannen ihn Magnet und Magnetnadel und die Einwirkung des elektrischen Stromes auf sie zu interessieren. An einem großen Magneten, den ich, der ganz Ahnungslose, von einem Onkel geerbt hatte und ihm dann schenkte, hat er etwas beobachtet, was später für ihn wichtig wurde.«[20] Einzelheiten wußte der »ganz Ahnungslose« nicht mitzuteilen, aber als Student wird Heinrich Hertz Experimente mit diesem Magneten, wohl einem permanent magnetischen Mineral, selbst beschreiben.

Der Vater verfolgte alle Arbeiten seines Sohnes, die mit den Büchern und auch die in der Werkstatt, mit dem größten Interesse, und die lebhaften Gespräche zwischen den beiden machten der Mama große Freude, obwohl sie immer weniger davon verstand. Auf begeisterte Erzählungen von den mathematischen Studien blieb ihr nichts anderes übrig als abwehrend auszurufen, dafür sei sie zu dumm. Das trug ihr eine unvergeßliche Reaktion ein: »Da schloß er mich zärtlich in seine Arme und sagte aus tiefstem Herzen: ›Arme Mama, daß Dir diese Freude entgehen muß!‹«[21]

Im Sommer nach Heinrichs Konfirmation verbrachte die Familie die Ferien in Dänemark. Per Schiff ging es von Kiel nach Korsör auf Seeland, dann mit einer »sehr langsamen Eisenbahn« über Kopenhagen nach Helsingör und schließlich mit einem Pferdewagen in den Badeort Marienlyst. Heinrich fand dort den Strand und den Blick über den Öresund »sehr schön. Man sieht die schwedische Küste mit Helsingborg und dem Kullen in ziemlicher Nähe gegenüber, auch ist Kronenburg sehr in der Nähe, und die Schiffe, die beständig vorüberziehen, verschönern die Gegend.«[22]

Im nächsten Sommer wurde das Haus in der Magdalenenstraße gründlich renoviert und mit einer Gasbeleuchtung ausgestattet. Während der Umbauarbeiten verbrachte Anna Elisabeth Hertz mit ihrer Kinderschar – gerade war im Februar die lang ersehnte Tochter Melanie geboren – einige Monate in Haffkrug an der Ostsee. Der sechzehnjährige Heinrich durfte währenddessen seinen Vater und den »Onkel« Albrecht, der einst Sozius des Vaters und nun Präsident des Handelsgerichts war, auf einer großen Reise zur Weltausstellung in Wien und anschließend in die Tiroler Alpen begleiten, dabei an allem interessiert und für die Ruhepausen immer den Homer in der Tasche.[23] Diese Reisen wurden nicht nur zur Erholung und zum Vergnügen unternommen, sondern vornehmlich zur Erweiterung des Gesichtskreises, der Pflege der Weltläufigkeit und wegen neuer Erfahrungen.

Näherliegende Erfahrungen im heimatlichen Hamburg wurden jedoch sorgsam gemieden, und das war alles, was mit den krassen sozialen Unterschieden zusammenhing. In der mittlerweile auf über 300 000 Einwohner angewachsenen Stadt lebte etwa ein Drittel der Bevölkerung an der Grenze des Existenzminimums und oft darunter. Im Gängeviertel und in ähnlichen Arealen nahe dem Hafen drängten sich die Menschen in alten, baufälligen und durchnäßten Häusern, meist eine ganze Familie in einem einzigen Raum. Der Lohn im Hafen und in den Speichern war karg, die Miete hoch, eine angemessene Ernährung unbezahlbar, und die Lebenserwartung war gering. Weil sanitäre und hygienische Einrichtungen fehlten und sich nur Ratten in solchen Verhältnissen wohl fühlen konnten, waren diese Viertel Brutstätten für Krankheiten und Seuchen. Das Interesse des Hohen Senats erregten diese Zustände erst, wenn Seuchen auf die Wohnviertel der besseren Leute übergriffen oder bei Pest und Cholera andere Häfen die aus Hamburg kommenden Schiffe unter Quarantäne zu stellen drohten.[24]

Es bedurfte schon der wachen Neugier des in England aufgewachsenen Harry Graf Kessler, daß er sich während seiner Schuljahre am Johanneum in diese von ordentlichen Bürgern zwar vermieteten, aber gemiedenen Häuser wagte: »Steile Stiegen, auf denen Ratten hin und her huschten, führten in lichtlose Zimmer, die trotz der Sauberkeit der Bewohner nach Feuchtigkeit und Muff rochen. Wasserleitung und Kanalisation fehlten.« Einer dieser Arbeiterfamilien, die mit ihren Kindern in einer einzigen Kammer wohnte, wollte er ein paar Mark schenken, was der Arbeiter aber in Ruhe und mit Würde zurückwies: »Wir nehmen keine Almosen. Sie sind noch zu jung, um das zu wissen. August Bebel wird dafür sorgen, daß die Schweineställe aufhören. Nun bitte, verlassen sie unsere Wohnung.«[25] Für den Jüngling aus reichem Hause waren danach »unsere schöngeistigen Gespräche verächtlich und sogar Bach und Goethe einen Augenblick belanglos«.

Es gibt keinerlei Indizien dafür und es ist auch kaum vorstellbar, daß sich Heinrich Hertz jemals ähnlichen Abenteuern bei den Arbeitern in den Elendsquartieren ausgesetzt hätte. Seine sozialen Erfahrungen beschränkten sich auf die wohlsituierter Bürgerlichkeit und das Personal unten im Hause, das huldvoll geduzt wurde. Dazu kamen noch die Kleinbürger und Handwerker von Pöseldorf, wo es zwar bescheiden, aber ordentlich zuging. Im Hause Hertz gab es bei den lebhaften Gesprächen beim Essen mit den Eltern, Geschwistern und Freunden zwar keinerlei Zwang, aber doch die Maxime, daß »über Menschen nicht gesprochen wurde«[26], und es scheint, als hätte sich diese Schicklichkeit auch auf alles Politische erstreckt.

Das galt nicht nur für das Proletariat und den Aufstieg der als Bedrohung empfundenen »Social-Demokratie«, sondern auch für Ereignisse wie Hamburgs Beitritt zum Norddeutschen Bund 1867 und vier Jahre später die Gründung des Deutschen Reiches mit ihren vielfältigen Auswirkungen auf den Stadtstaat. Eher aus politischer Notwendigkeit denn aus Begeisterung und großdeutschem Patriotismus hatte Hamburg seinen »Kontrakt mit Preußen« geschlossen, immer noch mit der Besonderheit, daß die Zollhoheit beibehalten wurde. Diese Veränderungen haben den Vater intensiv beschäftigt, denn als Mitglied der Bürgerschaft, der er seit 1859 angehörte, war er am Beitritt zum Reich und dem Aushandeln der entsprechenden Verträge beteiligt. Erst 1877 kandidierte er nicht mehr für das Stadtparlament, weil das mit seiner Ernennung zum Richter am Obergericht, dem späteren Hanseatischen Oberlandesgericht, nicht vereinbar gewesen wäre.

Obwohl einige Folgen wie die an Preußen orientierten Schulgesetze und die Wehrpflicht die Söhne betrafen, gehörten diese Themen ebenfalls zu jenen, über die nicht gesprochen wurde. Auch über die Überzeugung, daß man als Hamburger Bürger einem vielfach begünstigten republikanischen Gemeinwesen angehörte, brauchte man nicht viele Worte zu verlieren, denn die hatte man sozusagen mit der Muttermilch eingesogen.

Das Ende Hamburger Eigenständigkeit und die Dominanz Preußens im Deutschen Reich erlebte Heinrich Hertz, als er im Frühjahr 1874 in die abschließende Klasse, die Oberprima, des Hamburger Gymnasiums eintrat. Diese »Gelehrtenschule des Johanneums« war 1529 vom Reformator Johannes Bugenhagen gegründet worden. Sie war stolz auf ihre Traditionen und wollte sich nur mit den hochangesehenen sächsischen Fürstenschulen Schulpforta und Meißen vergleichen lassen. Die Anforderungen waren so hoch, daß »Johanneer« auf das Christianeum im benachbarten Altona und auf das Gymnasium in Lüneburg als »etwas windige und zweitklassige Anstalten« herabblickten[27], ungeachtet der Tatsache, daß auch das Lüneburger Johanneum auf Bugenhagen zurückging.

Trotzdem mußte nach der Reichsgründung auch das stolze Hamburger Johanneum, wenn die Zeugnisse im ganzen Reich anerkannt werden sollten, preußischen Maßstäben angeglichen werden, und dafür hatte der Hohe Senat einen neuen Direktor berufen, natürlich einen Preußen. Dieser Richard Hoche sollte die alte Gelehrtenschule, die sich immer ihres »prächtigen Eigenlebens« gerühmt hatte, in ein deutsches Standard-Gymnasium transformieren und damit in eine Anstalt, die für die Berechtigung zur Karriere des Reserveoffiziers und für die akademischen Berufe »die nötige Abstempelung gab«.[28] Das machte Schwierigkeiten.

Schon über Hoches Antrittsrede am 16. April 1874, mit der auch der neue Oberprimaner Heinrich Hertz begrüßt wurde, heißt es in einer Chronik, sie »verstimmte durch ihren unfreundlichen, kalten Ton«.[29] Im Kollegium bildeten sich zwei Parteien: Die einen beugten sich dem neuen, scharfen Regiment, die anderen bäumten sich dagegen auf. Zur Opposition gehörten vornehmlich ältere Herren, aber auch der junge Hermann Diels, der bald das Johanneum verließ und als Ordinarius an der Berliner Universität und Mitglied der Akademie zum berühmtesten Altphilologen Deutschlands aufstieg. Die Schüler mögen den Konflikten zwischen Lehrern und Direktor teils irritiert, teils amüsiert zugeschaut haben, letzteres vor allem dann, wenn der Direktor Hoche im schönen Arkadenhof der Schule paradierte und ein Lehrer die Anweisung gab: »Schließen Sie die Fenster, Meyer, draußen kommandiert ein Preuße.«[30] – Leider existiert aus dieser Zeit kein Tagebuch, so daß wir über Heinrichs Reaktion auf diese Verhältnisse nicht unterrichtet sind, aber ohne Zweifel müssen sie bei den Schülern den Blick für Autorität ungemein geschärft haben.

Die Mutter von Heinrich Hertz scheint von dieser spannungsgeladenen Situation in der Schule kaum etwas erfahren zu haben. Sie schrieb nur, daß ihr Sohn »bald als bester Grieche in der Klasse« galt und ihm »das Jahr in der Schule nur erfreulich war«.[31] In Mathematik und dem, was man damals Naturkunde nannte, war er ohnehin überragend. Allerdings waren beides nachrangige Fächer, denen nur wenige Stunden zugebilligt wurden, und entsprechend mäßig waren die Anforderungen. So wurde in der Prima in Mathematik nicht etwa differenziert und integriert, sondern im Abitur nur ebene und sphärische Trigonometrie sowie die Elemente der analytischen Geometrie geprüft.

Die Schwerpunkte des Lehrplans waren Latein und Griechisch, und von diesen alten Sprachen war Heinrich Hertz regelrecht begeistert. Weil er nicht in grammatischen Schwierigkeiten steckenblieb, konnte er sie, ähnlich wie sein Vater, wie lebende Sprachen lesen und genießen. Platon, Sophokles und Horaz las auch der

Physikprofessor Hertz mit nie nachlassendem Vergnügen, aber am liebsten waren ihm die Verse Homers, von denen er viele freilich nicht lesen mußte, sondern auswendig konnte.

Trotz der anspruchsvollen Schule und ungeachtet der bevorstehenden Abiturprüfungen hat Heinrich Hertz noch unverdrossen in seiner Werkstatt gearbeitet und experimentiert und dazu noch manches andere gelernt. So erinnerte er sich noch als Professor in Bonn daran, er habe »vor Jahren als Primaner in Hamburg mit einem Ingenieur Ritz barometrische Höhenmessungen gemacht mit einem von demselben konstruierten Barometer«. Im ebenen Hamburg kann er diese Messungen nur beim Herumklettern auf Kirchtürmen angestellt haben. Ein Dutzend Jahre später wollte er die damals verwendeten Instrumente für das Bonner Institut anschaffen und erkundigte sich daher nach der Adresse des Ingenieurs, »um so mehr, da ich denke, daß ihm diese Sache Spaß machen könnte«.[32]

Der Freund Ernst Albrecht beschrieb die Vielfalt der Aktivitäten des Primaners und auch, wie dieses immense Arbeitspensum überhaupt bewältigt werden konnte, ohne daß Heinrich darüber zum Stubenhocker wurde: »Er gehörte zu den glücklichen Menschen, die immer und für alles Zeit hatten, weil er sich niemals mit der Vorrede und langen Vorbereitungen aufhielt, sondern immer sofort ans Werk ging. Bald saß er bei schwierigen, den Rahmen der Schule überschreitenden mathematischen Aufgaben der Differential- und Integralrechnung, bald trieb er Hebräisch, was man in der Schule in fakultativ erteiltem Unterricht lernen konnte, bald Arabisch, das er sich allein beibrachte, und dann saß er wieder in der von ihm im zweiten Stock der elterlichen Wohnung eingerichteten Tischlerwerkstelle an seiner Hobelbank und sägte und hämmerte, mit geschickter Hand sich alle möglichen Werkzeuge und Apparate herstellend.«[33]

Daß Heinrich Hertz am Johanneum am Hebräischunterricht teilnahm, lag vielleicht nicht nur am sprachlichen Interesse, sondern auch an der Suche nach den Ursprüngen seiner Herkunft aus dem Judentum, von der in seiner Familie keine Rede mehr war. Daß er in diesem Jahr der Vorbereitung aufs Abitur auch noch Arabisch lernte, obwohl das kein Schulfach war, wurde von Verwandten einem irrationalen Drang zugeschrieben, der sich damals geltend machte und ihn bewog, die Geheimnisse des Orients aus den Quellen zu ergründen.[34] Zu diesem Zweck hatte er sich vom Bücherwagen eines Straßenhändlers eine arabische Grammatik gekauft, und der auch in diesem Falle verständige Vater schickte ihn zum Privatunterricht bei einem Professor Redslob. Auch hier wiederholte sich die bekannte Szene, daß alsbald der Lehrer beim Vater erschien und ihn »himmelhoch bat, er möge Heinrich bestimmen, Orientalist zu werden. Solch ein Talent für diese Sprache sei ihm noch nicht vorgekommen.«[35]

Sorgen um die Prüfung brauchte sich der gerade achtzehn Jahre alt gewordene Heinrich Hertz nicht zu machen, und doch endete die Schule mit einem Mißklang. Der umstrittene Direktor Hoche nutzte die erste Abiturprüfung unter seinem Regiment am 2. März 1875, um klarzustellen, wer der Herr im Hause war. Von dreiundzwanzig Kandidaten ließ er elf durchfallen, und bei den zwölf, die bestanden, sorgte er für eine extrem scharfe Zensurengebung. Eine Chronik berichtet über »ungeheure Aufregung in der Schule, in den Elternhäusern, in der ganzen Stadt ... Selbst die Bürgerschaft beschäftigte sich in erregter und entrüsteter Debatte mit diesem ›Skandal‹, aber man mußte sich trotzdem bescheiden.«[36]

Für Heinrich Hertz bedeutete dieser »Skandal«, daß er nur in Mathematik mit »sehr gut« benotet wurde, in Deutsch, Englisch, Naturkunde sowie in Geschichte und Geographie ein »gut« erhielt, aber in Latein, Griechisch und Französisch nur »befriedigend«.[37] Was unzählige Abiturienten glücklich gemacht und die Eltern erleichtert hätte aufatmen lassen, war für ihn eine herbe Enttäuschung. Nach der Erinnerung seiner Mutter kam er »so gedrückt und unglücklich nach Hause, daß wir ihn nur trösten mußten, statt uns an seinem Erfolg zu freuen«.[38]

Im Zeugnis wurde festgehalten, daß Heinrich Hertz die Schule verlasse, »um das Baufach zu studieren«. Die Lehrer dürften diesen Berufswunsch befremdlich gefunden haben, weil erstens das Abitur dafür gar nicht nötig war und zweitens ein junger Mann mit Gymnasialbildung an die Universität gehörte. Niemand hätte sich gewundert, wenn Heinrich wie sein Vater Jurist hätte werden wollen, wie es nach ihm seine Brüder mit der größten Selbstverständlichkeit taten. Die Lehrer des Johanneums hätte es wohl noch mehr erfreut, wenn er die Karriere eines Gelehrten in welcher Disziplin auch immer angestrebt hätte, und für Anna Elisabeth Hertz hätte die akademische Laufbahn vielleicht die Erfüllung ihres Traums sein können, daß ihr Heins »etwas bedeuten« werde. Der aber hatte andere Vorstellungen.

In einem für die Zulassung zum Abitur erforderlichen Lebenslauf hatte er geschrieben, daß er zunächst ein Praktikum als Voraussetzung für Studium und Staatsexamen als Bauingenieur absolvieren wolle. Dabei erwähnte er aber auch schon eine Reserve-Idee, die im Grunde eine geheime Hoffnung gewesen sein dürfte: »Nur in dem Falle, daß ich mich für diesen Beruf nicht geeignet zeigen sollte oder daß meine Neigung zu den Naturwissenschaften noch wachsen sollte, werde ich mich der reinen Wissenschaft widmen. Daß ich dasjenige ergreife, für das ich am tüchtigsten bin, dafür mag Gott sorgen.«[39]

Das Studium der Mathematik und Physik hatte Heinrich Hertz zweifellos fasziniert; noch ein halbes Jahr nach dem Abitur meditierte er während des Praktikums in seinem Tagebuch über »meinen alten Wunsch, Naturwissenschaften zu studieren«, aber nur, um ihn »nicht wieder aufkommen zu lassen«.[40] Absolventen dieser Disziplinen hatte er bisher nur als Lehrer kennengelernt, aber das war gewiß nicht ein Beruf, der seinen eigenen Ansprüchen und denen der Familie genügt hätte.

Wenn er jedoch angesichts der Unsicherheiten einer akademischen Laufbahn, der Konkurrenz um die wenigen ordentlichen Professuren und der Bewährung in der Forschung gezögert haben sollte, wäre das nur zu verständlich. Sein späterer Lehrer und Förderer Hermann von Helmholtz beobachtete »nicht selten diese Art zaghafter Bescheidenheit bei jungen Leuten von hervorragenden Anlagen. Sie haben wohl eine deutliche Vorstellung von den Schwierigkeiten, die vor der Erreichung des ihnen vorschwebenden hohen Zieles zu überwinden sind, und müssen ihre Kräfte erst praktisch erprobt haben, ehe sie das zu ihrem schweren Werk nötige Selbstvertrauen gewinnen.«[41]

Was immer den Ausschlag gegeben hat: Heinrich Hertz blieb bei seiner schon früh gefaßten Absicht, Bauingenieur zu werden. In diesem unkonventionellen Berufswunsch mag er sich durch seine Erfahrung und Sicherheit in mechanischen Arbeiten bestärkt gefühlt haben. Vielleicht war es auch die kraftvolle Vorstellung, daß man im neuen, sich mit noch ungebrochenem Optimismus das »technische« nennenden Zeitalter am ehesten beim Bau prächtiger Bahnhöfe oder mächtiger Brücken über breite Ströme ein bedeutender Mann werden könne. Wenn ihm während des Praktikums

»wieder ganz naturwissenschaftlich zumute« wurde, widerstand er dieser Versuchung und mochte sich »nicht überreden, das, was ich mir als schönstes Ziel vorgesteckt habe, aufzugeben«.

Der Beruf des Ingenieurs war also keine Notlösung, sondern zumindest zeitweilig sein »schönstes Ziel«. Natürlich war er für diesen Beruf auch geeignet, sehr geeignet sogar; so war es der andere Grund, daß nämlich die Neigung zu den Naturwissenschaften nicht nur wuchs, sondern unwiderstehlich wurde, bis er schließlich erkannte, daß er Physik studieren mußte – aber erst nach einem Umweg von mehr als zwei Jahren.

3. Im Baubüro – und dabei »ganz naturwissenschaftlich zumute«

Am 23. März 1875, einen Monat nach seinem achtzehnten Geburtstag und drei Wochen nach dem Abitur, traf Heinrich Hertz in Frankfurt am Main ein, um sein Praktikum bei der staatlichen Baubehörde zu absolvieren. Dort dürfte ihn der rege Handel und der Reichtum an Hamburg erinnert haben, nur hatte die einstige Freie Reichsstadt Frankfurt 1866 ihre Souveränität eingebüßt und war von Preußen annektiert worden. Die Stadt war ihm nicht ganz unbekannt, denn öfter hatte er die Verwandten seiner Mutter besucht, und auch jetzt erwartete ihn am Bahnhof der Patenonkel Rudolf Pfefferkorn, Anwalt wie der Vater in Hamburg, und nahm ihn unter seine Fittiche.

Trotz der verwandtschaftlichen Betreuung mußte sich Heinrich jetzt das erste Mal ohne die Hilfe seiner Eltern orientieren, aber doch nicht ganz, denn in seiner Familie wurde die Institution des »Wochenbriefs« gepflegt, mit dem auch über die Entfernung ein enger Kontakt aufrechterhalten wurde. Zur Einübung und Fortsetzung dieser Tradition hatte Heinrich einen großen Karton Briefpapier im Gepäck, von feiner Qualität und bedruckt mit seinem von zwei ineinander verschlungenen H's gebildeten Monogramm.

Schon der Vater Gustav Hertz hatte während seines Studiums mit seinen Eltern allwöchentlich lange Briefe gewechselt, in denen von den Kleinigkeiten des täglichen Lebens und den historischen Ereignissen wie der Revolution von 1848 in Berlin bis zu wichtigen Studienentscheidungen alles zur Sprache gekommen war. Wie einst sein Vater, schrieb nun auch Heinrich jede Woche ausführlich an seine Eltern und wartete seinerseits auf die regelmäßige Post aus Hamburg, und wie einst Gustavs Wochenbriefe wurden auch die von Heinrich getreulich gesammelt und aufbewahrt.

Durch diese Familientradition sind wir manchmal bis in Details über Heinrichs Tun und Lassen unterrichtet und zugleich auch über seine darum kreisenden Reflexionen. Ein Vergleich mit seinen nur sporadisch geführten Tagebüchern zeigt, daß er vor seinen Eltern keine tieferen Geheimnisse bewahrte, wohl auch deshalb nicht, weil er sich Gedanken, die nicht auf die elterliche Billigung rechnen konnten, gar nicht erst erlaubte. Seine Briefe sind in einem Stil geschrieben, der mal frühreif, mal altklug, meistens aber auffällig alterslos wirkt, der zu einem 18jährigen nicht immer zu passen scheint. Aber hinter der gediegenen Fassade, die dem gesitteten Schriftverkehr Hamburger Juristen abgelauscht sein mag, schimmern doch seine Leidenschaften, seine Gabe zu scharfen Beobachtungen und seine diskrete Distanziertheit hindurch, in späteren Jahren auch ein trockener, verhaltener Humor und gelegentlich sogar Sarkasmen, die freilich sanft ausfallen und nicht eigentlich verletzen sollen.

Die erste Woche in Frankfurt verging mit dem Antrittsbesuch in seiner Ausbildungstätte, wo er den Baurat Behnke allerdings nicht antraf, mit der Zimmersuche und mit den üblichen Stadtbesichtigungen. Den weit über Frankfurt hinaus berühmten Palmengarten fand er »sehr schön, besonders durch den jetzt dort ausgestellten Blütenschmuck der Camelien und Azaleen«.[1] Weniger angetan war er von dem zwei Jahre zuvor eröffneten Zoologischen Garten, »der mir, aufrichtig gesagt, sehr schlecht gefiel; er sieht aus wie ein großer Hühnerhof«.[2]

Da er von einer Tante – »trotz meiner Protestationen« – zu einem Konzert eingeladen wurde, mußte er sich »wohl oder übel zur Musik bekehren«. Das gelang nicht, wie aus der vom Vater erbetenen Beschreibung seiner Eindrücke von diesem »Cäcilienkonzert« mit »lauter ernster und alter Musik« hervorgeht: »Vieles machte eben auf mich einen wohltätigen Eindruck, wie jedes Kunstwerk, vieles auch nicht, wo mir das Verständnis fehlte. Eine Musik, die ungefähr auf derselben Höhe und derselben Lautstärke bleibt, gefällt mir im Allgemeinen, fällt sie dann plötzlich auf, und es kommt ein schriller Ton, so denke ich, was soll denn das; dabei muß sich der Mann doch etwas gedacht haben, und mir ist für einige Zeit der Genuß fort. Immer gilt dies natürlich auch nicht, und es mag für einen Verständigen sehr lächerlich aussehen, aber Du hast gewollt, daß ich etwas schreiben sollte.«[3]

Abgesehen davon, daß er auf eine Nachricht vom Baurat Behnke warten mußte, was ihm nach einer Woche »überhaupt lächerlich« vorkam, blickte er voller Optimismus in die Zukunft: »Daß es hier die Fülle zu sehen und zu lernen geben wird, daran zweifle ich nicht. Es wird hier ungeheuer viel gebaut und in allen Arten,

Kirchen, Museen, Privathäuser, Straßendurchbrüche und Kai- und Eisenbahnanlagen, auch Mainbrücken sind wieder zwei in Aussicht.«[4] Nach einer Woche dann endlich der Termin beim Baurat, begleitet von einem einflußreichen Onkel, dem Senator Emil von Oven, einem Schwager der Mutter. Der Baurat riet dem mathematisch versierten Praktikanten zur Arbeit im Hochbaubüro, damit er die mehr künstlerische Seite seines zukünftigen Berufs kennenlerne.

Fortan ging Heinrich Hertz jeden Morgen von der Niedenau, wo er ein Zimmer gefunden hatte, zum Bauamt in der Nähe der Paulskirche. Seine erste Aufgabe bestand darin, verschiedene Pläne für eine Turnhalle auf einheitliches Maß zu bringen, und schon bald wurde er mit einer größeren Aufgabe betraut, »an der ich drei Wochen gesessen habe, ein Stationsgebäude, an dem ziemlich viel Arbeit war«.[5] Bezahlt wurde er dafür nicht; für den Lebensunterhalt auf bürgerlichem Niveau hatte der Vater zu sorgen. Die Arbeitszeit war indes nicht zu ausgedehnt – drei Stunden von neun bis zwölf Uhr am Vormittag und noch einmal drei Stunden von drei bis sechs Uhr. Daher tauchte das Problem auf, was mit der langen Mittagspause anzufangen sei. Für eine üppige Gebühr wurde der Volontär »auswärtiges Mitglied« im Bürgerverein, wo man gut zu Mittag speiste, aber in dem prächtigen Lesezimmer, das ihm als das Verlockendste an diesem Klub erschienen war, konnte er nicht konzentriert arbeiten, so daß er nicht recht wußte, was er in der Pause Sinnvolles tun konnte. »Wie ich so den Tag trotz der kurzen Arbeitszeit von 6 Stunden auch nur einigermaßen ausnutzen soll, weiß ich nicht.«[6]

Zu den anderen drei Praktikanten im Bauamt, die freilich alle älter waren, bemerkte Heinrich Hertz, »daß ich auf dem Bureau und auf dem Bauplatz sehr gut mit ihnen werde auskommen können, im übrigen aber keinen Umgang mit ihnen haben werde«.[7] Eine derartige Einschätzung der Menschen in seiner näheren Umgebung wird sich noch oft wiederholen, auch die daraus resultierende Distanz und das damit einhergehende Gefühl der Einsamkeit. Das begann in Frankfurt, sobald er aus der Obhut der Verwandten entlassen war. Wenn er das Bauamt verließ und zur Niedenau in sein Zimmer ging, »hatte das Sprechen für diesen Tag aufgehört. Daß man dabei etwas Heimweh bekommen kann, begreife ich wohl«.[8] Erleichterung brachte ein Besuch seiner Eltern Ende Mai, denn der »hat mir wirklich sehr wohlgetan und ich fühle mich ... viel weniger einsam; woher es kommt, weiß ich nicht genau«.[9]

Bald darauf zog Heinrich Hertz aus seinem als trist empfundenen Zimmer in eine Pension in der von der Niedenau abgehende Klüberstraße um. Dort freundete er sich mit einem jungen Engländer und einem Franzosen an, unterhielt sich gern mit ihnen in deren Sprachen und politisierte mit ihnen ein wenig. Dabei entwickelte der Hamburger Republikaner Hertz sogar einen Hauch reichsdeutschen Patriotismus, wenn er zum Beispiel dem Engländer aus Madame de Staels Buch über Deutschland »verschiedene günstige Urteile« vorlas.[10]

Für einen angehenden Bauingenieur waren seine Interessen ebenso vielseitig wie ungewöhnlich, und da es auf dem Bauamt für ihn nicht viel zu tun gab, nahm er sich oft den Nachmittag für sinnvolle Beschäftigung frei. Dazu hatte er sich den Euripides aus der Stadtbibliothek geholt und »ein paar hundert Verse gelesen, was zu meiner Freude ohne Stocken ging«.[11] Dann studierte er »zur Abwechselung« Platons »Staat«, und »da mir das Verständnis der Sprache und des Sinnes leicht fällt und die Lektüre mir Vergnügen macht, so werde ich es mit der Zeit wohl durchlesen«.[12] Von den zehn Büchern der »Politeia« hatte er erst sechs geschafft, als die Leihfrist ablief, »doch habe ich die Grundzüge des Ganzen begriffen«.[13]

Berufsnäher war die Lektüre einer Geschichte der Architektur, und davon angeregt, studierte er in der Bibliothek des berühmten Staedelschen Kunstinstituts große Foliowerke zur Baukunst. In den Ateliers des »Staedel« begann er, unter Anleitung eines Professor Kaupert in Gips zu modellieren, »aber ein Meister darin bin ich bis jetzt nicht, und das gefällt mir nicht gut«.[14] Wie bei allem, was er tat, war er auch bei den Gipsarbeiten anspruchsvoll, und so wäre es ihm schon »lieb, wenn ich noch etwas machte, während ich hier bin, was des Aufhebens wert wäre«.[15]

Die nähere und fernere Umgebung wurde in Ausflügen erkundet, die bis nach Heidelberg führten, wo ein Hamburger Schulfreund Jura studierte. Gemeinsam wollten die beiden in den Sommerferien in der Schweiz eine Fußtour unternehmen, wozu der Papa sowohl die Erlaubnis als auch das Geld gewährte. Nach drei Wochen im Berner Oberland und einem Besuch in Hamburg war er im September wieder in Frankfurt.

Auf dem Bauamt erlebte Heinrich Hertz nach den Ferien das

nicht so seltene Praktikantenschicksal, daß es für ihn gar nichts mehr zu tun gab. Er langweilte sich dermaßen, daß er das Praktikum abbrechen und nach Hamburg zurückkehren wollte, aber der Papa mochte davon nichts hören. Gespräche im Bauamt endeten nach einigem Hin und Her damit, daß der arbeitsfreudige Volontär an ein Architekturbüro vermittelt wurde, das sich gerade an einem Wettbewerb für eine neue Brücke über den Main beteiligte. Nach einer Probearbeit – der Zeichnung des Querschnitts für einen Strompfeiler – durfte er sich bei diesem Projekt nützlich machen.

Die meiste Zeit verbrachte er nun bei den Architekten, »wo ich eine mir angenehme Arbeit habe; sehr angenehm ist mir auch, daß die anderen doch anfangen, mich weniger zu necken, da sie sehen, daß ich meine Arbeit zur Befriedigung mache«.[16] Bis zum Abgabetermin des Wettbewerbs unmittelbar vor den Weihnachtsferien war er mit »harter Arbeit« an dem Entwurf für die Obermainbrücke beschäftigt. Dazu kam noch der Entwurf eines Börsengebäudes, »wobei es starke Rechnereien setzte«.[17]

Auch während der »angenehmen Arbeit« bei den Architekten änderte sich nichts daran, daß die Interessen von Heinrich Hertz sich keineswegs in der Baukunst erschöpften. In den Tagen auf dem Bauamt, als es nichts zu tun gab, »arbeitete ich immer Mathematik, dann etwas Arabisch, das ich noch nicht aufgegeben habe, sondern heimlich forttreibe gegen meine bessere Einsicht, aber ich tue alles durcheinander, wie ein Verrückter«. Dazu holte er sich noch den Aischylos aus der Stadtbibliothek, »und das war keine Dummheit, ich habe den Prometheus gelesen und ganz gut verstanden«.[18]

Zwar hatte Frankfurt ebenso wie Hamburg damals keine Universität, aber ein blühendes wissenschaftliches Vereinswesen. So konnte sich Heinrich Hertz im Oktober, während der Arbeit an der Mainbrücke, aus der Bibliothek der Senckenbergischen Naturforschenden Gesellschaft ein mehrbändiges »Lehrbuch der Experimentalphysik« besorgen, das der Professor am Polytechnikum in Aachen Adolph Wüllner verfaßt hatte. Der »Wüllner« war so etwas wie ein Standardwerk für die akademische Ausbildung und enthielt neben detaillierten Beschreibungen vieler Experimente auch anspruchsvolle Exkursionen ins Mathematische. Das war eine Versuchung: »Ich habe auch wieder für die Naturwissenschaften große Lust bekommen, durch die Lektüre des Wüllner«, notierte er in seinem Tagebuch. An einen Berufswechsel mochte er deshalb jedoch nicht denken, denn »ich kann mich nicht überreden, das, was ich mir als schönstes Ziel vorgesteckt habe, aufzugeben«.[19]

Aber Zweifel begannen zu nagen, ob seine Berufswahl die richtige war: »Meine Meinung, wie ich mir die Zukunft denke, wechselt von Tag zu Tag.«[20] Die Zweifel wurden nicht geringer, als er regelmäßig in den Physikalischen Verein zu Vorträgen von einem Professor Rudolph Boettger ging, der sich durch instruktive Demonstrationsexperimente einen gewissen Ruf erworben hatte.[21] »Er machte Experimente über das Wasserstoffgas; ganz besonders interessiert hat mich ein noch nicht erklärter Versuch über das Tönen einer Glasröhre, in welcher ein Eisendraht zum Glühen gebracht ist.«[22] Nun wurde Heinrich Hertz wieder »ganz naturwissenschaftlich zumute, und wenn ich auch meinen alten Wunsch, Naturwissenschaften zu studieren, nicht wieder aufkommen lasse, so möchte ich doch sehr gerne nächstes Jahr in Hamburg dienen, um nebenbei Naturwissenschaften zu treiben, mehr als anderswo möglich ist«.[23]

Besonders beeindruckt war er von der Vorführung eines Apparats, »in welchem ein Flügelrad im luftleeren Raum nur durch das Licht in Umdrehung versetzt wird – Radiometer«.[24] Dies war freilich nicht die ganze Erklärung, denn tatsächlich sind es die Moleküle des Restgases, die durch ihre Wärmebewegung die »Lichtmühle« in Schwung halten. Dadurch wird die dekorative »Lichtmühle« zu einer eindrucksvollen Demonstration der kinetischen Gastheorie, deren Grundzüge sich Heinrich Hertz gerade anhand des schönen Buchs über »Die Wärme als eine Art der Bewegung« von John Tyndall erarbeitete.

Nach wie vor las Heinrich Hertz viel, und immer noch »wie ein Verrückter« alles durcheinander. Neben Tyndalls Buch studierte er ein Lehrbuch der Physiologie. Dabei gab er sich nicht mit der Buchgelehrsamkeit zufrieden, sondern fing sich zwei kleine Frösche, die er unter seinem Mikroskop sezierte, das ihm in Hamburg ein entfernter Verwandter namens Dr. Heinrich Bonfort geschenkt hatte. Bevor die Physiologie zu Ende war, hatte er sich schon »auf ein anderes Thema geworfen, die Volkswirtschaft«. Auch hier genügte ihm die Lehrbuchweisheit nicht, sondern er wollte die Sachen selbst herausfinden, analysierte eine »Geschichte der Preise«, setzte die Statistiken in graphische Darstellungen um und meinte, »ganz interessante Resultate« gefunden zu haben.[25]

Er sah sich auch schon als Erfinder neuer Methoden in der Telegraphie und wollte deshalb im Physikalischen Verein experimentieren. Während sein Antrag noch der Beschlußfassung durch den Vorstand harrte, gelangte er durch die Lektüre technischer Zeitschriften jedoch zu der Einsicht, »daß es Torheit sei, Versuche anzustellen über eine Sache, von der man so wenig weiß, wie ich wußte«.[26] Ein einschlägiges Buch verhalf ihm denn auch bald zu der Erkenntnis, mit der sich schon mancher Erfinder hatte abfinden müssen – daß seine Ideen nämlich so neu nicht waren.

Aber unverdrossen dachte er sich andere Projekte aus, die er zu Hause in den Weihnachtsferien realisieren wollte. So hatte er den Einfall, »Linsen von großem Umfange dadurch herzustellen, daß man zwischen zwei kreisförmige, möglichst elastische Glasplatten eine Flüssigkeit füllt und dieselbe einem starken Druck unterwirft, wodurch sich die Glasplatten ausbauchen müssen, und der mittlere Teil wird wohl den Bedingungen einer Linse mit weiter Brennweite ziemlich genügen«. In den Weihnachtsferien war er dann »hauptsächlich mit der Herstellung des Glasbiegeapparats beschäftigt«. Über das Resultat notierte er nur lakonisch: »Erste Versuche mißlungen, nachher keine Zeit gehabt.«[27] Auf die Elastizität von Platten wird er sieben Jahre später zurückkommen, und dann werden ihm mit den Mitteln der mathematischen Physik überraschende und nützliche Entdeckungen gelingen.

Nach den Weihnachtsferien konnte er aus Frankfurt berichten, daß beim Wettbewerb um die Mainbrücke das Projekt, an dem er hatte mitarbeiten können, »gesiegt hat, und zwar mit Glanz; einer der Preisrichter hat sogar in seinem Dankschreiben gesagt, es sei sogar eine Ehre für die deutsche Ingenieurwissenschaft«. Im Frankfurter Römer, wo alle Entwürfe ausgestellt waren, hatte er allerdings gesehen, »daß dieselben teilweise auch äußerlich so mangelhaft ausgefallen sind, daß sie nicht so schwer zu besiegen waren. Natürlich hat es mir sehr viel Spaß gemacht, daran mitgearbeitet zu haben.«[28] Die verbleibenden Monate in Frankfurt hat er wieder auf dem Bauamt gearbeitet, aber nicht viel, sondern »privatim hauptsächlich Mathematik getrieben«.[29]

Als das Praktikum sich dem Ende zuneigte, wollte er Frankfurt offenbar nicht verlassen, ohne etwas von Goethe gelesen zu haben. Er griff zu »Wilhelm Meister« und wurde darüber zum unerschrockenen Literaturkritiker, der sich vom Ruhm des großen Sohnes der Stadt und der Deutschen nicht blenden lassen wollte: »Es hat mir aber gar nicht gefallen. Der Gegenstand kommt mir gar zu unbedeutend und uninteressant vor. Auch habe ich niemals Leute gesehen, die beständig so unnnatürlich kluge Reden führen, ich möchte auch nicht mit solchen zusammentreffen.« Wenn er das Buch auch nicht zu Ende las, fand er es doch nicht völlig unnütz: »Wenn man übrigens das Ganze als eine Anleitung für Geschäftsbriefe bedenkt, so muß man bekennen, daß Wilhelm Meister als Kaufmann Aussichten hat.«[30] Aber Kaufmann wollte er nicht werden, und die Romane von Charles Dickens, die er im englischen Original las, waren ihm immer viel sympathischer. – Übrigens las er zwölf Jahre später den »Wilhelm Meister« ein zweites Mal, blieb aber bei seinem vernichtenden Urteil.[31]

Vor der Heimkehr Ende März stand noch ein Problem, das Heinrich seinem »lieben Papa« ohne Umschweife vortrug: »Um abreisen zu können, muß ich aber meine Schulden bezahlen, und so komme ich mit der Bitte, mir Geld zu schicken.« Dringend bat er um prompte Übersendung, »damit dies nicht meine Abreise verzögert. Ich freue mich ganz erschrecklich und ganz entsetzlich darauf, wieder zu Euch zu kommen«.[32] Er hatte sich auch unbändig darauf gefreut, wieder zu Hobel- und Drehbank und in sein kleines Laboratorium zu kommen, aber er hat »in den Osterferien der vielen Feste wegen zu Hause nichts Ordentliches in keiner Sache getan, etwas Mathematik, etwas Hohlspiegelei, keine Resultate«.[33]

Spätestens in Hamburg wird Heinrich mit den Eltern auch die Wahl des Studienortes besprochen haben. Da er im Herbst zum Militär würde einrücken müssen, konnte es freilich nur so etwas wie ein »Schnuppersemester« an einem Polytechnikum werden. Daß dafür die Wahl auf Dresden fiel, mag an der Schönheit und dem künstlerischen Glanz der Residenz der Könige von Sachsen gelegen haben, vielleicht auch daran, daß das dortige Polytechnikum durch großzügige Förderung von König und Regierung die führende höhere technische Lehranstalt Deutschlands werden sollte. Und für jemanden, der ein tüchtiger Ingenieur werden wollte, war die beste Schule gerade gut genug.

4. Kurz im Kolleg und lang in der Kaserne

Am 21. April reiste Heinrich über Berlin ins »Elbflorenz«. Von der Stadt und seiner Ausbildungsstätte war er gleichermaßen begeistert. »Das Polytechnikum ist ein wunderschönes Gebäude«[1], bemerkte er sogleich mit dem Kennerblick des angehenden Bauingenieurs. Der Palast im Stil der Neorenaissance war gerade im Jahr zuvor nach dreijähriger Bauzeit für die damals immense Summe von 2,5 Millionen Mark fertiggestellt worden. Er lag in der südlichen Vorstadt am Bismarck-Platz, hinter dem Böhmischen Bahnhof, der später der Hauptbahnhof wurde, nahe dem »Großen Garten«, aber weit entfernt von der Elbe. Rektor war Gustav Anton Zeuner, eine Autorität auf dem Gebiet der Dampfmaschinen und ein geborener Sachse. Zeuner hatte wegen seiner Beteiligung an den revolutionären Aufständen im März 1848 ebenso wie Richard Wagner und Gottfried Semper Dresden verlassen müssen und war nun nach einer herausragenden Karriere am Eidgenössischen Polytechnikum in Zürich in seine Heimat zurückgekehrt. Damit sich der Aufwand des Neubaus auch lohne, bemühte sich Zeuner, viele tüchtige Professoren zu verpflichten.

So ging Heinrich Hertz gewiß mit einiger Erwartung in die Vorlesung des gerade aus Heidelberg berufenen hervorragenden Professors Leo Königsberger, der mit »Integralrechnung anfing, und zwar mit rasender Schnelligkeit, doch verstand ich ihn«.[2] Wie es damals üblich war, las der Mathematiker auch »Analytische Mechanik«, aber Heinrich Hertz hatte das nach der ersten Stunde »noch zu hoch für mich befunden«[3] und blieb daher diesem Kurs fern. Auch der erste Gang in die Bibliothek verwirrte den Anfänger: »Die Unverständlichkeit fast aller Aufsätze für mich entsetzte mich, ebenso die Fülle der aufgelegten Zeitschriften, so daß ich niedergeschlagen wegging.«[4]

Die Mathematikvorlesung war aber ganz nach seinem Geschmack, und nach einigen Wochen lobte er, Königsberger gebe von »Zeit zu Zeit Überblicke über das, was noch höher in der Mathematik liegt, und beschränkt sich nicht immer gerade auf das Nächste«. Mathematik wurde Heinrich Hertz' »Hauptarbeit« und machte ihm »die größte Freude«. Er wagte sich auch wieder in die

Bibliothek und studierte die aktuellen Zeitschriften, um sich »Überblicke sozusagen über die höchste Mathematik zu verschaffen, was einigermaßen schwerfällt ... Man bekommt aber Wunderdinge zu sehen, so daß einem manchmal schwindlig wird.«[5] An einem typischen Tag hatte er vormittags »scharf Analysis gearbeitet«, dann die Bibliothek aufgesucht und nach dem Essen »Analysis und Kant gelesen«.[6]

Dem Professor Königsberger ist dieser passionierte Mathematiker unter seinen etwa sechzig Studenten jedoch nicht aufgefallen, was an dem hanseatisch zurückhaltenden Auftreten des jungen Mannes gelegen haben mag. Als sich die beiden dreizehn Jahre später bei der Naturforscherversammlung in Heidelberg begegneten, war Königsberger überrascht, von dem mittlerweile hochberühmten Kollegen Hertz zu erfahren, daß er einst seine Vorlesung gehört habe.[7]

Dabei war Heinrich Hertz' Beschäftigung mit der Mathematik so intensiv, daß es sogar zu Erschöpfungszuständen kam: »Es verließen mich aber plötzlich die Kräfte.«[8] Davon erholte er sich durch kleine Reisen. So besuchte er Mitte Juni Verwandte in Prag, die ihm die geschichtsträchtige Stadt zeigten. An drei Abenden ging er ins Theater, als an allen Sprachen Interessierter sogar einmal »allein ins Böhmische Theater, weil ich gern einmal in tschechischer Sprache spielen sehen wollte«. Es war ein »Ausstattungsstück und so trotz der Unverständlichkeit der Sache recht interessant. Es klang auch sehr gut.«[9] Als die »geliebte Mama« sich im Juli zur Kur ins böhmische Karlsbad begab, war er glücklich, dort einige Tage mit ihr verbringen zu können.

An den meisten Vorlesungen hatte Heinrich Hertz deutlich weniger Vergnügen als an der Mathematik: »In die Kollegien gehe ich ziemlich regelmäßig, sie sind aber außer zweien ziemlich langweilig.« Darstellende Geometrie war für ihn »nur eine Wiederholung und wird obendrein sehr langstielig vorgetragen«, obwohl Professor Burmester von Königsberger als ein »ausgezeichneter Vertreter« dieses Faches gerühmt wurde. Auch beim physikalischen Kolleg erfuhr er »eigentlich nicht mehr, als ich schon weiß«, und Planzeichnen war für ihn nur eine »mechanische Übung«. Ebenso unzufrieden war er mit einem die Vorlesung von Königsberger ergänzenden Kurs über die Anwendungen der Integralrechnung bei einem altgedienten Professor Fuhrmann, denn der stellte »jede Woche zwei Aufgaben, die sehr breit durchgesprochen werden, während ich jeden Tag weit mehr rechne«.[10]

Zur Beförderung der Allgemeinbildung der angehenden Ingenieure wurden am Polytechnikum auch Fächer gelehrt, die nichts mit Technik zu tun hatten. Von einem Kommilitonen war Heinrich Hertz in eine Vorlesung über Vergleichende Psychologie gelockt worden, aber die dort vorgetragene naturwissenschaftliche Darstellung des Seelenlebens von den niederen Tieren bis zum Menschen war ihm zu simpel, »etwa in der Art, wie in den populären Vorträgen von Virchow und anderen, die wir zu Hause haben. Der Professor erzählt dabei eine Menge kleiner Geschichten, die er, glaube ich, ebenda gelesen hat, wo ich auch, nämlich gerade in jenen Vorträgen.«[11]

Der Professor, dem der belesene Student auf die Schliche gekommen war, war freilich weder Psychologe noch Biologe, sondern Philosoph, der die Vergleichende Psychologie wohl etwas nachlässig aus dem Ärmel schüttelte, vielleicht auch deshalb darüber vortrug, weil er gerade eine Schrift über »Kant und Darwin« veröffentlicht hatte. Dieser Professor Fritz Schultze las aber auch aus seinem eigentlichen Fachgebiet »Geschichte der Philosophie«, und das war neben Königsbergers Vorlesung die zweite, die Heinrich Hertz nicht langweilte.

Schultze war ein noch junger Mann von dreißig Jahren. Er galt als ein nicht gerade führender, aber eifriger und schriftstellerisch produktiver Vertreter der neukantianischen Philosophie von der strengen Observanz der »Marburger Schule«, deren Vertretern es im Rückgriff auf Kant darum ging, die Möglichkeit sicherer Erkenntnis insbesondere des naturwissenschaftlichen Denkens zu analysieren und zu begründen. Schultze, der gerade an einem Buch »Über die Bedeutung und Aufgabe einer Philosophie der Naturwissenschaften« arbeitete, wird manches von dieser Thematik in seiner Vorlesung ausgebreitet und die Geschichte der Philosophie in Kantschen Kategorien entfaltet haben. Hertz rühmte diese Vorlesungen des Neukantianers als »wirklich wissenschaftlich und sein Fach und daher sehr interessant«.[12]

Angeregt von Schultze, hatte er sich »aus der Bibliothek Kants Anthropologie geholt, darin gelesen und allerdings manche Stellen nicht verstanden, doch interessiert es mich sehr«.[13] Diese Schrift handelt von der Anthropologie nicht im heute üblichen Sinne, sondern, wie Kant festlegte, »in pragmatischer Hinsicht«. Darunter verstand der Philosoph, was der Mensch »als frei handelndes Wesen aus sich selber macht, oder machen kann und soll« – also so etwas wie eine weitgefaßte Analyse der Beziehung zwischen dem einzelnen und der Gesellschaft. Während Heinrich Hertz von diesem etwas disparaten, aus wiederholt gehaltenen Vorlesungen hervorgegangenen Buch des großen Denkers nicht immer angetan war, änderte sich das bei der Lektüre der »Kritik der reinen Vernunft«, die ihn regelrecht fesselte. Er studierte sie sehr gründlich, oft abwechselnd zwischen der reinen Mathematik und Kants Ausführungen über die »reine Vernunft« als Bedingung der Möglichkeit von sicherer Erkenntnis überhaupt. Hertz wurde darüber nicht gerade zum Kantianer, aber die an Kant erfahrene Strenge wissenschaftlich argumentierender Philosophie wurde ihm, wenn er später auf seine eigene und ganz eigenständige Weise über die Grundlagen der Physik nachdachte, zum Vorbild und zur Verpflichtung.

Von Kant dürfte Heinrich Hertz nicht nur in der Strenge des Denkens bestärkt worden sein, sondern auch darin, daß ethische Normen keine Kompromisse zulassen. Diese Haltung unbedingter Wahrhaftigkeit, die ihm nicht einmal eine kleine Notlüge erlaubte, wurde bei einer komischen Affäre auf die Probe gestellt, die daraus entstand, daß er sich in den ersten Tagen des Semesters in Dresden verloren fühlte und wie im Jahr zuvor in Frankfurt unter melancholischen Anwandlungen litt. Durch die Mitgliedschaft in einer studentischen Verbindung hoffte er, »endlich aus meiner Einsamkeit herauszukommen und wieder gute Bekannte zu haben«.

Daß er dabei zögerte und schwankte, lag an der irritierenden Ausprägung studentischen Gemeinschaftslebens in Deutschland, das an den Universitäten mit ritualisiertem Biertrinken und Fechten einherging. Zwar standen die Polytechnika bei den Universitäten nicht im Ansehen akademischer Satisfaktionsfähigkeit, aber die Ingenieurstudenten wollten mit denen der Universitäten wenigstens im Verbindungswesen gleichziehen. Also gaben auch sie sich der deutschen akademischen Schrulle des organisierten Saufens und Paukens hin. Heinrich Hertz sah sich dieses Treiben bei der Verbindung der »Cherusker« an und wußte dabei nicht, ob er »sie als gute Freunde betrachten sollte oder als Teufel, die eine arme Seele gewinnen wollen«. Einige Tage schwankte er heftig, aber bereits gegen Ende der ersten Woche seines Aufenthalts in Dresden entschloß er sich, »einzuspringen«, wie der Beitritt im Verbindungsjargon genannt wurde.[14]

Wie vorauszusehen, hatte er schon nach ein paar Tagen genug von Kneipe und Paukboden, aber ein Austritt galt als ehrlos, und der einsame Heinrich fürchtete, er würde dann »jedenfalls in Verschiß kommen und mehr oder weniger meine Bekanntschaft einbüßen«.[15] Als einziger Ausweg ohne diese Nachteile fiel ihm ein Verbot der Mitgliedschaft durch den Vater ein, der deshalb einen kuriosen Brief erhielt: »Darum bitte ich dich sehr, sehr, Papa, mir zu helfen, indem Du mir die Sache verbietest und mir schreibst, Du liebtest das nicht und würdest sehr unzufrieden sein, wenn ich nicht sofort ausspringe.« Diesen Brief wollte Heinrich den »Chargierten« vorlegen, die angesichts väterlicher Gewalt gegen den Abschied dann nichts mehr einwenden konnten. Dem Papa stellte der unglückliche Verbindungsbruder noch anheim, bei anderer Meinung diese in einem separaten Brief mitzuteilen, aber den Verbotsbrief solle er auf jeden Fall schreiben: »Ich sehe, dies ist ein seltsames Ansinnen, aber bitte, tue mir den Gefallen, denn sonst muß ich noch mehrere dieser Saufereien mitmachen.«[16]

Umgehend traf der erbetene Brief ein, aber auch ein zweiter, in dem der Papa die Flucht in die Notlüge mißbilligte. Heinrich bedankte sich innig für beide Briefe und folgte »mit ganzem Herzen« dem Rat seines Vaters, den bestellten Verbotsbrief nicht zu verwenden, denn »wenn ich mir die darin liegende Falschheit auch nicht klar gemacht hatte, so merkte ich doch, daß nicht alles ganz richtig sei«. Da Heinrich Hertz jede Falschheit ablehnte, blieb er aus Konsequenz lieber »Cherusker«, obwohl er längst wußte, daß sein »Einspringen allerdings wohl eine Dummheit« war.[17]

Nach zwei Wochen bereute er sein »Einspringen« jedoch nicht mehr, »im Gegenteil, das Pauken fängt an, mir viel Vergnügen zu machen und ist ja auch sehr gesund, und das Kneipen ist auch nicht so fürchterlich«.[18] Er wollte sogar das intellektuelle Niveau seiner Verbindungsbrüder heben und hielt bei den »Cheruskern« einen Vortrag über Darwinismus, der in diesen Kreisen allerdings »heftige Debatten« auslöste.

Das »Pauken« war freilich nur die Einübung für die Mensur mit scharfem Säbel und den dabei angestrebten »Schmissen« als verquerer Ausweis von Mut, Männlichkeit und akademischer Würde. Über die erste »ausgepaukte« Mensur, bei der er zusah, hat Heinrich Hertz lakonisch notiert, ein Freund »wurde abgeführt, indem er einen Durchzieher über Nase und Lippe bekam«.[19] Er selbst entging als Anfänger während des ersten Semesters der Mensur, und da er später an einem anderen Studienort seine Mitgliedschaft einfach nicht erneuerte, was ohne »Falschheit« möglich war, verbrachte er sein Studium ohne Mensur und sein Leben ohne Schmisse.

Zum Abschluß des Semesters kamen Ende Juli die Brüder Gustav und Rudolf nach Dresden, und der ortskundige Heinrich zeigte ihnen alles, was er zuvor schon allein besichtigt hatte, von den Schätzen im Grünen Gewölbe bis zum Zwinger. Dann traten die drei eine längere Wanderung an, elbaufwärts durch das Elbsandsteingebirge bis ins Riesengebirge zum 1600 Meter hohen, kargen Gipfel der Schneekoppe. Die Fortsetzung des Studiums lag in einiger Ferne, denn nach den Ferien mußte Heinrich Hertz erst einmal zum Militär einrücken – eine für Hamburger relativ neue Erfahrung.

Nach der napoleonischen Besetzung hatte sich Hamburg im 19. Jahrhundert auf ein Bürgermilitär beschränkt, dessen Mitglieder nebenbei die Grundzüge des Soldatischen einübten. Diese Miliz, eher Schützenverein als Armee, taugte natürlich nicht zum Krieg, nicht einmal zur Verteidigung der Stadt, sondern allenfalls, und das wurde schließlich ihre wichtigste Funktion, zur Unterstützung der Polizei bei der Unterdrückung innerer Unruhen. Der Advokat Gustav Ferdinand Hertz hatte es in dieser Truppe zum Hauptmann gebracht.

Das Bürgermilitär wurde 1868 jedoch aufgelöst, weil Hamburg nach dem Beitritt zum Norddeutschen Bund seine Militärhoheit an Preußen abgetreten hatte. Die Stadt wurde Garnison von zwei Bataillonen des Infantrieregiments Nr. 76, und nach der Reichsgründung ereilte nach preußischem Vorbild auch die Hamburger die Wehrpflicht. Im Normalfall dauerte der Militärdienst drei Jahre, aber für junge Herren von Stand und Bildung galt etwas anderes: In einer Dienstzeit von nur einem Jahr konnte sich für die Karriere als Reserveoffizier qualifizieren, wer nach der zehnten Klasse eines Gymnasiums oder Realgymnasiums die »Mittlere Reife« erworben hatte, weshalb diese Prüfung das »Einjährige« genannt wurde.

Zunächst hatte Heinrich Hertz in Hamburg bei der Infantrie einrücken wollen, um Labor und Hobelbank nahe zu sein, aber während des Semesters in Dresden hatte er sich entschlossen, nach Berlin zu gehen. Zwar hätten die preußischen Eliteregimenter in der Hauptstadt kaum einen Bürgerlichen als Offiziersanwärter akzeptiert, und schon gar nicht einen Hamburger mit jüdisch klingendem Namen. Aber Heinrich Hertz wollte offenbar das Militärjahr mit beruflich Nützlichem verbinden und interessierte sich daher für ein Eisenbahnregiment.

Diese Truppe war eine Folge der Modernisierung des Krieges durch die neue Beweglichkeit auf den Schienensträngen, mit der große Armeen im Konfliktfall schnell an wechselnde Fronten geführt werden konnten. Zudem baute die Firma Krupp in ihren Waffenschmieden so gewaltige Kanonen, daß sie nur noch auf Schienen transportiert und in Stellung gebracht werden konnten. Obwohl die Eisenbahnen also für den Generalstab, insbesondere bei den Planungen eines Zwei- oder Mehr-Fronten-Krieges, eine zentrale logistische Bedeutung gewannen, blickte doch jeder Kavallerieleutnant von seinem hohen Roß auf die Lokomotiven-Soldaten herab, auch wenn die Dampfrösser viel schneller und kräftiger waren als die vierbeinigen und es sich in Berlin immerhin um das 1. Garde-Eisenbahnregiment handelte. Aber für »Bürgerliche« wurde dieser Nachteil im Ansehen dadurch aufgewogen, daß in einem Eisenbahnregiment nicht Tradition und Adel, sondern fachliche Kompetenz im Vordergrund standen, und junge Männer wie Heinrich Hertz sahen der Menschheit Zukunft ohnehin nicht auf dem Rücken der Pferde, sondern in der Technik.

Am 13. September fuhr der angehende Soldat nach Berlin zur Vorstellung beim Regiment. Zu seinem Bedauern war im »Kaiserhof«, dem ersten Haus am Platze, kein Zimmer frei, so daß er sich im ebenfalls vornehmen »Hotel du Nord« einquartierte. Am nächsten Morgen suchte er Heinrich von Kusserow auf, dessen Mutter Eveline Oppenheim eine Schwester von Heinrich Hertz' Großmutter war. Kusserow war als Geheimer Legationsrat im Auswärtigen Amt für die Kolonialpolitik des Reiches zuständig.[20] Dieser einflußreiche Onkel hatte die Verbindung zum 1. Garde-Eisenbahnregiment geknüpft und gab seinem Neffen noch einen Brief an den kommandierenden Obersten mit. Mit solchen Empfehlungen versehen, wurde Heinrich Hertz für den 1. Oktober als Offiziersanwärter akzeptiert und konnte nach drei Tagen wieder nach Hamburg zurückkehren.

Ende September 1876 fuhr Heinrich Hertz in dem Gefühl nach Berlin, »daß dies ein großer Abschnitt in meinem Leben sei«. Den wollte er standesgemäß beginnen, aber wieder war im »Kaiserhof«

kein Zimmer frei, so daß er noch einmal mit dem »Hotel du Nord« Vorlieb nehmen mußte. Am nächsten Morgen ging er zu Heinrich von Kusserow, um sich dort die Militärpapiere abzuholen. Der Onkel lud den jungen Neffen zum Essen ein und bestellte ihn auf den Abend in sein Haus. Dort fand sich auch Kusserows Schwager Adolph von Hansemann ein, der mit Kusserows Schwester Ottilie verheiratet war, die somit eine Kusine von Heinrichs Vater war. Hansemann war als Inhaber der Disconto-Gesellschaft und anderer Finanzinstitute einer der geschicktesten und angesehensten Bankiers und einer der reichsten Männer Deutschlands.[21] Bei dieser Verwandtschaft, die sich mit Recht zu den allerersten Kreisen der Hauptstadt und des Reiches rechnen durfte, ist der Hamburger Bürgerssohn jedoch nicht in Ehrfurcht erstarrt, sondern er notierte in seinem Tagebuch nur: »Nach dem Essen wurde etwas Billard gespielt.«[22]

Am 1. Oktober hatte er sich in der Kaserne einzufinden, aber anders als die gemeinen Rekruten wohnte er nicht dort. Die Offiziersanwärter logierten privat, und Heinrich Hertz wählte sich eine Pension in der Frobenstraße am südwestlichen Rande des Tiergartens, so daß die Kaserne in Moabit erst nach einem längeren Spaziergang durch den Tiergarten zu erreichen war. Die Wohnung war übrigens ebenso wie Uniformen, Säbel und Helm sowie alle anderen Aufwendungen aus eigener Tasche zu bezahlen – oder aus der des Vaters. Kostenfrei war allerdings der »Bursche«, den die jungen Herren aus der Schar der gemeinen Rekruten gestellt bekamen, der als eine Art Diener die kleinen Lästigkeiten wie Stiefel- und Gewehrputzen zu übernehmen hatte. Neben der »Mittleren Reife« oder dem Abitur war die kostenträchtige Ausbildung eine weitere Garantie dafür, daß das Offizierskorps von allen Bewerbern verschont blieb, die im Kaiserreich als »unerwünschte Elemente« bezeichnet wurden.

Heinrich Hertz war mit dem Vorsatz Soldat geworden, aus dem Unabänderlichen das Beste zu machen. Sogar der Voraussetzung alles Militärischen, der Einübung des Gleichschritts, gewann er zunächst gute Seiten ab: »Das Exerzieren selbst macht meistenteils Spaß, und man hat immer gute Laune, außerdem merkt man, daß Hunger der beste Koch ist, und schlafen tut man prachtvoll.«[23] Der typische Tagesablauf begann um sieben Uhr mit vier Stunden Exerzieren, dann folgten zwei Stunden Turnen und schließlich die Instruktionsstunden. Weil das Militär bekanntlich der frei schwebenden Intelligenz mißtraut, mußte er auch noch seine Freizeit dem Unterricht opfern, »da alles wörtlich auswendig gelernt werden muß, wie es der Unteroffizier will, z. B. Treue ist die treue Anhänglichkeit etc.«.[24]

Der immer fleißige Heinrich lobte sogar, daß »die Faulheit ... einem mal gründlich ausgetrieben« wird, und er registrierte, »daß die Selbstüberwindung, die der Kampf mit der natürlichen Trägheit kostet, mir immer leichter wird«. Oft dachte er, wenn er mit dem gleichen Eifer, »wie ich jetzt Griffe üben muß, früher hätte drauflosdrechseln und -hobeln wollen, so hätte ich weit mehr in derselben Zeit zustande bringen können. Oder wenn ich meiner eigenen besseren Überzeugung immer so schnell und genau Folge geleistet hätte, wie ich jetzt den mir ganz willkürlich scheinenden Befehlen des Offiziers oder Unteroffiziers Folge leisten muß, so hätte ich mir manche Unannehmlichkeit sparen können.«[25] Er fand es aber angenehm, daß er nach zwei Wochen endlich seinen »Burschen« bekam, denn »bis gestern habe ich alles selbst putzen müssen«.[26]

Aber wie er es auch vorausgesehen hatte, erschien ihm das Militär trotz aller guten Vorsätze bald langweilig und stupide. Eine erfreuliche Abwechslung bot die Möglichkeit, an der königlichen Bauakademie fachlich relevante Vorlesungen zu hören, und so wurde er an einem Sonnabend schon um zehn Uhr vom Exerzieren entlassen, um sich in der von Karl Friedrich Schinkel gegenüber dem Schloß errichteten Ingenieurschule einzuschreiben. Dieser Ausflug ins Zivilleben war erfreulich: »Wir kamen uns aber ordentlich wieder wie Menschen vor, nachdem wir mal wieder etwas anderes als den öden Exerzierplatz gesehen und etwas anderes als öde Kommandos gehört hatten.«[27]

Im Wintersemester 1876/77 belegte Heinrich Hertz Physik bei einem Professor Riedorff und im anschließenden Sommersemester eine Lehrveranstaltung über »Privat- und Öffentliche Gebäude, sowie Städteanlagen mit Entwerfen« bei einem Professor und Geheimen Baurat Adler.[28] Beide Veranstaltungen haben, aus welchen Gründen auch immer, Heinrich Hertz nicht beeindruckt. Die Bauakademie hat er in seinen Briefen erst wieder gegen Ende des Militärjahres erwähnt, als er dem Vater darlegte, daß er sein Studium nicht in Berlin fortsetzen wolle, »sowohl wegen des Ortes als wegen der Zustände an der Bauakademie«, an der er vor allem den dort »herrschenden Kommißton« mißbilligte.[29]

Derweil ging das Exerzieren weiter, und es kam auch das Schießen dazu. Kurz vor Weihnachten wurde »mit scharfen Patronen nach der Scheibe geschossen, jeder fünf Schuß; diesmal war ich unter den besten Schützen, was mir sehr angenehm ist, weil man sonst Kugeln suchen muß im Schnee«.[30] Zum Weihnachtsfest durfte er nicht nach Hause fahren, sondern erst zum Jahreswechsel. Diese paar Tage Urlaub haben ihn das Militär in einem anderen Lichte erscheinen lassen, denn er schrieb kurz darauf, er und seine Kameraden fänden, »daß der Kommiß ruppig sei, und daß wir Gott danken wollen, wenn wir wieder heraus sind«.[31] Einen Monat später wurde er sogar ungewohnt zornig: »Wenn ich mich ausbreiten wollte mit Anklagen gegen das ganze System, würde ich sobald nicht fertig werden. Aber jetzt ist nicht zu helfen, wir kommen uns vor wie im Fegefeuer, und der einzige Trost ist, daß ein Jahr sehr kurz ist.«[32]

Aber bald darauf war er wieder bereit, das Militär als eine Bewährungsprobe zu akzeptieren, und er schrieb, daß »der Kommiß mir selbst sogar Spaß macht, insofern das Ganze ein unaufhörlicher Kampf ist, der mit allen Mitteln geführt wird, und es macht mir Freude, einmal, insofern er meine Kräfte anstrengt, und andererseits, da ich sehe, daß ich sozusagen siege, das heißt, daß ich verhältnismäßig ungeschoren hindurchkomme.« Er konnte feststellen, daß er unter den Kameraden, »während ich anfangs alle möglichen Neckereien zu dulden hatte, eine geordnete und ich kann beinahe sagen geachtete Stellung habe«. Und auch bei den Vorgesetzten hatte er sich »in eine verhältnismäßig gute Stellung« gebracht, »ohne mir etwas von meiner Würde zu vergeben«.[33] Strapaziös wurde es noch einmal im Mai wegen der Vorbereitung für die Parade vor Kaiser Wilhelm I., denn für den letzten Schliff »sind die schnauzenden Unteroffiziere und Leutnants eingetreten und werden ihrerseits angeschnauzt«. Aber Glanz und Gepränge des Militärischen taten ihre Wirkung, so daß er ein gut exerzierendes Bataillon als »einen sehr schönen Anblick« empfand, insbesondere auf dem Tempelhofer Feld, wo alle Garderegimenter sich dem Kaiser präsentierten.

Gleich zu Anfang der Militärzeit hatte Heinrich Hertz seine Erwartung bestätigt gefunden, daß das Eisenbahnregiment für die Vorbereitung auf den künftigen Beruf einige Vorteile bot: »Meine Kameraden sind mir meistens sehr angenehm, es ist schon gut, daß es lauter Fachgenossen sind, man hört und lernt manches dabei über die verschiedenen Studiengänge, Polytechniken und dergleichen, was man sonst nicht lernt.«[34] In der Ausbildung kam es jedoch erst nach einem halben Jahr des Exerzierens zu den technischen Arbeiten, und dies zunächst mit einer unangenehmen Überraschung, denn die »wurden uns bald so eingetränkt, daß wir wieder auf das Exerzieren hofften«.[35]

Aber es dauerte nicht lange, und Heinrich Hertz hatte die militärische Art des Unterrichts durchschaut: »Die Arbeiten, die wir bekommen, lauten zwar fürchterlich, z.B. Wie ist der Gang der Arbeiten bei einem Tunnelbau nach der modifizierten englischen Methode? Sie sind aber nicht so schlimm in Wahrheit, sondern größtenteils aus den Instruktionsbüchern abzuschreiben.«[36] Immerhin beeindruckte er den Papa mit einer imposanten Liste von Themen aus den Gebieten »1. des Infantriedienstes, 2. der Eisenbahnverbindungen, 3. der Anlage des Bahnkörpers, 4. des Eisenbahn-Oberbaus, 5. Tunnelbau, 6. Brückenbau, 7. Betriebsmittel, also über Eisenbahnwagen und Lokomotiven, 8. Eisenbahnmaterial, 9. Telegraphenbau, 10. Signalanlagen.« Dazu kam noch Fortifikation, also die Konstruktion von Befestigungsanlagen, und schließlich gab es in der gleißenden Hitze der ersten Wochen des Juli praktische Übungen im Gleisbau, das Schleppen von Schwellen und Schienen eingeschlossen. Anfang August wurde »viel geschossen, danach bauten wir 8 Tage lang eine Telegraphenleitung nach Zossen, was sehr hübsch war«.[37]

In den Sommermonaten, »wo ich jeden Tag viermal nach dem Kalender sah«[38], war das Ende immerhin abzusehen. Zuvor mußten sich die angehenden Reserveoffiziere noch auf ein anspruchsvolles Examen vorbereiten. 25 schriftliche Arbeiten hatten sie dafür anzufertigen, bevor sie sich der Prüfung stellen durften. Von den 60 »Einjährigen« des Regiments wurden ungefähr 50 zugelassen, und von diesen bestand nur etwa die Hälfte. »Es wurde scharf gefragt und mit ziemlicher Willkür zu Werke gegangen«, klagte Heinrich Hertz. »Ich konnte meine Fragen nicht besonders beantworten und war daher in starkem Zweifel wegen des Ausgangs.«[39] Erst nach bangem Warten konnte er den Eltern »halbwegs Gutes melden, ich habe nämlich bestanden, soll aber zur Infantrie versetzt werden«. Er wußte nicht recht, wie er das auffassen sollte, aber ihm und fünf Kameraden wurde versichert, »daß die Versetzung durchaus ehrenvoll sei und daß wir den bei der Infantrie Durchgekommenen vollständig gleichberechtigt sind«.[40] Einen vorzeigbaren militärischen Rang erhielten die »Durchgekommenen« jedoch nicht. Dafür waren in den nächsten Jahren noch einige »Avancement-Übungen« zu absolvieren.

Damit die jungen Herren nicht übermütig wurden, ging es nach dem Examen Ende September noch einmal auf den Übungsplatz, »und es wird einem alten Mann noch einmal sauer gemacht, aber es liegt doch jetzt schon das Ganze hinter uns, und wir denken mehr daran, was nach dem 1. Oktober wird als an die Gegenwart«.[41]

Diese Zeit nach dem 1. Oktober hatte Heinrich Hertz mit den Kameraden ausgiebig erörtert. Sein nächster Studienort sollte auch der letzte sein, an dem er das Examen als Bauingenieur machen würde, und über die neun dafür in Frage kommenden Polytechnischen Schulen hatte er sich deshalb sehr gründlich seine Meinung gebildet. Die preußischen in Berlin, Hannover und Aachen schieden aus wegen des »Kommißtons«, Dresden kannte er schon und hatte keine Sehnsucht danach, Wien und Zürich waren zu weit entfernt, Darmstadt war unbedeutend und langweilig und in Stuttgart wurde für Bauingenieure zu wenig geboten. Durch das Studium der Programme und durch Gespräche mit kundigen Kameraden war er zu der Überzeugung gelangt, daß Karlsruhe wohl die beste Ingenieurschule sei, »aber im übrigen ist dort nichts zu holen«. Blieb also München mit dem »Vorteil der Studierfreiheit, während Karlsruhe strenge Stundenpläne vorschreibt«. Zudem hatte München den Vorzug, »daß es zugleich Universität und Kunstakademie hat«.[42]

Die Eltern waren mit München einverstanden, und so fuhr Heinrich Hertz nach drei Urlaubswochen in Hamburg am 21. Oktober 1877 in die Hauptstadt des Königreichs Bayern. Er und seine Eltern waren überzeugt, daß er es nach zügigem Studium in zwei Jahren zum Bauingenieur bringen würde, aber es kam anders.

5. »Jetzt oder gar nicht«: Entscheidung für die Physik

Als Heinrich Hertz im Oktober 1877 in München eintraf, führte ihn sein erster Weg in die Arcisstraße zum Polytechnikum, einem von Georg von Neureuther entworfenen und 1870 fertiggestellten Gebäude, ähnlich wie in Dresden im Stil der Neorenaissance. Zu seinem Kummer erfuhr er, daß er bis zum Beginn der Vorlesungen noch eine Woche Zeit haben würde. Die vertrieb er sich mit Spaziergängen durch die Stadt, die ihm, was die Schönheit der Gebäude und Plätze betraf, »weit über Berlin zu stehen« schien, und auch von den Sammlungen in den Museen meinte er, daß sie »mir wirklich reicher und schöner aufgestellt scheinen als in Dresden oder Berlin oder wo ich sonst war.« Auch das Polytechnikum und seine Einrichtungen gefielen ihm »sehr gut, außer daß es endlich einmal anfangen sollte«.[1]

Als er seine unbefangen klingenden Briefe an die Eltern schrieb, war er aber schon in einen heftigen inneren Kampf verstrickt. Beim Einschreiben für die Kurse am Polytechnikum erschrak er förmlich darüber, daß er sich nur auf Mathematik und Mechanik freute, für den Ingenieurberuf aber »auch vieles hören müsse, teils des Wissens, teils der Examina halber, wozu ich auch gar keine Lust hatte und daß dieser Teil mit jedem Semester zunahm, und mich auch mit diesem so beschäftigen würde, daß zu anderem keine Zeit blieb«.[2] Dieser Konflikt löste einen Denkprozeß aus, der an das Jahr in Frankfurt anknüpfte, als ihm die Naturwissenschaften eine permanente Versuchung waren, der er damals freilich nicht hatte nachgeben wollen.

Während des einen Semesters am Dresdener Polytechnikum war diese Problematik in den Hintergrund gerückt, jedenfalls finden sich weder in Briefen noch in den Tagebüchern Hinweise auf ein Liebäugeln mit einem Wechsel zu den Naturwissenschaften. Daß er sich in Dresden mit Haut und Haaren der Mathematik verschrieben hatte und sich in dieser Disziplin viel mehr erarbeitete, als für einen braven Ingenieur jemals notwendig oder sinnvoll sein würde, ist ihm wohl nur deshalb nicht aufgefallen, weil er durch das folgende Dienstjahr der Notwendigkeit einer Entscheidung enthoben war, und beim Militär kam er dann überhaupt nicht mehr zum Nachdenken: »Über dem Kommiß habe ich die bei mir doch noch immer schwebende Frage ganz vergessen und war auch nachher zu froh, überhaupt wieder frei studieren zu können, als daß ich an das *was* zu sehr gedacht hätte.« Noch in den drei Ferienwochen »lag mir jetzt in Hamburg der Gedanke ganz fern«, aber beim Belegen der Kurse »kam es plötzlich zum Bruch«.[3] Heinrich Hertz hatte erkannt, daß er Physiker werden mußte.

Da die Umsetzung dieser Erkenntnis keinen Aufschub vertrug, sowohl wegen der Aufrichtigkeit sich selbst und den Eltern gegenüber als auch wegen des Semesterbeginns, setzte er am 1. November seinen Eltern in einem sechzehn Seiten langen Brief seine Gründe auseinander. Dieser Brief gehört zu den aufschlußreichsten und anrührendsten Zeugnissen, in denen sich die Bildung der autonomen Persönlichkeit im bürgerlichen Zeitalter widerspiegelt: Ein junger Mann hatte nach intensivem, teilweise verschüttetem Ringen seine Berufung gefunden, bekannte sich trotz aller Risiken dazu und durfte gewiß sein, damit vor der Autorität des Vaters zu bestehen.

»Es ist ein beschämendes Geständnis für mich«, fiel Heinrich Hertz nach den Einleitungsfloskeln ins Haus, »aber es muß doch heraus, ich möchte noch jetzt im letzten Augenblick umsatteln und Naturwissenschaften studieren. Ich komme in diesem Semester an den Scheideweg, wo ich mich ihnen entweder ganz widmen muß oder definitiv von ihnen Abschied nehmen und jeder überflüssigen Beschäftigung mit ihnen entsagen muß, wenn ich nicht meine eigentlichen Studien darüber liegenlassen und ein mittelmäßiger Ingenieur werden wollte.« Der Wunschtraum der Mutter, daß ihr ältester Sohn einmal »etwas bedeuten« solle, war längst sein eigener geworden, und das schloß die bequeme Einrichtung in jeder Form von Mittelmäßigkeit aus. Dies galt mehr noch als für einen praktischen Beruf für ein Leben in der Wissenschaft.

Das äußere Ziel konnte für Heinrich Hertz nur ein Ordinariat an einer Universität sein, aber davon gab es damals im ganzen Deutschen Reich weniger als heute in einer einzigen Großstadt, nämlich nur zwanzig. War es schon verwegen genug, einen dieser wenigen Lehrstühle, vorzugsweise an einer der größeren und besseren Universitäten, anzustreben, so empfand er noch stärker den

Anspruch, dem Ethos des Gelehrten zu genügen und wirklich Bedeutendes zu leisten. Aber Risiken und Verpflichtungen konnten ihn nicht mehr schrecken: »Ich habe mir auch das vorgehalten, was ich mir früher öfters gesagt habe, daß ich lieber ein bedeutender Naturforscher als ein bedeutender Ingenieur, aber lieber ein unbedeutender Ingenieur als ein unbedeutender Naturforscher sein möchte; jetzt, wo ich an der Grenze stehe, denke ich aber, daß doch auch wahr ist, was Schiller sagt: ›Und setzet ihr nicht das Leben ein, nie wird euch das Leben gewonnen sein‹, und daß allzuviel Vorsicht Torheit wäre.«

Über die Schwierigkeit, nicht nur für die Wissenschaft, sondern auch von ihr leben zu können, und dies auch noch mit einem Einkommen, das hinter dem seines Vaters nicht gar zu auffällig zurückstehen würde, war er sich völlig im klaren: »Ich verhehle mir auch nicht, daß Ingenieur zu werden wohl zunächst ein sichereres Brot wäre, und der Gedanke tut mir leid, daß ich doch auf diesem Wege viel länger Deine Hilfe, lieber Papa, in Anspruch nehmen müßte wie auf dem anderen.« Nach reiflicher Abwägung aller Aspekte kam er aber »zu dem Resultat, daß es wohl manchen praktischen und handgreiflichen Nutzen hätte, Ingenieur zu werden, aber daß damit doch eine Art Selbstverleugnung und Entsagung verbunden wäre, zu der ich mich nicht zwingen sollte, wenn nicht äußere Gründe mich zwingen«.

Die »äußeren Gründe« betrafen nach Lage der Dinge das Einverständnis des Vaters. Darum warb er in so eindringlicher und so geschickter Weise, daß der Vater die Zustimmung kaum verweigern konnte: »Und so bitte ich Dich, lieber Papa, nicht sowohl um Deinen Rat, als um Deine Entscheidung, denn Rat brauche ich nicht mehr, und es ist auch nicht mehr Zeit, lange zu beraten; aber wenn Du mir sagst, ich solle Naturwissenschaften studieren, so werde ich dies als ein großes Geschenk von Dir annehmen, und was dann Fleiß und Liebe zur Sache tun können, das werden sie tun; und ich glaube auch, Du wirst diese Entscheidung geben; denn einmal hast Du mir noch nie einen Stein in den Weg legen wollen, und zweitens schienst Du es selber manchmal lieber zu sehen, wenn ich Naturwissenschaften studierte; wenn Du es aber für mein Bestes hältst, wenn ich den einmal eingeschlagenen Weg verfolge (was ich jetzt nicht mehr glaube), so werde ich auch dies tun, und zwar ganz und voll, denn ich bin des Zweifelns und Zauderns jetzt satt ... Jetzt oder gar nicht, noch mehr Zeit will ich nicht verlieren, die verlorene Zeit reut mich schon genug.«[4]

Eine bange Woche verging, bis der Brief mit der ersehnten Erlaubnis zum Studienwechsel eintraf. Der Papa hatte zwar mit seinem Einverständnis keinen Tag gezögert, aber der Brief von Hamburg nach München war drei Tage unterwegs und somit etwas länger als damals üblich. Heinrich Hertz war »jetzt froh, daß ich so weit bin und danke Papa von ganzem Herzen dafür, daß er mir so schnell und freundlich seine Erlaubnis gegeben«.[5] Sofort nach Empfang des Briefes und noch bevor er den Dank an die Eltern aufsetzte, hatte er sich schon an der Universität immatrikuliert und den Physikprofessor Philipp von Jolly um Ratschläge fürs Studium gebeten.

Von Jolly ist zu anekdotischem Nachruhm gelangt, weil er 1875 einen jungen Mann namens Max Planck vom Studium der Physik abbringen wollte mit der Begründung, daß bereits alles Wesentliche entdeckt sei.[6] Wenn er nun zwei Jahre später Heinrich Hertz den gleichen Rat erteilt haben sollte, so hat dieser davon nichts verlauten lassen, sondern er fand den alten, schon auf die siebzig Jahre zugehenden Herrn »sehr freundlich«. Jedenfalls empfahl von Jolly einen originellen Studienplan: Neben dem Besuch von einigen der üblichen Vorlesungen sollte sich der Student hauptsächlich in häuslicher Arbeit mit Mechanik und Mathematik vertraut machen, und dies sozusagen historisch durch die Lektüre der großen Werke der Klassiker Pierre Simon de Laplace und Joseph Lagrange. Heinrich Hertz gefiel dieser Rat, denn »das war natürlich genau, was ich am liebsten mag«.[7]

Fortan hörte Heinrich Hertz an fünf Tagen in der Woche von Montags bis Freitags von elf bis zwölf Uhr Physik bei Philipp von Jolly und anschließend Chemie bei Adolf von Bayer.[8] In diese Vorlesungen ging er zwar »gern wegen der Experimente, aber im ganzen bieten sie mir wenig Neues, und der Physikvortrag ist mir gar zu elementar«.[9] Dafür hatte er sogar Verständnis, denn angehende Physiker und andere Naturwissenschaftler waren unter den vielleicht hundert Hörern eine verschwindende Minderheit, so daß sich das Niveau am Fassungsvermögen der Nebenfächler, vor allem der vielen Mediziner, auszurichten hatte. Gern hätte Heinrich Hertz auch im Praktikum gearbeitet, aber da die Räume nicht beheizt wurden, wurde diese Veranstaltung nur im Sommer angeboten, und vom Praktikum bei der Konkurrenz des Polytechnikums hatte von Jolly abgeraten.

Neben den Hauptkollegs besuchte Heinrich Hertz nur noch eine dreistündige mathematische Spezialvorlesung über elliptische Funktionen bei einem jungen Privatdozenten. Dieser Alfred Pringsheim führte damals noch nicht wie später als Ordinarius jenes »große Haus«, das zum Mittelpunkt des Münchner Kulturlebens wurde, in dem Thomas Mann ein- und ausging und um die Tochter Katja warb. Hertz lernte Pringsheim als brillanten Mathematiker kennen, der »in seinem Fache sehr sicher« war und dessen »angenehmen Vortrag« er lobte. Zwar kam Pringsheim oft zu spät, »dann saust es aber auch, und es ist in der Tat nichts interessanter als ein schnell fortschreitendes mathematisches Kolleg und nichts unausstehlicher als ein langsames ... Ich gehe in diese Vorlesung am liebsten, da ich am meisten dabei lerne.«[10] Sie war allerdings auch die einzige Lehrveranstaltung aus den Gefilden der fortgeschrittenen Mathematik, die in München angeboten wurde.

Pringsheims Kolleg unterschied sich auch in anderer Hinsicht vorteilhaft, denn wegen der nur drei bis fünf Hörer war es möglich, daß »wir aufstehen und fragen, wenn uns etwas nicht klar ist, oder ihn auf Fehler in der Rechnung aufmerksam machen, daß überhaupt bei der kleinen Schülerzahl ein ungenierter Ton herrscht, im übrigen nicht«.[11] Denn sonst war der Ton in München etwas barock. Die Ordinarien wurden nach längerer Dienstzeit mit einem königlich bayrischen Orden belohnt, der das Adelsprädikat »von« einschloß, und dazu kamen Titel wie »Geheimrat« oder in selteneren Fällen »Exzellenz«, und die Studenten hatten sich ihren derart dekorierten Lehrern in der gehörigen Devotion zu nähern. Heinrich Hertz aber arbeitete ohnehin am liebsten allein, zu Hause in seinem Zimmer in der Schellingstraße oder im »Lesezimmer« der Bibliothek.

Dem Rat des Professors von Jolly folgend, begann Heinrich Hertz mit der zweibändigen »Mécanique analytique« von Joseph Lagrange, einer monumentalen Darstellung der Mechanik in elegantem mathematischen Gewand. Dieses Werk war 1788 am Vorabend der Französischen Revolution erschienen und war also beinahe ein Jahrhundert alt.[12] Aus derart alten Büchern eine anspruchsvolle wissenschaftliche Disziplin zu lernen mag heute sonderbar erscheinen, aber erstens gab es damals noch keine pädagogisch aufbereiteten Lehrbücher der theoretischen Physik, und zweitens wäre das Buch von Lagrange auch heute noch zwar etwas umständlich zu lesen, aber keineswegs unmodern. Das gesamte Gebäude der Mechanik wurde von Lagrange auf der Grundlage der »virtuellen Verrückungen« errichtet, und die mit den Methoden der Variationsrechnung hergeleiteten wichtigsten Gleichungen sind als »Lagrange-Gleichungen« auch heute der zentrale Gehalt der »theoretisch« genannten Mechanik und vieler anderer Bereiche der modernen theoretischen Physik.

Von Lagrange lernte Heinrich Hertz nicht nur eine Menge effizienter Mathematik, sondern er brauchte auch »viel Zeit, um über die Sachen selbst nachzudenken, und gerade die Prinzipien der Mechanik, wie schon die Worte: Kraft, Zeit, Raum, Bewegung sagen, können einen hart genug beschäftigen.«[13] Diese Fragen, über die oft hinweggehuscht wird, um zu den mächtigen Anwendungen der Mechanik voranzuschreiten, ließen Heinrich Hertz nicht mehr los. Sein letztes Werk war genau diesen »Prinzipien der Mechanik« und einer tiefen Analyse ihrer Grundbegriffe gewidmet. Das alte Buch von Lagrange war also eine ebenso exzellente wie folgenreiche Schule, vielleicht die beste überhaupt.

Nicht viel jünger war das Werk, aus dem Heinrich Hertz sein Wissen über die Mathematik vervollständigte, und dies aus den gleichen Gründen: Es gab kein aktuelles Buch, in dem die vielen Gebiete der Mathematik in ihrem Zusammenhang dargestellt wurden. Daher studierte er die berühmten vier Bände der »Histoire des mathématiques« von Jean Étienne Montucla, die von 1799 bis 1802 erschienen waren.[14] »Es ist wunderschön geschrieben und fast ohne Anstrengung zu lesen«, berichtete er den Eltern, »dabei ausführlich und kritisch, soweit ich es beurteilen kann, ganz vorzüglich.«[15]

Montucla gab eine heute nur noch von Historikern geschätzte Darstellung der Mathematik einschließlich der Arbeiten der großen Mathematiker des 18. Jahrhunderts. Daß das 19. Jahrhundert naturgemäß fehlte, fand Heinrich Hertz nicht so schlimm: »Die ganze neue Mathematik (seit etwa 1830) hat, glaube ich, für den Physiker auch keinen großen Wert, so schön sie an sich sein mag, denn sie scheint mir so abstrakt, wenigstens einzelne Teile, daß sie mit den Dingen nichts mehr gemein hat.«[16] Das war zwar voreilig geurteilt, aber wenn er später Methoden der zeitgenössischen Mathematik benötigte wie etwa die avancierte Tensorrechnung, dann konnte er sich die leicht erarbeiten.

Den Eltern bestätigte ein glücklicher Sohn, »daß ich wirklich schwelge in meiner neuen Beschäftigung und in dem Gedanken, daß das Studium nun nicht nach ein paar Jahren aufhört, sondern das ganze Leben fortdauern soll ... Aber das ist gerade schön, denn gerade das Aufklären macht Freude, die erklärte Natur kommt mir fast weniger schön vor als die unerklärte.« Dazu waren ihm bereits »hundert Experimente eingefallen, die ich gerne machen möchte«.[17] Wenn er mit etwas nicht ganz zufrieden war, dann war es der Status des nur Lernenden. »In meinem Studium fühle ich mich jetzt sehr wohl und glücklich«, schrieb er den Verwandten in Frankfurt, aber er wünschte auch schon »die Zeit herbei, wo ich selbst Hand anlegen kann«.[18]

Beim zähen Durcharbeiten der dicken Bücher mußte er freilich einsehen, daß dies so schnell nicht gehen würde: »Wenn es einem auch scheint, als ob man gar nicht vorwärts käme, von Zeit zu Zeit merkt man doch, daß man ein ganz klein wenig weitergekommen ist, wie der Zeiger der Uhr.«[19] Wenn aber die Mama sich darum sorgte, daß ihr Ältester über seinen intensiven Studien den Menschen entfremdet und zum einsamen Bücherwurm werden könnte, wurde sie ungewohnt energisch belehrt: »Die Bücher sind mir durchaus nicht das Höchste, aber wenn man auch vieles nicht aus Büchern lernen kann, so kann man vieles auch nicht anders als aus Büchern lernen ... Hätte ich Menschen um mich, von denen ich mehr erfahren könnte als aus Büchern, so würde ich diese in die Ecke werfen.«[20]

Seine Art häuslichen Studiums war gewiß ein hartes Brot, und so beschäftigte sich Heinrich Hertz »gewissermaßen zur Erholung« auch mit den nicht so anstrengenden Gebieten der Naturwissenschaft wie Zoologie, Botanik und Mineralogie. Der Mama versicherte er, daß er zur Erholung im Englischen Garten regelmäßig spazierengehe, aber auch dies verband er noch mit wissenschaftlichem Interesse: »Ich habe jetzt auch wieder angefangen zu mikroskopieren und habe hier ein kleines mikroskopisches Aquarium, nachdem ich mir aus dem Englischen Garten den nötigen ›Schmutz‹ geholt habe, und ich finde immer neue Schönheiten und Merkwürdigkeiten darin.«[21]

Zur Abwechslung ging er recht oft ins Theater, und er las sogar eine Zeitung. Es war die »Augsburger Allgemeine«, ein damals führendes bürgerlich-liberales Blatt, das er für den beträchtlichen

Preis von 9,50 Mark abonniert hatte, mit dem er aber nur teilweise zufrieden war: »Auch allgemeine Aufsätze von sehr gutem Inhalt sind darin, der Inhalt der politischen Berichte ist allerdings nicht sehr erfreulich.«[22]

Sogar Weihnachten wollte Heinrich Hertz in Müchen bleiben und studieren, und den Eltern war das ausnahmsweise recht, weil sich in Hamburg viele Gäste aus der Verwandtschaft angesagt hatten, die das Haus bis unters Dach füllen würden. Während er sich früher oft nach Hause gesehnt hatte, war es nun an dem »Prinzen«, die Mama auf seine gewachsene Unabhängigkeit einzustimmen: »Ich dürfte mich auch wirklich nicht so weit vom Hause entfernen, wenn wir es nicht ein Vierteljahr ohne einander aushalten können.«[23] Immerhin hatte die besorgte Mama durch eine Empfehlung an eine befreundete Münchner Familie dafür gesorgt, daß ihr Heinrich Weihnachten wenigstens unter einem Tannenbaum verbringen konnte, aber am wichtigsten waren ihm doch die Bücher, so daß für ihn »das, was ich lese, ziemlich identisch ist mit dem, was ich erlebe«[24], und in diesem Sinne erlebte er viel.

Von den Eltern hatte er sich zu Weihnachten das vierbändige »Lehrbuch der Experimentalphysik« von Adolf Wüllner gewünscht, in das er schon in Frankfurt einen tiefen Blick getan hatte, und dazu hatte er sich selbst »ziemlich viele Bücher angeschafft«. Am meisten freute er sich über drei ledergebundene »Prachtbände«, die er für nur zehn Mark erstanden hatte. Sie enthielten Isaac Newtons Briefe und kleinere Schriften, wie sie 1744 unter dem Titel »Opuscula« zusammengestellt worden waren.[25] »Newtons Hauptwerke sind zwar nicht dabei, aber ein großer Teil seines Briefwechsels mit Leibniz und anderen, über die Erfindung der Differentialrechnung, seine Vorlesungen über Optik, kurzum so viel Interessantes, als man nur wünschen kann.«[26]

Wohl angeregt durch die Lektüre von Newton und dessen erbitterten Streit mit Leibniz über die Priorität bei der Erfindung der Differentialrechnung, sah sich Heinrich Hertz die ersten Jahrgänge der seit 1682 in Leipzig gedruckten »Acta eruditorum« an. Auch diese zwei Jahrhunderte alten Schriften wurden ihm eine Offenbarung, weil darin »sich außerordentlich viel Interessantes findet, besonders die Arbeiten Leibnizens, so die ersten Aufsätze über Differentialrechnung, welche die Erfindung selbst enthalten. Es macht einem einen besonderen Eindruck, wenn man die sehr unscheinbaren Knospen sieht, aus denen sich die ganze Wissenschaft entfaltete, den unbehilflichen Druck und die sehr unausgebildete Zeichensprache. Auch wenn man bedenkt, daß das, was einem jetzt wie das Stammeln eines Kindes vorkommt, seinerzeit nur den ersten Gelehrten verständlich war.«[27]

Die alten gelehrten »Acta« enthielten zum großen Teil auch Referate der damals gedruckten Bücher, und darunter war manches Kuriosum wie die Physik eines Jesuiten, der als Fragen aufwarf, »ob es eine solche Kälte gibt, daß Wörter zusammenfrieren«, oder auch, »ob Eva die Tochter oder die Schwester des Adam genannt werden müßte«. Auch von Hexerei war viel die Rede, aber in diesen mittlerweile befremdlich erscheinenden Argumentationen fand er »immer die Spuren der neuen Wissenschaft, und zwar die glänzendsten Entdeckungen«, und das brachte ihn ins Sinnieren, wie schwierig es für ihn werden könnte, in den Wissenschaften Bedeutendes zu leisten: »Es tut mir wirklich manchmal leid, daß ich nicht damals gelebt habe, wo es noch so viel Neues gab; es gibt zwar auch jetzt genug Unbekanntes, aber ich glaube nicht, daß noch jetzt leicht etwas gefunden werden kann, was so umgestaltend auf die ganze Anschauungsweise wirken kann wie in jener Zeit, wo Teleskop und Mikroskop noch neu waren.«[28] Er ließ sich davon freilich nicht entmutigen, sondern war, wie nur wenige Physiker seiner Generation, ständig auf Neues aus.

Zugleich wurde Heinrich Hertz durch diese Lektüre und durch seine ungewöhnliche Art des Selbststudiums das, was damals schon eine Ausnahme und heute kaum möglich wäre: ein »gebildeter Physiker« in dem Sinne, daß ihm die großen Autoren seiner Wissenschaft von der Antike bis in die Gegenwart zumindest teilweise vertraut waren und ihm immer die historische und philosophische Dimension der Physik gegenwärtig war.

Nach Weihnachten trug Heinrich Hertz die »Mécanique analytique« von Lagrange in die Bibliothek zurück, aber nur, um sich nun dem »Traité de mécanique céleste« von Pierre Simon de Laplace zuzuwenden, dessen fünf Bände von 1799 bis 1827 erschienen waren. In diesem ehrfurchtgebietenden Werk hat der größte der französischen Mathematiker eine ausgefeilte, vollständige mechanische Beschreibung aller Bewegungen des Planetensystems vorgelegt, einschließlich auch noch der kleinsten Störungen und der Einflüsse von Ebbe und Flut.

Den ersten Band, in dem die Gesetze für die Bewegungen der Himmelskörper exponiert wurden, fand Heinrich Hertz »trotz des schwierigen Gegenstandes durchaus nicht besonders schwer zu verstehen, wegen der großen Deutlichkeit, deren sich Laplace befleißigt, es ist aber freilich ganz anders, als ich es mir vordem vorgestellt habe«. Dieses »erhabene Werk« enthielt nämlich »von vorne bis hinten nichts als Rechnungen«, was er als etwas abstrakt und blutleer empfand. »Ich selbst verstehe zwar genug von der höheren Mathematik, um zu sehen, wie geschickt und geistreich Laplaces Methoden sind, um die Richtigkeit der Formeln einzusehen, dagegen zu wenig von der praktischen Astronomie, um ihren Zweck und ihre Anwendungen zu wissen.«[29]

Völlig absorbiert von diesen Studien, wurde er davon überrascht, daß das Semester »ungeheuer rasch herunter« lief: die Professoren begannen sich zu sputen, die Bänke wurden leer, und wegen des schönen Wetters Ende Februar machte das Ganze schon »den Eindruck des zum Untergang eilenden Orion«, wobei er auf dieses Bild für den Frühlingsanfang ein wenig stolz war, auch wenn er es dem Horaz entlehnt hatte. Vor allem aber war er »ganz befriedigt mit dem Semester« und glaubte, »in Mathematik und Mechanik so viel profitiert zu haben, daß ich als Physiker damit anständig auskommen könnte, was mich natürlich nicht hindern wird, weiterzugehen, als absolut notwendig ist, und immer wieder von Neuem einzusetzen«.[30]

Daß er inzwischen mit seinem 21. Geburtstag mündig geworden war, schien dem jungen Denker dagegen »kein größerer Übergang als der von einem Jahre zum anderen in der Silvesternacht, der in seiner Plötzlichkeit nur in der Einbildung besteht, während die Ereignisse ganz allmählich ineinander übergehen«.[31]

Die Frühjahrsferien verbrachte Heinrich Hertz in Hamburg, worauf er sich sehr gefreut hatte, sowohl wegen der Sehnsucht nach Eltern und Geschwistern als auch wegen seiner Werkstatt, »wo sich dann die Drechselbank wieder in rasche Umdrehungen versetzt sehen wird«. Den Bruder Rudolf hatte er gebeten, »gelegentlich ein bißchen Öl auf die Lager zu gießen, damit sie nicht einrostet«.[32] Er muß in den Ferien eifrig experimentiert haben, aber es ist nicht mehr auszumachen, worum es dabei ging. In Briefen, die er nach Beginn des Sommersemesters wieder aus München schrieb, ist davon die Rede, daß er seine in Hamburg angestellten Beobachtungen nun berechnet habe und er erfreut feststellen konnte, daß diese Arbeit »schon eine ziemliche Genauigkeit hatte«.[33]

Daneben hat Heinrich Hertz Kontakte zu Georg Neumayer geknüpft, dem Direktor der Deutschen Seewarte, die 1868 auf Betreiben der Bremer und Hamburger Handelskammern auf dem Stintfang mit Blick auf Hafen und Elbe errichtet worden war, um die Seefahrt mit Karten, Gezeiten- und Strömungstafeln, einem Wetterdienst sowie Chronometer- und Kompaßregulierungen wissenschaftlich zu unterstützen. Vielleicht hat er wie schon als Primaner mit Beamten der Seewarte bariometrische Höhenmessungen durchgeführt, vielleicht sich auch bei anderen Aufgaben der Seewarte nützlich gemacht. Auf jeden Fall traf er am 1. Mai in München mit einem ganzen Stapel von Empfehlungsbriefen des »Wirklichen Geheimen Admiralitätsrats« Dr. Neumayer an alle Professoren ein, die für seinen weiteren Weg hilfreich sein mochten.

Wieder hörte er bei von Jolly den zweiten Teil der etwas simplen Experimentalphysik und bei Pringsheim die Fortsetzung des Kollegs über elliptische Funktionen. Zur Chemie ging er nicht mehr, dafür aber in eine Vorlesung über mechanische Wärmetheorie bei Wilhelm von Bezold, dem Professor für Physik am Polytechnikum. Dazu kam noch ein Kolleg über Optik, das er trotz des Beginns in aller Herrgottsfrühe um sieben Uhr belegt hatte, freilich auch aus taktischen Gründen, denn »es ist bei dem Privatdozenten, der das Praktikum leitet, und da dies ganz umsonst ist, und ich mir doch sein Wohlwollen erwerben möchte, so ist es mir etwas unangehmen, bei ihm gar nichts zu hören«.[34]

Am wichtigsten war für Heinrich Hertz in diesem zweiten Universitätssemester das Praktikum, das an zwei Nachmittagen stattfand – »in vieler Hinsicht leider nur an zwei Tagen«. Er reihte sich pflichtschuldigst in die Gruppe der Anfänger ein: »Man muß die Sachen ja einmal zuerst durchmachen, sehr schwierig sind sie gerade nicht.« Von den Fähigkeiten der anderen Teilnehmer war er nicht beeindruckt: »Einige fassen die Sachen allerdings so ungeschickt an, daß ich sie ihnen nicht anvertrauen würde, wenn sie meine wären.« Und auch als Kameraden schienen ihm die Kommilitonen nur bedingt tauglich: »Wenn ich mir die Teilnehmer am Praktikum ansehe, so scheint mir, als ob sie auch mehr oder weniger gute Bekannte werden könnten, aber doch nicht solche, deren Umgang ich der Arbeit vorziehen möchte.« Auch Professor von

Jolly enttäuschte ihn, denn er hielt nur »zu Anfang einen kurzen Vortrag, nachher ließ er sich nicht mehr sehen«.[35]

Enttäuschend war auch das Privatissimum, zu dem Heinrich Hertz nach Abgabe des Neumayerschen Empfehlungsschreibens vorgelassen wurde: »Prof. von Jolly empfing mich zwar sehr freundlich, er hielt mir aber im Ganzen ziemlich dieselbe Rede wie vor einem halben Jahr, so daß es mir fast schien, als hielte er diese immer für solche Gelegenheiten bereit.« Eine große Wirkung hatte Neumayers Brief jedoch bei der Konkurrenz am Polytechnikum. Johannes von Bezold, der Professor für Physik, nahm den so prominent Empfohlenen »sehr herzlich auf, und ich glaube, von dieser Empfehlung werde ich großen Nutzen haben«.[36] Das lag vielleicht daran, daß von Bezold zugleich Direktor der bayrischen meteorologischen Zentralstation war und daher mit Neumayer wissenschaftlich zusammenarbeitete.

Bezold waren auch die etwas schläfrigen Zustände im Institut des Kollegen Jolly bekannt, da er dort Assistent und Extraordinarius gewesen war. Daher riet er Heinrich Hertz zum Polytechnikum und insbesondere zum Unterricht bei Wilhelm Beetz, dem Professor für technische Physik. Fürs Belegen weiterer Vorlesungen war es schon zu spät, aber nicht fürs Praktikum, so daß Heinrich Hertz nun an zwei Nachmittagen der Woche an der Universität und noch einmal zwei Nachmittage am Polytechnikum im Laboratorium arbeitete. Am Polytechnikum gefiel es ihm viel besser: »Einmal ist das Laboratorium ganz herrlich eingerichtet, dann sind viel mehr Teilnehmer und infolgedessen auch angenehmere Teilnehmer dabei, und Prof. Beetz scheint sich auch wirklich der Sache selber anzunehmen. Heute jedenfalls tat er dies, und es herrscht dort ein ganz anderes Leben.«[37]

Eine Woche später spazierte Heinrich Hertz mit einem weiteren Empfehlungsschreiben von Neumayer zum Observatorium nach Bogenhausen, weil er sich im Anschluß an Laplace mit der praktischen Astronomie vertraut machen wollte. Was er antraf, war eher eine Spitzweg-Idylle als eine Sternwarte: »Sie liegt ganz draußen, ich möchte sagen, in Unkraut versteckt, denn sie besteht aus einem mit halbverfaulten Brettern eingezäunten Platz, auf welchem sehr viel Gras wächst und einige halbverfallene Gebäude stehen ... Sie waren aller Ehren zwar mit Apparaten ausgefüllt, aber dieselben waren offenbar vor zehn Jahren zuletzt abgewischt.«[38] Also nichts mit Astronomie, wenigstens nicht in München.

Der Vorlesungen an der Universität war Heinrich Hertz schon nach zwei Wochen überdrüssig, »denn ich schwanke bei jeder einzelnen, ob ich hingehen soll oder nicht, so wenig anziehend sind die meisten Vorträge«.[39] Trotzdem schimpfte er über die bayerische Spezialität, »daß hier leider beständig Feiertag ist, so daß man manche Dozenten nur alle 14 Tage zu sehen bekommt und von einem ordentlichen Kolleg eigentlich keine Rede sein kann«.[40] Die längeren Pfingstferien nutzte er, um seine Mutter wie einst von Dresden aus an ihrem Kurort Karlsbad zu besuchen, und auch für die eine oder andere Bergwanderung ließen sich ein paar Tage erübrigen.

Am liebsten hat Heinrich Hertz im Praktikum des Polytechnikums gearbeitet, »um einen gewissen Überblick über die Experimentalphysik zu bekommen, und zwar einen besseren, als man erhält, wenn man das Kolleg über Experimentalphysik hört«.[41] Bald stand wegen der mäßigen Vorlesungen fest, daß er München verlassen würde. An der Universität waren die wenigen, die Physik oder Mathematik studierten, nur zukünftige Lehrer, und deshalb gab es keine interessanten Kollegs. »Es wird nichts Ordentliches gelesen«, schimpfte Heinrich Hertz, »weil keine Zuhörer da sind, und es sind keine Hörer da, weil nichts Rechtes gelesen wird.«[42] Ein gleichgesinnter Kommilitone, der ebenfalls eine wissenschaftliche Laufbahn anstrebte, wäre Max Planck gewesen, ein Jahr jünger und vier Semester weiter, aber der verbrachte gerade ein Jahr in Berlin, bevor er nach München zurückkehrte, so daß sich die beiden erst viel später begegneten.

Am Entschluß zum Wechsel konnte auch nicht ändern, daß Professor von Jolly mittlerweile »sehr freundlich« gegenüber dem außergewöhnlichen Studenten war und ihm besondere Aufmerksamkeit und Förderung angedeihen ließ. Heinrich Hertz war vielleicht von der Güte, aber nicht vom wissenschaftlichen Niveau des alten Herrn beeindruckt, denn »er setzt mir die allerelementarsten Dinge sehr genau auseinander, und ich habe das Gefühl, daß ich, wenn ich 4–5 Jahre konsequent hier studieren würde, ich noch sehr gut Freund mit ihm werden könnte, welches doch nun nicht sein kann«.[43] Um ein bedeutender Physiker zu werden, mußte es schneller gehen, und vor allem brauchte er dazu einen bedeutenden Mentor.

Über die Fortsetzung des Studiums beriet sich Heinrich Hertz denn auch nicht mit von Jolly, sondern mit Professor Beetz vom

Polytechnikum. Auch Beetz empfahl einen Wechsel, aber nicht an eine bestimmte Universität, denn »ein Laboratorium, meinte er, würde ich überall finden und Gelegenheit, darin zu arbeiten«. Nachdem alle Möglichkeiten mit Beetz durchgesprochen waren, wußte Heinrich Hertz immer noch nicht, »wohin ich gehe, und ich will mir das auch offenhalten, aber jedenfalls wohl nach Leipzig oder Berlin; Bonn, wo Clausius ist, wäre das dritte, was in Frage käme«.[44]

Rudolf Clausius war einer der Riesen der Physik des 19. Jahrhunderts, auf dessen Schultern zu stehen gewiß eine lohnende Erfahrung gewesen wäre, aber der überragende Theoretiker galt als nur mäßiger Experimentator, weshalb Heinrich Hertz nach Bonn »wohl nicht gehen« werde. Elf Jahre später ging er allerdings nach Bonn, als Nachfolger von Clausius, und er erwarb sogar dessen Haus.

Als das Münchner Semester zu Ende ging, kam der Bruder Gustav zu Besuch. Die beiden unternahmen eine ausgedehnte Fußwanderung über Garmisch durchs Allgäu und den Bodensee entlang bis Freiburg, wo Gustav Jura studierte. In Hamburg waren die beiden einige Wochen allein im Haus – versorgt von Dienstboten natürlich –, und Heinrich drechselte und bastelte wieder emsig drauflos. »Heute bin ich mit einer Tangentenbussole fertig geworden«, schrieb er den Eltern in die Ferien. Dieses Gerät war im wesentlichen eine innerhalb einer stromdurchflossenen Spule empfindlich gelagerte Magnetnadel, mit der magnetische Felder oder elektrische Ströme präzise gemessen werden können. Nun tat auch der Magnet, den ihm einst der Freund Ernst Albrecht geschenkt hatte, gute Dienste beim Testen des Meßinstruments: »So oft ich seine Lage änderte, ging die Skala im Fernrohr auf einen anderen Strich, obgleich der kleine Magnet auch im Wasser hängt und außerdem ganz von Glas und Holz eingeschlossen war, aber sie wirkten, als ob nichts dazwischen wäre.«[45]

Bei diesen Spielereien ahnte er noch nicht, daß er seine Tangentenbussole bald im Physikalischen Institut der Universität in Berlin für delikate elektrodynamische Experimente aufstellen würde. Wir wissen zwar nicht, welche Überlegungen den Ausschlag gegeben haben, daß er in Berlin seine Studien fortsetzen wollte. Nach dem Militärjahr hatte er auch »wegen des Ortes« nicht in der Hauptstadt des Reiches bleiben wollen, aber seine Entscheidung, die Abneigung gegen die Stadt hintanzustellen und trotzdem nach Berlin zu gehen, war für seine Zukunft die zweite wichtige Entscheidung, beinahe so wichtig wie die vom Jahr zuvor, als er sich entschloß, Physiker zu werden.

II. »IM ZENTRUM DER EIGENEN WISSENSCHAFT«

1. Das »riesige Leben« und ein großer Lehrer

Als Heinrich Hertz am 21. Oktober 1878 in Berlin eintraf, stieg er im »Kaiserhof« ab, dem ersten Haus am Platz. Dort blieb er mehr als eine Woche, weil das Zimmer, das er gefunden hatte, erst zum 1. November frei wurde. Es hatte »nur einen Nachteil, nämlich, daß es sehr teuer ist«. Für die monatliche Miete von 45 Mark hätte ein Industriearbeiter seinen gesamten Lohn hergeben müssen. Zu den vielen Vorzügen, mit denen er die hohe Ausgabe gegenüber den Eltern rechtfertigte, gehörte die repräsentative und günstige Lage gleich neben der Universität in der Universitätsstraße Nr. 4 in der ersten Etage, »nach vorn, so daß ich seitwärts auf das Palais des Kaisers Aussicht habe ... Es ist ein nicht sehr großes, aber doch zweifenstriges und recht hohes, schön möbliertes Zimmer, so daß es wahrlich noch billig ist.«[1] Diese Unterkunft gefiel ihm so gut, daß er sie erst aufgab, als er nach zwei Jahren in eine Assistentenwohnung im Physikalischen Institut einzog.

Das Hauptgebäude der Friedrich-Wilhelms-Universität war das ehemalige Palais des Prinzen Heinrich, des Bruders von Friedrich dem Großen. Schon durch die Lage an Berlins Prachtstraße Unter den Linden wurde die Bedeutung der Universität im Stadtbild gebührend herausgestellt, und die klassizistische Strenge des imposanten Bauwerks hat den Studenten beim Betreten der Hallen der Wissenschaft einen ehrfürchtigen Schauer eingeflößt. Trotz aller akademischen Würde ging es aber bei der Immatrikulation dort zu wie im Taubenschlag. Heinrich Hertz drängelte sich mit Hunderten neuer Studenten, »der Rektor füllte die Matrikel mit Datum, Namen, Unterschrift selbst aus, die Dekane waren mit ähnlichen Schreibarbeiten beschäftigt, so daß, als ich um 3 Uhr fortkam, kaum die Hälfte fertig war«.[2] Er war unter der Nr. 309 eingeschrieben worden.

Dadurch wurde ihm verdeutlicht, daß er nicht nur in die Hauptstadt Preußens und des Reiches gekommen war, sondern auch in ein Zentrum des Geistes: »Das riesige Leben hier gefällt mir sehr gut«, schrieb er nach Hause, wobei er allerdings schon manches als großstädtischen Rummel durchschaut hatte. So ging er gar nicht erst in die als gesellschaftliche Ereignisse geltenden öffentlichen

Vorträge des redegewaltigen Physiologen Emil Du Bois-Reymond, denn es »seien nur die bekannten Sachen über Darwinismus etc., die man von ihm und anderen schon oft in gedruckten Vorträgen gelesen habe«, aber er fand es doch berichtenswert, »daß bei seinem ersten Vortrag der Saal so erstickend voll war, daß zwei Ohnmächtige hinausgetragen werden mußten«.[3] Überhaupt wurde ihm der Trubel manchmal zuviel, denn morgens »muß man sich in der Vorhalle der Universität durchdrängen wie vor einem Bahnhofsschalter um Pfingsten«.[4] Aber als die Vorlesungen noch nicht einmal richtig begonnen hatten, gewann er in dem Getriebe schon den Eindruck, »daß, wenn man hier etwas gelten will, man sich *sehr* zusammennehmen muß, und das ist dann ja auch kein Unglück«.[5]

Die Berliner Universität war durch die besondere Förderung des preußischen Staates zur bedeutendsten und größten in Deutschland geworden. Die Philosophische Fakultät, zu der damals auch die Naturwissenschaften gehörten, war mit fünfzig Ordinarien etwa doppelt so stark besetzt wie an anderen Universitäten, und noch deutlicher wurde der Abstand bei den Extraordinarien und Privatdozenten.[6] Mit mehr als dreitausend Studenten war Berlin auch in dieser Hinsicht die größte in Deutschland, dicht gefolgt von Leipzig, aber die auf den nächsten Plätzen rangierenden wie München, Göttingen oder Bonn brachten es nur auf etwa tausend, ganz zu schweigen von den idyllischen Schlußlichtern Kiel mit zweihundertsechzig und Rostock mit nur hundertsiebzig Studenten.[7] Vor allem aber war Berlin Vorbild und Maßstab der deutschen Universitäten.

In den dunklen Jahren, als Preußen nach dem Sieg von Napoleons Armeen bei Jena und Auerstedt darniederlag, hatte König Friedrich Wilhelm III. verkündet, daß der Staat durch geistige Anstrengungen wettmachen müsse, was er auf dem Schlachtfeld verloren habe. Eine Folge war 1809 die Gründung der Universität in Berlin in der von Friedrich Schleiermacher formulierten Absicht, daß Preußen den Anspruch, »auf die höhere Geistesbildung vorzüglich zu wirken und in dieser seine Macht zu suchen, nicht aufgeben, sondern vielmehr von vorne anfangen will«.[8]

Das Besondere dieses Neuanfangs, der Berlin bald den Ruf eines »Spree-Athen« einbrachte und auf die bestehenden Universitäten ausstrahlte, war die von den Gründern Wilhelm von Humboldt und Johann Gottlieb Fichte postulierte Einheit von Forschung und

Lehre im Modus der akademischen Freiheit. Durch die Verpflichtung der Professoren und ihrer Schüler auf ein Ethos der Forschung wurde zunächst in den historisch-philologischen Disziplinen und seit der Mitte des 19. Jahrhundert auch in den Naturwissenschaften eine Dynamik entfaltet, durch die die deutschen Universitäten im allgemeinen und die Berliner im besonderen zu den führenden in der Welt wurden.

Inzwischen war Preußen wieder mächtig und das neue Deutsche Reich groß. Die Universitäten brauchten nicht mehr militärische Schwäche zu kompensieren, sondern sollten den Glanz des wilhelminischen Deutschland im Reich des Geistes repräsentieren. Für die Naturwissenschaften kam noch der wichtige Aspekt zur Geltung, daß sie wesentlich zum technisch-wirtschaftlichen Aufschwung Deutschlands beitrugen. Du Bois-Reymond erklärte daher die Professoren zum »geistigen Leibregiment der Hohenzollern«, und viele empfanden sich auch so, aber diese Anbiederung an die autoritäre Monarchie und an wirtschaftliche Interessen hat den Humboldtschen Forschungsimperativ nicht beeinträchtigt. In der Physik wurde dieses Ethos der Wissenschaft durch die Professoren Hermann Helmholtz und Gustav Kirchhoff nahezu in Vollendung verkörpert. Für jemanden, der es wie Heinrich Hertz kaum erwarten konnte, an der Erweiterung der Naturerkenntnis mitzuwirken, war daher Berlin die beste Ausbildungsstätte, und schon nach zwei Wochen war er nicht mehr ein nur lernender Student, sondern er hatte eine anspruchsvolle Forschungsarbeit begonnen.

In den ersten Tagen nach der Ankunft war es zunächst darum gegangen, aus dem Angebot der Vorlesungen das Lohnende herauszufinden. Die »Theorie der Elektrizität und des Magnetismus«, die Gustav Kirchhoff an vier Tagen morgens von neun bis zehn Uhr unterrichtete, war für Heinrich Hertz zwar nicht ganz neu, aber trotzdem mehr als nur eine Pflichtübung: »Was Kirchhoff vorträgt, ist mir allerdings einstweilen bekannt, und es scheint mir, als ob es mir noch lange bekannt sein wird; aber er trägt es so vor, daß es wirklich ein Genuß ist, ihn zu hören.«[9] Nach diesem ersten Eindruck wird er allerdings bald festgestellt haben, daß ihm längst nicht mehr alles bekannt war, sondern Kirchhoffs anspruchsvolle Darstellung hohe Konzentration erforderte.[10] Als wollte er wirklich alles über dieses Gebiet erfahren, belegte er auch noch eine »Einleitung in die Theorie der Elektrizität« bei dem Privatdozenten

Hermann Aron, der im Hauptberuf an der Artillerie-Schule Physik dozierte und später durch die Gründung der Aron-Werke am Aufstieg der Elektrotechnik in Berlin teilhatte.[11] Da Heinrich Hertz sich über diese Vorlesung von Aron nie geäußert hat, dürfte er sie kaum besucht und das Hörgeld als Verlust abgeschrieben haben.

Eine ganz andere Erfahrung war das Kolleg über »Analytische Mechanik« von Carl Wilhelm Borchardt: »Es scheint das sehr interessant und schwierig zu werden, infolge davon wird aber auch viel dort zu lernen sein.«[12] Borchardt bildete mit Ernst Eduard Kummer, Karl Weierstraß und Leopold Kronecker in Berlin ein glänzendes Mathematikerquartett. Als Mitglied der Akademie und seit 1855 als Herausgeber des führenden »Journal für die reine und angewandte Mathematik«, das deshalb bis zu seinem Tod 1880 als »Borchardts Journal« zitiert wurde, zählte er zu den angesehensten und einflußreichsten Vertretern seines Faches. An der Universität hatte er sich aber – vermutlich aus gesundheitlichen Gründen – mit dem Status eines Privatdozenten begnügt, was er sich als reicher Mann auch leisten konnte. Heinrich Hertz hat seine Vorlesung eifrig mitgeschrieben und ausgearbeitet, und diese Nachschrift war ihm später noch als Professor in Bonn so »wertvoll«, daß er sie zur Arbeit an seinem Buch über die »Prinzipien der Mechanik« heranzog.[13]

Zu den anderen Mathematikern wollte er nicht gehen, weil er ja schon in München die Überzeugung gewonnen hatte, die neue Mathematik »habe für den Physiker auch keinen Wert«.[14] Trotzdem rührte sich ein Gefühl des Unbehagens, als er bemerkte, wie wenige Vorlesungen er und wie viele seine Kommilitonen belegt hatten, so daß er »wirklich erschrak über ihren Fleiß und ihre Zähigkeit«. Sein Nachbar in der Vorlesung über »Analytische Mechanik« hatte »jeden Tag von 8–12 und auch nachmittags die schwersten Zweige der Mathematik hintereinander fortbelegt«, aber der Schrecken legte sich, als Heinrich Hertz entdeckte, daß sich der Fleiß vornehmlich durch geistloses Mitstenographieren auch noch der belanglosesten Trivialitäten austobte. Er empfand es jedoch als wohltuend, »daß hier riesig gearbeitet wird, und auch, daß das mehr oder weniger ansteckt ... Jedenfalls gefällt mir dieser Geist, wenn er nicht übertrieben ist, sehr gut; es ist so angenehm, wenn man sich nicht zu entschuldigen braucht, daß man etwas zu arbeiten hat.«[15]

Er wollte auch den berühmten Hermann Helmholtz hören, den

er bereits als Autor schätzen gelernt hatte, denn in dem Münchner Jahr hatte er »so viel als anging in den Helmholtzschen Vorträgen«[16] gelesen. Dessen große Vorlesung zur Experimentalphysik hat er allerdings nur anfangs besucht, aber »dann wieder aufgegeben«[17], denn der Stoff war ihm vertraut, und Helmholtz war zwar unstreitig Deutschlands bedeutendster Physiker, aber nicht gerade ein mitreißender Dozent. Indes hatte sich bereits eine ungleich bessere Gelegenheit als die Vorlesung ergeben, durch die er mit Helmholtz in Kontakt kam und alsbald in den engeren Kreis der Schüler des Meisters aufgenommen wurde.

Gleich nach seiner Ankunft in Berlin hatte Heinrich Hertz am Schwarzen Brett der Universität die Ausschreibung von Preisaufgaben entdeckt, und davon fiel eine »mehr oder weniger in mein Fach«. Es handelte sich um ein Problem aus der Elektrodynamik. Dabei ging es um die Frage, ob mit dem elektrischen Strom in Drähten der Transport von Masse verbunden ist oder nicht. Die Beantwortung war theoretisch wichtig und experimentell heikel, kaum gedacht für einen Anfänger im dritten Semester. Heinrich Hertz aber war wie elektrisiert, sah er doch hier die Gelegenheit, das passive Lernen hinter sich zu lassen und seinen Ehrgeiz an einer Forschungsaufgabe zu erproben: »Ich werde versuchen, sie zu bearbeiten.«[18]

Derartige Preisaufgaben für die Studenten hatten an der Berliner Universität eine Tradition. Sie wurden alljährlich am 3. August, dem Geburtstag des Gründers und Namensgebers König Friedrich Wilhelm III., beim Stiftungsfest verkündet, mit dem das Sommersemester ausklang. Die Preise waren angesehen, denn die Erwartungen der Fakultäten waren so hoch, daß sich oft kein Kandidat an die Aufgabe heranwagte oder aber die eingereichten Bearbeitungen nicht für preiswürdig erachtet wurden. Die theologische, die juristische und die medizinische Fakultät stellten je eine Aufgabe, die große und etwas disparate philosophische Fakultät deren zwei, eine aus den Geistes- und eine aus den Naturwissenschaften. Da jedes Fach dabei berücksichtigt werden mußte, wurde nur etwa alle sechs Jahre eine Preisaufgabe aus der Physik gestellt, so daß sich Heinrich Hertz glücklich schätzen durfte, zur rechten Zeit am rechten Ort eingetroffen zu sein. Er bedauerte nur, »daß ich nicht früher darum wußte«[19], weil er sich dann schon in den Ferien hätte vorbereiten können.

Sofort suchte er Hermann Helmholtz auf, der beim Stiftungsfest als scheidender Rektor seine große Rede über »Die Tatsachen der Wahrnehmung« gehalten und auch die physikalische Preisaufgabe formuliert hatte: »Ich habe schon mit Prof. Helmholtz darüber gesprochen, er war so freundlich, mir über die Literatur einige Auskunft zu geben, ich denke, ich werde dann auch im Laboratorium das Nötige darüber erhalten.«[20] Die Freundlichkeit und Hilfsbereitschaft von Helmholtz mag dadurch befördert worden sein, daß dieser neue Student im dritten Semester der bislang einzige war, der sich bei ihm wegen der Preisaufgabe eingefunden hatte, aber wahrscheinlich hatte Helmholtz schon beim ersten Gespräch an dem zugleich zurückhaltenden und selbstsicheren jungen Mann Gefallen gefunden und in ihm ein Talent vermutet, daß seiner Förderung wert sein könnte.

Hermann Helmholtz – damals Geheimrat und noch nicht geadelt, weil die Preußen damit zögerlicher waren als etwa die Bayern – stand, als Heinrich Hertz ihm begegnete, im Zenith seines Ruhms als Deutschlands und vielleicht der Welt bedeutendster Naturforscher.[21] Wie sich einst sieben Städte Griechenlands um Homer als ihren Sohn gestritten hatten, so wurde Helmholtz von ebenso vielen wissenschaftlichen Disziplinen als ihre Zierde beansprucht, und die Gebiete, in denen er Bedeutendes von bleibenden Wert geleistet hatte, reichen von Medizin und Physiologie über Mathematik und Physik bis zu Psychologie, Musik und Philosophie, und dazu darf er auch noch als einer der Begründer der wissenschaftlichen Meteorologie gelten.

Zu dieser Vielseitigkeit hatte beigetragen, daß Helmholtz' Vater, als Gymnasialprofessor in Potsdam mehr mit Kindern als mit Geld gesegnet, das Studium einer »brodlosen Kunst« wie der Physik nicht hatte bezahlen können. Daher ließ sich der Sohn auf Kosten des Staates am medizinisch-chirurgischen Friedrich-Wilhelms-Institut in Berlin, der »Pépinière«, zum Militärchirurgus ausbilden, bewahrte aber neben diesem Brotberuf seinen naturwissenschaftlichen Interessen die Treue. Bereits als Einundzwanzigjähriger etablierte er 1842 seinen Ruf als Physiologe durch die Entdeckung des Ursprungs der Nervenfasern in den Ganglienzellen, und fünf Jahre später gab er sein Debüt als Physiker durch seine epochale Abhandlung »Über die Erhaltung der Kraft«, die allgemeinste Formulierung der Energieerhaltung als oberstes Prinzip und Leitmotiv für die gesamte exakte Naturforschung.

Die preußische Regierung akzeptierte bald, daß ein solcher Mann wertvollere Dienste leisten konnte als die eines Regimentsarztes, und sei es bei der vornehmen »Garde du Corps« in Potsdam, wo Helmholtz die Blessuren versorgte. Auf Fürsprache Alexander von Humboldts entließ ihn die Regierung vorzeitig aus der Militärverpflichtung und berief ihn 1849 auf einen Lehrstuhl für Physiologie in Königsberg. Seine Erfindung des Augenspiegels zur Untersuchung des Innern des lebendigen Auges war ebenso segensreich wie spektakulär und machte ihn zur Zelebrität auch außerhalb der Fachwelt. Es folgten Professuren in Bonn und Heidelberg, immer noch als Physiologe, aber zunehmend wandte er sich wieder seiner Jugendliebe zu: der Physik.

Sein Ansehen in dieser Disziplin war so groß, daß ihm im Februar 1871 jener Lehrstuhl für Experimentalphysik an der Universität Cambridge angeboten wurde, den schließlich James Clerk Maxwell übernahm. Helmholtz hatte abgesagt, weil er schon mit der preußischen Regierung wegen der Berufung nach Berlin handelseinig geworden war. Dabei war die Preußen das Renommee des berühmten Mannes teuer zu stehen gekommen: Helmholtz verlangte nicht nur ein Gehalt von zwölftausend Mark und damit das Doppelte dessen, was im Etat als Höchstgehalt vorgesehen war, sondern auch den Neubau eines großen Instituts. Schließlich setzte er auch noch durch, daß ihm 1875 Gustav Kirchhoff aus Heidelberg nach Berlin folgen konnte, der hier als Ordinarius die Theoretische Physik als eigenständiges akademisches Fach etablierte.

Nach einem längeren Provisorium im Ostflügel des Hauptgebäudes konnte Helmholtz im Frühjahr 1878 in das neue Institut einziehen. Mit dem Physiologischen Institut des Freundes und wissenschaftlichen Weggefährten Emil Du Bois-Reymond bildete es an der Neuen Wilhelmstraße einen imposanten Komplex zwischen Dorotheenstraße und dem Ufer der Spree. Das Physikalische Institut allein geriet mit 1,5 Millionen Mark Baukosten zum mit Abstand teuersten und größten Institutsbau im Deutschen Reich, bewundert und von weniger Begünstigten beneidet als »Palast der Physik«. Das Personal – drei Assistenten, ein Mechaniker, ein Portier und ein Diener – wäre nach heutigen Vorstellungen eine kümmerliche Besetzung, war damals aber, als ein Assistent und ein Diener die Regel waren, eine einmalig üppige Ausstattung.

Üppig war auch die in der Beletage gelegene, über dreihundert Quadratmeter große Wohnung des Direktors. Sie wurde zu einem der interessanteren Salons der Hauptstadt, in dem wegen der weitgespannten Interessen des Hausherrn nicht nur Gelehrte, sondern auch Bankiers und Industrielle, Politiker und Künstler verkehrten. Einer der häufigeren Gäste, der Maler Max von Lenbach, charakterisierte mit dem scharfen Blick des Porträtisten, dem sowohl Bismarck als auch Helmholtz mehrfach gesessen hatten, den Physiker als »Reichskanzler der Wissenschaft«. Vom Kanzler des Reiches ist Helmholtz allerdings nicht empfangen worden, weil Bismarck sich aus dem Umgang mit Gelehrten nichts machte, und auch dem alten Kaiser Wilhelm ist er wohl nur im Rahmen des Hofzeremoniells vorgestellt worden, aber zum Kronprinzen Friedrich und der Prinzessin Victoria stand er in einer so engen Beziehung, daß er in Berlin nicht nur als der bedeutendste, sondern auch als der »hoffähigste« Gelehrte galt.

Auf jüngere Physiker machte Helmholtz den Eindruck überwältigender, nachgerade entrückter Größe. »Denn in seiner ganzen Persönlichkeit, seinem unbestechlichen Urteil, seinem schlichten Wesen verkörperte sich die Würde und die Wahrhaftigkeit seiner Wissenschaft«, porträtierte ihn Max Planck, der nicht als Student, sondern erst als Professor und Kollege in eine engere Beziehung zu Helmholtz kam, die dann aber weit übers Wissenschaftliche hinausging:

»Dazu gesellte sich eine menschliche Güte, die mir tief zu Herzen ging. Wenn er im Gespräch mich mit seinem ruhigen eindringlich forschenden und doch im Grunde wohlwollenden Auge anschaute, dann überkam mich ein Gefühl kindlicher Hingabe, ich hätte ihm ohne Rückhalt alles was mir am Herzen lag, anvertrauen können, in der gewissen Zuversicht, daß ich in ihm einen gerechten und milden Richter finden würde; und ein anerkennendes oder gar lobendes Wort aus seinem Munde konnte mich mehr beglücken als jeder äußere Erfolg.«[22] Diese heutigen Ohren forciert klingende Huldigung sagt einiges über die Mentalitäten im autoritär geprägten wilhelminischen Deutschland aus und vielleicht mehr über Planck als über Helmholtz.

Ludwig Boltzmann hatte im heimatlichen Wien als Student und Assistent von seinen Lehrern Josef Stefan und Joseph Loschmidt nie ein anderes Wort gehört »als es der Freund zum Freunde spricht«, und »vollends die olympische Heiterkeit, der erhabene Humor, der dem Studenten gerade die schwierigste Diskussion zum unterhaltenden Spiele machte«, hatten ihn angeregt und waren für ihn Vorbild, als er 1869 Professor für mathematische Physik in Graz wurde. Aber als er zwei Jahre später zu Helmholtz kam, um in dessen Institut in einer Art beruflichen Fortbildung zu experimentieren, wurde ihm verdeutlicht, daß wienerische Heiterkeit und Humor sich nicht ziemten, nicht einmal für einen jüngeren Herrn Kollegen: »Ein einziger Blick Helmholtz' klärte mich darüber auf, als ich ... am ersten Tage harmlos den gewohnten Ton anschlug.« Und als er diesen Blick, der ihn ins Mark getroffen haben muß, einem Assistenten beschrieb, »erwiderte er stolz: ›Sie sind hier in Berlin‹«.[23]

Besser erging es dem Amerikaner Michael Pupin, der mit Empfehlungsschreiben und einem Stipendium aus London kam. Verwundert bemerkte er, wie sich der Assistent, der ihn Helmholtz vorstellte, »vor seinem Meister verbeugte, als wolle er den Erdboden mit seiner Stirn berühren«. Der Gast grüßte dagegen auf die angelsächsische Weise, also »mit einem Neigen des Kopfes, welches sich nicht bis über die Schulterhöhe erstreckte«. Helmholtz konnte den Unterschied nicht übersehen, aber da ihm als weltläufigem Mann, der so manches Mal nach London gereist war, die dortigen Sitten vertraut waren, »lächelte er ein wohlwollendes Lächeln; der Gegensatz machte ihm offenbar Vergnügen«[24], und geschadet hat es dem Amerikaner nicht. – Man darf annehmen, daß der Hamburger Bürger Heinrich Hertz dem Geheimrat selbstverständlich den gebührenden Respekt bezeugte, aber doch in einer Manier, die näher bei der angelsächsischen lag als bei der preußischen, und auch ihm hat es nicht geschadet.

In Berlin gefiel es Heinrich Hertz »sehr, und ich glaube, es wird mir noch immer mehr gefallen«.[25] Das lag weniger an der Stadt, die er nach dem Militärjahr nicht einmal hatte wiedersehen wollen, sondern vor allem an der Preisaufgabe, den hervorragenden Arbeitsmöglichkeiten in dem neuen Institut und an dem freundlichen Interesse des Direktors. Einige Tage wurde er unsicher, ob er sich die Aufgabe tatsächlich zumuten sollte, denn er hatte nicht nur die Semesterferien zur Vorbereitung versäumt, sondern würde auch die Frist bis zum Abgabetermin am 4. Mai 1879 nicht ausschöpfen können, weil er inzwischen durch ein »Sendschreiben« vom Bezirkskommando für den März zur ersten zweimonatigen »Avancement-Übung« für die Offizierskarriere einberufen worden war.

»Lust habe ich natürlich gar nicht, mich darankriegen zu lassen, aber es ist Unsinn, mich zu sträuben, da ich nicht glaube, das folgende Jahr mehr Lust zu haben.«[26]

Nach einiger Überlegung hatte er sich entschlossen, beides zu schaffen, Preisaufgabe und Militärübung. Am 5. November meldete er sich bei Helmholtz und sagte ihm, »daß ich mir die Sache so weit überlegt habe und gerne anfangen möchte. Er ging dann mit mir zum Assistenten und war so freundlich, sich noch 20 Minuten mit mir darüber zu unterhalten, wie ich es am besten anfinge und was ich für Instrumente brauchte.« Die Arbeit im Institut bestimmte fortan einen festen Arbeitsrhythmus, in dem er sich kaum noch stören ließ: »Ich höre also jetzt jeden Morgen ein interessantes Kolleg, gehe dann ins Laboratorium, wo ich mit einer kurzen Pause bis 4 bleibe; nachher werde ich dann zu Hause oder auf dem Lesezimmer arbeiten.«[27]

Die einzige Abwechslung scheint in den nächsten Monaten der etwa zehnminütige Spaziergang von der Wohnung oder dem Hauptgebäude der Universität zum Institut an der Neuen Wilhelmstraße gewesen zu sein, es sei denn, daß große Ereignisse wie der Einzug des Kaisers die Routine auflockerten. An diesem Tag war er wie alle anderen Studenten morgens um neun Uhr zum Spalier am Brandenburger Tor angetreten, mußte viele Stunden warten und amüsierte sich derweil über die »Berliner Schnauze«, die den verspäteten Allerhöchsten Herrn nicht mehr mit »Heil Dir, Kaiser!«, sondern mit »Eil Dir, Kaiser!« begrüßen wollte. Auch die Aufmärsche und das anschließende Getümmel betrachtete er sich bis zur abendlichen Festbeleuchtung, die er freilich so hauptstädtisch nicht fand: »Was übrigens die Illuminationen anlangt, so haben mir die Hamburger, die ich erlebte, weit besser gefallen, wenigstens einen weit größeren Eindruck gemacht, und ich mußte sehr an mich halten, daß ich dies nicht einigen vor Entzücken überströmenden Berlinern mitteilte.«[28]

Die Eltern dürften baß erstaunt gewesen sein, als ihr Sohn ihnen seinen Arbeitsplatz beschrieb: »Ich habe für mich ganz allein ein kleines Stübchen, so groß wie das Morgenzimmer, nur $1^1/_2$–2 mal so hoch.« Das war ein kräftiges Understatement, denn das »Morgenzimmer« in der Magdalenenstraße maß etwa fünfzig Quadratmeter. In seinem kleinen Saal in dem großen Institut war im übrigen alles »wunderschön eingerichtet, man hat Werkzeuge, Gas, Wasserleitung und Gebläsetisch im Zimmer ... Hoffentlich werden die Resultate, die ich erhalte, dem Gebäude entsprechend sein, bequemer kann es mir nicht leicht gemacht werden.«[29]

Sogar an Arbeitsschutz war beim Bau des Instituts gedacht worden, denn eine Batterie – andere hinreichend stabile Stromquellen gab es noch nicht – konnte sich der Experimentator in einem separaten Raum aufbauen, so daß er nicht von Säuredämpfen geplagt wurde. Der Strom kam dann in vorbereiteten Drähten durch die Wand. Nur wegen der Aufstellung für das aus Hamburg mitgebrachte, selbstgebaute Galvanometer war er etwas skeptisch und machte sich seine Gedanken, wie das empfindliche Gerät wohl reagieren würde, wenn ein Pferdewagen durch die angrenzende Dorotheenstraße rumpelte.[30]

Alsbald registrierte Heinrich Hertz lakonisch, »daß ein Konsol in der Dorotheenstraße viel beweglicher ist als ein einfacher Tisch in der Magdalenenstraße; auf meine Bitte hin bin ich dann in ein anderes Zimmer gekommen, wo ich einen gemauerten Steinpfeiler habe.«[31] Auf so einem eigens gegründeten und elastisch gedämpften Pfeiler stand das delikate Instrument hinreichend erschütterungsfrei. Die Ausschaltung mechanischer Vibrationen war übrigens für die Meßtechnik der Physiker damals ein so wichtiger Aspekt, daß die »Erschütterungsfreiheit« der Arbeitsplätze ein entscheidendes Kriterium bei der Beurteilung von Institutsbauten war[32], so daß dieses deutsche Wortungetüm ähnlich wie »Kindergarten« und »Weltschmerz« als Terminus technicus sogar ins Englische übernommen wurde.

Im Gegensatz zum Hauptgebäude der Universität gab es im Institut keine Drängelei. Höchstens während der großen Vorlesung zur Experimentalphysik von elf bis zwölf Uhr mag es in dem dreihundert Studenten fassenden Hörsaal zugegangen sein wie »vor einem Bahnhofsschalter um Pfingsten«, aber das lag daran, daß für Mediziner und viele andere »Nebenfächler« diese Vorlesung obligatorisch war. Angehende Physiker und Studenten anderer exakter Naturwissenschaften wie Chemie oder Mineralogie waren jedoch auch in Berlin nur eine kleine Minderheit.

Anders als in München und an den meisten Universitäten gab es bei Helmholtz kein einführendes Praktikum für Naturwissenschaftler, sondern auch die Anfänger wurden einem ganztägigen Praktikum mit beträchtlichen Schwierigkeitsgraden ausgesetzt. Zu dieser hohen Schule der Experimentierkunst fanden sich im Durchschnitt vielleicht acht Teilnehmer ein, wobei es manchmal zwölf sein konnten oder auch mal nur drei.[33] Mit den drei Assistenten, einigen Doktoranden sowie bereits Promovierten, die mit der Erlaubnis des Direktors, aber ohne Bezahlung, um ihrer wissenschaftlichen Karriere willen arbeiteten, und gelegentlich einem ausländischen Gast blieb die Zahl der Experimentatoren in dem weitläufigen Gebäude gering: Heinrich Hertz schätzte sie in seinem ersten Berliner Semester auf kaum zehn bis fünfzehn.

Für diese kleine Schar war Helmholtz trotz seiner vielen Verpflichtungen ein nachgerade fürsorglicher Professor. »Ich habe keinen Lehrer gekannt, der mit größerer Gewissenhaftigkeit und Hingabe den übernommenen Aufgaben auch im Laboratoriumsunterricht nachkam«, lobte Eugen Goldstein, der zur gleichen Zeit wie Heinrich Hertz bei Helmholtz arbeitete, noch Jahrzehnte später seinen Lehrer.[34] Jeden Morgen war Helmholtz die Stunde vor der Vorlesung von zehn bis elf Uhr auf einem Rundgang durch die Laboratorien anzutreffen, und bei wichtigen Anlässen war er noch bis in den Abend hinein zu sprechen. Mit untrüglicher Sicherheit spürte dabei der Scharfblick des Meisters sofort jede Lücke in der Beweisführung, jeden methodischen Mangel und jede experimentelle Fehlerquelle auf.

Allerdings war er bei diesen Belehrungen eher freundlich als verständlich, wie es der langjährige Assistent Heinrich Kayser selbst erfahren und beobachtet hat: »Es war ein Unglück, daß Helmholtz sehr oft nicht ahnte, was dem Anfänger unklar sei. Bat man um Aufklärung, so gab er in liebenswürdigster Weise Auseinandersetzungen, die das ABC betrafen, was man längst wußte, teils sich in solchen Sphären bewegten, daß man sich schrecklich dumm vorkam, aber in Bezug auf die Frage nicht aufgeklärt wurde.«[35] Trotz dieser reduzierten Verständlichkeit war das Arbeiten unter Helmholtz' Anleitung für Kayser und Hertz und viele andere eine unvergleichliche Erfahrung, wie sie Goldstein eindrucksvoll beschrieb:

»Die Erziehung zur Reife durch Helmholtz vollzog sich keineswegs nur in zerstörerischer Kritik, sondern fast jeder einzelne Besuch des Lehrers brachte positive Förderung durch wertvollste originelle Ratschläge und anregend weite Ausblicke … – nicht nur zu tiefstem Verständnis des schon Geleisteten, sondern zugleich zu rapidester Produktivität für geistvolle Verbesserungen und neue

Methoden, die er freigebig seinen Schülern zur Verfügung stellte ... Dabei versuchte Helmholtz niemals, das selbständige Denken des Jüngeren einzuschränken und eine Frage einfach autoritativ zu erledigen, sondern mit freundlicher Ruhe nahm er auch den Widerspruch auf, und bisweilen schloß er eine Diskussion bei vorgeschritteneren Schülern bescheiden mit den Worten: ›Ich kann darüber nicht streiten, Sie kennen die Erscheinungen genauer als ich.‹«[36]

Solche Diskussionen scheinen aber auf die Laboratorien beschränkt und auch dort eher die Ausnahme gewesen zu sein, denn Helmholtz' Autorität muß nach einer anderen Erzählung Goldsteins eher erdrückende Auswirkungen gehabt haben. So fand es Goldstein für die »Lebendigkeit des Tones« bei den Nachsitzungen der Physikalischen Gesellschaft in einem Restaurant vorteilhaft, daß der dem Alkohol abgeneigte Helmholtz daran nicht teilnahm, »denn wenigstens bei den jüngeren Mitgliedern war die Ehrfurcht vor Helmholtz so groß, daß in seiner Gegenwart und Hörweite keiner von ihnen das Wort zu nehmen gewagt hätte«.[37]

Die Berichte des an seiner Preisaufgabe arbeitenden Studenten Heinrich Hertz über den großen Lehrer waren freundlich, aber frei von überschwenglicher Huldigung, und sie waren kurz: »Helmholtz kommt jeden Tag einige Minuten, sieht sich die Sache an und ist sehr liebenswürdig.«[38] Die Liebenswürdigkeit Helmholtz' lag gewiß nicht nur daran, daß sich bald bestätigte, daß Heinrich Hertz der einzige Bearbeiter der Preisaufgabe bleiben würde. Sofort erkannte Helmholtz, »daß ich es hier mit einem Schüler von ganz ungewöhnlicher Begabung zu tun hatte«[39], und zweifellos haben ihn der Fleiß, die Ausdauer und das exzellente manuelle Geschick des neuen Studenten beindruckt, denn ein angehender Physiker, der schon in der Schulzeit so eifrig gebastelt und experimentiert und dabei ein nachgerade sinnliches Vergnügen an wissenschaftlichen Gerätschaften entwickelt hatte, dürfte auch für Helmholtz eine seltene Erfahrung gewesen sein. Da diesem talentierten Experimentator die Mathematik keinerlei Schwierigkeiten machte und er sich bei rascher Auffassungsgabe durch ein tiefes Verständnis der theoretischen Probleme auszeichnete, entsprach dieser Student dem Idealtyp des Naturforschers, wie ihn Helmholtz selbst verkörperte, wie er aber in der Vielseitigkeit der Fähigkeiten nur selten anzutreffen war.

Während die Praktikanten hauptsächlich von einem der Assistenten betreut wurden, erfreute sich der Bearbeiter der Preisaufgabe der ganz persönlichen Fürsorge des Direktors. »Die Assistenten sind gleichfalls sehr nette Leute«, bemerkte Heinrich Hertz, aber »ich komme einstweilen leider sehr wenig mit ihnen in Berührung, da sie nicht in mein Zimmer kommen. Helmholtz selbst ist sehr liebenswürdig.«[40] Bei seiner Arbeit scheint Heinrich Hertz so zielstrebig und intelligent vorgegangen zu sein, daß längere Interventionen von seiten Helmholtz' nicht nötig waren, sondern beiläufige Anregungen oder ermunternde Bemerkungen ausgereicht haben. Schließlich sollte die Lösung der Preisaufgabe nicht bloß eine Ausführung von Ideen des Professors sein, sondern eine selbständige Arbeit.

Über Verständigungsschwierigkeiten, wie sie der Assistent Kayser beschrieb, hat Heinrich Hertz niemals geklagt. Zwischen Professor und Student muß sich hier so etwas wie der Idealfall forschenden Lernens oder lernenden Forschens durch Symbiose eingestellt haben, wozu nicht viele Worte nötig waren. Nach einigen Jahren im Kontakt mit Helmholtz und weiteren Jahren völlig selbständiger Arbeit gratulierte der mittlerweile berühmt gewordene Heinrich Hertz seinem Lehrer zum siebzigsten Geburtstag mit einem Zeitungsartikel, in dem er auch der einzigartigen Anleitung zur selbständigen Forschung gedachte, die mit der Preisaufgabe begonnen hatte:

»Das bloße Beispiel und Vorbild wirkt da mehr als Worte, einige hingeworfene Gedanken zeigen besser den Weg als wohlgeordnete Vorlesungen; allein schon die Gegenwart des bewunderten Lehrers berichtigt den Maßstab, den der Schüler an seine eigenen Leistungen und die seiner Kameraden legt, und ermöglicht ihm, die Dinge nicht im Lichte des Augenblicks, sondern, wie man sagt, sub speci aeterni zu erkennen. In diesem Sinne fühlt jeder, der das Glück hatte, noch so kurze Zeit unter Helmholtz' Leitung zu arbeiten, sich vor allem als sein Schüler, sich zugleich mit Dankbarkeit der Nachsicht, der Geduld, des Wohlwollens erinnernd, denen er begegnete. So viele solcher Schüler auch über den Erdkreis gestreut sind, keiner derselben möchte sein, der nicht heute außer mit Bewunderung auch mit Liebe seines Meisters gedächte.«[41]

So wurde die Preisaufgabe zum Beginn einer der tiefen Lehrer-Schüler-Beziehungen in der Wissenschaft, von großer Bedeutung für den weiteren Weg des jungen Studenten und beglückend für seinen Mentor: »Denn unter allen Schülern, die ich gehabt habe, durfte ich Hertz immer als denjenigen betrachten, der sich am tiefsten in meinen eigenen Kreis von wissenschaftlichen Gedanken eingelebt hatte, und auf den ich die sichersten Hoffnungen für ihre weitere Entwickelung und Bereicherung glaubte setzen zu dürfen.«[42]

Aus diesem Nachruf sollte freilich nicht der Schluß gezogen werden, daß Heinrich Hertz vornehmlich als Schüler oder gar nur als Ausführender des Helmholtzschen Forschungsprogramms zu gelten habe.[43] Wie so oft bei Lehrern und Schülern war auch diese Beziehung zeitlichen Schwankungen unterworfen, und überhaupt war sie komplizierter, als es in Huldigungsadressen und Nachrufen zum Ausdruck zu kommen pflegt. Bei aller aufrichtigen Verehrung für den großen Lehrer hat sich Heinrich Hertz doch immer eine ausgeprägte Unabhängigkeit bewahrt, und hinter den wohlgesetzten Worten des gut erzogenen jungen Mannes ist seine Eigenständigkeit nicht zu übersehen. Diese Eigenständigkeit, ja sogar Eigenwilligkeit des Jüngeren wurde schon bei der Bearbeitung der Preisaufgabe deutlich. Gleichwohl hatte sich für Helmholtz diese Beziehung und ihr Auftakt im Rückblick so verklärt, daß er in seinem Nachruf schrieb, er habe das Thema für die Preisaufgabe der Fakultät vorgeschlagen »in der sicheren, nachher auch bestätigten Voraussetzung, daß Hertz sich dafür interessieren und sie mit Erfolg angreifen werde«.[44] Da Hertz erst nach Berlin kam, als die Preisaufgabe längst gestellt und gedruckt war, hing Helmholtz hier einem Irrtum an, der viel darüber sagt, wie der Erfolg die Erinnerung beeinflußt. Zutreffend war immerhin, daß für Heinrich Hertz die Preisaufgabe ein Erfolg wurde: sein erster und zugleich schon sehr eindrucksvoller Schritt auf dem Weg zum bedeutenden Physiker.

2. Elektrodynamik – eine »unwegsame Wüste«

Die Preisaufgabe, die Heinrich Hertz in seinem ersten Berliner Semester und auch noch darüber hinaus beschäftigte, galt der Frage, ob mit der Stromleitung in Metallen der Transport träger Masse einhergeht oder nicht. Sie sollte durch die möglichst präzise Messung der damals »Extracurrents« genannten Ströme geklärt werden, die in Leitern bei Änderung der primären Stromstärke durch die Selbstinduktion erregt werden. Ziel und Zweck der Versuche beschrieb er seinem Vater kurz und knapp: »Wenn sich die Elektrizität in den Körpern mit träger Masse bewegte, so würde sich das in der Größe der Extracurrents (der Ströme, welche beim Öffnen und Schließen eines Stromes nebenbei entstehen) unter gewissen Umständen zeigen. Es sollen solche Versuche über die Größe der Extracurrents angestellt werden, aus welchen ein Schluß auf die bewegte Masse gezogen werden kann.«[1]

Das war dem Sinn nach zutreffend rekapituliert; nur die in der Ausschreibung schon mitgelieferten Vorschläge zur Durchführung der Messungen mit doppelt gewickelten Spulen hatte er weggelassen.[2] Warum aber wollte Helmholtz wissen, und warum war es einen Preis wert, durch die Messung von »Extracurrents« herauszufinden, ob der elektrische Strom mit dem Transport träger Masse verbunden ist?

Diese Frage führte geradewegs in das Zentrum der Kontroversen um die Theorien der Elektrodynamik, von denen es damals gleich mehrere prinzipiell unterschiedliche Typen gab. Die Vielfalt der Prämissen beschrieb Helmholtz im Rückblick als eine »bunte Blumenlese von Annahmen«, aber damit war die anmutige Metaphorik zu Ende; die Folgerungen kritisierte er als »sehr wenig übersichtlich« und den Zustand der Theorie als den »einer unwegsamen Wüste«, denn »beobachtete Tatsachen und Folgerungen aus höchst zweifelhaften Theorien liefen ohne sichere Grenze durcheinander«.[3] Dieses schroffe Urteil war berechtigt, auch wenn es im Gegensatz zur erfolgreichen Praxis der Ingenieure zu stehen schien. Die Elektrotechnik gestaltete sich nämlich unbeschadet theoretischer Defizite so verheißungsvoll, daß sich in diesem Industriezweig schon die zweite industrielle Revolution nach der Dampfmaschine ankündigte.

Bei der Entwicklung der Elektrotechnik hatten Gelehrte nicht nur Pate gestanden, sondern auch als aktive Erfinder den Aufstieg in Gang gebracht. So hatten Carl Friedrich Gauß und Wilhelm Weber im Jahre 1833 über die Dächer Göttingens Drähte gespannt und vom Physikalischen Kabinett der Universität zur Sternwarte erstmals eine Nachricht »telegraphisch« übermittelt. Schon drei Jahrzehnte nach dieser Pionierleistung waren die Zentren Europas durch Telegraphenleitungen verbunden, die für eine zuvor unvorstellbar rasante Informationsübermittlung sorgten, und von England aus wurde sogar ein Unterseekabel bis nach Amerika verlegt.

Für diese schwierige Unternehmung hatte der exzellente Physiker William Thomson durch seine Untersuchungen zur Ausbreitung der Elektrizität entlang von Kabeln mittels der »Telegraphengleichung« nicht nur die theoretischen Voraussetzungen geschaffen, sondern auch bei der Realisierung eine herausragende Rolle gespielt. Der Professor an der Universität von Glasgow wurde dadurch ein reicher und berühmter Mann, der von der Queen Victoria zunächst zum Sir und später zum Lord Kelvin of Largs geadelt wurde, als der er in der nach ihm benannten absoluten Temperaturskala verewigt wurde.

Auch einige Erfinder und industrielle Pioniere der Elektrotechnik suchten damals den Kontakt zur akademischen Wissenschaft, und die Physikalische Gesellschaft zu Berlin darf für sich sogar eine Patenrolle bei der Entstehung eines Weltunternehmens in Anspruch nehmen. Denn der preußische »Lieutenant« Werner Siemens war gleich im Gründungsjahr 1845 in die Physikalischen Gesellschaft eingetreten und hatte dort neben jüngeren Gelehrten auch den »Mechanicus« Johann Georg Halske kennengelernt, mit dem er die »Telegraphenbau-Anstalt von Siemens & Halske« gründete. Diese Firma entwickelte er zu einem international führenden elektrotechnischen Konzern – und Berlin damit zur »Elektropolis«. Siemens war nicht nur an den meisten Telegraphennetzen beteiligt, die Europa überzogen, er hielt auch für Jahrzehnte den telegraphischen Langstreckenrekord durch eine Leitung von London ins elftausend Kilometer entfernte Kalkutta, die seine englische Tochtergesellschaft »Indo-European Telegraph Co.« 1870 eröffnet hatte, meist über Land, aber auch durch den Ärmelkanal und das Schwarze Meer.

Während des atemberaubenden Aufstiegs seiner Unternehmungen blieb Siemens der Prototyp des »gelehrten Innovators«, der nicht nur wie die meisten Erfinder des 19. Jahrhunderts bastelte und probierte, sondern eine enge Beziehung zwischen Technik und Wissenschaft als Voraussetzung des industriellen Erfolges betrachtete. Den physikalischen Grundlagen des von ihm mitgeschaffenen Industriezweiges ging er selbst in anspruchsvollen wissenschaftlichen Untersuchungen nach, die er in den »Annalen der Physik« veröffentlichte oder in den Sitzungsberichten der Akademie, die ihn 1873 zu ihrem Mitglied ernannt hatte.

Die Telegraphie hatte Heinrich Hertz ganz handfest kennengelernt, als er in seinem Militärjahr mit seinen Kameraden vom Eisenbahn-Regiment auch Telegraphenkabel durch die märkische Landschaft zog. Als er einige Jahre später in Berlin studierte, ließ sich bereits das Telefon als direktere Variante der elektrischen Nachrichtenübermittlung zaghaft vernehmen, und auch die elektrische Beleuchtung kündigte sich an. Sogar die erste elektrische Eisenbahn wurde in dieser Zeit von Werner Siemens vorgestellt, nachdem er durch die Entdeckung des »dynamoelektrischen« Prinzips und dessen Realisierung in Dynamomaschinen der Starkstromtechnik zum Durchbruch verholfen hatte.

Bei dem rasanten Wachstum der Elektrotechnik konnten sich die Erfinder und Ingenieure bei ihren Konstruktionen auf Methoden und Formeln stützen, die auf Entdeckungen großer Physiker wie Ohm, Gauß und Weber, Thomson, Kirchhoff und vieler anderer zurückgingen, und wie das Funktionieren elektrischer Maschinen und Geräte zur Genüge verdeutlichte, waren diese Formeln auch brauchbar. Aber für einen Gelehrten wie Helmholtz, der bei allem Interesse an der Praxis tief in theoretischen Prinzipienfragen herumgrübelte, stellte sich die Sache anders dar. Zum Verständnis dessen, was Helmholtz als »unwegsame Wüste« kritisierte, durch die sich auch Heinrich Hertz hindurchzukämpfen hatte, zunächst eine Rekapitulation des ersten Jahrhunderts theoretischer Elektrodynamik, dabei aber die »bunte Blumenlese« zu wenigen Hauptsträngen gebündelt und so knapp wie möglich.[4]

Angefangen hatte die Elektrizitätslehre sehr ordentlich im Rahmen der etablierten Grundsätze der Newtonschen Physik. Als 1787 Charles Augustine de Coulomb, Mitglied der Académie des Sciences in Paris, mit seiner sensiblen Torsions-Drehwaage die

Kräfte maß, die elektrische Ladungen aufeinander ausüben, fand er ein Gesetz, das dem Vorbild der Massenanziehung entsprach: Die Kraft ist proportional dem Produkt der Ladungen und nimmt mit dem Quadrat des Abstands ab. Später fand er auch für magnetische Pole ein Gesetz der gleichen Form. Dank dieser Analogie zur Mechanik konnten die hochentwickelten Methoden der Gravitationstheorie einschließlich der Potentialtheorie in die Elektrostatik und in die Magnetostatik übernommen werden.

Diese formal gleichlautenden Gesetze hatten aber nichts daran geändert, daß wie seit alters her Elektrizität und Magnetismus als Erscheinungen aufgefaßt wurden, die völlig unabhängig voneinander waren. Das wurde anders, als der Däne Hans Christian Ørsted 1820 in Kopenhagen entdeckte, daß elektrische Ströme eine magnetische Kraft auf eine Kompaßnadel ausüben. Schon wenige Monate später hatte André-Marie Ampère in Paris diese Phänomene einschließlich der magnetischen Kraft zwischen zwei Strömen experimentell aufgeklärt und theoretisch beschrieben.

Er schuf eine gewissermaßen vereinheitlichte, Magnetismus, Elektrizität und elektrische Ströme umfassende Theorie, für die er den Namen »Elektrodynamik« prägte. Deren Gesetze sahen zwar komplizierter aus als die der Elektrostatik, aber sie waren gleichfalls aus der Anwendung Newtonscher Prinzipien auf die Bewegung von Ladungen hervorgegangen, weshalb Maxwell ein halbes Jahrhundert später Ampère als den »Newton der Elektrizität« nicht nur rühmte, sondern zugleich kritisch auf dessen Verhaftung in der Denkweise der Himmelsmechanik hinwies.[5]

Konzeptionelle Dynamik kam in die Lehre von Elektrizität und Magnetismus durch den Engländer Michael Faraday. Er sah bei den elektromagnetischen Erscheinungen das Primäre nicht in den Ladungen, sondern in den »Linien elektrischer und magnetischer Kraft«, die zwischen den geladenen Körper verlaufen und das dazwischenliegende Medium – das »Dielektrikum« – in einen Zustand der »Spannung« versetzen, der sich bei einem Testkörper als Kraft bemerkbar macht.

Dielektrika sind alle nichtleitende Materialien, und für den leeren Raum, der durch Luft zwischen zwei Kondensatorplatten in guter Näherung realisiert ist, mußte der »Äther« diese Rolle übernehmen. Das war jene Substanz, die in der Physik des 19. Jahrhunderts als Substrat erst der optischen und dann auch der elektromagnetischen Erscheinungen immer wieder als universeller Nothelfer bemüht wurde, damals aber als ebenso real wie die Materie angesehen wurde. Auf der Grundlage der allgegenwärtigen Dielektrika entfaltete Faraday den Begriff des den Raum erfüllenden Feldes und sah darin die eigentliche physikalische Entität. Für eine den Raum und die darin befindlichen Stoffe überspringende Fernwirkung war in dieser Vorstellung kein Platz.

Einen großen Triumph konnte Faraday mit dieser Konzeption feiern, als er 1831 eine Beziehung zwischen magnetischen Feldern und elektrischen Strömen sowie der Bewegung von Magneten und Leitern fand. Binnen weniger Monate formulierte er aufgrund dieser Entdeckung das Gesetz der elektromagnetischen Induktion, gemäß dem ein Strom entsteht, wenn Leiter die Kraftlinien eines Magnetfeldes schneiden. Dies war die wohl folgenreichste Erkenntnis der Physik des 19. Jahrhunderts, sowohl als Grundlage für die elektrischen Maschinen als auch wegen ihrer theoretischen Implikationen.

Zur »Nahwirkungstheorie« wurden Faradays Vorstellungen durch James Clerk Maxwell. Dieser einzigartig produktive Physiker schuf in den Jahren zwischen 1855 und 1870 eine Theorie, in der durch vier Grundgleichungen alle elektromagnetischen Erscheinungen als durch Nahwirkung vermittelt beschrieben werden – und die des Lichtes, das in dieser Theorie als elektromagnetischer Prozeß aufgefaßt werden kann, gleich dazu. Obwohl Maxwells Theorie der universellen Fernwirkung des englischen Nationalheros Newton eklatant widersprach, haben britische Physiker in einer lockeren, aber gleichwohl an einen verschworenen Orden erinnernden Arbeitsgemeinschaft von »Maxwellianern« in der Feldphysik von Faraday und Maxwell eine bahnbrechende neue Forschungsgrundlage erkannt und sie weiterentwickelt.

Ihre Überzeugung, daß der 1879 im Alter von erst achtundvierzig Jahren viel zu früh verstorbene Maxwell die einzig richtige und umfassende Theorie der elektromagnetischen Prozesse geschaffen hatte, wurde erst 1888 von Heinrich Hertz auf glänzende Weise bestätigt. Bis dahin aber hatten die Physiker auf dem Kontinent und besonders in Deutschland dem Newtonschen Paradigma der Fernwirkung die Treue gehalten, so daß sich der Kanal auch in der Theorie der Elektrodynamik als ein ziemlich tiefer, trennender Graben erwies.

Daß die von Faraday entdeckte elektromagnetische Induktion in jeder Theorie der Elektrodynamik enthalten sein mußte, stand auch für die deutschen Physiker außer Zweifel. Die ersten und zugleich weitreichendsten Theorien entwarfen Franz Ernst Neumann und Wilhelm Weber. Beide Theorien basierten auf »Fernwirkungen«, waren aber in ihren mathematischen Formulierungen und in ihren Annahmen über die Elektrizität grundverschieden.

Franz Neumann kompensierte als Professor an der Universität in Königsberg den Mangel eines Laboratoriums dadurch, daß er eine einflußreiche Schule der mathematischen Physik begründete. 1845 gelang es ihm, die Elektrodynamik auf eine Potentialfunktion zu gründen, aus der die Ampèreschen Gesetze, das Induktionsgesetz sowie alle anderen empirischen Tatsachen abgeleitet werden konnten.[6] Diese phänomenologische Vorgehensweise wurde für Neumann und seine Schüler, deren prominentester Vertreter Gustav Kirchhoff war, zur Richtschnur bei der mathematischen Beschreibung aller elektrodynamischen Vorgänge. Die Erfolge wurden dadurch erreicht, daß die Potentialtheorie dem Phänomenologischen verhaftet blieb und Ausagen über das, was man »das Wesen der Elektrizität« nennen könnte, nicht einmal versucht wurden.

Diesem Mangel war praktisch gleichzeitig der Göttinger Professor Wilhelm Weber in einer alternativen Theorie begegnet. Weber ging von der Vorstellung zweier elektrischer »Fluida« aus, die aus kleinen, jeweils positiv und negativ geladenen Korpuskeln bestehen sollten. Der elektrische Strom wurde als Bewegung zweier gleich großer positiver und negativer Ladungsmengen aufgefaßt, die mit gleicher Geschwindigkeit, aber in entgegengesetzter Richtung fließen. Obwohl Existenz und Eigenschaften dieser Korpuskeln hypothetisch waren und blieben, nahm Webers Theorie Aspekte der späteren »Elektronentheorie« vorweg, wie sie um die Wende zum 20. Jahrhundert entstand, dann allerdings nur mit dem einen »Fluidum« der Elektronen.

Das grundlegende Gesetz für die Wechselwirkung der Ladungen deduzierte Weber aus der Ampèreschen Elektrodynamik; vom Newtonschen und damit auch vom Coulombschen Kraftgesetz unterschied sich das Webersche aber insofern ganz fundamental, als die Kraft nicht nur vom Quadrat des Abstandes, sondern auch von der Geschwindigkeit und der Beschleunigung der Korpuskeln abhängen sollte.[7] Mit diesem komplizierten Gesetz konnten alle elektromagnetischen Erscheinungen auf sozusagen mikrophysikalischer Grundlage interpretiert und berechnet werden.

So unterschiedlich die Theorien von Neumann und Weber auch

gestaltet waren, etwas Entscheidendes hatten sie und ihre im Laufe der Jahrzehnte entwickelten Verfeinerungen und Varianten doch gemeinsam: Für konstante oder höchstens langsam veränderliche, quasistationäre Ströme in geschlossenen Stromkreisen lieferten sie identische Resultate. Nur für offene Stromkreise und schnell veränderliche Ströme führten sie zu weit auseinanderliegenden Schlußfolgerungen.

Da es in den Pionierjahren der Elektrotechnik aber nur auf stationäre Ströme in geschlossenen Kreisen ankam, machte es den Technikern nichts aus, daß die Theorie im Argen lag. Die Ingenieure konnten sich bei der Konstruktion elektrischer Maschinen aus der »bunten Blütenlese ... höchst zweifelhafter Theorien« ganz nach Zweckmäßigkeit bedienen. Daraus ergab sich ein pragmatisches Durcheinander, das aber prächtig funktionierte. Es hätte wohl eine amüsante Bestätigung für die Maxime des »anything goes« abgegeben, wie sie ein Jahrhundert später von Paul K. Feyerabend der Wissenschaft anempfohlen wurde.

Während die Ingenieure mit der disparaten Vielfalt theoretischer Ansätze in der Elektrodynamik gut zurechtkamen, formierten sich die akademischen Physiker zu Schulen, in denen die jeweilige Lehre gehütet und verteidigt wurde. Hermann Helmholtz empfand diese in der Theorie herrschende »Wirrsal« als schmerzlich und wollte hier Klarheit zu schaffen. 1869 begann er, noch als Professor für Physiologie in Heidelberg, mit der systematischen Analyse der Grundfragen, und seine Berufung zum Ordinarius für Physik in Berlin ermöglichte ihm, sich ganz auf diese Probleme zu konzentrieren, nicht nur in theoretischer, sondern auch in experimenteller Hinsicht.

In Deutschland war Helmholtz der erste und lange der einzige Gelehrte, der sich gründlich mit der Feldphysik von Faraday und Maxwell vertraut gemacht hatte, ohne sie deshalb für die einzig richtige zu halten. Daher bekam er es bei seinem Klärungsversuch gleich mit drei Auffassungen zu tun. »Bei dem Widerstreite der Theorien schien es mir rathsam«, erläuterte er 1870 in seiner ersten großen Abhandlung seine Vorgehensweise, »möglichst wenig den Boden der Thatsachen zu verlassen und in der Theorie unbestimmt zu lassen, was bisher nicht als durch die Versuche entschieden angesehen werden kann«.[8]

Das Ergebnis war eine Art »Übertheorie«, in der alle drei Konzeptionen integriert waren; durch die Wahl eines freien Parameters konnten alle drei einzelnen Theorien, die Neumannsche, die Webersche und die Maxwellsche, durch Spezialisierung gewonnen werden.[9] Mathematisch war das Helmholtzsche Verfahren kompliziert, und begrifflich war es ziemlich vertrackt, denn seine »Übertheorie« enthielt sowohl Fern- als auch Nahkräfte. Allerdings waren das alles Provisorien, denn was davon wirklich zutreffend war, sollten Experimente entscheiden, und zwar bevorzugt solche mit offenen Stromkreisen.

Zur Weberschen Theorie, die in der »Übertheorie« gleichberechtigt enthalten war, hatte Helmholtz freilich eine ganz spezielle Beziehung. Schon bei seinem Debüt als Physiker, dem 1847 vorgelegten epochalen Essay über die »Erhaltung der Kraft«, hatte er argumentiert, daß nur »Zentralkräfte«, also solche vom Typ des Newtonschen Gravitationsgesetzes, dem Prinzip der Energieerhaltung genügen. Damit wäre für Webers Gesetz in der Physik kein Platz. Diese Schlußfolgerung konnte Weber jedoch als fehlerhaft zurückweisen und zeigen, daß sein Gesetz mit der Energieerhaltung in Einklang zu bringen war.

Durch die Erfolge der Weberschen Theorie beflügelt, wollten einige Forscher, insbesondere der Leipziger Astrophysiker Friedrich Zöllner, in dem Weberschen Gesetz nicht mehr nur die Grundlage der Elektrodynamik sehen, sondern sogar die der gesamten Natur. Wie einst das Coulombsche Gesetz der Massenanziehung abgelauscht war, wurde nun umgekehrt auch die Gravitation durch ein Gesetz vom Weberschen Typ beschrieben. Weil sich damit sogar der Stolperstein der »Periheldrehung des Merkur« im sonst vollkommenen Uhrwerk der Himmelsmechanik aus dem Weg räumen ließ, der den Newtonschen Methoden widerstanden hatte, erhoben manche Physiker das Webersche Gesetz in den Rang des fundamentalen Gesetzes aller exakten Naturforschung.[10]

Helmholtz betrachtete das Webersche Gesetz jedoch immer mit großer Skepsis. 1870 präsentierte er in seiner großen Abhandlung ein heikles Problem der Weberschen Elektrodynamik, daß nämlich »zwei elektrische Teilchen, die sich nach diesem Gesetz bewegen und mit endlicher Geschwindigeit beginnen, in endlicher Entfernung voneinander unendliche lebendige Kraft erreichen und also eine unendlich grosse Arbeit leisten können«. Unendlich große Energien sind jedoch physikalisch unsinnig, weshalb Helmholtz resümierte: »Es scheint mir vielmehr, dass die hier zu Tage kommende Unzulänglichkeit des Weberschen Gesetzes in der Natur desselben tief begründet ist.«[11]

Derart deutliche Sprache war eine gute Voraussetzung für einen Streit der Schulen, und der wurde mit manchmal bitterer Heftigkeit ausgefochten.[12] Weber protestierte, und seine Anhänger polemisierten. Die aggressivste Feder führte dabei Zöllner, indem er Helmholtz wegen seiner Sympathien für englische Physiker der nationalen Unzuverlässigkeit zieh. Helmholtz seinerseits ließ in der Folge seiner Abhandlungen mit seiner Kritik am Weberschen Gesetz nicht locker, und bei dem Internationalen Kongreß zur Festlegung der elektrischen und magnetischen Einheiten 1881 in Paris schlug er als Leiter der deutschen Delegation nicht etwa die Benennung der Stromstärke nach Weber vor, obwohl die sich schon beinahe eingebürgert hatte, sondern setzte sich erfolgreich für die Namensgebung nach Ampère ein.[13]

Weber war übrigens der von Helmholtz herauspräparierten »Unzulänglichkeit« seines Gesetzes dadurch begegnet, daß er den hypothetischen Partikeln seiner elektrischen Fluida ein Beharrungsvermögen durch endliche Masse zuschrieb, wodurch die Schwierigkeiten zwar nicht ganz beseitigt, aber doch gemildert wurden. Und damit sind wir bei der Absicht, mit der Helmholtz die Preisaufgabe der Berliner Fakultät für das Jahr 1879 gestellt hatte: Eine Untersuchung über die Masse der Elektrizität könnte die Webersche Theorie auf den Prüfstand bringen.

Das Ende dieser Theorie durch den experimentellen Beweis herbeizuführen, daß eine derartige Masse gar nicht existiert, war natürlich aussichtslos. Wegen der Meßfehler ist der Nachweis einer exakten Null durch ein Experiment nicht möglich, sondern nur die Angabe einer oberen Grenze für diese Masse. Helmholtz konnte aber darauf hoffen, daß diese obere Grenze sehr klein ausfallen und dadurch die ohnehin angeschlagene Glaubwürdigkeit der Weberschen Theorie unterminiert würde.

Von diesen Verwicklungen ahnte Heinrich Hertz überhaupt nichts, als er sich der Preisaufgabe zuwandte, auch nichts von den Erwartungen, die Helmholtz in die Bearbeitung dieses Problems gesetzt hatte. Er glaubte zuerst sogar, es ginge darum, die mit dem Strom einhergehende Masse zu ermitteln und nicht etwa deren Abwesenheit. Aber zwei Wochen später hatte er gelernt, daß Helmholtz nicht den Nachweis einer solche Masse erwartete, sondern eher das Gegenteil, und das behagte ihm nicht: »Die Arbeit, die ich mache, ist nicht gerade sonderlich dankbar, da das mutmaßliche Resultat ein negatives ist, d.h. gewisse Erscheinungen werden nicht eintreten, was im ganzen weniger Vergnügen als das Eintreten bereitet, indessen liegt das in der Natur der Sache.«[14] Damit erlebte er schon als Student die Frustration, die alle Physiker plagt, die sich mit sogenannten »Nullexperimenten« herumschlagen: Auch wenn sie manchmal sehr wichtig und verdienstvoll sind, so sind sie doch immer undankbar, und richtig berühmt geworden ist damit noch niemand.

Nach einigen Tagen hatte sich Heinrich Hertz mit der Überraschung, daß er eigentlich »Nichts« finden sollte, arrangiert. Inzwischen hatte er wohl erfahren, welche Bedeutung gerade einem »Nullresultat« zukommen würde, und wieder war er mit Enthusiasmus bei der Sache: »Ich bin in der Tat sehr zufrieden und wünsche es mir nicht besser, als ich es habe.« Natürlich wollte er den Eltern einen Eindruck von dem vermitteln, was er da machte, und das ging beim Tagesablauf und den Kleinigkeiten noch am einfachsten: »Ein großer Teil meines Tages ist der Arbeit im Laboratorium gewidmet, und leider sind die Tage so kurz, daß, wenn ein großer Teil abgeht, fast nichts mehr übrig bleibt. Ein großer Teil dieses großen Teils geht natürlich wieder auf sehr unnütze, wenigstens sehr wenig lehrreiche Arbeiten, als Korkschnitzen, Drähte zufeilen usw., und die Beobachtungen an sich sind natürlich auch nicht sehr angenehm.«[15]

Trotz der Laborroutine war für den Studenten in dritten Semester der experimentelle Vorstoß in unbekanntes Gelände ein überwältigendes Erlebnis und eine kräftige Stärkung für sein immer gefährdetes Selbstbewußtsein: »Ich kann nicht sagen, eine wieviel höhere Befriedigung es mir gewährt, so aus der Natur selbst für mich und andere Belehrung zu holen, als immer nur von Anderen und für mich ganz allein zu lernen. Solange ich nur aus Büchern arbeite, verläßt mich das Gefühl nicht, daß ich ein gänzlich überflüssiges Glied der Gesellschaft sei.«[16]

Natürlich hätte es dem eifrigen Sohn ein großes Vergnügen bereitet, dem Papa die Experimente zu zeigen, aber dazu gab es keine Gelegenheit, und viel würde der Papa ohnehin nicht zu sehen bekommen: »Äußerlich stellt es sich dar als ein Galvanometer, ein Fernrohr, ein paar Elemente und ein ziemliches Gewirr von Drähten, und die Erscheinung, um die es sich handelt, ist der winzige Ausschlag einer Magnetnadel, der so winzig ist, daß in seiner Winzigkeit die ganze Schwierigkeit besteht.«[17] – Wenden wir uns also dem Experiment und seinen Schwierigkeiten zu.

Bei der Zielsetzung des Experiments war offensichtlich, daß die Messung der Selbstinduktion einer Spule dafür niemals ausreichen konnte. Also entschied sich Heinrich Hertz für die bei Präzisionsmessungen übliche Methode der Wheatstoneschen Brücke, bestehend aus zwei stromführenden Zweigen mit je einer Spule als induktivem Widerstand sowie einem Diagonalzweig. Die beiden Spulen wurden in die gegenüberliegenden Zweige eingesetzt. Bei exaktem Abgleich der Brücke fließt im Diagonalzweig kein Strom, was ein in Ruhe verharrendes Galvanometer anzeigt. Wird der Strom aber unterbrochen, so bringen die in den Spulen erregten »Extraströme« die Brücke für einen Moment aus der Balance und verursachen einen Ausschlag der Nadel des Galvanometers.

Das klingt einfach, war in der Ausführung aber heikel. So sollten die passiven, d.h. rein Ohmschen Widerstände der Brücke möglichst wenig zu den »Extraströmen« beitragen. Heinrich Hertz versuchte es zunächst mit Flüssigkeitssäulen, aber es gelang ihm »bei der großen Empfindlichkeit der Brücke nicht, solche von hinreichender Konstanz herzustellen.«[18] Dann probierte er Drähte aus Neusilber[19] aus, aber damit das auch funktionierte, mußte er für diese ein kompliziertes Gehäuse bauen. Weil nämlich beim schnellen Umschalten des Stromes Temperaturänderungen in diesen Drähten »Extraströme« vortäuschen würden, zog er die Drähte durch Glasröhren, in denen sie von destilliertem Wasser umspült und so auf konstanter Temperatur gehalten wurden.

Damit war aber nur eine von vielen Fehlerquellen reduziert. Heinrich Hertz sorgte sich sogar, daß er für den apparativen Aufwand, den er treiben wollte und mußte, nicht genügend Instrumente aus den Beständen des Instituts erhalten würde. Also bat er seine Eltern, ihm die Tangentenbussole, die er sich einst in Hamburg mit seiner Drehbank selbst gebastelt hatte, nebst dem für Ablesung nötigen Fernrohr zu schicken. Für die möglichst exakte Messung der Stromstärke konnte ihm ohnehin »kaum eine andere bessere Dienste tun als meine eigene«.

Trotz aller Tücken wähnte sich Heinrich Hertz schon nach drei Wochen kurz vor dem Ziel seiner Arbeit. »Augenblicklich sind ihre

Aspekte gut«, freute er sich am 24. November. »Die Schwierigkeiten, welche mir Helmholtz im Anfang als die hauptsächlichen nannte, habe ich schon hinter mir, und wenn alles gut geht, bin ich in vierzehn Tagen schon mit einer notdürftigen Lösung fertig und werde Zeit haben, dieselbe hübsch weiter auszuarbeiten.«[20] Es ging aber nicht gut, sondern die Arbeit führte »leider nicht ganz direkt zum Ziel, sondern bald rechts ab, bald links ab«. Eine Woche nach seinem optimistischen Brief sah er sich »jetzt fast wieder zum Anfang zurückgeworfen; wenn eine Schwierigkeit besiegt ist, tritt gleich eine größere dafür ein. Geduld gehört zum Handwerk.«[21]

Heinrich Hertz war wohl auf diejenigen Probleme gestoßen, die er in seiner schriftlichen Ausarbeitung später deutlich herausstellte. Bei den größten Stromstärken, welche die Brücke noch nicht aus der Balance brachten, bewirkte ein einmaliger Extrastrom einen winzigen Ausschlag der Galvanometernadel nur um Bruchteile eines Skalenteils, »während schon die Annäherung der Hand an einen Quecksilbernapf oder die Strahlung einer entfernten Gasflamme auf die Spiralen hinreichte, Ausschläge der Nadel von mehr als 100 Skalenteilen hervorzurufen«.[22]

Diese Kalamität war typisch für empfindliche elektrische Experimente. Er versuchte, sie dadurch zu beheben, daß er starke Ströme nur für kurze Zeiten durch die bei schwachen Strömen ausbalancierte Brücke leitete, aber auch mit dieser Modifikation erhielt er keine brauchbaren Resultate. Alles, was er zeigen konnte, war, »daß eine bedeutende Abweichung vom Potentialgesetz jedenfalls nicht stattfindet«.[23] Als schon Weihnachten herannahte, klagte er: »Meine Arbeit kommt so weiter wie jede Arbeit im Laboratorium, das ist langsam; ich fürchte, sie wird sich nicht danach richten, daß sie einen Endtermin hat ... Es läßt sich aber nichts dabei machen, Geduld ist nötig, sonst geht es gar nicht.«[24] Hilfreicher war aber ein Einfall, und der war offenbar schnell bei der Hand. Er verwirklichte ihn zu Hause während der Weihnachtsferien.

Die meisten seiner Ferientage dürfte Heinrich Hertz in seiner häuslichen Werkstatt an seiner Drehbank verbracht haben, denn hier baute er sich aus Holz, Metallstiften und Quecksilbernäpfen einen Kommutator zusammen. Dieses recht komplizierte Maschinchen sollte ihm ein wiederholtes schnelles Umschalten der Brücke bei gleichzeitiger Umpolung des Galvanometers ermöglichen. Dann würden die Extraströme zu vollen Entfaltung kommen, die winzigen Einzelreaktionen der Nadel sich einfach aufaddieren und so stattliche Ausschläge produzieren.

Wieder in Berlin, wurde der Kommutator sofort ausprobiert. Mit einer Handkurbel betrieben, ermöglichte er zwanzig Umschaltungen in zwei Sekunden, und vierzig winzige Ausschläge der Galvananometernadel setzten sich zu einem schönen, großen Signal zusammen. Dank dieses Verfahrens stellten sich rasch gute Ergebnisse ein: »Der kleine Apparat, den ich gemacht habe, tut mir sehr gute Dienste, besser selbst, als ich erwartet hatte, so daß ich in den letzten drei Tagen alle Messungen noch einmal und genauer als vorher durchmachen konnte. Infolge davon hatte ich sehr viel zu tun, besonders auch mit den langweiligen Berechnungen der Beobachtungen ... immer nur Zahlen und Zahlen.«[25]

Die durch Rechnung aus den Beobachtungsdaten herausdestillierten Werte für die Extraströme waren noch zu vergleichen mit den theoretisch ermittelten. Dafür benutzte er die Potentialtheorie, wie er sie sich teilweise selbst bereits erarbeitet hatte, aber auch in den Vorlesungen von Kirchhoff noch einmal in Vollendung präsentiert bekam. »Ein großer Teil dessen, was er vorträgt, stimmt mit dem überein, was ich mir im Herbst zu Hause selbst entwickelt habe. Es ist nun zwar sehr unangenehm, hören zu müssen, daß das alles schon sehr alte Geschichten sind, aber die Vorlesung wird einem dadurch bedeutend interessanter ... Ich sehe übrigens zu meinem Trost, daß wenigstens auf dem speziellen Gebiete, auf welchem ich mich bisher versucht habe, das Neue mir allmählich seltener wird.«[26]

Trotz aller Versiertheit in Theorie und Mathematik ereilte ihn bei den Zahlen wiederum ein typisches Forscherschicksal, denn zunächst erhielt er aus den Rechnungen einen etwa doppelt so großen Wert wie den beobachteten. Als nach langem Suchen endlich eine verlorengegangene 2 gefunden war, jubelte er, daß »die Theorie und die Beobachtung zusammenstimmen, um so mehr, als dies besser und unerwarteter geschah, als ich vermutet hatte«.[27] Die Abweichung der beobachteten von den berechneten Werten war mit nur einem Prozent so gering, daß der glückliche Experimentator nicht umhin konnte, dies als zufällig zu bezeichnen, denn die Analyse aller Fehlerquellen hatte zu einer Fehlergrenze von drei Prozent geführt. Immerhin hatten seine Versuche ergeben, »daß höchstens 1/20 bis 1/30 des an sich sehr kleinen Extrastromes aus doppeldrähtigen Spiralen seine Entstehung einer trägen Masse der

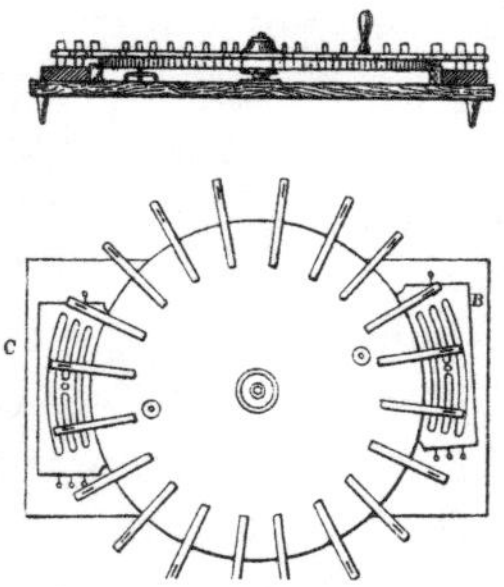

Zeichnung von Heinrich Hertz des in seiner häuslichen Werkstatt in Hamburg gebauten Kommutators zum schnellen Umschalten der Stromrichtung in Seitenansicht und Aufsicht.

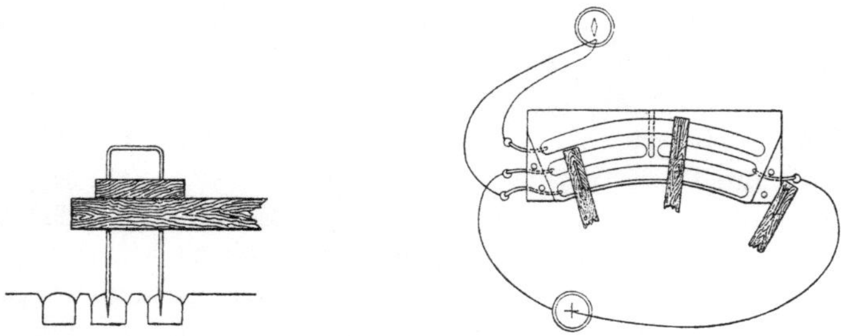

Die Funktionsweise der Metall-Quecksilber-Kontakte des Kommutators. (Ges. Werke I, S. 14 und 15)

Elektrizität verdankt«.[28] Aber er wußte, wie er es noch besser machen konnte.

Der größte Teil des Fehlergrenzen rührte von den Spulen her, denn die rechnerische Bestimmmung der Selbstinduktion der Spulen war wegen der nur ungenau zu vermessenden Geometrie der Drahtwicklungen mit Unsicherheiten behaftet, die sich nicht weiter reduzieren ließen. Daher ersetzte er die Spulen durch Drähte, deren Dicke genau gemessen und deren Selbstinduktion daher zuverlässig berechnet werden konnte.

In den einen Zweig der Brücke setzte er einen in sich zusammengefalteten Draht von genau berechenbarer Selbstinduktion, in den anderen ein auf dem Boden des Labors ausgebreitetes doppeldrähtiges Rechteck von etwa einem mal sieben Metern Kantenlänge. Diese Versuche sind zwar, »wie es meistens geht, mir das erste Mal fehlgeschlagen«, aber dann lief alles nach Wunsch, nicht zuletzt dank des fabelhaften Kommutators: »Der Apparat, den ich zu Hause gemacht habe, arbeitet in der Tat sehr gut, so daß ich nach der Seite einen besseren nicht brauchte, ja daß mir ein in der ersten Fabrik aus Gold und Elfenbein gearbeiteter nicht mehr nützen würde.«[29]

Zwei Versuchsreihen führte er aus, einmal mit den bereits verwendeten Neusilberdrähten als passive Brückenelemente, und dann mit reinem Kohlenstoff – sogenannter Bunsenscher Gaskohle – für den gleichen Zweck. Damit wurde er noch im Januar »jetzt eigentlich ganz fertig, viel schneller, als ich erwartet hatte«. Die Genauigkeit hatte er um das Zehnfache gesteigert, konnte also schließen, daß höchstens 1/250 der Extraströme von der trägen Masse herrühren könnte.[30] Mit dem Charakter des »Nullexperiments« hatte er sich aber immer noch nicht völlig ausgesöhnt: »Ich hätte lieber etwas Positives gefördert, da dies nun aber in der Natur nicht vorgesehen scheint, so muß ich mich so begnügen. Mit der bisherigen Theorie aber stimmen die Versuche so gut, wie ich es nur wünschen kann.«[31]

Helmholtz war offensichtlich beeindruckt und gab seinem Studenten den Rat zu Experimenten in einer Richtung, »zu der meine Apparate gerade passen, aber da ich sie im nächsten Semester doch nicht fortsetzen will, so habe ich keinen rechten Eifer dazu, gehe nicht viel hin und es wird daher auch nicht viel danach kommen«.[32] Dann fing er doch Feuer, aber nur kurz, denn schon in den letzten Wochen des Semesters »bin ich eigentlich gar nicht mehr ins Laboratorium gegangen«.[33] Von seiner Bearbeitung der Preisaufgabe war er überzeugt, »daß mir die Frage ziemlich beantwortet scheint, und daß ich wohl mehr, aber nicht bessere Experimente dazu machen könnte«.[34]

Daß diese Arbeit den Preis der Fakultät wert sein würde, wagte er nicht zu behaupten, hoffte es aber doch. Den Lohn seiner Mühen konnte er freilich erst nach einem halben Jahr ernten: beim nächsten Stiftungsfest der Universität.

3. Erfolge – der Offizierssäbel, ein Preis und der Doktorhut

Nach der angespannten Arbeit im Laboratorium gönnte sich Heinrich Hertz in den letzten Wochen des Semesters im Februar 1879 etwas Abwechslung. Er nützte die akademische Freiheit, um »gelegentlich durch die Kollegien der anderen Professoren zu laufen«, wobei er sich auf Zelebritäten konzentrierte, bei denen nicht nur Studenten, sondern auch Interessenten, die sich als die Berliner »Gesellschaft« empfanden, die Hörsäle füllten. Das populäre Kolleg des Helmholtz-Freundes Du Bois-Reymond hat Heinrich Hertz »aber nicht besonders zugesagt«, und er ließ es wieder. Ganz anders beeindruckte ihn die Vorlesung des Historikers Heinrich Treitschke »über den Sozialismus, es war noch immer eine erschreckende Menge von Zuhörern dort, darunter auch viele Offiziere und andere nicht direkt zur Universität gehörige«.[1]

Für deutsche Offiziere, zu denen er auch bald gehören würde, war diese Vorlesung ideologisches Rüstzeug, denn natürlich sprach Treitschke nicht über, sondern gegen den Sozialismus, und gewiß auch gegen den »jüdischen Sozialismus«. Der Historiker hatte sich als Wortführer eines rüden akademischen Antisemitismus hervorgetan und schon seit einigen Jahren gegen den »Kathedersozialismus«, die »feile Habgier« und den »Shylockcharakter« der Juden gewettert. Seine Polemik wurde immer gehässiger, so daß liberale Kollegen wie Theodor Mommsen und Rudolf Virchow ihn öffentlich in die Schranken zu weisen suchten. Die Konflikte entluden sich im nächsten Winter im »Berliner Antisemitismusstreit«, der nicht nur Berlin und seine Universität, sondern ganz Deutschland in Atem hielt.[2]

Der Sohn aus großbürgerlichem Hause hatte gegen Treitschkes Verdammung des Sozialismus nichts einzuwenden, denn in seinen Kreisen fürchtete man die »Social-Demokratie« mehr als den Teufel. Für den liberalen Hamburger mit jüdischen Großeltern, dessen Berliner Bekannte Namen wie Katz und Levy trugen, hätten jedoch Treitschkes antisemitische Tiraden eine Provokation sein müssen, aber Heinrich Hertz fand die Vorlesung »sehr interessant, und ich werde wohl den Rest des Semsters noch hingehen.«[3] – Was er dort hörte und wie er darüber dachte, hat er jedoch nicht mitgeteilt, zumindest hat er seinen Eltern kein weiteres Wort davon geschrieben. Offenbar gehörte das zu jenen Themen, über die in der Familie nicht gesprochen wurde.

Statt dessen berichtete er ausgiebig von Unverfänglichem wie gelegentlichen Spaziergängen und Geselligkeiten mit Studenten, auch mal bei Bier und Würfelspiel, sowie seiner Beteiligung an der Gründung eines naturwissenschaftlichen Vereins der Studenten. Vernachlässigt wurde das Studium aber nicht, denn er machte sich an die sorgfältige Ausarbeitung der beiden Kollegs über Analytische Mechanik und über Elektrodynamik, und dann lag noch eine »langweilige Arbeit« vor ihm, nämlich die schriftliche Darstellung seiner Experimente. Viel Lust hatte er nicht, »aber es wäre doch sehr angenehm, wenn ich sie fix und fertig hätte, ehe ich eingezogen würde«.[4]

Aber der sonst so fleißige Heinrich Hertz hielt es damit letztlich wie so mancher Schreibende: Die Ausarbeitung wurde vor der Einberufung weder fix noch fertig, sondern sie begleitete ihn durch seine zweimonatige Militärübung, so daß er die Frist bis zum Abgabetermin am 4. Mai voll ausschöpfte.

Heinrich Hertz' Zögern bei der definitiven Ausarbeitung seiner Experimente hatte nichts mit Faulheit zu tun, sondern mit einem Gefühl des Ungenügens, das differenziertere Gemüter auch dann heimsucht, wenn sie allen Grund zu Stolz und Freude hätten. So wurde ihm die Beschäftigung mit seiner Arbeit »um so unangenehmer, als mir dieselbe, je mehr ich sie betrachte, um so unbedeutender vorkommt, wie dies ja allerdings immer mit den fertigen Sachen geht. Aber jetzt, wo ich sie von hinten betrachte, kommt es mir vor, als bestehe sie aus ein paar Experimenten und Rechnungen, die an einem Tag zu machen wären.«[5]

Eine diffus bohrende Angst, den eigenen Erwartungen nicht gerecht zu werden, hat ihn seit seinem Wechsel vom Studium des Ingenieurwesens zu dem der Physik immer begleitet, und nicht einmal die Physik versprach ihm eitel Freude. So schrieb er zu Beginn seiner Arbeit an der Preisaufgabe von der Hoffnung, daß er mit den Resultaten zufrieden sein werde, aber nur um fortzufahren: »Diese Freude wird wohl bald in Gewohnheit übergehen und dann vorbei sein.«[6] Auf den ersten Blick könnte man das als eine blasierte Bemerkung eines blasierten jungen Mannes verstehen, bei Heinrich Hertz aber war es Ausdruck seiner hochgesteckten, vielleicht überspannten Ansprüche an sich selbst und seiner Angst, sich in mittelmäßiger Routine zu verlieren.

Denn immer wieder wurde Heinrich Hertz von Zweifeln geplagt, ob er in der Wissenschaft einmal »etwas bedeuten« würde, wie es sich seine Mutter gewünscht und er es internalisiert hatte. Dies geschah häufig an jenem Tag im Jahr, der dazu einlädt, Bilanz zu ziehen: am Geburtstag. So verfiel er auch am 22. Februar 1879, als er zweiundzwanzig Jahre alt wurde, in depressives Grübeln, und die erfolgreich abgeschlossenen Experimente und die lobenden Bemerkungen von Helmholtz vermochten die Stimmungstrübung nicht zu aufzuhellen, auch nicht die Glückwünsche und Geschenke von Geschwistern und Eltern: »Ich bin beschämt, wieder mit leeren Händen dazustehen und auch nicht durch das kleinste Zeichen des Fortschritts Euch zeigen zu können, daß Eure Liebe zu mir nicht verschwendet ist. Es würde einen großen Teil des Glücks, das Ihr mir wünscht, ausmachen, wenn ich ja sagen könnte, dies sei anders geworden, aber noch scheint mir dies Ziel so sehr, sehr fern zu liegen. Ich kann doch wiederum nur, wie in den vorigen Jahren, Euch die Versicherung geben, daß es nicht an meinem Unfleiß und meiner Nachlässigkeit liegen soll, wenn ich es nie erreiche.«[7]

Bei einem Studenten im dritten Semester, der gerade im Labor ein »Zeichen des Fortschritts«, und sogar ein großes, erreicht hat, ist diese Selbstquälerei kaum nachvollziehbar, aber sie war für Heinrich Hertz neben dem Wissensdurst die wohl stärkste Antriebskraft. Die nagende Angst, ob er sein Ziel überhaupt erreichen könne, legte sich erst bei dem dreißigsten Geburtstag, denn da war er erstmals »froh, daß ich den Anschluß nicht verpaßt habe; davor habe ich immer die meiste Angst«.[8]

Zum Geburtstag hatte er auch ein zwar erwartetes, aber trotzdem »mir weniger erfreuliches Geschenk« erhalten, nämlich die Einberufung zur Wehrübung für den 3. März, und da war »gleich wieder das unangenehme Kommißgefühl über mich gekommen«.[9] Immerhin wurde seinem Wunsch entsprochen, daß er die zwei Monate beim 5. Badischen Infantrie-Regiment Nr. 113 in Freiburg im Breisgau dienen konnte, gemeinsam mit dem Bruder Gustav, der dort Jura studierte. Bei diesem Regiment bereitete ihm die süddeutsche

Auffassung des Militärischen im Vergleich mit der preußischen eine angenehme Überraschung: »Der Dienst ist hier allerdings bedeutend leichter, als ich ihn gewohnt bin, und alle Einrichtungen sind weit menschlicher.« Trotzdem fiel es ihm schwer, »die bequemen Gewohnheiten und die freie Verfügung über die Zeit so gänzlich hinter sich lassen zu müssen«.[10]

Nach vier Wochen wurden die Brüder Hertz zu Vizefeldwebeln befördert, dem niedersten Rang auf der Karriereleiter der Reserveoffiziere, dem zwei Jahren später das Leutnantspatent folgen würde. Zum Zeichen dessen bekamen sie die Offizierssäbel ausgehändigt und brauchten nur noch Offiziersdienste zu versehen. Heinrich Hertz sah die Vorteile des neuen Status zunächst ganz pragmatisch darin, »daß einen die Kleinigkeiten nicht mehr quälen, als da sind ungeputzte Knöpfe, einige Minuten Verspätung usw.«.[11]

Aber nach vier Wochen Dienst mit dem Offizierssäbel hatte er noch eine Erfahrung gemacht, typisch weniger für ihn als für Glanz und Gloria alles Militärischen im Kaiserreich[12], was auch auf ihn seine Wirkung nicht verfehlte: »Als ich den bunten Rock wieder auszog, tat es mir ordentlich leid, ich hatte mich zuletzt wirklich wohl darin gefühlt. Die Eitelkeit, oder man kann auch sagen, das Ehrgefühl, spielt einem da doch sehr mit, und es ist ein, mit Respekt zu melden, verfluchter Unterschied, ob man sich fühlt als ›Held der Griechen und Diener des Kriegsgottes‹ oder ob man immer nur ›die Masse‹ ist, die gestoßen wird.«[13] Dabei taugte er gar nicht sonderlich zur soldatischen Führungsperson: »Mir fehlt leider, vor allen Dingen, ein ordentliches Kommando, einen kurzen lauten Ton kann ich aus meiner Kehle nicht herausbekommen.«[14]

Es traf sich günstig, daß der Offiziersdienst nicht viel Zeit erforderte, denn der Herr Vizefeldwebel mußte unbedingt an die endgültige Fassung der Preisaufgabe herangehen: »An meiner Arbeit habe ich die letzten vierzehn Tage mit aller Macht gearbeitet, so daß ich denke, ich werde sie in aller Ordnung fertigbekommen. Ob sie aber einigermaßen anständig ist, davon habe ich jetzt keine Ahnung mehr, da ich sie beinahe auswendig weiß. Sie hat doch einen ganz anständigen Umfang angenommen, obgleich ich ein Drittteil weggelassen habe.«[15] Als er am 1. Mai wieder in Berlin eintraf, war er immer noch »Tag und Nacht mit der Arbeit beschäftigt, bis sie am Sonnabend morgen wohlversiegelt vor mir lag, wo sie dann auch sofort eingereicht wurde, da es schon der letzte Tag war«.[16]

Im Sommersemester belegte Heinrich Hertz wieder zwei Vorlesungen, vier Stunden »Mechanik fester und flüssiger Körper« bei Kirchhoff und drei Stunden »Mathematische Akustik« bei Helmholtz.[17] Regelmäßig besuchte er jedoch nur die Vorlesung bei Helmholtz, und das muß manchmal ein merkwürdiges Erlebnis gewesen sein. Denn Helmholtz war nicht nur der bedeutendste Sinnesphysiologe aller Zeiten, sondern auch mit außergewöhnlichen musikalischen Fähigkeiten begabt. Man sagte ihm ein so geniales Gehör nach, daß er aus den Geräuschen der Wasserspiele im Park von Sanssouci noch melodische Klänge und Akkorde heraushören konnte, wo jeder andere nur Geplätscher und Geriesel wahrnahm.[18] Zweifellos ist er in seiner Vorlesung auch auf Probleme aus der Musik eingegangen und hat mit einem speziellen Harmonium im Hörsaal etwa den Unterschied zwischen natürlicher und temperierter Stimmung demonstriert. Da Heinrich Hertz in dieser Hinsicht aber gehörlos war, und dies in ebenfalls genial zu nennender Vollkommenheit, wäre ein Kommentar zu diesen, ihm unzugänglichen Exerzitien von ganz besonderem Reiz gewesen, aber darüber hat er sich ausgeschwiegen.

Kirchhoffs Vorlesungen zur Mechanik waren für ihn ohne Interesse, denn 1876 waren sie als Buch erschienen, und weil der Professor »genau nach seinem Buch vorträgt und ich den Stoff zum größten Teil schon kenne, so gehe ich einstweilen nicht hin«.[19] Erst später, bei schwierigen Kapiteln, wollte er Kirchhoff hören, hat aber meistens doch nur in das Buch geschaut.

Dafür war Heinrich Hertz wieder regelmäßig im Laboratorium anzutreffen. Er hatte sich eine neue Methode zur Untersuchung der trägen Masse der Elektrizität ausgedacht und gleich nach seiner Ankunft in Berlin Helmholtz gebeten, »auf dasselbe Thema loszuarbeiten«. Der Professor war sehr angetan, hielt das »für einen guten Stoff, das ist etwas«.[20] Dieser Vorschlag hatte nämlich den Vorzug, daß er gegen einen speziellen Einwand gefeit war, den man gegen die in der Preisaufgabe angewandte Methode hätte vorbringen können.[21] Das Kernstück des neuen Experiments bildete eine um die vertikale Achse rotierende Metallplatte, durch die ein Strom geschickt wurde, der an zwei räumlich festen Punkten in die Platte ein- und wieder austrat. Hätte der Strom auch nur die geringste mechanische Trägheit, dann müßte sich die Strombahn seitlich verschieben. Eine anschauliche Erklärung ließ Heinrich Hertz' Herkunft aus einer Stadt des Seehandels erkennen, denn die Stromablenkung erfolge »aus derselben mechanischen Ursache, welche auf der rotierenden Erde die Passatwinde vom Meridian abweichen läßt«.[22]

Wie so oft, war der Gedanke klar, aber die Ausführung schwierig. Schon die leitende Verbindung zwischen der schnell rotierenden Scheibe und den feststehenden Elektroden geriet zu einer kniffligen Angelegenheit. Voller Eifer war er »wieder in meinem geliebten Laboratorium mit feinster Mechanikerarbeit beschäftigt«.[23] Trotzdem ging das Experiment »einstweilen sehr schlecht weiter, man stößt immer auf Schwierigkeiten, die man sich vorher nicht gedacht hat ... aber da es immer so geht, darf man sich nicht beklagen, und ich hoffe, ich werde den Wagen aus dem Dreck, in den er sich gefahren, wieder herausbringen können«.[24] Das gelang zwar, aber nicht mehr in diesem Semester.

Ende Mai fuhr er über Pfingsten auf ein paar Tage nach Hamburg, das erste Mal seit Weihnachten, um sich von den Laborstrapazen zu erholen. Wieder in Berlin, resignierte er zeitweilig: »Im Laboratorium habe ich nicht gearbeitet, werde auch wohl in diesem Semester nicht mehr dazu kommen.«[25] Mehrfach unternahm er neue Anläufe, aber ohne rechten Erfolg. Abgeschlossen wurde diese schwierige Arbeit erst zwei Jahre später.[26]

Zum Trost nahte bei Semesterende die Verleihung der Preise beim Stiftungsfest am 3. August heran. Heinrich Hertz muß geahnt oder sogar gewußt haben, daß er ohne ernsthafte Konkurrenz geblieben war, denn einen Wettbewerber hätte er im Institut nicht übersehen können. Daher waren die Auspizien besser als nur günstig. Wegen eines letzten Zweifels behandelte er die Angelegenheit jedoch wie eine geheime Kommandosache. Seinen Bekannten, die ihn zum Stiftungsfest begleiteten, verriet er kein Sterbenswörtchen, war er doch »fest entschlossen, mir nichts merken zu lassen, wenn der Erfolg ungünstig wäre«.[27]

Bevor es an die Verkündigung der Preise ging, wurde Heinrich Hertz durch eine eineinhalbstündige Rede des Rektors, des Philosophen Eduard Zeller, auf die Folter gespannt. Durch die Auszeichnungen für die theologische und die philologische Aufgabe wurde die Folter noch verlängert, aber ein wenig verkürzt wurde sie auch, denn weder ein Jurist noch ein Mediziner hatte sich an die jeweilige Preisfrage herangewagt.

Als der Rektor endlich das von Helmholtz verfaßte Urteil der Fakultät für den naturwissenschaftlichen Preis vortrug, erfuhr

Heinrich Hertz zunächst, daß es doch einen Konkurrenten gab. Der hatte allerdings schon das Thema verfehlt, denn statt der »verlangten experimentellen Untersuchung bemüht sich der Verfasser nur aus Gründen der reinen Vernunft, oder wenigstens dessen, was er dafür hält, zu deducieren, daß die Elektricität träge Masse überhaupt nicht haben könne«. Helmholtz, dem das Resultat dieser Deduktion eigentlich hätte genehm sein sollen, konnte Schwafeleien aber so wenig ausstehen, daß er seiner Neigung zu Hohn und Spott bei der Formulierung des Urteils freien Lauf gelassen hat. Das hat er um so freimütiger getan, als die Arbeiten unter Codewörtern eingereicht worden waren, so daß der Gescholtene anonym blieb: »Die Fakultät hält es aber auch für ihre Pflicht, dem unbekannten Verfasser gegenüber auszusprechen, daß er sich noch ernstlich zu bemühen haben wird, um in das Verständnis auch nur der ersten Elemente wissenschaftlicher Methodik einzudringen.«[28]

Bei der Fortsetzung wußte Heinrich Hertz, daß nur er gemeint sein konnte, und was er hörte, war rundum erfreulich: »Die andere Aufgabe ist dagegen als eine sehr befriedigende Lösung zu bezeichnen. Der Verfasser hat die verlangten Versuche mit anerkennenswerter Einsicht und mit Geschick angeordnet, mit Fleiß und Sorgfalt durchgeführt. Er hat nicht nur die in der Aufgabe vorgeschlagene Methode angewendet ... sondern eine namentlich für messende Versuche wesentliche Verbesserung der Methode durchführen können, indem er statt der nie ganz regelmäßig zu windenden Drahtspiralen geradgestreckte Drähte mit leicht und genau abmeßbaren Dimensionen anzuwenden gelernt hat. Dies ist ein Fortschritt in der Versuchstechnik, der wahrscheinlich auch nach anderen Richtungen fruchtbar werden wird ... Die Fakultät steht daher nicht an, ihm den Preis zuzuerkennen.«[29]

Schließlich wurde das Couvert mit dem Codewort geöffnet und verkündet, der Verfasser sei Heinrich Hertz, Stud. phil. aus Hamburg. Der nahm die Glückwünsche seiner Bekannten entgegen und speiste dann mit ihnen zu Mittag, gewiß in aufgeräumter Stimmung. Eine anschließende kleine Landpartie wurde jedoch kein reines Vergnügen, »wegen der übergroßen Hitze und der Überfüllung aller Orte durch Berliner Spießbürger«.

Erst am nächsten Tag kam er dazu, den Eltern zu berichten, er habe nicht nur den Preis erhalten, sondern »ein 5mal besseres Urteil bekommen, als mir die Arbeit im besten Falle wert schien und ein

10mal besseres, als ich erwartet hatte«. Sie würden es lesen können, da es bald gedruckt würde. Aber der Freude folgte auf dem Fuße ein selbstverordneter Dämpfer: »Übrigens weiß ich sehr wohl, daß dieser Erfolg, wenn auch ein relativ großer, absolut genommen ein sehr, sehr kleiner ist, ein so kleiner, daß ich mich meiner Freude darüber fast etwas schäme.« Immerhin fand er das Urteil »so lobend abgefaßt, daß mir das den Wert des Preises fast auf das Doppelte erhöht«.[30]

Der Wert allerdings war ein ideeller. Für einige der Preise standen kleinere Geldprämien aus Legaten zur Verfügung, aber nicht für den naturwissenschaftlichen. Zwar gab es zum Preis auch eine Medaille, aber die mußte sich der Preisträger bei den sparsamen Preußen für den Goldwert von 250 Mark kaufen, nur den Guß gab es gratis. Nach Rücksprache und auf Wunsch der Eltern wollte sich Heinrich Hertz dieses gute Stück nicht entgehen lassen, ging also zur Kasse des Kultusministeriums und erhielt dort gegen Vorlage einer Bescheinigung des Dekans und Entrichtung von 250 Mark etwas in Papier Gewickeltes.

Zu Hause beim Auspacken gab es eine Überraschung: »Es ist eine ganz große und schöne Medaille, die aber das unglaubliche Ungeschick besitzt, nicht die mindeste Aufschrift zu tragen, nicht einmal, daß sie ein Preis der Universität sei ... Im ersten Ärger trug ich sie gleich wieder hin, fand jedoch die Kasse schon geschlossen und entschloß mich nachher, sie doch zu behalten.« Er tröstete sich damit, »daß ich sie ja immer noch um ihren Goldwert verkaufen kann, wenn mir 250 Mark mehr fehlen als gerade jetzt«. Aber geärgert hat er sich doch »über diese unschöne Manier, Preise zu verleihen«.[31]

Gar nicht geärgert, sondern beinahe gleichgültig aufgenommen hat Heinrich Hertz jedoch eine kleine Kritik, die Helmholtz in seinem Urteil bei allem Lob auch angebracht hatte: »Wünschenswert wäre es wohl gewesen, wenn der Verfasser die Resultate seiner Versuche mit Rücksicht auf die theoretischen Fragen diskutiert hätte, welche Herrn W. Weber zur Annahme einer trägen Masse der Elektrizität veranlaßt haben.« Helmholtz war immerhin so gütig, dieses Versäumnis von Heinrich Hertz dadurch zu entschuldigen, daß »seine Zeit durch das, was er geleistet hat, innerhalb der gestellten Frist ziemlich vollständig in Anspruch genommen« worden war.[32] Er hat dies in seinem langen Brief an die Eltern vom 4. August nur beiläufig referiert, ohne Berechtigung und Hintergrund der Kritik zu kommentieren.

Nun kann Heinrich Hertz unmöglich entgangen sein, daß gerade die Auseinandersetzung mit der Weberschen Theorie für Helmholtz eine Herzensangelegenheit war, die auch bei der Wahl der Preisaufgabe offensichtlich war. Durch ein paar kritische Bemerkungen zu dieser Theorie hätte er sich leicht als folgsamer Schüler empfehlen können. Daß er das nicht getan hat, spricht für die Behauptung seiner Unabhängigkeit auch gegenüber dem verehrten Lehrer. Zwar sind die Entwürfe zu dieser Arbeit nicht mehr vorhanden, so daß nur vermutet werden kann, daß er zunächst sogar auf die Webersche Theorie eingegangen ist, diese Passagen aber zu jenem »Dritttteil« gehörten, um den er in Freiburg seine Arbeit gekürzt hat, und zwar in voller Absicht.

Für diese Vermutung spricht zumindest seine Abneigung gegen lautstarke Kontroversen, die er später mehrfach bekräftigte, die aber auch schon bei dem jungen Studenten ausgeprägt gewesen sein dürfte. Der schrille, emotional aufgeladene Streit der Schulen widersprach seinem Verständnis von Wissenschaft ebenso, wie er der seiner Erziehung und seinem Charakter entsprechenden moderaten Tonlage fremd war. Vielleicht hatte er vom akademischen Getriebe auch schon so viel gelernt, daß er keinen Wert darauf legte, als kleiner Student in den Streit der Großen hineingezogen zu werden und dabei einen Schaden davonzutragen.

Mit Sicherheit jedoch hat Heinrich Hertz Weber immer als einen der Großen respektiert. Jedenfalls hat er es sich nicht nehmen lassen, dem achtzigjährigen »alten berühmten Weber meine Aufwartung« zu machen, als er 1885 auf der Reise zum Antritt seiner Professur in Karlsruhe durch Göttingen kam.[33] Zwar hat Heinrich Hertz das Webersche Grundgesetz niemals für akzeptabel gehalten[34], und daß es bald obsolet wurde, hat er durch seine eigenen Entdeckungen aus dem Jahre 1888 bewirkt. Aber er hat 1889 bei seinem großen Vortrag vor der Naturforscherversammlung in Heidelberg Weber und dessen Gesetz seine von Sympathie getragene Reverenz erwiesen: »Man mag über die Richtigkeit desselben denken, wie man will, die Gesamtheit dieser Bestrebungen bildete ein in sich geschlossenes System voll wissenschaftlichen Reizes. Wer einmal in den Zauberkreis desselben hineingeraten war, blieb in demselben gefangen.«[35] – Bei diesem Vortrag saß Helmholtz in der ersten Reihe.

Vielleicht hat Heinrich Hertz in seiner Preisarbeit eine Kritik an Weber auch deshalb vermieden, weil seine Experimente dessen Theorie ohnehin nicht widerlegen konnten, wie ja überhaupt diese Theorie nicht direkt widerlegt, sondern durch die bessere Alternative der Maxwellschen Theorie beiseite geschoben wurde. Denn wie klein auch immer die obere Grenze der trägen Masse der Elektrizität ausgefallen wäre, Weber hätte eine noch kleinere, aber endliche Masse annehmen können. Tatsächlich wären noch Webersche Ladungspartikel mit der Masse von Riesenmolekülen mit den Resultaten von Heinrich Hertz vereinbar gewesen. Und um den durch die Drähte wandernden Elektronen, die erst 1897 nach Hertz' Tod in ganz anderem Zusammenhang entdeckt wurden, durch Selbstinduktion in Drähten auf die Spur zu kommen, hätte die Genauigkeit des Experiments um das Hundertausendfache gesteigert werden müssen – ein Ding der Unmöglickeit.

Daher war die Preisarbeit für die Diskussion um die richtige Theorie der Elektrodynamik auch weniger bedeutsam als für die Karriere von Heinrich Hertz. Er schwankte, ob er die Arbeit an die »Annalen der Physik« schicken oder aber als Dissertation verwenden sollte, entschloß sich aber zur Veröffentlichung, weil er zum Promovieren schnell ein anderes Thema fand. Als seine Abhandlung im nächsten Frühjahr in den »Annalen« erschien, wirkte sie in diesem Umfeld nicht wie eine auf mildernde Umstände angewiesene Erstlingsarbeit, sondern wie das souveräne Werk eines erfahrenen Forschers.

Insbesondere braucht Hertz' Arbeit den Vergleich mit beinahe gleichzeitig durchgeführten Experimenten des Kopenhagener Professors Ludwig Lorenz nicht zu scheuen. Lorenz, der als vorzüglicher Elektrodynamiker ausgewiesen war, hatte gleichfalls eine Wheatstonesche Brücke benutzt, sie allerdings nicht nur mit einem Galvanometer, sondern auch mit einem Telefonhörer ausbalanciert. Zur Vermeidung schwer abschätzbarer Rückwirkungen von Metallen in der Umgebung hatte er lange Drähte im hölzernen Chorgestühl der Schloßkirche von Frederiksborg gespannt. Trotzdem waren die Messungen des Professor Lorenz nicht so genau wie die des Studenten Heinrich Hertz.[36] Dessen Arbeit war ein brillantes *billet d'entrée* in den Kreis der forschenden Physiker.

In Berlin brauchte Heinrich Hertz nicht auf das Erscheinen seiner Abhandlung zu warten, um als etablierter Physiker zu gelten, denn dafür hatten schon der Preis und das lobende Urteil gesorgt. Helmholtz selbst sah denn auch seinen tüchtigen Studenten sogleich für höhere Aufgaben vor. Als der sich nämlich bei seinem Professor bedanken wollte, war Helmholtz »ausnehmend freundlich, gratulierte mir vielmals und schlug mir eine Arbeit vor, die mich aber zwei bis drei Jahre vollständig in Anspruch nehmen würde, und an die ich mich nicht machen würde, wenn nicht Helmholtz' Aufforderung dazu und die Art, wie er mich aufforderte, ganz besonders ehrenvoll wäre und mir in jeder Richtung seinen Beistand und sein Interesse verspräche«.[37]

Der Vorschlag bezog sich wieder auf eine Preisaufgabe, dieses Mal der Preußischen Akademie. Sie war am 3. Juli, dem »Leibniz-Tag«, in öffentlicher Sitzung verkündet worden, was Heinrich Hertz offenbar entgangen war. Die Lösung sollte mit einhundert Dukaten, also knapp tausend Mark, die aus einer Stiftung zur Verfügung standen, belohnt werden. Mangels anderer Vorschläge hatte Helmholtz diese Aufgabe in letzter Minute formuliert, wahrscheinlich schon in der Erwartung, daß Heinrich Hertz sie bearbeiten und auch lösen würde. Sie betraf, wie hätte es anders sein können, Grundfragen der Elektrodynamik:

»Die von Faraday aufgestellte und von Hrn. Cl. Maxwell mathematisch durchgeführte Theorie der Elektrodynamik setzt voraus, daß das Entstehen und Vergehen dielektrischer Polarisation in isolierenden Medien, so wie auch im Weltraume, ein Vorgang sei, der die elektrodynamischen Wirkungen eines elektrischen Stromes habe und wie ein solcher durch elektrodynamisch induzierte Kräfte erregt werden kann ... Die Akademie verlangt, daß
entweder
für oder gegen die Existenz der elektrodynamischen Wirkungen entstehender oder vergehender dielektrischer Polarisation in der von Hrn. Maywell vorausgesetzten Stärke
oder
für oder gegen die Erregung dielektrischer Polarisation in isolierenden Medien durch magnetisch oder elektrodynamisch induzierte elektromotorische Kräfte
entscheidende experimentelle Beweise gegeben werden.«[38] Diese Fragestellung bezog sich also auf die zentrale Rolle der Isolatoren in der Maxwellschen Theorie und auch in der von Helmholtz.

So hatte Maxwell die »offenen« Stromkreise beseitigt, indem der Kreis durch den von ihm postulierten »Verschiebungsstrom« in den zwischen den elektrischen Ladungen befindlichen Isolatoren, dem »Dielektrikum«, geschlossen wird. Die Polarisation des Dielektrikums war für Maxwell als Nahwirkung zu verstehen, während Helmholtz daneben auch Fernkräfte einbezog. In beiden Fällen war die Polarisation aber entscheidend für die Ausbreitung von elektromagnetischen Wellen bei schnellen Stromänderungen, worüber freilich nur theoretisiert werden konnte. Maxwells Theorie sah nur transversale Wellen vor, die senkrecht zur Ausbreitungsrichtung schwingen, während in Helmholtz' Theorie daneben auch in der Ausbreitungsrichtung schwingende, longitudinale Wellen möglich waren.

Die Polarisation war für Maxwell Quelle und Ursache aller elektromagnetischen Erscheinungen; sie war der Theorie in einem Maße inhärent, daß die englischen »Maxwellianer« ihre Existenz eher voraussetzten als nach einem experimentellen Beweis suchten. Dagegen war für Helmholtz die Polarisation eine Eigenschaft eines Dielektrikums, also eines Isolators oder des den Raum erfüllenden Äthers, die im Experiment erst nachgewiesen werden mußte, bevor man sich ihrer Existenz sicher sein konnte. Nun erwartete Helmholtz nicht etwa die Erzeugung elektrodynamischer Wellen zur Klärung der in der Preisaufgabe aufgeworfenen Problematik. Der Nachweis der Polarisation von Isolatoren durch elektromagnetische Induktion oder aber umgekehrt irgendein elektrodynamischer Effekt als Folge der Polarisation von Isolatoren hätte einen Schluß auf die Existenz der Polarisation erlaubt und wäre eine Lösung der Preisaufgabe gewesen.

Für Heinrich Hertz war die Aufforderung von Helmholtz, sich der Preisaufgabe anzunehmen, ein guter Grund, Berlin erst einmal zu verlassen. Den August 1879 hatte er eigentlich im Laboratorium arbeiten wollen, aber bei seinem Experiment war ihm der Erfolg und damit auch die Lust abhandengekommen. Hitze und Lärm der Großstadt taten ein übriges, so daß er am 12. August nach Hamburg fuhr. Die Familie war auf einer Ferienreise in Süddeutschland und der Schweiz, so daß er in dem großen Haus allein war, sicher nicht ganz ohne Betreuung durch Personal.

»Ich habe sehr viel zu arbeiten, wozu mir die Ruhe hier außerordentlich erwünscht ist«, berichtete er den Eltern. Auf der Veranda, im Garten oder auf dem Balkon, »lauter Orte an denen sich herrlich arbeiten läßt«, dachte er darüber nach, wie sich die Preisaufgabe angehen ließe. Er überlegte sich mehrere Typen von Experimenten und versuchte rechnerisch zu ermitteln, ob sie zu einem brauchbaren Resultat führen könnten. An diesen Experimenten mit Papier und Bleistift arbeitete er den ganzen Tag, gelegentlich gestört durch »einige unvermeidliche Töpfer und Dachdecker«, die wegen diverser Umbauten »die Demolierung des Hauses in Angriff nehmen, so daß das Hämmern und der Spektakel nie ganz aufhört«.[39] Aber auch, wenn Ruhe herrschte, kam er »natürlich 100 Mal langsamer weiter als ich gern möchte«.[40]

Der Ertrag war trotzdem eindrucksvoll. Mitte Oktober hatte er eine sechzig großformatige Seiten lange Ausarbeitung mit dem Titel »Nachweis elektrischer Wirkungen in Dielektrizität«[41] fertig, und dazu noch eine vierzig Seiten umfassende Abhandlung, die mit der Preisaufgabe nichts zu tun hatte. Sie trug den Titel »Bewegung von Leitern unter dem Einfluß statischer Elektrizität«; in dieser Form wurde sie nicht veröffentlicht, war aber nicht nur eine Fingerübung: Teile ihres Inhalts und manche ihrer Methoden gingen in seine Dissertation sowie in eine zwei Jahre später publizierte Arbeit ein.[42]

Für seine Überlegungen zu der Preisaufgabe hatte Heinrich Hertz von Helmholtz offenbar einen Separatdruck von dessen großer Abhandlung »Über die Theorie der Elektrodynamik« mit auf den Weg bekommen, denn seine Betrachtung »stützt sich überall« auf die dort »gegebenen Formeln und Anschauungen«.[43] Für spezielle Konfigurationen benutzte er außerdem Formeln von Emil Jochmann, dem tüchtigen, 1871 verstorbenen Berliner Gymnasialprofessor, der sich durch mancherlei Rechnungen zur Elektrodynamik hervorgetan hatte. Ferner berücksichtigte er Experimente des Russen Nikolai N. Schiller, der einige Jahre zuvor noch im alten Institut von Helmholtz im Hauptgebäude Unter den Linden schnelle Schwingungen in offenen Stromkreisen untersucht hatte. Dazu war seine Ausarbeitung der Vorlesung von Kirchhoff zur Hand, in der die Verbindung von Potentialfunktion und dielektrischer Polarisation ähnlich wie bei Helmholtz abgehandelt wurde. In den sechzig Seiten war allerdings nirgends von Maxwellscher Theorie die Rede. Kirchhoff hatte dazu in seiner Vorlesung nicht viel mehr erwähnt, als daß es sie gibt, und Hertz wußte durch das Studium von Helmholtz' Arbeit zwar einiges, aber offenbar nicht wesentlich mehr darüber.

Seine Rechnungen konnten Heinrich Hertz nicht sonderlich optimistisch stimmen. Bei einem analysierten Experiment mit schnellen Schwingungen würden gar keine Wirkungen zu beobachten sein, bei einem anderen wären sie möglich, aber keineswegs sicher, und bei einem dritten waren sie wieder unterhalb der Grenze der Beobachtung. Bei einem vierten Fall konnte er immerhin hoffen, »daß unter Anwendung kräftiger Elektromagnete, sehr schnell rotierender Scheiben und empfindlicher Elektrometer meßbare Wirkungen erzielt werden können«. Mit schnell rotierenden Scheiben hatte er aber gerade seine Erfahrungen gemacht, und die waren nicht gut. Deshalb stellte er abschließend in Frage, »ob die dabei entwickelte Reibungselektrizität nicht jede genaue Messung unmöglich macht«.[44]

Am 22. Oktober 1879 fuhr Heinrich Hertz mit gemischten Gefühlen nach Berlin, denn die Preisaufgabe hatte wegen ihrer Schwierigkeiten jede Attraktivität eingebüßt. Gleich nach der Ankunft gab er Helmholtz seine Ausarbeitung, wartete aber nach zwei Wochen immer noch auf eine Reaktion: »So wird er sie wohl einfach ad acta gelegt haben. Die Mühe des Abschreibens hätte ich mir also sparen können.« Vermutlich hat Helmholtz aber schon beim flüchtigen Überfliegen gespürt, daß Heinrich Hertz die Aufgabe für kaum ausführbar hielt und es deshalb im Grunde seines Herzens vorziehen würde, sie nicht zu bearbeiten. Mag sein, daß Helmholtz enttäuscht war, aber Druck wollte er nicht ausüben: »Im übrigen war er sehr freundlich und gab mir Versuche an, die er für ausführbar gehalten habe. Aber da diese Versuche mir zu große Mittel zu erfordern schienen und da ich über einfachere Versuche, die ich für möglich hielt, nicht mit ihm reden konnte, so sagte ich, ich möchte mich, einstweilen wenigstens, nicht auf die Sache einlassen und andere Versuche vornehmen.«

Obwohl Heinrich Hertz beklagte, daß Helmholtz sich seine Rechnungen nicht genau angesehen habe, war es ihm doch »sehr lieb, daß es so gekommen ist; denn ich fürchtete mich ordentlich davor, daß Helmholtz die Versuche billigen und mich so zur Ausführung derselben zwingen würde. Der Gedanke an eine dreijährige *geheime* Arbeit war mir ein Greuel. Lassen sich die Versuche leicht ausführen, so erfordern sie ohnehin nicht drei Jahre, und es ist immer noch Zeit, an sie zu gehen.«[45]

Nach Ablauf der dreijährigen Frist wurde 1882 in den Akten der Akademie lakonisch vermerkt: »Die Aufgabe wurde nicht bearbeitet.«[46] Fünf Jahre später wurde sie doch noch in vollem Umfange gelöst, und zwar von demjenigen, für den sie von Anfang an bestimmt war: von Heinrich Hertz. Das gelang ihm 1887 binnen weniger Wochen, nachdem er sich Erkenntismittel erschlossen hatte, an die zuvor niemand gedacht hatte, nämlich einen Apparat für die Erzeugung extrem schneller elektromagnetischer Schwingungen und einen Empfänger, der sie durch Resonanz nachwies. Einen Preis hat er dafür natürlich nicht mehr erhalten.

Im Wintersemester 1879/80 belegte Heinrich Hertz »Mathematische Optik« bei Kirchhoff und dazu bei Ernst Kummer »Analytische Mechanik«, dieses Thema nun schon zum dritten Mal.[47] Der berühmte Zahlentheoretiker Kummer war nicht eigentlich ein Experte auf diesem Gebiet, und Hertz wird Neues kaum erwartet haben, aber für den Doktorgrad wollte er sich von dem Mathematiker prüfen lassen, und da war es zweckmäßig, wenigstens eine Vorlesung im Studienbuch stehen zu haben. Aus dem gleichen Grunde belegte er »Geschichte der Philosphie« bei Eduard Zeller, denn das war Pflichtfach.

Er arbeitete auch wieder im Laboratorium, aber nur kurz, weil »mir jetzt zu Haus eine mehr theoretische Arbeit in die Hände gekommen ist, die mich sehr beschäftigt und mir viel Freude macht … Wenn ich nicht noch die (eventuell mir sehr bittere) Erfahrung mache, daß das betreffende Problem schon anderweitig gelöst ist, so wird sie meine Doktorarbeit werden.«[48] – Sie wurde es, und dies in erstaunlich knapper Frist.

Sein Problem, die Wechselwirkung von Magneten und rotierenden Metallmassen, war mit ehrfurchtgebietenden Namen verknüpft. Arago hatte es entdeckt und Faraday als Induktionserscheinung bewiesen. Emil Jochmann hatte es 1864 berechnet, aber nur für einige Spezialfälle, bei denen die Selbstinduktion vernachlässigt wurde. 1872 hatte Maxwell, wie Hertz rühmte, »in sehr eleganter Weise« die Theorie entwickelt, allerdings wiederum nur für einen Spezialfall, nämlich den einer unendlich ausgedehnten, sehr dünnen Scheibe. Hier Neues bringen zu wollen, war ein hoher Anspruch.

Bis kurz vor Weihnachten hatte er »fast ohne mich umzusehen weitergearbeitet, und immer mit Erfolg und Freudigkeit, wie ich sie mir nicht besser wünsche«.[49] Es wurde eine eher mathematische als eine theoretische Arbeit, denn die Grundfragen der elektromagnetischen Theorie hat er beiseite gelassen. Statt dessen nahm er seine

Formeln in der damals üblichen Polypragmasie überall da her, wo er sie finden konnte: den Ausdruck für die elektromotorische Kraft von Jochmann, der ihn aus dem Weberschen Gesetz abgeleitet hatte, das Vektorpotential von Maxwell aus dessen »Treatise« und weiteres von Kirchhoff und Helmholtz oder was sonst brauchbar war.

Er rechnete virtuos, in atemberaubenden Tempo und mit großem Erfolg. Schon Ende der zweiten Januarwoche hatte er die lange Arbeit »fertig vor mir liegen«. Nicht ohne Stolz schrieb er in der Einleitung, er habe das Problem »vollständig gelöst für den Fall, daß der betrachtete Körper eine um einen Durchmesser rotierende Hohlkugel sei ... Offenbar umschließt dies Problem die früher gelösten als spezielle Fälle.«[50] Abgesehen von der mathematischen Tour de force liegt eine bleibende Bedeutung dieser Dissertation darin, daß erstmals eine Theorie des sogenannten Skin-Effekts vorgelegt wurde, denn er konnte zeigen, daß bei großen Rotationsgeschwindigkeiten der induzierte Strom im Inneren der Kugel verschwindet und sich nur auf der Oberfläche des Metalls ausbreitet.

Am 15. Januar 1880 reichte Heinrich Hertz ein dickes Paket bei der Fakultät ein, nebst lateinisch abgefaßtem Gesuch und ebensolchem Lebenslauf sowie allerlei Zeugnissen, das Qualifikationsattest zum Reserveoffizier eingeschlossen. Außerdem mußte er beim Kultusministerium um Dispens bitten, weil er erst im fünften Semester an der Universität studierte, für die Promotion aber der Abschluß von sechs als Minimum vorgeschrieben war. Das Ministerium überließ in seiner Weisheit den Dispens der Fakultät, so daß der Dekan Hübner, ein Altphilologe, die Herren Helmholtz und Kirchhoff darum bat, »die vorgelegte Arbeit zu prüfen und sich darüber auszusprechen, ob Petent zur Prüfung zuzulassen sei«.[51] Aufgrund des Verhaltens des Dekans schien es Heinrich Hertz »undenkbar, daß die Fakultät etwas dagegen haben sollte«, und seine Eltern warnte er, »daß die Sache ca. 350 Mark kostet, von denen allerdings im Falle des Mißlingens die Hälfte zurückerstattet wird«.[52]

Helmholtz rühmte die Dissertation als »specimen eruditionis« und bewertete sie mit »sehr gut«, eine Seltenheit bei ihm. Wie schon bei der Preisarbeit, brachte er in seinem Gutachten neben viel Lob aber auch Kritik an: »Der Weg, den der Verfasser eingeschlagen hat, ist allerdings sehr verwickelt und mühsam, und hätten sich die Resultate außerordentlich viel leichter mittels der von Herrn G. Kirchhoff aufgestellten und von mir verallgemeinerten Differentialgleichungen gewinnen lassen.« Seine Erklärung für Heinrich Hertz' verwickelte Wege zeigt übrigens, daß er seinen Studenten inzwischen gut kannte und einzuschätzen wußte: »Da übrigens die Gleichungen angefochten sind, und die Gegner keine anderen aufzustellen wissen, so hat der Kandidat wohl dem Prinzipienstreite aus dem Weg gehen wollen.« Trotzdem natürlich »sehr gut« und Empfehlung zur vorgezogenen Zulassung zur Prüfung. – Kollege Kirchhoff schloß sich dem »günstigen Urteil über die Arbeit« mit einem kurzen Satz an und empfahl gleichfalls die Zulassung.[53]

Derweil hatte sich der Kandidat an das Lernen für die Prüfung gemacht, und er gab sich »alle Mühe, bei der trostlosen Arbeit nicht den Mut und die gute Laune zu verlieren«.[54] Da üblicherweise die Arbeiten vier Wochen und manchmal sogar drei Monate bei den Referenten lagen, »strengte ich mich nicht sonderlich an, sondern ging viel spazieren, ins Theater, und suchte mir die Zeit, die mir entsetzlich lang wurde, so gut ich konnte zu vertreiben«.[55] Aus dem Müßiggang wurde er am 1. Februar durch eine Karte des Dekans herausgerissen, die ihn wie der »Blitz aus heiterem Himmel« traf: Die Prüfung war auf den 5. Februar angesetzt. Er machte sich ans Repetieren, teilweise mit geliehenen Kollegienheften, »immer Physik, Mathematik und Philosophie hintereinander«. Neben der Paukerei hatte er sich noch bei den Prüfern vorzustellen, in Frack mit Zylinder und weißen Handschuhen.

Bei Kirchhoff, der als pedantischer Prüfer gefürchtet war, bat Heinrich Hertz um gütige Nachsicht, aber Kirchhoff beruhigte den Kandidaten, er würde Nachsicht nicht nötig haben, »denn er habe schon zwei *sehr* gute Arbeiten von mir gelesen«. Zum Abschied wünschte der Prüfer viel Glück, »man könne es ja immer gebrauchen, auch wenn man nicht davon abhinge«. Vor Erleichterung und Freude vergaß der Kandidat seinen Paletot. – Die Vorstellungen bei den anderen Prüfern waren emotionale Wechselbäder, und etwas unbehaglich wurde ihm auch, als er am Donnerstag abend die paar Schritte zur Universität herüberging und im Senatssaal alle Lichter brennen sah. Die Prüfung sollte von sechs bis acht Uhr abends dauern. Alle Ordinarien der Fakultät waren anwesend, weil anschließend Fakultätssitzung war.

Helmholtz begann die Prüfung im Hauptfach mit der Erörterung

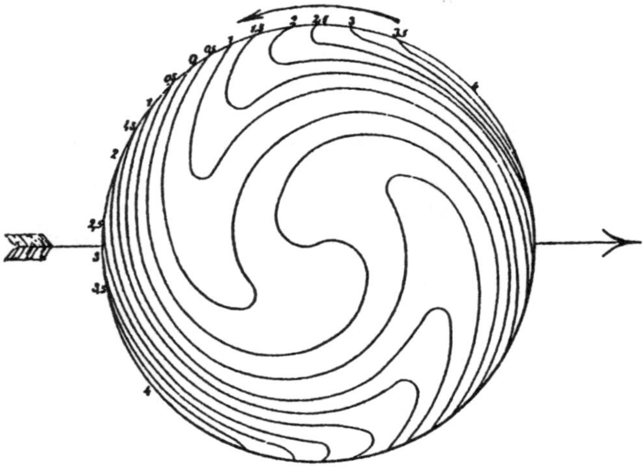

Rotierende Kupferkugel. 50 Umdrehungen in der Sekunde.
2/3 nat. Gr.

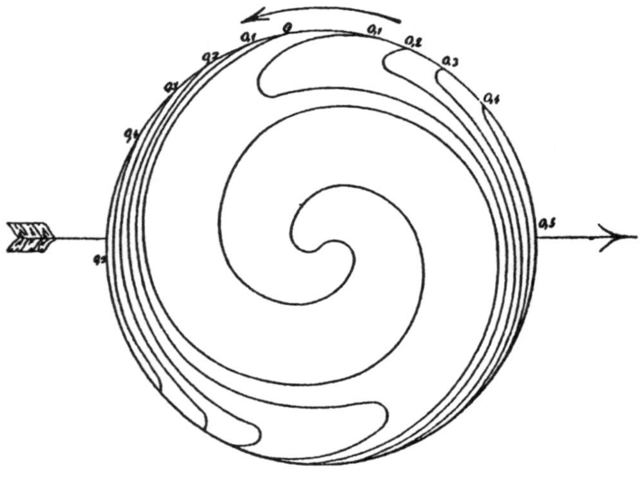

Rotierende Eisenkugel. 5 Umdrehungen in der Sekunde.
2/3 nat. Gr.

der Wellentheorie des Lichts. Hertz spürte Wohlwollen und merkte »sofort, daß ich nicht durchfallen sollte«, aber es lag gewiß nicht nur daran, daß im Protokoll festgehalten wurde, der Kandidat habe »fast ausnahmslos alle gestellten Fragen mit großer Sicherheit und Klarheit« beantwortet.[56] Der Philosoph Zeller fragte anschließend nach der vorsokratischen, der platonischen und der aristotelischen Philosophie »und wurde von den Antworten des Kandidaten sehr befriedigt«. Heinrich Hertz meinte, er hätte in diesem Fach glänzen können, »wenn Prof. Zeller nicht gar zu leicht gefragt hätte«. Kirchhoff setzte die Prüfung mit Elektrodynamik, Hydrodynamik und Elastizitätstheorie fort, und der Kandidat »beantwortete alle Fragen vollkommen richtig und sicher«. Kummer prüfte nur eingangs Mathematik und ging dann zu Problemen aus der Mechanik über, wobei sich der Kandidat »fast überall in diesen Gegenständen gut orientiert« zeigte.

Nach kurzer Beratungszeit verkündete der Dekan die Gesamtbewertung »magna cum laude«. Darauf durfte Heinrich Hertz sehr stolz sein, denn Prädikatsexamen waren in Berlin selten, und bei Helmholtz und Kirchhoff waren sie die Ausnahme. Schnell schrieb er etwas auf eine Karte an die Eltern und »ging dann mit meinen Freunden etwas Wein trinken, worauf ich mich in sehr angenehmem Bewußtsein zu Bette legte«.

Anderntags folgte ein ausführlicher, beinahe redseliger Bericht voller Freude ob der überstandenen Examensnot. Aber auf die Glückwünsche der Eltern reagierte er schon nach ein paar Tagen auf seine typisch melancholische Weise: »An sich sehe ich freilich überhaupt keinen Grund, auf ein bestandenes Examen stolz zu sein oder sich darüber zu freuen, da man doch durch dasselbe nicht um ein Haar klüger oder besser wird, und mit der Furcht des bösen Ausganges fällt daher auch die Freude über den guten fort.«[57] Depressive Anwandlungen gab es in diesem Februar aber nicht, auch nicht am Geburtstag.

Mit der Prüfung war das Promotionsverfahren noch nicht beendet, denn die Dissertation mußte erst gedruckt vorliegen, bevor sie öffentlich verteidigt werden konnte. Dreihundert Exemplare gab er in Auftrag, dazu fünfzehn auf feinerem Papier und eines davon für die Eltern mit Goldschnitt, »wie es Sitte ist«. Es wurde ein stattliches Büchlein von etwas über hundert Seiten. Zur Aufnahme in die »Annalen« oder auch in das »Journal für reine und angewandte

Mathematik« war die Arbeit viel zu lang, aber sie wurde noch im gleichen Jahr durch ein Referat in den Beiblättern der »Annalen« allen Physikern zur Kenntnis gebracht.[58]

Sitte war auch die schon reichlich antiquierte eigentliche Promotion, die öffentliche Verteidigung: »Da sich nun aber im Allgemeinen niemand zum Angriff findet, so muß man noch einige Thesen aufstellen, sich Disputanten gegen dieselben suchen, diesen ihre Angriffe aufsetzen und dieselben dann glorreich zurückweisen, dann wird man promoviert.«[59] Als Opponenten verpflichtete er einen jungen Mediziner, dazu den cand. phil Schulze-Berge, den er vom Eisenbahn-Regiment her kannte, und den stud. jur. Gustav Hertz, seinen Bruder, der zur Beendigung seiner Studien nach Berlin gekommen war und mit ihm in der Universitätsstraße Nr. 4 wohnte. Mit deren Hilfe brachte er am 15. März auch diese von ihm als »zopfig« empfundene Prozedur hinter sich und erhielt in feierlicher Zeremonie den Doktorhut.

In Hamburg wurde für den 20. März 1880 ein großes Fest vorbereitet, zu Heinrichs Doktorhut und zum Abitur von Rudolf: »Ich komme im Anfang der nächsten Woche, um mit dir dies Fest zu feiern«, schrieb er seinem Bruder. »Ob Bismarck kommt, soll noch zweifelhaft sein.« Launig verulkte er eigene und brüderliche Examensängste, die nun vorüber waren: »Hier war gestern ein Transparent ausgestellt, in welchem Du als Ritter Georg dargestellt warst, wie Du den Examensdrachen niedertrittst, dessen Köpfe die Lehrerköpfe waren.«[60] – Fortan unterzeichnete er seine Briefe nach Hamburger Sitte mit nachgestelltem akademischen Prädikat, als Heinrich Hertz, Dr.

4. Assistent bei Helmholtz – »ein Glück und eine Ehre«

Die Promotion war für Heinrich Hertz ein Erfolg, den er, soweit er bei seiner melancholischen Veranlagung dazu in der Lage war, auch ausgekostet hat. Aber er konnte nicht übersehen, daß sich an seiner Situation im Grunde nur wenig geändert hatte. Während Altersgenossen, die etwa ihren juristischen Doktor gemacht hatten, sich schon im Berufsleben etablierten – damals noch zumindest in Hamburg ohne Referendariat –, würde er in seiner akademischen Laufbahn bis zur Habilitation und noch darüber hinaus von der Unterstützung der Eltern abhängig sein. Nicht einmal auf eine der drei Assistentenstellen im Berliner Institut konnte er sich Hoffnungen machen, denn die waren alle besetzt.

Der vermögende Vater hatte sich immer bemüht, seinen Sohn die finanzielle Abhängigkeit nicht spüren zu lassen, aber trotzdem bedrückte es Heinrich Hertz, daß es »gerade kein Vergnügen ist, so viel Geld immerwährend annehmen zu müssen, dies Übel aber einmal gegeben, ist es wenigstens ein Glück und ein Trost, einen Vater zu haben, der die Ausgaben immer noch wenig findet«. Ebenso wie beim Studium gab es auch bei der angestrebten Universitätskarriere die »recht häßliche Beigabe, daß man die Arbeit, die man tut, zum eigenen Vergnügen tut, oder wenn man es höher auffassen will, für die Menschheit, aber niemand weiß einem Dank dafür«.[1]

Als Heinrich Hertz Mitte April wieder in Berlin eintraf, hatte sich der Status des Herrn Doktor an der Universität kaum verändert. Wie zuvor mußte er sich gegen Zahlung beträchtlicher Gebühren als Student einschreiben, belegte allerdings keine Vorlesungen mehr, sondern nur noch das Laboratorium. An die Arbeit im Institut ging er in der Erwartung, daß sie »mir hoffentlich nach Wunsch gelingen wird«.[2] Er probierte wieder an dem diffizilen Experiment zur trägen Masse der Elektrizität mittels rotierender Scheiben herum, vor allem aber untersuchte er, was damals »Rückstandsbildung« genannt wurde.[3] Es handelt sich dabei um die Speicherung elektrischer Energie in Isolatoren und deren Nachwirkung beim Abschalten der Spannung, eben den »Rückstand«. Das war damals ein ziemlich aktuelles Thema, bei dessen Bearbeitung sich neben vielen anderen auch Helmholtz' Assistent Wilhelm Giese Verdienste erworben hatte.

Im Labor hatte Heinrich Hertz nun »viel zu kochen und zu sieden, Schwefel, Siegellack, Pech, Benzin und dergleichen«[4] und dazu waren »mühselige oder langweilige Beobachtungen« nötig. Rechte Begeisterung wollte sich nicht einstellen, weshalb er viel zu Hause oder in der Bibliothek studierte: »Ich suche eigentlich mehr eine Arbeit, bisher habe ich noch nicht wieder etwas Rechtes gefunden. Hoffentlich wird das bald besser.«[5]

Im Juni wurde Heinrich Hertz in die Physikalische Gesellschaft zu Berlin aufgenommen, die sich seit ihrer Gründung im Jahre 1845 zur führenden und tonangebenden Fachgesellschaft seiner Disziplin in Deutschland entwickelt hatte. In ihren Sitzungen, die alle 14 Tage stattfanden, wurden alle Aspekte der Physik und benachbarter Wissenschaften verhandelt, eigene Arbeiten der Berliner Mitglieder vorgestellt und die beachtenswerten auswärtiger Forscher referiert. Mit Helmholtz, Kirchhoff, Du Bois-Reymond und dem Chemiker August Wilhelm Hofmann versammelte sich hier ein Kreis so herausragender Forscher, daß die Sitzungen ungleich mehr waren als nur ein Ersatz dafür, daß Helmholtz kein Kolloquium für fortgeschrittene Studenten veranstaltete.

Bei dem Amerikaner Michael Pupin haben diese Sitzungen einen so starken Eindruck hinterlassen, daß er sie als einen Rat der Götter in Erinnerung behielt: »Ich habe oft gedacht, während ich ... den gelehrten Bemerkungen dieser wissenschaftlichen Riesen lauschte, daß ich ein glücklicher Sterblicher sei, der durch einen günstigen Zufall sich plötzlich unter die großen Heroen Walhallas versetzt sah. Gewöhnlich war Helmholtz Präsident, und seine eindrucksvolle Physiognomie erinnerte an Wotan, der in einer germanischen Götterversammlung den Vorsitz führte.«[6] Diese Anspielung auf urdeutsche Mythen war zumindest insofern nicht ganz unberechtigt, als Helmholtz 1876 bei der Eröffnung der Bayreuther Festspiele den ersten »Ring des Nibelungen« erlebt hat und auch später wiederholt in Bayreuth war, immer als Ehrengast der Wagners und als »Freund und Gönner«, wie ihn Cosima Wagner rühmte.[7]

Die Schilderungen von Heinrich Hertz fielen prosaischer aus. Bei der ersten Sitzung, an der er teilnahm, war Helmholtz verhindert, so daß Du Bois-Reymond den Vorsitz übernahm: »Das war aber nämlich schon der Hauptreiz, da die Vorträge und die Diskussion etwas matt waren.«[8] Beim nächsten Mal war Helmholtz Vorsitzender und »hielt einen kleinen Vortrag, nachher wurde, wie dies gewöhnlich geschieht, im rechten Stil zu Abend gegessen«.[9] Für den jungen Herrn Doktor war »natürlich die Hauptsache dabei, die Mitglieder allmählich kennenzulernen«.[10]

Die Arbeit im Laboratorium ging indessen nur schleppend voran. Zeitweilig sorgte sich Heinrich Hertz, seine Experimente »wieder aufgeben zu müssen, da ich ganz verwirrte und schwer vereinbare Resultate bekam«.[11] Er ging nur noch vormittags ins Institut, und auch das nicht jeden Tag, sondern suchte nach Ablenkungen: »Im übrigen bin ich in der letzten Zeit viel durch fremde Kollegien gelaufen, so durch physiologische, habe auch auf der Bibliothek in der betreffenden Literatur gelesen, eben weil ich die Physik und Mathematik augenblicklich ziemlich satt habe, und es eine Freude ist, einmal wieder aus dem Vollen zu lernen, was in den anderen Wissenschaften natürlich eher als in der eigenen möglich ist.«[12]

Obwohl er meinte, daß seine Arbeit über den »Rückstand« doch noch »Haut und Knochen« bekommen habe, führte er sie nicht zu Ende. Ein halbes Jahr später sprach ihn Helmholtz darauf an, und auch »andere Herren« meinten, daß er sie veröffentlichen solle. »Nun habe ich leider nicht gleich alles aufgeschrieben, und die Erinnerung täuscht, ich müßte also die Versuche nochmal machen, und dazu habe ich jetzt keine Lust.«[13] Im folgenden Jahr wurden die Versuche mit Benzin von einem Praktikanten unter seiner Aufsicht wiederholt. Die Arbeit erschien erst im Herbst 1883, als Heinrich Hertz Berlin bereits verlassen hatte.[14]

Den Eltern war nicht verborgen geblieben, daß ihr Sohn in dem auf die Promotion folgenden Semester in ein Stimmungstief geraten war und nach zwei Jahren ständiger, angestrengter Arbeit dringend Abwechslung brauchte. Der Vater schlug einen Erholungsurlaub und anschließend eine gemeinsame Reise vor, wenn's recht wäre, nach London. Heinrich war begeistert, zumal ihm Berlin inzwischen unerträglich war. Er sehnte sich danach, »etwas freiere Bilder« vor sich zu haben »als mein Zimmer, in dem ich wie in einem Gefängnis auf und ab gehe, und die kahlen Mauern des Laboratoriums«.[15] Daher bat er den Vater um die Erlaubnis, schon Mitte Juli das Semester abbrechen zu dürfen.

Mit seiner Mutter verbrachte er einige Wochen in Wyk auf der Nordseeinsel Föhr. Seinem in Hamburg gebliebenen Vater schrieb er zerknirscht zum Geburtstag, er müsse ihn »leider sehr um Nachsicht und Herabspannung« seiner Wünsche bitten: »Für mich besonders ist ja das kommende Jahr ein solches, in welchem äußere Zeichen des Fortschritts oder auch nur Beweise der Anstrengung zu letzterem nicht zu erwarten stehen.«[16] Mit dem Bruder Rudolf setzte er Anfang August von Föhr nach Helgoland über, damals unter englischer Herrschaft und ein mondänes Seebad. Die beiden verbrachten auf dem roten Felsen schöne Tage »mit Baden, Segeln und Fischen«. Am 11. August nahmen die Brüder das Schiff nach Hamburg.[17] Dort war gerade ein Brief aus Berlin eingetroffen.

»Geehrter Herr Doktor«, hatte Helmholtz am 8. August geschrieben, »am 1. Oktober wird eine Assistentenstelle am Physikalischen Institut frei, und ich erlaube mir deshalb die Anfrage bei Ihnen, ob Sie geneigt sind, die Stelle, welche bisher Dr. Kayser innegehabt hat, zu übernehmen. Die Geschäfte bestehen hauptsächlich in der Besorgung der Vorbereitungen für meine Vorlesungen und Assistenz eventualiter bei meinen eigenen Versuchen, ferner Übernahme der Bibliothek; unter Umständen natürlich Vertretung der anderen Assistenten.«[18] Als Heinrich Hertz diesen Brief las, war das, wie er es seiner Mutter wiederholt gesagt und wie sie es aufgeschrieben hat, »der schönste Augenblick seines Lebens«.[19]

Das Angebot von Helmholtz war wie der sprichwörtliche Blitz aus heiterem Himmel gekommen. Das hatte einen kuriosen Grund, von dem Heinrich Hertz nichts wußte, weil er schon vor Ende des Semesters Berlin verlassen hatte. Auslöser war ein Erlaß, der vom hohen Ministerium ausgegangen war, demgemäß in Instituten mit ausreichendem Personal auch in der Ferienzeit immer eine »Stallwache« präsent sein sollte. Helmholtz hatte für seine Assistenten erstmals einen Vertretungsplan aufgestellt und mit ihnen abgestimmt. Aber als das Semester zu Ende ging, wollte der Erste Assistent Wilhelm Giese davon nichts mehr wissen und bestand auf der hergebrachten freien Verfügung über die gesamte Ferienzeit. Darüber kam es zum Streit mit Helmholtz, bei dem Giese immer lauter wurde, schließlich seine sofortige Entlassung verlangte und das Institut verließ. Er konnte sich das zumindest insofern erlauben, als er ein vermögender Mann war.

Nach diesem Eklat schickte ihm Helmholtz übrigens noch seinen alten Diener Kabisch mit einer großzügigen Botschaft hinterher: »Wenn Herr Dr. Giese für das Wintersemester einen Arbeitsplatz im Labor wünschte, so würde das heute Vorgefallene darauf keinen Einfluß haben.«[20] Giese nahm das Angebot an und arbeitete noch zwei Jahre als »Privatgelehrter« im Institut und schrieb unter seine Publikationen »Physikalisches Institut der Universität, Berlin«. Dann übernahm er die Leitung einer Forschungsstation auf Grönland. Als Heinrich Hertz davon hörte, packte ihn sogar die Abenteuerlust: »Ich muß sagen, als Führer wäre ich, glaube ich, auch ganz gern mitgegangen.«[21]

Wie nicht nur der heftige Abgang des Dr. Giese zeigt, waren Assistentenstellen bei jungen Herren aus reichem Hause keineswegs immer erstrebenswert. Die Bezahlung war mäßig und die Pflichten hinderlich bei der eigenen Forschung, so daß mancher, der es sich leisten konnte, wegen zügiger Habilitation eine Assistentenstelle ausschlug. Nach seiner Erfahrung mit Giese deutete Helmholtz daher auch diesen Aspekt an: »So frei, wie ohne die Stelle, sind Sie natürlich nicht. Ich kenne Ihre äußeren Verhältnisse nicht und muß es Ihnen also überlassen, das Für und Wider zu überlegen.«[22]

Für Heinrich Hertz gab es nichts zu überlegen. Ungleich mehr als Erholung und Reisen bewirkte dieses Angebot, daß er wieder optimistisch in die Zukunft blicken konnte: »Denn jetzt erst habe er das Recht empfunden«, notierte seine Mutter, »in die Reihe der Gelehrten einzutreten, und das habe ihn zuversichtlich gemacht und den Zweifel seiner genügenden Begabung genommen.«[23] Noch am gleichen Tag schickte er seine Zusage an den »Hochverehrten Herrn Geheimrat« nach Ambach am Starnberger See, der ersten Station von Helmholtz' Ferienreise, und was er schrieb, waren keine Devotionsfloskeln:

»Das Anerbieten, welches Sie so gütig waren, mir zu machen, enthält für mich ein Glück und eine Ehre und ich werde dasselbe mit tiefgefühltem Dank annehmen. Daß an die Stelle meiner bisherigen völligen Freiheit Pflichten treten, entspricht nur meinem Bedürfnisse und meinem Wunsche, und an dem ernstesten Willen, dieselben ganz und voll zu erfüllen, wird es nie fehlen, ob meine Geschicklichkeit und mein Wissen zu den mir übertragenen Funktionen ausreichen, werden Sie, hochzuverehrender Herr Geheimrat, seinerzeit selber beurtheilen müssen.«[24]

Nach dieser Zusage beantragte Helmholtz beim Ministerium, »daß als dritter Assistent Herr Dr. Heinrich Hertz eintrete«. In der Begründung hob er hervor, der Vorgeschlagene habe »die von der Philosophischen Fakultät für den Sommer 1879 gestellte Physikalische Preisaufgabe in ausgezeichneter Weise gelöst, in diesem Jahr in ebenso ausgezeichneter Weise seine Promotionsprüfung abgelegt. Seine Preisarbeit wie seine Dissertation taten experimentelle Fortschritte dar, die eine ungewöhnliche Fähigkeit bekunden.«[25]

Der Antrag war übrigens keine Formalie, wie aus einem weiteren Brief von Helmholtz hervorgeht, den er im Urlaub dem zum Ersten Assistenten aufgerückten Ernst Hagen über die Personalie Hertz schrieb. Später zeigte Hagen diesen Brief seinem neuen Kollegen, und Heinrich Hertz berichtete, daß »der sonst nichts enthielt außer dem Zweifel, ob wohl das Ministerium gegen meine Eigenschaft als Hamburger etwas würde einzuwenden haben«. Diese Sorge Helmholtz' hatte damit zu tun, daß die Hanseaten damals wegen ihrer handelspolitisch begründeten Eigenwilligkeiten bei den Preußen im Ruf der Illoyalität gegenüber dem Reich standen und Helmholtz offenbar fürchtete, daß sein Kandidat für die Politik seiner Vaterstadt haftbar gemacht werden könnte. Man spürt noch Heinrich Hertz' nachträgliches Aufatmen, als er schrieb: »Glücklicherweise hat der Minister oder sein Rat diesen Gedanken nicht gehabt.«[26]

Unterdes hatte er mit seinem Vater London besucht, und bei seiner Rückkehr hoffte er, Post vom Geheimrat vorzufinden, denn »als ich zugesagt hatte, erwartete ich von ihm immer noch eine definitive Antwort und einen Befehl, wann ich mich zum Dienst melden sollte, aber solche kam nicht, er betrachtete die Sache schon als abgemacht«.[27] Das tat dann auch Heinrich Hertz, und in großer Erwartung nahm er am 29. September den Zug nach Berlin, um seine neue Stellung anzutreten.

Im Institut wurde Heinrich Hertz »sehr freundlich« empfangen und von Helmholtz sogleich darüber unterrichtet, was er ihm gerade am Vormittag nach Hamburg geschrieben hatte. Der zum Zweiten Assistenten aufgerückte Heinrich Kayser hatte darum gebeten, weiterhin die Funktion als Vorlesungsassistent ausüben zu dürfen, obwohl Helmholtz diese traditionell dem Dienstjüngsten zufallende Aufgabe Heinrich Hertz angeboten hatte. »Ihr Wirkungskreis ändert sich aber, da Dr. Kayser seine bisherigen Geschäfte zu behalten wünscht, was auch mir bequem ist, dahin ab, daß Sie die Beaufsichtigung der Laboranten für die Physik der ponderablen Körper und die Wärme übernehmen müssen. Studieren Sie sich darauf ein wenig ein.«[28] Daß Heinrich Hertz dabei dem verehrten Lehrer weniger nahe sein würde, stimmte ihn traurig: »Dieser Zusammenbruch eines Teils meiner Hoffnungen tat mir natürlich sehr leid.« Aber nach Abwägung aller Umstände kam er leicht darüber hinweg, denn noch im gleichen Brief bat er die Eltern: »Die Sache braucht Euch nicht mehr leid zu tun als sie mir tut, und das ist nicht sehr viel.«[29]

Dann schaute er sich seine Dienstwohnung im Institut an. Mit einem Wohnraum von mehr als 30 qm und einem kleineren Schlafzimmer war sie ausreichend bemessen. Der an gehobene Wohnkultur gewöhnte Heinrich Hertz wurde zunächst vom Anblick kahler Wände sowie eines leeren eisernen Bettgestells verschreckt und überhaupt »sehr traurig, als ich in die nur mit den Hauptmöbeln ausgestattete Wohnung kam«.[30] Aber er erkannte auch den Vorzug, daß seine im Parterre gelegenen Räume »mit Aussicht auf die Spree versehen sind, von dem Lärm der Luisen- und Neuen Wilhelmstr. möglichst abliegen, und also in dieser Richtung recht empfehlenswerte Zimmer sind«.[31]

Für die Einrichtung erbat er von den Eltern Bilder, Teppiche, diverse Möbel und nach deren Belieben »manches andere, was das Leben angenehm macht«. Wegen der Hamburger Eigenständigkeit kosteten die Sendungen viel Zoll, was er »unrecht« fand. Später brachte er aus den Weihnachtsferien sogar seine Drechselbank mit und hatte nun in einer Ecke seines großen Zimmers »eine sehr hübsch eingerichtete Werkstatt«. Natürlich hätte er alles Nötige vom Institutsmechaniker anfertigen lassen können, und der war auch ein tüchtiger Mann, allerdings »mit dem einzigen Fehler, daß er zu allem ewige Zeit braucht«.[32]

Schließlich brachte er sich auch in sanitärer Hinsicht auf den Stand seiner Ansprüche, die beim Bau des Instituts nicht bedacht worden waren: »Eine Annehmlichkeit habe ich mir noch zugelegt, nämlich eine Sitzbadewanne, worin ich mit Hilfe eines großen Schwammes morgens und abends ein Bad nehme, was sehr angenehm und wahrscheinlich auch gesund ist.«[33] Letzteres erwähnte er hauptsächlich wegen der Mama, die sich ständig um die Gesundheit und die rechte Lebensführung ihres Ältesten sorgte.

Schon in der ersten Woche lernte der neue Assistent auch die Beletage des Instituts kennen. Er und Heinrich Kayser wurden abends zum Tee bei Helmholtz gebeten, wobei neben dem Hausherrn noch dessen Frau, ein Sohn und eine Tochter anwesend waren. Von Pracht und Größe der Räume war Heinrich Hertz beeindruckt, nicht jedoch vom Gespräch, das »weder für sie noch für uns sehr amüsant war«, weil es »immer Gefahr lief, ins Wissenschaftliche umzuschlagen, was mir bei solcher Gelegenheit immer peinlich ist.« Natürlich waren Helmholtz und seine Frau »sehr liebenswürdig«, aber Helmholtz sei »kein guter Unterhalter, er spricht so langsam und abgemessen, daß es wenigstens mir unmöglich ist, ihm aufmerksam zuzuhören, außer wenn es sich um Dinge handelt, bei denen wirklich jedes Wort erwogen sein will. Dann aber hört wieder jede Unterhaltung auf, da ich dann meine Meinung nicht gegen seine stellen mag.«[34]

Zwei Wochen darauf, als Heinrich Hertz mit Ernst Hagen im Kreise der Familie zum Mittagessen eingeladen war, hörte er interessierter zu, denn Helmholtz sprach viel über ihm bekannte Gelehrte und Künstler, und diese Berühmtheiten »so indirekt aus der Nähe kennenzulernen, ist nicht allein belehrend und ermahnend, sondern hat noch einen ganz besonderen, ich möchte sagen historischen Reiz«.[35] Im Winter lernte er die Berühmtheiten bei einer der Helmholtzschen Soireen auch direkt kennen: »Es war eine ganz ansehnliche Gesellschaft da, fast alle oder doch sehr viele der bekannten Gelehrten und Künstler, Virchow, Gneist, Du Bois-Reymond etc. etc.«, aber mit sichtlich größerem Stolz berichtete er, daß er an einem Sonntag »allein bei Helmholtz und ganz in der Familie zum Mittagessen« war.[36] Schließlich war er »eigentlich jedesmal lieber dort, weil ich mich weniger geniert und freier fühle«.[37] – Von ausführlichen wissenschaftlichen Gesprächen mit Helmholtz hat Heinrich Hertz nichts berichtet. Der Geheimrat war ein vielbschäftigter Mann und ließ daher seinen Assistenten freie Hand, sowohl bei deren eigenen Arbeiten als auch beim Praktikum.

Von den drei Assistenten war Heinrich Hertz der Jüngste. Die Beziehungen zu den beiden Kollegen entwickelten sich etwas unterschiedlich. Mit dem sechs Jahre älteren Ernst Hagen, einem Enkel des großen Astronomen und Mathematikers Friedrich Wilhelm Bessel, stellte sich rasch eine übers Kollegiale hinausgehende enge Freundschaft ein. Freundlich, aber doch distanzierter blieb das Verhältnis zu dem vier Jahre älteren Heinrich Kayser, der sich hauptsächlich an einige Eigentümlichkeiten seines Kollegen erinnerte.

So arbeitete Heinrich Hertz sehr oft nachts in seiner Wohnung, denn »wenn abends die dichten eisernen Jalousien heruntergelassen sind, hört man nicht viel außer dem Summen des Gases«.[38] Wenn er dann »scharf« nachdenken wollte, löschte er auch noch das Gaslicht und ging im Dunkeln auf und ab, und dabei sang er. Für seinen Nachbarn Kayser war das quälend: »Nun fehlte ihm die Fähigkeit, Tonhöhen zu unterscheiden, in einem Maße, wie ich es nie für möglich gehalten hätte. Sein Gesang war also nur eine Reihe absolut unreiner Töne ... Ich habe ihn einige Male ersuchen müssen, seinen Gesang einzustellen, was zu tun er sich denn auch freundlich bemühte.«[39] – Ob Helmholtz jemals die atonalen Gesänge des Assistenten vernommen hat, ist nicht bekannt.

In die Betreuung des Praktikums wurde Heinrich Hertz von Ernst Hagen eingewiesen, weil der für die Physik der »ponderablen Körper«, also Mechanik und Akustik, sowie die Wärmelehre zuvor zuständig gewesen war. Jetzt übernahm Hagen, wie es für den Ersten Assistenten Tradition war, Elektrodynamik und Optik. Heinrich Hertz hatte vor seiner Aufgabe einen gehörigen Respekt, denn »einige der Experimente, die ich lehren soll, habe ich selbst nie ausgeführt, und schließlich sind die Leute die üben, keine Kinder mehr«.[40] Mit großer Gewissenhaftigkeit und großem Eifer bereitet er sich darauf vor, aber als die Übungen Ende Oktober begonnen hatten, machten »sie mir doch viel Mühe, weil ich weder das, was ich lehre, noch die Art, wie ich es zu lehren habe, so recht kann; in dieser Richtung ist dies Semester auch für mich eine Art Lehrzeit.«[41]

Zum Glück hatten sich nicht viele Teilnehmer gemeldet, so daß Hagen vier und Heinrich Hertz fünf Praktikanten zu betreuen hatte. Bei Hertz waren es zwei Fortgeschrittene und daher eher selbständig Arbeitende und drei Anfänger. Das klingt wenig, war bei der speziellen Form des in Berlin üblichen Praktikums jedoch zeit- und nervenraubend. Jeden Tag war der Assistent von 10 bis 15 Uhr beschäftigt oder, wie Hertz es ausdrückte, »ziemlich geplagt«, besonders von den Anfängern. Es war das alte Lied, das nicht verklingen wird, solange es physikalische Praktika gibt: »Sage ich die einfachsten Dinge, so sind sie gleich wieder da mit: ich kann nicht und es geht nicht, und ich muß ihnen die Arbeiten häufiger vormachen, als daß sie sie machen, dann wieder bekommen sie die sonderbarsten Resultate, bis ich die Sache mitmache, und dann geht sie, und sie wissen nicht woher.«[42]

Nur in den Morgenstunden sowie am Nachmittag und in der Nacht konnte er sich mit eigenen Arbeiten beschäftigen, aber vom Praktikum blieb »eine sehr beträchtliche Ermüdung ... und dann auch die Schwierigkeit, plötzlich gewissen Gedanken ›hört auf‹ und anderen ›fangt an‹ zu sagen«. Von den vielen Problemen, die ihm im Kopf herumgingen, konnte er zunächst kaum etwas realisieren. Der ungehinderte Zugang zu den hervorragenden Instrumenten und Apparaten des Instituts war eine ständige Versuchung zum Experimentieren, und dazu dachte er auch über Theoretisches nach. Er litt mehr unter der Vielfalt der Möglichkeiten als daß er sich darüber freuen konnte und klagte, »daß ich sehr viel leisten könnte, wenn mein Verstand die Güte haben wollte, zehnmal schneller als früher zu arbeiten, aber da er das nicht tut, so sind mir auch die Apparate nicht so unmäßig nütze«.[43]

Eine andere, eher informelle Pflicht machte Heinrich Hertz mehr Spaß als das Praktikum, nämlich die Betreuung von Besuchern, die, wenn sie nicht sehr bedeutende Persönlichkeiten waren, von Helmholtz an einen der Assistenten verwiesen wurden: »So mußte ich heute einem Professor der Chemie aus Breslau das Institut zeigen, und solche Bekanntschaften zu machen und den Leuten einen Dienst erweisen zu können, ist entweder an sich interessant oder doch für die Zukunft angenehm und nützlich, da sich solche Bekanntschaften immer leicht erneuern lassen.«[44]

In dieser Cicerone-Tätigkeit kam ihm zugute, daß er außer Helmholtz im Institut der einzige war, der Englisch konnte, was damals überhaupt eine Seltenheit war. Am Hamburger Johanneum, das noch auf Jahrzehnte hinaus das einzige Gymnasium im Deutschen Reich blieb, an dem diese Sprache als Pflichtfach unterrichtet und geprüft wurde, hatte Heinrich Hertz im Englischen ein »Gut« erhalten und sich seither durch die Lektüre englischer Romane, insbesondere der von Charles Dickens, auf dem laufenden gehalten.

Daher hatte Helmholtz gleich zu Semesterbeginn einen Amerikaner zu Heinrich Hertz geschickt, mit dem er »viel geradebrecht« hat. Dieser noch junge Mann, nur fünf Jahre älter als er, interessierte ihn auch persönlich: »Er ist Leutenant oder etwas, was dem ungefähr entspricht, in der navy, ist vor drei Jahren auf die naval academy in Annapolis gekommen und hat dort eine sehr gute Messung der Lichtgeschwindigkeit mit ziemlich großartigen Mitteln gemacht, welches Werk ich denn auch with the compliments of the author bekommen habe, hat die Cadetten dort unterrichtet und ist jetzt hergekommen, to see how other people do.«[45]

Dieser Mann aus Amerika war Albert Abraham Michelson. Als Vierjähriger war er mit seinen Eltern von Polen nach San Francisco ausgewandert und hatte in Amerika jene beachtliche Karriere gemacht, die Heinrich Hertz seinen Eltern skizzierte. In Berlin wollte er nicht nur sehen, was andere Leute machen, sondern er hatte ein raffiniertes Experiment zum Nachweis der Bewegung der Erde durch den Äther vor, wozu noch Maxwell seinen Segen erteilt hatte.

Bei der Firma Schmidt und Haensch ließ sich Michelson das von ihm entworfene Interferometer bauen, konnte im Institut wegen mangelnder »Erschütterungsfreiheit« aber keine Resultate erhalten und zog deshalb auf den zur astrophysikalischen Forschungsstätte umgerüsteten Telegraphenberg bei Potsdam, wo er im Keller unter einem Teleskop die nötige Ruhe fand. Den gesuchten Ätherwind allerdings fand er nicht, und warum er den nicht finden konnte, wurde erst ein Vierteljahrhundert später durch Albert Einsteins Relativitätstheorie befriedigend erklärt.

Offenbar hat Heinrich Hertz dem Amerikaner in Berlin nur die ersten Wege geebnet, denn in seinen Briefen hat er nie wieder von diesem interessanten Kollegen erzählt. Auch den von den Physikern damals als negativ bewerteten Ausgang des Experiments hat er nicht kommentiert. Wahrscheinlich hat er Michelson aus den Augen verloren, als der nach Potsdam ging.

Zu jedem Monatsbeginn durfte Heinrich Hertz nun von amtlicher Seite »einen Zufluß zu meiner Kasse« erwarten, aber die finanzielle Unterstützung durch den Vater war deshalb nicht beendet. Als Dritter Assistent erhielt er 100 Mark im Monat, wovon für die Wohnung sowie Gas und Wasser nur 16 Mark abgezogen wurden.[46] »Es war keine glänzende Besoldung«, meinte sein Kollege Heinrich Kayser, »aber sie genügte für bescheidene Ansprüche, und ich habe jahrelang davon gelebt.«[47] Die Ansprüche von Heinrich Hertz waren offenbar weniger bescheiden, weshalb er sich regelmäßig für Geldsendungen zu bedanken hatte, so manches Mal aber auch einen kräftigen Zuschuß anmahnte: »Ehe ich schließe, bitte ich noch Papa, mir 250 Mark für den Dezember zu schicken, es ist hart für mich (allerdings auch für Papa), daß so viele Briefe mit der egoistischen Bitte um Geld schließen, es ist aber eine Bitte, die man leider doch nicht umgehen kann.«[48]

Warum Heinrich Hertz so viel Geld brauchte, wurde in den Briefen niemals erörtert, wohl auch nicht in Frage gestellt. Von kostspieligen, extravaganten Vergnügungen war nie die Rede, nur von den Ansprüchen gehobener Bürgerlichkeit wie Ausgaben für Schneider und Schuster. Dabei wird er auf gediegenste Ausstattung Wert gelegt haben, zumal er zu Gesellschaften in den ersten Kreisen Berlins eingeladen wurde wie bei Adolph von Hansemann, einem der reichsten und einflußreichsten Bankiers des Kaiserreichs.

Gleich nach der Doktorprüfung war Heinrich Hertz das erste Mal bei diesen Verwandten seines Vaters in deren prächtiger Villa an der Tiergartenstraße zu einer »nach unseren Begriffen recht großen Tanzgesellschaft von 100 Personen«. Dort traf er »auch Prof. Kirchhoff, der sogleich freundlich auf mich zukam, er freue sich, mich auch in anderer Umgebung begrüßen zu können und mir während des Abends noch häufiger seine Liebenswürdigkeit zeigte«.[49] Kirchhoff stand nicht zum Inhaber der Disconto-Gesellschaft Adolph von Hansemann in näherer Beziehung, sondern zu einem nicht geadelten Mitglied der Familie.

Dieser Gustav Hansemann hatte als Industrieller im Rheinland Reichtümer angehäuft, ging seit 1873 als »Privatier« in Berlin seinen wissenschaftlichen Interessen nach und kümmerte sich als »Rechnungsführer« um die Finanzen der Physikalischen Gesellschaft. Als reicher Mann hatte er sich ein stattliches Privatlaboratorium eingerichtet, das jedem Vergleich mit kleineren Universitätsinstituten standhalten konnte.

Nun war Kirchhoff nicht nur ein großer Theoretiker, sondern auch ein begnadeter Experimentator, der in Heidelberg gemeinsam mit Robert Bunsen die Spektralanalyse auf den Weg gebracht hatte. Auch in Berlin konnte er das Experimentieren nicht lassen, war als Ordinarius für Theoretische Physik aber ohne Laboratorium. Im Institut des Kollegen Helmholtz zu arbeiten, hätte bei aller Freundschaft wohl die hierarchischen Verhältnisse durcheinandergebracht und gegen die Ordinarienetikette verstoßen.

Daher wurde das Privatlabor des Gustav Hansemann zu Kirchhoffs Refugium, und die beiden Gustavs stellten dort so manches gemeinsame Experiment an. Im gleichen Heft der »Annalen«, in dem im Sommer 1880 die Preisarbeit von Heinrich Hertz erschien, veröffentlichten sie hübsche »Versuche über die stehenden Schwingungen des Wassers«, und regelrecht bedeutsam waren ihre Untersuchungen aus dem gleichen Jahr zum Wiedemann-Franzschen Gesetz, die Proportionalität von Wärmeleitvermögen und elektrischem Leitvermögen der Metalle betreffend.[50]

Auch Gustav Hansemann führte ein großes Haus und lud seinen Verwandten Heinrich Hertz zu seinen Gesellschaften ein. Der traf dort »so ziemlich die Gesellschaft, die auch bei Helmholtz und von Hansemanns zu treffen ist, etwas physikalisch-mathematisch: Helmholtz, Siemens, Weierstraß usw.«.[51] Der akademischen Laufbahn konnten solche Bekanntschaften jedenfalls nicht abträglich sein – aber mindestens ebenso wichtig war eine andere Gesellschaft.

Bei den Sitzungen der Physikalischen Gesellschaft zu Berlin, deren Mitglieder sich seit dem Oktober 1880 an jedem zweiten Freitagabend in der Bibliothek des Physikalischen Instituts versammelten, war Heinrich Hertz einer der beständigsten Teilnehmer. Gleich beim ersten Treffen nach den Ferien am 19. Oktober, bei dem Helmholtz »eine sehr große neue elektrische Maschine demonstrierte«, empfand er »das Gefühl, zu Hause zu sein, sehr lebhaft«, und dies nicht nur, weil der Sitzungsraum im selben Gebäude lag wie seine Wohnung: »Man merkt eben doch noch mehr und an mehr Dingen, als man denkt, daß man sich im Zentrum der eigenen Wissenschaft befindet, und ob es Torheit ist oder Verstand, dies Bewußtsein ist ein wohltuendes.«[52]

Schon Anfang Dezember hielt er seinen ersten Vortrag. Er konzentrierte sich zunächst auf Theoretisches, denn »es ist mir fast unmöglich, eine experimentelle Untersuchung zu machen, wenn mir eine andere Sache im Kopf liegt, und so habe ich mich dahin resigniert, das schöne Laboratorium einstweilen als Luxus zu betrachten«. Daher sprach er »Über die Verteilung der Elektrizität auf der Oberfläche bewegter Leiter«, ein Thema, das auf Ausarbeitungen aus dem Herbst des Vorjahres zurückging und inzwischen so weit gediehen war, daß er nur noch an den »Äußerlichkeiten, vor denen ich mich am meisten scheue«, feilen mußte.

Zu Heinrich Hertz' Bedauern kam Helmholtz zu spät, weil er eine Prüfung abzunehmen hatte. Nach dem Vortrag blieb alles stumm, eine Diskussion gab es nicht: »Das ist an sich recht gut, weil dieselben gewöhnlich ins Abgeschmackte übergehen (weshalb ich auch absichtlich nicht aufforderte), indessen wäre sie mir als Zeichen des Interesses ganz angenehm gewesen.« Entschädigt wurde er anderntags durch Helmholtz, der sich nach dem Vortrag erkundigte und sich die Hauptsache auseinandersetzen ließ.[53]

Ein völlig neues Thema war dagegen die Theorie der Deformation elastischer Körper unter Druckeinwirkung. Darüber sprach Heinrich Hertz am 21. Januar 1881. Er bedauerte, daß Helmholtz und Kirchhoff verhindert waren, »so daß ich lieber gar nicht vorgetragen hätte«. Da sich aber niemand sonst zu Wort meldete, fühlte er sich »doch verpflichtet«. Immerhin bekam er »diesmal allerhand mir Angenehmes zu hören«.[54] Dieser Vortrag trug einiges dazu bei, seinen Ruf als außergewöhnliche Begabung zu festigen; die Thematik wird ihn noch länger beschäftigen, weshalb darauf noch zurückzukommen sein wird.

Die Physikalische Gesellschaft war ihm neben dem Institut eine Bühne, auf der er sich bewähren mußte, nicht nur in der Einschätzung von Helmholtz, sondern auch bei »jüngeren Kollegen, die mehr Konkurrenten sind und schwerer zu befriedigen als die Lehrer«.[55] Als das erste Assistentensemester zu Ende ging, gab er eine aufschlußreiche Beschreibung seiner Stellung in diesem Kreise zwischen Kollegialität und Kompetitivität: »Ich habe mich mit den meisten selbständig Arbeitenden auf guten Fuß gestellt, so daß sie mir ihre Arbeiten zeigen, was sie zum Teil nicht jedem tun, sich mit mir über dieselben unterhalten und gelegentlich um Rat fragen. Ich mag dies sehr gerne, da ich mich einmal für den Gegenstand interessiere, zweitens viel dabei lerne und drittens meine Kräfte mit den ihrigen vergleiche.«[56]

Das klingt zwar selbstbewußt, aber doch bescheiden im Vergleich zu dem, was die Eltern von Heinrich Hertz über ihren Sohn zu hören bekamen, als sie ihn Ende November 1880 in Berlin besuchten. So erzählte Frau Antonie von Kusserow, durch den gemeinsamen Großvater Salomon Oppenheim eine Kusine von Heinrichs Vater, der stolzen Mama etwas, wovon Heinrich Hertz zuvor nie erfahren hatte: »Denk dir, Helmholtz und Kirchhoff haben sich über Euren Heinrich gestritten. Jeder wollte ihn zum Assistenten haben.« Kirchhoff ließ durch gemeinsame Bekannte ausrichten, »wir hätten wohl Ursache, stolz auf unseren Sohn zu sein, sie hätten ihre Freude an ihm, und die Welt würde einmal auf ihn blikken«. Und von anderer Seite hörte sie, »daß die Physiker ihn für ein Phänomen erklärten«.

Als die Mama ihrem Heinrich erzählte, jemand habe ihr gesagt, er »sei auf dem besten Wege, ein zweiter Helmholtz zu werden, da wurde er ganz böse und rief lebhaft aus: ›Ich bitte Dich um Gottes Willen, liebe Mama, Helmholtz ist ein Mann, wie er uns nur alle zweihundert Jahre geboren wird, mit dem darfst du mich nicht vergleichen.‹«[57]

Die Mama ahnte nicht, daß die Lobeshymnen, von denen sie ihrem Sohn berichtete, für diesen eher eine Last als eine Freude waren. Aber er war nun in der Lage, diese Last zu tragen. Auch noch gegen Ende des Semesters fühlte er sich »sehr wohl in meiner Stelle, recht im Mittelpunkt, wo alles zusamenläuft und von der es wieder ausgeht«.[58] Seinen 24. Geburtstag verbrachte er in guter Stimmung und angenehmer Gesellschaft, mit dem Bruder Gustav, mit Ernst Hagen und anderen Bekannten, bei einem heiteren und ausgedehnten Mittagsmahl. Für den Abend hatte er wieder eine Einladung zu einer Soiree bei Helmholtz: »Ich unterhielt mich gut mit einigen jüngeren und älteren Leuten.«[59] Die üblichen Geburtstagsdepressionen waren ausgeblieben.

5. Druck, Stoß und Härte – Mechanik, hauptsächlich mathematisch

Die theoretische Arbeit, mit der sich Heinrich Hertz in seinem ersten Semester als Assistent am intensivsten beschäftigte, betraf die Deformation elastischer Körper durch Druck. Er hoffte, daß diese Arbeit »mir im Fall glücklichen Gelingens viel Freude machen wird«.[1] Auch während der Weihnachtsferien im Hamburger Elternhaus rechnete er viel, und schon bald war sie so weit gediehen, daß er darüber am 21. Januar 1881 in der Physiklischen Gesellschaft vortragen konnte. Er wollte sie offenbar so schnell wie möglich publizieren, denn Ende Januar 1881 hatte er sie schon »bis aufs letzte Reinschreiben fertig«, aber »sie gefällt mir, wie immer, jetzt nicht mehr sonderlich«, und dazu bekümmerte ihn, daß »das Publikum welches an solchen mathematischen Arbeiten Geschmack findet, ein gar zu kleines ist«.[2]

Trotzdem brachte ihm diese Arbeit sehr viel Anerkennung, aber auch einigen Verdruß. Vor allem aber: Sie war ein Meisterstück, von dem noch nach hundert Jahren von kompetenter Seite gesagt wurde, daß ihre »Ausschöpfung sowohl für die Elastostatik wie auch für die Theorie des elastischen Stoßes ungemein befruchtend wirkte«. Für die Theorie der Stoßvorgänge war sie der erste wichtige Impuls seit den Arbeiten des großen Mathematikers Leonhard Euler, die damals schon 75 Jahre zurücklagen.[3] Aber sie ist nicht nur unter historischen oder biographischen Gesichtspunkten von bleibendem Wert, gehören doch Theorie und Anwendungen zum Rüstzeug heutiger und zukünftiger Ingenieure.

Der Auslöser dieser Studien waren wiederholte Diskussionen in der Physikalischen Gesellschaft über die Newtonschen Farbringe, die beim Aufeinanderpressen von Linsen entstehen. Zwar konnte man die optischen Erscheinungen sehr genau verfolgen, wußte aber kaum etwas über die Formveränderung der Gläser unter der Druckeinwirkung.[4] Vielleicht wurde Heinrich Hertz durch diese Diskussionen auch an seine Versuche mit einem »Glasbiegeapparat« erinnert, die er als 18jähriger in der häuslichen Werkstatt unternommen hatte. Jedenfalls wollte er der Unkenntnis abhelfen, indem er eine Theorie entwickelte für den allgemeinen Fall, »daß zwei elastische isotrope Körper sich in einem sehr kleinen Teil ihrer Oberfläche berühren, und durch diesen Teil einen endlichen Druck« aufeinander ausüben. In der Einleitung seiner Abhandlung formulierte Heinrich Hertz sein Problem und seine Zielsetzung in klassischer Prägnanz, charakteristisch für den Stil seiner wissenschaftlichen Schriften:

»Das beiden Körpern nach der Deformation gemeinsame Stück der Oberfläche wollen wir die Druckfläche, die Begrenzung dieses Stückes die Druckfigur nennen. Die Fragen, deren Beantwortung uns naturgemäß zunächst obliegt, sind die nach der Fläche, von welcher die Druckfläche ein unendlich kleiner Teil ist, die Frage nach der Form und absoluten Größe der Druckfigur, die Frage nach der Verteilung des senkrechten Druckes in der Druckfläche. Von Wichtigkeit ist die Bestimmung der Maximaldrucke, welche in den an einander gepreßten Körpern vorkommen, insofern es von diesen abhängt, ob der Druck ohne bleibende Deformationen ertragen wird; von Interesse ist endlich die Annäherung der beiden Körper, welche durch einen bestimmten Gesamtdruck hervorgerufen wird.«[5]

Ältere mathematische Behandlungen von Druck und Stoß bei elastischen Körpern hatten sich bis hin zu Kirchhoffs »Mechanik« auf den idealisierten Fall beschränkt, daß ein deformierbarer Körper einen unendlich harten, also absolut starren Gegenstand berührt, so daß nur die Verformung eines Körpers zu betrachten war. Hertz wollte den realistischen Fall lösen, bei dem natürlich beide Körper elastisch deformiert werden.

Heinrich Hertz' erster und zugleich unkonventioneller Schritt bestand darin, die Situation in zwei voneinander unabhängigen Koordinatensystemen zu beschreiben, die jeweils einem der beiden Körper zugeordnet sind. Die mathematische Durchführung, der heute noch eine »bewunderungswürdige mechanische und mathematische Perfektion«[6] bescheinigt wird, ist bei allem Reichtum an Ideen ungewöhnlich knapp und auf das Wesentliche reduziert. Ihr Verständnis erfordert absolute Vertrautheit mit schwierigen Theoremen aus der Potentialtheorie, bei deren Heranziehung Hertz offenbar zugute kam, daß er die französischen Klassiker in seinen ersten Münchener Semestern gründlich studiert hatte.

Die Mathematik war so vertrackt und so kompakt dargestellt,

daß, wie er selbst befürchtet hatte, nur wenige Physiker folgen, geschweige denn »Geschmack« daran finden konnten. Verständlich und klar waren dagegen die Resultate. Das wichtigste besagte, daß die Berührungs- oder Druckfläche von einer Ellipse begrenzt wird, deren Achsen mit der Kubikwurzel derjenigen Kraft zunehmen, mit der die beiden Körper aneinandergedrückt werden. Vergleichsweise einfach gestaltet sich auch die Anwendung auf den elastischen Stoß zweier Kugeln. Als Beispiel berechnete er für zwei Stahlkugeln von 25 mm Durchmesser, die mit einer Geschwindigkeit von 10 mm/s aufeinandertreffen, eine Berührungszeit von weniger als einer Tausendstelsekunde. Seine ungemein schwierige Abhandlung schließt mit einem Schuß trockenen Humors anhand eines verblüffenden Exempels: »Für zwei Stahlkugeln von der Größe der Erde, die mit der Anfangsgeschwindigkeit von 10 mm/sec zusammenträfen, würde die Dauer der Berührung nahe an 27 Stunden betragen.«[7] – Bevor diese Arbeit erschien, erlebte er jedoch den schon angekündigten Verdruß.

Seine Abhandlung hatte Heinrich Hertz im Februar bei »unserer ersten mathematischen Zeitschrift« eingereicht, dem »Journal für die reine und angewandte Mathematik«, das nach dem Tod von Wilhelm Borchardt von Leopold Kronecker redigiert wurde. Nachdem er einige Wochen vergeblich auf eine Reaktion gewartet hatte, suchte er den großen Mathematiker auf, was für sein gestiegenes Selbstbewußtsein spricht. Kronecker war »sehr freundlich«, versicherte auch, daß er die Arbeit gern drucken würde, nur habe Kollege Kirchhoff sie gelesen und einiges zu verbessern gehabt. Dabei hatte sich Kirchhoff zunutze gemacht, daß der Autor, wie damals üblich, nur die rechte Hälfte des Blattes beschrieb, so daß für Anmerkungen und Änderungen reichlich Platz vorhanden war.

Kirchhoff hatte die Arbeit tatsächlich vollständig durchkorrigiert und, wie Heinrich Hertz verblüfft feststellte, sogar gut drei Seiten neu formuliert.[8] »Ich war zuerst verwundert und fühlte mich sogar geschmeichelt, daß Kirchhoff sie so genau durchgearbeitet habe, aber abgesehen von einem Vorzeichenschnitzer, den ich allerdings übersehen, schienen seine Anmerkungen nur dasselbe zu sagen und keineswegs besser, als was in der Arbeit stand. Teilweise sind die Dinge auch in einer Kirchhoff besonders eigenen Manier ausgedrückt, die mir durchaus nicht gefällt und die ich mir ungern oktroyieren lasse.«[9] Offenbar war der junge Herr Doktor hier in ein Feld geraten, in dem sich Kirchhoff selbst als Meister fühlte. Ob er die neuen Ansätze von Hertz nicht immer nachvollziehen wollte oder konnte, mag dahingestellt bleiben.

Hertz bewies auch in diesem delikaten Fall Mut vor Geheimratsthronen und ging zu Kirchhoff. Der war »auch sehr freundlich und lobte die Arbeit sehr, aber da er offenbar der Meinung war, sehr wesentliche Fehler gefunden und verbessert zu haben und zu glauben schien, ich sei gewissermaßen zufällig zu den richtigen Resultaten gekommen (er sprach immer von seinen Rechnungen und von meinen als von etwas Verschiedenem, während beides ganz dasselbe ist), so ging mein anfängliches Vergnügen in ziemlichen Ärger über und in die größte Unlust, an der Arbeit das geringste zu ändern«. Trotzdem wollte Heinrich Hertz zunächst den Weg des geringsten Widerstandes gehen, indem »ich einfach seinen Ausdruck für meinen setze; so habe ich die geringste Mühe, und er muß zufrieden sein, obwohl ich nicht glaube, daß dadurch das Ganze besser wird.«[10] – Es kam aber doch etwas anders.

Er ging seine Arbeit noch einmal gründlich durch und fand, »daß Prof. Kirchhoff den Hauptfehler, den er mir vorwarf, und der bei mir nur eine Undeutlichkeit war, in Wirklichkeit selber macht und habe ihm dies auch gezeigt«.[11] Die kritischen Anmerkungen Kirchhoffs waren deshalb aber nicht vergeblich. Hertz schrieb einige Passagen neu, begründete insbesondere sein unkonventionelles Verfahren mit den zwei Koordinatensystemen ausführlicher und ergänzte mathematische Ableitungen um manchen Schritt, den er zuvor übersprungen hatte. Die Kritik hat dieser »Fassung letzter Hand«, die er Ende Juni erneut einreichte und die erst Anfang des nächsten Jahres erschien, nicht geschadet, auch wenn sie nicht immer begründet war.

Während sich Heinrich Hertz mit den Einwendungen Kirchhoffs plagen mußte, konnte er sich damit trösten, daß seine Arbeit bereits vor ihrer Veröffentlichung Aufsehen erregt und praktisches Interesse gefunden hatte. Schon bei seinem Vortrag in der Physikalischen Gesellschaft im Januar 1881, in dem er seine Theorie erstmals vorstellte, war auch ein wissenschaftlicher Mitarbeiter der Normaleichungskommission des Deutschen Reiches anwesend, der die Ausführungen des Physikers aufmerksam verfolgte, weil sie für die neuerliche Vermessung der irdischen Größe eben dieses Deutschen Reiches relevant waren. Heinrich Hertz freute sich sehr über diese Anwendung, »da sie sehr hübsch zeigt, wie die verschiedensten Dinge zusammenhängen«.[12]

Früher hatten die Preußen ihr Land in dem wohlklingend benannten Längenmaß der »Tortoisen« ziemlich gut vermessen, wobei Friedrich Wilhelm Bessel eine führende Rolle gespielt hat. Erst 1868 hatte der Norddeutsche Bund in einer Maß- und Gewichtsordnung das Meter als Grundlage des Längenmaßes festgelegt. Der Prototyp der preußischen Regierung war in Paris hergestellt worden und dort durch Vergleich mit dem Urmeter auf das rechte Maß gebracht worden. 1872 wurde das Meter die verbindliche Längeneinheit für das Deutsche Reich, das deshalb auch 1875 auf einer Konferenz in Paris zu den ersten Signatarstaaten der dort beschlossenen Internationalen Meterkonvention gehörte. Bei dieser Konferenz wurde auch eine Vermessung Europas auf neuer Grundlage vereinbart.

Das Verfahren war freilich die altbewährte und zweckmäßige Triangulation. Schon Georg Christoph Lichtenberg, tüchtiger Physikprofessor und nicht nur begnadeter Aphoristiker, hatte sich damit von Göttingen bis an die Elbe herangearbeitet. Dabei werden auf der Erdoberfläche sogenannte trigonometrische Punkte festgelegt, die ein Festpunktfeld aus Dreiecken bilden. Werden die Winkel sorgfältig gemessen, die Dreiecke also trianguliert, so erhält man die Gestalt des Festpunktfeldes. Für den Maßstab oder die Größe der Dreiecke muß jedoch mindestens eine Basislänge bestimmt werden, und dies so präzise wie möglich, da aus dieser Länge mit trigonometrischen Standardmethoden alle Entfernungen berechnet werden.

Bei der gerade um 1880 erfolgenden Triangulation des Deutschen Reiches wurden Basislängen mit normierten Stahlstäben ausgemessen. Diese einfach mit ihren polierten Endflächen aneinanderzulegen, war zu ungenau. Daher wurde zwischen zwei solcher Stäbe eine kleine geschliffene Glaskugel eingelegt und die Stäbe wurden mit leichtem Druck aneinandergepreßt. Hier kam die Bedeutung von Heinrich Hertz' Theorie für die Bestimmung der Größe Deutschlands ins Spiel. Jener »Herr von der Normaleichungskommission, der meinen Vortrag gehört hatte und diese Kugel und Maßstäbe jetzt mit allem Raffinement zu messen hat, bat mich nun, ich möchte ihm doch berechnen, wieviel sich die Kugel wohl zusammenpressen kann, um so eine Grenze für die Unsicherheit zu haben«.[13] Mit den in seiner Arbeit entwickelten

Methoden konnte Heinrich Hertz diesem Herrn leicht diesen Gefallen tun. Er fand, »daß diese Zusammenpressung zwar sehr klein ist, aber doch vermutlich größer, als den Messenden lieb sein kann«.[14] Als Abhilfe empfahl er, die Stahlstäbe durch ein bekanntes Gewicht aneinderzudrücken und die Länge um die rechnerisch ermittelte Deformation der Kugel zu korrigieren.

Die Abhandlung erschien erst im Januar des nächsten Jahres, bedauerlich spät für Heinrich Hertz. Nachdem er Sonderdrucke verschickt hatte, erhielt er von Professor Wilhelm Förster, dem Direktor der Normaleichungskommisson und der Sternwarte, einen Dankesbrief mit dem Wunsch, den Verfasser kennenzulernen. In dem Gespräch lobte Förster, die Arbeit »hätte wirklich viel Interesse für ihn gehabt in bezug auf die Bestimmung der Längen und Normalmaße, auf die Anwendung auf die Schneiden der feinsten Waagen und die Reversionspendel (durch welche die Schwerkraft an den verschiedensten Punkten gemessen wird)«.[15] Da hingen wirklich die verschiedensten Dinge miteinander zusammen.

Weil Heinrich Hertz in der Physikalischen Gesellschaft noch von mehreren anderen Herren »Dank einheimste«, entschloß er sich, seine Theorie zwecks weiterer Verbreitung und Anwendung gefälliger darzustellen. Zudem hatte er, während er seine Arbeit nach Kirchhoffs Kritik noch einmal durchging, »in den letzten Tagen Luft bekommen, die Theorie durch Versuche zu bestätigen, und solche angefangen«.[16] Für eine hochgestochene mathematischen Zeitschrift waren Berichte über Versuche denkbar ungeeignet. Da ihn aber ein Professor der Gewerbeakademie gebeten hatte, er möge »die Resultate in einer technischen Zeitschrift« mitteilen, brauchte er über eine Publikationsmöglichkeit nicht nachzudenken. Sie wurde ihm in den »Verhandlungen des Vereins zur Beförderung des Gewerbefleißes« zu Berlin offeriert.

In dieser zweiten Abhandlung zum gleichen Thema war die mathematische Darstellung zwar einfacher, jedoch für die Mitglieder des ehrbaren Vereins wohl ebenso unverständlich wie in der ursprünglichen Form. Aber die Mathematik konnte man ja »überlesen« und sich an die Resultate halten, die der Autor wie Handreichungen für die praktische Umsetzung formuliert hatte. Daran anschließend beschrieb Heinrich Hertz seine Versuche, »um einen Beweis für die Zuverlässigkeit der gezogenen Folgerungen und deren Anwendbarkeit auf wirkliche Verhältnisse zu liefern«.[17]

Beschränken wir uns darauf, daß er einen der mit Hebelkräften zusammengepreßten Körper mit einer Rußschicht überzog, welche die Druckfläche abbilden sollte. »War der Versuch gelungen, so durfte der Ruß nicht verwischt, sondern nur plattgedrückt sein, in durchfallendem Lichte ließen sich dann die Druckstellen kaum erkennen, im reflektierten Lichte zeigten sie sich als kleine Kreise oder Ellipsen, die sich unterm Mikroskope ziemlich genau messen ließen.«[18] Die Ergebnisse präsentierte er in Tabellen, die seine Theorie sehr gut bestätigten. Auch in den ungünstigeren Fällen zeigten die Zahlen noch, »daß unsere Formeln keineswegs in der Luft schweben«.

Durch seine eher an Techniker gerichtete Abhandlung wollte Heinrich Hertz den Neuigkeitswert der rein mathematischen Arbeit nicht gefährden, so daß er die Fassung für den »Verein zur Beförderung des Gewerbefleißes« erst im Frühjahr 1882 schrieb. Inzwischen hatte er über einen weiteren Aspekt der festen Körper Neues mitzuteilen, nämlich über deren Härte. Daher fügte er seiner Abhandlung noch ein entsprechendes Kapitel hinzu.[19]

Das hat ihm, wie er den Eltern schrieb, »wieder Spaß gemacht. Die Härte ist nämlich eine Eigenschaft der Körper, von deren Wesen die Wissenschaft ungefähr eine ebenso klare, i.e. völlig undeutliche Vorstellung hat wie jedermann«.[20] Wissenschaftler mochten das anders sehen. Schon 1812 hatte der Mineraloge Friedrich Mohs die Körper gemäß der simplen Methode klassifiziert, daß der Körper A härter sei als der Körper B, wenn der A den B ritzt. Diese Mohssche Härteskala wurde damals und wird auch heute noch trotz ihrer offensichtlichen Mängel verwendet. Beim Literaturstudium lernte Heinrich Hertz auch bessere Verfahren kennen, z. B. das neueste aus dem Jahre 1865, bei dem ein Stahlkonus in das zu untersuchende Material unter definierten Bedingungen eingedrückt wurde.

Aber gegen alle damals bekannten Verfahren erhob Heinrich Hertz schwerwiegende Einwände. So war schon problematisch, was z. B. das Verhalten eines Materials beim Ritzen oder bei nichtelastischer Verformung überhaupt mit dessen Härte zu tun haben könnte. Sein hauptsächlicher Einwand war aber methodischer Art: Ob Ritzen oder Drücken, es wurden nur Härtegrade untereinander verglichen, ohne daß man einen klaren Begriff von der Härte und ein brauchbares Maß für diese Eigenschaft eines Körpers hatte.

Hertz verlangte eine Definition der Härte, die statt relativer Vergleiche zwischen je zwei Körpern ein absolutes Maß für jeden Körper liefern muß. Erst die so definierte und entsprechend gemessene Härte wäre eine objektive Eigenschaft eines Körpers, etwa so wie der Elastizitätsmodul.

Diese Ansprüche versuchte er, mit seiner Theorie und seinen Verfahren einzulösen. Er definierte als Maß der Härte »den Normaldruck auf die Flächeneinheit, welcher im Mittelpunkte einer kreisförmigen Druckfläche herrschen muß, damit in einem Punkte des Körpers die Spannungen eben die Elastizitätsgrenze erreichen«.[21] Begrifflich stellte Hertz die Sache klar dar, aber die praktische Ausführung litt darunter, daß die Elastizitätsgrenze ein etwas fließender Begriff war. Die wenigen Experimente mit Glas, die er angestellt hatte und mitteilte, irritierten ihn eher, als daß sie ihn überzeugten.

Nach Abschluß seines Artikels legte er die Härte und ihre Tükken beiseite und kümmerte sich um andere Dinge. Neun Jahre später schrieb er einem Kollegen, der die Sache wieder aufgreifen wollte: »Mir ist nicht bekannt geworden, daß jemand nach meiner Härtedefinition Messungen ausgeführt hat, meine eigenen Versuche waren nicht sehr ermutigend.«[22]

In einer Rezension in der englischen Zeitschrift »Nature« wurden diese mechanisch-mathematischen Arbeiten als »höchst wertvolle Beiträge« gerühmt. Insbesondere die Härte, »eine der wichtigsten und unbekanntesten Eigenschaften«, könne »seit Hertz' Arbeiten wissenschaftlich untersucht werden«.[23] Dazu kam es aber nicht, und so blieb bei der Härte alles beim alten.

Auch die im 20. Jahrhundert entwickelten und heute als genormte Standards angewendeten Verfahren sind ausgereifter Pragmatismus, der vor den Einwänden von Hertz nicht bestehen könnte: Sie basieren auf nichtelastischen, plastischen Verformungen, ein unmittelbarer Vergleich der verschiedenen Härtewerte ist nicht möglich, und von einem objektiven Härtemaß kann keine Rede sein. Daß Heinrich Hertz zwar eine klare Definition der Härte gegeben hat, aber daraus weder von ihm noch von anderen ein praktikables Meßverfahren entwickelt wurde, liegt freilich an der Tücke der Objekte: Feste Körper sind zwar hart, aber jeder auf seine ganz eigentümliche Weise, was sich strenger Definition nicht leicht fügt.

Während Heinrich Hertz' Überlegungen zur Härte Theorie blieben, haben sich seine Verfahren und seine Formeln zur elastischen

Verformung in der Praxis bewährt. Sie waren nicht nur dem Professor Förster und der Normaleichungskommission des Deutschen Reiches zunutze, sondern sie werden auch heute noch den Ingenieuren in Lehr-, Hand- und Taschenbüchern zum Beispiel als »Hertzsche Pressung« nahegebracht und von denjenigen, die sich mit elastischen Materialien wie Stahl beschäftigen, nach wie vor mit Erfolg verwendet.[24]

6. Quecksilberdampf und »Hexenküche« – hauptsächlich experimentell

Ich arbeite jetzt einigermaßen fleißig«, schrieb Heinrich Hertz zu Beginn seines zweiten Semesters als Assistent, »aber ich wünschte, ich käme schneller mit meinen Arbeiten weiter. Daß das Leben kurz und die Kunst lang ist, sehe ich immer mehr ein.«[1] In seiner Kunst war Heinrich Hertz weit genug vorgedrungen, daß er auch in praktischer Hinsicht wußte, worauf es ankam: Die Gunst der großen und einflußreichen Gelehrten, die Auszeichnung bei der Konkurrenz mit den Jüngeren und die Publikation möglichst eindrucksvoller Arbeiten. Mit seiner Preisarbeit und seiner Dissertation hatte er aufsehenerregende Erfolge, und die galt es zu befestigen und auszubauen.

Da traf es sich günstig, daß sich für das Sommersemester 1881 »fast gar keine Laboranten angemeldet haben, bei mir sind nur zwei. Für meine eigene Arbeit kann mir das nur angenehm sein, unangenehm ist es mir aber insofern, als ich mich sehr überflüssig fühle.«[2] Dafür konnte er ans Experimentieren denken und begann Untersuchungen über die Verdunstung mit Quecksilber, die ihn noch lange beschäftigen sollten. Und dann bedrückten ihn noch einige abgeschlossene, aber nicht geschriebene Arbeiten: »Ich muß die alten Sachen entweder ganz in die Schublade werfen oder sie veröffentlichen.«[3] Natürlich veröffentlichte er sie, und das nicht nur zum Nutzen seiner Publikationsliste.

In den Ferien hatte er endlich die Abhandlung »Über die Verteilung der Electrizität auf der Oberfläche bewegter Leiter« druckreif gemacht. Sie ging zum Teil noch auf Ausarbeitungen aus dem Herbst 1879 zurück und adaptierte die in seiner Dissertation für den Magnetismus entwickelten Techniken für die Bewegung metallischer Kugeln im elektrostatischen Feld. Die Theorie hatte er inzwischen durch scharfsinnige Experimente untermauern können. Er war etwas verstimmt, weil der Herausgeber der »Annalen«, Professor Gustav Wiedemann in Leipzig, nicht gleich auf den Eingang reagierte[4], aber die Arbeit erschien noch im Sommer 1881, und mit dieser Frist konnte er zufrieden sein.

Die nächste »alte Sache«, die er druckfertig machte, betraf die Experimente zur kinetischen Energie der Elektrizität mittels rotierender Scheiben, die er bereits als Student 1879 begonnen hatte. Obwohl diese Experimente »mit den besten instrumentellen Hilfsmitteln ausgeführt werden konnten, ergaben sie kein Anzeichen einer trägen Masse der Elektrizität«.[5] Immerhin hatte er inzwischen die obere Grenze dieser eventuellen trägen Masse der Elektrizität auf ein Hundertstel der in seiner Preisarbeit ermittelten reduziert.[6] Aber diese schöne Leistung war ihm nur noch »ein sehr unbedeutendes Dingelchen«. Wieder beklagte er das negative Resultat, und zudem hatte er inzwischen wohl erfahren, daß mit solchen negativen Ergebnissen leider kein Staat zu machen war. Mit positivem Ergebnis, also dem Nachweis einer Masse der Elektrizität, hätte diese Arbeit »mir schon einen Ruf verschaffen können«[7] – einen sehr großen Ruf sogar, denn dann hätte er das Elektron entdeckt, aber davon war er auch mit diesem Experiment noch Größenordnungen entfernt.

Trotz aller guten Vorsätze ließ er sich mit der Reinschrift ziemlich viel Zeit. Als er sie im Oktober an Wiedemann für die »Annalen« schickte, erhielt er postwendend »die mir erfreuliche Antwort: ›Besten Dank für die freundliche Zusendung ... ich werde Ihre Abhandlung ohne Verzug in die Annalen bringen.‹ Was mir Spaß daran machte, war, daß die Antwort so schnell kam, daß Prof. Wiedemann die Arbeit unmöglich konnte gelesen haben.«[8] Wiedemann hatte nicht zuviel versprochen, denn die Arbeit erschien bereits im nächsten Heft. Der Assistent aus Berlin war offenbar in Leipzig bei dem einflußreichen »Annalen«-Herausgeber »persona gratissima« und damit ein anerkanntes Mitglied der Gilde publizierender Physiker.

Im März 1881 wollte Heinrich Hertz auch insofern ein anerkanntes Mitglied der Gesellschaft werden, als er um seine Ernennung zum Reserveoffizier nachsuchte. Das »Wahl« genannte Verfahren gestaltete sich, obwohl er alle Voraussetzungen erfüllt und als Vizefeldwebel schon Offiziersdienste versehen hatte, zu einer zeitraubenden und eher degradierenden Prozedur denn zu einer Beförderung. Zu den vielen Papieren, die beizubringen waren, gehörten Vermögens- und Einkommensnachweise als probates Mittel, »unerwünschte Elemente« aus einkommensschwächeren Schichten vom Offizierskorps fernzuhalten. Der nur über sein Assistentensalär verfügende Heinrich Hertz benötigte daher das Attest eines Bürgen, der für jährliche Ausgaben des Kandidaten von 3000 Mark einstehen würde und sich verpflichtete, »daß er bei einer eventuellen Beförderung die Equipierungskosten tragen würde, sowie speziell bemerken müßte, daß er in der Lage sei, die angegebenen Summen auch wirklich zu gewähren«.[9]

Der Vater war natürlich zu diesem Attest bereit, meinte wohl auch, als Richter am Hanseatischen Oberlandesgericht die Vorschriften zu kennen, aber die Preußen mochten die in Hamburg üblichen Siegel nicht akzeptieren, so daß die Beglaubigung wiederholt werden mußte. Auf dem Bezirkskommando war Heinrich Hertz an einen »sehr freundlichen Hauptmann« geraten, der seinen Antrag auf den Dienstweg bringen wollte, ihm aber keine großen Hoffnungen machte: »Er wolle sehen, daß er durchkäme, aber er zweifle, da schon einmal ein Assistent der Universität abgelehnt worden sei und er nicht sehe, daß dieser Fall ein anderer sei. Er sagte auch etwas von besonderen Verhältnissen in Berlin, was mir aber ebenso unklar blieb wie das Übrige.«[10]

Vermutlich bestanden die »besonderen Verhältnisse in Berlin« darin, daß die Generäle im für Personalsachen zuständigen Militärkabinett für bürgerliche Offiziere mit jüdisch klingenden Namen nicht viel übrig hatten, für solche aus Hamburg vielleicht besonders wenig, aber so genau wollte das Heinrich Hertz offenbar gar nicht wissen. Das Militär kannte er gut genug, um einzusehen, daß »hier weder zu protestieren noch zu appellieren« sei, weshalb er sich in resignative Gleichgültigkeit flüchtete: »Ich bin indessen in der glücklichen Lage, daß ich dem Spiel ruhig zusehen kann; indem ich die möglichen größeren Unannehmlichkeiten des Nicht- gegen die sicher kleineren des Gewähltwerdens betrachte, ist immer noch das Resultat, daß die Waage gerade einsteht, und werde also darum nicht weinen.«[11]

Dem »Spiel« konnte er allerdings nicht zusehen, sondern er mußte warten. Erst nach beinahe vier Monaten, einer für die pünktliche preußische Bürokratie ungewöhnlich langen Frist, setzte am 12. Juli 1881 Kaiser Wilhelm I. als Oberster Kriegsherr des Reiches seinen Namenszug unter das Patent, wodurch Heinrich Hertz zum »Second-Lieutenant der Reserve des 5. Badischen Infantrie-Regiments Nr. 113« ernannt wurde.[12] Nach weiteren zwei Wochen erhielt Heinrich Hertz auf dem Bezirkskommando das Patent überreicht und konnte melden, »daß ich jetzt glücklich Offizier geworden bin ... Nun, ich denke die Pflichten, die das mit sich bringt, redlich zu erfüllen, und eben weil ich diese Absicht habe, hätte es mir leid getan, wenn man mich nicht hätte haben wollen, was ich, da ich gar nichts hörte, zu vermuten anfing.«[13]

Aus alledem wird deutlich, daß Heinrich Hertz gewiß nicht ein typischer Offizier der wilhelminischen Ära werden würde, der den Rest der Menschheit für »Canaille« hält. Da es nun einmal die Wehrpflicht gab, wollte er nicht zu denen gehören, die nur kujoniert werden, sondern lieber zu den Offizieren, auch wenn er laute Kommandos nicht zustande brachte und überhaupt ein friedfertiger Mensch war. Den »bunten Rock« trug er gern, und die vielen Monate, die er in den kommenden Jahren bei Manövern und Übungen zubrachte, opferte er in der Absicht redlicher Pflichterfüllung. Er war aber weit davon entfernt, sich wie die meisten Leutnants deshalb schon jedem Zivilisten, und sei er auch Doktor oder gar Professor, überlegen zu dünken. Schließlich wollte er selbst Gelehrter werden und nicht General.

Im Ferienmonat August brauchte der eben ernannte »Lieutenant« Heinrich Hertz noch nicht zur Militärübung einzurücken, konnte aber trotzdem keinen Urlaub machen, weil er als »Stallwache« im Institut eingeteilt war. Der Geheimrat ließ sich brieflich über Vorgänge im Institut unterrichten, hielt für alle Fälle den »Geehrten Herrn Doktor« über seine Adressen auf dem Laufenden – Ambach, Pontresina und ab 15. September das »Commissariat Allemand pour l'exposition électrique« in Paris – und traf aus der Ferne Anordnungen, z. B. über den Umbau der Garderobe.[14]

Im übrigen hatte Heinrich Hertz nicht viel zu tun, und das wenige war angenehm: »Es kommen hier immer Leute aus England und Amerika, denen ich das Institut zeige, und mit denen ich mich auch unterhalte, so daß ich an manchen Tagen mehr Englisch als Deutsch spreche. Es macht auch Freude zu sehen, wie die Wissenschaft übers Wasser reicht, denn viele kennt man schon vorher, oder sie kennen andere, die man von Namen kennt, man hat schnell Gelegenheit, Interessantes zu lernen.«[15]

Einer der bemerkenswerteren Besucher in diesem Sommer war Oliver Lodge, eben in Liverpool zum ersten Professor für Physik ernannt und als passionierter »Maxwellianer« an elektromagnetischen Wellen interessiert. Als Lodge sieben Jahre später den Dr. Hertz in Karlsruhe um die Zusendung seiner epochalen Veröffentlichungen über die Wellen bat, ließ Hertz in seiner Antwort anklingen, daß sie sich in Berlin kennengelernt hätten, »obgleich ich annehme, daß Sie sich nicht an mich erinnern«. Lodge war »entzückt zu erfahren, daß ich Sie kenne. Ich erinnere mich sehr gut an den gentleman, der so freundlich war, mir das Laboratorium in Berlin zu zeigen, aber mit meiner üblichen Vergeßlichkeit von Namen habe ich Sie und den Ihren oder den Ihren und Sie nicht in Verbindung gebracht.«[16] Bei ihrer ausgiebigen wissenschaftlichen Korrespondenz war es beiden ein Vergnügen, an die alte Bekanntschaft anknüpfen zu können.

Im September übergab Heinrich Hertz die »Stallwache« an einen Kollegen und gönnte sich einige Wochen Urlaub, teils in Hamburg bei den Eltern und teils auf Helgoland. Im Oktober genoß er den Rest der Semesterferien in Berlin auf seine Weise, »denn ich habe jetzt gerade wieder einigermaßen zur Befriedigung gearbeitet, und wieder gesehen, wie sich manche Fragen, wenigstens für mich, nur lösen lassen, wenn ich vom frühen Morgen bis zum Abend über einen Punkt nachdenke und so mehrere Tage hintereinander weg«.[17] Diese Idylle ging bald zu Ende, und das Praktikum war im Winter »wieder ziemlich besetzt, ich habe sechs, darunter ist auch der Sohn von Helmholtz«.[18] Wie er mit diesem 19jährigen Studenten zurechtkam, hat er nicht mitgeteilt, aber er brauchte wohl nicht zu befürchten, daß diese etwas heikle Situation zu Komplikationen mit dem Geheimrat führen würde, denn Robert Helmholtz galt als außergewöhnlich begabt.

Sein Bruder Gustav, mit dem er sich oft getroffen und mit dem er so manches Bier getrunken hatte und zu den Veranstaltungen bei von Hansemanns eingeladen gewesen war, wurde am 2. November 1881 zum Doktor der Rechte promoviert und kehrte nach Hamburg zurück, um sich als Rechtsanwalt zu etablieren. Dafür leistete ihm nun der jüngere Bruder Rudolf Gesellschaft, der wie Gustav ebenfalls Jurist werden wollte.

In seinen experimentellen Untersuchungen hatte sich Heinrich Hertz inzwischen »ganz auf die Arbeit über die Verdunstung geworfen«, also den sich unterhalb des Siedepunktes vollziehenden Übergang vom flüssigen in den gasförmigen Zustand. Dazu hatte er »schon im Frühjahr die Vorarbeiten gemacht«, und die waren so ausgefallen, daß »ich mir einstweilen noch einiges davon verspreche«.[19] Die Verdunstung beschäftigte ihn länger als ein Jahr;

sie bescherte ihm Wechselbäder zwischen großer Hoffnung und herber Enttäuschung.

Sein Thema war von beachtlichem physikalischen Interesse und zugleich von großer Bedeutung in praktischer orientierten Wissenschaften wie der Meteorologie, spielt doch die Verdunstung des Wassers im Energiehaushalt der Erde eine zentrale Rolle. Vermutlich wurde Heinrich Hertz' Neugier denn auch in Hamburg durch Diskussionen auf der Deutschen Seewarte mit deren Direktor Georg Neumayer und dem Klimatologen Wladimir Köppen geweckt, die er in seinen Ferien regelmäßig besuchte.[20] Er beabsichtigte, ähnlich wie er es bei seinen Studien über die Härte durchführte, einer vagen Vorstellung und einem unscharfen Begriff eine präzise Bedeutung zu geben und diese experimentell zu untermauern, daß nämlich »für jede Flüssigkeit ein spezifisches Verdunstungsvermögen« besteht.[21]

Bei der Verdunstung geht normalerweise die Flüssigkeit, z. B. das Wasser, als Dampf in ein darüberliegendes Gas über, z. B. in die Luft. Heinrich Hertz hoffte auf grundlegend neue Erkenntnisse von dem experimentell herzustellenden Fall, daß über der Flüssigkeit sich nur der Dampf derselben befindet und nicht noch ein zweites Gas. Bei dieser Bedingung glaubte er, eine für jede Flüssigkeit charakteristische Verdunstungsgeschwindigkeit als Funktion der Oberflächentemperatur und des Dampfdrucks finden zu können.[22]

Die Experimente begann er im Frühjahr 1881 mit Wasser. Es stellte sich jedoch schnell heraus, daß diese zwar verbreitete, aber sehr spezielle Flüssigkeit für sein Vorhaben ungeeignet war. Immerhin hat diese Beschäftigung dazu beigetragen, daß er gegen Ende des Jahres gleichsam im Vorübergehen ein Hygrometer zur Bestimmung des Wassergehalts der Luft erfand und am 20. Januar 1882 in der Physikalischen Gesellschaft vorstellte.[23]

Derweil hatte er für seine Experimente längst das Quecksilber gewählt, wegen der günstigen thermischen Eigenschaften dieses flüssigen Metalls.[24] Die in größerer Zahl benötigten gläsernen Apparaturen, filigranen Retorten und Küvetten mit kompliziertem Innenleben wie Heizspulen und Anschlüssen für Vakuumpumpen konnte er sich selbst herstellen, denn in weiser Voraussicht hatte er sich die dazu nötigen Fertigkeiten gleich zu Beginn seiner Assistentenzeit angeeignet: »Jeden Morgen nach dem Aufstehen übe ich mich zwei Stunden im Glasblasen, weil es bei Wärmeexperimenten häufig vorkommt.«[25]

Zwar nicht durchgängig, jedoch mit großem Aufwand an Zeit und Mühe hatte Heinrich Hertz die Verdunstung erforscht, aber trotzdem war nach einem knappen Jahr der Erfolg noch immer ungewiß. Der 25. Geburtstag am 22. Februar 1882 war ohnehin wieder ein Tag eher trübsinniger Anwandlungen – »Es ist recht traurig, daß man so schnell älter wird, und so wenig in der kurzen Zeit fertig bringt« – und daran hatten auch die Experimente mit der Verdunstung ihren Anteil:

»Von der Arbeit, bei der ich jetzt bin, hoffe ich noch sehr, daß sie sich hübsch gestalten werde und mir die viele Zeit, die ich schon an sie verwandt und die ein großer Teil des verflossenen Jahres ist, lohnen werde, da sie sich auf einem scheinbar naheliegenden und dennoch gänzlich unerforschten Gebiet bewegt und im günstigsten Falle in der Tat zu wichtigen Aufschlüssen führen kann, aber einstweilen kann ich mir weder über die Theorie völlig klar werden noch haben meine Versuche die Genauigkeit, die ich bei der Mühe, die ich mir gegeben, erhofft hatte.«[26]

Zudem mußte er sich beeilen, »die Versuche, bei denen ich jetzt bin, vor den Ferien zu Ende zu bringen«, denn für Mitte März war er zu einer sechswöchigen Militärübung einberufen worden. In der verbliebenen knappen Frist erhielt er zwar Resultate, aber nicht die erhofften:

»Im Gegenteil, eines Tages zeigten mir neue Versuche, daß ich einen großen Teil meiner Mühe oder die ganze auf unfruchtbaren Boden verwendet hatte, daß Fehlerquellen vorhanden waren, die wohl kaum einer in dieser Größe vermuten konnte, und daß das schöne positive Resultat, welches ich zu haben glaubte, sich in ein völlig negatives verwandelte. Zuerst war ich ganz zerschlagen, aber ich habe mich jetzt getröstet und habe mehr Mut als vorher, nur um die schöne Zeit, die nicht wieder zu haben ist, tut es mir leid.«[27]

Obwohl Heinrich Hertz die Unterbrechung seiner Arbeit bedauerte, ging er doch recht gern nach Freiburg zur Militärübung, denn er war erschöpft und fühlte, »daß mir ein gründliches und gewissermaßen gewaltsames Ausspannen sehr gut sein wird«.[28] Die süddeutsche Variante des Militärs kannte er bereits, aber der Herr Lieutenant war von der Leichtigkeit des badischen Offiziersdaseins doch überrascht und nannte »das Ganze einer Badereise mit beschränkter Freiheit zum Verwechseln ähnlich«. Er bedauerte nur, daß der Dienst auch ohne Anstrengung und Verantwortung »einem die freie Zeit in lauter kleine Stücke reißt«.[29] Mit den Pausen war nicht viel anzufangen; weder hatte er Lust zu arbeiten, »noch auch in eine der drei in Betracht kommenden Kneipen zu gehen, etwa weil ich gerade daher kam«.[30]

Vom mäßigen Exerzieren »in schönster Umgebung und frischer Luft« gestärkt, kehrte Heinrich Hertz am 1. Mai noch pünktlich zum Semsterbeginn nach Berlin zurück. In der Physikalischen Gesellschaft wurde ihm auch intellektuell-moralische Stärkung zuteil durch das viele Lob, das er für die inzwischen erschienene Arbeit zur Elastizitätstheorie einheimste. Zunächst wandte er sich den Studien über die Härte zu und machte dazu einige Experimente, aber nicht mehr zu der leidigen Verdunstung. Ohne weitere experimentelle Plackerei stellte er »die Arbeit zur Verdunstung zur Veröffentlichung fertig, soviel davon noch übrig ist«.[31]

Getreulich beschrieb Heinrich Hertz in seiner Abhandlung alle Probleme, an denen er gescheitert war. Nur eine der Schwierigkeiten war schon die Messung der Temperatur stark überhitzten Quecksilbers auf der Oberfläche: »Ist die Verdunstung auch nur eine mäßige, so sind doch schon sehr große Wärmemengen nötig, um sie zu unterhalten; dieser Umstand hat zur Folge, daß die Temperatur von der Oberfläche aus ins Innere reißend zunimmt; taucht daher ein Thermometer auch nur ein wenig in die Flüssigkeit ein, so zeigt es schon nicht mehr die wahre Oberflächentemperatur.«[32] Bei tieferen Temperaturen und kleineren Wärmemengen war die Verdunstung dann so langsam, daß Druckdifferenzen kaum noch exakt zu messen waren.

Wegen dieser und vieler anderer Tücken verflüchtigten sich die großen Hoffnungen, die er einst an die Verdunstung geknüpft hatte. Er mußte sich darauf beschränken, »wenigstens Grenzen für die in Betracht kommenden Größen« festzustellen. Zudem untermauerte er seine Vorstellungen über die Verdunstung durch Argumente aus der kinetischen Theorie der Materie. »Diese Arbeit ist mir so unbequem«, klagte Heinrich Hertz beim Schreiben, »daß ich fast froh bin, sie nicht in ihrem vollen Umfange ausarbeiten zu müssen«.[33]

Trotzdem wurden daraus gleich zwei Artikel. Wiedemann druckte übrigens beide Arbeiten sofort nach Eingang im nächsten Heft der »Annalen«, für das am 15. August 1882 Redaktionsschluß war. Sie waren eine eher melancholische Tour de force, aber beide beschrieben die über weite Strecken vergeblichen Anstrengungen bewundernswert klar und prägnant. Zweifellos hat Max Planck mit seiner Bemerkung, daß bei einigen frühen Arbeiten von Hertz »die gewonnenen Resultate dem dafür aufgewendeten Scharfsinn und Fleiß nicht entsprechen«[34], vor allem auf die beiden Verdunstungsstudien angespielt.

Über die zweite Arbeit, den Druck des gesättigten Quecksilberdampfes betreffend, hatte Heinrich Hertz am 9. Juni 1882 in der Physikalischen Gesellschaft vorgetragen. Zumindest teilweise war bei dieser Arbeit der Scharfsinn von aktuellem und sogar von bleibendem Wert. Eine darin aus der Thermodynamik hergeleitete Gleichung beschreibt einigermaßen richtig die Dampfspannung des Quecksilbers bei niedrigen Temperaturen. Sie war für die damals mit Quecksilber betriebenen Vakuumpumpen von Interesse, und später hat sie als »Hertzsche Gleichung« in der Physik der Oberflächenphänomene einen dauerhaften Platz gefunden.[35]

Im letzten Satz dieser Arbeit wies Heinrich Hertz noch darauf hin, daß seine Erkenntnisse den »verschwindenden Einfluß« erklären, »welchen der stets vorhandene Quecksilberdampf auf die Entladungserscheinungen in Geisslerschen Röhren ausübt«.[36] – Im Experimentieren mit diesen Röhren hatte er bereits sein nächstes Forschungsgebiet gefunden, das zu der großen Studie »Über die Glimmentladung« führte.

»Ich beschäftige mich den Tag über bis in den Abend mit den Lichterscheinungen in verdünnten Gasen«, berichtete Heinrich Hertz schon Ende Juni. Unmittelbar nachdem er seine Verdunstungsarbeiten zur Post gegeben hatte, stürzte er sich auf dieses neue Feld, und der Spaß, den er daran hatte, half ihm über die enttäuschenden Strapazen mit der Verdunstung hinweg: »Ich habe Lust, einmal auf einem mehr experimentellen Gebiet zu arbeiten und die exakten Messungen beiseite zu lassen; außerdem ist das besagte Gebiet sehr dunkel und unerforscht, und seine Erforschung ist wahrscheinlich von großem Interesse. So möchte ich mir auf demselben Stoff für eine neue Arbeit suchen ... dies gewährt großes Vergnügen, da die Erscheinungen meist wunderschön und außerordentlich mannigfaltig sind.«[37]

Die systematische Erforschung der Elektrizitätsleitung in Gasen hatte, wie so vieles andere, mit Michael Faraday begonnen, als er 1838 in einen Glaskolben durch Korkdichtungen hindurch Metalldrähte als Elektroden einbrachte und den Kolben an eine Pumpe anschloß. Damit konnte er bei verschiedenen Gasen und abnehmendem Druck den Durchgang der Elektrizität beobachten und insbesondere den Übergang vom Funkenschlag zu einer gleichförmigen Glimmentladung studieren.

Wesentliche Fortschritte gelangen 1857 dem Bonner Glasbläser Heinrich Geissler: Er konnte die Elektroden luftdicht in das Glas einschmelzen, und dazu erfand er die Quecksilberpumpe, mit der er den Druck in der Röhre auf ein Millionstel des Atmosphärendrucks vermindern konnte. Mit diesen »Geisslerschen Röhren« stieß der Bonner Professor Julius Plücker in das farbig schillernde Neuland der Gasentladungen bei geringem Druck vor. Die dafür benötigten hohen Spannungen verschaffte er sich durch eine Art Transformator, den der aus Hannover stammende Heinrich Daniel Rühmkorff seit 1851 in Paris in einer Werkstatt in der Rue Champollion nahe der Universität zum Nutzen der Wissenschaft herstellte. Mit diesem »Rühmkorffsches Induktorium« oder schlicht »Rühmkorff« genannten Gerät ließ sich der Strom einer Batterie, nachdem er von einem »Unterbrecher« in kurze Impulse zerhackt war, auf Spannungen von vielen Tausend Volt bringen.

Die mit Geissler-Röhren und »Rühmkorff« erzeugten rätselhaften Phänomene in den Gasentladungsröhren hatte der Engländer Sir William Crookes 1879 in einer brillanten Vorführung vor einer gelehrten Versammlung als »Schattenreich zwischen dem Bekannten und dem Unbekannten« charakterisiert und dabei seine weitsichtige Überzeugung verkündet, »daß die größten wissenschaftlichen Probleme der Zukunft in diesem Grenzlande ihre Lösung finden werden und selbst noch darüber hinaus; hier, so scheint mir's, liegen letzte Realitäten«.[38]

So wenig man auch über die Details der den Gasentladungen zugrunde liegenden physikalischen Prozesse wußte, so waren sich Crookes und mit ihm die meisten englischen Physiker doch ziemlich sicher, daß es sich dabei um »strahlende Materie« in einem neuen, dem vierten Aggregatzustand handeln müsse, und entsprechend hatte er den Titel seines Vortrags gewählt. Deutsche Physiker, von Plücker über seinen produktiven Schüler Johann Wilhelm Hittorf bis zu Helmholtz, waren ebenso überzeugt, Vorgänge im Äther ähnlich denen des Lichts wahrzunehmen, so daß sich nicht nur in der Elektrodynamik, sondern auch bei den Gasentladungen der Kanal wieder einmal als ziemlich tiefer, wissenschaftlich trennender Wassergraben erwies.

Heinrich Hertz hat die auf dem Vortrag über »Strahlende Materie« basierende, auch ins Deutsche übersetzte Broschüre von William Crookes gelesen. Er kannte auch schon lange die aufwendig gestalteten, effektvoll fluoreszierenden Leuchtkörper, die der in Hamburg ansässige »Glaskünstler« Carl Heinrich Florenz Müller herstellte. Ihr magisches Licht entzückte das Publikum auf Rainville's Terrassen an der Elbe oder in manchem Vaudeville auf St. Pauli. Er bat daher seinen Vater, als wolle er Zweifel an der Ernsthaftigkeit seiner Beschäftigung mit Geisslerschen Röhren zerstreuen: »Nur mußt Du dabei nicht gerade an die gewöhnlich als Schaustücke gezeigten denken.«

Zunächst tummelte sich Heinrich Hertz auf diesem neuen Gebiet ohne feste Methode, »indem ich das Bekannte kennenlerne, die Versuche wiederhole und die Versuche, welche mir gerade einfallen, anstelle«, allerdings immer in der Hoffnung, »daß mir über die eine oder andere der merkwürdigen Erscheinungen, die sich darbieten, ein Licht aufgehen wird«.[39] Das klingt spielerisch, aber er arbeitete sehr intensiv, zumal er sich vieles selbst herstellte, insbesondere die Röhren: »Auf das Glasblasen aber kommt viel dabei an; ich bin viel zu ungeduldig, als daß ich heute eine Röhre beim Glasbläser bestellen könnte, die ich in einigen Tagen erst hätte.« Und die manuelle Betätigung der Pumpe war so anstrengend, daß er »gelegentlich aus rein körperlicher Ermüdung die Versuche abbrechen« mußte.

Unangenehm war auch das verdunkelte Labor, auf dessen Jalousien die Sommersonne brannte und für Hitze sorgte, und dazu ein Gewirr von Drähten, die ihm elektrische Schläge versetzten. »Zum Trost steht denn auch in der Mitte die leuchtende Glasglocke, in der die Gase unter dem Einfluß der Entladungen sich wie verrückt gebärden und die sonderbarsten, mannigfaltigsten und buntfarbigsten Erscheinungen veranstalten. Es sieht jetzt wirklich bei mir recht sehr wie in einer Hexenküche aus.«[40]

Bald fand Heinrich Hertz auch ein konkretes Problem, das in der »Hexenküche« zu erforschen sich lohnte. Es war die strittige Frage, ob die Glimmentladung kontinuierlich oder in disruptiven Stößen vonstatten geht. Dieses Thema entstand in Diskussionen mit dem sieben Jahre älteren Eugen Goldstein[41], einem Experten auf diesem Gebiet, der nach seiner 1881 erfolgten Promotion im Institut als eine Art Privatgelehrter arbeitete. Goldstein hatte schon 1876 in seiner ersten Veröffentlichung den Namen »Kathodenstrahlen« geprägt; daß diese vom negativen Pol der Röhre ausgehenden Strahlen aus Elektronen bestehen, wurde erst 1897 in Cambridge von Joseph John Thomson erkannt. Inzwischen hatte sich Goldstein 1886 dauerhaften Ruhm durch die Entdeckung einer weiteren Art von Strahlen erworben, der aus elektrisch geladenen Atomen bestehenden »Kanalstrahlen«.

Beim explorativen Experimentieren hatte Heinrich Hertz eine Holtzsche Elektrisiermaschine sowie einen »Rühmkorff« verwendet, wie sie von Berliner Werkstätten gebaut wurden. Für seine spezielle Frage war diese Art der Erzeugung hoher Spannungen jedoch denkbar ungeeignet, wahrscheinlich hatte der gepulste Betrieb des Rühmkorffschen Transformators sogar dazu beigetragen, daß die Glimmentladung als disruptiv interpretiert wurde. Was er dagegen brauchte, war ein starker und stetiger Strom bei hohen Spannungen. Also mußte er sich eine spezielle Batterie bauen, und für einige tausend Volt war das ein heroisches Unterfangen. Im Juli war er schon bei Vorversuchen, »um mir eine Batterie von 1000 Elementen zusammenzustellen«.[42]

Bevor er sich jedoch an diese Aufgabe machte, ging er auf eine Ferienreise durch die Schweiz nach Oberitalien und Tirol. Auf der Rückreise besuchte er in München die mit viel Reklame angekündigte elektrotechnische Ausstellung, aber »es stellte sich heraus, daß dies so gut wie nichts war«.[43]

In Berlin hatte Heinrich Hertz im September wieder den Präsenzdienst im Institut zu versehen. Weil ihn das kaum belastete, konnte er sich mit aller Kraft – »gut ausgeruht, ganz ungestört« – auf die Herstellung der Batterie stürzen. Nach den Vorversuchen hatte er sich dafür entschieden, seine Batterie aus den von dem Franzosen Gaston Planté entwickelten Elementen zusammenzusetzen. Diese aus Blei, verdünnter Schwefelsäure und Bleisuperoxyd bestehenden Planté-Elemente sind die Urform des Akkumulators. Jedes Element lieferte, je nach Betriebszustand, 2 bis 2,4 Volt.[44] Er brauchte davon, wie gesagt, tausend Stück: »Ich arbeite denn auch wie ein Fabrikarbeiter, da ich jeden Handgriff tausendmal zu wiederholen habe.«[45]

Nach zwei Wochen, was von einem schier unglaublichen Tempo bei dieser wenig inspirierenden Tätigkeit zeugt, konnte er voller Stolz melden, daß die Batterie angefangen habe, »Feuer zu spucken und elektrische Rohre zu erleuchten … so betrachte ich sie jetzt als fertig und dem Verkehr übergeben und werde mich bemühen, nun wieder als gewöhnlicher Mensch auch an das viele übrige zu denken, was es außer der Batterie in der Welt gibt.« Er freute sich sehr an der intensiven und ruhigen Strahlung, die er mit seiner Batterie erzeugte, obwohl der Hauptnutzen nichts mit »dem mehr oder weniger großen Glanze der Erscheinungen zu tun«[46] hat.

Der große Nutzen zeigte sich in den Experimenten, die freilich nicht nur aus Batterie und Röhren, sondern einem ganzen Arsenal zusätzlicher Apparaturen und Meßinstrumente bestanden. Binnen einer Woche hatte er »die erste Frage, die ich mir gestellt hatte, wie ich glaube erledigt«, und damit der Papa am Triumph auch teilhaben konnte, fügte er hinzu: »Eine erledigte Frage, wenn sie wirklich erledigt ist, ist sehr viel!«[47] Dank seiner virtuosen Experimentierkunst, deren Fülle raffinierter Details übergangen werden muß[48], hatte er herausgefunden, daß, wenn der Strom überhaupt disruptiv sei, mindestens zwei Billionen Entladungen in der Sekunde erfolgen müßten. Aus dieser phantastisch anmutenden Zahl und aus der Gesamtheit seiner Versuche zog er den Schluß, »daß die geprüften Entladungen kontinuierliche waren«[49], womit die strittige Frage entschieden war.

Was dann passierte und Heinrich Hertz in seiner Veröffentlichung nüchtern protokollierte, beschrieb er seinem Vater mit einer Prise Galgenhumor: »Diese erste Station wurde schon nur mit genauer Not erreicht, denn die Batterie meldete sich krank, und ihre Krankheit erwies sich sogar als sehr gefährlich, anfangs glaubte ich als unheilbar, aber es wurde ein Mittel gefunden.«[50] Er konnte sie reparieren und dabei sogar verbessern, aber die nächsten Themenkomplexe, die zu untersuchen er sich vorgenommen hatte, waren vom ständigen Kampf gegen das Kränkeln der Batterie begleitet.

Schließlich wurde Heinrich Hertz selbst krank. Ausgerechnet bei einem kurzen Besuch Ende Oktober in Hamburg, durch den er sich für das bevorstehende Semester ein wenig stärken wollte, waren Magen- und Darmstörungen aufgetreten. Er wurde auf Diät gesetzt. Die Eltern, besonders die Mama, waren in großer Sorge, so daß er nach seiner Rückkehr nach Berlin die Beschwerden herunterspielte: »Also, es geht mir durchaus gut, ich habe von den unbehaglichen Empfindungen nur gerade so viel, als nötig ist, mir Vorsicht anzuraten.« Sein Arzt warnte ihn jedoch, daß er, »um dauernde Heilung zu erlangen, die große Vorsicht über eine längere Zeit, vielleicht zwei Monate, ausdehnen muß«.[51]

Bei allem Risiko, mit dem Diagnosen aus der Distanz von mehr als hundert Jahren notwendigerweise behaftet sind, ist es doch wahrscheinlich, das Heinrich Hertz an so etwas wie einer Berufskrankheit litt, nämlich an den Anfangssymptomen einer Vergiftung durch Quecksilber. Dieses schon bei Zimmertemperatur verdunstende Metall war in seinem Labor allgegenwärtig. Wann immer er gut leitende und schnell schaltende Kontakte benötigte, war Quecksilber das Mittel der Wahl, bei dem Kommutator der Preisaufgabe ebenso wie beim Unterbrecher eines Rühmkorffschen Induktoriums. In Pumpen wurde Quecksilber verwendet, und in den Verdunstungsstudien hat er das flüssige Metall sogar explizit untersucht, und das oft bei Siedeverzug in überhitztem Zustand. Dabei waren sicher auch einmal gläserne Apparaturen zersprungen, wobei quicke Quecksilberkügelchen über den Boden liefen, sich in Fugen und Ritzen verkrümelten, still und stetig verdunsteten und die Luft mit Quecksilberdampf schwängerten, je kleiner sie waren, desto effektiver. In den Gesundheitsbulletins, mit denen Heinrich Hertz die Eltern mehr beruhigte als unterrichtete, ist von Quecksilber allerdings keine Rede. Ob er eine eventuelle Diagnose in dieser Richtung seinen Eltern verschwieg oder ob sein Arzt bei den noch schwachen Anfangssymptomen lieber an andere Gründe dachte und hoffte, daß strenge Diät alles richten werde, bleibt ungewiß.

»Was die Hauptsache ist«, tröstete Heinrich Hertz die Eltern, »ich fühle mich wieder kräftig in meinem Körper und lustig in meinem Geist, die Unbequemlichkeit muß eben ertragen werden«.[52] Die Arbeit hat er deswegen nicht unterbrochen, weder die Betreuung der Praktikanten noch seine Experimente mit Kathodenstrahlen im eigenen Laboratorium, und dazu hatte er noch einen »sehr schönen theoretischen Stoff vor, der mir vielleicht noch Freude macht«.[53] Es ging um einen Beitrag zur Theorie der Flut und der Meeresströmungen, vielleicht auch der Passatwinde. Das beschäftigte ihn außerordentlich: »Die letzten Tage bin ich immer schon um 5 damit aufgewacht, habe Licht angezündet und bin dann nachdenkend bis 8 liegengeblieben.«

Allmählich fühlte er sich besser, aber die »die unbehaglichen Gefühle ... wollten vollständig immer noch nicht ausbleiben«.[54] Am lästigsten wurde ihm »das beständige Examiniertwerden«

durch den Arzt und die Diät: »Sobald ich in Gesellschaft oder bei der Arbeit bin, habe ich nie die mindeste Beschwerde; sobald ich aber zu vorschriftsmäßiger Zeit in vorschriftsmäßiger Weise mein vorschriftsmäßiges Ei esse, bin ich ganz durchbohrt von Schmerzen.«[55] Die häusliche Pflege während der Weihnachtsferien half auch darüber hinweg; zumindest hat er im nächsten Jahr nicht mehr über Beschwerden geklagt.

In der letzten Sitzung des Jahres 1882 am 21. Dezember stellte Heinrich Hertz in der Physikalischen Gesellschaft ein neues Instrument für die Messung sehr schwacher Ströme vor. Es handelte sich um ein Hitzdrahtinstrument, bei dem die Wärmeausdehnung eines feinen Silberdrahtes mittels einer Torsionsvorrichtung über einen Drehspiegel abgelesen wird. Seine Erfindung, auf die er im Zusammenhang mit seinen Messungen bei den Kathodenstrahlexperimenten gestoßen war und die er dabei benutzt hat, publizierte er alsbald auch in der »Zeitschrift für Instrumentenkunde«. Sie war nicht nur für ihn selbst sehr nützlich, insbesondere für die Messung sehr schwacher Wechselströme. Das Instrument wurde noch bis zur Mitte des nächsten Jahrhunderts gebaut.[56]

Wie in der letzten Sitzung vor Weihnachten, so stand Heinrich Hertz auch bei der ersten im neuen Jahr am 5. Januar 1883 am Rednerpult der Physikalischen Gesellschaft und berichtete über seine theoretische Studie über die Meeresströmungen, die er in den Ferien fertiggestellt hatte. Darin deduzierte er eine Erklärung für die durch die Gravitation bewirkte unterschiedliche Höhe des Meeresspiegels und die dadurch hervorgerufenen Strömungen, die »sehr wohl an Stärke denjenigen ähnlich sein können, welche ihren Ursprung in Temperaturdifferenzen haben«.[57]

Auch zur übernächsten Sitzung am 2. Februar steuerte Heinrich Hertz einen Vortrag bei. Er sprach über eine Erscheinung, die er bei den Experimenten mit den Kathodenstrahlen nebenbei untersucht hatte. Beim Funkenüberschlag in trockener, mäßig verdünnter Luft hatte er so etwas wie eine Fackel bemerkt. Bei deren Untersuchung konnte er nachweisen, daß es sich dabei um eine leuchtende Gaswolke handelt, die von dem Funken fortgeschleudert wird.[58]

Die Hauptsache waren aber immer noch die Experimente mit den Geisslerschen Röhren. Dafür hatte Heinrich Hertz jetzt reichlich Zeit, da im Praktikum »die Herren Studenten nicht mehr so regelmäßig kommen wie im Anfang und schon weit selbständiger geworden sind«.[59] Die Batterie wurde erst nur in Teilen und dann gar nicht mehr benutzt, weil sie wieder kränkelte und schließlich von der Säure zerfressen war. Er benötigte sie allerdings auch nicht mehr unbedingt, denn für weitere Untersuchungen war der »Rühmkorff« ausreichend.

Nachdem er die Frage nach dem Verlauf der Glimmentladungen dahingehend entschieden hatte, daß sie kontinuierlich sind, wollte er so viel wie möglich über die Natur der Kathodenstrahlen herausfinden. So ließ er die Strahlen ein Drahtgitter mit 36 Maschen pro Quadratmillimeter passieren, fand aber nichts, was auf Beugung und damit eine Wellennatur der Strahlen hindeutete. Er baute einen Faradayschen Käfig in die Röhre ein und fing darin die Strahlen auf, um zu überprüfen, ob sie den elektrischen Strom transportieren oder ob der andere Wege nimmt. Abschließend untersuchte er das Verhalten der Strahlen in magnetischen und in elektrostatischen Feldern. Daß Kathodenstrahlen durch Magnete abgelenkt werden, war bereits bekannt; Heinrich Hertz suchte nun nach der umgekehrten Wirkung der Strahlen auf eine Magnetnadel, aber diesen Effekt konnte er nicht finden. Daraus und aus einer Fülle weiterer Beobachtungen folgerte er,

»1. Daß bis zur Beibringung stärkerer Beweismittel für das Gegenteil wir die Batterieentladung als kontinuierlich, also die Glimmentladung nicht notwendig als disruptiv anzusehen haben.
2. Daß die Kathodenstrahlen eine die Entladung begleitende Erscheinung sind, mit der Bahn des Stromes in erster Näherung aber nichts zu tun haben.
3. Daß den Kathodenstrahlen entweder gar keine oder doch nur sehr schwache elektrostatische und elektrodynamische Eigenschaften zukommen.«[60]

Die beiden letzten Schlußfolgerungen waren vorsichtig formuliert, schon allein wegen des Vorbehalts besserer apparativer Methoden in der Zukunft.

Die schriftliche Ausarbeitung brauchte einige Monate, da Heinrich Hertz bald eine wichtige Entscheidung über seine berufliche Zukunft zu treffen hatte. Er stellte sie nicht mehr in Berlin fertig, sondern während seines ersten Semesters als Privatdozent an der Universität Kiel. Bereits vor Erscheinen des »Annalen«-Heftes im Sommer 1883, das die Arbeit unter dem Titel »Versuche über die

Glimmentladung« enthielt, schickte er einen Korrekturabzug an Helmholtz, und umgehend erhielt er schöne Komplimente. »Ich habe mit dem größten Interesse Ihre Arbeit über die Glimmentladung gelesen«, schrieb der Geheimrat an den »Geehrten Herrn Doktor« am 29. Juli 1883, »und kann nicht umhin, Ihnen mein Bravo schriftlich zuzusenden. Die Sache scheint mir von der größten Tragweite zu sein.«[61]

Die Experimente, bei deren Darstellung sich Heinrich Hertz theoretischer Spekulationen weitgehend enthalten hatte, regten Helmholtz zu weiterführenden Betrachtungen an: »Ich trage mich seit einiger Zeit mit dem Gedanken, ob nicht die Kathodenstrahlen die Ausbreitungsform eines plötzlichen Stoßes auf den Maxwellschen elektromagnetischen Äther sind ... Longitudinalwellen wären leichter vorzustellen und könnten existieren, wenn die Konstante k meiner elektrodynamischen Arbeiten nicht Null wäre. Aber auch Transversalwellen könnten zu Stande kommen.«[62]

Helmholtz deutete noch an, daß Hertz wohl ähnliche Gedanken hegen möge, und der bestätigte das postwendend. Selbstverständlich begann er seinen Brief nicht mit der Physik: »Ich sage Ihnen meinen innigsten Dank für die gütigen Zeilen, welche Sie mir gesendet haben, Ihre Worte sind zugleich der stärkste und der angenehmste Sporn zur Tätigkeit, welcher mir werden kann.« Erst dann kam er zur Sache: »Am liebsten habe ich geradezu gedacht, daß die Kathodenstrahlen durch die Longitudinalwellen gebildet werden, welche den Transversalwellen des Lichts entsprechen.« Das war die gängige Auffassung im Berliner Institut und zweifellos auch bei den Diskussionen, die zwischen Heinrich Hertz und Eugen Goldstein stattgefunden hatten. Zu dem anderen, für Helmholtz wesentlichen Anliegen äußerte Hertz jedoch höflich, aber bestimmt eine andere Meinung: »Die Erscheinung zum Nutzen der Elektrodynamik, etwa zur Bestimmung von k verwenden zu können, habe ich bisher keine Hoffnung gehabt.«[63]

Nicht nur Helmholtz war von Heinrich Hertz' Arbeit über die Kathodenstrahlen begeistert. So wurde später berichtet, daß bald nach Erscheinen »einer unserer bedeutendsten Physiker, der Hertz nicht persönlich kannte, nach der Lektüre dieses Aufsatzes sein Urteil in die Worte zusammenfaßte: ›In dieser Arbeit kann möglicherweise alles falsch sein, aber derjenige, der das geschrieben hat, ist ein großer Physiker, er ist die aufgehende Sonne‹.«[64] – Der letzte Teil dieses Urteils wurde in vollem Umfange bestätigt, aber auch der größere Teil des ersten Teils, allerdings erst nach dem Tod von Heinrich Hertz.

Für ein gutes Dutzend Jahre setzte die Arbeit von Heinrich Hertz die Maßstäbe auf dem Gebiet der Gasentladungen, zumindest unter den deutschen Physikern. Alle folgten der Auffassung, daß es sich bei den Kathodenstrahlen um Vorgänge im Äther handeln müsse, und die Ablenkung durch Magnetfelder wurde nicht etwa als Indiz für einen Strom geladener Partikel interpretiert, sondern als ein Phänomen, das mit der Drehung der Polarisationsebene des Lichts durch ein Magnetfeld zu vergleichen sei. Als aber 1897 in England, wo man ja schon immer etwas anders über Kathodenstrahlen gedacht hatte, J. J. Thomson das Elektron entdeckte, war zugleich klar, daß die Strahlen Ströme eben dieser Elektronen sind. Schnell war die Ablenkung der Kathodenstrahlen im elektrostatischen Feld nachgewiesen, und wenig später auch die Wirkung der Strahlen auf einen Magneten. Die Schlußfolgerungen Nr. 2 und Nr. 3 der Hertzschen Arbeit aus dem Jahre 1883 waren hinfällig geworden und nur noch Historie.

Nach einem Jahrhundert wurde diese Hertzsche Arbeit dann zum Gegenstand der Historie als Wissenschaftsgeschichte. Warum dem genialen Experimentator die wahre Natur der Kathodenstrahlen entgangen ist und er Resultate fand, die 15 Jahre später widerlegt wurden, geriet zum Gegenstand subtiler Analysen.[65] Da die experimentellen Apparaturen von J. J. Thomson kaum besser waren als die von Heinrich Hertz und die experimentellen Fähigkeiten gewiß nicht, wäre die plausibelste Begründung wohl die, daß Heinrich Hertz bei dem, was er bei seinen Experimenten wahrnahm, ein wenig dadurch beeinflußt war, was ohnehin in Berlin gedacht und erwartet wurde: Bei Phänomenen an der Grenze des überhaupt Beobachtbaren ein Fehler, wenn man ihn denn so nennen will, vor dem auch die Fähigsten nicht gefeit sind.

Mit seiner Arbeit über Kathodenstrahlen wollte sich Heinrich Hertz an der Berliner Universität habilitieren und die nächste Sprosse auf der akademischen Karriereleiter erklimmen. Völlig unerwartet ergab sich jedoch eine andere Möglichkeit, die er nach sorgfältigem Abwägen aller Vor- und Nachteile auch ergriff: Er wurde Dozent in Kiel. Seine Berliner Jahre gingen ebenso erfolgreich wie abrupt zu Ende.

7. Porträt des jungen Physikers am Wendepunkt

Seinen 26. Geburtstag hatte Heinrich Hertz am 22. Februar 1883 »vergnügt und ganz still«[1] verbracht. Mit dem wissenschaftlichen Ertrag der Wintermonate hätte er mehr als nur zufrieden sein können, war es aber nicht, sondern klagte, er habe »seit dem Beginn des Semesters, wenn ich es recht überlege, kaum etwas ordentliches zu Wege gebracht«.[2] Immerhin hielt er seine Experimente zur Glimmentladung doch für so ordentlich, daß er sich mit dieser Arbeit im Sommersemester habilitieren und damit als Privatdozent das Recht erlangen wollte, an der Universität »lesen« zu dürfen, aber davor grauste ihm: »Überhaupt steht mir das Habilitieren entsetzlich bevor, so wie das Hineindrängen ins Gewühl an einem überfüllten Schalter, aber ich sehe nicht, wie man sonst ein Billett bekommen kann.«[3]

In Berlin drängelten sich mehr Privatdozenten als an jeder anderen Universität. Neben den Professoren hielten fünf Physiker im Wintersemester Vorlesungen, darunter der bereits habilitierte Assistentenkollege Heinrich Kayser, der über »Polarisation und Doppelbrechung des Lichts« vortrug. Im übrigen war von der »Theorie linearer partieller Differentialgleichungen« bis zur Meteorologie alles vertreten, was in irgendeiner Beziehung zur Physik stand.[4] Im nächsten Semester wollte sich noch Ernst Hagen habilitieren, im Alter von 32 Jahren gewiß nicht zu früh. Heinrich Hertz wäre in diesem Kreis der Berliner Privatdozenten mit Abstand der Jüngste gewesen, aber eben nur einer von sieben. Deshalb hatte er schon verschiedentlich seinem Vater erzählt, »wie groß mein Wunsch nach Veränderung überhaupt war«.[5]

Sehr wahrscheinlich wurde dieser Wunsch durch eine Episode bestärkt, die Eugen Goldstein überliefert hat. Anfang 1883 war Heinrich Hertz durch Helmholtz dem Berliner Stadtbaurat empfohlen worden, weil die Hauptstadt für den Ausbau der elektrischen Beleuchtung einen tüchtigen Mann suchte. Eine Empfehlung des Geheimrats konnte Heinrich Hertz nicht in den Wind schlagen, so daß er den Stadtbaurat aufsuchen mußte. Von dieser Unterredung kehrte er ziemlich mißgelaunt ins Institut zurück. Goldstein erzählte er, wie der Herr Stadtbaurat immer betont habe, daß man einen *jungen* Mann suche. »Das kann doch nur heißen,« hatte Heinrich Hertz erkannt, »einen schlecht bezahlten«.[6]

Die plumpe Art der Gesprächsführung durch den Stadtbaurat dürfte aber kaum der Anlaß des Grolls gewesen sein. Viel tiefer muß ihn getroffen haben, daß Helmholtz ihn überhaupt in diese Lage gebracht hatte und daß er hatte annehmen können, sein Assistent würde eine Position als eine Art Oberbeleuchter von Berlin auch nur entfernt in Erwägung ziehen. Selbst bei bester Bezahlung wäre Heinrich Hertz der Wechsel ins Stadtbauamt als Verrat an seinen Zielen erschienen, und gewiß auch am Vertrauen, der Hilfe und den Erwartungen seiner Eltern. Schließlich hätte er dann fünf Jahre zuvor in München besser gleich am Polytechnikum und beim Ingenieurwesen bleiben können.

Die von Helmholtz gewiß gutgemeinte Empfehlung dürfte Heinrich Hertz als einen leisen Wink aufgefaßt haben, daß es außerhalb der Universität doch recht gute Berufsaussichten gäbe, vielleicht gar als einen verklausulierten Rat, die akademische Karriere aufzugeben – und eine schlimmere Enttäuschung hätte der verehrte Geheimrat seinem Assistenten kaum bereiten können. Wie dem auch gewesen sein mag, diese Episode gab Heinrich Hertz reichlich Grund zum Grübeln, und peinlich war sie ihm auch, denn gegenüber seinen Eltern hat er in seinen sonst in Details schwelgenden Briefen kein Sterbenswörtchen davon verlauten lassen.[7] Aber daß er Berlin verlassen wollte, stand für ihn fest.

Die Möglichkeit zur Veränderung ergab sich überraschend schon am 27. Februar 1883, denn da kam, wie Heinrich Hertz seinem Vater in einem sehr langen Brief berichtete, »nach seiner Vorlesung Geheimrat Kirchhoff zu mir und sagte, es würde gewünscht, daß sich in Kiel ein Privatdozent für mathematische Physik habilitiere ... er und Prof. Weierstraß und besonders dieser seien seitens des Ministeriums befragt worden, ob sich wohl eine geeignete Persönlichkeit fände, und sie hätten an mich gedacht.«[8] Das war schmeichelhaft und zunächst sehr angenehm, aber am Nachmittag wurde er von Karl Weierstraß über die Kehrseite der Medaille ins Bild gesetzt, daß nämlich die Position in Kiel nicht unbedingt ein Wunsch der dortigen Fakultät war, sondern eher ein Trostpflaster.

Die Kieler Fakultät hatte nämlich im Herbst 1882 die Einrichtung eines Extraordinariats für Mathematische Physik beantragt.[9] Obwohl Kiel die einzige preußische Universität ohne eine solche nachgeordnete und bescheiden dotierte theoretisch-mathematische Professur war, konnte die Regierung diesem Wunsch aus Etatgründen nicht sofort entsprechen. Das Kultusministerium wollte der Kieler Universität aber insoweit entgegenkommen, als es einen Privatdozenten aus einem speziellen Stipendienfonds zur Förderung professorabler Nachwuchswissenschaftler finanzieren würde.[10] In zwei Jahren könne dann, Bewilligung durch den Landtag vorausgesetzt, die Professur genehmigt und dem Stipendiaten eine bevorzugte Anwartschaft in Aussicht gestellt werden. Weierstraß verschwieg auch nicht die Haken bei der Offerte: »Übrigens, Professoren sind oft komische Leute«, sagte er, gestützt auf reiche Erfahrung. »Kann sein, daß die Fakultät nach Ablehnung der Professur sich gegen einen Privatdozenten mit Hand und Fuß wehrt.« Und mit einer schriftlichen Zusicherung des Übergangs in das Extraordinariat könne der Stipendiat natürlich auch nicht rechnen.

Anderntags beriet sich Heinrich Hertz mit Helmholtz, oder vielmehr, er versuchte es, denn der Geheimrat »bewegte sich nach seiner Gewohnheit in sehr reservierten Grenzen und war, ich möchte sagen, sichtbar bemüht, keinen Einfluß auf meine Entscheidung zu üben, während ich doch gerade einen solchen Einfluß wünschte«. Helmholtz sagte nur, »er wisse nicht, ob es für mich vorteilhaft sein würde (das Gegenteil sagte er übrigens auch nicht)«. Immerhin wies er Heinrich Hertz darauf hin, daß der Kieler Ordinarius Gustav Karsten, einst im Jahre 1845 Mitbegründer der Physikalischen Gesellschaft, nun »in einer gewissen Opposition zur Berliner Fakultät« stünde und eine Empfehlung daher nichts nützen würde. Ferner werde Heinrich Hertz an der kleinen Universität »auch sehr kleine Verhältnisse« antreffen und wahrscheinlich von Apparaten »ganz abgeschnitten« sein.

Die finanzielle Seite brauchte in den Überlegungen keine Rolle zu spielen. Privatdozent war ein Titel und keine Stellung mit einem Gehalt. Nur auf die Kolleggelder der meist sehr kleinen Hörerschar durfte ein Privatdozent rechnen, so daß er auf andere Einkünfte angewiesen war. Dank des Stipendienfonds des Kultusministeriums würde Heinrich Hertz einer der wenigen Privatdozenten mit einem festen Einkommen sein. Für die Kieler Dozentur waren 500 Taler oder 1500 Mark jährlich vorgesehen; das war zwar der Höchstsatz, der aus dem Fonds bewilligt werden konnte[11], aber eher weniger als das Berliner Assistentengehalt, wenn man die günstige Institutswohnung berücksichtigt. Er würde also bei seiner nicht anspruchslosen Lebensführung in Kiel weiterhin auf kräftige Zuschüsse des Vaters angewiesen sein.

Die Vor- und Nachteile des Wechsels führte sich Heinrich Hertz wie eine kaufmännische Bilanz vor Augen: »Ich würde gewinnen: Zeit und die Anwartschaft auf eine außerordentliche Professur in zwei Jahren oder etwas länger. Ich würde verlieren: die Verfügung über Arbeitsraum, Apparate, Bücher, die ich hier unbeschränkt besitze ... Ich werde aus einer großen Welt, an die ich gewöhnt bin, mich hineinzufügen haben in eine sehr kleine.«[12] Trotz mancher Ungewißheit und unklarer Bedingung schienen die Würfel aber schon gefallen: »Für mich steht die Waage ziemlich im Gleichgewicht, doch denke ich, daß ... ich mich doch während des Sommers in Kiel habilitieren werde.«[13]

Anfang März fuhr Heinrich Hertz nach Kiel, um sich die »kleinen Verhältnisse« anzusehen und die Haltung der Fakultät zu erkunden. Wie Gustav Karsten reagierte, bleibt unbekannt, denn auf der Hin- wie auf der Rückreise machte Heinrich Hertz in Hamburg Station und konnte alles mit seinem Vater besprechen, so daß Briefe nicht geschrieben wurden. Aber die Gespräche mit dem in dieser Angelegenheit federführenden Mathematiker Leo Pochhammer und mit dem Kurator Friedrich Mommsen verliefen so günstig, daß sich die Waage endgültig auf die Seite Kiels neigte. Insbesondere sollte alles sehr schnell gehen. Schon Anfang Mai, zum Beginn des Sommersemesters, sollte Heinrich Hertz sich habilitieren und sofort mit seinen Vorlesungen beginnen.

Die 1665 als zweite Hohe Schule des Königreichs Dänemark gegründete Christian-Albrechts-Universität, die nach dem deutsch-dänischen Krieg von 1864 unter preußische Oberhoheit geriet, hatte sich erst 1859 dem deutschen Brauch der Habilitation angeschlossen, und dies in etwas gelockerter Form. So mußte der Kandidat in Kiel nicht eine eigens für den hohen Anlaß verfaßte, unveröffentlichte Habilitationschrift vorlegen, sondern er konnte sich auf seine Publikationen als Qualifikationsnachweis berufen. Da sich Heinrich Hertz für das Fach Mathematische Physik habilitieren sollte, wurde seine schwierige theoretische Studie über Druck und Stoß für diesen Zweck akzeptiert.

Wieder in Berlin, sprach er mit Friedrich Althoff, der als Vortragender Rat im Kultusministerium unumschränkter Herrscher über alle preußischen Lehrstühle und den Stipendienfonds war. Dieser mächtige Mann wird ihm zwar keine verbindlichen Zusagen gegeben, aber doch informell gute Chancen für das zukünftige Extraordinariat in Aussicht gestellt haben.[14] Jedenfalls setzte Heinrich Hertz am 14. März 1883 den obligatorischen Lebenslauf auf und stellte seine neun Publikationen, sechs Beiträge zu den Verhandlun-

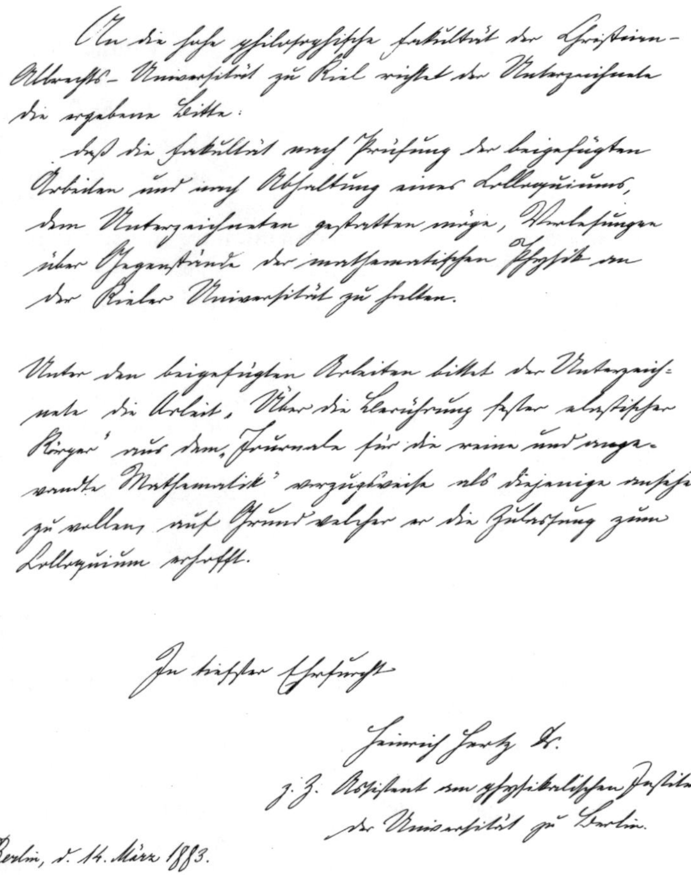

An die hohe philosophische Fakultät der Christian-Albrechts-Universität zu Kiel richtet der Unterzeichnete die ergebene Bitte:

daß die Fakultät nach Prüfung der beigefügten Arbeiten und nach Abhaltung eines Colloquiums, dem Unterzeichneten gestatten möge, Vorlesungen über Gegenstände der mathematischen Physik an der Kieler Universität zu halten.

Unter den beigefügten Arbeiten bittet der Unterzeichnete die Arbeit „Über die Berührung fester elastischer Körper" aus dem „Journale für die reine und angewandte Mathematik" vorzugsweise als diejenige ansehen zu wollen, auf Grund welcher er die Zulassung zum Colloquium erhofft.

In tiefster Ehrfurcht

Heinrich Hertz Dr.
z. Z. Assistent am physikalischen Institut der Universität zu Berlin.

Berlin, d. 14. März 1883.

Heinrich Hertz' Antrag zur Habilitation an der Universität Kiel. (Landesarchiv Schleswig-Holstein) gen der Physikalischen Gesellschaft und seine Dissertation zu einem für einen 26jährigen stattlichen Leistungsnachweis zusammen. An die »hohe philosophische Fakultät« der Christian-Albrechts-Universität richtete er die »ergebene Bitte, daß die Fakultät nach Prüfung der beigefügten Arbeiten und nach Abhaltung eines Colloquiums dem Unterzeichneten gestatten möge, Vorlesungen über Gegenstände der mathematischen Physik an der Kieler Universität zu halten«. Insbesondere ersuchte der Kandidat, die Arbeit »Über die Berührung fester elastischer Körper« »als diejenige ansehen zu wollen, auf Grund welcher er die Zulassung zum Colloquium erhofft«.[15]

Beinahe ebenso wichtig war ein Gesuch ans Militär, denn im Februar hatte er die Einberufung zu einer vierwöchigen Übung erhalten, die am 1. April beginnen sollte.[16] Das badische Regiment hatte ein Einsehen und gewährte seinem »Second-Lieutenant« Dispens für die Zivilkarriere, damit er sich auf Kolloquium und Antrittsvorlesung vorbereiten konnte. Dann ging Heinrich Hertz daran, seine Bücher und Möbel nach Hamburg transportieren zu lassen, räumte die Institutswohnung und verließ Berlin – und dies beinahe heimlich. Denn daß er offiziell zum 1. April aus seiner Stellung ausschied, wurde auf Wunsch Helmholtz' vertraulich behandelt, um bei der Wahl des neuen Assistenten »dem Geheimrat freie Hand zu lassen«. Daher unterblieb auch die übliche Runde der Abschiedsbesuche bei den Kollegen. »Mir bitte ich einstweilen kein Glück zu wünschen«, schrieb Heinrich Hertz aus Hamburg seinem bald ernannten Nachfolger. »Vorläufig ist meine Veränderung wohl eher eine Verschlechterung, die ich nur um zukünftigen Gewinnes willen auf mich nehme.«[17]

In viereinhalb Jahren war Heinrich Hertz in Berlin von einem außergewöhnlich begabten Studenten zu einem souveränen Physiker herangereift, der alle experimentellen Techniken und Kniffe und dazu Theorie und Mathematik glänzend beherrschte. Was er jedoch nicht gefunden hatte, war das große Thema, auf das er, wie so mancher andere Wissenschaftler, seine weiteren Forschungen und seine Karriere hätte gründen können. Zu seinen Arbeiten bemerkte er, sie seien »entstanden nicht in konsequenter Verfolgung eines größeren Zieles, sondern aus Anlaß gelegentlicher Anregungen, welche mir in reichem Maße von meinen Lehrern und Mitarbeitern aus zuströmten«.[18] Die Anregungen durch die Lehrer herauszustreichen war freilich eher akademische Sitte in diesem für die Habilitation geschriebenen Lebenslauf und nur in Grenzen eine Beschreibung der Tatsachen.

Von Kirchhoff waren keine konkreten Anregungen gekommen, und auch Helmholtz hat sich damit zurückgehalten, nachdem Heinrich Hertz der Akademie-Aufgabe zur Elektrodynamik aus dem Wege gegangen war. Als Assistent hat Heinrich Hertz diesen für Helmholtz eminent wichtigen Themenbereich sogar gemieden und nur noch diejenigen elektrodynamischen Arbeiten fertiggestellt, die er zuvor begonnen hatte. Helmholtz mußte seine Hoffnung, bei der Klärung der Grundlagen der Elektrodynamik und im Kampf gegen die »Weberianer« einen engagierten und fähigen Mitstreiter zu gewinnen, bald aufgeben, und ein Hauch von Enttäuschung, vielleicht auch Reserve, mag deshalb zurückgeblieben sein.

Die Stellung eines Assistenten war am Berliner Institut ohnehin nicht von der Art, daß sie mit einem engen oder gar innigen Lehrer-Schüler-Verhältnis gleichzusetzen wäre. Insbesondere waren die Assistenten nicht, wie das später üblich wurde, in die Forschungen des Professors einbezogen. Die »amtliche« Pflicht der Assistenten bestand nur in der Betreuung des Praktikums; im Falle von Heinrich Hertz waren das Experimente zu Mechanik, Akustik und Wärmelehre. Beim vormittäglichen Rundgang des Institutschefs durch die Laboratorien wird der Assistent wohl Kostproben des Helmholtzschen Genies genossen haben, aber auch nicht mehr, denn studentische Übungen waren nicht auf einem Niveau, das Heinrich Hertz noch wesentlich hätte bereichern können. Die Elektrizität wurde ohnehin von Ernst Hagen betreut. In seiner eigenen Arbeit war jeder Assistent völlig frei und auf sich selbst gestellt. Weder in den Briefen von Heinrich Hertz noch in den ausführlichen autobiographischen Aufzeichnungen seines Kollegen Heinrich Kayser finden sich Hinweise darauf, daß der Geheimrat als der große Anreger in Erscheinung getreten wäre.[19] Offenbar war nach Helmholtz' Erfahrung das Auffinden eines lohnenden Problems als Ausweis des tüchtigen Physikers ebenso hoch anzusetzten wie die Lösung, so daß er die Jüngeren schon dadurch auf die Probe stellte, daß er ihnen alle Freiheiten ließ. Deshalb war um Helmholtz, in dessen Institut viele später berühmte Physiker gearbeitet haben, auch nicht das entstanden, was man eine »Schule« nennt, also eine Gefolgschaft mit festgefügtem Kanon der Problemstellungen und Methoden.

Sogar der »Vorlesungsassistent« Heinrich Kayser, zu dessen Aufgaben »Assistenz eventualiter bei eigenen Versuchen« des Institutschefs gehörten, hat nie bei den wenigen Experimenten, die der mit Pflichten überladene Helmholtz noch unternahm, mitgearbeitet. Auch aus der Vorbereitung der Demonstrationsexperimente und der Mitwirkung bei der Vorlesung ergab sich keine besondere Nähe zwischen Helmholtz und seinem Assistenten. Heinrich Hertz, dem diese Tätigkeit zunächst angeboten worden war und der die Enttäuschung verwinden mußte, daß es anders kam, hatte einmal den erkrankten Heinrich Kayser zu vertreten. Die Erfahrung war ernüchternd: »Nachdem ich es probiert, bin ich eigentlich recht froh, daß dies nicht mein Teil geworden ist, und hoffe, daß die Arbeitsteilung so bleibt, wie sie war.«[20]

Kleinere Mißhelligkeiten mit dem Geheimrat konnte Heinrich Hertz von der eher komischen Seite nehmen. So hatte Helmholtz im Herbst 1882 vergessen, die Verlängerung der Anstellung von Hertz und Hagen dem Kurator mitzuteilen, so daß sich beide am 1. Oktober 1882 ihrer Stellung enthoben sahen, kein Gehalt bekamen und nur durch gesetzwidriges Handeln ihre Wohnungen behalten konnten, bis das Versäumte nachgeholt war.[21] Dafür klang es wie eine kleine Revanche, wie Heinrich Hertz die Erhebung Helmholtz' in den erblichen Adelsstand kommentierte: »Eine Revolution hat es hier nicht hervorgerufen.«[22] Als er sich bald darauf über die Nachteile des Wechsels nach Kiel klar werden mußte, verlor er übrigens kein Wort über das Ende des direkten Kontakts mit Helmholtz; er könnte diesen Aspekt zu den »großen Verhältnissen« in Berlin geschlagen haben, die er aufgeben würde, aber auch das wäre noch bemerkenswert wenig.

Trotz einiger Enttäuschungen und mancher Vorbehalte waren Helmholtz und Kirchhoff für Heinrich Hertz immer und unstreitig große Vorbilder, als produktive Forscher ohnehin, aber auch als leuchtende Beispiele für ein Leben im Ethos der Wissenschaft. Es diesen beiden Großen einmal gleichzutun, würde er als vermessen von sich gewiesen haben, aber ihnen nachzueifern, ihre Achtung zu erringen und zu erhalten, gab seinem Streben Richtung und Ziel. Nächst seinen Eltern waren Helmholtz und Kirchhoff die wohl wichtigsten Personen in seinem Leben. Später hat man bei Heinrich Hertz öfter den Eindruck, er betreibe die Physik in einer Weise, als ob ihm die Vaterfigur Helmholtz über die Schulter schaute. Nur wird es irgendwann vorteilhaft, den Vater in einer gewissen Distanz zu wissen, und dieses Stadium schien bei Heinrich Hertz nach vier Jahren erreicht zu sein. Trotzdem hat er aber niemals vergessen, was er insbesondere Helmholtz verdankte.

Weniger im Sinne direkter Unterweisung, sondern auf dem Wege schöpferischer Osmose hatte er von seinen beiden Vaterfiguren erfahren, was Physik leisten kann und soll und wie sie zu betreiben ist. Schon in München war er durch das Studium der französischen Klassiker mit einer mathematisch-phänomenologischen Ausrichtung vertraut geworden, die sich nicht in fruchtlose Fragen nach dem Wesen der Dinge und Erscheinungen verstrickt, sondern sich auf mathematische Theoriebildung konzentriert. In gewandelter und vor allem durch Franz Neumann weiter entwickelter Form vertraten auch Kirchhoff und Helmholtz diese phänomenologische Auffassung, nach der die Physik nichts »erklären« will, sondern in Kirchhoffs apodiktischer Formulierung »die in der Natur vor sich gehenden Bewegungen vollständig und in möglichst einfacher Weise zu beschreiben«[23] sucht. Für Heinrich Hertz war das nicht fundamental neu, als er nach Berlin kam, aber doch eine wohltuende Bestätigung seiner eigenen Gedanken und prägend für seine spätere Auseinandersetzung mit den Grundfragen seiner Wissenschaft.

Nun gründet Physik vor allem im Experiment, und auch hier hat Heinrich Hertz eher durch Osmose als durch individuelle Unterweisung wichtige Erfahrungen gemacht. Helmholtz hatte auf diesem Felde einen eigenen Stil kultiviert, den man als das Prinzip der gekonnten Variation charakterisieren könnte: »Durch verhältnismäßig wenige, gut angestellte Versuche bin ich im Stande, die ursächlichen Bedingungen eines Ereignisses mit größerer Sicherheit festzustellen, als durch millionenfache Beobachtung, bei welcher ich die Bedingung nicht habe beliebig verändern können.«[24] Sogar bei einfachen und altbekannten Demonstrationsexperimenten betrieb er Physik gleichsam als »Thema con variazioni«. Heinrich Kayser beschrieb, »daß Helmholtz gar nicht selten, wenn ein Versuch in der Vorlesung gut gegangen war, ohne etwas zu sagen die Bedingungen ein wenig veränderte und den Versuch wiederholte, möglicherweise ein drittes oder viertes Mal. Erst wenn der Versuch nicht mehr ging, hörte er auf. Er experimentierte für sich.«[25]

Das Variieren der Bedingungen war natürlich nicht Selbstzweck, sondern als Laborpraxis die Veränderung eines Systems physikalischer Objekte auf der Suche nach Neuem. Auch wenn Heinrich

Hertz niemals bei experimentellen Untersuchungen dem Geheimrat assistiert hat, so dürfte er doch bei dessen Rundgängen durch die Laboratorien diese Praxis ausgiebig kennengelernt haben. Einige seiner Berliner Arbeiten, vor allem die »Versuche über die Glimmentladung«, zeigen hinlänglich, daß er in dieser Hinsicht seinem Meister manches abgeschaut hat.[26]

Ebenso wie als Physiker verehrte Heinrich Hertz seine beiden Vaterfiguren wegen ihrer Integrität. Wann immer er auf sie zu sprechen kam, war das voller Hochachtung: »Schließlich haben wir nur Helmholtz und Kirchhoff«, schrieb er aus Kiel einem Kollegen, »die so sehr über der Sache stehen, daß man sie als völlig objektiv ansehen kann«.[27] Beide waren daher die wichtigsten Adressaten seiner Veröffentlichungen, aller Konkurrenz und Mißgunst enthobene Autoritäten, deren Urteil nur der Sache verpflichtet war und deshalb besonders wertvoll.

Als Gustav Kirchhoff im Oktober 1887 gestorben war, war für Heinrich Hertz »ein solcher Verlust ein großer. Es ist so viel schöner, wohlwollenden Lehrern zu gefallen, als dem Publikum, d.h. doch hier den Rivalen zu imponieren … Und man bearbeitet gerade solche Stoffe, von denen man denkt, daß sie diese bestimmten Männer interessieren; was nützt es, wenn man zum Ziele kommt, und sie sind nicht mehr da.«[28] Der Vater erinnerte seinen Sohn daran, daß er Separatdrucke seiner Arbeiten doch an sehr viele Kollegen verschicke, aber da erhielt er eine aufschlußreiche Aufklärung über die Ausnahmestellung von Helmholtz und Kirchhoff im Vergleich mit seinen jüngeren Kollegen: »Ich habe sehr viele, denen ich sie senden kann, aber das sind meistens solche, die mehr Neid als Vergnügen daran haben, die Älteren, denen der Neid fernliegt, die sind selten.«[29]

Auch ohne den unter Wissenschaftlern verbreiteten Neid und das Prioritätengezänk war schon die unvermeidliche Konkurrenz um die spärlichen Karrierechancen dem wohlerzogenen Bürgersohn Heinrich Hertz ausgesprochen unangenehm. Seine Beziehungen zu den Kollegen versuchte er davon frei zu halten. Zu einigen der jüngeren Berliner Physiker entstanden engere Freundschaften, die freilich über das offiziöse »Sie« nicht hinausgingen, aber trotzdem herzlich und dauerhaft waren. Mit Ernst Hagen, einem ohnehin immer hilfsbereiten und freundlichen Mann, kam er sehr gut zurecht, und auch mit Eugen Goldstein, mit dem er völlig freimütig seine Experimente zur Glimmentladung diskutieren konnte und von dem er manche Anregung empfing.

Besonders nahegestanden hat ihm aber der zwei Jahre ältere Adolf Elsas, der 1881 nach seiner Promotion in Würzburg ans Helmholtzsche Institut kam und nach einem Jahr experimenteller Arbeiten sich in Marburg habilitierte.[30] An Elsas, mit dem Heinrich Hertz bis zu seinem Tode in enger Verbindung stand, schätzte er besonders, »daß er wohl der einzige jüngere Physiker (ist), welcher den Anschluß an die Philosophie festzuhalten strebt, und daß dieser nicht ganz verlorengehe, ist gewiß wünschenswert«.[31]

Bei aller Abneigung gegen konkurrierendes Verhalten durfte Heinrich Hertz diesen Aspekt der akademischen Laufbahn jedoch nicht gänzlich außer acht lassen. Eine günstige Möglichkeit, in angenehmer Weise auf sich aufmerksam zu machen, bot ihm die Physikalische Gesellschaft, und zwar weit über Berlin hinaus, denn deren Verhandlungen wurden von allen deutschen und vielen ausländischen Physikern gelesen. Nach einem seiner ersten Vorträge schrieb er den Eltern: »Ich tat es besonders der Gesellschaft wegen, da jetzt im Sommer der Stoff immer etwas sehr fehlt.«[32] Er tat es aber durchaus auch im eigenen Interesse, um sich zu profilieren und beim Präsidenten Helmholtz zu empfehlen, vielleicht auch, um sich in der Kunst des Vortrags zu üben. Als er um den Jahreswechsel 1882/83 beinahe *en suite* drei Vorträge hielt, kam er sich zwar »etwas als Schwätzer vor, der immer redet, aber es ist schließlich besser, ich rede, als daß alles schweigt und die Gesellschaft sozusagen hungrig wieder auseinandergeht«. Nicht ohne Stolz meldete er, zu welchem Ansehen er es in diesem Kreis gebracht hatte: »Man wendet sich schon immer an mich, wenn nichts vorliegt.«[33]

Man hatte sich an Heinrich Hertz auch wegen der Mitarbeit bei den »Fortschritten der Physik« gewandt. Dies war ein von der Physikalischen Gesellschaft seit ihrer Gründung jährlich herausgegebenes Jahrbuch, in dem alle erreichbaren Veröffentlichungen des In- und Auslandes kurz und knapp referiert wurden. Der erste Redakteur war übrigens Gustav Karsten gewesen. Damals waren die »Fortschritte« noch ein Büchlein, aber inzwischen hatte sich dieser frühe Versuch zur Bewältigung der Informationsflut zu einem dicken Band von mehr als tausend Seiten ausgewachsen. Heinrich Hertz übernahm zunächst einige liegengebliebene Referate aus früheren Jahren, und im Oktober hatte er diese Aufgabe »glücklich fast vollständig erledigt und reinen Tisch gemacht«.[34]

Anschließend referierte er für das Jahr 1881 den Themenkreis »Allgemeine Theorie der Elektrizität und des Magnetismus«.[35] Insgesamt wurden es mehr als fünfzig Beiträge, aber lästig war, daß die »Fortschritte« nie fertig wurden und ihr Druck mittlerweile erst mit fünf- oder sechsjähriger Verzögerung erfolgte. Dadurch waren die Referenten noch lange mit Korrekturen und Ergänzungen beschäftigt, und zudem büßte dieses Schmerzenskind der Physikalischen Gesellschaft jede Aktualität ein. Zwar übernahm Heinrich Hertz für 1883 noch einmal »Elektrizität und Magnetismus«, und dazu auch noch »Thermoelektrizität«[36], aber das verfolgte ihn bis ins Jahr 1889, so daß er an dem langatmigen Unternehmen die Lust verlor und die Mitarbeit einstellte.[37]

An die Vorgabe, daß Referate keine persönliche Meinung oder gar Kritik ausdrücken, sondern eben referieren sollen, hat sich Heinrich Hertz meistens gehalten. Bei Streitereien um Prioritäten gab er allerdings zu erkennen, daß sie überflüssig sind; so erinnerte er die berühmten Herren Sylvanus P. Thomson aus London und Gabriel Lippmann aus Paris, die sich wegen der Erhaltung der Elektrizität in die Haare geraten waren, daran, »daß der in Rede stehende Grundsatz wohl seit Faradays Zeiten als Gemeingut aller Physiker«[38] gilt. Vor allem aber ist es aufschlußreich zu sehen, wie Heinrich Hertz die Veröffentlichungen der Großen wie Helmholtz, Siemens oder J. J. Thomson und die der nicht so großen Physiker Revue passieren ließ, und was alles er gründlich gelesen hat. Über manches davon wird er intensiv nachgedacht haben, so daß es ihm einige Jahre später bei seinen großen Entdeckungen gegenwärtig war.

So besprach Heinrich Hertz eine Arbeit des in Dublin wirkenden George F. FitzGerald, der von Maxwells Annahme ausging, daß das Licht aus »wellenartig sich ausbreitenden elektromagnetischen Störungen« besteht. Die Frage, ob die Maxwellsche Theorie zu bestätigen wäre, indem Licht unmittelbar durch oszillierende elektrische Ströme hervorgerufen werden kann, wurde von FitzGerald jedoch in negativem Sinne beantwortet.[39] Zwei Jahre später gab FitzGerald eine Formel an, die seinen Schluß untermauerte, weil unvorstellbar schnelle Schwingungen erforderlich waren.[40] Als Heinrich Hertz diese Frage einige Jahre später auf einem anderen Wege löste, indem er nämlich elektromagnetische Wellen erzeugte und deren Identität mit den Lichtwellen nachwies, mag er durchaus an den »Maxwellianer« aus Dublin gedacht haben.

Während sich Heinrich Hertz bei den Referaten der Arbeiten von FitzGerald recht kurz faßte, wurde er bei den zwei Veröffentlichungen von Helmholtz sehr viel ausführlicher, und auch ein Beitrag von Siemens wurde gebührend herausgestellt. Der delikaten Aufgabe, sich selbst besprechen zu müssen, was wegen seiner beiden 1881 erschienen Arbeiten zur Elektrizität nicht zu vermeiden war, entledigte er sich übrigens mit bemerkenswertem Takt: Weder stellte er sein Licht unter den Scheffel noch trug er zu dick auf, sondern er gab eine angemessene Zusammenfassung, so sachlich wie möglich.

So vielfältig die Anregungen aus dem Kollegenkreis, in der Physikalischen Gesellschaft oder durch Referate für die »Fortschritte« gewesen sein mögen, Heinrich Hertz' Problem war, daß er selbst und ganz von allein eher zu viele als zu wenige Einfälle hatte, und die hielten ihn gefangen, ob er es nun wollte oder nicht. Nur ein kleiner Teil seiner Grübeleien gelangte zur Reife und schlug sich in seiner Publikationsliste nieder. Ein hübsches Problem, das ihn Ende Februar 1883 heimsuchte, handelt von einem Menschen auf einer Eisplatte. Vielleicht war er darauf gekommen, als er vor dem Institut Eisschollen die Spree entlang und unter der Marschallbrücke hindurch treiben sah. Daher war das Problem saisongemäß, überfiel ihn aber doch zur Unzeit. »Es geht mir sonderbar mit einer solchen Sache«, schrieb er seinem Vater. »Seit acht Tagen kämpfe ich, sie mir aus dem Kopf zu bringen, da sie doch eigentlich sehr gleichgültig ist und ich anderes zu tun habe, zum Beispiel die event. Habilitationsarbeit aufzuschreiben, die ich nur im Kopf fertig habe, aber noch keinen Strich auf dem Papier ... aber es ist mir fast unmöglich, den Geist davon fortzubringen.«[41]

Im Rückgriff auf Archimedes wurde angenommen, daß eine Eisscholle einen Menschen tragen kann, weil das spezifische Gewicht des Eises geringer ist als das des Wassers. Heinrich Hertz aber war dahintergekommen, daß es sich weniger um die Unterschiede im spezifischen Gewicht handelt, sondern darum, daß sich die Platte zu einer Art Boot verbiegt und deshalb auch viel größere Lasten tragen kann, als man wegen der Unterschiede im spezifischen Gewicht annehmen würde. Daß eine Eisplatte sich bei Belastung etwas durchbiegen wird, war klar, jedoch war nicht klar, welche

Form sie im Gleichgewicht annehmen würde, aber die Gründe für die Faszination lagen tiefer, nämlich in Paradoxien, die ihn immer fesselten. Schöner als in seiner späteren Veröffentlichung, zu der das Thema schließlich gedieh, erklärte er die Sache seinem Vater:

»Man kommt da zu ganz paradoxen Resultaten, nämlich erstens, daß der Mensch zwar unter sich eine Vertiefung erzeugt, in einem gewissen Abstand aber eine kreisförmige Erhöhung des Eises, auf welche dann wieder eine Vertiefung erfolgt und so fort. Die Erhöhungen und Vertiefungen nehmen zwar so schnell ab, daß man sie nie wird wahrnehmen können, aber für das geistige Auge sind unzählig viele zu erkennen. Noch viel paradoxer ist dies, daß man unter gewissen Bedingungen eine Scheibe, die schwerer ist als Wasser, die also untersinkt, wenn man sie aufs Wasser legt, dadurch zum Schwimmen bringen kann, daß man noch ein Gewicht auf sie setzt; sobald man das Gewicht abhebt, geht sie unter.«

Diese Fragen hatte Heinrich Hertz natürlich mathematisch behandelt, aber seine Formeln erschienen ihm »so verwickelt, daß es immerhin viel Zeit und Mühe erfordert, ihre Bedeutung sich klarzumachen«. Solange er aber nicht völlig klar sah, kehrten seine Gedanken immer wieder zu dem Problem zurück. Wahrscheinlich hatte sein Nachbar Heinrich Kayser mal wieder Anlaß, sich über atonale nächtliche Gesänge zu beklagen. Sogar bei einer Einladung zum Ball bei von Hansemanns zögerte Heinrich Hertz, denn er war »nicht in der Stimmung, immer die schwimmenden Platten vor Augen, aber es ist wohl ganz gut, etwas herausgerissen zu werden«.[42] Schließlich wurde er durch den Besuch Kirchhoffs und das Angebot zur Habilitation in Kiel doch auf andere Gedanken gebracht. Erst nach einem Jahr kam er in Kiel wieder auf die Eisschollen zurück, rechnete einige Tage lang konzentriert und war mit den Ergebnissen zufrieden.[43]

Zur Veröffentlichung seiner Lösung entschloß er sich wegen der »paradoxen Resultate, um derentwillen sie mitgeteilt werden möge«.[44] Sie wurde ein Kabinettstück der Elastizitätstheorie. Zunächst behandelte er den allgemeinen Fall in der von ihm bekannten, extrem dichten Darstellung. Etwas ausführlicher stellte er dann die überraschenden Konsequenzen heraus, berechnete eine für die kreisförmigen Erhöhungen und Vertiefungen charakteristische Länge sowie die Vertiefung unterhalb des Gewichts und wandte seine Formeln auf Eis an:

»Schwimmt also ein Mensch auf einer ausgedehnten Eisplatte,

so ist es, genau genommen, korrekter, zu sagen, er schwimme, weil er das Eis durch sein Gewicht zu einem sehr flachen Boote gewölbt habe, als zu sagen, er schwimme, weil das Eis leicht genug sei, ihn neben dem eigenen Gewichte zu tragen. Denn er würde ebenso gut schwimmen, wenn das Eis auch gar nicht leichter wäre als das Wasser; und wenn man statt des Menschen beliebig große Gewichte auf das Eis stellte, so könnten dieselben wohl einbrechen durch das Eis, niemals aber versinken mit dem Eise. Die Grenze der Belastung hängt von der Festigkeit, aber nicht von der Leichtigkeit des Eises ab.«[45]

Noch merkwürdiger fällt das Resultat bei einer ausreichend großen Platte aus, die etwas schwerer ist als Wasser und daher untergeht: »Denken wir uns eine solche Platte, die an und für sich nicht schwimmen würde, in ihrer Mitte mit einem hinreichenden Gewichte belastet und nun aufs Wasser gelegt, so wird sie schwimmen; die Sicherheit des Schwimmens wird zunehmen, je mehr wir Gewichte in ihrer Mitte hinzufügen, sie wird abnehmen, wenn wir Gewichte aus der Mitte entfernen, und wenn wir hierin eine gewisse Grenze überschreiten, so wird die Möglichkeit des Schwimmens aufhören, die Platte wird versinken mit dem Rest der Gewichte.«[46]

Diese virtuose Studie über schwimmende elastische Platten mit ihren paradoxen Resultaten war die erste Neuigkeit zu der Frage, warum Körper schwimmen, seit vor mehr als zweitausend Jahren Archimedes in Syrakus die Hydrostatik begründet hatte. Aber das zu erwähnen, wäre dem Autor wohl vermessen erschienen.

Es wäre nicht verwunderlich, wenn ein von seiner Wissenschaft derart besessener junger Mann wie Heinrich Hertz den Mitmenschen als Sonderling erschienen wäre. Zumindest äußerlich stellte er jedoch das Musterbild eines jungen Herrn aus besten Kreisen dar, vielleicht etwas distanziert und in sich gekehrt, aber doch hinreichend weltgewandt und auch gewandt auf dem gesellschaftlichen Parkett. Von eher kleiner, aber durch Sport und das Exerzieren gekräftigter Statur, kleidete er sich immer in gediegener Eleganz. Wie damals üblich, trug er einen Bart, zunächst einen kecken Schnurrbart und als Herr Doktor dazu einen sauber ausrasierten Backenbart. Unter einem dichten Schopf dunkelbraunen, ins Rötliche schimmernden Haares blickte er aus großen Augen in eine Welt, die ihn nicht sonderlich zu interessieren schien, in der er sich aber zu bewegen wußte.

Zu den Bällen und Gesellschaften der von Hansemanns wurde er regelmäßig eingeladen, meistens gemeinsam mit dem Bruder Rudolf, und er hat sich dort immer »gut amüsiert«. Der unermeßlich reiche Bankier hatte zu seiner Villa im Tiergarten das benachbarte Gegenstück hinzugekauft und beide durch eine Galerie verbinden lassen. Heinrich Hertz fand es nun »sehr großartig, schon mehr fürstlich dort ... erlesen waren auch Essen, Musik, etc., sehr großartig«. Typisch für seine immer ironisch-distanziert gefärbte Wahrnehmung war die Beschreibung, wie sich in dem Doppel-Palais »eine weite Perspektive eröffnet, und so die große Gesellschaft von 150 Personen sich sozusagen in einen Winkel des ganzen ihr zu Gebote stehenden Feldes zurückziehen konnte, wo sie dann vom anderen Ende aus gesehen, schon ganz klein aussah«. Daß er im mitten im Winter gereichten Beerenobst ein Krabbeltier entdeckte, bereitete ihm ein besonderes Vergnügen; er fing den Käfer, steckte ihn in den Brief nach Hamburg und hoffte, »daß derselbe gesund bei Euch ankommt«.[47]

Mit Einladungen fühlte er sich gut versorgt, und manchmal hatte er sogar zwei für denselben Tag. Als er einmal zwischen Helmholtz und Hansemanns zu wählen hatte, lehnte er bei Helmholtz ab. Er hat es nicht bedauert. Frau von Hansemann, die Kusine seines Vaters, war wieder »sehr liebenswürdig, es war nur eine kleine Gesellschaft (wirklich ganz klein, nur 25 Personen) und sehr nett«.[48] Zunehmend wurde er auch von Professoren eingeladen wie den Mathematikern Karl Weierstraß und Leopold Kronecker. Am liebsten aber ging er zu Heinrich Dernburg, Professor der Rechte, Syndikus der Krone und Mitglied des Herrenhauses, der als ein »Fürst der juristischen Wissenschaft« gerühmt wurde. »Es ist dies eigentlich die einzige Familie hier, wo ich gern und ungeniert verkehrt habe.«[49] Vielleicht erinnerten die Dernburgs ihn an die Geborgenheit in der eigenen Familie.

Seinen Eltern war und blieb Heinrich Hertz immer in großer Liebe innig verbunden. Ihr Vertrauen bestärkte ihn auf seinem zunächst noch unsicheren Berufsweg, und ihre Zuneigung bewahrte ihn vor der Angst des Versagens. Die Liebe der Mama empfand er freilich als etwas erdrückend, und obwohl er wußte, daß sie nicht die einzige Mutter war, »die ihre Söhne töricht lieb hat«, fühlte er sich manchmal doch etwas beengt. Seine Abwehr aber blieb zärtlich, wenn er zum Beispiel auf ihre besorgten Briefe und Karten erwiderte, sie »haben mir wieder recht gezeigt, wie widerstandslos Du, liebe Mama, Deiner Liebe zu mir nachgeben mußt, sie haben mich ordentlich gerührt, aber auch fast bange gemacht«.[50]

Freier und ungezwungener war das Verhältnis zum Vater, der ein verläßlicher Freund und erfahrener Ratgeber war und dazu immer interessiert an den wissenschaftlichen Arbeiten seines Sohnes. Wenn Heinrich Hertz beim Geburtstag des Vaters nicht in Hamburg sein konnte, wollte er wenigstens brieflich seinen Eltern versichern, was sie ihm bedeuteten: »Wieviel ich Euch verdanke, und daß ich Euch so viel verdanke, wie nur wenige Kinder ihren Eltern verdanken, das empfinde ich mehr, als es vielleicht leider aus meinem Betragen hervorgeht und vielleicht mehr mit dem Verstand als mit dem Herzen, welches nun einmal ein Kinderherz ist und als solches immer die Wohltaten als etwas Selbstverständliches entgegengenommen hat, aber mein Verstand sieht, was es bedeutet, solche Eltern zu haben, wie ich sie habe.«[51]

Auch wenn der Herr Doktor und »Second-Lieutenant« Heinrich Hertz als ein erfolgversprechender, beinahe überangepaßter junger Mann erschienen sein mochte, so sah er die Welt außerhalb der Physik doch in einer sehr distanzierten Perspektive, als beträfe ihn das alles nicht. Selten gingen seine Kommentare über ein »sehr freundlich« oder »sehr nett« hinaus, was spärlicher war als nur hanseatische Zurückhaltung. Daß sich die Mama, die bei ihrem Ältesten gern mehr Lebensfreude gesehen hätte, deshalb Sorgen machte, war der Anlaß für ein scharf gezeichnetes Selbstporträt:

»Mir ist das Ganze mehr ein Schauspiel, das ich mit ansehe, in dem ich aber nicht mitspiele, so daß ich überhaupt nicht sagen kann, es geht mir gut, es geht mir schlecht in demselben. Danach, liebe Mama, mußt Du ein für allemal die Lust oder Unlust in meinen Briefen beurteilen, es gehört sehr viel dazu, daß ich mich zufrieden erkläre, denn ich habe das etwas abergläubische Gefühl, als teile das Schicksal keinem auch nur ein Haarbreit mehr zu als das, womit er sich zufrieden erklärt. Außerdem sind die Idealvorstellungen, die sich in mir gebildet haben, furchtbar starr und unbiegsam, wenn nun die Welt an allen Ecken nicht mit ihnen stimmt, so kann ich wohl schweigen, um nicht den Prediger in der Wüste zu spielen, aber es ist mir unmöglich, dieselben im Geringsten nach der wirklichen Welt abzuändern, noch auch den Widerspruch nicht zu empfinden; solange ich nun allein bin, tritt natürlich ein solcher

Widerspruch nicht auf, um so mehr, wenn ich dann plötzlich in größere Gesellschaft komme. Wenn dies nicht gut ist, liebe Mama, so tut es mir leid, aber für meine Natur bist Du mehr verantwortlich als ich.«[52]

Hier waren zugleich auch die tieferen Beweggründe für seine Entscheidung für eine dem menschlichen Getriebe ferner stehenden Wissenschaft ausgesprochen: Es war, wie es Albert Einstein stellvertretend für so manchen großen Naturforscher ausgedrückt hat, die Sehnsucht »nach der Befreiung aus den Fesseln des ›Nur-Persönlichen‹«.[53] Fünf Jahre später, beim Erlebnis seiner schönsten Entdeckungen, war Heinrich Hertz dann ganz mit sich im Einklang: »Hier fängt eigentlich erst das Vergnügen des Forschens an, wo man mit der Natur sozusagen allein ist und nicht mehr über menschliche Meinungen, Ansichten oder Ansprüche disputiert.«[54] Danach hat er immer gestrebt, und in Berlin hatte er auch schon ein wenig von diesem Vergnügen kennengelernt, aber er konnte noch nicht wissen, daß ihm das ersehnte Glück in wenigen Jahren in überreichem Maße vergönnt sein würde.

Die Sehnsucht, mit der Natur allein zu sein, schloß Ehrgeiz und äußeres Fortkommen keineswegs aus. Seit Heinrich Hertz sich entschlossen hatte, Physiker zu werden, wollte er niemals nur zu den »Annalen der Physik« beitragen, sondern in die Annalen der Geschichte seiner Wissenschaft eingehen. Selbst den Tod fürchtete er weniger als ein Leben in tristem Mittelmaß. »Wenn mir etwas geschähe«, schrieb er seinen deshalb sicher verschreckten Eltern während seines letzten Semesters in Berlin, »wie gleichgültig wäre mir das im Verhältnis zu dem Kummer, den es Euch bereitete, liebe Eltern, und wie viel lieber als ein auch nur halbwegs verfehltes, unnützes oder unglückliches Leben«.[55] Nun mußte er versuchen, seine Erwartungen an ein nützliches und glückliches Leben in seiner Wissenschaft, allein auf sich gestellt, an einer kleinen Universität voranzubringen. Es wurde eine schwierige Aufgabe.

III. KONFLIKTE, KRISEN UND KARRIERE

1. »Kleine Verhältnisse« – Dozent in Kiel

Die Habilitation in Kiel hätte Heinrich Hertz als Formalie betrachten können, aber die Prüfungssituation machte ihn trotzdem nervös: »Wenn man hundertmal weiß, daß ein Gewehr nicht geladen ist, es ist einem doch ärgerlich, wenn jemand damit nach einem zielt.«[1] Mitte April fuhr er an seine neue Wirkungsstätte. Die Reise mit dem Zug von dem Hamburg benachbarten Altona ins hundert Kilometer nördlich gelegene Kiel dauerte nur zwei Stunden; das war vorteilhaft, denn nun konnte er öfter seine Eltern und Geschwister besuchen als das bei der mehr als sechsstündigen Bahnfahrt von Berlin aus möglich war. Regelmäßig kehrte er nun einmal, öfter auch zweimal im Monat ins Elternhaus zurück, meistens nur für einen oder zwei Tage, in den Ferien aber auch für einige Wochen.

In der Universität erfuhr er, daß die Habilitation nicht vor Semesterbeginn Anfang Mai stattfinden könne, weil erst dann alle maßgeblichen Ordinarien der Fakultät anwesend seien. Daher blieb er nur einige Tage, mietete eine kleine Wohnung im Zentrum in der Karlstr. 16 und nahm wieder den Zug nach Hamburg. Zuvor hatte er sich noch »den Ort angesehen bei sehr schönem Wetter, und da gefällt er mir allerdings ganz außerordentlich«.[2]

Was Heinrich Hertz »den Ort« nannte, war eine Stadt, deren Einwohnerzahl sich den fünfzigtausend näherte. In malerischer Umgebung an der Ostsee am Ende der tief ins Binnenland hineinragenden Förde gelegen, war sie in dänischer Zeit etwas beschaulich geblieben und kaum über zehntausend Einwohner hinausgekommen. Nach der Annexion durch Preußen, die von den meisten Kielern, darunter auch dem an der Förde geborenen jungen Max Planck, begeistert begrüßt wurde, setzte ein stetiger Aufschwung ein. Kiel wurde 1871 zum Hauptmarinestützpunkt des Reiches, der größere Teil der damals noch kleinen Kriegsmarine wurde in der Förde stationiert, der Hafen ausgebaut und der industrielle Schiffbau in Gang gebracht.

Die Universität war allerdings klein geblieben. In der ersten Hälfte der achtziger Jahren fanden sich im Winter nur um die dreihundert Studenten ein, im Sommersemester dann wegen des Ambiente einer mit Segeln und Baden verbundenen Sommerfrische etwas mehr als vierhundert. Damit war Kiel nach Studentenzahlen das Schlußlicht nicht nur der preußischen, sondern aller deutschen Universitäten. Die Zahl der Lehrstühle entsprach trotzdem der einer typischen mittleren Universität, so daß etwa in der Philosophischen Fakultät vierundzwanzig ordentliche und neun außerordentliche Professoren alle Fächer lehrten, von den semitischen Sprachen bis zu Astronomie und Landwirtschaft. Für dieses reiche Angebot schrieben sich aber nur einhundertfünfzig Studenten ein, von denen nur etwa dreißig Mathematik oder eine Naturwissenschaft studierten.[3]

Der Professor für Physik Gustav Karsten hatte sich schon in jungen Jahren als erster Vorsitzender der Physikalischen Gesellschaft zu Berlin und als Redakteur der »Fortschritte der Physik« einen Namen gemacht. 1847 wurde er aufgrund des Votums von Hans Christian Ørsted nach Kiel berufen, zunächst als Extraordinarius für Physik, Mineralogie, Geologie, Geognosie und physische Geographie. 1849 forderte er in einer weitsichtigen Denkschrift, was es damals nirgendwo in Deutschland gab, daß nämlich an allen Universitäten ein physikalisches Institut errichtet werden müsse, »wenn man es ernstlich mit einer würdigen Stellung der exakten Wissenschaften meint«.[4]

1851 wurde Karsten zum Ordinarius ernannt, dann nur noch für Physik und Mineralogie, und vier Jahre darauf konnte er in einem Gebäude an der Küterstraße die Mineralogische Sammlung einrichten und das erste Physikalische Institut etablieren. Diese Pioniertat geriet ihm später zum Nachteil, denn das Gebäude war zwar schön, stammte aber aus dem 17. Jahrhundert und war daher nicht zweckmäßig. Als nach 1870 an den meisten Universitäten physikalische Institute gebaut wurden, die übrigens recht gut den in Karstens Denkschrift von 1849 skizzierten Vorstellungen folgten und zudem zeitgemäßen Ansprüchen genügten, geriet das Kieler Institut bald ins Hintertreffen, obwohl sich Karsten ganz auf die Physik konzentrieren konnte, weil für Mineralogie ein eigener Ordinarius berufen wurde.[5]

Allerdings liebte Karsten die stille und zähe Arbeit im Laboratorium nicht besonders. Seine Leidenschaft war eher das Organisieren. So hatte er ein Netz von sechzehn meteorologischen Stationen eingerichtet, sich der Reform der Maße und Gewichte durch die

Einführung des metrischen Systems in Dänemark und Deutschland angenommen, die Meeresforschung vorangetrieben und sich federführend bei einer »Enzyklopädie der Physik« engagiert, die auf zwanzig Bände angelegt war, von denen aber nur sieben erschienen sind. Dazu war Karsten noch viele Jahre Abgeordneter im Preußischen Landtag, was wahrscheinlich seine Animositäten gegenüber Helmholtz begründete, weil der mit dem Bau des großen Berliner Instituts den Staatssäckel so belastete, daß für Kiel nichts übrig blieb und ein Neubau nicht in Frage kam.

Heinrich Hertz ist zweifellos bei seinen Spaziergängen an dem klar strukturierten Gebäude mit der Inschrift »Physikalisches Institut« vorbeigekommen, aber er hat nie ein Wort darüber verloren, denn daß er dort auch arbeiten könnte, war eher unwahrscheinlich. Wie alle Privatdozenten hatte Heinrich Hertz nur zur Fakultät ein dienstliches Verhältnis, nicht jedoch zum Ordinarius seines Faches. Daß er nicht Untergebener von Karsten war, war sicher kein Nachteil, aber weniger angenehm war, daß er für Arbeitsmöglichkeiten auf eine Einladung des allmächtigen Institutschefs angewiesen war, und auf die wartete er vergebens. So kam es, daß im Institut zwar durchschnittlich sieben Studenten bei »praktischen Übungen« experimentieren konnten[6], nicht aber der Privatdozent für mathematische Physik.

Diese Situation war keine Kieler Spezialität, sondern weit verbreitet. Ihr positiver Aspekt lag darin, daß sie zum Aufstieg der Theoretischen Physik in Deutschland beitrug, denn nach kompetenter zeitgenössischer Darstellung »pflegen Privatdozenten ihre akademische Laufbahn meist mit theoretischen Vorlesungen zu beginnen, da ihnen vielfach die nötigen Instrumente für Demonstrationsvorlesungen nicht zur Verfügung stehen, und sie eher hoffen können, Zuhörer für spezielle theoretische Vorlesungen zu finden, als für experimentelle mit unzulänglichen Apparaten«.[7] Für einen Vollblutphysiker wie Heinrich Hertz war die Flucht in die reine Theorie jedoch kein akzeptabler Ausweg.

Die erste Pflicht, die Heinrich Hertz Ende April in Kiel zu absolvieren hatte, waren Antrittsbesuche bei den Professoren. »Die meisten waren freundlich, einige äußerst freundlich, Professor Karsten allerdings ließ sich wegen zu großer Erkältung entschuldigen, so daß ich dachte: so so!«[8] Für das Kolloquium, das auf Montag, den 30. April, um 18 Uhr angesetzt war, hatte er kurze Vorträge zu drei

Themen vorbereitet. Das erste »Über die Theorie der Gezeiten« war einer Stadt am Meer angemessen, auch wenn Ebbe und Flut in der Förde nicht in Erscheinung treten; die Darstellung dürfte seinen am 5. Januar in der Physikalischen Gesellschaft zu Berlin gehaltenen Vortrag variiert haben.[9] Dann sprach er »Über die kinetische Theorie der Gase« und schließlich »Über die kritische Temperatur«.[10]

Mit seinem Vater als Testpublikum hatte er zwar die Länge auf jeweils fünfzehn Minuten gebracht, sprach aber wegen der Prüfungssituation angesichts der »nicht geladenen Gewehre« zu hastig. Im anschließenden Kolloquium ergab sich mit den Professoren Karsten und Pochhammer »ein einigermaßen förmliches Gerede ohne Inhalt«, wobei es Karsten allerdings »durchaus nicht an Liebenswürdigkeit fehlen« ließ. Mit den Astronomen Georg Weyer und Adalbert Krüger, Emeritus der eine und amtierender Ordinarius der andere, entwickelte sich dagegen »eine Art Disputation, da sie Zweifel an einigen Behauptungen meines Vortrags äußerten. Dann mußte ich einen Augenblick abtreten, wurde wieder eingerufen, worauf mir alle anwesenden Professoren freundlich gratulierten.«[11] Heinrich Hertz war nun Privatdozent und konnte am nächsten Morgen seine Vorlesungen anschlagen, zwar reichlich spät, aber »im Ganzen ging die Meinung der Professoren dahin, es würde noch ein Kolleg zustande kommen«.[12]

Zuvor hatte er noch die zeremonielle Antrittsvorlesung zu halten. Der Dekan lud mit gedruckten Karten auf Sonnabend, den 5. Mai, abends 5 Uhr, in die kleine Aula. Heinrich Hertz hatte zu seinem Erstaunen »8 oder 9 Professoren und 40–50 Studenten als Zuhörer, weit mehr, als ich am Sonnabend Nachmittag bei sehr schönem Wetter gehofft hatte«. Offensichtlich war man an dem aus der Hauptstadt geschickten jungen Herrn sehr interessiert. Er sprach »Über die Grundlagen der mechanischen Wärmetheorie«, ein Gebiet, das man später Thermodynamik oder genauer »Phänomenologische Thermodynamik« nennen wird, also die Folgerungen, die sich aus den zwei »Hauptsätzen« von der Energieerhaltung und der Entropiezunahme ergeben. Sein Manuskript von zunächst siebenundfünfzig Seiten hatte er kräftig um ein Drittel gekürzt, konnte daher in angemessenem Tempo sprechen und »trug dann auch ziemlich frei vor und benutzte das Papier nur als Souffleur, so daß ich ins Publikum sah«.[13]

Da er zugleich den Naturwissenschaftlern etwas bieten mußte und dabei nicht über die Köpfe eventuell anwesender Philologen oder Historiker völlig hinwegreden durfte, wurde die Vorlesung ein heikler Balanceakt zwischen strenger, sogar axiomatischer Physik und Popularität. Bemerkenswert ist seine Zusammenfassung, die den axiomatischen Charakter der Hauptsätze und der daraus gezogenen Schlußfolgerungen unterstreicht, die im Kantschen Sinne von aller Erfahrung unabhängig zu sein scheinen: »Die Sicherheit, mit welcher wir diese Schlüsse ziehen, ist daher von einer ganz eigentümlichen Art, sie ist vielleicht nicht objektiv, aber subjektiv die größte, welche sich denken läßt.«

Abschließend konfrontierte er seine Zuhörer noch mit der einzigartigen Bedeutung, der in dieser strengen Theorie die Widerlegung auch nur einer einzigen Folgerung zukommen würde, und dies nicht nur, weil dann ein »Perpetuum mobile« möglich wäre: »Unsere Schlüsse *nicht* bestätigt zu sehen, wäre daher für uns fast wichtiger, als die Übereinstimmung derselben mit der Natur zu erfahren ... *ein* Schluß, welcher nachweisbar unrichtig wäre, würde größere Wichtigkeit gewinnen als alle richtigen zusammengenommen.«[14] – Diese zentrale Rolle der Widerlegung ist der gleiche Gedanke, mit dem ein halbes Jahrhundert später Karl Popper mit seiner die »Falsifikation« thematisierenden Wissenschaftstheorie zu Ruhm und Ansehen gelangt ist, freilich als Philosoph und nicht als Physiker.

Die Woche darauf begann Heinrich Hertz mit seinen Lehrveranstaltungen. Dienstags hielt er ein dreistündiges Repetitorium zur allgemeinen Physik und mittwochs eine zweistündige Vorlesung zur »mechanischen Wärmetheorie«. Ersteres war eine Art gehobener Nachhilfeunterricht für Studenten, die am Gymnasium zu wenig oder gar nichts in Physik gelernt hatten und sich nun über das in Karstens Vorlesung Gebotene hinaus mit den Methoden dieser Wissenschaft bekannt machen wollten. Sieben Teilnehmer hatten sich angemeldet, aber die Präsenz fluktuierte zwischen vier und fünf. Bei dieser Veranstaltung war für Heinrich Hertz ohnehin »nicht viel zu wollen, dies ist der schlechteste Stoff, in dem man nur Leben und Kunst verderben kann«.[15]

Interessanter war für ihn die Vorlesung über Wärmetheorie, nicht nur vom Thema her, sondern auch als Lehrerfahrung. Bei der ersten Doppelstunde »wurde es mir sehr schwer, ich hatte 1½ Stunden zu sprechen, und in die Zeit geht doch sehr viel hinein«.[16] Nach den ersten Wochen fiel ihm das »Lesen« schon leichter: »Besonders angenehm ist mir der Umstand, daß ich nicht wie die ersten Male schon 1–2 Stunden vor dem Kolleg zu anderen Gedanken unfähig bin … Wenn die Zuhörer bleiben, werde ich das Kolleg mit Vergnügen lesen, ich lerne dabei und hoffe, daß die Zuhörer auch lernen.«[17] Zunächst gingen die Vorlesungen »zur Zufriedenheit weiter«, aber als es Ende Juni sehr heiß wurde, behielten Schwimmen und Segeln die Oberhand und die Kollegien hatten »in den letzten Wochen zu meiner nicht geringen Betrübnis zu leiden, so daß einigemal die Präsenzstärke auf zwei sank; da sie unmittelbar mit dem Fallen des Thermometers wieder auf vier gestiegen ist, habe ich mich über meine eigene Schuld daran etwas beruhigt.«[18]

So ernst Heinrich Hertz seine Vorlesungen auch nahm, sie lasteten ihn nicht aus: »Ich habe doch unendlich viel mehr Zeit und Ruhe zu eigener Arbeit, als ich in Berlin hatte, und dies empfinde ich als ganz außerordentlich wohltätig, besonders die Ruhe; in Berlin war ich doch nur selten wirklich zum Nachdenken aufgelegt, hier bin ich es den größten Teil des Tages, wenigstens bisher.«[19] Die Muße nutzte er dazu, einige in Berlin begonnenen Arbeiten für die Veröffentlichung fertigzustellen, wie die Studie über Benzin als sogenannter »Rückstandsbildner« für die »Annalen« und eine schöne theoretische Untersuchung in seinem mathematisch dichten Stil »Über die Verteilung der Druckkräfte in einem Kreiszylinder«, die er bei der »Zeitschrift für Mathematik und Physik« einreichte. Vor allem aber hatte er schon im Mai seine »Versuche über die Glimmentladung« in die endgültige schriftliche Form gebracht, und als er dafür Ende Juli das schriftliche »Bravo« von Helmholtz erhielt, war das ein schöner Abschluß eines auch sonst recht erfolgreichen ersten Semesters als Privatdozent.

Mit den »kleinen Verhältnissen« Kiels war Heinrich Hertz schnell vertraut geworden. Er hatte sich einer Gruppe akademischer Junggesellen angeschlossen, die sich jeden Tag in einem der besseren Kieler Restaurants auf eineinhalb Stunden zum Mittagessen traf. Es war eine bunt gemischte Gesellschaft mit dem Ordinarius für Theologie Hans Hinrich Wendt, aus Hamburg gebürtig und »Johanneer« wie Heinrich Hertz, und dem Arzt Gustav Petersen, der in dem Haus neben Heinrich Hertz wohnte und seine Praxis betrieb. Zum größeren Kontingent der Privatdozenten gehörte Hippolyt Haas, der sich gleichfalls zum Sommersemester habilitiert hatte, und zwar für Geologie und Paläontologie, ferner der Botaniker Hermann Rodewaldt, der Landwirtschaft unterrichtete, sowie der Physiologe Ferdinand Graf Spee. In Petersen und Haas fand Heinrich Hertz Freunde weit über seine Kieler Jahre hinaus und in den anderen zumindest anregende Gesprächspartner.

Es fehlte auch nicht an Abendeinladungen bei vielen Professoren. Dabei ging es nicht so großartig zu wie in Berlin, war aber immer »sehr nett«. Die schöne Umgebung lud zu weiten Spaziergängen ein, manchmal auch mit gelehrtem Anspruch, wenn er sich den geologischen Exkursionen von Hippolyt Haas anschloß. Im Juni kam das »Seebaden« hinzu: »Es scheint mir sehr gut zu bekommen, und ich werde es daher tüchtig ausnutzen.« Und als interessanteste Vergnügung gab es Segelpartien auf der Förde, meistens zum fünf Kilometer seewärts gelegenen Heikendorf.

Weitere Abwechslung brachten Reisen nach Hamburg oder Besuche. Mitte Mai waren die Eltern nach Kiel gekommen, und die Mama besuchte ihn noch einmal allein im Juli, um bei der Einrichtung der Wohnung letzte Hand anzulegen. Allerdings wurde die Wohnkultur bald beeinträchtigt, weil sich Heinrich Hertz als passionierter Experimentator in einem Zimmer ein Laboratorium einrichtete, denn er blieb, wie Helmholtz es ihm prophezeit hatte, von Arbeitsmöglichkeiten im Institut »abgeschnitten«. Mit diesem Mangel konnte sich Heinrich Hertz in seinem ersten Semester noch arrangieren, litt später aber um so schmerzlicher darunter.

Auf sein Stipendium hatte Heinrich Hertz eine Weile vergeblich gewartet. Nach mehr als einem Monat wurde er ungeduldig und wandte sich an Friedrich Althoff im Berliner Kultusministerium. In einem schnörkellosen Brief erinnerte er den »Hochverehrten Herrn Geheimrat« daran, er habe Habilitation und Lehrtätigkeit »Anfang Mai nach Berlin gemeldet und um die Bewilligung des Stipendiums gebeten, welches Sie so gütig waren, mir in Aussicht zu stellen. Ich habe aber darauf noch keine Antwort erhalten.«[20]

Die Antwort war schon unterwegs, nur war der Amtsschimmel etwas gemächlich. Erst am 17. Mai hatte der Kurator Mommsen dem Minister von Gossler die Habilitation von Hertz und Haas angezeigt, und am 1. Juni hatte Althoff die »königliche Regierung in Schleswig« dahingehend informiert, daß er dem Privatdozenten Dr. Heinrich Hertz rückwirkend ab 1. April »ein Stipendium von

1500 Mark jährlich auf zwei Jahre bewilligt« habe. Er wies noch darauf hin, »daß die weitere Gewährung nach Ablauf der Bewilligungsperiode außer von der Fortdauer der Bedürfnisse vor allem von der Bewährung des Stipendiaten als Dozent und in literarischer Hinsicht abhängen wird«.[21] Heinrich Hertz wurde daher von Althoff beschieden, daß »die Angelegenheit bereits ganz nach Wunsch geordnet« sei. Der war zufrieden und um eine Erfahrung reicher: »Man muß sich in meinem Beruf in Acht nehmen, freiwillig etwas aufzugeben, es wird Einem immer so wenig wie möglich geboten, aber nicht weniger, wie man schon gehabt hat.«[22]

Was die von Althoff erwähnten »Bedürfnisse« anging, reichte das Stipendium nicht im entferntesten aus, sondern wurde durch Zuwendungen des Vaters mehr als verdoppelt. So fügte Heinrich Hertz wie einst aus Berlin seinen Briefen des öfteren ein monetäres »post scriptum« an: »Ich bin nämlich mit meinem Geld zu Ende und würde Papa sehr dankbar sein, wenn er mir 300 Mark schikken wollte. Ich gebe jetzt einiges aus für Anschaffungen.«[23] Gut vier Wochen später dann eine Wiederholung: »Ich habe nämlich das Geld, welches mir Papa Anfang November gesandt, schon wieder vollständig verthan, und ich würde Papa sehr dankbar sein, wenn er mir noch 200 Mark senden wollte, damit ich nicht so schrecklich am Hungertuch knabbern müßte gerade zu Weihnachten.«[24] Er beteuerte, daß die Mehrausgaben »besonders ins Laboratorium« gingen, aber gewiß galt das nicht für alle.

Für 1884, wo er kaum noch in sein Laboratorium investierte, zählte er mal eine Jahresbilanz der Zuwendungen des Vaters zusammen: »Wenn ich richtig gerechnet habe, so habe ich alsdann in diesem Jahr von Dir erhalten 2000 Mark und 400 Mark für die Reise.«[25] Das war ein erklecklicher Betrag, der dem Jahresgehalt mäßig bezahlter Extraordinarien entsprach. Heinrich Hertz hatte es mit seinem Vater auch in dieser Hinsicht wirklich gut getroffen, daß der solche Summen leicht erübrigen konnte.

Für die ersten Ferien im Sommer 1883 brauchte der Vater allerdings nicht aufzukommen, denn dafür sorgte das Militär: Heinrich Hertz mußte eine sechswöchige Übung beim Reserveheer der Landwehr in Schleswig absolvieren. Seine Kompanie war im Lockstedter Lager in der Nähe von Itzehoe stationiert. Er hatte sich einige Bücher eingepackt und einen Tag lang sogar über »Fluttheorie und Meeresströmung nachgedacht«.[26] Das ließ er aber schnell wieder sein und tröstete sich über das triste Soldatenleben mit der Gewißheit hinweg, daß außerhalb des Lagers »eine etwas mannigfaltigere Welt liegt und daß man derselben in kurzer Frist zurückgegeben wird. Von diesem Gesichtspunkte macht es mir ordentlich Freude, Mond und Sonne über dem öden Dach der gegenüberliegenden Baracke mit trostloser Regelmäßigkeit aufgehen zu sehen, indem ich mich lebhaft in die Lage eines Gefangenen hineindenke, der in kurzem seine Freilassung erwartet.«[27]

Die anschließenden Manöver mit Schießübungen, gespielten Eroberungen von Dörfern und Städten sowie die Biwaks in Scheunen auf Bauern- oder Gutshöfen machten ihm jedoch Spaß[28], und am Ende war die Übung sogar ein gesundheitlicher Jungbrunnen: »Ich habe mich seit einem Jahr nicht so wohl gefühlt wie jetzt, und jetzt fühle ich mich vollkommen wohl.«[29] Nach sechs Wochen war ihm »das Vagabundenleben ganz lieb geworden, dagegen die Theorie der Elektrizität liegt mir so fern, daß ich in die offiziersmäßige Frage einstimmen möchte: Was hat der ganze Unsinn eigentlich für einen Zweck?« Die Theorie der Elektrizität wollte er aber im Wintersemester unterrichten, hatte jedoch trotz guter Vorsätze noch nichts ausgearbeitet. Daher verzichtete er auf einen geplanten Urlaub auf Sylt und stürzte sich in die Vorbereitung seiner Kollegs.

Die zweistündige Vorlesung hatte Heinrich Hertz zwar unter dem Titel »Theoretische Elektrizität und Magnetismus« angekündigt, aber er wollte den Hörern nicht nur »Tafelphysik« und Mathematisches bieten, sondern auch einige anschauliche und illustrative Experimente. Sehr hinderlich war dabei, daß er alles selbst in seinem Privatlabor in der Wohnung herstellen mußte: »Die letzte Zeit habe ich fast nur den Mechaniker gespielt, indem ich mir angeschafft habe, was mir an den nötigsten Werkzeugen fehlte, und einen Teil der tausend Kleinigkeiten, die man immer beisammen haben muß.«

In seinen Arbeitsmöglichkeiten war Heinrich Hertz als Privatdozent hinter die in seinen Schülertagen zurückgefallen, als er unterm Dach des elterlichen Hauses über seine reichhaltig ausgestattete Werkstatt gebieten konnte. Nun baute er sich in seiner Wohnung mit beträchtlicher Mühe ein Elektrometer und einen Elektrophor, ein beinahe altertümliches Gerät zum Erzeugen und Speichern freier elektrischer Ladungen, mit dem ein Jahrhundert zuvor Georg Christoph Lichtenberg in Göttingen Furore gemacht hatte. Die

Lötarbeiten mußte er über einer »jämmerlich kleinen Spirituslampe machen«, und auch sonst fehlte es »zunächst an allen Ecken und Enden, und hier in Kiel ist auch alles nicht so leicht zu haben, für ein Stückchen passenden Platindraht oder eine Glasröhre kann man sich Gott weiß wie lange ablaufen«.[30]

Der Ordinarius Karsten kam aber nicht auf den Gedanken, dem Privatdozenten die Mittel des Instituts anzubieten, und daß Heinrich Hertz ihn darum bitten würde, war in der äußerst hierarchiebewußten akademischen Gesellschaft durch die Etikette verboten. Immerhin wurde er im Dezember das erste Mal von Gustav Karsten eingeladen: »Er ist eigentlich immer immer recht freundlich gegen mich und ich kann mich durchaus nicht über ihn beklagen, leider ist das alles, was ich von ihm habe.«[31]

Günstiger und fruchtbarer hatten sich die Beziehungen zu Victor Hensen gestaltet. Der Ordinarius für Physiologie war durch bedeutende Forschungen in seinem Fach weit über Kiel hinaus berühmt, und dazu leistete er Pionierarbeiten in der Meeresbiologie, insbesondere bei der Aufklärung der Beziehung zwischen den Fischbeständen und dem Plankton, einem von ihm geprägten Begriff für die im Wasser schwebenden Kleinstlebewesen. Als Heinrich Hertz diesem tüchtigen Mann im Mai seine Aufwartung machte, hielt es Hensen für »sehr wünschenswert für die medizinische Fakultät, wenn ich ein Kolleg über Optik speziell für Mediziner läse und stellte mir den Hörsaal und die Apparate des physiologischen Instituts zur Verfügung«.[32] Damit hatte Heinrich Hertz das Thema für seine zweite Vorlesung im Wintersemester.

Über den Andrang zur »Optik für Mediziner« am Mittwoch Abend um 18 Uhr war Heinrich Hertz baß erstaunt. Den Hörsaal des neuen, erst fünf Jahre zuvor errichteten physiologischen Instituts fand er »bis auf den letzten Platz voll, so daß wohl an die 50 Zuhörer anwesend gewesen sein müssen. Da wir im ganzen ungefähr nur 300 Studenten hier haben, ist das ganz erfreulich.«[33] Die Bilanz wäre noch günstiger ausgefallen, wenn er sie auf die knapp 150 Medizinstudenten bezogen hätte, von denen also jeder Dritte erschienen war.

Das Interesse war freilich verständlich, denn seit Helmholtz' Erfindung des Augenspiegels, mit dem das Innere des lebenden Auges direkt untersucht und pathologische Veränderungen erkannt werden können, hatte sich die Augenheilkunde zu einer anspruchsvollen Disziplin entwickelt.[34] In der gerade am 2. Juni 1883 durch den Reichskanzler erlassenen »Prüfungsordnung für Ärzte« wurde deshalb von den angehenden Medizinern ein Praktikum an der Klinik für Augenkrankheiten verlangt und Ophtalmologie zum Pflichtfach in der Prüfung erklärt. Kein Wunder also, daß sich so viele Medizinstudenten über die physikalischen Grundlagen dieses Faches unterrichten wollten. Finanziell hatte Heinrich Hertz allerdings nichts von der großen Hörerschar, denn diese Vorlesung war ein kolleggeldfreies »Publikum«, so etwas wie ein »Studium generale« späterer Zeiten.

Auch die Vorlesung über »Theoretische Elektrizität und Magnetismus«, die als »Privatkolleg« hörgeldpflichtig war und deshalb eine kleine Nebeneinnahme einbrachte, ließ sich gut an, denn beim ersten Mal erschienen neun Teilnehmer, also wiederum ein Drittel aller Studenten, die für Mathematik oder Naturwissenschaften eingeschrieben waren. Als die Belegfrist abgelaufen war, konnte Heinrich Hertz als einer der populärsten Dozenten »schon zufrieden sein, da sich neun für das Privatcolleg und 40 für das Publicum gemeldet haben, gegen 5und 7 im Vorsemester«. Im Übermut stellte er seinem jüngsten Bruder daher eine Scherzaufgabe: »Wo soll das hinaus, wenn die Zahl in diesem Maße von Semester zu Semester steigt? Otto kann ja berechnen, wie viel ich dann in 20 Jahren Zuhörer haben muß.«[35]

Natürlich wußte er, daß es vor allem darauf ankam, »wie es zu Ende des Semesters aussehen wird«. Die Ernüchterung kam aber viel schneller. Schon nach vier Wochen berichtete er von der Vorlesung über Optik für Mediziner: »Meine Zuhörer verstehen es nicht, und wenn ich zu mir selber sage: ›Lehre leichter‹, so ist das eigentlich gleichbedeutend mit: ›Lehre etwas anderes‹ und ich kann das doch nicht so ohne weiteres. Oder soll ich mit einem Mal sagen: Meine Herren, ich sehe, Sie verstehen mich nicht, das muß ja sehr langweilig für Sie sein, ich will lieber etwas aus Tausendundeine Nacht vorlesen. Das würden sie dann doch nicht haben wollen, obgleich es doch eigentlich gar nicht so dumm wäre.«[36] Nach den Weihnachtsferien war die Zahl der Hörer auf zehn zusammengeschmolzen: »Mein Colleg für Mediziner ist furchtbar dünn geworden und da ich jetzt gerade die Sache etwas mit Mathematik angreifen will nach meinem Plane, und Konzessionen will ich nicht machen, so fürchte ich ordentlich, daß es ganz zu Wasser wird.«[37]

Die Vorlesung über Elektrizität war dagegen immer »gut besetzt und hat sich sehr gut konserviert durch die Weihnachtsferien.«[38] Allerdings mußte er im Februar mal in sein Tagebuch eintragen: »Kolleg leer gefunden. Große Verstimmung.« Zum Trost war tags darauf das »Kolleg für Mediziner gut gegangen,« und zwei Tage später war auch das andere »Kolleg wieder gut besetzt.«[39] Als das Semester zu Ende ging, waren die Hörerzahlen allerdings so bescheiden, daß der Bruder Otto bei der Fortschreibung nicht zu astronomischen, sondern eher zu kleinen Zahlen gelangt wäre.

Weihnachten hatte Heinrich Hertz bei Eltern und Geschwistern in Hamburg verbracht. Dort faßte er einen der beim Jahreswechsel üblichen guten Vorsätze, und er hat sich sogar daran gehalten: Von nun an notierte er in einem dicken Tagebuch, das er im Sommer während der Militärübung bereits sporadisch geführt, dann aber wieder liegengelassen hatte, unter beinahe jedem Datum eine Bemerkung über die wichtigsten Ereignisse des Tages.[40] Die Eintragungen hielt er kurz und knapp, weil das in schwarzes Leder gebundene Buch wohl für mindestens fünfundzwanzig Jahre reichen sollte. In diesem Tagebuch tritt deutlicher noch als in seinen Briefen hervor, mit wie vielen physikalischen Problemen er sich intensiv beschäftigt hat, ohne daß daraus Veröffentlichungen entstanden wären.

Ein solches verborgenes Thema war die Hydrodynamik, über die er zweifellos schon im Jahre 1883 viel nachgedacht hat und die ihn auch in der Zukunft noch viel Zeit kosten wird. Gleich nach der Rückkehr aus Hamburg notierte er: »Instabilität von Flüssigkeiten«, zwei Tage später »Hydrodynamisches Problem«, dann »Hydrodynamik getrieben« und tags darauf »Problem der Hydrodynamik aufgegeben«.[41] Daraus ist nicht zu entnehmen, was sein spezielles Problem war, gewiß war es aber sehr anspruchsvoll.

Denn die Hydrodynamik als Lehre von den strömenden Flüssigkeiten war damals und ist auch heute noch eines der schwierigsten Gebiete der Physik. Nur der idealisierte Fall reibungsfreier inkompressibler Flüssigkeiten ist durch wenige Gleichungen elegant zu beschreiben, aber die meisten realistischen Situationen wie der Übergang von gleichförmiger, laminar genannter Strömung zur Turbulenz lassen sich nur mit Näherungsmethoden behandeln oder werden gar heillos verworren. Helmholtz hatte auch in der Hydrodynamik durch seine »Wirbelsätze« Bahnbrechendes geleistet, und Heinrich Hertz hatte das in Kirchhoffs Vorlesung über Mechanik[42] gelernt, aber trotzdem waren noch mehr als genug ungelöste Fragen in diesem diffizilen Gebiet offen geblieben.

Einen Tag nach der Aufgabe des »hydrodynamischen Problems« schrieb Heinrich Hertz seinen Eltern: »Die übrige Zeit habe ich immer noch an der Aufgabe herumgenagt, die ich schon zu Hause vorhatte, ohne mich losreißen zu können und ohne auch die Aussicht, zu dem beabsichtigten Ziele zu gelangen. Ich habe nun schon lange kein Glück mehr gehabt in der Wahl meines Stoffes. Jetzt aber will ich mich mit Gewalt losreißen, es gibt am Ende noch andere Stoffe.«[43] Die anderen Stoffe, mit denen er sich ohnehin beschäftigte, waren Überlegungen und Experimente zur Elektrodynamik im Zusammenhang mit seiner Vorlesung sowie Studien über Wassertropfen, freilich ähnlich vertrackt wie die Hydrodynamik und gleichfalls ohne befriedigende Resultate, so daß das Semester zu Ende ging, ohne daß er eine Publikation zustande gebracht hatte. Ungünstig war zudem, daß er schon ein Kolleg zu der leidigen Hydrodynamik für das Sommersemester angekündigt hatte; er war erleichtert, als es nicht zustande kam.

Aber ungelöste Probleme lassen einen passionierten Physiker nicht los, oder sie kehren zurück wie ein Bumerang. Am 23. Juli hatte er erneut »intensiv über Hydrodynamik nachgedacht«, und im September hieß es zunächst lakonisch »Hydrodynamik«, wenig später »Hydrodynamik wieder aufgenommen« und kurz darauf »Wieder einmal ohne Erfolg Hydrodynamik getrieben«.[44] Ende Oktober dann noch ein Anlauf: »Hydrodynamisches Problem wieder angegriffen«, »Den ganzen Tag Hydrodynamik«, aber ohne rechten Erfolg: »Hydrodynamik fast nochmals aufgegeben, doch festgehalten«. Dann hat er wieder »Heftig gerechnet an der Hydrodynamik« und am nächsten Tag »Wiederum intensiv gerechnet. Abends hoffte Erfolg zu haben, aber das Resultat wieder nichts!« Schließlich wurde er »ganz mutlos wegen des Mißglückens des hydrodynamischen Problems«.[45] Das war nun endgültig und viel Mühe für die öfter gemachte Erfahrung, daß sich auch bei größter Anstrengung nicht alles zu einer publikationsfähigen Lösung fügen wollte.

Neben der »Hydrodynamik« kündigte Heinrich Hertz für das Sommersemester erneut das Repetitorium an, wohl weniger auf eigenen Wunsch als auf den der Fakultät. Zusätzlich zu diesen beiden »Privatkollegs« plante er noch ein einstündiges »Publikum« über »Die Konstitution der Materie«. Zur Vorbereitung waren ihm die für die Naturwissenschaft relevanten Schriften von Kant, die er bereits vor sieben Jahren in Dresden gelesen hatte, neuerlich eine intensive Auseinandersetzung wert. Mit großem und andauerndem Interesse las er die gerade erschienene Studie von Ernst Mach über »Die Mechanik in ihrer Entwicklung, historisch dargestellt«, und später schrieb er, daß er »sehr viel diesem schönen Buch« verdanke.[46] Dazu notierte summarisch: »Viele Bücher auf der Bibliothek geholt und Literatur studiert.«[47]

Am 20. März fuhr Heinrich Hertz für zwei Wochen nach Hamburg, las in seinen Büchern, spazierte in der Stadt herum, besuchte viele Bekannte und auch die Seewarte, wo er mit Georg Neumayer sprach. Am 23. März wurde in der Magdalenenstraße eine »große Gesellschaft« ausgerichtet. Nachdem er eine Woche später am 30. März mit seinem jüngsten Bruder Otto noch dessen 17. Geburtstag gefeiert hatte, fuhr er am 2. April wieder nach Kiel.

Am 8. April 1884 erhielt Heinrich Hertz einen Brief des Vaters mit der Nachricht, daß Otto plötzlich schwer erkrankt sei, und am nächsten Morgen brachte ihm Gustav Petersen ein Telegramm, das bei ihm abgegeben worden war: Otto lebte nicht mehr. In der Nacht zuvor war er an einer Tetanusinfektion gestorben.[48] – Seinen jüngsten Bruder hatte Heinrich Hertz innig geliebt, und sein Schmerz muß unermeßlich gewesen sein. Nachmittags war er zu Hause und »Abends an Ottos Leiche«. Am nächsten Tag standen er und sein Bruder Gustav den Eltern bei, empfingen Kondolenzbesuche und kümmerten sich um die Beerdigung, und abends war er »wieder bei der Leiche.« Beim Begräbnis am Ostersonnabend sprach er »einige Worte am Sarg«, fuhr am nächsten Tag wieder hinaus zum Grab und durchlitt einen »schlimmen Ostermontag«.[49]

Er wußte, daß er seine Eltern, insbesondere seine Mutter, nicht trösten konnte. Ihm selbst half bei der Bewältigung des Schmerzes wohl seine an der Lehre der Stoa ausgerichtete Haltung, die in der Einheit von Vernunft, Natur und Ethik auch die Annahme des Todes als zur Natur gehörend gebietet. Als ein Jahr zuvor ein Vetter aus dem Prager Zweig der Familie gestorben war, hatte er die dadurch ausgelösten Ängste seiner Mutter um die eigenen Söhne jedenfalls in diesem Sinne zu lindern versucht: »Aber es kann doch auch der Fall eintreten, daß mir oder einem anderen Deiner Söhne etwas ernstliches widerführe; ist es nicht gut, darauf im Voraus schon seine Gedanken zu richten mit dem Entschluß, es als etwas

Gottgesandtes und also auch Gutes, wenn auch vielleicht Unverständliches hinzunehmen? ... Kommt etwas, auf was man nicht vorbereitet ist, so ist schwer Trost zu finden, ich glaube aber, daß man jedes Unglück ruhig ertragen kann, indem man es im Voraus als ein mögliches in den Kreis seiner Betrachtungen zieht.«[50] Was ihm beim Tod des entfernten Verwandten in den Sinn gekommen war, wäre jetzt freilich nicht der rechte Trost gewesen. Daher schrieb er in seinen ersten Briefen aus Kiel in etwas sprödem Ton nur von der »Fügung ins Unabänderliche« und von der »kummervollen Zeit, die vorübergehen muß und vorübergehen wird«.[51]

Ein weiteres Mittel, über das »Unabänderliche« hinwegzukommen, war die Arbeit. Daher stürzte sich Heinrich Hertz in die Vorbereitung seiner Vorlesungen für das Sommersemester. Das dreistündige Repetitorium machte zwar kein Vergnügen, aber er konnte es aus dem Ärmel schütteln. Das Kolleg über Hydrodynamik machte ihm leider gleichfalls kein Vergnügen mehr. Als er es nach der ersten Stunde mangels Interesse absagen konnte, fiel ihm ein Stein vom Herzen: »In dem Kolleg über Hydrodynamik waren 3 erschienen und ein vierter meldete sich am Ende der Vorlesung; da aber von den dreien einer nicht nachgeschrieben hatte, ein zweiter mir als ein sehr unordentlicher Kommer bereits bekannt war, der Stoff an sich trocken ist und ich auch keine Zeit haben werde, ihm durch eine besondere Anstrengung einigen Reiz zu verleihen, so habe ich dies Kolleg lieber auffliegen lassen. Ich hätte es sicher nur mit Hängen und Würgen durchgebracht, vielleicht nach der Melodie: heute einer, morgen ein anderer; so spare ich wenigstens Zeit, Mühe und Ärger.«[52]

In dem »Publikum«, der öffentlichen Vorlesung mit dem Titel »Moderne Anschauungen über die Konstitution der Materie«, waren bei den ersten Vorlesungen zwischen fünfzehn und zwanzig Hörer erschienen. »Ich hatte eigentlich mehr erwartet«, bedauerte Heinrich Hertz, denn mit der Vorbereitung der ersten Stunden hatte er sich große Mühe gegeben. Die druckreife Ausarbeitung dieser Vorlesung sowie eine parallel und teilweise in engem inhaltlichen Zusammenhang damit durchgeführte fundamentale Untersuchung über die Grundlagen der Elektrodynamik hielten ihn das ganze Semester hindurch und noch darüber hinaus gefangen.

2. »Die Tatsachen der Natur« – Physik vor philosophischem Horizont

Mit dem Kolleg über »Die Konstitution der Materie« hatte Heinrich Hertz ganz Besonderes vor, denn daraus sollte sein erstes Buch entstehen. Wegen des Charakters der Vorlesung als »Publikum« und des bescheidenen Vorwissens der meisten Hörer mußte er sich ohnehin um eine für breitere Kreise verständliche Darstellung bemühen. Während er seine anderen Kieler Vorlesungen auf losen Blättern konzipierte, die er irgendwann einmal wegwarf, hat er dieses Kolleg detailliert und nahezu druckreif ausgearbeitet. So kam ein Manuskript von vierhundertzwanzig Seiten zustande, das ein veritables Buch von etwa zweihundertfünfzig Druckseiten hätte ergeben können.[1] Diesen Plan gab er jedoch wieder auf. Das Buch wurde nie gedruckt, das Manuskript aber aufbewahrt.

Nach dem Tod von Heinrich Hertz schickte seine Witwe das Manuskript an Franz Richarz, der im ersten Semester, das Heinrich Hertz als Ordinarius 1889 in Bonn verbrachte, dort Privatdozent und seither mit Hertz gut bekannt war. Richarz, der nun an der Physikalisch-Technischen Reichsanstalt in Charlottenburg arbeitete, konsultierte Max Planck, den Ordinarius für Theoretische Physik an der Universität, und Planck schrieb der Witwe: »Zu meiner großen Freude erzählte College Richarz mir, daß Sie Ihre Einwilligung zur Veröffentlichung des nachgelassenen Fragments: ›Vorlesungen über die Constitution der Materie‹ gegeben haben. Ich durfte in das Manuskript gründlich Einsicht nehmen, u. fühle mich geradezu verpflichtet, – ich kann wohl sagen, im Namen der Wissenschaft – Ihnen für Ihren hochherzigen Entschluß den aufrichtigsten Dank auszusprechen; es sind gar zu viele geistvolle und schöngeformte Gedanken in diesen Vorlesungen enthalten, als daß man ihre Publikation nicht aufs dringendste wünschen sollte.«[2] Aber trotz des prominenten Autors und der kompetenten Fürsprache wurden diese Vorlesungen auch als posthumes Werk aus nicht mehr rekonstruierbaren Gründen nicht gedruckt, sondern schlummerten ein Jahrhundert in einem dicken Kuvert.

Dabei hatte Planck nicht zuviel versprochen, denn die Vorlesungen sind von außergewöhnlichem Reiz: Ein junger Physiker von siebenundzwanzig Jahren, aus Berlin, dem Zentrum seiner Wissenschaft, in eine periphere und unsichere Stellung an einer kleinen Universität geraten, dachte über die Grundfragen und die zentralen Probleme eben dieser Wissenschaft nach. Dabei ging es Heinrich Hertz weniger um einen Querschnitt der Physik im ausgehenden 19. Jahrhundert, als um die Darstellung der zentralen Probleme, die er für wichtig und entscheidbar hielt. Zwischen den Lehr- und Gesellenjahren in Berlin und den späteren Meisterleistungen geschrieben, gewähren diese Vorlesungen physikalisch interessante und biographisch überraschende Einblicke in sein Denken.

Zudem ist seine Anstrengung über weite Strecken eine originär philosophische. Sie hat freilich nichts zu tun mit den Lehnstuhlbetrachtungen älterer Ordinarien, die übers Allgemeine ihres Faches ins Sinnieren geraten, und auch nichts mit den in wortmächtiger Rhetorik ausgemalten großen Entwürfen, mit denen Emil Du Bois-Reymond etwa in seiner Rede »Über die sieben Welträtsel« sein Publikum beeindruckte. Nicht einmal der Bezug zu den wichtigsten Strömungen des philosophischen Denkens, der des öfteren aufgezeigt wird, wäre hier wesentlich, denn Heinrich Hertz referiert nicht Philosophie, sondern er philosophiert. Einzigartig ist dabei seine Konzentration auf die Tatsachen seiner Wissenschaft, die Schärfe seiner Fragen und sein Streben nach Klarheit und Genauigkeit, und dies in einer Weise, die schon den Philosophen sui generis erkennen läßt, wie er sich später in den »Prinzipien der Mechanik« manifestiert, denen wiederum Ludwig Wittgensteins Philosophie des »Tractatus« viel verdankt.

Den Gehalt und die Reichweite dieses Manuskripts im Rahmen einer Biographie auszuloten, ist schier unmöglich, so daß nur Schlaglichter wenigstens einige der vielen von Max Planck gerühmten »geistvollen und schöngeformten Gedanken« erhellen mögen.

Zu Beginn seiner Vorlesung erinnert Heinrich Hertz daran, daß wegen der Einheit von Philosophie und Physik in der Antike und noch lange danach »manche Probleme, die wir heutzutage entschieden den Naturwissenschaften zur Beantwortung vorlegen würden, vorher von der Philosophie durchgedacht wurden«.[3] Dazu gehört auch sein Thema der »Konstitution der Materie«, dessen historischen Hintergrund er anhand der Polarität des Atomismus einerseits und der Annahme einer kontinuierlich den Raum erfüllenden Materie andererseits entfaltet. Den Gang der Naturforschung skizziert er auf der abstrakten Ebene der Gesetzlichkeit und dem Streben nach einer der Vielfalt der Erscheinungen zugrunde liegenden tieferen Einfachheit:

»Viele Tatsachen ordneten sich unter Gesetzen, viele Gesetze ließen sich als Anwendungen gewisser Grundgesetze ansehen, zwischen den Grundgesetzen schimmert wieder ein Zusammenhang durch, und wenn wir von dem Bedürfnis des Menschen nach Erkenntnis gar nicht reden wollen, das rein praktische Interesse der Naturwissenchaften befiehlt uns, diese durchschimmernden Gesetze klarzulegen. Sie sind gewissermaßen der Talisman, welcher uns die Herrschaft über die Natur verleiht, alle einzelnen Gesetze haben keinen Wert im Vergleich mit diesen letzten und einfachsten.«[4]

Wenn aber die Naturwissenschaften in die Lage kommen, und im 19. Jahrhundert war diese Situation erreicht, die Frage nach den letzten Bestandteilen der Materie und nach den einfachsten Gesetzen aufzuwerfen, »dann treten auch mit einem Male alle jene alten philosophischen Fragen nach der Konstitution der Materie wieder in den Vordergrund, ja die Frage nach den letzten einfachen Gesetzen ist im Grunde identisch mit derjenigen nach der Konstitution der Materie«.[5]

So eng unter diesem Gesichtspunkt die Beziehungen zwischen Philosophie und Physik auch sein mögen, Heinrich Hertz beschreibt sie als konfliktträchtig. In hübschen Dialogen läßt er einen Philosophen und einen Physiker miteinander streiten, wobei der Philosoph auf den seit der Antike hin- und hergewendeten Aporien insistiert, wie sie etwa in der Widersprüchlichkeit des Begriffs der Unteilbarkeit kleinster Bestandteile der Materie, der Atome, auftreten. Diese Aporien werden nicht etwa abgetan, Heinrich Hertz versucht auch nicht, sie aufzulösen, sondern er nimmt sie ernst. Jedoch läßt er seinen Physiker deshalb nicht verzweifeln, sondern dem Philosophen entgegnen:

»Ich untersuche die Tatsachen der Natur, und du untersuchst die Schwierigkeiten, welche der menschliche Verstand findet, sie zu begreifen. (Ich frage nach dem, was ist. Du fragst nach dem, was denkbar ist.) Nun ist es keine Frage, daß es dir schon in den einfachsten Dingen Schwierigkeiten macht, die Tatsachen begrifflich widerspruchsfrei darzustellen, zu sondern, was von ihnen in den Dingen selbst liegt, und was wir hinzutun, und doch ist es keine

Frage andererseits, daß es möglich, nützlich und notwendig ist, die Tatsachen zu untersuchen und festzustellen.«[6]

Diese an Kant erinnernde Unterscheidung zwischen den Dingen und dem, wie sie dem menschlichen Verstand in seiner Vorstellung gegeben sind, ist weder ein Fehler noch eine Laune der Menschen, sondern eine Bedingung der Vorstellbarkeit überhaupt: »Es ist eine allgemeine und notwendige Eigenschaft des menschlichen Verstandes, daß wir uns die Dinge weder anschaulich vorstellen noch sie begrifflich definieren können, ohne ihnen Eigenschaften hinzuzufügen, die in ihnen durchaus nicht vorhanden sind.«[7] Die Schwierigkeit des Philosophen mit einer typischen Aussage der Physik ist daher nicht die, »daß sie mit der Natur nicht in Einklang zu bringen wäre, sondern die, daß du in ihrer weiteren Entwicklung auf logische Widersprüche zu kommen glaubst«.[8] Solche Widersprüche oder Aporien können aber nicht zwischen Tatsachen auftreten, sondern nur in dem, was der menschliche Verstand den Dingen hinzufügt.

Daraus entstehen besonders dann Probleme, wenn die den makroskopischen Körpern adäquaten Begriffe zur Beschreibung der Atome verwendet werden. So ist schon die Vorstellung von etwas Unteilbarem widersprüchlich, denn ein Atom läßt sich kaum anders als ein von Materie erfülltes Kügelchen vorstellen, ist dann aber zumindest in Gedanken räumlich und materiell wiederum teilbar. Wie vier Jahrzehnte später in der Analyse der Quantenmechanik herausgearbeitet wurde, daß nämlich eine direkte Übertragung der Begriffe der makroskopischen Physik in den atomaren Bereich zu Widersprüchen führen muß, ist auch schon für Heinrich Hertz evident, daß die den makroskopischen Körpern entsprechenden Vorstellungen im Bereich der Atome versagen: »Jede sinnliche Vorstellung von den Atomen schließt eine Absurdität ein, jede Übertragung der sinnlichen Eigenschaften der Materie auf die Atome einen logischen Fehler.«[9]

Trotzdem braucht der Physiker auch vor dieser Absurdität nicht zu verzweifeln, denn letztlich kann er auf sinnliche Vorstellungen verzichten, und das bedeutet keineswegs den Verzicht auf die Physik als strenge Wissenschaft: »Es bleibt übrig ein System von begrifflich definierten Größen, welche unter sich und mit den makroskopischen Eigenschaften der Materie durch streng mathematisch formulierte Beziehungen verbunden sind.«[10] Dieses System ist also zweierlei: Zunächst eine phänomenologische Theorie als umfassender Ausdruck der im Laboratorium beobachtbaren Gesetzmäßigkeiten zwischen makroskopischen Körpern, etwa zwischen einer Batterie, einer Spule und einem Galvanometer, und zugleich auch eine Theorie über die Beziehungen dieser Gesetzmäßigkeiten zu einfachsten Gesetzen.

Die Reduktion der Physik auf »streng mathematisch formulierte Beziehungen« wäre aber eine gar zu magere Diät für den Verstand und die Phantasie des Forschers, und er braucht sich damit auch nicht zu begnügen. Durch den harten Kern der Physik wird nämlich innnerhalb gewisser Grenzen wiederum eine den sinnlichen Vorstellungen verhaftete Anschauung auch der Atome legitimiert: »Ist es mir also z. B. nicht erlaubt, im eigentlichen Sinne von dem Durchmesser eines Atoms zu reden, so behält doch das, was ich Durchmesser des Atoms für ein bestimmtes Gas nenne, seine Bedeutung: es ist eine Länge, mit deren Hilfe ich eine Beziehung zwischen der Wärmeleitungsfähigkeit des Gases, seiner inneren Reibung, seiner Dielektrizitätskonstanten und seinem Lichtbrechungsvermögen aufzustellen vermag.«[11]

In diesem Sinne wäre es sinnvoll und berechtigt, den Dingen fiktive Vorstellungen hinzuzufügen, allerdings mit wenigen, aber wesentlichen Einschränkungen: »Die Eigenschaften, die wir der Materie beilegen dürfen, sind hier nur an zwei Bedingungen geknüpft: sie dürfen sich nicht untereinander widersprechen, also sie müssen logisch möglich sein, und die Rechnungen, zu welchen sie führen, müssen möglichst einfach, also die Eigenschaften müssen möglichst zweckdienlich sein.«[12]

Bei Beachtung dieser Kriterien ist es dann zulässig, »wenn wir von den Dingen, die in unseren Geist nicht eingehen, Bilder geschaffen haben, die mit jenen Dingen in einigen Beziehungen übereinstimmen, während sie in anderen wieder den Mangel unserer Vorstellungen tragen«.[13] Zum praktischen Erfahrungsschatz der Physiker gehört freilich, daß nicht alle Bilder gleichermaßen zweckdienlich sind. Einen besonderen Vorzug verdienen die an der Erfahrung makroskopischer Körper orientierten Bilder, weil das dabei Gelernte dann auch im Bereich der Atome nützlich ist: »Denn dadurch, daß unser Vorstellungsvermögen beständig die Bewegung der sichtbaren Körper in sich aufgenommen hat, kann es dieselbe auch ohne Rechnung ziemlich gut beurteilen, es bildet gewissermaßen eine ganz brauchbare Integrationsmaschine für die Differentialgleichungen der Mechanik, der Hydrodynamik, etc. Wollen wir diese Maschine aber auch für die Atome verwenden, so müssen wir denselben natürlich Farbe und Anstrich der sichtbaren Körper verleihen.«[14] Dabei muß sich der Physiker aber immer im klaren sein, was »als das Wesentliche gelten soll – es sind dies stets nur die Größenbeziehungen – und was in ihnen nur zugesetzt wird, um eine Vorstellung möglich zu machen«.[15]

Wenn aber letztlich nur ein System von Größenbeziehungen wesentlich ist, dann wird der traditionell seit Descartes durch Eigenschaften wie Ausdehnung und Beweglichkeit bestimmte Begriff der Materie fragwürdig. Heinrich Hertz entzieht sich allen Problemen und Fallstricken der philosophischen Tradition, indem er diesen Begriff zu einem »Zeichen« erklärt, und dies in einer originellen Wendung, die seine Herkunft aus einer Kaufmannsstadt nicht verleugnet:

»Ich vergleiche den Begriff der Materie mit einem Papiergeld, welches unser Verstand ausgibt, um seine Beziehungen zu den Dingen zu regeln. Das Papiergeld ist ein Zeichen für etwas anderes, und gerade in diesem, daß es ein Zeichen ist, liegt sein Wert und seine Bedeutung. Seine eigene Beschaffenheit ist gleichgültig; ob es diesen oder jenen Stich enthält, in roter oder blauer Farbe gedruckt, groß oder klein ist, darauf kommt es nicht an. Ähnlich ist der Begriff der Materie ein Zeichen für etwas anderes, und die eigenen Merkmale, die der Verstand diesem Begriff aufgeprägt hat, sind mehr oder weniger gleichgültig für die Dienste, die er uns leisten soll ... Und das Wesentliche am Begriffe der Materie ist dies, daß der Verstand ihn mir gibt als Grundlage meiner Empfindungen, und daß ich ihn jederzeit wieder umsetzen kann in meine Empfindungen.«[16]

Daß die Differenz zwischen dem Zeichen und dem Bezeichneten ebenso wie die zwischen dem Zeichen und seiner Bedeutung oft verkannt oder nicht beachtet wird, ist für Heinrich Hertz der Grund mancher Verwirrungen in der Analyse der Physik durch Philosophen, aber auch für die Ignoranz vieler Physiker gegenüber legitimen philosophischen Fragen:

»Am schlimmsten aber ist freilich in beiden Fällen derjenige daran, der nicht unterscheidet zwischen dem, was die Gegenstände bedeuten und dem, was sie sind. In dem einen Falle könnte ein solcher auf die Idee kommen, das Papiergeld in den Schmelztiegel zu tun, weil er gehört hat, Geld lasse sich in silberne Löffel umgießen. Im anderen Fall kommt er auf den Einfall, aus den von unserem Geiste dem Begriff der Materie beigegebenen Eigenschaften der Ausdehnung, Beweglichkeit etc. das Universum konstruieren zu wollen. Nicht wenige Philosophen haben sich eines so lächerlichen Mißgriffes schuldig gemacht.«[17]

Physik besteht für Heinrich Hertz deshalb darin, »in unabdingbarer Annahme aller Voraussetzungen über Raum, Zeit, Kausalität, welche ich im übrigen bei Betrachtung der Dinge mache, diejenigen Eigenschaften der Materie festzustellen, welche von der besonderen Form derselben unabhängig sind, und diese Eigenschaften auf möglichst wenige und möglichst einfache zurückzuführen. Daß diese letzten Eigenschaften dann sich als sehr leicht begreiflich oder gar als notwendig erweisen werden, hoffe ich gar nicht; daß sie sich als unbegreiflich erweisen werden, fürchte ich nicht, denn nichts, was tatsächlich ist, kann nach meiner Auffassung unbegreiflich sein.«[18]

Um diesem Anspruch der Begreiflichkeit aller Tatsachen gerecht zu werden, kommt es darauf an, die Theorie von allen »Vorstellungen« zu reinigen und sie als »System streng mathematisch formulierter Beziehungen« in klarer mathematischer Form herauszuarbeiten. Mit dieser Richtschnur nahm Heinrich Hertz die Klärung der Elektrodynamik in Angriff, und in seinem letzten Werk, den »Prinzipien der Mechanik«, hat er versucht, die Grundlagen aller Physik in äußerster begrifflicher Strenge so darzustellen, daß Unbegreifliches gar nicht erst formuliert werden kann.

Ob die Materie nun in traditioneller Weise als Substanz aufgefaßt oder von Heinrich Hertz zum »Zeichen« erklärt wird: Mit diesem Begriff hat es bei den Physikern des ausgehenden 19. Jahrhunderts eine eigentümliche, heute nicht mehr leicht nachvollziehbare Bewandtnis. Zum einen kannte man die »ponderabel«, also wägbar genannte Materie, und zum anderen ein unwägbares Agens, den Äther, der als »imponderable« Materie angesehen wurde. Dieser Äther galt als ebenso real wie Steine oder Tische oder alle anderen handfesten Dinge dieser Welt. Daß der Äther nicht nur als Fiktion, sondern als Realität betrachtet wurde, rührte daher, daß man sich etwa die Ausbreitung der Lichtwellen nicht anders vorstellen konnte denn als Schwingungen in einem Medium, so wie der Schall die Luft zur Übertragung braucht und man im Vakuum nichts hören kann. Dieser »imponderablen« Materie widmete Heinrich Hertz den ersten Teil seiner Vorlesungen, in denen er vor dem Hintergrund des Äthers seine Vorstellungen über Optik, Elektrodynamik und Gravitation entwickelt sowie die Kontroverse um Fern- und Nahwirkungskräfte diskutiert.

Der entscheidende Grund für die Existenz »imponderabler« Materie ist auch für Heinrich Hertz das Licht: »Es ist eine Wellenbewegung, die den von ponderabler Materie freien Weltraum durchdringt. Es muß also in diesem Raum noch etwas geben, das Wellen schlägt, und wir können dasselbe Äther nennen. Es gibt also einen den Raum erfüllenden Licht- oder Wellenäther.«[19] Wie ein folgsamer Adept der Ätherphysik beschreibt er ausführlich die Eigenschaften, die dieses Medium nach den Gesetzen der Mechanik haben muß, etwa die Beziehung zwischen dem Quadrat der Wellengeschwindigkeit und dem Quotienten aus Dichte und Elastizität, und er reproduziert auch eine Abschätzung von William Thomson für die Masse des Äthers – mindestens ein Kilogramm pro Kubikkilometer –, dies alles aber wegen so mancher Ungereimtheiten »nicht ohne Seufzen«, und zudem meint er, daß »wir nicht die gleiche Überzeugung von der Existenz des Äthers wie von der Existenz der direkt sinnlich wahrnehmbaren Materie«[20] haben.

Daher scheint es Heinrich Hertz ein besonderes Vergnügen zu bereiten, die dem mechanischen Äther inhärenten Tücken herauszustellen: Einerseits ist er eine zarte, inkompressible, ideale Flüssigkeit, andererseits muß er wegen der Eigenschaften des Lichts ein fester elastischer Körper sein, denn nur in festen Körpern können sich Transversalwellen ausbilden:

»Also der Äther verhält sich wie ein fester Körper und doch ziehen die Planeten durch ihn hindurch, nicht nur wie durch eine Flüssigkeit, sondern wie durch eine vollkommene Flüssigkeit, ohne auch nur einen Widerstand zu erfahren. Und die zarten Kometen desgleichen! Das ist nicht bloß unbegreiflich in dem Sinn, in dem wir keinen Gebrauch von dem Worte machen wollen, es ist widerspruchsvoll.«[21] Versuche, diese Schwierigkeiten argumentativ einzuebnen, verwirft er energisch: »Lassen wir uns auf solche Konzessionen nicht ein, sondern sagen wir einfach: hier ist ein Widerspruch.«[22]

Weil das, was in der Vorlesung nicht erwähnt wird, manchmal ebenso aufschlußreich ist wie ihr Inhalt, sei darauf hingewiesen, daß nirgendwo in dem langen Kapitel über den Äther auf das widersprüchliche Resultat des Michelson-Experiments eingegangen wird, obwohl Heinrich Hertz in Berlin diesen Gast aus Amerika anfänglich bei seiner Arbeit betreut hat. Michelson wollte bekanntlich die Bewegung der Erde durch den Äther nachweisen, konnte sie aber nicht finden. Hertz' Schweigen ist ein Indiz dafür, daß der »negative« Ausgang dieses Experiments damals noch nicht als ein erklärungsbedürftiger Stolperstein galt, sondern schlicht als ein Fehlschlag.

Wegen der dem mechanischen Äther eigenen Widersprüche schließt sich Heinrich Hertz dem von Faraday und Maxwell entwickelten Konzept an, daß der Äther nicht ein elastischer Körper sei, sondern ein polarisierbares Medium. Insbesondere begründet er, daß der gleiche Äther, der das Licht überträgt, auch die elektrischen und magnetischen Kräfte und sogar die Schwerkraft übertragen sollte. Darin unterscheidet er sich deutlich vom damals gängigen Gedankengut, denn die Newtonsche Gravitation interpretiert er als Feldtheorie und macht in einer ziemlich komplizierten Darstellung plausibel, daß sie als von Ätherschicht zu Ätherschicht fortschreitende Nahwirkung aufgefaßt werden kann.[23] Allerdings räumt er ein, daß damit die alten Anschauung der Gravitation als Fernkraft nicht widerlegt ist und ihre Anwendungen zudem viel bequemer sind.

Bei den elektrischen und magnetischen Erscheinungen argumentiert Heinrich Hertz dagegen sehr entschieden zugunsten der Feldtheorie. Sein Plädoyer für die Anschauungen von Faraday und Maxwell hätten wohl alle deutschen Physiker als befremdlich und überzogen zurückgewiesen, wenn es nicht in einem spärlich besetzten Kieler Hörsaal praktisch unter Ausschluß der Öffentlichkeit vorgetragen, sondern gedruckt worden wäre. Gleich zum Auftakt schiebt Heinrich Hertz die akademischen Kontroversen um die Elektrodynamik durch Berufung auf die Praxis eben dieser Physiker und der Ingenieure beiseite:

»Kein Physiker, der diese Kräfte auf ihr Wesen hin untersucht, kein Techniker, der sie in den Maschinen uns dienstbar zu machen strebt, kein Mensch überhaupt, der sie näher als vom bloßen Hörensagen kennt, bedient sich im täglichen praktischen Umgang mit diesen Kräften mehr der alten Anschauung von den Fernkräften, er mag nun theoretisch die Überzeugung haben, welche er will. Wenn er sich fragt, wie soll ich diesen Versuch, diese Maschine anordnen, so stehen vor seinem Geiste nicht mehr die alten geraden Linien von Punkt zu Punkt mit ihren Kräfteparallelogrammen, sondern vor seinem Auge stehen die krummlinigen Faradayschen Kraftlinien. Das ist genug.«[24]

Da er die Fernwirkungstheorien nicht explizit widerlegen kann, greift er noch des öfteren auf diesen Appell an die Praxis des Ingenieurs zurück: »Während wir uns noch streiten, ob ein Magnetfeld eigentlich existiert oder nicht, untersucht er bereits, wie billig er dasselbe pro Kubikzentimeter herstellen kann.«[25] Als Begründung ist das natürlich nicht genug, und so breitet er sehr sorgfältig alle Gründe aus, die für die Feldtheorie sprechen. Diese langen Passagen stellen eine sehr persönliche und durchaus schöpferisch zu nennende Leistung des Privatdozenten Heinrich Hertz dar, die weit über das hinausgeht, was er in Berlin von Kirchhoff und von Helmholtz gelernt haben mag.

Eine zentrale Bedeutung kommt in Hertz' Darstellung der elektrodynamischen Theorie des Lichts zu: »Es ist diejenige Theorie des Lichts, nach welcher dasselbe nicht besteht in wellenförmig sich ausbreitenden elastischen Verschiebungen der durchstrahlten Medien, sondern in wellenförmig sich ausbreitenden Polarisationen derselben.«[26] Es klingt wie eine Reminiszenz an Kirchhoffs Berliner Vorlesungen, daß in Deutschland diese Theorie zwar bekannt war und auch erwähnt wurde, »aber meist wie ein Curiosum, wie ein Paradoxon«.[27] Heinrich Hertz hat sich jedoch inzwischen zu einem enthusiastischen »Maxwellianer« gewandelt: »An die Stelle des Zweifels, ja selbst der gebotenen Vorsicht, tritt eine frohe Zuversicht, die vielleicht trügerisch, jedenfalls aber die Mutter der Entdeckungen ist. Wenn nicht alles täuscht, so wird für die kommenden Jahrzehnte die hier in Rede stehende Theorie die herrschende sein, um es entweder für immer zu bleiben oder später einer anderen Platz zu machen.«[28]

Sein Dreh- und Angelpunkt dieser elektrodynamischen Theorie ist die Gleichheit der Ausbreitungsgeschwindigkeit des Lichts und der nach der Maxwellschen Theorie möglichen elektromagnetischen Wellen. Dabei war die Lichtgeschwindigkeit auf einem merkwürdig hintergründigen Weg, der mit Licht und Wellen zunächst gar nichts zu tun hatte, als schlichter Zahlenfaktor in die Elektrodynamik hineingeraten, und zwar in Wilhelm Webers seit 1846 entwickeltem System für »Elektrodynamische Maßbestimmungen«.

Die elektrische Ladung läßt sich nämlich auf zwei Weisen definieren und messen, zum einen als statische Ladung mit einer Coulombschen Torsionswaage, und zum zweiten als magnetische Kraft zwischen bewegten Ladungen etwa mit einem ballistischen Galvanometer. Der Übergang vom elektrostatischen ins elektromagnetische System erfordert einen Proportionalitätsfaktor von der Dimension einer Geschwindigkeit. Als Wilhelm Weber und Rudolf Kohlrausch diesen Umrechnungsfaktor 1854 in delikaten Präzisionsmessungen ermittelten, erhielten sie einen Wert identisch mit dem der Lichtgeschwindigkeit. Weber nannte diese Größe zwar »kritische Geschwindigkeit«, aber die Gleichheit mit der Lichtgeschwindigkeit war für ihn ein Zufallsbefund, weiterer Interpretation weder bedürftig noch fähig.[29]

Die weitreichendsten Folgerungen aus dieser Identität zog der geniale Göttinger Mathematiker Bernhard Riemann, dessen Leistungen trotz seines kurzen Lebens von nicht einmal vierzig Jahren nur mit denen von Gauß, dem »Fürsten der Mathematik«, zu vergleichen sind. Riemann skizzierte 1858 eine Theorie, nach der sich die elektrodynamischen Wirkungen mit Lichtgeschwindigkeit ausbreiten und die deshalb »die Theorie der Elektrizität und des Magnetismus mit der des Lichts und der strahlenden Wärme in nahen Zusammenhang bringt«. Hertz rühmte Riemanns unveröffentlichte und erst nach seinem Tod publizierte Studie als »das erste Auftreten der elektrodynamischen Lichttheorie. Es war kurz und wie eine Vision gewesen.«[30]

Der Vision folgte sechs Jahre später die ausgearbeitete Theorie, als James Clerk Maxwell, natürlich ohne Kenntnis der unveröffentlichten Überlegungen von Riemann, seine Abhandlung über die »Dynamische Theorie des elektromagnetischen Feldes« bei der Royal Society für deren »Philosophical Transactions« einreichte: »Hierin tritt die neue Theorie zum zweiten Male auf, aber unendlich viel klarer gedacht und vollständiger entwickelt als in der Riemannschen Notiz.«[31] Und dann weist Hertz noch auf einen Dritten hin, den Dänen Ludwig Lorenz, der 1867 unabhängig von Riemann und Maxwell gleichfalls eine elektromagnetische Theorie des Lichts vorlegte, die beinahe ebenso unbekannt blieb wie Riemanns nicht publizierte Studie. Die Zukunft gehörte der von Maxwell formulierten Version, zunächst aber nur in England.

Denn in Deutschland wurde diese Theorie kaum beachtet. Typisch dafür waren Kirchhoffs Berliner Vorlesungen zur Elektrodynamik, in denen die Identität des Weberschen Faktors mit der Lichtgeschwindigkeit nur registriert, nicht aber diskutiert wurde.[32]

Helmholtz war der erste und lange der einzige, der sich überhaupt mit der Maxwellschen Theorie vertraut gemacht hatte. Da er sie aber in seine der Fernwirkung verhaftete »Übertheorie« integrierte, beraubte er sie ihrer feldtheoretischen Struktur, was im historischen Rückblick deutlich und zutreffend kritisiert wurde: »Indem er seine ziemlich schwere Hand darauf legte, verdarb er vollständig die subtile Harmonie.«[33] Vor allem aber verdarb er den physikalischen Gehalt.

Immerhin stellte Helmholtz im Juni 1883 in einer Denkschrift zur Gründung der späteren »Physikalisch-Technischen Reichsanstalt« die »fundamentale Rolle« der Identität der Lichtgeschwindigkeit mit der Weberschen »kritischen Geschwindigkeit« heraus: »Ihre Gleichheit mit der Lichtgeschwindigkeit scheint mir eine wesentliche innere Verwandtschaft zwischen den optischen und den elektrischen Vorgängen anzuzeigen. Die Einsicht in die rätselhaften Seiten namentlich der elektromagnetischen Erscheinungen scheint hier einen leitenden Faden gewonnen zu haben, der uns wahrscheinlich zum tiefsten Grunde derselben führen wird.«[34] Das war zwar unabhängig von feldtheoretischen Konzeptionen Maxwells argumentiert, aber trotzdem prophetisch.

Es gibt allerdings keinen Hinweis darauf, daß Heinrich Hertz in Berlin dieses fundamentale Problem mit Helmholtz erörtert hat. In seiner Kieler Vorlesung läßt er davon jedenfalls nichts erkennen: Helmholtz erwähnt er nur ein einziges Mal als kompetenten Kritiker des Weberschen Grundgesetzes, verliert sonst aber kein Wort über seinen Meister und dessen Theorie.

Über die Maxwellsche Theorie spricht Heinrich Hertz dagegen um so ausführlicher. Deren zentrale Ideen präsentiert er sehr originell und anschaulich, ohne Maxwells vertrackte mechanische Modelle und seine unkonventionelle Mathematik zu bemühen. Hertz' Ausgangspunkt ist ein denkbar einfaches Gebilde: zwei kleine metallische Kugeln, verbunden durch einen Draht. Was geschieht, kann er freilich nur als eine Art Gedankenexperiment beschreiben. Wird eine der Kugeln elektrisch geladen, findet ein Ladungsausgleich statt, aber wegen der Selbstinduktion des Drahtes erst nach vielfachem Hin- und Herpendeln der Ladung von einer Kugel zur anderen, wobei die Schwingungen schnell schwächer werden: »Einige Tausend derselben mögen immerhin erfolgen, jede einzelne aber dauert nur einen Bruchteil von dem Millionsten Teil einer Sekunde, und so hat der Strom seine tausend Bewegungen abgemacht, lange ehe der stumpfsinnige Mensch die erste Kunde seines Daseins erhält.«[35]

In einer Abfolge von Gedankenexperimenten stellt er im nächsten Schritt viele solcher einfachen Schwingkreise eng nebeneinander und beschreibt, wie durch die Induktion die Schwingungen des Stroms im ersten Draht seinen Nachbarn zu Schwingungen anregen und dieser wieder den nächsten Draht, was die Ausbreitung einer Welle durch den mit Drähten angefüllten Raum ergibt. Schließlich geht er zu Isolatoren über wie Stäben aus Paraffin oder Benzin in Glasröhren, die nicht geladen, sondern durch das Anlegen einer elektrischen Spannung polarisiert werden: »Wir beginnen nun die erste derselben abwechselnd in dem einen oder anderen Sinne zu polarisieren; die abwechselnde Polarisation bildet einen abwechselnden Strom, sogleich wird daher die zweite mitgerissen, durch diese die dritte und so fort, genau wie soeben die Leiter kommen auch hier die Stäbe in Oszillationen und jede einzelne Schwingung, die wir im ersten Stab erregten, pflanzt sich als Welle mit ungeheuerer Geschwindigkeit durch die ganze Reihe fort.«[36]

Von dieser Situation ist es nur noch ein kleiner Schritt zu einem kontinuierlichen Isolator, in dem sich elektromagnetische Wellen ausbreiten müssen, ebenso wie im »leeren«, nur vom Äther erfüllten Raum, und in einem abschließenden, entscheidenden Schritt macht Heinrich Hertz die Vereinigung von Licht und Elektrizität plausibel:

»Auf der einen Seite steht die Elektrodynamik und sagt: Nach meiner Vorstellung müßten im leeren Raum elektrische Transversalwellen sich ausbreiten können mit der ungeheuren Geschwindigkeit von 300 000 Kilometern; schade, daß ich keine solche Wellen kenne, sonst würden sie die Richtigkeit meiner Vorstellung beweisen und auch sonst recht merkwürdige Dinge sein. Und auf der anderen Seite steht die Optik und sagt: Ich habe hier Transversalwellen, die sich mit 300 000 Kilometern Geschwindigeit ausbreiten; schade, daß ich mir nicht recht eine Vorstellung machen kann weder von dem Zustandekommen der Transversalwellen noch von dem Zustandekommen ihrer Geschwindigkeit.

Werden wir nicht beiden zu Liebe handeln, wenn wir sie zueinander führen und zu ihnen reden, zur Elektrodynamik: Nimm du immerhin die Wellen der Optik für die, welche du suchst; da sie sich mit der gleichen Geschwindigkeit und nach den gleichen Gesetzen ausbreiten, betrachte die Existenz diese Wellen als einen Beweis für die Richtigkeit deiner Vorstellungen. Und zur Optik: Entlehne du die Vorstellung über das Wesen der Wellen, deren Ausbreitung du untersuchst, lieber der Elektrodynamik als der Elastizitätstheorie, so wirst du über deine Schwierigkeiten fortkommen, die Eigenschaften deines Äthers werden nicht mehr in abschreckendem Gegensatz zu denen der sichtbaren Körper stehen. Auf diese Weise wird beiden geholfen sein.«[37]

Natürlich weiß Heinrich Hertz, daß diese Schlüsse nicht absolut sicher, sondern eher Analogien sind. Daher bringt er noch weitere Argumente bei wie die von Boltzmann 1872 in Berlin im Helmholtzschen Laboratorium durchgeführten Messungen über die Beziehung zwischen der Dielektrizitätskonstanten und dem Brechungsindex. Da diese Beziehung zwischen einer elektrischen und einer optischen Materialeigenschaft den Voraussagen der Maxwellschen Theorie entsprach, ist sie eine starke Stütze der elektrodynamischen Theorie des Lichts. Daher faßt Hertz abschließend zusammen: »Wir nehmen also an, daß das Licht in dielektrischen Schwingungen des Äthers bestehe; damit ist auch die Frage, die wir in Bezug auf die elektrischen Kräfte aufwerfen, entschieden. Denn nur mit der einen der kämpfenden Ansichten läßt sich diese Theorie des Lichts vereinigen; sie verliert Grund und Boden, sobald wir die elektrischen Kräfte als den Raum überspringende Fernkräfte ansehen.«[38]

Nach diesem krönenden Höhepunkt seiner Betrachtungen über den Äther und die elektrischen, magnetischen sowie die optischen Erscheinungen wendet sich Heinrich Hertz der sozusagen normalen Materie zu, welche »als die greifbare, ponderable, sichtbare Materie« bezeichnet wird. Sein Gefühl dabei war »das eines Menschen, welcher von dem unsicheren Meere dem sicheren Lande zusteuert«.[39] Trotzdem gibt es auch auf dem »sicheren Lande« genug Probleme und sogar Rätsel, denen er sich oft auf eine sehr originelle Weise nähert.

So stellt er in beeindruckender Stringenz alle Argumente zusammen, die für eine atomare Konstitution der Materie sprechen, was damals keine Selbstverständlichkeit war, sondern unter Physikern heftig umstritten. Aber auch die Atome beschreibt er bereits lange vor der Entdeckung des Elektrons als zusammengesetzte Gebilde, denn die Aussendung von Licht ist gemäß der elektromagnetischen

Theorie dadurch zu erklären, »daß die Atome fähig sind, Schwingungen in ihrem Inneren auszuführen«. Weil das Licht etwa der Metalldämpfe aus Hunderten von Spektrallinien besteht, zieht er kühnen Folgerungen, deren Berechtigung erst Jahrzehnte später akzeptiert wurde:

»Es müssen also auch im Innern ihrer Atome sehr viele gegeneinander bewegliche Massen und die entsprechenden Kräfte vorhanden sein. Nicht also mit einem ausdehnungslosen Punkt oder einer starren Kugel ... dürfen wir die Atome vergleichen, sondern entweder mit einem System von 20–100 Kugeln ... oder etwa mit unserem Planetensystem, in welchem sich ja auch eine Reihe von Kugeln in harmonischer Bewegung befindet.«[40]

Die Hoffnung, in der Zukunft Aufschlüsse über den Aufbau der Atome zu erlangen, ist für Heinrich Hertz »kein müßiges Kreditnehmen auf die Zukunft«, denn ähnlich wie eine unbekannte altägyptische Schrift werden sich die Spektren entziffern lassen: »Man wird die Gesetze dieser Schwingungsdauern verstehen ... oder man wird mit dem Verständnis dieser Gesetzmäßigkeit den sichersten Aufschluß erhalten über die Ursachen, welche jene Schwingungen hervorrufen.«[41] Diese Skizzen waren im Jahre 1884 sehr kühn; von keinem anderen Physiker ist bekannt, daß er in dieser Weise in die Zukunft zu blicken gewagt hätte, und zudem nahmen sie in prophetisch anmutender, exakter Phantasie den um die Jahrhundertwende beginnenden Vorstoß ins Innere der Atome vorweg.

Am faszinierendsten freilich ist Heinrich Hertz' Analyse der Beziehung zwischen träger und schwerer Masse. Beide Begriffe werden zwar denkbar unterschiedlich definiert, sind aber trotzdem im Ergebnis immer gleich. Die »träge« Masse erscheint im Newtonschen Kraftgesetz als Widerstand gegen eine Bewegungsänderung, während die »schwere« Masse durch das Gravitationsgesetz bestimmt ist. Weder in Lehrbüchern noch in theoretischen Erörterungen wurde diese Identität thematisiert, sondern als selbstverständlich unterstellt. Hertz ist der erste, der hier ein fundamentales Problem sieht:

»Und doch haben wir hier in Wahrheit zwei Eigenschaften, zwei Haupteigenschaften der Materie, vor uns, die völlig unabhängig voneinander gedacht werden können und die sich durch die Erfahrung und nur durch diese als völlig gleich erweisen. Diese Übereinstimmung ist also vielmehr als ein wunderbares Rätsel zu bezeichnen ... Doch wollen wir darüber klar sein, daß die Proportionalität zwischen Masse und Trägheit ebenso sehr einer Erklärung bedarf, und ebensowenig als bedeutungslos hingestellt werden darf, wie die Gleichheit der Fortpflanzungsgeschwindigkeit elektrischer und optischer Wellen.«[42]

Während Heinrich Hertz das zuletzt erwähnte Problem wenige Jahre später in brillanter Manier aufklärte, indem er elektrische und optische Wellen experimentell als wesensgleich nachwies, hatte es mit der Identität von träger und schwerer Masse eine ganz andere Bewandtnis. Wenn man von Heinrich Hertz' Bemerkungen absieht, wurde diese Identität auch in den nächsten Jahrzehnten nicht problematisiert. Erst im Jahre 1907 hat Albert Einstein dieses Rätsel erneut entdeckt. Einstein erklärte es freilich nicht, wie Hertz gefordert hatte, sondern machte es für die Physik in ganz anderer Weise fruchtbar: Er drehte den Spieß gewissermaßen um, erhob die Identität von träger und schwerer Masse zum »Äquivalenzprinzip« und entwickelte daraus die Allgemeine Relativitätstheorie. Nachdem er diese umfassende Theorie von Raum, Zeit und Gravitation 1916 vollendet hatte, schrieb er rückblickend, daß diese wichtige Identität von der bisherigen Mechanik »zwar *registriert*, aber nicht *interpretiert*« worden sei.[43]

Hätte Einstein die weitsichtigen Bemerkungen von Heinrich Hertz gekannt, wäre sein Urteil differenzierter ausgefallen: Gewiß hatte Hertz die Identität von träger und schwerer Masse nicht im Einsteinschen Sinne »interpretiert«, aber er hatte doch viel mehr getan, als sie bloß zu registrieren: Er hatte sie erstmals und als einziger in einer scharfen Analyse auf den Punkt gebracht und darin ein wichtiges Problem zukünftiger Physik gesehen. Nur eben: Diese Analyse wurde wie das gesamte Manuskript nicht gedruckt.

Warum Heinrich Hertz von der Absicht der Veröffentlichung seiner Vorlesung wieder abgerückt ist, bleibt unklar. Wahrscheinlich hatte er schon nach den ersten Stunden den Eindruck, daß dieses Kolleg doch keine so gute Idee war, denn schon Ende Mai zog er in einem Brief nach Hamburg eine betrübliche Zwischenbilanz: »Mein Kolleg findet keinen rechten Anklang, wie ihr Euch denken könnt.«[44] Seinem Vater, dem er in Hamburg längere Passagen seines Textes vorgelesen hatte, und auch seinem ältesten Bruder machte er noch das früher schon erwähnte Kompliment, daß kaum »ein Zuhörer da ist, der mehr von Physik versteht als Papa und Gustav, meist aber haben sie weniger Verstand und alle haben, wie Ihr Euch denken könnt, unendlich viel weniger guten Willen«. Das ärgste Problem war für ihn, »daß ich doch schließlich für Physiker lesen möchte und höchstens Zuhörer habe, die sich für Physik interessieren«.

Dieses Dilemma hatte auch Auswirkungen auf das Manuskript, mit dem er nicht immer zufrieden war: »Was das Aufschreiben anlangt, so bin ich mit dem Äther jetzt fertig geworden. Aber gut ist es nicht geworden, was hinzugekommen ist, und es fehlt auch noch vieles, was hinein soll. Aber fürs erste Bedürfnis muß ich eilen, meinen Zuhörern etwas Greifbares zu bieten, sonst verhungern sie mir im leeren Raume.«[45] Er hatte aber auch die Fülle des Materials unterschätzt und geriet dadurch in arge zeitliche Bedrängnis. Zum Semesterende war er »natürlich nicht entfernt fertig geworden; wenn ich es offen sagen soll, bin ich überhaupt nicht zu den Hauptfragen gekommen und habe dieselben nur ganz kurz in der letzten Vorlesung erwähnt«.[46] Im Tagebuch hielt er fest, er habe das Kolleg »gewaltsam zu Ende gebracht«.

Das galt aber nicht für das Manuskript, bei dem er sich durch die begrenzte Stundenzahl nicht hatte stören lassen, denn er dachte immer noch an das Buch. Im November wandte er sich wieder seinem Manuskript zu[47], brachte einige Korrekturen und Ergänzungen an und wollte es offenbar durch einen eindrucksvollen Schluß abrunden, doch »das Aufschreiben will nicht recht, weil ich nicht recht weiß, was ich aufschreiben soll; die Sache ist nämlich nicht so einfach und läßt sich nicht eins, zwei, drei um den Finger wickeln«.[48]

Danach geriet das auf über vierhundert Seiten angewachsene Manuskript aus dem Blickfeld und wurde von Heinrich Hertz nie mehr erwähnt. Zeitmangel durch den bevorstehenden Wechsel nach Karlsruhe mag eine Rolle gespielt haben, gewiß auch seine Neigung zu unerbittlicher und daher oft übertriebener Selbstkritik, und immer wurde er von einem Gefühl des Unbehagens heimgesucht, wenn er eine seiner Arbeiten, wie er sich ausdrückte, »von hinten« sah. Bei seinen wissenschaftlichen Abhandlungen mußte er dieses Unbehagen überwinden, und es dürfte ihm auch nicht zu schwer gefallen sein, da es sich jeweils nur um wenige oder höchstens einige Dutzend Seiten handelte. Bei vielen hundert Seiten mochte er sich diese Quälerei wohl nicht antun.

Hätte sich Heinrich Hertz aber überwunden, so wäre eine schöne und klare Darstellung der Physik für weitere Kreise entstanden, die wegen der begrifflichen Strenge und der oft prophetischen Originalität auch für die Kollegen von großem Reiz gewesen wäre. Ein vergleichbare Darstellung gab es jedenfalls nicht, und Heinrich Hertz' Vorlesungen wären das aufregendste und zugleich anregendste Buch über die Physik der achtziger Jahre des 19. Jahrhunderts und der Zukunft geworden.

3. »Morgens glückte die elektrodynamische Frage.« – Ein Prinzip und die Maxwellschen Gleichungen

Während Heinrich Hertz in seiner Vorlesung über »Die Konstitution der Materie« die sozusagen populären Version seiner Auffassung der Elektrodynamik vortrug, arbeitete er in einer Parallelaktion an einer grundsätzlichen Untersuchung zu diesem Thema. Schon im Winter hatte er »über elektromagnetische Strahlen nachgedacht« und auch über »elektromagnetische Lichttheorie«.[1] Seit April hat er intensiv an seinem Manuskript der Vorlesung gearbeitet und in diesem Zusammenhang im Mai begonnen, »kräftig Elektrodynamik nach Maxwell« zu studieren.

Das muß ihn gefesselt haben, denn in den nächsten Tagen trieb er »ausschließlich Elektrodynamik«, oder er hat »den ganzen Tag Elektrodynamik gearbeitet«. Sogar an einem Sonntag, als er am 18. Mai morgens um sieben Uhr nach Hamburg fuhr und abends nach Kiel zurückkehrte, hat er über »Elektrodynamik nachgedacht«. Die Intensität war vergleichbar mit der bei seiner Beschäftigung mit der Hydrodynamik, aber anders als bei jenem fruchtlosen Grübeln hatte er in der Elektrodynamik ein »Heureka«-Erlebnis, denn am Tag nach der Rückkehr aus Hamburg notierte er: »Morgens glückte die elektrodynamische Frage.«[2] Er hatte ein starkes, wenn auch nicht ganz zwingendes theoretisches Argument gefunden, mit dem er alle Fernwirkungstheorien als ungenügend und zugleich die Maxwellschen Gleichungen als die einzig vollständige Beschreibung aller elektrodynamischen Erscheinungen nachweisen konnte.

Die Ausarbeitung dieses Einfalls war offenbar schwieriger als seine optimistisch klingende Tagebuchnotiz vermuten läßt, denn zunächst flüchtete sich Heinrich Hertz in Ablenkungen. Neben der ständigen Arbeit an der Vorlesung widmete er sich pflanzenphysiologischen Untersuchungen und der damals rätselhaften Brownschen Bewegung, die sich bei winzigen Partikeln unter dem Mikroskop zeigt. Zur Entspannung las er den Briefwechsel zwischen Carl Friedrich Gauß und seinem Schüler Heinrich Christian Schuhmacher, der in Altona gelebt hatte, oder die Briefe, die einst

Goethe und Schiller einander geschrieben hatten. Ende Mai wurde er unruhig: »Meine Arbeiten stocken, schleichen, erregen meine Unzufriedenheit aufs Äußerste, aber immerhin kommen sie langsam, langsam weiter, und da muß ich zufrieden sein.«[3]

Nach einem Monat war er dann »bis aufs Abschreiben fertig«, so daß nur noch »gefeilt und abgeschrieben« werden mußte.[4] Erleichtert berichtete er: »Ich habe jetzt eine kleine Arbeit fertig, die ich dieser Tage abschicken will. Ich hoffe, daß sie etwas Interesse hat (im Gegensatz zu einer noch kleineren, die schon im Druck ist), aber es ist auch nötig, der erste Regen nach so langer Dürre.«[5] Was er am 30. Juni an die »Annalen« sandte und eine »kleine Arbeit« nannte – die »noch kleinere« war die über schwimmende elastische Platten, die er schon in Berlin begonnen hatte[6] – trug den langen Titel »Über die Beziehungen zwischen den Maxwellschen elektrodynamischen Grundgleichungen und den Grundgleichungen der gegnerischen Elektrodynamik«. Es war nicht der bedeutendste, aber der originellste Beitrag zur Elektrodynamik im 19. Jahrhundert, ein scharfsinniges und verblüffendes Meisterwerk. Zehn Jahre später wurde es von Max Planck in einer Gedenkrede auf Heinrich Hertz gerühmt als »eine theoretische Leistung ersten Ranges, die vollkommen ebenbürtig seinen späteren Arbeiten auf diesem Gebiet an die Seite zu stellen ist«.[7]

Die »elektrodynamische Frage«, der sich Heinrich Hertz verschrieben hatte, knüpfte an die Bemühungen von Helmholtz an, eine Entscheidung zwischen den konkurrierenden Theorien der Elektrodynamik herbeizuführen, oder, wie Hertz den etwas martialisch klingenden Sprachgebrauch der gelehrten Welt des 19. Jahrhunderts übernahm, zwischen den »gegnerischen« Theorien. Während Helmholtz die Beantwortung durch Experimente bei ungeschlossenen Strömen erhoffte, meinte Hertz, daß sie ihm schon für geschlossene Ströme gelungen sei, bei denen nach gängigem Verständnis alle Theorien die gleichen Resultate lieferten, und dies auf theoretischem Wege durch reines Nachdenken.

Die Struktur der Argumentation von Heinrich Hertz ist allerdings ziemlich vertrackt: Wenn man die in der Physik allgemein akzeptierten Prinzipien und dazu die Grundannahmen aller elektrodynamischen Theorien betrachtet, dann zeigt sich, daß die Fernwirkungstheorien, also insbesondere die Potentialtheorie von Neumann und die Theorie der elektrischen Fluida von Weber, zu

Konsequenzen führen, die der einen oder anderen Annahme widersprechen, während die Maxwellsche Theorie mit allen Annahmen im Einklang ist und deshalb den Vorzug verdient.

Als Grundlage und Ausgangspunkt seiner Argumentation erhebt Heinrich Hertz zwei Tatsachenkomplexe der Elektrodynamik in den Rang von Prinzipien. Das erste betrifft die »Annahme, daß es nur eine Art magnetischer Kraft gebe, daß also die von den Strömen ausgeübten magnetischen Kräfte in allen Wirkungen gleichwertig seien mit gleich großen und gleich gerichteten Kräften, welche von Magnetpolen ausfließen«. Dieses Prinzip sei zwar aller Elektrodynamik inhärent, aber nur stillschweigend, denn es sei seit Ampère »kaum erwähnt, sondern als etwas Selbstverständliches hingenommen« worden.[8] Er hält es aber für geboten, das Selbstverständliche als das »Prinzip der Einheit der magnetischen Kraft« herauszustellen.

Mit seinem zweiten »Prinzip der Einheit der elektrischen Kraft« betritt Heinrich Hertz jedoch Neuland: »Daß diejenigen elektrischen Kräfte, welche aus Induktionswirkungen entspringen, nach jeder Richtung gleichbedeutend seien mit gleichen und gleichgerichteten Kräften elektrostatischer Quellen, ist ausdrücklich vielleicht nirgends behauptet worden, aber dieses Prinzip ist notwendige Voraussetzung und Folgerung der hauptsächlichsten Anschauungen, welche man sich über die elektrodynamischen Erscheinungen überhaupt gebildet hat.«

Zur Verdeutlichung skizziert er die Grundannahmen der Fern- und der Nahwirkungstheorien: »Nach der Faradayschen Anschauungsweise ist das elektrische Feld etwas selbständig und unabhängig von seiner Erzeugungsweise im Raum Bestehendes; welches auch die Veranlassung zur Entstehung des elektrischen Feldes ist, die Wirkungen, welche dasselbe ausübt, werden immer die gleichen sein.« Ebenso wird man auch für die Fernwirkungstheorien, in denen die elektrostatischen und elektrodynamischen Wirkungen als Ausprägungen einer zwischen elektrischen Teilchen wirkenden Kraft aufgefaßt werden, nicht zulassen können, daß die Wirkungen sich nach der Art ihrer Hervorbringung unterscheiden. Ob Ladungen oder Ströme die Ursache sind, darf keinen Unterschied ausmachen. »Aber abgesehen von aller Theorie findet sich die Annahme, von der wir reden, implizite enthalten in den meisten elektrischen Rechnungen; direkt geleugnet ist sie niemals worden, und so kann sie wohl als eine der Grundvorstellungen jeder bestehenden Elektrodynamik bezeichnet werden. Trotzdem hat man ... noch nicht auf gewisse Folgerungen aufmerksam gemacht, zu welchen sie führt.«

Damit er diese Folgerungen entfalten kann, beruft sich Heinrich Hertz nur noch auf allgemeinste Prinzipien wie die Erhaltung der Energie und die Gleichheit von Wirkung und Gegenwirkung, die als Fortschreibungen des ersten und dritten Newtonschen Axioms für alle physikalischen Systeme gelten müssen. Dem zweiten Newtonschen Axiom vom Parallelogramm der Kräfte entspricht das Prinzip der Superposition in seiner speziell elektrodynamischen Fassung, daß die elektrischen und magnetischen Wirkungen unabhängig voneinander sind und die durch sie verursachten Kräfte sich addieren.[9] Heinrich Hertz gelingt es nun, aus diesem Satz von Prinzipien die Maxwellschen Gleichungen herzuleiten.

Die Bedeutung des Hertzschen Prinzips von der »Einheit der elektrischen Kraft« läßt sich durch die denkbar einfachsten Experimente der Elektrizitätslehre illustrieren: Wenn ein durch Reiben mit Katzenfell elektrisiertes Stück Hartgummi ein Kügelchen aus Holundermark anzieht, dann wirkt hier dieselbe Kraft, mit der ein bewegter Magnet in einem Leiter einen Strom induziert. Deshalb muß ein bewegter oder in seiner Stärke zeitlich veränderlicher Magnet ein geladenes Holundermarkkügelchen in Bewegung versetzen. Nach dem Prinzip der Gleichheit von Wirkung und Gegenwirkung muß dann ein elektrostatisch geladener Körper auf einen Magneten eine Kraft ausüben. Durch Fortsetzung dieser Kette von Wirkung und Gegenwirkung folgt daraus, daß zwischen zwei räumlich bewegten oder zeitlich veränderlichen Magneten zusätzlich zu der magnetischen Anziehung oder Abstoßung noch eine elektrische Kraft wirkt. In den Fernwirkungstheorien kommt diese elektrische Kraft, die Hertz aus seinem Prinzip von der »Einheit der elektrischen Kraft« deduziert hat, jedoch nicht vor, obwohl dieses Prinzip auch diesen Theorien zugrunde liegt. Also sind, so schließt er, diese Theorien unvollständig.

Für die experimentelle Bestimmung ist diese elektrische Kraft freilich zu klein; vielleicht sind einige der im Tagebuch nur kurz aufgeführten Experimente, die Heinrich Hertz in dem bescheidenen Laboratorium in seiner Wohnung unternahm, von der Hoffnung inspiriert gewesen, hier doch einen Weg zu finden. Aber auch, wenn diese Kräfte nicht meßbar sind, müssen sie in einer vollständigen Theorie berücksichtigt werden. Sie ergeben eine Korrektur, die das Quadrat der Lichtgeschwindigkeit im Nenner enthält. Dies ist aber nur der erste Schritt in einer unendlichen Kette, denn aus der Korrektur der Kraft folgt notwendig eine Korrektur der Induktionswirkung, aus der wiederum eine Korrektur der Kraft, und dies geht so weiter ohne Ende.

Bei der mathematischen Durchführung der wiederholten Iterationen erhält Heinrich Hertz für die elektrischen und magnetischen Wirkungen unendliche Reihen, deren Terme nach geraden Potenzen der Lichtgeschwindigkeit abnehmen und daher konvergieren. Diese Reihen genügen überraschenderweise aber exakt den Maxwellschen Gleichungen und stellen somit eine Beschreibung der Ausbreitung der Kräfte mit Lichtgeschwindigkeit durch den Raum dar. Dabei erhält Hertz die Maxwellschen Gleichungen erstmals in derjenigen symmetrischen Form für die Feldstärken, die später als die klassische Darstellung gelten wird.[10] Das Verblüffendste an diesem Resultat ist aber, daß er aus den Annahmen der Fernwirkungstheorien ein Gleichungssystem hergeleitet hat, das die Nahwirkung beschreibt.

Natürlich weiß Heinrich Hertz, daß sein Verfahren nicht als »exakter Beweis dafür ausgegeben werden (kann), daß das Maxwellsche System das einzig mögliche sei. Ein solcher Beweis aus unseren Prämissen erscheint selbst unmöglich; das Genaue kann aus dem Ungenauen wohl als das von gewissem Standpunkte aus Nächstliegende, nicht aber als etwas Notwendiges abgeleitet werden.«[11] Mit dieser Einschränkung, daß es nicht um richtig oder falsch, sondern um die Frage der Zweckmäßigkeit geht, ist er zu der entscheidenden Schlußfolgerung berechtigt: »Wenn nur die Wahl vorliegt zwischen dem gewöhnlichen System der Elektrodynamik und dem Maxwellschen, so gebührt dem letzteren unbedingt der Vorzug.«[12] – Zu dem »gewöhnlichen System« gehören in diesem Zusammenhang übrigens nicht nur die Neumannsche und Webersche, sondern auch die Helmholtzsche Theorie.

An diesem Ergebnis ist bemerkenswert, daß die von Heinrich Hertz gefundene Herleitung der Maxwellschen Gleichungen nirgends auf Eigenschaften des Äthers Bezug nimmt und daher unabhängig ist von allen mechanischen Modellvorstellungen dieses Mediums, wie sie Maxwell selbst bei der Entwicklung seiner Theorie vor Augen standen. Hertz hat also nicht den gesamten Inhalt der Maxwellschen Theorie rekonstruiert, sondern nur das System der

Gleichungen ohne die von Maxwell gegebenen Begründungszusammenhänge. Dies entspricht allerdings genau der Reduktion einer Theorie auf ein »System reiner Größenbeziehungen«, wie er es in seiner Vorlesung über die »Konstitution der Materie« als den Kern der Physik herausgestellt hat.

Nachdem Heinrich Hertz seine Abhandlung am 30. Juni 1884 zur Post gegeben hatte, war für ihn das Thema damit keineswegs abgeschlossen. Schon zwei Tage danach hat er wieder über »Elektrodynamik nachgedacht«, und nach dreitägigem Mühen notierte er »Elektrodynamik, immer noch ohne Erfolg«.[13] So ging es die nächsten Wochen hindurch, mal »etwas Elektrodynamik, etwas Kolleg« bis zu »ausschließlich Elektrodynamik getrieben«.[14] Was er erreichen wollte, bleibt freilich unbekannt, aber naheliegend wäre ein Versuch gewesen, die Argumentation zugunsten der Maxwellschen Gleichungen zu einem stringenten Beweis zu verschärfen. Das gelang offenbar nicht, und so traten neben der Vorlesung über die »Konstitution der Materie« wieder die Hydrodynamik und viele andere Probleme in den Vordergrund.

Ende September, sofort nach dem Erscheinen seiner Abhandlung, verschickte Heinrich Hertz Separatdrucke an Kollegen.[15] Besonders von Helmholtz wird er eine Reaktion erwartet haben, aber die verehrte Autorität hüllte sich in Schweigen.[16] Was andere Physiker von dieser unkonventionellen Studie gehalten haben, ist nicht bekannt, nicht einmal, ob sie diese Arbeit überhaupt wahrgenommen haben. Der »erste Regen nach langer Dürre«, von dem der Autor sich zweifellos einiges, wenn auch von Kritik begleitetes Aufsehen, erhofft hatte, scheint völlig unbemerkt niedergegangen zu sein. Er hatte sich offenbar auf ein Feld begeben, von dem die Kollegen weder viel wissen wollten noch viel damit anfangen konnten. Ende Oktober kam er dann, kaum daß seine meteorologische Abhandlung fertig war, noch einmal auf das heikle Thema zurück, hat »mit Sorgen Elektrodynamik nachgedacht« und sich damit eine Woche lang beschäftigt, offenbar wieder ohne Erfolg.[17] Die Enttäuschung muß tief gewesen sein, denn die Elektrodynamik verschwand für drei Jahre aus seinem Tagebuch, und zwar vollständig.

Heinrich Hertz blieb nämlich auffallend gleichgültig, als seine Abhandlung schließlich doch noch eine kleine Kontroverse im Kreise der Elektrodynamiker auslöste. Als erster hatte Ludwig Boltzmann, damals Professor in Graz, einige Fragwürdigkeiten in

Hertz' verschlungenen Argumentationspfaden aufgespürt und seinen Doktoranden Eduard Aulinger darauf aufmerksam gemacht. Der Extrakt von Aulingers Dissertation wurde im April 1885 in den Sitzungsberichten der Wiener Akademie veröffentlicht.[18] Die von Boltzmann angeregte Kritik Aulingers war freilich von der »konstruktiv« zu nennenden Art: Zunächst wurde anerkannt, daß das Hertzsche Prinzip der Einheit der elektrischen Kraft »sich als äußerst fruchtbar erwies«, bevor gewisse Mängel der Hertzschen Formulierung durch eine von Boltzmann vorgeschlagene, verbesserte Fassung behoben werden sollten. Auch aus dieser Fassung folgten dann alle von Hertz gezogenen Schlüsse, insbesondere also die Herleitung der Maxwellschen Gleichungen.

Diese wohlwollende Kritik wurde in den »Annalen« erst Anfang 1886 nachgedruckt, aber dann wurde es lebhaft. Hermann Lorberg, ein tüchtiger Gymnasialprofessor in Straßburg, meinte, die Webersche Theorie verteidigen zu müssen und attackierte sowohl Hertz als auch Aulinger/Boltzmann. Immerhin konnte er anhand eines konkreten Beispiels zeigen, daß die Prinzipien von Hertz und Boltzmann/Aulinger beide der Weberschen Theorie widersprechen, während Hertz gerade von Annahmen ausgehen wollte, die allen Theorien gemeinsam waren.[19] Boltzmann verwies in seiner versöhnlich gehaltenen Replik darauf, daß die strittigen Fragen durch Experimente entschieden werden könnten.[20] Daraufhin verschärfte Lorberg seine Kritik in einer Abhandlung, die im gleichen Heft der »Annalen« gedruckt wurde, in dem die Arbeit von Hertz über sehr schnelle Schwingungen erschien.[21]

Heinrich Hertz hat zu diesen Auseinandersetzungen nicht nur in den »Annalen« geschwiegen; weder in einem Brief hat er sie kommentiert noch in seinem Tagebuch registriert. Der einzige relevante Eintrag findet sich erst im April 1887, als er von Karlsruhe ins nahegelegene Straßburg fuhr, wo ihm August Kundt das neu erbaute, prächtige Institut zeigte und er mit Kundt und dem aus Jena zu Besuch gekommenen Ernst Abbe zu Mittag speiste. Anschließend ging er zu Lorberg und hat »die elektrodynamischen Probleme mit ihm durchgesprochen«.[22] Nach langer Zeit war das der erste Hinweis auf diese Problematik, und im Tagebuch blieb er auch schon der letzte.

Auch später, als Heinrich Hertz die Gültigkeit der Maxwellschen Gleichungen auf ganz anderem Wege nachgewiesen hatte, ist er nie mehr auf seine Abhandlung aus dem Jahre 1884 zurückgekommen.

Gegenüber dem Engländer Oliver Heaviside, der stolz darauf war, als erster die klassische »Duplex-Darstellung« der Maxwellschen Gleichungen gefunden zu haben, hätte Hertz völlig zu recht darauf hinweisen können, daß er diese Form schon 1884 und damit vor Heaviside publiziert habe. Statt dessen bekam Heaviside von Hertz einen »sehr netten Brief«, in dem er erklärte, was er dem Kollegen alles verdanke.[23] Und in seiner Abhandlung über die »Grundgleichungen der Elektrodynamik« schrieb Heinrich Hertz im Frühjahr 1890: »In gleicher Richtung hat bereits seit 1885 Hr. Oliver Heaviside gearbeitet. Die Begriffe, welche er aus den Maxwellschen Gleichungen fortschafft, sind dieselben, welche auch ich fortschaffe; die einfachste Form, welche diese Gleichungen dadurch annehmen, ist, von Nebenbedingungen abgesehen, die gleiche, zu welcher auch ich gelange. In dieser Hinsicht gehört Hrn. Heaviside die Priorität.«[24]

Das war nicht nur großzügig, sondern eine auffällige Verleugnung seiner Abhandlung aus dem Jahre 1884, in der er diese »einfachste Form« als erster gefunden und publiziert hatte. Diese Arbeit hat er offenbar schon bald nach ihrem Erscheinen wegen ihrer formalen Fragwürdigkeiten als eine Jugendsünde empfunden, die besser in der Versenkung verschwinden als durch ohnehin sinnloses Prioritätengezänk dem Vergessen entrissen werden sollte. Nach seinem Tod wurde sie dann als »theoretische Leistung ersten Ranges« anerkannt.

4. Kieler Konflikte: Von der Liebe, dem Wetter und dem Weg zum Professor

Der plötzliche Tod des Bruders Otto im April 1884 war für Heinrich Hertz ein schwerer Schicksalsschlag, aber so tief auch sein Schmerz war, zum langen Trauern war er nicht aufgelegt. Schon nach zwei Monaten schrieb er seinen Eltern zu deren und auch ein wenig zur eigenen Verwunderung: »Der Mai ist nun herum, es war für mich ein schöner Monat und ich werde noch gern an ihn denken. Ganz anders als man nach der Trauer des Vorgefallenen denken sollte. Könnte ich Euch nur etwas von meinem Vergessen und meiner Zufriedenheit abgeben! Das ist freilich nicht möglich, aber ich weiß, Ihr mißgönnt es mir nicht und seid nicht unzufrieden.«[1] An den wissenschaftlichen Arbeiten kann das nicht gelegen haben, denn im gleichen Brief klagte er, sie »stocken, schleichen, erregen meine Unzufriedenheit aufs Äußerste«. Der Grund für den trotzdem schönen Monat Mai, den er seinen Eltern freilich nicht mitteilte, war offenbar, daß er verliebt war.

Von dem Geschlecht, das man damals das »schöne« oder das »schwache« nannte, war bis dahin in den Briefen von Heinrich Hertz und in den Tagebüchern niemals die Rede gewesen. Die erste Erwähnung einer jüngeren Frau galt im März 1884 der Braut seines Freundes Gustav Petersen: »Ich habe sie inzwischen kennengelernt und finde, daß er sehr gut und mit Glück gewählt hat, das erste Mal, daß mir die Braut eines Freundes oder Bekannten gefällt.«[2] Daß er jüngere Frauen bisher nicht beachtet hatte, wird wohl daran gelegen haben, daß auch in dieser Hinsicht für Heinrich Hertz »die Idealvorstellungen, die sich in mir gebildet haben, furchtbar starr und unbiegsam«[3] waren.

Daher ist es kaum vorstellbar, daß er, wie bei jungen Herren in diesen Zeiten bürgerlicher Doppelmoral üblich, in sexuellen Affären mit dem Küchenpersonal seine Befriedigung gesucht oder die einschlägigen Etablissements in Berlin und Kiel frequentiert hätte. Bei den jungen Damen des eigenen Standes, die für eine Ehe in Frage kamen, gebot die Sitte prüde Zurückhaltung: erst das Anhalten um die Hand beim Vater und die Verlobung, bevor auch nur ein zarter Kuß schicklich war. Eine Verlobung wie beim Freund Petersen stand freilich für Heinrich Hertz nicht in Aussicht, sondern er war in eine amouröse Affäre verstrickt, vermutlich mit einer attraktiven jungen Witwe.

Jedenfalls zog es ihn laut Tagebuch unwiderstehlich nach Gaarden, in eine an Kiel angrenzende Ortschaft. Das Ziel seiner Wünsche hat er sorgsam verschleiert, denn im Tagebuch finden sich nur Hinweise wie »Abenteuer in Gaarden« und dazu Kürzel in einem Geheimcode.[4] Bei seiner nächsten Reise nach Hamburg ist er »vom Bahnhof erst in die Stadt zum Juwelier gegangen«[5], und das gewiß nicht wegen der Mama. Um wen es sich bei der zu beschenkenden Dame in Gaarden gehandelt hat, bleibt jedoch unbekannt, denn in den Briefen an die Eltern hat er kein Sterbenswörtchen davon verlauten lassen.[6] Auch die Eintragungen im Tagebuch blieben in dieser Angelegenheit kryptisch, und zudem wurde später einiges wieder unleserlich gemacht. Aber des öfteren blieb stehen, daß er »sehr vergnügt in Gaarden« war oder dort eine »prachtvolle Frühlingsnacht«[7] erlebte.

Bei den gesellschaftlich engen und »kleinen Verhältnissen« in Kiel, wo jeder jeden kannte, war freilich Diskretion geboten, so daß das Leben des Privatdozenten Heinrich Hertz äußerlich nicht vom gewohnten Gang abwich: Geselligkeit im Kreis der Kollegen und einiger jüngerer Professoren, Abendeinladungen bei den etablierten Ordinarien und gelegentliche Treffen der Reserveoffiziere. Wie im Sommer zuvor nahm er oft an schönen Segelpartien auf der Förde teil, meist nur zu dritt auf kleinen Booten, aber auch auf größeren Schiffen in großer Gesellschaft.

In den Pfingstferien fuhr Heinrich Hertz mit Hippolyt Haas für eine Woche nach Dänemark, wo die beiden nach der Ankunft auf Seeland am Strand von Korsør erst »Geschiebe untersuchten«, bevor sie sich in Kopenhagen die Museen und den Tivoli anschauten. Dann weiter per Schiff nach Bornholm, das sie mit dem professionell geschulten Blick von Haas auf der Suche nach mineralogisch und geologisch interessanten Strukturen durchstreiften. Gleich nach der Rückkehr war wieder ein »Abenteuer in Gaarden« festzuhalten.[8] Da er nicht wie im Jahr zuvor zum Militär einrücken mußte, trat er Mitte August mit dem Theologen Hans Hinrich Wend eine längere Reise durch Norwegen an, von der er am 9. September wieder nach Kiel zurückkehrte.

Vorbereitungen für die Vorlesungen des Wintersemesters konnte sich Heinrich Hertz ersparen, denn er hatte nur das »Repetitorium« angekündigt und dazu »Optik für Mediziner«, auch dies eine Reprise. Die Zeit wollte er lieber verwenden, um in seinem letzten Semester als Stipendiat noch einige Veröffentlichungen zustande zu bringen, aber seine disparaten Bemühungen um Hydrodynamik, Elektrodynamik sowohl theoretisch als auch experimentell, Untersuchungen mit einem Quecksilber-Tropfapparat, das Manuskript über »Die Konstitution der Materie« und auch wieder »Fluttheorie und Meeresströmung« machen den Eindruck zielloser Suche.[9]

Dazu beschäftigte er sich mit den Referaten für die »Fortschritte der Physik«. Dabei war ihm bei den Artikeln aus dem Jahre 1881 eine Kontroverse über Maßsysteme aufgefallen, in der dem elektrostatischen System Mängel nachgesagt wurden, die dem elektromagnetischen nicht anhaften sollten. Durch eine elegante Überlegung, die sich an die prinzipiellen Betrachtungen seiner Studie über die Maxwellschen Gleichungen anschloß, konnte er zeigen, daß der Streit müßig und beide Systeme gleichermaßen richtig und brauchbar waren.[10] Binnen weniger Tage war das ausgearbeitet und Anfang Oktober als kurze Notiz an die »Annalen« geschickt.[11] Währenddessen hatte er schon den Einfall zu einer größeren Abhandlung. Am 8. Oktober hatte er erstmals »stark an der Ausdehnung feuchter Luft gearbeitet«, und nach nicht einmal zwei Wochen war ein theoretisch interessanter und für die Praxis der Meteorologie sehr nützlicher Beitrag fertig.

Daß ein Physiker wie Heinrich Hertz sich mit Meteorologie beschäftigte, war damals nicht ungewöhnlich, denn als »Physik der Atmosphäre« galt sie als Teil der Physik und war gegen Ende des 19. Jahrhunderts erst auf dem Wege zu einer eigenständigen akademischen Disziplin. Während die Erhebung von Daten wie Temperatur, Luftdruck und Luftfeuchtigkeit sowie Windgeschwindigkeit von Behörden der einzelnen Staaten organisiert und dank der Telegraphie in zentralen Wetterämtern zusammengeführt wurde, nahmen sich vorwiegend Physiker der wissenschaftlichen Probleme an, sowohl bei der Entwicklung brauchbarer Meßgeräte als auch durch Anwendungen ihrer Theorien, vor allem der Thermodynamik, auf das Wechselspiel der Sonnenenergie mit Luft und Wasser.[12]

Schon als Gymnasiast hatte sich Heinrich Hertz für Meteorologie interessiert und mit einem Ingenieur Ritz in Hamburg »barometrische Höhenmessungen gemacht mit einem von demselben konstruierten Barometer«.[13] Der Kontakt zu Georg Neumayer von der Seewarte und zu Wilhelm von Bezold in München dürfte den Eindruck bestärkt haben, daß das Wetter nicht nur ein Naturschauspiel, sondern auch ein wissenschaftlich ergiebiges Betätigungsfeld bieten würde. Als Assistent in Berlin hat er seine aufwendigen Untersuchungen über die Verdunstung auch im Hinblick auf ihre Bedeutung für Meteorologie und Klimatologie unternommen, und beide Wissenschaften wollte er praktisch bereichern durch ein Hygrometer zur Messung der Luftfeuchtigkeit, das er im Januar 1882 in der Physikalischen Gesellschaft vorstellte.[14]

Seine Erfindung basierte auf der Aufnahme von Wasser durch Kalziumchlorid und der dadurch bewirkten Gewichtsänderung, die mit einer empfindlichen Waage abgelesen wurde. Damit wäre nicht nur jederzeit eine aktuelle Bestimmung der Luftfeuchtigkeit möglich gewesen, sondern durch eine Modifikation auch eine integrierte Messung der mittleren Feuchtigkeit über Tage, Wochen oder Monate. Die Kollegen »haben es alle recht hübsch gefunden und mit ihrer Anerkennung nicht zurückgehalten«.[15] Aber anders als das von Hertz erfundene Dynamometer, das noch viele Jahrzehnte zur Messung schwacher elektrischer Ströme gebaut wurde, ist sein Hygrometer über das Laborstadium nicht hinausgekommen.

Den Eltern erläuterte er den Nutzen der Physik der Atmosphäre anhand einer Rechnung zu den Bemühungen des Vaters, im Winter durch Befeuchtung ein akzeptables Mikroklima in dem großen »Morgenzimmer« in der Magdalenenstraße herzustellen. Bei Außentemperaturen um den Gefrierpunkt, Zimmertemperatur von 20 Grad Celsius und einem alle zwei bis drei Stunden erfolgenden Luftaustausch durch Fensterritzen und Türen sollten $^5/_8$ bis $^5/_{12}$ Liter Wasser je Stunde verdunstet werden. Mit einem Hygrometer ließe sich bei Vergleich der Luftfeuchtigkeit mit und ohne Verdunstung die Zeit ermitteln, in der die Luft vollständig ausgetauscht wird. »Dies ist eine etwas lange Vorlesung geworden«, beendete er die launige und mit akribischen Rechnungen gespickte Übung in der praktischen Meteorologie eines Zimmers. »Indessen, was tut der Mensch nicht alles, um seine lieben Eltern und Geschwister vor dem gänzlichen Eintrocknen zu bewahren.«[16]

Eine praktische Handreichung war auch das Ziel von Heinrich Hertz' Abhandlung, die sich mit Wolken, Regen, Hagel und Schnee beschäftigte. Wenn feuchte Luft aufsteigt, kühlt sie sich ab und durchläuft mehrere für Wetter und Wind entscheidende Stadien. »Betrachtungen über die Zustandsänderungen feuchter Luft, welche ohne Wärmezufuhr zusammengedrückt oder ausgedehnt wird, hat der theoretisierende Meteorologe tagtäglich anzustellen«, schrieb er zum Auftakt. Die Theorie hatte zwanzig Jahre zuvor William Thomson geliefert, aber ohne die Konsequenzen für die Meteorologie auszuarbeiten. Berechnungen nach Thomsons Formeln waren für die tägliche Routine jedoch viel zu langwierig, so daß sie der Österreicher Julius von Hann 1874 durch ein Tafelwerk wesentlich erleichterte, jedoch um den Preis zu weitgehender Vereinfachungen. Hertz zeigte nun, »daß man bei mindestens gleicher Bequemlichkeit eine größere Vollständigkeit erzielen kann, wenn man sich der graphischen Methode bedient«.[17]

Zunächst entwickelte er die Theorie, getrennt für vier Stadien. Im ersten, dem »Trockenstadium«, ist in der Luft nur ungesättigter Dampf und kein Wasser vorhanden. Ist die Luft mit Wasserdampf gesättigt und enthält sie zudem noch flüssiges Wasser, handelt es sich um das »Regenstadium«. Am kompliziertesten sind die Verhältnisse beim »Hagelstadium«, in dem Luft neben Dampf und Wasser auch noch Eis enthält. Sinkt die Temperatur weiter, so sind in der Luft in diesem »Schneestadium« nur noch Wasserdampf und Eis vorhanden. Die Theorie war nach wenigen Tagen fertig, und anschließend hat Heinrich Hertz mehrere Tage »des Morgens 6 Uhr bis Abends 9 Uhr fast ununterbrochen« gerechnet und Kurven gezeichnet. Nach einem zweitägigen Besuch in Hamburg war er so weit, »die meteorologische Sache aufzuschreiben«, und nach einer Woche schickte er sie am 20. Oktober an Wladimir Köppen, den an der Seewarte in Hamburg arbeitenden Klimatologen, der die »Meteorologische Zeitschrift« herausgab.[18]

Mit den graphischen Methoden von Heinrich Hertz ließ sich nun in drei bis vier Minuten erledigen, was bisher mindestens ebenso viele Stunden Rechenarbeit erfordert hatte. Die Meteorologen waren für diese Hilfe bei ihrer täglichen Plackerei dankbar und benutzten eifrig die Hertzschen Kurven. Natürlich konnten damit nicht alle Probleme zufriedenstellend behandelt werden. Deutschlands führender Meteorologe, Wilhelm von Bezold, der als Physikprofessor in München den bayrischen Wetterdienst organisierte und 1885 zum Direktor des Preußischen Meteorologischen Instituts sowie zum ersten Ordinarius für Meteorologie in Berlin berufen wurde, hat vier Jahre später das Hertzsche Verfahren etwas abgeändert. Eine wesentliche Verbesserung wurde erst zur Jahrhundertwende vorgenommen.[19]

Wilhelm von Bezold war Heinrich Hertz, den er in dessen Münchener Semestern auf Empfehlung von Georg Neumayer ein wenig beraten hatte, für seine Beiträge zur Meteorologie immer dankbar. Später betonte er, »wie schmerzlich ich den Tod der beiden großen Physiker Helmholtz und Hertz empfinde, die nicht die Meteorologie als eine niedrig stehende Wissenschaft betrachteten, sondern selbst auch in diese Forschung eingriffen und ihr das lebhafteste Interesse entgegenbrachten«.[20] – Als Heinrich Hertz in Kiel das Wetter berechnete, konnte er freilich noch nicht ahnen, daß er schon bald eine Professur antreten würde, die mit Vorlesungen über Meteorologie und der Mitwirkung im wissenschaftlichen Beirat eines »Centralbureaus für Meteorologie und Hydrographie« verbunden sein würde.

An dem Tag, an dem Heinrich Hertz seine Abhandlung über das Wetter abschickte, hat er sofort »mit Sorgen über Elektrodynamik nachgedacht«. Er fühlte sich unter Erfolgsdruck, weil er sich auch darüber Sorgen machen mußte, wie es im nächsten Jahr weitergehen würde, da die außerordentliche Professur in Kiel, auf die er eine Anwartschaft hatte, immer noch nicht bewilligt war. Einen Trost und Hoffnungsschimmer hatte Hippolyt Haas von einer Reise mitgebracht, bei der er allerlei akademischen Tratsch zu hören bekam. Auf diesem Wege erfuhr Heinrich Hertz, »daß ich schon vor einiger Zeit in Straßburg in zweiter Linie zum Professor vorgeschlagen war, jedoch gegen den in erster Linie vorgeschlagenen dortigen Privatdozenten unterlegen bin. Das ist natürlich ohne allen Vorteil für mich, macht mir aber doch deshalb Spaß, weil ich ohne alle Verbindungen mit Straßburg bin, und deshalb doch die Möglichkeit einer Berufung nach außen bewiesen ist.«[21]

Mitte November sollte Heinrich Hertz dem Rektor, dem Chemiker Albert Ladenburg, »einige Angaben über mein Studium, bevor ich hierher kam, machen«. In dieser Anfrage sah er eine »seltsame Taube mit einem Ölblatt« und fügte hinzu: »Ihr wißt, wie ich mir die Sache auslege. Nun, wir werden sehen.«[22] Er hatte sich in seiner »Auslegung« jedoch geirrt, denn eine Woche später erklärte ihm Ladenburg, daß er nicht als Rektor der Universität Kiel, sondern als Gewährsmann des Polytechnikums in Karlsruhe und der Regierung des Großherzogtums Baden tätig geworden war, denn als in Mannheim geborener Badenser genoß er dort Vertrauen. Nun wußte Heinrich Hertz, daß er in Karlsruhe in der engeren Wahl war. Froh wurde er darüber nicht, »denn mir war eine Sicherheit lieber als zwei Möglichkeiten, auch ist meine Zukunftsbrille von so schwarzem Glase, daß ich die subjektive Überzeugung habe, daß weder die eine noch die andere Möglichkeit Wahrheit wird, und mit diesen Gebilden und Ausgeburten meiner Phantasie ärgere ich mich herum und kränke mich«.[23]

Nach einer Ermahnung durch die Mama, daß zu solch trüben Gedanken doch gar kein Anlaß sei, bemühte er sich, realistisch in die Zukunft zu blicken: »Es ist aber jene Unzufriedenheit wie eine Seekrankheit, die vergeht, wenn man nur das Land berührt. Und für mich sind gute Zeichen von Land vorhanden.« Zutreffend vermutete er, daß durch eine Anfrage bei Helmholtz das Interesse des Karlsruher Polytechnikums an Heinrich Hertz in Berlin bekannt geworden war, was auch in Kiel »einen heilsamen Druck auf meine hiesigen Aussichten ausgeübt« hat.[24]

Das Kultusministerium konnte fest mit der Bewilligung der Kieler Professur durch den Landtag für den 1. April 1885 rechnen, so daß es schon eine Berufungsliste anforderte. Heinrich Hertz wurde von dem befreundeten Ozeanographen Otto Krümmel, der nur drei Jahre älter, aber schon Ordinarius war, über die Interna aufgeklärt: Auf Antrag einer Kommission unter Vorsitz von Karsten hatte die Fakultät beschlossen, daß der Privatdozent Hertz als einziger Kandidat nominiert werde. Obwohl der immer noch nicht völlig sicher sein konnte, »ob und wie bald ich befördert werde, so ist doch wenigstens meinem Ehrgeiz einstweilen genug geschehen ... Übrigens sehe ich den Dingen, die kommen sollen, sehr kühl entgegen ... da die Gefahr des Versauerns und In-Vergessenheit-Geratens also doch nicht so groß ist.«[25]

Über die Ereignisse in Karlsruhe konnte Heinrich Hertz nur spekulieren, denn er erfuhr gar nichts. Dort befaßte sich am 20. November der »verstärkte kleine Rat« des Polytechnikums mit der Professur für Physik, weil Ferdinand Braun, später berühmt durch die Erfindung der nach ihm benannten Röhre und gemeinsam mit Guglielmo Marconi für seine Pioniertaten in der Rundfunktechnik 1909 mit dem Nobelpreis ausgezeichnet, Karlsruhe schon nach zwei Jahren den Laufpaß gab, um an die Universität Tübingen zu gehen. Die Nachfolge wurde nach umsichtigen Erkundigungen in einem ausführlichen Bericht erwogen. Der Wunschkandidat war Anton Oberbeck, dessen Berufung »mit ganz besonderer Freude zu begrüßen« wäre; der Extraordinarius in Halle war »besonders warm« von Helmholtz empfohlen worden, »welcher ihn als einen ausnehmend tüchtigen Physiker bezeichnet«.[26]

An die zweite Stelle wurde Heinrich Hertz gesetzt: »Seine für die kurze Zeit sehr zahlreichen Untersuchungen zeugen von vorzüglichen physikalischen u. mathematischen Kenntnissen, Geschick im Experimentieren u. großem Ideenreichtum ... Gleich Oberbeck wird auch Hertz von Helmholtz als hervorragend tüchtig geschildert, als ein junger Physiker, der die größten Hoffnungen für die Zukunft erweckt.« Der Kandidat hätte das als schmeichelhaften Wechsel auf die Zukunft empfunden und wäre zudem nach manchen betrüblichen Dozenten-Erfahrungen in Kiel überrascht gewesen, daß er in Briefen von Ladenburg und zwei weiteren Kieler Professoren »als Lehrer sehr gerühmt« wurde, der »von den Studenten gerne gehört« werde.[27]

Die Berufungsliste ging am 3. Dezember an das Ministerium des Großherzogtums Baden, wobei als Dritter noch Franz Himstedt aufgeführt wurde, der als Weber-Schüler allerdings keine Empfehlung von Helmholtz vorzuweisen hatte. Oberbeck gab Karlsruhe jedoch einen Korb, weil er in Preußen bessere Aussichten hatte und tatsächlich bald Ordinarius an der Universität Greifswald wurde. Danach war Hertz an der Reihe. Am 20. Dezember erhielt er als erste offizielle Nachricht einen Brief mit der Bitte, umgehend zu Verhandlungen nach Karlsruhe zu kommen. Rasch erkundigte er sich noch bei dem Mineralogen Hugo Laspeyres, der das Polytechnikum kannte, nach den dortigen Verhältnissen, bevor er zu den Eltern fuhr.[28] Am 22. Dezember schrieb er von Hamburg aus nach Karlsruhe und auch nach Berlin, um dem Geheimrat Althoff das Angebot aus Baden mitzuteilen. Althoff reagierte sofort in ausgesuchter Höflichkeit:

»Sehr verehrter Herr Doktor! Ich freue mich der Ihnen gewordenen Auszeichnung, hoffe aber, daß Sie Preußen treu bleiben werden und bin auch in der Lage, Ihnen sehr annehmbare Propositionen zu machen. Es scheint mir aber eine mündliche Verhandlung nötig. Deshalb bitte ich sie ergebenst, noch im Laufe dieser Woche, je eher je lieber, eine Tour hierher zumachen und mir den Tag, an dem ich sie erwarten darf, vorher mitzuteilen.«[29]

Heinrich Hertz studierte Fahrpläne, stellte sich eine Reise nach Berlin und Karlsruhe zusammen und schrieb am Heiligen Abend an Althoff, daß er »gemäß der mir gewordenen Anweisung« am 27. Dezember versuchen werde, »Ihnen, hochverehrter Herr Geheimrat, meine Aufwartung zu machen«.[30] Nach einem wegen des Todes von Otto »stillen Weihnachtsabend« in der Familie fuhr er am 26. Dezember nach Berlin, ging am nächsten Tag erst ins Institut zu Heinrich Kayser und Hermann von Helmholtz und anschließend ins Ministerium. Über die Unterredung mit Althoff hielt er nur fest, daß »auch von Greifswald die Rede war«. Anschließend besuchte er noch Gustav Kirchhoff und Arthur König, seinen Nachfolger in der Assistentenstelle, bevor er den Schlafwagen nach Frankfurt nahm.[31]

Während der Bahnfahrt hatte Heinrich Hertz viel zu bedenken und abzuwägen. Die Kieler Professur war ihm sicher, nur war sie eine außerordentliche und eine theoretische dazu, aber er wollte unbedingt wieder experimentieren. Zwar hatte ihm der Ordinarius Karsten Ende November einen Bericht der »Kommission zur Untersuchung deutscher Meere« geschickt und ihm damit jene Gunst erwiesen, die den Dozenten seinerseits berechtigte, um Arbeitsmöglichkeiten im Institut zu bitten. Die wurden ihm auch eingeräumt, aber die Probleme waren damit nicht zu Ende, denn in einem »Laboratorium von nicht großen Mitteln bei beschränkter Möglichkeit der Benutzung dieser Mittel arbeiten zu können, ruft immer die Erinnerung an meine Berliner Verhältnisse hervor und damit die Stimmung, die jetzt die Verderberin meiner Arbeitsfähigkeit ist, nämlich Unzufriedenheit und Ungeduld«.[32]

Im Dezember war er öfter ins Institut gegangen und hatte sein Galvanometer für Versuche zur Thermoelektrizität von Kristallen aufgestellt.[33] Viel wurde daraus jedoch nicht, und auf Dauer mochte er nicht von der Gunst des Hausherrn abhängig sein, zumal Erzählungen von Haas über Ärger mit Laspeyres und Briefe von Ernst Hagen aus Dresden über Konflikte mit dem dortigen Ordinarius August Töpler eine Warnung waren, von der nachgeordneten Stellung eines Extraordinarius nicht zu viel zu erwarten. Zugleich mußte er sich sagen, daß er mit seinen siebenundzwanzig Jahren für ein Ordinariat an einer Universität kaum in Frage kam. Seine Aussichten in Greifswald waren vage und, weil es dort nicht einmal ein ordentliches Institut gab, nicht sehr verlockend.

Nach Karlsruhe, wo er jedenfalls sein eigener Herr sein würde, wollte er aber auch nicht. Die dortige Institution unterschied sich erheblich von einer Universität und hieß zu Recht »Polytechnische Schule«. Das bedeutete viel Unterricht, kürzere Ferien, mindere akademische Reputation und Nachrangigkeit der Forschung. Deshalb trug er noch am Tag seiner Ankunft ins Tagebuch ein: »Bis dahin große Abneigung gegen Karlsruhe.« Ferdinand Braun traf er nicht an, denn der war zur Vorbereitung seiner Hochzeit verreist, so daß er nur seine Tante Friederike Föhlich aufsuchte, eine Schwester seiner Mutter, die einen badischen Forstrat geheiratet hatte. Als er am nächsten Morgen vom Assistenten Dr. August Schleiermacher durch das Institut geführt wurde, verflogen beim Anblick des hervorragenden Laboratoriums alle Bedenken: »Wunsch nach Karlsruhe sehr groß.«[34]

Bei der anschließenden Verhandlung im Ministerium bot der zuständige Beamte, ein Dr. Arnsperger, als Jahresgehalt nur 2800 Mark an, während Braun die für Ordinarien an den Polytechnika üblichen 4400 Mark bezog.[35] Heinrich Hertz wird die Knauserigkeit seiner Jugend zugeschrieben haben, denn er hätte schon seinem Gönner Ladenburg »gerne den Hals umgedreht (unter uns), da er mir sagte, er habe geschrieben, ich sei noch sehr jung – da dies, wenn es wahr wäre, mir ja nur zum Verbrechen angerechnet wird«.[36] Ein Verbrechen war das geringe Alter nicht, aber doch, wie er schon einmal bei der Unterredung mit dem Berliner Stadtbaurat erkannt hatte, ein Vorwand für schlechte Bezahlung. Da der Herr Rat bemerkt hatte, daß der Kandidat trotzdem Feuer und Flamme war, verknüpfte er seine sparsame Offerte noch mit einem Ultimatum, sich sofort zu entscheiden. Heinrich Hertz besuchte noch einmal seine Tante, bevor er abends ins Ministerium ging, das Angebot annahm und wieder nach Hamburg fuhr.

Silvester informierte er den Dekan der Kieler Philosophischen Fakultät, der er »für viele mir erwiesene Güte und Freundlichkeit zu danken nicht unterlassen«[37] konnte, und nach Berlin schrieb er an Althoff: »Nachdem ich die näheren Verhältnisse des mir in Karlsruhe angebotenen Lehrstuhls kennengelernt hatte, sah ich, daß mir eine Wahl kaum bleiben konnte, und habe ich daher den mir gewordenen Ruf angenommen.«[38] Der Geheimrat war voller Verständis: »Es bedarf nicht der Versicherung, wie außerordentlich ich es bedaure, daß Sie Preußen verlassen wollen. Aber ich bin weit davon entfernt, Ihnen Ihre Entschließung für Karlsruhe irgendwie zu mißdeuten, und ich sende Ihnen meine besten Wünsche für Ihre demnächstige neue Wirksamkeit.«[39] In seiner Güte hatte Althoff zweifellos die vielversprechende Zukunft des ungetreuen Stipendiaten im Blick, und tatsächlich trat er vier Jahre später wieder als »alter Bekannter« in Erscheinung, um Hertz nach Preußen zurückzuholen.

Heinrich Hertz war nun am Ziel seiner Wünsche: Im nächsten Frühjahr würde er allein über ein sehr gut ausgestattetes Laboratorium verfügen und nach Herzenslust experimentieren können, und »mit dem Ordinarius werde ich mich schon zu stellen wissen«.[40] Seinem Ehrgeiz und seinem Streben nach gesellschaftlichem Status war die Berufung auch nicht abträglich. Zwar hatte er einmal beteuert, daß es »mehr Sehnsucht nach Tätigkeit und Leben und Veränderung wäre, was mich quält, als Sehnsucht nach einem dummen Titel«[41], aber nun wünschte er sich zum nächsten Geburtstag von den Eltern »ein Türschild aus Porzellan mit der Aufschrift: Professor Hertz, in deutscher Druckschrift und einem schwarzen oder goldenen Rande«.[42]

In Windeseile hatte sich die Berufung herumgesprochen, und die Kollegen gratulierten. Heinrich Hertz bestätigte gern, daß die neue Stellung für ihn ein »großes Glück« sei, aber dem »lieben Freund« Adolf Elsas fügte er noch ein melancholische Betrachtung hinzu: »Schade, daß dieses Glück ein so sehr egoistisches ist, und daß man, weit entfernt davon, es mit anderen zu teilen, im Gegenteil das Gefühl haben muß, daß man es anderen wegschnappt. Indessen, wie manche anderen Mißstände der akademischen Laufbahn, so mußte man ja auch diesen vorher wissen und damit rechnen.«[43]

Er lernte auch, daß manche Glückwünsche nicht ganz selbstlos waren, weil die Gratulanten, darunter auch Elsas, sich mit seiner Hilfe in Kiel ins Spiel bringen wollten. Zwar wurde Hertz einmal von dem Mathematiker Leo Pochhammer über seinen Nachfolger angesprochen, hatte aber sonst keinen Einfluß auf die Entscheidungen. Das war ihm nur recht, da es ihn unangenehmen Situationen enthob.[44] Die neuerliche Berufungsprozedur war von Althoff noch am gleichen Tage, an dem er Hertz' Absage erhalten hatte, in Gang gesetzt worden, indem er aus Kiel neue Vorschläge anforderte. Wie zuvor nominierte die Fakultät nur einen Kandidaten, dieses Mal Max Planck, ein Jahr jünger als Hertz und seit 1880 Privatdozent ohne Gehalt in München, dem unter »den jüngeren Dozenten der theoretischen Physik die längste und erfolgreichste Tätigkeit« attestiert wurde.[45]

Althoff bestellte am 10. April 1885 den Kandidaten zu sich und teilte ihm die Bedingungen mit; Planck zählte diesen Augenblick »zu den glücklichsten meines Lebens«.[46] Auch Althoff war zufrieden, nicht nur wegen der Qualifikationen Plancks, sondern auch, weil er mal wieder gespart hatte: Im Etat war für die Professur ein Jahresgehalt von 2400 Mark vorgesehen, und Planck hatte er schon für 2000 Mark bekommen.[47] Damals vermutete Planck und viel später hat er es auch erzählt, daß er seine Berufung hauptsächlich dem Umstand zu verdanken hatte, daß Karsten ein Freund seines Vaters aus gemeinsamen Kieler Professorenzeiten war. Anders als Hertz war Planck in Kiel sehr zufrieden. Er war der erste theoretische Physiker sui generis, der niemals das Bedürfnis nach experimentellen Arbeiten verspürte.

In den beiden letzten Monaten, die Heinrich Hertz noch in Kiel zu verbringen hatte, war er in Gedanken bereits in Karlsruhe. Weil er dort auch Elektrotechnik unterrichten und ein elektrotechnisches Laboratorium leiten sollte, machte er sich anhand der Fachzeitschriften aus den letzten Jahren damit vertraut: »Ich fange auch an, eine Vorstellung zu bekommen, etwa, wie ich die Übungen etc. einrichten will. Verstehen tue ich die Sache zu meiner Befriedigung ganz gut.«[48] Alle Probleme wie Hydrodynamik und Elektrodynamik, mit denen er sich bis dahin beschäftigt hatte, verschwanden allmählich aus seinem Tagebuch, aber gelegentlich unterlief ihm noch der Lapsus, daß er statt Elektrotechnik Elektrodynamik eintrug und das wieder ändern mußte.

Aus seiner Arbeit wurde er durch ein dramatisches Ereignis herausgerissen, das mit einer jungen Frau zu tun hatte. Es handelte sich nicht um seine Freundin in Gaarden, die sich sang- und klanglos im Winter aus dem Tagebuch verflüchtigt hatte und von der er ohne Tränen Abschied nahm, sondern um eine junge Frau, die in grundlos überspannter Weise offenbar erwartet hatte, daß Heinrich Hertz um ihre Hand anhalten würde. Als der aber keine Anstalten dazu machte, sondern Kiel als Junggeselle zu verlassen gedachte, kam es zu Verwicklungen, deretwegen er mehrmals von der Polizei einvernommen wurde.[49]

Obwohl sich Heinrich Hertz nichts vorzuwerfen hatte, hat ihn diese Affäre tief getroffen. »Heftige Kämpfe« hatte er mit sich auszutragen und sich »sehr unglücklich gefühlt«.[50] Dieses tragische Ereignis hat ihm die trübseligen Wintermonate in Kiel vollends vergällt, aber »die paar Wochen, die mich das Kolleg und das Dekorum noch halten, werden herumgehen«. Seine Stimmung schilderte er den Eltern anhand von Dantes *Göttlicher Komödie*, denn er fühlte sich wie im dritten Höllenkreise, »dem des ewigen, verwünschten, kalten, qualenvollen Regens, des Art und Weise nimmer sich verändert«.[51] Diese Verse haben Beziehungen nicht nur zum Wetter, denn unmittelbar zuvor hatte Virgil den Dichter durch den zweiten Kreis des »Inferno« geführt, in dem diejenigen furchtbare Qualen erlitten, »die in Fleischeslust gesündigt, weil die Vernunft dem Trieb sie unterworfen«, darunter so manche berühmte Gestalt der Historie, von Helena und Kleopatra bis zu Francesca da Rimini und Paolo Malatesta. – Der Vater wird die Anspielung verstanden haben.

Wissenschaftlich arbeitete Heinrich Hertz nichts mehr, und auch das Wegbleiben der Hörer gegen Semesterende registrierte er ohne Bedauern. Schließlich begann er seine Sachen einzupacken, absolvierte gut zwei Dutzend Abschiedsbesuche und lud seine Freunde zu einem opulenten Mal. Am 1. März war er noch bei Hyppolyt Haas zum Essen, plauderte danach mit Petersen und nahm nachmittags den Zug nach Hamburg. Er ließ jedoch sein persönliches Unglück und seine gedrückte Stimmung weder die Stadt noch die Universität entgelten. Aus dem Abstand einiger Jahre machte er Kiel das Kompliment, »daß ich außerordentlich gern da war, und andere, welche da waren, ebenso urteilen ... Sowohl die Gegend als die Menschen (an der Universität) haben mir den angenehmsten Eindruck hinterlassen.«[52]

In Hamburg unternahm Heinrich Hertz weite Wanderungen bis »hinter Niendorf aufs Moor, um die Kieler Gedanken loszuwerden«, oder zum Borsteler Gehölz, wobei er »gegen Traurigkeit gekämpft« hat.[53] Für Ablenkungen sollten offenbar Spaziergänge in der Stadt und Gesellschaften zu Hause sorgen. Des öfteren ging er ins Theater, und eine Schauspielerin des Thalia-Theaters war sogar in der Magdalenenstraße zu Gast, mit ihrer Frau Mutter natürlich.[54] Er schaute sich auch das neue physikalische Staatsinstitut an und ließ sich die Metallschmelzen der Norddeutschen Affinerie von dem Chemiker Emil Wohlwill zeigen, der sich später als Galilei-Biograph ein weit über Hamburg hinausreichendes Ansehen erwarb.

Am häufigsten ging er aber zur Seewarte auf dem Stintfang, wo er mit Neumayer, Köppen und anderen Mitarbeitern sprach sowie in der Bibliothek Literatur studierte.[55] Das tat er wegen der bevorstehenden Antrittsvorlesung, die er zu einem meteorologisch relevanten Thema halten wollte. Er entschied sich für eine globalen Betrachtung »Über den Energiehaushalt der Erde«, die in den nächsten Wochen ziemlich ausuferte. Grundsätzlich Neues hat er dabei wohl nicht entwickelt, aber sehr viel Material zusammengetragen und viele aufwendige Rechnungen angestellt, von denen der formelfreie Text der Vorlesung kaum noch etwas ahnen läßt.[56] Um die Bedeutung seines Themas für die Fortschritte von Wissenschaft und Technik ins rechte Licht zu rücken, argumentierte er gleich zu Beginn wie ein hundert Jahre später auftretender Propagandist alternativer Energien:

»Müßten wir der Steinkohle entraten, so würden wir lernen, sie durch Wasserkraft zu ersetzen; würde uns auch diese genommen, so könnte uns die Windkraft gleiche Dienste liefern; diese wiederum könnte durch die Kraft der Sonnenstrahlung vertreten werden, und überhaupt läßt sich keine Quelle von Energie in der Natur mehr aufweisen, die wir nicht mit einem größeren oder kleineren Aufwand einmaliger Arbeit und in jede besondere von uns gewünschte Form verwandeln können.«

Damit die Bäume aber nicht in den Himmel wachsen, wies er auf technische Beschränkungen hin und vor allem auf physikalische Prinzipien wie den Zweiten Hauptsatz der Thermodynamik. In der Hauptsache entfaltete er ein grandioses Panorama der Naturvorgänge gemäß physikalischen Gesetzen, von »der gewaltigen Dampfmaschine, welche die Kraft für die Bewegung der Wolken, der Winde, des Meeres liefert« bis zu der Tatsache, »daß die Erscheinungen des Lebens sich nicht den allgemeinsten Gesetzen entziehen, welche die Erscheinungen der unorganischen Welt regeln«. Zum Schluß stellte er »die Kleinheit des Menschen in diesem Haushalt« heraus, um optimistisch »die Fülle von Kraft klarzulegen, auf deren Auswertung mit der Zeit der Mensch sich noch Hoffnung machen darf«. – Als er am 23. März nach Karlsruhe aufbrach, hatte er das unbehagliche Gefühl, daß diese Vorlesung zu dicht geraten und trotzdem noch viel zu lang war.

Für die Reise an seine neue Wirkungsstätte ließ sich Heinrich Hertz eine knappe Woche Zeit, um die am Wege liegenden Institute zu besichtigen und Kollegen kennenzulernen. In der ersten Station

Hannover »interessierten mich sehr und imponierten mir sehr die elektrotechnischen Einrichtungen«. In Göttingen wurde er »freundlich aufgenommen und zu Tisch eingeladen«, machte dem »alten berühmten« Wilhelm Weber seine Aufwartung und wurde von dessen Nachfolger Eduard Riecke durch das Institut geführt, »welches recht voll ist und keinen Neid erregt«.[57] In Marburg ging er mit Adolf Elsas spazieren und hatte mit ihm bis in die Nacht hinein viel zu besprechen. Am nächsten Morgen besichtigte er noch das Institut, bevor er nach Gießen fuhr. Den Ordinarius Wilhelm Conrad Röntgen traf er nicht an, weil der wie immer in den Semesterferien auf Reisen war, aber der Extraordinarius Carl Fromme ließ ihn »die Einrichtungen von Röntgen besehen«. Nach einem Besuch bei den Verwandten in Frankfurt schaute er in Darmstadt in »aller Eile« noch im elektrotechnischen und im physikalischen Laboratorium des Polytechnikums vorbei, bevor er am 29. März nachmittags in Karlsruhe eintraf.[58]

Bei der ersten Gelegenheit am nächsten Morgen hat Heinrich Hertz »das Institut im Polytechnikum angesehen und mich daran gefreut«.[59] Nach der Besichtigungstour fand er bestätigt, »daß das Institut nach den Räumlichkeiten und der Sammlung wohl das beste ist, welches ich auf der Reise kennengelernt habe ... Speziell mein persönliches Laboratorium läßt nichts zu wünschen übrig.«[60] – Es dauerte freilich noch eineinhalb Jahre, bis er den erhofften Nutzen davon hatte.

5. Karlsruher Krisen: Erst zum Ende alles gut

Die ersten Tage in Karlsruhe konnte sich Heinrich Hertz von seinem Institut kaum trennen, kramte in den Schränken herum und räumte sie sogar am Ostersonntag auf, »nach dem Motto: neue Besen kehren gut«.[1] Daneben ist er zwei Tage »trostlos vergeblich nach einer Wohnung herumgelaufen«, bis er in der Kaiserstraße, nahe dem Polytechnikum und nicht weit vom Schloß, etwas Passendes gefunden hatte.[2] Die Miete machte mit 600 Mark jährlich genau den Betrag aus, den er als »Wohnungsgeldzuschuß« zusätzlich zum Gehalt erhielt. Die Schönheiten der Stadt hat er dabei kaum wahrgenommen, und auch später waren sie ihm nie einen Kommentar wert.

Mit 60000 Einwohnern war Karlsruhe nur wenig größer als Kiel, war aber eine architektonisch eindrucksvolle Residenz und Hauptstadt des Großherzogtums Baden, das mit seinen 1,6 Millionen Einwohnern der fünftgrößte Bundesstaat des Deutschen Reiches war. Es gab daher Ministerien und Behörden, eine Garnison, und für die kulturelle Repräsentation Hoftheater, Kunstsammlungen und Museen. Erst 1715 als Residenz der Markgrafen und späteren Großherzöge von Baden etwa acht Kilometer östlich des Rheins gegründet, waren anders als in historisch gewachsenen Städten Landschaft und Stadtbild dem geometrischen Gestaltungswillen des Barock unterworfen: Wie ein Fächer gehen zweiunddreißig Straßen vom Schloßplatz aus, und das Zentrum absolutistischer Macht symbolisieren sie dadurch, daß alle Fluchtlinien schnurgerade im Turm des Schlosses zusammenlaufen.

Die »Polytechnische Schule« lag in der Kaiserstraße in Richtung auf das Durlacher Tor, noch eben angrenzend an den prächtig gestalteten und exakt gezirkelten Schloßgarten. Gegründet 1825 nach dem Vorbild der schon dreißig Jahre bestehenden École Polytechnique in Paris, war sie die älteste und immer noch eine der führenden technischen Lehranstalten in Deutschland. Gegliedert war sie in sechs Abteilungen, die »Schulen« genannt wurden. Von der Ingenieurschule über Maschinenbauschule, Bauschule, Chemische Schule und Forstschule war alles vertreten, was der »Ausbildung und Verbreitung technischer Wissenschaft und Kunst« diente. Heinrich Hertz gehörte zur ersten, der mathematisch-naturwissenschaftlichen Schule, in der alle Studenten die Propädeutika wie Mathematik und Physik zu absolvieren hatten, aber nur sieben der etwa dreihundert Studenten waren für Mathematik oder Naturwissenschaften als Hauptfach eingeschrieben.[3]

Die Professoren erfreuten sich ähnlich wie an den Universitäten weitgehend autonomer Selbstverwaltung, nur erhielten sie keine »Kolleggelder« und waren daher im Vergleich mit Universitätsordinarien, zumindest jenen in den »großen« Fächern, arme Schlukker. Für die Studenten war von »akademischer Freiheit« keine Rede. In straff reglementierten Kursen wurden sie auf technische Berufe vorbereitet und nach drei Jahren mit einem Diplom entlassen. Für die Aufnahme war das Abitur mittlerweile zwar erwünscht, aber nicht Bedingung. In einigen Fächern konnten zukünftige Lehrer vier Semester am Polytechnikum studieren, aber zwei weitere mußten sie an einer Universität absolvieren. Akademische Weihen wie der Doktorhut oder die Habilitation blieben den Universitäten vorbehalten, so daß selbständig arbeitende, fortgeschrittene Studenten am Polytechnikum seltene Ausnahmen waren. Das änderte sich auch nicht, als die »Polytechnische Schule« im Herbst 1885 wenigstens dem Namen nach zur »Technischen Hochschule« aufgewertet wurde.[4]

Heinrich Hertz übernahm in Karlsruhe Arbeitsbedingungen, die von tüchtigen Vorgängern geschaffen waren. Seit der Berufung von Gustav Wiedemann im Jahre 1865 residierte das »Physikalische Cabinet«, das Hertz konsequent, aber amtlich nicht ganz korrekt als »Institut« bezeichnete, in einem neuen Gebäude mit großem Hörsaal und geräumigen Laboratorien. Als Wiedemann 1870 seine Karriere als Professor an der Universität Leipzig fortsetzte, ergänzte der Nachfolger Leonhard Sohncke den Physikunterricht schon um die Elektrotechnik. Da die sparsamen Badenser, die noch die Universitäten in Heidelberg und Freiburg zu unterhalten hatten, mit der Einrichtung einer Abteilung für Elektrotechnik zögerten, wurde bei der Berufung von Ferdinand Braun festgelegt, daß der Physiker auch ein elektrotechnisches Laboratorium leiten solle, und für Hertz wurde das bestätigt.

Tradition war auch die Verpflichtung des Physikers zu Vorlesungen über Meteorologie im Wintersemester für die Studenten der Forstschule sowie für das Amt eines »wissenschaftlichen Beirats«

beim »Centralbureau für Meteorologie und Hydrographie im Großherzogtum Baden«. Der Katalog der »Dienstobliegenheiten« reichte von der »Beteiligung an der wissenschaftlichen Leitung ... der Mitwirkung bei der Entscheidung über Anschaffung und bei der Prüfung neuer Instrumente« bis zur »Mitwirkung bei den Arbeiten des Wetternachrichtendienstes«.[5]

Zum Glück hatte schon Ferdinand Braun dafür gesorgt, daß diese lange Liste nicht gar zu ernst genommen wurde und insbesondere eine Mitwirkung an den täglichen Wettervorhersagen nicht in Frage kam. Ähnlich wie Bismarck, der einen Reichswetterdienst abgelehnt haben soll, weil er wegen allfälliger Fehlprognosen um die Autorität der Regierung fürchtete, hatte Braun nicht nur wegen der zeitlichen Belastung, sondern vor allem aus Sorge um sein Ansehen als Professor jede Beteiligung an dem riskanten Geschäft der Wettervorhersage abgelehnt.[6] Geblieben war aber ein »Funktionsgehalt« von jährlich 600 Mark, so daß Heinrich Hertz mit Grundgehalt und Wohngeld insgesamt 4000 Mark bezog und auf Zuwendungen des Vaters fortan verzichten konnte.

Wie an den Universitäten war auch in Karlsruhe das Jahr in Semester unterteilt. Das Wintersemester, zugleich der Anfang des Studienjahres, dauerte vom 1. Oktober bis zum 15. März und das Sommersemester vom 15. April bis zum 31. Juli. Das waren insgesamt neun Monate und damit zwei Monate mehr als an den Universitäten. Gleich in der ersten Woche des Sommersemesters stand Heinrich Hertz seine Antrittsvorlesung »Über den Energiehaushalt der Erde« bevor. Er hatte sie zwar in Hamburg ausgearbeitet, aber sie ging ihm nicht aus dem Kopf, weil sie zu lang und daher zumindest »gegen den Schluß ein hastiges Aneinanderreihen oder Aufzählen heterogener Dinge« zu werden drohte.[7]

Am Montag, dem 20. April, war um 16 Uhr der größte, sonst von den Maschinenbauern genutzte Hörsaal voll besetzt. Auch der Minsterialrat Arnsperger und der Herr Staatsminister Nökk waren gekommen. »Mein Vortrag befriedigte mich durchaus nicht«, meinte Heinrich Hertz anschließend; »wenn ich trotzdem nur Freundliches zu hören bekam, so zeigt das die Genügsamkeit der Zuhörer, welche ich als Zuhörer auch stets zu gewähren bereit bin.«[8] Den Text der Vortrags schickte er seinem Vater, dankte ihm für »sehr freundschaftliche Kritik« und entschied: »Gedruckt wird er nicht, er verdient es nicht in seinem jetzigen Zustande.«[9]

Noch eine offizielle Pflicht hatte der neue Professor zu erfüllen, nämlich um Audienz bei seinem Dienstherrn, dem Großherzog Friedrich, nachzusuchen. Am 6. Mai wurde er für 12 Uhr aufs Schloß beschieden, mußte aber eine Stunde im Vorzimmer warten. »Dann um 1 Uhr gelangte ich in Allerhöchste Gegenwart und blieb wohl 20 Minuten in selbiger«, schilderte der Hamburger Bürger amüsiert die höfischen Bräuche. Königliche Hoheit sprachen mit ihm über das Polytechnikum und als an allem Neuen interessierter Landesvater auch über »die Zukunft der Elektrizität, die Wasserkräfte im Lande, allerlei technische Einrichtungen«.[10]

Die wichtigste Aufgabe von Heinrich Hertz war die große vierstündige Physikvorlesung, die montags bis donnerstags auf 11 Uhr angesetzt war.[11] Sie gehörte für alle Studenten zum Pflichtpensum, so daß sich etwa achtzig Hörer einfanden. Zuerst war es für ihn »ein rechtes Angstkolleg, bei Anstellung jeden Versuches immer das Gefühl: Wird es gelingen? Denn die beste Vorbereitung schützt durchaus nicht absolut vor den Tücken der Natur«.[12] Schon nach einer Woche waren die Ängste verflogen und er fing an, sich »als Professor und Lehrer zu fühlen. Bisher hat mir die Sache nur Gutes gebracht«. Trotz großen Zeitaufwands war ihm diese Aufgabe keine Last: »Sie macht zwar sehr viel Arbeit, denn ich bringe wohl zwei Stunden vormittags und zwei Stunden nachmittags mit der Vorbereitung jeder einzelnen Vorlesung zu, ganz abgesehen von der allerdings leichten geistigen Vorbereitung, aber wenn man diese Arbeit darauf verwendet, geht es auch, und wenn es einem dann gelingt, die Aufmerksamkeit von 60–80 Zuhörern während einer Stunde gespannt zu erhalten, so ist das ein Erfolg, der einem Freude macht.«[13]

Während die Freude an dem großen Experimentalkolleg andauerte, sah es bei der zweistündigen Spezialvorlesung über »Theoretische Elektrotechnik« eher trübe aus. Zwar fanden sich sieben Hörer ein, aber deren Wissen und Engagement waren so gering, daß Hertz daran kein Vergnügen hatte, zumal er schnell »in der Elektrotechnik auf 2 Zuhörer heruntergekommen« war.[14] Die praktischen »Übungen im physikalischen und elektrotechnischen Laboratorium« am Freitag und Sonnabend waren nur für Hauptfachstudenten und für Chemiker vorgeschrieben, so daß fünf bis sieben Studenten teilnahmen. Routinemäßig wurde auch angekündigt, daß »selbständige Praktikanten … täglich in freien Stunden« im Laboratorium arbeiten können. Zu Brauns Zeiten hatten einige Fortgeschrittene in Karlsruhe für ihre Dissertation gearbeitet und sie dann zur Promotion an einer Universität vorgelegt, aber bei Hertz gab es niemals einen Doktoranden. Daher litt auch das Colloquium zur »Besprechung physikalischer Fragen« am Mangel an Interesse.

Die Betreuung der Praktikanten war hauptsächlich die Aufgabe des Assistenten August Schleiermacher, der ebenso alt war wie sein Chef und schon seit 1881 diese Stellung innehatte. Hertz beklagte verschiedentlich das »geringe Interesse« des Assistenten, so daß er sich mehr als beabsichtigt um das Praktikum kümmern mußte.[15] Eine geschätzte Hilfe war ihm dagegen der tüchtige Mechaniker Gottlieb Martin, insbesondere auch bei der Vorbereitung der Demonstrationsexperimente für die Vorlesung.

Das Semester hatte noch nicht angefangen, da merkte der Herr Professor Hertz schon »mit Schmerzen, daß es mit dem ›Dienst‹ kein leerer Scherz ist, je mehr man vorwärts kommt, je abhängiger und unterworfener wird man«.[16] Als Ordinarius hatte er nicht nur sein Institut zu verwalten, sondern er gehörte wie seine dreiunddreißig Kollegen zum »Großen Rat« und war daher wenigstens pro forma mit vielen Angelegenheiten der Hochschule befaßt: »In einer Weise, die mir auch neu ist, kommen und gehen Zirkulare – eine Kommissionssitzung um die Zeit, eine um die Zeit, und man ist froh, wenn der Abend kommt und man hat keine vergessen. Und wenn man sich setzt und an sein Kolleg endlich denken will, kommt ein Kollege, um den Besuch zu erwidern, oder ein Examenskandidat, sich vorzustellen.«[17]

Die ersten Examina mußte er schon Anfang Mai abnehmen, zunächst bei zwei Architekten: »Nun, ich glaube, ich war nicht streng; einer wußte recht gut Bescheid, er bekam die Note ›vorzüglich‹, einer wußte wenig, er bekam die Note ›gut‹.« Tags darauf mußte er wieder examinieren: »Vier Apotheker, aber unter verschärften Umständen, nämlich öffentlich. Ich muß entscheiden, ›ob sie die für ihren Beruf hinreichenden Kenntnisse in Physik haben‹. Nun, was braucht ein Apotheker?«[18] Die Antwort darauf wußte er immer noch nicht, als er Dutzende angehender Apotheker geprüft hatte. Wegen solcher Pflichten und vieler Ablenkungen sah er »die Ruhe für wissenschaftliche Arbeiten etwas in die Ferne gerückt« und sorgte sich nach zwei Monaten, »ob ich wohl auch so einer werde, der nach der Professur aufhört, etwas zu leisten?«[19]

In den ersten Wochen war im Laboratorium mit Aufräumen und Einrichten genug zu tun. Für die Elektrotechniker aktivierte er eine bereits von Sohncke angeschaffte Dynamomaschine, konnte sie aber erst nach einer Reparatur des Gasmotors in Gang setzen und durchmessen. Bald drängte es ihn, »an eigene Arbeiten zu denken«, und dabei ist er »auf die Leitung in verdünnten Gasen zurückgekommen«. Einige Röhren waren vorhanden, aber die Luftpumpe mußte erst in Ordnung gebracht werden, bis er Ende April die ersten Entladungen beobachten konnte. Nachdem er sich wie einst in Berlin eine Batterie aus Planté-Elementen gebaut und mit einem großen Rühmkorffschen Induktorium einige Versuche gemacht hatte, war er fest »zur Arbeit über Gasentladungen entschlossen«.[20] Daß daraus nichts geworden ist, lag daran, daß er zwar mit dem Institut und seiner Arbeit sehr zufrieden war, sich aber einsam fühlte und immer unglücklicher wurde.

Seine Wohnung hatte Heinrich Hertz nach einigen Wochen mit dem aus Hamburg spedierten Schreibtisch und am Ort besorgten Möbeln so weit hergerichtet, daß er dort arbeiten und »schon zu Hause Kaffee« trinken konnte. Reinigung und Besorgungen ließ er durch einen Diener erledigen. Über Mangel an Einladungen hatte er nicht zu klagen. Nicht nur waren die Tanten Friederike Föhlich und deren unverheiratete Schwester Johanna Pfefferkorn sehr nett zu ihrem Neffen, auch die Kollegen waren um den Junggesellen bemüht. Zur Geselligkeit gab es noch den Naturwissenschaftlichen Verein und das Militär. Nachdem er sich pflichtgemäß auf dem Bezirkskommando gemeldet hatte, war sein erster Dienst am Vaterland ein abendliches Spargelessen der Reserveoffiziere.[21]

Anders als in Kiel fand er am Polytechnikum jedoch nicht einen Kreis und eine Tischrunde jüngerer, unverheirateter Dozenten und Professoren. Die Kollegen gefielen ihm zwar »alle recht gut, nur daß sie doch zum größten Teil schon in einigermaßen anderen Verhältnissen sich befinden als ich«. Viele von ihnen durften sich mit dem Titel eines »Hofrats« schmücken, andere waren »Geheimräte« oder »Geheime Hofräte«, und alle waren viel älter und verheiratet. So blieb ihm nichts anderes übrig, als in einem Restaurant allein zu essen. Zunächst hoffte er, das könne »nur ein Interimistikum sein, jetzt esse ich schon drei Wochen so, und es kann auch wohl ein Jahr daraus werden«.[22] Das drückte auf seine Stimmung, und die vielen Spaziergänge und Wanderungen, manchmal auch

Gewaltmärsche bis Baden-Baden oder Herrenalb, unternahm er weniger zum Vergnügen, sondern eher als Flucht aus der Misere des Alleinseins.

Er hatte auch Kontakt mit alten Bekannten wie dem Theologen Hans Hinrich Wendt, der aus Kiel nach Heidelberg gegangen war, oder zu Emil Levy, gleichfalls einem Hamburger und »Johanneer«, mit dem er sich in Berlin angefreundet hatte, der jetzt in Freiburg Professor für Romanistik war. Besuche von Physikerkollegen brachten gleichfalls einige Abwechslung, wenn etwa Eilhard Wiedemann, Professor in Erlangen und Sohn des berühmten Gustav Wiedemann, vorbeischaute. Besonders zu dem elf Jahre älteren Emil Warburg, dem Ordinarius in Freiburg, bahnte sich ein gutes Verhältnis an. Er stammte aus dem Altonaer Zweig der berühmten Bankiersfamilie und hatte wie später Heinrich Hertz als erster in der Familie die Tradition zugunsten der Physik aufgegeben.[23]

Aber nichts half Heinrich Hertz über das Gefühl der Einsamkeit hinweg. So verbrachte er einen »trübseligen Himmelfahrtstag«, und Ende Mai fühlte er sich »trübselig genug im Vergleich zum Vorjahr«[24], als er in Kiel manch schöne Frühlingsnacht erlebt hatte. Seinen Eltern schrieb er in einer Anwandlung von Einsamkeit: »Wenn ich nicht übers Jahr verheiratet bin, so werde ich in maßlose Wut geraten.«[25] – Solche Entschlossenheit konnte nichts Gutes verheißen, und die Szenen bürgerlicher Brautschau, die heute wie aus einem schlechten Roman aus vergangenen Zeiten wirken, aber damals gang und gäbe waren, stürzten ihn in eine seelische Katastrophe.

Unter den Töchtern des Landes sich zwanglos umzusehen, war bei dem ebenso engen wie strikten Reglement bürgerlicher Geschlechterbeziehungen in der überschaubaren Residenzstadt nicht möglich, zumal die Saison der Bälle und »Gesellschaften«, die auch als Heiratsmärkte inszeniert wurden, im April schon zu Ende war. Aber der Kollege Heinrich Meidinger glaubte, in dieser delikaten Angelegenheit ein probates Mittel zu wissen. Mit diesem älteren Professor für die seltsame Fächerkombination von »Technischen Anwendungen der Elektrizität und für Heizung und Ventilation« war Heinrich Hertz näher bekannt geworden, weil er wegen des mehr theoretischen Teils der Elektrotechnik, der seine Aufgabe war, mit Meidinger häufig in Kommissionen sitzen und sich abstimmen mußte. Meidinger hat den oft einsam wirkenden neuen

Kollegen in gutgemeinter Fürsorge auf das aufmerksam gemacht, was er für eine gute und geeignete Partie hielt.

Die junge Dame war die Tochter des Forstrats und Vorstands der »Forstschule« des Polytechnikums Karl Schuberg. Am 14. Juni notierte Heinrich Hertz jedenfalls in seinem Tagebuch, daß er Meidinger »um seine Hilfe gebeten« habe, offenbar als Bote und Vermittler bei Schuberg. Drei Tage darauf traf er bei einem Konzert im Stadtgarten mit Schuberg und Meidinger zusammen, wobei der Herr Forstrat den Kollegen als Schwiegersohn akzeptierte. Heinrich Hertz, der seine Auserwählte kaum gekannt haben kann, war weit davon entfernt, glücklich zu sein, sondern am nächsten Tag von »Unschlüssigkeit und Zweifel« geplagt. Trotzdem fand er sich am nächsten Sonntag zu einer Landpartie mit den Familien Schuberg und Meidinger ein. Als Ergebnis dieser Veranstaltung notierte er ohne Begeisterung und ohne den Namen seiner prospektiven Frau zu nennen: »Einverständnis«, und drei Tage später: »Abends im Stadtgarten verlobt.«[26] – Nur zehn Tage waren vergangen, seit er Meidinger um Vermittlung gebeten hatte.

Während die Verbindung des Fräulein Schuberg mit dem neuen Professor für Physik wie ein Lauffeuer durch die Stadt ging, hatte Heinrich Hertz einen »ersten Tag des Kampfes« auszustehen, dem ein »zweiter Tag« folgte, bis er am dritten Tag festhielt: »Die Heuchelei nicht länger ertragen können. Abends die Sache rückgängig gemacht.«[27] Die Gründe für diese abrupten Entschlüsse und Sinnesänderungen sind aus den knappen Tagebuchnotizen nicht zu entnehmen, und Briefe aus dieser Zeit wurden nicht aufbewahrt. Im nächsten Jahr, als er öfter auf »die Sache« zurückkam, konnte er noch längst nicht den »Wust und Schmutz der letzten Zeiten vergessen«[28], und er klagte, daß »durch die Erlebnisse von 1885 mein ganzes Gefühl verwirrt und durcheinandergeworfen« sei. Seine geheimsten Wünsche beichtete er den Eltern in einem Ton, als hätte er zu oft in Wagner-Opern gesessen: »Wie gern möchte ich mich einer Frau zur Heilung anvertrauen!«[29]

Was immer der Grund für die Auflösung der Verlobung gewesen sein mag: Heinrich Hertz hatte damit im kleinen Karlsruhe einen großen Skandal entfacht. Er lief Gefahr, sich als Mann, Kollege und Offizier unmöglich zu machen, und mehr noch litt er darunter, unrecht gehandelt zu haben. Es folgte ein »verzweifelter Tag«. Der Kummer wurde so bedrückend, daß er in Heidelberg bei Wilhelm Erb Hilfe suchte, einem berühmten Neurologen und Psychiater.

Der Herr Professor dürfte ihm geraten haben, er möge bis zum Semesterende durchhalten und dann zur Erholung verreisen, denn nach mühseligen Wochen fuhr Heinrich Hertz gleich nach der letzten Vorlesung am 23. Juli in die Schweiz und stieg auf den Rigi. Ruhe fand er aber nicht: »Mich nicht halten können, sogleich wieder herunter und nach Hamburg gefahren.«[30]

Nachdem er die Nacht und den folgenden Tag in Zügen verbracht hatte, traf er in Hamburg seine Mutter und die Schwester Melanie gerade noch vor der Abreise nach Helgoland an. Er schloß sich ihnen an, litt aber während der Schiffspassage in das damals mondäne Seebad unter »furchtbarer Unruhe und Aufregung«. Trotz Segelpartien und Schwimmen besserte sich sein Zustand nicht, so daß er nicht einmal eine Woche blieb. In Hamburg ging es ihm dann »so schlecht wie möglich, Melancholie, Apathie«. Gespräche und Spaziergänge mit dem Vater halfen ein wenig, aber nur bis zum nächsten »heftigen Rückfall«, übrigens nach »Lesen eines Romans«, so daß er auf ärztlichen Rat am 8. August nach Sonneberg an den südlichen Ausläufern des Thüringer Waldes aufbrach, um dort in ein Sanatorium zu gehen.[31]

In der »Wasserheilanstalt« eines Sanitätsrats Dr. Richter sollte alles, was damals als »Neurasthenie« diagnostiziert werden mochte, mit Wasser kuriert werden, das reichlich aus dem Schiefergestein sprudelte. Heinrich Hertz war »sehr erstaunt über die Anstalt« und wäre »lieber fortgelaufen«, hielt aber aus und hat brav »morgens Wassertreten gemacht und nachmittags lange geschlafen«.[32] Das Leben war so eintönig, daß für sein Tagebuch nur selten eine knappe Bemerkung abfiel, mal ein Ausflug, dann ein Skatabend sowie die Abreise oder Ankunft eines Patienten. Um Aufregungen zu vermeiden, ließ er sich Post nur alle vier Wochen nachschicken.

Mitte September bat er in Karlsruhe um einen weiteren Monat Urlaub, weil gemäß dem Attest des Arztes »die Kur noch nicht für beendigt erklärt werden« und der Dienstantritt zum 1. Oktober »einen Rückfall und damit das Bedürfnis weit längerer Unterbrechung der Tätigkeit zur Folge haben könne«. Das Gesuch wurde umgehend genehmigt, so daß er erst Ende Oktober, nach beinahe dreimonatigem Aufenthalt, die »Wasserheilanstalt« verließ.[33]

Als Heinrich Hertz am 25. Oktober nach Karlsruhe zurückkehrte, war das Semester bereits in vollem Gange. In den ersten Tagen hat er sich verständlicherweise »sehr unsicher und unglücklich und menschenscheu gefühlt«.[34] Zögernd sondierte er die Lage und fand, daß man ihm nicht so viel nachtrug, wie er befürchtet hatte. Schon im Sanatorium hatte er einen offenbar nicht unversöhnlichen Brief von Schuberg erhalten, der ihn auf dem Umweg über die Eltern erreichte, und als ihm Kollege Meidinger alsbald erzählte, daß das Fräulein Schuberg »wieder verlobt« sei, konnte man ihm wenigstens nicht mehr vorwerfen, daß er die Heiratsaussichten der Tochter eines Kollegen ruiniert habe.[35] Vor ihrer Hochzeit im nächsten Frühjahr sagte ihm Fräulein Schuberg übrigens noch, nun »hieße es absolut ›Schwamm drüber‹«[36], so daß wenigstens der »gesellschaftliche« Schaden minimiert war.

Auch die Arbeit sorgte dafür, daß es »besser mit der Stimmung« wurde. Anfangs hat er eine während seiner Abwesenheit angelieferte neue Dynamomaschine ausprobiert und war »sehr zufrieden gewesen«, daß ihm in den letzten drei Monaten seine Fähigkeiten nicht abhanden gekommen waren. Mit der Physik-Vorlesung begann er am 1. November, dann mit Elektrotechnik und schließlich auch mit der Meteorologie für Forstleute. Diese Routine von insgesamt sieben wöchentlichen Vorlesungsstunden und das Praktikum kosteten so viel Zeit, daß er an eigene Forschungen zunächst nicht denken konnte, sondern nur spielerisch ein wenig experimentierte. Hauptsächlich hat er über die Theorie der elektrischen Maschinen gearbeitet und sich um das Praktikum sowie um die Einrichtung des elektrotechnischen Laboratoriums gekümmert.[37]

Vor allem zwang er sich, unter Menschen zu gehen. Am naheliegendsten war der Naturwissenschaftliche Verein, in dem er einige kleine Vorträge hielt, zum Beispiel über die Bildung von Nebeltröpfchen, wobei er ein Experiment vorführte, das er für die Meteorologie-Vorlesung ersonnen hatte. Daneben tagte jeden Mittwoch ein »mathematisches Kränzchen«, donnerstags ging er zu einem Kegelabend, besuchte auch eifrig das Theater und wagte sich zu Gesellschaften, wo er auch mal »fleißig getanzt« hat. Kurz darauf hat er sich freilich wieder »mit unnützen Gedanken« geplagt, und es zog ihn zu einsamen Spaziergängen im Schneegestöber.[38]

Auch in den Weihnachtsferien, die er wie üblich bei der Familie in Hamburg verbrachte, hat er »all diese Zeit schwer mit Mißmut und Hoffnungslosigkeit gekämpft«, und es war für ihn »schon der dritte oder 4. Weihnachtsabend ohne rechte Freude«. Silvester war er nur »froh, daß dieses Jahr herum«, und er hoffte, »daß kein solches folgt«.[39]

Wieder in Karlsruhe, mußte sich Heinrich Hertz mit aller Kraft dazu zwingen, nicht wieder in Trübsinn zu verfallen. Sein bei Lichte besehen gar nicht so einsames Leben mit vielen Aktivitäten war ihm unerträglich einfach deshalb, weil er keine Frau gefunden hatte: »Ich empfinde meinen gegenwärtigen Zustand nicht allein als Entbehrung nach jeder Richtung, sondern obendrein diese Entbehrung als eine Schande und einen Fluch«, schrieb er den Eltern. Natürlich wußte er, daß diese Gedanken reichlich überspannt waren und sie »wohl kein Vernünftiger richtig finden wird«, aber es war eben sein »nicht zu änderndes Gefühl«.[40] Aus den Erfahrungen des Vorjahres hatte er immerhin gelernt, daß er daran »gewaltsam nichts ändern« konnte und auch, »daß das Verloben nicht Sache der reinen Vernunft ist, und daß man mit nichts weiter als dem Willen wohl eine Haushälterin, nicht aber eine Frau bekommen kann, und auf eine solche war ich doch noch zu jung zu verzichten«.[41]

Elterlichem Rat und eigener Einsicht folgend, stürzte er sich in die Ballsaison. Den ersten großen Ball, der im Museum ausgerichtet wurde, fand er »etwas klöterig«, ging aber tapfer zum nächsten, bei dem »der Hof anwesend«[42] war, und bemühte sich, »so viele Bälle und Gesellschaften mitzumachen, wie möglich war, so daß ich wohl für einen sehr tanzlustigen jungen Mann gelten muß«. Dabei sah er, »daß es heiratslustige junge Damen genug gibt, auch hübsche und nette«, aber er fand auch, »daß der Ballsaal eine schlechte Stelle zum Kennenlernen ist, daß die Suche der Einen unter Vielen abscheulich ist«. Mit dem Fastnachtsball neigte sich die Saison dem Ende zu, und er wollte schon die Flinte ins Korn werfen, da erspähte er doch noch die »Eine«, machte ihr den Hof und sich selbst Hoffnungen. Als er wegen dieser Elisabeth Doll mit Tante Friederike sprach, war sie so sehr »Feuer und Flamme«, daß er sofort einen Brief aufsetzte und den Vater bat, »um seine Tochter werben zu dürfen«.[43]

Der Vater war Dr. Max Doll, Lehrer der praktischen Geometrie an der Hochschule und von Hertz charakterisiert als »einer von den Ehrenmännern, die jahraus, jahrein ihre Pflicht gut und genau getan haben und doch wegen irgendwelcher Umstände für das ›Höhere‹ nicht für würdig erachtet sind«.[44] Gewiß war Max Doll ein vernünftiger Vater, denn er beschied den Bewerber, »ihm und seiner Frau sei es sehr recht, aber seine Tochter sei eine sehr selbständige Natur … so müsse ich mich an sie selbst wenden«. Er möge indes

»nur Besuche machen, und bald sei ja die Zeit für Landpartien«. Unvermeidlich, daß Heinrich Hertz danach »wieder einen bitterbösen Tag voll toller Angst« durchlitt und sich damit quälte, ob er »auch Recht getan« habe. Am nächsten Sonntag besuchte er dennoch morgens die Familie Doll und war »wesentlich erleichtert«: »Ich ging hin beklemmt und mit dem Willen, wenigstens einen kalten Anstandsbesuch fertig zu bringen, und ich ging fort lachend und vergnügt und unbefangen.«[45]

Natürlich blieb es nicht dabei, sondern es wechselten Phasen der Begeisterung mit solchen des Grübelns und der Unsicherheit, alles in nicht enden wollenden Briefen an die Eltern hin- und hergewendet: »Kennte ich das Mädchen wirklich, so wäre eine solche Unsicherheit gewiß nicht möglich; sie ist die Folge davon, daß ich doch wieder mehr oder weniger ins Ungewisse wagen mußte, aber bei den hiesigen gesellschaftlichen Zuständen und meiner Stellung außerhalb der Familie könnte das in Jahren nicht anders werden.«[46] Erst nach zwei Wochen wagte er den nächsten Besuch, nach dem er sich »sehr hoffnungsvoll« fühlte. Eine weitere Woche verging, bevor er mit Dr. Doll im geodätischen Institut sozusagen von Mann zu Mann sprach und auf die Landpartie drängte, deren Termin dummerweise vom Wetter abhing.

Am 12. April, einem Sonntag mit prachtvollem Sonnenschein, fuhren die Eltern Doll und ihre Töchter, die 21jährige Elisabeth und die vier Jahre jüngere Mathilde, sowie Heinrich Hertz nach Bühl an den Ausläufern des Schwarzwalds. Um den Klatschmäulern zu entgehen, nahmen sie den ersten Zug in aller Frühe um 7 Uhr, aber im Coupé nebenan saß ausgerechnet Herr Schuberg, der sich alle Mühe gab, die kleine Reisegruppe zu übersehen. Beim Spaziergang von Bühl zur vier Kilometer entfernten Burgruine Altwindek durften die beiden Ehekandidaten vorausgehen und ungestört miteinander reden. Elisabeth Doll war natürlich »die Sache« vom Vorjahr bekannt, und als Heinrich Hertz seine damalige Situation erklärt hatte, »war gewissermaßen das Vertrauen da, und wir haben alles ohne Scheu besprochen«. Dann wurde zu Mittag gegessen, und danach sind die beiden, wie Heinrich Hertz den Eltern berichtete, »wieder auf ernste Dinge gekommen, und dann war die Verlobung eben sehr leicht und wie von selbst fertig«. Alle waren glücklich; nur Mathilde weinte wegen des baldigen Abschieds der älteren Schwester von der Familie »so jämmerlich, daß ich mir wie ein roher Barbar vorkam«.[47]

Elisabeth Doll stellte sich der Mutter von Heinrich Hertz in einem Brief vor, in dem sie auch davon schrieb, ihr »lieber Heinrich« habe »Schweres erleben müssen, und ich fühle so ganz mit ihm; durch heilige wahre Liebe will ich ihm jene düstere Zeit vergessen machen«.[48] Das klingt sehr nach den Fortsetzungsromanen von Eugenie Marlitt in der »Gartenlaube«, aber um vorzugreifen: Die beiden hatten es gut miteinander getroffen und wurden ein glückliches Paar. Zwar dauerte es noch etwas, bis Heinrich Hertz von der »Sache« nicht mehr heimgesucht wurde, aber zur ersten Wiederkehr des Verlobungstages konnte er schreiben: »Vor einem Jahr versprach mir Elisabeth zu versuchen, daß sie mir die trüben Tage aus dem Gedächtnis bringe, und schon nach einem Jahr ist es ihr völlig gelungen.«[49]

Zunächst ging es freilich darum, das freudige Ereignis aller Welt mitzuteilen. Karten wurden gedruckt, mit Handschriftlichem ergänzt und versandt. Der Hofphotograph wurde bemüht, und es begann das Ritual der Besuche und Vorstellungen, das wegen der Vorgeschichte eine nicht ganz unkomplizierte Angelegenheit war. »Die Menschen zeigen sich gegen uns verschieden«, bemerkte Heinrich Hertz, »einige sehr freundlich ... andere zeigen auch weniger Freundlichkeit, als ich erwarten durfte.« Besonders das Verhalten von Meidingers fand er »höchst kindisch« und konnte es sich nur so erklären, »daß sie piquiert sind, daß ich sie nicht nochmals mit der Vermittlung betraut habe«.[50]

Sehr schnell ging es auch um die materielle Basis des Ehestandes. Vater Doll wollte seiner Tochter neben der Aussteuer jährlich 600 Mark geben, und Vater Hertz hatte sofort angeboten, das junge Glück mit jährlich 1000 Mark zu unterstützen. Sein Sohn, der 4000 Mark bezog, war sehr dankbar: »Es würde für uns den Unterschied zwischen einem auskömmlichen und einem behaglichen Leben bedeuten.« Er bat sich allerdings aus, diese Zuwendung »als eine zu bestimmten Zeiten sicher eintreffende ansehen [zu] dürfen; zu schreiben, ich brauche Geld, wäre mir als Ehemann nicht mehr möglich«.[51]

Diese Dinge wurden zur allseitigen Zufriedenheit besprochen und geregelt, als die Eltern Hertz über Ostern nach Karlsruhe kamen. Sie waren sehr glücklich über die Schwiegertochter und durften hoffen, daß ihr Sohn nun auf dem rechten Wege war.[52] Nur der Ehevertrag barg noch Komplikationen, die in langen Briefen bis in den Juli hinein erörtert wurden. Heinrich Hertz, der nicht auf eigenen Vorteil, sondern auf die Sicherung seiner Frau bedacht war, kamen manche juristischen Finessen »so unverständlich und absurd vor, daß ich vor einem Gebiet, auf dem solche Selbstschüsse und Fußangeln aufgestellt sind, ordentlich Angst habe«.[53] Aber auch das wurde zur Zufriedenheit geregelt, und zum Semesterende am 31. Juli sollte geheiratet werden.

Wegen der Hochzeitsvorbereitungen mußte Heinrich Hertz die »Arbeit auch in diesem Semester noch vollständig auf den Unterricht beschränken; freilich würde das wohl auch ohne den Brautstand so sein, denn ich habe noch Vieles einzurichten«.[54] Er meldete nicht ohne Stolz, er habe »ganz hübsche Geldmittel zu verausgaben, nämlich 3500 Mark für elektrotechnische Zwecke, 600 Mark für Werkzeuge. 1200–1300 Mark für Physik«, und dazu noch Zusagen größerer Beträge für die zweite Jahreshälfte. Die gründliche Renovierung aller Räume und eine neue Einrichtung seines eigenen Arbeitszimmers wurden zusätzlich aus dem Baufonds bezahlt, den er als geschickter Administrator so hoch wie möglich belastete: »Es macht Spaß, immer nur sagen zu können: jetzt dies machen, jetzt dies. Man darf aber auch keinen Augenblick abwesend sein, sonst ist gleich alles falsch gemacht ... und ich will alles ganz genau so haben, wie ich es mir in den Kopf gesetzt habe.«[55] Wenn es nicht schnell genug voranging, hat er auch mal »Lärm gemacht«.[56]

Betrüblich war allerdings, daß der Mechaniker Gottlieb Martin schon seit Jahresanfang krank war, so daß Heinrich Hertz in den Vorlesungen und bei der Einrichtung der Laboratorien ohne Hilfe auskommen mußte. Mehrfach besuchte er den Kranken und wurde auch nicht ungeduldig, als Martin im Frühjahr noch einmal für sechs bis acht Wochen wegen eines Darmkatarrhs krankgeschrieben wurde. »Ich halte den Arzt aber nicht für sehr kompetent«, sorgte sich Heinrich Hertz, »und fürchte, daß es noch schlimmer sei«.[57] Einen anderen Mechaniker mochte er nicht anfordern, weil Martin dann einen Teil seines ohnehin bescheidenen Gehalts eingebüßt hätte. Daher behalf er sich mit einem Lehrling. Der zerschlug als Debüt die Scheibe der großen Elektrisiermaschine, und der Ordinarius war bald wieder allein mit seiner Arbeit.[58]

Schließlich trat auch noch die Politik auf den Plan, denn der deutsch-französische Dauerkonflikt spitzte sich zu und das Militär aktivierte die Reservisten. Mitte Mai wurde der Assistent Schleiermacher eingezogen, und Ende Mai mußte der »Second-Lieutenant« Hertz zu einer zweiwöchigen Übung der Landwehr im südlich von Karlsruhe gelegenen Rastatt einrücken. Die erste Woche wurde exerziert, gedrillt und vor dem kommandierenden General paradiert, und in der zweiten Woche wurden Gefechte geübt. Die Freude über die Pfingstferien war »gedrückt durch Kriegsgefahr«, aber zum Glück blieb es bei der Gefahr.[59]

So konnten die Verlobten ihre Wohnung einrichten, die sie in einem Haus in der Waldstraße 33 gefunden hatten. Ende Juli trafen die Eltern Hertz, dazu der Bruder Gustav und die große Verwandtschaft aus Frankfurt in Karlsruhe zur Hochzeit ein. Getraut wurden Heinrich und Elisabeth Hertz am 31. Juli 1886 in der Schloßkirche vom Hofprediger Helbing. Es folgte die traditionelle Hochzeitsreise, die über Stuttgart und München nach Salzburg führte, wo sie sehr vernügte Tage mit dem jüngst verlobten Bruder Gustav und seiner Braut Auguste verbrachten. In Innsbruck war ein Treffen mit den Eltern Hertz arrangiert, dem einige Wochen in Meran folgten. Die Rückreise führte an den Bodensee, wo es viel regnete und Heinrich Hertz sich deshalb seinem Steckenpferd hingab, nämlich »zum Zeitvertreib eine Aufgabe aus der Wahrscheinlichkeitsrechnung« behandelte und nach zwei Tagen »die Würfelaufgabe zu Ende gebracht« hatte. Am 3. September kehrten sie nach Karlsruhe zurück.[60]

Der Eingewöhnung in den Ehestand machte keine Probleme. Elisabeth betonte, sie fühlten sich »recht gemütlich zu Hause, besonders abends nach dem Tee, wenn Heinrich mir vorliest und ich etwas arbeite ... Heinrich arbeitet auch manchmal zu Hause, was mich sehr freut.« Der Ehemann lobte dagegen die Kochkünste seiner Frau: »Dabei soll alles nach Hamburger Weise sein und ich komme mir einstweilen vor, als ob meine Fütterung die Hauptsache wäre.« Aus Hamburg wurden regelmäßig Tee und auch Fäßchen gesalzener Butter geschickt, weil sich Heinrich nicht damit anfreunden mochte, daß im Badischen die Butter zur Konservierung eingeschmolzen wurde. Er selbst sorgte im Keller für »ein Fäßchen Wein (ganz guten, den Liter zu 54 Pfg.), denn ohne ein Fäßchen ist hier ein Hausstand nicht möglich.« Im Haushalt half natürlich ein Mädchen, das zu Elisabeths Erleichterung »recht ordentlich und willig« war.[61]

Vor allem aber lebte Heinrich Hertz in seiner Rolle als Ehemann regelrecht auf, und das änderte sich auch nicht, als Elisabeth Ende September für einige Wochen an einer schweren Erkältung litt: »Elisabeth ist sehr lieb und süß, und ich habe sie eigentlich noch lieber, wenn ich für sie sorgen muß.«[62] Und Elisabeth schrieb, als sie wieder gesund war: »Wir sind sehr glücklich und vergnügt zusammen, manchmal auch lustig und übermütig.«[63] Und bei so viel persönlichem Glück stellten sich auch bald Erfolge in der Wissenschaft ein. Die qualvolle Zeit der Konflikte und Krisen war zu Ende.

VI. DAS HANDWERK DES GENIES

1. »viel Freude« mit Funken und sehr schnellen Schwingungen

So heiter und beschwingt ist es in einem Laboratorium wohl niemals zugegangen wie in Karlsruhe, als Heinrich Hertz im Herbst 1886 mit Untersuchungen über schnelle elektrische Schwingungen beschäftigt war. Am 1. November, einem Sonntag, sollte ihn seine Frau in die Hochschule begleiten und beim Experimentieren »sogar als Assistent behilflich sein«, worauf Elisabeth Hertz, wie sie ihren Schwiegereltern schrieb, »sehr stolz« war. Über ihre Erlebnisse im Laboratorium berichtete sie anschließend nach Hamburg: »Meine Hilfe, nach der Papa fragt, war nicht so bedeutend, obwohl es mir selbst sehr viel Spaß machte. Ich beobachtete ganz kleine Fünkchen am einen Ende des Apparats, während Heinrich am anderen Drähte verschob. Die Sache gelang, nur sprangen wunderbarer Weise auch manchmal Funken zwischen uns beiden über, was nicht zur Sache gehörte und ihr eher hinderlich war.«[1] Heinrich Hertz war trotzdem so weit bei der Sache geblieben, daß er sich auf die Fünkchen konzentrierte und in seinem Experimentierprotokoll notierte: »Es war die Wirkung im allgemeinen schwächer als vermutet, so daß Wiederholung wünschenswert.«[2]

Die Funken sind dem Glück des seit vier Monaten verheirateten jungen Paares zuzurechnen, und die Fünkchen waren der Auftakt zu den erkenntnisreichsten und folgenträchtigsten Forschungen in der Physik des ausgehenden 19. Jahrhunderts. Daraus gingen in den nächsten beiden Jahren zehn in atemberaubendem Tempo veröffentlichte Abhandlungen hervor, in denen Heinrich Hertz beschrieb, wie ihm die Erzeugung elektromagnetischer Wellen gelungen war und was er über diese Wellen herausgefunden hatte: Ihre Ausbreitung im Raum mit der Geschwindigkeit des Lichts, ihre elektrodynamischen Wirkungen und ihre Eigenschaften wie Reflexion, Polarisation und Beugung, wesensgleich mit den Wellen des Lichts. Damit hatte er die Identität von Elektrizität und Licht bewiesen. Neben das alte Paradigma der den Raum überspringenden Fernwirkung war die Gewißheit getreten, daß sich die elektromagetischen Erscheinungen als Nahwirkung von Punkt zu Punkt durch den Raum ausbreiten. Und gleichsam nebenbei hatte er auch noch den photoelektrischen Effekt entdeckt.

Für Heinrich Hertz wurden die nächsten Jahre die schönste, glücklichste und produktivste Zeit seines Lebens. In überreichem Maße erlebte er die Erfüllung dessen, was er sich bei seinem Entschluß, Physiker zu werden, gewünscht hatte.

Nach der Rückkehr von der Hochzeitsreise war Heinrich Hertz gleich Anfang September 1886 ins Laboratorium gegangen und hatte »die Apparate so weit aufgestellt, daß ich mit Vergnügen an die Arbeit gehen kann«.[3] Er griff seine Idee der Gasentladungen wieder auf, war aber nicht zufrieden und wurde »unschlüssig, welche Arbeit zu beginnen« wäre. In der Hoffnung auf Anregungen studierte er viel Literatur und kümmerte sich um kleinere Routinearbeiten. Das setzte sich ohne besondere Intensität den September hindurch fort, bis am 4. Oktober ein simples Experiment, das Hunderte von Malen in Vorlesungen vorgeführt worden war und das er wahrscheinlich nur wegen der Vorbereitung für das Kolleg ausprobierte, seine Aufmerksamkeit erregte.[4]

In den Beständen des Instituts hatte Heinrich Hertz ein Paar »Rießscher« oder »Knochenhauerscher Spiralen« vorgefunden. Diese Spulen oder »Spiralen« waren in Holz eingebettete Wicklungen dicker Kupferdrähte. Für die Forschung hatten sie ausgedient, wurden aber noch zum Nachweis der elektromagnetischen Induktion etwa bei Vorlesungen verwendet. Der Standardversuch erfolgte mit einer Leidener Flasche, jener zur Speicherung von Ladungen auch vor hundert Jahren noch viel benutzten Urform des Kondensators, die durch eine Elektrisiermaschine oder eine Batterie aufgeladen werden konnte.[5] Entlud man eine Leidener Flasche durch eine der beiden Spulen, so wurde in der zweiten Spule ein Strom induziert. Das machte sich durch einen Funkenüberschlag in der zweiten Spule bemerkbar oder eindruckvoller durch die Reaktion eines Menschen auf einen elektrischen Schlag.

Heinrich Hertz wurde von der Flaschenentladung auf ganz andere Weise elektrisiert: Er bemerkte schon in den Kontakten für die Anschlüsse der ersten Spule an die Leidener Flasche winzige Funken. Daraus folgerte er, daß die »Herstellung der Induktion in einer einzigen Windung« vorlag und die Entladung in sehr schnellen Schwingungen erfolgen müßte. Das erschien ihm so vielversprechend, daß er fortan alle Beobachtungen und experimentellen Ma-

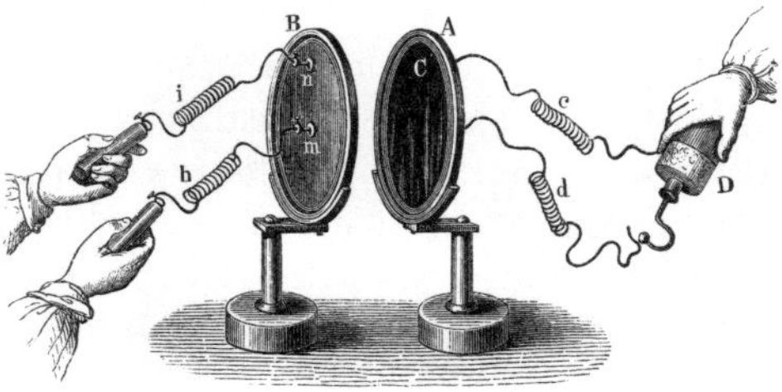

Die lehrbuchmäßige Darstellung der Entladung einer Leidener Flasche durch Knochenhauersche oder Rießsche Spulen. (Joh. Müller: Lehrbuch der Physik, 1868)
Handskizze von Heinrich Hertz der von ihm benutzten Spulen. (Copier-Buch des Phys. Inst. der Univ. Bonn)

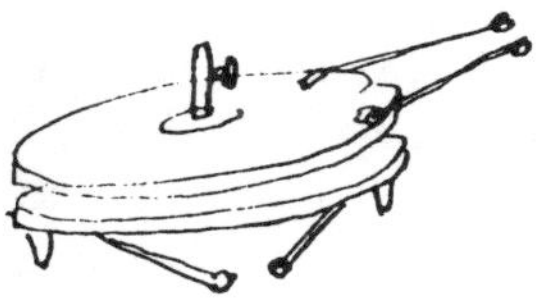

nipulationen sowie einige seiner wichtigsten Gedanken schriftlich festhielt. Diese Protokolle sind jetzt nach über einem Jahrhundert wieder aufgefunden worden und sind die denkbar authentischste Quelle für die Rekonstruktion seiner großen Entdeckungen. So ersieht man aus dem Protokoll, daß er sofort weiterführende Ideen notierte: »Gedanke, ›die Plötzlichkeit‹ des Funkens zu untersuchen. Benutzung zur Einwirkung auf Dielektrica.«[6]

Damit hat Heinrich Hertz an ein altes Problem angeknüpft, nämlich an die von Helmholtz sieben Jahre zuvor formulierte Preisaufgabe der Berliner Akademie über die elektrodynamische Wirkung von Isolatoren. Damals hatte er gründliche Studien zu dieser Aufgabe unternommen, sich aber der Bearbeitung entzogen, weil bestenfalls Effekte an der Grenze des Beobachtbaren zu erwarten waren. Vergessen war das Problem deshalb nicht: »Es blieb aber mein Ehrgeiz, die damals aufgegebene Lösung später dennoch auf irgend einem neuen Wege zu finden, zugleich war meine Aufmerksamkeit geschärft für alles, was mit elektrischen Schwingungen zusammenhing. Es war nicht wohl möglich, daß ich eine neue Form solcher Schwingungen übersehen konnte, falls ein glücklicher Zufall mir eine solche in die Hand spielte.«[7]

Daß gemäß der Theorie in offenen Drähten sehr schnelle Schwingungen möglich sein müßten, war Heinrich Hertz bekannt. In seiner Kieler Vorlesung über die »Constitution der Materie« hat er das meisterlich auseinandergesetzt, aber nur als Gedankenexperiment, denn der Theorie war nicht zu entnehmen, ob solche Schwingungen jemals in nachweisbarer Stärke erregt werden könnten. Dazu bedurfte es des »glücklichen Zufalls« und des darauf vorbereiteten Forschers.

Der Zufall war die unscheinbare Beobachtung, daß schon kleine Leidener Flaschen oder ein kleiner Rühmkorffscher Induktionsapparat ausreichten, in der zweiten Spule Funken zu erzeugen, wenn bei der Entladung durch die erste Spule eine Funkenstrecke als sehr schneller Schalter wirkte. Bei der geringen Selbstinduktion der Rießschen Spule und der geringen Kapazität einer kleinen Flasche lag nach ein wenig Kopfrechnen die Vermutung nahe, daß die Entladung der Flasche in so schnellen Schwingungen erfolgen müßte, wie sie bisher noch nicht beobachtet und beschrieben worden waren. Daß aber sehr schnelle Schwingungen in offenen Kreisen ermöglichen könnten, eine Entscheidung über die alternativen Theorien der Elektrodynamik herbeizuführen, war ihm seit den Studententagen bei Helmholtz immer gegenwärtig.

Für die Entladung statischer Elektrizität einer einzigen oder einer »Batterie« mehrerer Leidener Flaschen hatte Helmholtz schon 1847 in seiner Schrift »Über die Erhaltung der Kraft« auseinandergesetzt, »daß wir uns die Entladung einer Batterie nicht als eine einfache Bewegung der Elektrizität in einer Richtung vorstellen, sondern als ein Hin- und Herschwanken derselben zwischen den beiden Belegungen in Oszillationen, welche immer kleiner werden, bis die ganze lebendige Kraft derselben durch die Summe der Widerstände vernichtet ist«.[8] Dies geschah übrigens unter Berufung auf Arbeiten von Peter Rieß, den Konstrukteur der Spulen. – Bald darauf wurde von Thomson, Helmholtz und Kirchhoff die Formel für die Schwingungsdauer mit $T = \sqrt{L \cdot C}$ angegeben[9], die in der Telegraphengleichung eine Rolle spielt und bei der Verlegung transatlantischer Kabel zu großer praktischer Bedeutung gelangte.

Diese Formel wurde von Berend Feddersen in seiner Dissertation von 1858 in Kiel und in einer Serie sich daran anschließender Arbeiten experimentell bestätigt. Durch eine raffinierte Drehspiegeltechnik konnte er den Entladungsfunken optisch auseinanderziehen und mit schönen Photographien als Abfolge gedämpfter Schwingungen sichtbar machen.[10] Was also dem Auge als ein einziger Funke erscheint, ist tatsächlich eine Reihe sehr schneller Oszillationen, die dadurch zustande kommen, daß die Elektrizität zwischen dem positiven und dem negativen Pol hin- und herschwingt. Feddersens faszinierende Photographien und seine Bestätigung der Schwingungsformel war der unstreitig bedeutendste Beitrag zur Physik, der jemals aus dem Kieler Institut unter der Leitung von Gustav Karsten hervorgegangen ist.

Die von Feddersen geschätzten Schwingungsdauern reichten an den millionsten Teil einer Sekunde heran; in späterer Terminologie betrugen die Frequenzen also höchstens ein Megahertz, und die Wellenlängen hätten nach Hunderten von Metern oder nach Kilometern gezählt werden müssen. Heinrich Hertz sah nun einen Weg zur Erzeugung hundert mal schnellerer Schwingungen, deren Wellen nur einige Meter lang und damit für Manipulationen im Laboratorium geeignet sein sollten. Am 8. Oktober, nachdem er bemerkt hatte, »daß die Funken des Induktoriums besser wirken wie die Batterieentladung«, dachte er schon über »Versuche über die Dielektrizität leitender Flüssigkeiten nach«. Zur weiteren Verfolgung der Erscheinungen bestellte er »kreisförmige Glasröhren für Induktionsversuche« und gab auch die »Bestellung eines Funkenmikrometers« auf.[11] Bei letzterem handelte es sich um ein Instrument mit gegeneinander isolierten, polierten Metallkugeln, deren Abstand durch eine Mikrometerschraube reguliert wird.

Als die Glasröhren und das Funkenmikrometer am 25. Oktober eintrafen, machte sich Heinrich Hertz sofort an die Arbeit. Mit den Glasröhren hatte er »keinen Erfolg«, einen umso eindrucksvolleren jedoch mit dem Funkenmikrometer. Die Rießsche Spule, mit der alles angefangen hatte, hatte er inzwischen sozusagen »aufgebogen« und durch einen langen Draht ersetzt, dessen Enden an der Sekundärwicklung eines großen Rühmkorffschen Induktoriums angeklemmt waren. In der Mitte wurde der Draht durch eine Funkenstrecke unterbrochen. Der »Rühmkorff« hieß übrigens nicht nur nach seinem Erfinder, sondern er war ein Original aus dessen Werkstatt in der Rue Champollion in Paris.

Das Arrangement aus »Rühmkorff«, Drähten und Funkenstrekke nannte Heinrich Hertz den »Auslader«. Das neue Funkenmikrometer wurde in einen Zweig des Drahtes eingesetzt, wo es als Sonde durch Funken anzeigen sollte, wie sich die Elektrizität durch den

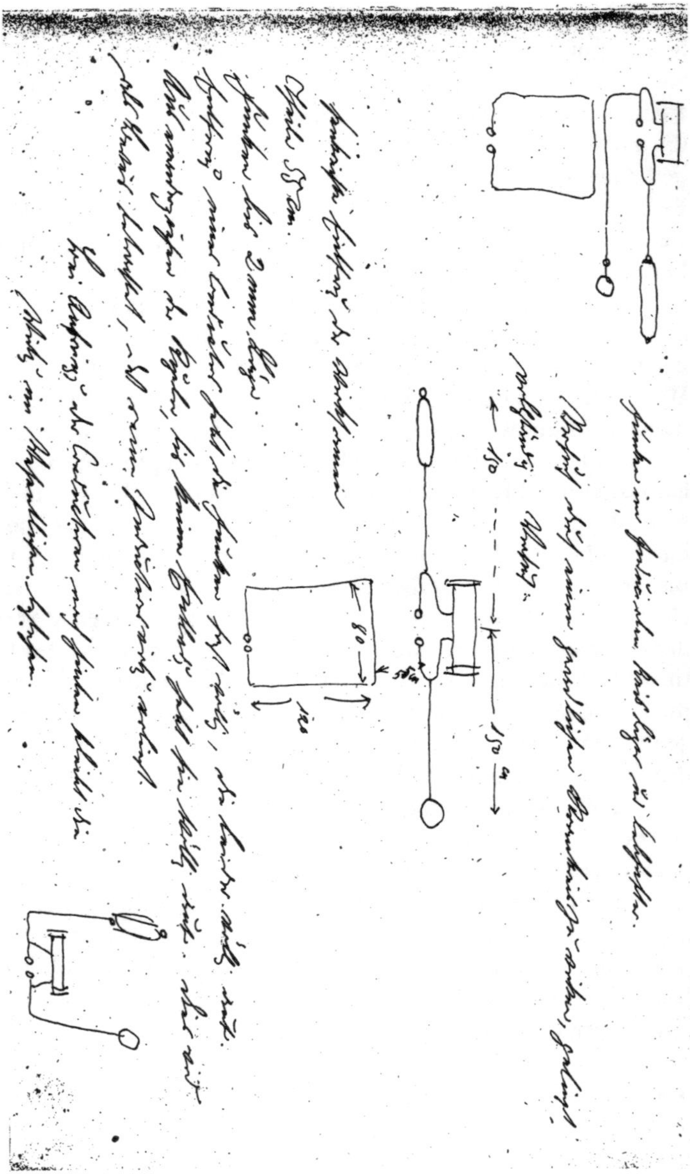

Das erste Experiment mit »Sender« und »Empfänger« im Experimentierprotokoll vom 11. Nov. 1886. Das Experiment »gelingt vollständig«. (NMH)

Draht bewegt. Zunächst bemerkte er, daß zugleich mit dem Funken des Entladers auch ein Funke am Mikrometer übersprang. Später nannte er diese Erscheinung den »Nebenfunken«. Dann überbrückte er die Kugeln erst durch längere, schließlich durch ganz kurze Drähte und machte eine schon von Blitzableitern bekannte Beobachtung am Funkenmikrometer: »Selbst kurze metallische Verbindungen der Kugeln des letzteren hebt die Funken nicht auf.«[12]

Im nächsten Schritt wurde das Funkenmikrometer nicht mehr in die Drähte des »Ausladers« eingesetzt, sondern durch einen bis zu acht Meter langen Draht sozusagen extern mit einem Zweig des »Ausladers« verbunden. Auch dabei sah er Nebenfunken, »allerdings darf die Funkenstrecke des Rühmkorff weder zu groß noch zu klein sein. Der Funke ist wesentlich. Zieht man den Auslader so auseinander, daß kein Erregungsfunken übertritt, so fallen alle Erscheinungen fort.« Dann variierte er die Drahtverbindung, die eine Art Kurzschluß über das Funkenmikrometer bildet: »Wenige cm dicken Kupferdrahts bewirken, daß die Elektrizität vorzieht, als Funke überzutreten.«

Mit verschieden gebogenen Drahtformen über den Kugeln, runden und viereckigen, suchte er nach »Interferenzerscheinungen in solchen Drahtkreisen«. Dabei zeigte sich, daß die Zuleitung vom »Auslader« zum Mikrometer einen großen Unterschied ausmacht: »Wenn man die eine Kugel des Mikrometers mit dem Auslader verbindet, sind die Funken am größten. Entfernt man den Zuleitungspunkt von der Kugel, so werden die Funken kürzer, verschwinden oder werden unmerklich, wenn der Zuleitungspunkt dem Funken des Mikrometers gegenüberliegt und treten wieder auf bei Annäherung an die andere Kugel ... Es kommt also darauf an, daß die elektrische Welle auf beiden Wegen gleichzeitig im Funkenmikrometer anlangt.«[13] Dann entsteht nämlich zwischen den Kugeln kein Potentialunterschied, und der Nebenfunke bleibt aus.

Diese Beobachtung war entscheidend für alles Weitere. Den Zuleitungspunkt, bei dem der Nebenfunke verschwindet, nannte er Indifferenzpunkt. Dieser Punkt zeigte klar und deutlich, daß sich Wellen bestimmter Länge durch den Nebenkreis ausbreiten, die von dem Primärfunken des »Rühmkorff« angestoßen werden. Nicht im Protokoll, sondern sechs Jahre später schrieb er zum Nutzen seiner Leser über diese frühe Phase: »Als ich aber das Auftreten des Indifferenzpunktes in der Mitte einer Nebenleitung und damit eine klare und reine Erscheinung gefunden hatte, war ich überzeugt, daß nunmehr die Aufgabe der Berliner Akademie löslich (sic!) sein würde.«[14]

So weit war er seit Eintreffen des Funkenmikrometers in der ersten Woche intensiver Arbeit gekommen, und die Experimente waren so aufregend, daß er sie auch am Sonntag fortsetzte. Als seine Frau die Fünkchen im Nebenkreis beobachtete, ging es um den Einfluß der Selbstinduktion. Zunächst wurde der Kreis »indifferent« gemacht, und wenn dann in einen der Drähte eine Spule eingesetzt wurde, so trat der Funke wieder auf. »Kompensation durch Verschieben des Indifferenzpunkts war möglich«, aber er notierte auch, »daß Wiederholung wünschenswert« sei.[15]

Daß Heinrich Hertz mit seinen Untersuchungen nicht hektisch voranstürmte, sondern eine Pause von einer Woche eintreten ließ, lag daran, daß im Oktober das Schuljahr begonnen hatte und viele Pflichten zu erfüllen waren: die üblichen Sitzungen, einige Prüfungen und die Vorlesungen. Das große Physikkolleg machte nicht mehr viel Mühe, da er es zum zweiten Mal hielt und die Vorlesungsversuche vorbereitet waren. 127 Hörer waren eingeschrieben, was er als Kompliment für seine Vortragskunst hätte ansehen können. Er bemerkte aber nur: »Haben habe ich natürlich nichts von der großen Zahl, denn je mehr Zuhörer da sind, je mehr schweigen auch.«[16] – Vielleicht war das auch nur ein mürrischer Hinweis darauf, daß an einer Universität ihm diese Hörerschar pro Semester 2500 Mark an Kolleggeldern eingebracht hätte, während er an der Hochschule leer ausging.

Ein großes Problem war die Krankheit des Mechanikers Martin. Wie Heinrich Hertz schon im Frühjahr befürchtet hatte, wurde Martin nicht mehr gesund. »Sehr deprimiert« war er nach einem Besuch bei dem schwerkranken Mann. »An ein Aufkommen ist nicht zu denken, und auf eine Entfernung aus seiner Stellung mag ich nicht drängen ... In diesem Punkte hat mich ein rechter Schlag getroffen.«[17] Am 16. Dezember starb Martin, wahrscheinlich an Darmkrebs, und erst danach ist Heinrich Hertz wegen der Anstellung eines Nachfolgers aufs Ministerium gegangen.[18] Der neue Mechaniker, ein Herr Bickel, trat erst am 28. Februar des nächsten Jahres seinen Dienst an, so daß Heinrich Hertz für Vorlesungen und Experimente keine Unterstützung hatte. Elisabeths Hilfe an jenem Sonntag nachmittag blieb eine Ausnahme.[19]

So war Heinrich Hertz in seinem verdunkelten Laboratorium völlig allein mit dem Knattern des Rühmkorff, den grellen Funken der Primärentladung und den winzigen Fünkchen im Nebenkreis. Was er dabei zustande brachte, war überhaupt nur möglich, weil er als unglaublich geschickter Experimentator sehr effizient arbeitete, dabei mit nachtwandlerischer Sicherheit auf seine Ziele zusteuerte und zugleich auch noch die unscheinbarsten Tatsachen als Grund für weitere Experimente registrierte.

Als Heinrich Hertz am 8. November 1886 seine Experimente fortsetzte, ging es ihm um »die Untersuchung der Induktion«, dieses Mal dadurch, daß er die Drahtverbindung zwischen »Auslader« und Nebenkreis kappte, die beiden Kreise also nicht mehr leitend verbunden, sondern einen halben Meter entfernt voneinander waren. Auch dabei traten Funken im Nebenkreis auf, die anzeigten, daß die Wellen des »Ausladers« im Nebenkreis Wellen induzierten. An Grundsätzlichem notierte er: »Die Wellen entstehen in dem Leitersystem, welches mit den Polen des Rühmkorff verbunden ist. Es sind Schwingungen in diesem. Anstoß gibt der Funke, welcher wie ein Schlag auf das System wirkt. Die Rühmkorffentladung, gleichgültig für die erregten Schwingungen, dient dazu, den Widerstand der Funkenbahn klein zu halten.«[20]

Am 11. November begann Heinrich Hertz seine Notizen mit einer »Folgerung aus der Theorie: Es muß vorteilhaft sein, beide Kugeln des Ausladers mit Konduktoren [d. h. mit Kondensatoren, Anm. A.F.] zu verbinden.« Nachdem er die Versuche angestellt hatte, bilanzierte er lakonisch: »Findet sich bestätigt.« Die Funken waren im Nebenkreis sogar »länger und lebhafter«. Das nächste Experiment beschrieb er ebenso lakonisch, obwohl es ein sehr großer Schritt war: »Versuch, durch einen geradlinigen Stromkreis zu wirken, gelingt vollständig.« Im 55 Zentimeter entfernten Nebenkreis entstanden ohne Drahtverbindungen Funken von 2 Millimetern Länge.[21]

Damit hatte Heinrich Hertz an diesem 11. November 1886, einem Dienstag, durch ständiges Variieren und Verändern aus der Rießschen Spirale über den »Auslader« ein Gebilde hergestellt, das er selbst als »Oszillator« bezeichnete. Später wird man es einen »Hertzschen Dipol« nennen und als Urtyp aller Rundfunksender ansehen. Der »Nebenkreis« wandelte sich zu einem Empfänger für die im Dipol erzeugten Wellen, der sogar »auf Resonanz« dimensioniert werden konnte. Von Wellen war allerdings nur insofern die Rede, als es sich um Drahtwellen handelte, und die Wirkung auf den »Empfänger« hat Hertz noch lediglich der Induktion zugeschrieben. Trotzdem wäre dieser Dienstag, der 11. November 1886, ein geeignetes Datum, wenn man den Geburtstag aller Rundfunktechnik feiern wollte, denn die wesentlichen Elemente, Sender und Empfänger, waren vorhanden.

»Heinrich hat gegenwärtig eine Arbeit«, berichtete seine Frau, »die ihn sehr interessiert und ihm viel Freude macht, da sie so schön gedeiht und vorwärts geht.«[22] Diese Freude dauerte an und steigerte sich. Nachdem Heinrich Hertz in den nächsten Experimenten auch den »Empfänger« aufgebogen und so die Wirkung zwischen »zwei geradlinigen Stromelementen« bestätigt hatte, wechselte er am 22. und 23. November den Rühmkorff aus und benutzte an seiner Stelle eine Influenzmaschine, eine Elektrisiermaschine, und noch einmal wie zu Anfang Leidener Flaschen. Mit allen drei Verfahren erhielt er wieder »Induktionsfunken«; das war ihm »wichtig, als es sicher zeigt, daß der Sitz der Erregung nicht im Rühmkorff, sondern in den geradlinigen Drähten ist«. Daher konnte er ruhigen Gewissens wieder den Rühmkorff verwenden, der die besten Funken lieferte. Am 25. und am 30. November untersuchte er viele Details, insbesondere die Veränderung der Funkenlänge durch Veränderung der Kapazität der »Konduktoren«.

Auf der Grundlage der mittlerweile gemachten Erfahrungen hatte sich Heinrich Hertz am 2. Dezember bessere Geräte gebaut: »Neuer gerader induzierender und geschlossener induzierter Stromkreis.« Der »gerade Stromkreis« war der große Oszillator, den er bis weit ins nächste Jahr hinein benutzte. Die Länge der Wellen konnte er auf einige Meter kalkulieren, die Schwingungsdauer daher auf etwas mehr als eine Hundertmillionstelsekunde. In dem freien Kreis hat er einen Schwingungsknoten nachweisen können und ging dann zur »Konstatierung der Resonanz« zwischen Oszillator und dem freien Kreis über.

Zunächst war dieser sekundäre Kreis »so eingerichtet, daß zu vermuten stand, seine Schwingungsdauer sei kürzer als die des Großen ... Er müßte also in Übereinstimmung gebracht werden können, indem man den induzierenden Kreis beschleunigt. Dies konnte geschehen durch Zusammenziehen der Kugeln. Wurden dieselben einander genähert bis auf 2 · 95 cm (statt 2 · 130 cm) von

Mittelpunkt zu Mittelpunkt, so stiegen die Funken des freien Kreises von 1 mm auf 3 mm.« Weitere Experimente und ausgeklügelte Kontrollversuche bestätigten, »daß tatsächlich eine Resonanzerscheinung vorliegt«.[23] Es war wohl das erste Mal, daß bei zwei Stromkreisen Resonanz nachgewiesen wurde, und dies bei Schwingungsdauern von weniger als einer Hundertmillionstelsekunde. Seine Bemühungen, stehende Wellen zu erzeugen, waren dagegen entweder »ohne rechten Erfolg«, oder die Resultate waren so unklar, daß er festhielt: »Wiederholung nötig.«[24]

Bei der Resonanz war sich Heinrich Hertz seiner Sache jedoch so sicher, daß er sie am 4. Dezember dem Assistenten Schleiermacher vorführte, wobei er die Kapazitäten des Oszillators und des kleinen Kreises auf alle nur denkbaren Weisen veränderte. Dabei war auch eine am Vortag erstmals registrierte »merkwürdige Erscheinung wieder da. Wurde in die gerade Linie zwischen erregendem Funken und induziertem Funken ein Stück Holz oder Paraffin eingeschoben, so war die Schlagweite des induzierten Kreises ganz bedeutend herabgesetzt.«[25] Diese Beobachtung führte zu der großartigen Entdeckung des photoelektrischen Effekts, aber mit Gewißheit wußte er das erst im nächsten Jahr.

Am folgenden Tag, einem Sonnabend, hat Heinrich Hertz erst einmal »lange geschlafen« und dann einen ausführlichen Brief an Helmholtz geschrieben.[26] Weil Helmholtz ihm Sonderdrucke einiger Abhandlungen geschickt hatte, was ihm »als ein Zeichen Ihres Gedenkens die größte Freude gemacht« hat, war ohnehin Anlaß zu einem Brief gegeben, so daß er dem Dank einen Bericht über seine Versuche folgen lassen konnte. Zwar überging er die Vorgeschichte, aber in seiner Konzentration auf das Anfang Dezember 1886 Erreichte ist dieser Brief ein unverzichtbares Dokument:

»Es ist mir nämlich gelungen, sehr sichtbar die Induktionswirkung eines ungeschlossenen geradlinigen Stroms auf einen anderen ungeschlossenen geradlinigen Strom darzustellen, und ich darf hoffen, daß der betretene Weg mit der Zeit die eine oder andere an diese Erscheinung sich knüpfende Frage zu lösen gestatten wird.

Den induzierenden geradlinigen Strom stelle ich in folgender Weise her: Ein dicker gerader Kupferdraht von 3 m Länge ist an seinen Enden mit zwei Kugeln von 30 cm Durchmesser oder zwei Konduktoren von ähnlicher Kapazität verbunden. In seiner Mitte ist der Draht unterbrochen durch eine Funkenstrecke von $^3/_4$ cm zwischen kleinen Messingkugeln. Zwischen den letzteren läßt man knatternde Funken eines großen Induktoriums übergehen; dabei werden, was freilich von vornherein kaum zu vermuten wäre, die elektrischen Schwingungen, welche dem geradlinigen Stromkreis eigentümlich sind, erregt, und diese üben nun eine verhältnismäßig sehr starke induzierende Wirkung auf die Umgebung aus. In einer einfachen viereckigen Strombahn von 75 cm Seitenlänge, welche aus dickem Kupferdraht bestand und in welcher sich nur eine kurze Funkenstrecke befand, habe ich noch in einer Entfernung von 2 m seitlich von der induzierenden Bahn Funken erhalten; bei Annäherung einer Seite des Quadrats bis auf 30 cm an die induzierende Bahn konnten die Funken bis auf 6 mm Länge gesteigert werden. Allerdings verhalten sich hier verschiedene Stromkreise verschieden, und es ist mir, wie ich glaube, gelungen, hier die Erscheinung der Resonanz nachzuweisen; die beiden Stromkreise können durch Änderung des einen und des anderen auf ein Maximum der Wirkung abgestimmt werden, obgleich die Schwingungszeit der Ordnung nach nur 1 hundertmillionstel Sekunde beträgt … Es ist mir auch, wie ich glaube, gelungen, in einem einfachen Drahtsystem stehende Schwingungen mit zwei Schwingungsknoten zu erregen.«[27]

Etwas enthusiastischer als an Helmholtz schrieb Heinrich Hertz an diesem 5. Dezember noch an seine Eltern: »Mit meiner Arbeit geht es in der letzten Zeit recht gut, und habe ich wirklich Freude daran gehabt.« Daher konnte er nicht anders, als den Sonntag wieder im Laboratorium zu verbringen. Es ging um eine »sorgfältige Beobachtung der Schwingungsknoten«. Am Montag wollte er das fortsetzen, wurde aber völlig von der »merkwürdigen Erscheinung« absorbiert, daß das Licht des einen Funkens die Länge des anderen beeinflußt. Trotzdem nahm er zunächst dasjenige in Angriff, was er seit dem Beginn seiner Versuche immer im Blick hatte, nämlich die Preisaufgabe über die elektromagnetische Wirkung von Isolatoren. Daran arbeitete er bis kurz vor Weihnachten, aber ohne durchschlagenden Erfolg, denn »im allgemeinen waren die Erscheinungen schwer verständlich«.[28] Beide Aspekte werden erst später zu definitiven Resultaten führen und dann im Zusammenhang dargestellt werden.

Nach den Weihnachtsferien, die Heinrich Hertz und seine Frau in Hamburg verbrachten, mußte er sich zunächst intensiv um die Vorlesung kümmern, insbesondere um die Akustik, zu der er »ein sehr gespanntes Verhältnis«[29] hatte, für die er aber trotzdem »etwas ins Zeug gehen« mußte. Als er diese Vorlesung zum ersten Mal gehalten hatte, war für ihn das Semster wegen des Aufenthalts in der »Wasserheilanstalt« um drei Wochen verkürzt, weshalb er die Akustik weggelassen hatte. Nun mußte er sie erstmals behandeln, »so unsympathisch sie mir ist, und da habe ich also noch mal auf 2–3 Wochen die Mühe der ersten Einrichtung«. Dabei mußte er seinen eklatanten Mangel an Musikalität berücksichtigen, denn Tonhöhen konnte er nicht unterscheiden: »Versuche, die Gehör erfordern, werden freilich auf ein Minimum beschränkt.«[30]

Wegen dieser Mühen und vieler Sitzungen kam Heinrich Hertz erst am 21. Januar 1887 wieder zum Experimentieren. Er kehrte zur direkten Untersuchung der schnellen Schwingungen zurück und verfolgte dabei das Ziel, »numerische Angaben über Resonanz zu erhalten«. Dazu fixierte er die Länge des dem Oszillator gegenüberliegenden Drahtes auf 80 Zentimeter und veränderte die andere Seite des Rechtecks von 30 Zentimetern bis zu 3 Metern. Den erfolgreichen Verlauf hielt er im Telegrammstil fest: »Gerader Strom auf ganze Länge gestellt. Verschieden lange rechteckige Kreise, Funkenlänge gemessen. Sehr hervortretendes Maximum.«[31] – Typisch für seine Sorgfalt war übrigens, daß er Metalle von sehr verschiedener Leitfähigeit ausprobierte und erst, als er keinen Unterschied fand, sich wieder auf Kupfer beschränkt hat.

Am nächsten Tag dann eine Variation, in der er den Abstand zwischen den beiden 80-Zentimeter-Drähten konstant bei 30 Zentimeter beließ und spulenartig aufgewickelte Drähte unterschiedlicher Länge dazwischensetzte. Die Zahlenwerte seiner Tabellen übertrug er in Kurven, in denen die Länge der Funken über der Gesamtlänge des »Empfängerdrahtes« aufgetragen wurde. Die graphische Darstellung zeigt den typischen Verlauf von (nahezu) symmetrischen Glockenkurven mit deutlich ausgeprägtem Maximum. Es waren die ersten »Resonanzkurven«, die jemals von einem Physiker für einen elektrodynamischen Vorgang aufgetragen wurden.[32] Später wurden sie die Signatur ganzer Industriezweige, als zum Beispiel Radioempfänger »in Resonanz« auf die Frequenzen der Sender abgestimmt wurden.

Ende Januar hatte Heinrich Hertz seine Arbeit »zu einem hübschen Ziel geführt«[33] und begann damit, »die Versuche geordnet niederzuschreiben«.[34] Er hätte »die Versuche gern noch weitergeführt«, aber weil mal wieder Kriegsgefahr in der Luft lag, wußte der »Second-Lieutenant« Hertz nicht, ob er statt zur Feder »nächstens zum Schwert greifen muß? Und da möchte ich die vorhandene Ernte wenigstens noch unter Dach und Fach bringen.« Natürlich drängte es ihn auch, sich nach mehr als zweijähriger Pause wieder als publizierender Physiker zurückzumelden: »Wie ungeduldig bin ich, meinen wissenschaftlichen Freunden auch einmal wieder ein Lebenszeichen zusenden zu können.«[35] Trotzdem zog sich das Schreiben hin, teils wegen vieler Verpflichtungen und Ablenkungen, hauptsächlich aber, weil er weiter eifrig über den photoelektrischen Effekt experimentiert hat.

Wie üblich war ihm die definitve schriftliche Ausarbeitung kein Vergnügen, zumal er ein wenig aus der Übung war, denn seine letzte Veröffentlichung lag schon über zwei Jahre zurück. Trotzdem hat er mit rhetorischem Elan eine sehr eindrucksvolle Abhandlung zustande gebracht und dabei mit der ihm eigenen Akribie viele Nebenaspekte in aufschlußreichen Bemerkungen auseinandergesetzt. So war ihm völlig klar, daß er es nicht mit reinen, sinusförmigen Schwingungen zu tun hatte: »Manche Nebenerscheinungen deuten an, daß sich den regelmäßigen Schwingungen unregelmäßige Bewegungen überlagern, wie dies auch in den komplizierten Leitersystemen nicht anders zu erwarten ist.« Er verwies auf das akustische Analogon der »schnell verklingenden, mit unregelmäßigen Bewegungen vermischten Schwingungen, welche hölzerne Stäbe beim Anschlag mit einem Hammer ergeben«.[36] – Hätten alle Kollegen diese Bemerkung gelesen, wäre später manch rüder Angriff gegen die Arbeiten von Hertz unterblieben.

Ausweislich des Tagebuches hat sich Heinrich Hertz zwar mit Unterbrechungen, aber doch sehr viele Tage mit der Niederschrift dieser Abhandlung beschäftigt. Zwischendurch hielt er am 23. Februar im »mathematischen Kränzchen« schon einen Vortrag über seine Arbeiten. Um ganz sicherzugehen, hat er Mitte März die »Versuche über die Schwingungen nochmals angestellt«. Erst nach der Bestätigung durch die Wiederholung schickte er am 23. März seine lange Abhandlung »Über schnelle elektrische Schwingungen« nach Leipzig an Gustav Wiedemann. Zum krönenden Abschluß hat er noch »die Aufstellung der Apparate photographiert«.[37]

Während diese Abhandlung im Druck war, fand Mitte April in Karlsruhe der »Geographentag« statt. Dabei trafen sich auch die Meteorologen und tagten im Physikhörsaal, so daß Heinrich Hertz in die Rolle des Gastgebers geraten war. Einer der Teilnehmer war Wilhelm von Bezold, der ihm aus Münchner Studententagen bekannt war. Mit diesem Kollegen sprach Heinrich Hertz über seine Versuche, hat einige vielleicht vorgeführt oder zumindest den Aufbau im Laboratorium gezeigt. Dabei erfuhr er, daß von Bezold schon 1870 vergleichbar schnelle Schwingungen nach einer ähnlichen Methode erzeugt hat, sie allerdings nicht durch einen Sekundärkreis nachgewiesen, sondern mittels der Lichtenbergschen Staubfiguren sichtbar gemacht hat.[38]

Dieser in den »Annalen« publizierte Beitrag war Heinrich Hertz jedoch, wie übrigens allen anderen Physikern, beim Literaturstudium entgangen, vermutlich wegen des ganz anderen Zusammenhangs mit den Lichtenbergschen Figuren. Er versprach Bezold einen Hinweis auf dessen alte Arbeit und schickte mit den Korrekturbögen seiner Abhandlung einen Nachtrag nach Leipzig, in dem er auf die »älteren Rechte Herrn von Bezolds auf eine ganze Reihe von Beobachtungen« hinwies.[39] Obwohl Heinrich Hertz ungleich mehr gefunden hatte als von Bezold, ist ihm diese Anerkennung offenbar nicht schwer gefallen, und dies nicht nur, weil er Prioritätsgezänk nicht mochte, sondern aus Achtung vor dem älteren Kollegen und einstigen Mentor und dessen so lange unbeachtet gebliebener Leistung.

Im Februar hatte Heinrich Hertz begonnen, »auch über elektrodynamische Grundgleichungen [einen] Zusatz zu schreiben«.[40] Diese Absicht muß er wieder aufgegeben haben, denn die seine Arbeit abschließenden Betrachtungen »Zur Theorie« betreffen nur Interpretationen und Rechnungen zu den Experimenten. Da Frequenzen und Wellenlängen nicht direkt beobachtet werden konnten, mußte er auf theoretische Standardmethoden zurückgreifen. Für den Fall, daß die Maxwellsche Theorie die richtige sei, erhielt er eine Wellenlänge von 5,31 Metern und dementsprechend eine Schwingungsdauer von 1,77 Hundertmillionstelsekunden.

Dabei ist Heinrich Hertz ein Fehler von jener Art unterlaufen, die im allgemeinen weniger begabten Jüngern der Wissenschaft vorbehalten ist. Der Lapsus betraf die Kapazität der beiden Kugeln des Oszillators, die er doppelt so groß ansetzte wie es richtig gewesen wäre. Daher lagen seine Zahlenwerte um den Faktor $\sqrt{2} = 1,41$ daneben, so daß die Frequenz nur 1,26 Hundertmillionstelsekunden betrug. Das wäre nicht weiter schlimm gewesen, hätte sich dieser Fehler nicht im Fortgang seiner Forschungen als verhängnisvoll erwiesen und dazu beigetragen, daß er manchmal, wie er später schrieb, »mit großer Mühe in die Irre gegangen« ist. Von den vielen Kollegen, die seine Arbeiten lasen und seine Versuche nachmachten, hat lange keiner diesen Fehler bemerkt. Aufgeklärt wurde er erst vier Jahre später von Henri Poincaré.[41]

Bei seiner nächsten Arbeit hat dieser Fehler jedoch keine Rolle gespielt. Den photoelektrischen Effekt, für dessen Erforschung er die Arbeit an den Schwingungen unterbrach, wurde Heinrich Hertz' erste Entdeckung von historischem Rang, hervorgegangen aus einer »merkwürdigen Erscheinung« und ausgearbeitet in exemplarisch klassischem Stil.

2. Intermezzo in Ultraviolett – die Entdeckung des photoelektrischen Effekts

Am Anfang stand das Übel, daß bei den Experimenten über sehr schnelle Schwingungen die Augen von der Betrachtung irrlichternder Funken müde wurden. Am 3. Dezember 1886 schuf Heinrich Hertz Abhilfe: Er umgab die Funkenstrecke des Sekundärkreises, auf den er sich in seiner Untersuchung der Resonanz konzentrieren mußte, zur Abdunkelung mit einem Gehäuse, vermutlich aus schwarzer Pappe. Statt aber in dem schwarzen Kasten die Funken besser zu sehen, waren sie entgegen der Erwartung deutlich schwächer oder blieben ganz aus. Die genauere Betrachtung ergab, »daß innerhalb des Gehäuses die maximale Funkenlänge sehr merklich kleiner war, als sie vorher gewesen«.[1]

Als gründlicher Forscher ging Heinrich Hertz auch bei der Demontage das Gehäuses systematisch vor und fand, daß weder Seiten- noch Rückwände eine Rolle spielten, sondern nur derjenige Teil, der in der Geraden zwischen dem Primärfunken des Entladers und dem induzierten Funken des Sekundärkreises lag. Daher brachte er in den Weg zwischen den beiden Funken, was er gerade zur Hand hatte. Da es schon spät geworden war, notierte er nur: »Merkwürdige Beobachtung über den Einfluß eingeschobenen Holzes und Paraffins.«[2] Die »merkwürdige Beobachtung« stand am Beginn einer wunderbaren Entdeckung, deren Geschichte anhand seiner bisher unbekannten Experimentierprotokolle verfolgt werden kann.

Als am nächsten Tag »die gestern beobachtete merkwürdige Erscheinung wieder da« war, fand Heinrich Hertz sie so interessant, daß er die Arbeit an den Schwingungen unterbrach und »nachmittags Versuche über die Einwirkung der Funken aufeinander angestellt« hat. Dabei hat er den Sekundärkreis der Schwingungsversuche mit seinem schwachen Funken durch eine stärkere Funkenquelle ersetzt: »In den selben Stromkreis wurde neben dem großen Rühmkorff ein kleiner Induktionsapparat eingeschaltet, welcher ohne Kondensator also wirkte und nur kleine Funken gab. Die letzteren hatten größere Schlagweite, wenn von ihnen aus die Funken des großen Rühmkorff sichtbar waren.«[3] Diese Wirkung fand er auch bestätigt, wenn er bei dem großen Rühmkorff die Funken nicht nur zwischen Metallkugeln, sondern zwischen zwei Spitzen oder einer Spitze und einer Platte überspringen ließ.

Größere Klarheit sollte eine Situation schaffen, in der deutlich zwischen zwei Zuständen unterschieden wurde: »Die Funkenstrekke des kleinen Induktoriums konnte so eingestellt werden, daß der Funke nur ging bei Funken des großen Induktoriums; er verlosch, wenn das große Induktorium in sich geschlossen wurde, oder seine Pole so weit abstanden, daß kein Funke entstand.« Später nannte er den Rühmkorff-Funken den aktiven, den dadurch ermöglichten Funken des kleinen Induktoriums den passiven Funken.[4] Der aktive Funke in dem Rühmkorff war also nötig, damit in dem kleinen Induktorium ein passiver Funke überschlug. Mit entsprechender Einstellung der Funkenstrecke des großen Rühmkorff konnte er die Rolle der Funken vertauschen: Der schwache Funke des kleinen Induktoriums konnte also auch zum aktiven Funken werden, von dem der Überschlag im großen Rühmkorff abhing. Die Wirkung war also symmetrisch.

Allerdings sorgte ein Körper in der Verbindungslinie zwischen den beiden Funken in jedem Falle für ein Verlöschen des passiven Funkens, wie Heinrich Hertz erst bei seinem zur Augenschonung konstruierten Gehäuse und nun bei einer Reihe von Materialien herausfand: »Versuche mit Hand, Holz, Paraffin, Pappe, Glas, Glimmer, auch ganz dünnem Papier, Blei, Flasche mit Wasser, Metallblech, Siegellack – kein merklicher Unterschied zwischen den Körpern.« Anschließend schob er ein Glasrohr über den aktiven Funken, wobei erwartungsgemäß die Wirkung auf den passiven Funken ausblieb. Wurden aber »einzelne Teile des Funkens freigelassen, so zeigte sich die Wirkung desselben. Alle Teile waren wirksam, schon 1–2 mm. Mit zwei Glasröhren konnte auch die Mitte des Funkens als wirksam nachgewiesen werden.«[5] Eine Wirkung des aktiven auf den passiven Funken war also vorhanden, aber die Art dieser Wirkung war mysteriös. Ihre Ausbreitung folgte der des Lichts, wie er durch scharfe Kanten und Spalte feststellte, aber Licht konnte es nicht sein, weil Glas den passiven Funken ebenso auslöschte wie Holz oder Blei.

Elektrostatische oder elektrodynamische Wirkungen schieden

ebenfalls aus, weil nicht nur Metalle, die abschirmend gewirkt hätten, die Wirkung verhinderten, sondern auch Isolatoren. Also probierte er an diesem 4. Dezember nochmals alle möglichen Materialien durch, neben vielen Metallen in dicken und dünnen Schichten auch »Kautschuk, Kork, Seife, dichte Federn und Haare, Porzellan, Schwamm, Elfenbein, Schweinsblase, Stein«. Schließlich notierte er noch: »Weitmaschiges Messingnetz löschte nur teilweise aus.«[6] Das war ein weiteres Argument gegen eine elektrische Wirkung, weil das Metallgitter elektromagnetische Einflüsse abgeschirmt hätte. An diesem Freitag abend ist Heinrich Hertz wohl mit der Überzeugung nach Hause gegangen, daß er etwas völlig Neuem und sehr Wichtigem auf auf der Spur war, aber er war ratlos, was die physikalischen Zusammenhänge anging.

Bei der Fortsetzung der Experimente Mitte der nächsten Woche sah er noch einmal bei unzähligen Stoffen, deren Aufzählung nicht wiederholt werden muß, das Auslöschen des Funkens. Dazu hatte er sich aus der mineralogischen Sammlung auch Kristalle oder kristalline Materialien besorgt wie Halbedelsteine, Steinsalz und »Marienglas«. So hießen transparente, dünne Spaltstücke reiner Gipskristalle, weil sie zum Schutz von Heiligenbildchen verwendet wurden. Bei diesem Marienglas und bei Steinsalz bemerkte er, daß die »die störende Wirkung ... sehr schwach« war. Dann folgte eine Beobachtung, die schon hätte entscheidend sein können: »Dünne (2 mm) Linse von Bergkristall – die auslöschende Wirkung überhaupt nicht sicher auszumachen.«

Bergkristall ist nämlich für ultraviolettes Licht durchlässig, während normales Glas diese unsichtbaren kurzen Wellen vollständig absorbiert. Das war Heinrich Hertz zweifellos bekannt. Er muß auch sofort gesehen haben, daß er eine einfache Entscheidungssituation erzeugt hatte, nach der wahrscheinlich der Anteil ultravioletten Lichts des aktiven Funkens die Wirkung auf den passiven Funken hervorrufen würde. Aber der nächste Versuch ließ ihn wieder zögern, denn »Bergkristall in dicken Stücken von 1–2 cm Dikke« war wiederum »undurchlässig«. Ferner waren undurchlässig »dünne Platten klarer Achat, Topas und Amethyst«. Auf das alles konnte er sich offenbar keinen Reim machen, so daß er diese Serie abbrach und sich am Nachmittag einem anderen Thema zuwandte, nämlich Versuchen »über den Einfluß der Induktion auf dielektrische Medien«, und dies für einige Wochen.[7]

Erst im nächsten Jahr kehrte Heinrich Hertz zum Studium der merkwürdigen Funkenwirkung zurück, und das tat er am 24. Januar 1887 so zielstrebig, daß ihm beim Nachdenken über die Art der Wirkung ein Licht aufgegangen sein mußte. Er begann mit »Modifikationen einiger früherer Versuche«. Daß es gelang, mit gläsernen und metallischen Spiegeln die Reflexion der Wirkung nachzuweisen, die parallel mit der des Lichts vonstatten ging, war nicht überraschend. Das entscheidende Ergebnis schloß sich an die frühere Beobachtung mit der dünnen Linse aus Bergkristall an, die keine Auslöschung gezeigt hatte. Als er zwischen die beiden Funken ein exakt geschliffenes Bergkristallprisma einbrachte, gelang es, »mit Sicherheit die Brechung« der Wirkung nachzuweisen, denn bei einer bestimmten Stellung des passiven Funkenmikrometers wurde »die Funkenlänge maximal«.

Sein »Heureka!«-Erlebnis notierte Heinrich Hertz nicht als Jubel, sondern in einer ebenso nüchternen wie sachlichen Bemerkung: »Diese Stellung scheint noch etwas weiter abgelenkt als die Richtung, in welcher das Licht des Funkens sichtbar ist, so daß, wenn überhaupt Lichtwellen die Ursache sind, es ultraviolette Lichtwellen sein müssen.«[8] Am nächsten Tag hatte er »vollkommenen Erfolg« bei der Wiederholung der Versuche. »Die Ablenkung stärker als das sichtbare Licht war deutlich. Vermutet, daß es ultraviolettes Licht sei.«[9] Was man später den photoelektrischen oder lichtelektrischen Effekt nennen wird, war so gut wie entdeckt. Nicht nur aus Stolz und Freude, sondern auch zur Kontrolle durch skeptische Dritte hat Heinrich Hertz diese Versuche erst dem Assistenten Schleiermacher gezeigt und dann »Prof. Meidinger vorexperimentiert«. Der Kollege »meinte, ›Glück müsse der Mensch haben‹, womit er andeuten zu wollen schien, daß die Sache der Mühe wert sei«.[10]

Das war Heinrich Hertz ohnehin klar. Er wußte, daß er eine neue und rätselhafte Einwirkung des Lichts auf einen elektrischen Vorgang gefunden hatte. Er wußte auch, daß das nicht irgendein hübsches Resultat war, sondern eine Entdeckung von historischem Rang. Denn Beziehungen zwischen damals als völlig unterschiedlich angesehenen Erscheinungen waren immer von höchstem Interesse, und dies nicht nur als isolierte Tatsache, sondern wegen der Bedeutung für die tiefere Einsicht in das Wesen der Naturkräfte, vielleicht sogar für das Verständnis der Einheit dieser Kräfte. Seinem Vater erkärte das Heinrich Hertz später so: »Es sind überhaupt die Beziehungen zwischen zwei ganz verschiedenen Kräften diejenigen, welche am ehesten über das Wesen derselben etwas vermuten lassen, besonders wenn über das Wesen der einen schon etwas bekannt ist. Deshalb sind diese Beziehungen, sozusagen, besonders gesucht.«[11] Als Meilenstein in dieser Richtung galt die Entdeckung von Faraday, daß die Polarisationsebene des Lichts in einem Magnetfeld gedreht wird. Sie war schon ein halbes Jahrhundert alt, aber vergleichbar Eindrucksvolles war nicht hinzugekommen.

Was nun umgekehrt die Einwirkung des Lichts auf elektromagnetische Erscheinungen angeht, so war damals nur bekannt, daß sich die Leitfähigkeit des Halbmetalls Selen ändert: Im Dunkeln ist es praktisch ein Nichtleiter, bei Beleuchtung wird es jedoch leitend. Diese 1873 entdeckte Eigenschaft des Selens sollte bereits in einer Art Photozellen genutzt werden, woran Werner Siemens maßgeblich beteiligt war[12], aber für Heinrich Hertz wie übrigens für die meisten Physiker war sie von minderem Erkenntniswert: »Diese Wirkung ist nur mit feinen Apparaten wahrzunehmen, sie ist kompliziert, es fragt sich z. B., ob sie nicht indirekt durch die Erwärmung hervorgerufen war, jedenfalls ist sie nicht eigentlich rätselhaft; man kann sie wohl als eine chemische Wirkung des Lichts, deren es viele gibt, betrachten.«[13] In letzterem hat sich Heinrich Hertz zwar geirrt, aber die Aufklärung der tatsächlichen Verhältnisse war nicht zuletzt eine Folge seiner eigenen Entdeckung.

Die Bedeutung dieser Entdeckung wußte er zweifellos schon Ende Januar 1887 so einzuschätzen, wie er sie später seinem Vater darstellte: »Bei der von mir gefundenen Wirkung des Lichts kommt nun als Interesse bietend hinzu 1) daß sie ganz grob sichtbar ist und sogar weithin sichtbar gemacht werden kann, 2) daß sie sich kaum auf eine chemische oder sonst bekannte Wirkung des Lichts zurückführen läßt, 3) daß sie eine Wirkung des ultravioletten Lichts ist, und zu dessen Erforschung und Wahrnehmung auch noch beitragen kann. In summa: Die Wirkung ist auffällig und trotzdem total rätselhaft.«[14] Oder in Kürze: Heinrich Hertz hatte einen neuen Effekt entdeckt, wenn man so will, sogar einen »Knalleffekt«. Und er hatte Ende Januar 1887 schon genug Resultate beisammen, um die Neuigkeit zumindest als »Vorläufige Mitteilung« zu publizieren und damit sicherzustellen, daß der Effekt für immer mit seinem Namen verbunden bleiben würde.

Die Publikation ließ aber auf sich warten, weil Hertz noch viele Einzelheiten erforschen wollte. Zunächst probierte er die Wirkung von ganz normalem Licht aus, etwa von Wachskerzen und Paraffinlampen. Wurde die Kerze dem Mikrometer auf 5 Zentimeter genähert, so hatte sie eine Wirkung, die der eines weit entfernten aktiven Funkens vergleichbar war. Am nächsten Tag führte er seine Versuche mit der sozusagen natürlichsten aller Lichtquellen aus, der Sonne, deren Licht, wie er wußte, auch einen ultravioletten Anteil enthält: »Direktes hat keine wahrnehmbare Wirkung. Mit der Bergkristallinse konzentriert, hat es wahrnehmbare Wirkung, aber schwächer als Funke. Mußte der Sonnenstrahl die Fensterscheiben passieren, so blieb die Wirkung auch bei konzentriertem Licht aus.«[15] Das war so verführerisch naheliegend, daß es überprüft werden mußte, und dabei zeigte eine Linse aus Glas die gleiche Wirkung, so daß wohl die Erwärmung der Luft in der Funkenstrecke das Wesentliche war.

Schließlich improvisierte Heinrich Hertz noch einen Apparat, in dem der aktive Funke nicht nur in Luft, sondern auch in anderen Gasen erregt werden konnte: Eine Glasröhre mit geeigneten Zuleitungen wurde an der Frontseite mit einer Platte aus Bergkristall abgedichtet, so daß in dieser Richtung auch das ultraviolette Licht entweichen konnte. Zur Hand war Leuchtgas; dann hatte der aktive Funke »keine oder keine leicht eintretende Wirkung«.[16] Das war nun schon keine Aussage mehr über die Wirkung des Lichts, sondern über das selektive Absorptionsvermögen des Gases, denn bisher war unbekannt, daß Leuchtgas ultraviolettes Licht nicht passieren läßt. – Damit ließ er es zunächst genug sein: »Ich habe in den letzten Tagen doch nun eine große Mattigkeit im Laboratorium verspürt.« Er war erschöpft und legte eine längere Pause ein. Zu seiner Arbeit meinte er: »Sie hat schon einen hübschen Kern, es ist sehr gut, wenn er sich weiter entwickelt.«[17]

Als Heinrich Hertz nach sechs Wochen Mitte April seine Versuche wieder aufnahm, setzte er sie mit der Beobachtung der »Wirkung des Funkens in verschiedenen Gasen« fort. Dann folgte eine wichtige Untersuchung über die Frage, ob Teile der Funkenstrecke auf die Beleuchtung unterschiedlich reagieren. Den großen Rühmkorff justierte er auf eine Schlagweite von 10 Millimetern und sah, daß das Licht einer Paraffinkerze nur in einem bestimmten Kegel wirksam war, dessen Spitze von der an den negativen Pol angeschlossenen Kugel, der Kathode, gebildet wird. »Beschattung des positiven Teils des Funkens hob die Wirkung nicht auf, Beschattung der Kathode hob sie auf.« Er fand die Untersuchung mit der Kerze aber »nicht so leicht, weil große Annäherung nötig«, so daß er einen Apparat baute, in dem »der kurze Funke einer Seitenentladung« die Kerze ersetzte, was eindeutige Resultate ergab: »Sicher war die Beleuchtung der Kathode das wesentliche Moment.«[18]

Die absorbierende Wirkung von Flüssigkeiten untersuchte er mit einer dünnen Platte aus Bergkristall, auf der eine etwa einen Millimeter dünne Schicht aufgebracht wurde, dann aber auch mit einer Art Wanne für einige Zentimeter dicke Flüssigkeitsschichten. Aus dieser umfangreichen Materialforschung ragt ein Resultat heraus: »Wasser in dicken Schichten läßt sehr gut durch«. Daß in den ersten Untersuchungen eine mit Wasser gefüllte Flasche den passiven Funken auslöschte, lag also nicht an ihrem Inhalt, sondern an dem Glas. Mit einem wesentlich verbesserten Apparat studierte er anschließend viele Gase, schließlich auch bei verschiedenem Druck. Dabei erhielt er auch eine schöne Kurve, die er jedoch nicht publizierte.[19]

Im Mai entschloß sich Heinrich Hertz zur Veröffentlichung. Dazu überprüfte er noch einmal die wesentlichsten Aspekte in verbesserten Experimenten, wie die dem normalen Licht analoge geometrische Ausbreitung der Wirkung. Mit Photographien machte er das ultraviolette Spektrum sichtbar, das zwar nicht auf die Netzhaut des Auges wirkt, aber auf eine photographische Emulsion. Das bestätigte, daß die am stärksten wirksamen UV-Strahlen so weit vom Violett des sichtbaren Lichts entfernt lagen, daß er in einen bisher unbekannten Bereich kurzer Wellenlängen vorgestoßen war. Am 17. Mai notierte er: »Schlußversuche mit elektrischem Licht«.[20]

Am liebsten hätte Heinrich Hertz seine Versuche noch lange fortgesetzt und den Effekt, wie die Physiker damals eine alle Aspekte erschöpfende Arbeit nannten, »ausexperimentiert«. Aber nicht nur der Erkenntnisgewinn, auch die Sicherung der Priorität mußte bedacht sein, zumal er vielen Kollegen von seinen Erfolgen erzählt hatte und der Heidelberger Ordinarius Georg Quincke schon dabei war, den größten Teil der Versuche zu wiederholen. »Wüßte ich, daß ich nur in Ruhe von äußerer Störung und vor dem Zuvorkommen anderer weiter arbeiten könnte, so würde ich noch lange weitergearbeitet haben, und die Sache erst zu einer Art Abschluß gebracht haben, ehe ich etwas gedruckt hätte.«[21] Aber auch die Konkurrenz beim Publizieren gehörte zu den von Heinrich Hertz beklagten »Mißständen der akademischen Laufbahn«[22], an denen er freilich nichts ändern konnte: »Jahrelange Arbeiten auf einmal zu veröffentlichen, ist bei dem gegenwärtigen Eifer völlig unmöglich.«[23]

Für die Umsetzung der Laboraufzeichnungen in eine Abhandlung für die »Annalen« brauchte Heinrich Hertz nur eine Woche. Besonders zügig ging die Übertragung des vielfach korrigierten Entwurfs in Reinschrift voran, denn dabei »war mir Elisabeth sehr behilflich, indem sie mir diktierte, und zwar so konsequent, daß ich von dem langweiligen Geschäft gar nicht abschweifen konnte und es daher schnell gefördert wurde«.[24] Am 27. Mai 1887 gab er seine Abhandlung zur Post.

Es war eine sehr umfang- und inhaltsreiche Beschreibung der Versuche in strikter Konzentration auf die Tatsachen bei Aussparung allen Interpretierens und Theoretisierens. In der heute aus der Wissenschaft verbannten, damals aber üblichen ersten Person Singular schilderte er detailliert alle Manipulationen und alle Beobachtungen, überließ aber alle Schlußfolgerungen, die naheliegenden und auch die nicht so offensichtlichen, dem Leser. Erst nach der Präsentation des Beobachtungsmaterials wählte er eine auf Objektivität Anspruch erhebende, unpersönliche Ausdrucksweise: »Nach Kenntnis des bisher Mitgeteilten wird man darin einig sein, daß bis zum Beweis des Gegenteils das Licht des aktiven Funkens als die nächste Ursache der von ihm ausgehenden Wirkung betrachtet werden müsse ... Ist aber die beobachtete Erscheinung überhaupt eine Wirkung des Lichts, so ist sie doch nach Ergebnis der Brechungserscheinung lediglich eine solche des ultravioletten Lichts.« Abschließend ging er zur Stilfigur des keinen Zweifel erlaubenden »pluralis majestatis« über: »Nach den Resultaten unserer Versuche hat das ultraviolette Licht die Fähigkeit, die Schlagweite der Entladung eines Induktoriums und verwandter Entladungen zu vergrößern.«[25] Damit war die Tatsache des Effekts sichergestellt.

Damit sie auch schnell bekannt wurde, schneller jedenfalls als durch die »Annalen«, bei denen etwa drei Monate bis zum Erscheinen vergehen würden, hat Heinrich Hertz einige Tage später »den Inhalt der Arbeit für einen Akademiebericht zugestutzt«, den langen »Annalen«-Artikel also auf etwa ein Fünftel komprimiert. Diese Kurzfassung hat er nebst Begleitschreiben am 1. Juni an Helmholtz geschickt.[26]

Das war die Mühe gleich aus mehreren Gründen wert. Zum einen konnte er seiner großen wissenschaftlichen Vaterfigur einen schönen Erfolg präsentieren, und er konnte nicht hoffen, »so bald etwas wieder zu haben, was für einen Akademiebericht ebenso geeignet ist«.[27] Zum anderen war ein Akademiebericht immer gut fürs Renommee, und wegen der erfreulich kurzen Publikationsfrist auch hervorragend zur Prioritätswahrung geeignet. Helmholtz antwortete postwendend, aber etwas geschäftlich, daß er die Notiz in der nächsten Sitzung vorlegen werde.[28] So geschah es am 9. Juni, und eine Woche später war sie gedruckt. Damit war auch die Urheberschaft des neuen Effekts gesichert.

So gründlich Heinrich Hertz die Tatsachen auch beschreiben konnte, so fand er doch, wie er Helmholtz schrieb, »Nichts, was eine Theorie zu geben gestattete«.[29] Derartiges konnte er nicht einmal im Ansatz erwägen, denn hinter der reinen Phänomenologie war vieles unbekannt. Weil schon der Funke, trotz der vertrauten täglichen Manipulation im Laboratorium, hinsichtlich der in ihm ablaufenden Prozesse ein Mysterium war, bestand erst recht keine Aussicht, seine Wechselwirkung mit ultraviolettem Licht zu verstehen. Heinrich Hertz hat es jedoch nicht bedauert, daß es für seine Entdeckung keine Erklärung gab: »Zunächst wäre es natürlich hübscher, sie wäre nicht so rätselhaft, indessen darf man hoffen, daß, wenn das Rätsel sich löst, mehr Neues dadurch klargelegt wird, als wenn es leicht zu lösen wäre.«[30] Vier Jahre später schrieb er, daß die Kenntnis der Erscheinung zwar »ungemein gefördert« worden sei, aber »die Mechanik derselben hat sich dem Verständnis noch nicht vollständig erschlossen«.[31] Dabei blieb es bis über den Tod von Heinrich Hertz hinaus.

Die ersten Vorstellungen über die Elektrizitätsleitung in Gasen, deren schlagendstes Beispiel der Funke ist, waren zwar 1882 in Heinrich Hertz' unmittelbarer Nähe im Berliner Institut entwickelt worden, und dies von jenem Wilhelm Giese, dessen Weigerung zu Feriendiensten Heinrich Hertz seine Assistentenstelle zu verdanken hatte. Aber erst, nachdem 1897 Joseph John Thomson am Cavendish Laboratory in Cambridge das Elektron entdeckt hatte, war der photoelektrische Effekt leicht zu verstehen, wobei noch die gleichfalls von Thomson und seinen jungen Forschungsstudenten wie Ernest Rutherford erarbeitete Erkenntnis zum Zuge kam, daß die Elektrizitätsleitung in Gasen durch Dissoziation der Moleküle vonstatten geht. Ist also die »Schlagweite« eines »Rühmkorff« so eingestellt, daß die Spannung für einen Funken nicht ganz genügt, so schlägt das ultraviolette Licht aus der Kathode einige Elektronen heraus, die zur Initialzündung eines Funkens ausreichen.

Diese Emission von Elektronen aus einer Metalloberfläche studierte um die Jahrhundertwende Philipp Lenard, der letzte Assistent von Hertz in Bonn, in präzisen Experimenten. Er fand eine Beziehung zwischen der Energie der Elektronen und der Frequenz des ultravioletten Lichts, die zwar einfach, aber wiederum sehr rätselhaft war. Diese Beziehung wurde von Albert Einstein in seinem glorreichen Jahr 1905 in dem Sinne interpretiert, daß das Licht sich so verhält, als ob es aus konzentrierten Energiepaketen bestünde, den Lichtquanten. Auf diesem Wege wurde die Hertzsche Entdeckung aus dem Jahre 1887 noch zwei Jahrzehnte später zum Paten bei der Herausbildung der modernen Quantentheorie.

Der Effekt machte aber schon 1877 auch ohne Theorie sofort großen Eindruck. »Ob es eine schöne Entdeckung ist, kann ich natürlich weniger beurteilen«, schrieb Heinrich Hertz seinem Vater drei Wochen nach Erscheinen des Akademieberichts, »doch freut es mich natürlich zu hören, daß andere sie so nennen.«[32] Einige Kollegen haben sofort die wesentlichsten Experimente nachgemacht, und spätestens nach den Sommerferien gingen sie daran, den neuen Effekt weiter zu verfolgen. Nur eine von vielen, aber die folgenreichste Arbeit war die von Wilhelm Hallwachs, der in Leipzig Privatdozent und Assistent von Gustav Wiedemann war. Hallwachs konzentrierte sich darauf, daß Heinrich Hertz die Beleuchtung der Kathode als das »wesentliche Moment« herausgestellt hatte. Das führte ihn zu der Entdeckung, daß negativ geladene Metallplatten durch ultraviolettes Licht ihre Ladung verlieren, während ungeladene Metallplatten positiv aufgeladen werden, was mit der späteren Kenntnis der Elektronenemission leicht zu verstehen war.

Heinrich Hertz hat sofort nach dem Schreiben seiner langen Abhandlung noch für einige Wochen die Experimente fortgesetzt. So untersuchte er, ob die Wirkung auf den Funken von der Polarisation des ultravioletten Lichts abhängen könne. Die Absicht, »die Erscheinung mit statischer Elektrizität zu reproduzieren«, scheiterte an der zu hohen Luftfeuchtigkeit, und auch die Auflösung des Funkens durch einen Drehspiegel ergab »nichts Rechtes«. Die Routinebelastungen des Semesterbetriebs und das eifrige Experimentieren forderten ihren Tribut: Mal war er »abgespannt und unlustig zur Arbeit«, und dann war das ungewohnt heiße und feuchte Sommerklima hinderlich: »Lust zur Arbeit schwindet völlig.«[33]

Nach den Ferien traf Heinrich Hertz eine wichtige Entscheidung. Er ließ es mit dem langen Intermezzo der lichtelektrischen Wirkung sein Bewenden haben, weil ihm die Anknüpfung an den Ausgangspunkt seiner Experimente, die elektromagnetische Wirkung von Isolatoren, noch wichtiger war. Er wußte, was er aufgab: »Obwohl ich hier nun den allerdankbarsten Stoff für sichere Arbeit mit sicherem Erfolg vor mir hatte, habe ich ihn liegenlassen und anderen überlassen.«[34] Daher hat es ihn nicht getroffen, daß alsbald Kollegen bemerkenswerte Erfolge mit dem lichtelektrischen Effekt erzielten. Besonders an den Resultaten von Hallwachs rühmte er, sie gingen »wesentlich über meine Versuche hinaus, und habe ich so gewissermaßen diesen Stoff an die Allgemeinheit abgegeben. Ich muß mich damit trösten, daß ich das erwartete und damit einverstanden war.« Der größte Trost war allerdings, daß er »das Ziel, welches ich erreichen wollte und um dessentwillen ich jene Versuche liegen ließ, wirklich erreicht« hatte.

Das Ziel war die Lösung der Preisaufgabe der Berliner Akademie aus dem Jahre 1879. Das gelang ihm glänzend, und dazu noch der Triumph, daß er elektromagnetische Wellen erzeugen und nachweisen konnte. Aber ein so passionierter Physiker Heinrich Hertz auch war, er war dazu auch noch ein etablierter Professor und Offizier, vor allem aber ein glücklicher Ehemann, und das war ihm ebenso wichtig wie die Wissenschaft, vielleicht war es sogar die Voraussetzung für seine Erfolge.

3. »den Anschluß nicht verpaßt« – der Herr Professor als Ehemann, Vater und Lieutenant

»Nun, ich bin zufrieden und froh, daß ich den Anschluß nicht verpaßt habe, davor habe ich immer die die meiste Angst.« Diese Bilanz zog ein sichtlich erleichterter Heinrich Hertz an seinem dreißigsten Geburtstag am 22. Februar 1887, der ihm zwar »Anlaß zum Nachdenken«, aber nicht mehr für Stimmungstrübungen oder gar Depressionen war: »Ich freue mich, daß ich mich etwa in den Lebensverhältnissen befinde, in welchen ein dreißigjähriger Mensch in gesunden und normalen Lebensbedingungen sich befinden soll, und ich empfinde das dankbar und als nichts Kleines, da ich sehe, wie vielen es nicht gelingt, und wieviel Mühe und Unruhe es mich selbst gekostet, im Anschluß zu bleiben.«[1]

Das Elend früherer Zeiten war aus dem, was man das Privatleben nennen mag, verflogen, auch wenn es dauern würde, »ehe diese Wunde, wie alle Wunden, gänzlich vernarbt ist«.[2] Mit der Wissenschaft ging es wieder aufwärts. Beide gehörten bei Heinrich Hertz auf eine schwer zu bestimmende, aber doch offensichtliche Weise zusammen. Nach den Krisen der letzten Jahre darf man annehmen, daß die Heirat mit Elisabeth für die Arbeitsfreude und für die sich abzeichnenden Erfolge in der Physik nicht unwesentlich war. Nach zwei ergebnislosen und qualvollen Jahren hatte er wieder Tritt gefaßt und an seinem Geburtstag schon die Gewißheit, daß er demnächst zwei Arbeiten vorlegen würde, die beide zumindest guten Eindruck, wenn nicht großen Effekt machen sollten. Da er aber nicht zum Überschwang neigte und zur Vermessenheit schon gar nicht, klangen seine Wünsche für die Zukunft bescheiden: »Habe ich noch dreißig Jahre vor mir, so darf ich hoffen, auch im ganzen als gesunder und normaler Mensch gelebt zu haben, und mehr verlange ich durchaus nicht.«[3]

In seiner Ehe mit Elisabeth war Heinrich Hertz zumindest zufrieden, sehr wahrscheinlich sogar glücklich; allerdings gehörte dieses Wort nur dann zum Repertoire seiner moderaten Sprache, wenn er anderen Glück wünschte. Seine acht Jahre jüngere Frau, von beachtlicher Klugheit und erfrischendem Temperament, dürfte allein durch ihre Gegenwart und ihren praktischen Sinn seine trübsinnigen Anwandlungen vertrieben haben. Mit seinen Eltern und Geschwistern hatte sie einen liebevollen und vertrauten Umgang gefunden, was für ihn sehr wichtig war, und von der Hertz-Familie wurde sie geliebt und geschätzt, und dies nicht nur, weil bei ihrem Heins erfreuliche Veränderungen nicht zu übersehen waren.[4]

Weihnachten verbrachten Elisabeth und Heinrich Hertz zunächst mit der Familie Doll in Karlsruhe, bevor sie am 26. Dezember für zwei Wochen nach Hamburg fuhren. Heinrich zeigte seiner Frau die Stadt und das Wichtigste, den Hafen, wo große amerikanische Dampfer lagen. Er ging mit ihr ins Theater oder fuhr mit der Kutsche nach Flottbek zum berühmten Restaurant »Jacob's« oberhalb der Elbe. Oft wurde Besuch in die Magdalenenstraße eingeladen, vom alten Lateinlehrer Dr. Köstlin bis zum Bruder Gustav mit seiner Frau, und Heinrich Hertz präsentierte sich als stolzer Ehemann einer hübschen Frau. Wenn es ihn wegen der Wissenschaft auch mal unwiderstehlich auf die Seewarte zog, war Elisabeth mit seiner Mutter und der Schwägerin Auguste in angenehmer Gesellschaft.[5]

Die formale Erziehung der Elisabeth Doll war die damals übliche Bildung der höheren Tochter, wobei das »höhere« sich auf den bürgerlichen Status und nicht auf das Niveau des Unterrichts bezog: vermutlich eine zehnjährige Mittelschule mit gehobenem Elementarunterricht, dazu etwas Schöngeistiges, Fremdsprachen, Handarbeit und Hauswirtschaft sowie ein Abschluß, der nur entfernt mit dem »Einjährigen« der jungen Männer vergleichbar war und im übrigen zu nichts berechtigte. Der Besuch eines Gymnasiums oder einer Realschule oder gar ein Studium war in Deutschland für Frauen noch unvorstellbar.[6] Immerhin hat Heinrich Hertz in der kurzen Verlobungszeit seine Braut gelegentlich von einer »Zeichenschule« abgeholt; bei der Tochter eines »Obergeometers« war das Zeichnen wohl naheliegend, aber eher ein Steckenpferd als eine ernsthafte Beschäftigung.

Von Physik hatte Elisabeth in der Schule natürlich nichts gehört, und sie hat auch nie den Anschein erweckt, als habe sie durch ihren Mann von dessen Wissenschaft so viel gelernt, daß sie etwas davon verstünde. Auch dazu war sie viel zu klug. Aber sie war sehr interessiert an dem, was er tat, mehr jedenfalls, als es die bewundernde Anteilnahme der treusorgenden Professorengattin geboten hätte.

Als sie noch nicht ein Jahr verheiratet war, schrieb sie der »Geliebten Mama« ihres Mannes: »Ich habe schon solches Interesse an Heinrichs Arbeiten, daß ich ordentlich in Eifer bin, bis sie jedes Mal fertig und abgesandt sind, als ob ich wirklich etwas davon verstünde! Oder ihren Wert beurteilen könnte!«[7]

Aber auch ohne konkrete Kenntnisse wußte Elisabeth Hertz bald, wie sie ihrem Mann helfen konnte. Als er im Februar seine erste Abhandlung über die sehr schnellen Schwingungen schrieb und dabei oft ins Stocken geriet, meinte sie noch: »Es geht ziemlich langsam und wird ihm auch etwas langweilig, aber das muß eben auch sein!« Aber schon im Mai bei der Darstellung des photoelektrischen Effekts nahm sie zwar nicht das Heft, aber doch die Blätter mit den Entwürfen in die Hand und diktierte ihrem Mann die Reinschrift, und das so konsequent, daß er »von dem langweiligen Geschäft gar nicht abschweifen konnte«.[8]

Wie zu erwarten, führten die beiden das geruhsame und geordnete Leben bürgerlicher Wohlanständigkeit. Morgens ging Heinrich in die Hochschule und kehrte nach der großen Vorlesung zum Mittagessen nach Hause zurück. Danach begleitete Elisabeth ihren Mann zur Hochschule und spazierte allein nach Hause, während er bis sechs oder sieben Uhr arbeitete. Der Abend wurde in trauter Zweisamkeit verbracht. Wenn er nicht mit Wissenschaftlichem beschäftigt war oder lange Briefe schrieb, las er seiner Frau vor, mal das abenteuerliche Buch *How I found Livingstone* von Henry Stanley, dann *David Copperfield* von Charles Dickens, beide auf Englisch, denn »es ist für mich eine gute Übung zu lesen und für sie zu hören«.[9] Er rezitierte ihr auch den Homer und Sophokles, die aber in deutscher Übersetzung. Elisabeth hatte die *Odyssee* zwar schon einmal allein gelesen, »aber das ist kein Vergleich damit«, schrieb sie mit Verwendung eines Kosenamens, »wenn man einen Bibie hat, der es einem erklärt«.[10]

An seinem dreißigsten Geburtstag wußte Heinrich Hertz auch, daß er Vater werden würde, was seine Überzeugung bestärkt haben mag, daß er sich auch in dieser Hinsicht in normalen »Lebensverhältnissen« befand. Elisabeth fühlte sich zunächst sehr »peperich«, wie der werdende Vater die Schwangerschaftsbeschwerden echt hamburgisch benannte. Die verordneten Arzneien nützten nichts, bis der Arzt in seiner Hilflosigkeit zum Champagner riet: »Als die Not am größten war«, schrieb Elisabeth ihrer Schwiegermutter,

»holte mein lieber Schatz eine Flasche aus dem Keller herauf und versorgte mich; gleich wurde es mir besser ... Der Champagner machte auch gleich wieder fidel und munter, eine solche Arznei kann man sich schon gefallen lassen.«[11] In Hamburg galt für solche Fälle der süße, schwere Wein aus Malaga als die beste Medizin, und einige Flaschen wurden prompt nach Karlsruhe spediert. Fortan wurde das, was Elisabeth die »Üblichkeiten« nannte, mit beiden probaten Hausmitteln kuriert.

Weil eine Schwangerschaft damals in den besseren Kreisen als ein höchst schonungsbedürftiger Zustand galt, war das Ehepaar Hertz von »Gesellschaften« exkulpiert, und die beiden gingen nicht zu den Bällen der Wintersaison. Auch vorher schon waren die gesellschaftlichen Kontakte eher selten gewesen, vielleicht wegen der »Sache« aus dem unseligen Jahr 1885, vielleicht auch, weil es ihnen im ersten Jahr ihrer Ehe so am liebsten war. »Neben mir am Tisch sitzt mein lieber Heins«, schwärmte Elisabeth wie von einem Idyll, »und schreibt seinen Vortrag aus dem naturwissenschaftlichen Verein für die Zeitung nieder – am schönsten ist es überhaupt, wenn wir abends zu Hause sind.«[12]

So glücklich und friedlich es bei Heinrich und Elisabeth Hertz zuging, so störend war zu Anfang des Jahres 1887 das schrille Kriegsgeschrei. »Ich finde die Zeit ganz gräßlich«, klagte Heinrich Hertz, »denn Gelehrter zu sein unter den gegenwärtigen Verhältnissen, richtiger Gelehrter, das ist leider eine lächerliche Zumutung; dazu gehört Ruhe des Geistes und die Möglichkeit, Dinge wichtig und interessant zu finden, die gegenwärtig einem doch ganz in den Hintergrund zu treten scheinen.«[13] Was den Gelehrten um seine Ruhe brachte, als er sich auf sehr schnelle Schwingungen und den photoelektrischen Effekt konzentrieren wollte, sah nur oberflächlich nach einem Krieg mit Frankreich aus, sondern hatte eher innenpolitische Ursachen.

Weil der Reichstag den Heeresetat nur für drei Jahre bewilligt hatte anstatt für die vom Reichskanzler Bismarck geforderten sieben, wurde er am 14. Januar 1887 kurzerhand aufgelöst. Für den anschließenden Wahlkampf, bei dem es vor allem um das »Septennat« des Heeresetats ging, inszenierte Bismarck bedenkenlos eine drohende Kriegsgefahr. 73 000 Reservisten wurden eingezogen und nach Elsaß-Lothringen in Marsch gesetzt, um den vermeintlichen Ernst der Lage zu unterstreichen.

Während der Generalstab in Berlin die Bismarcksche Skrupellosigkeit als politische Komödie bewunderte, mußte der »Second-Lieutenant« Hertz die fabrizierte Gefahr ernst nehmen. Er hatte sich alles besorgt, was ein Offizier im Feld brauchen würde, saß aber noch nicht auf gepackten Koffern: »Hoffentlich ist alles unnötig. Hier sieht die Sache nur dadurch ernster aus, daß wir der Grenze so viel näher sind, auch dadurch, daß sehr viele jüngere Reserveoffiziere ohne alle vorausgegangene Anfrage eingezogen sind, doch muß ich sagen, daß ich alle Rüstung auf unserer Seite viel lieber sehe, als die auf der gegnerischen.«[14]

Daß Heinrich Hertz Offizier war, dürfte ebenfalls zu jenen »Lebensverhältnissen« gehört haben, die er für sich als normal empfand. Bei offiziellen Anlässen wie den Geburtstagen von Kaiser und Großherzog putzte die Uniform ungemein, und auch zur Trauung hatte er den »bunten Rock« getragen. Das unterstrich den gesellschaftlichen Status und war ein Ausweis an Männlichkeit. Im Grunde seines Herzens war er aber ein eher friedfertiger Mensch: »Ich habe immer noch Hoffnung auf die feste Überzeugung, daß weitaus die Mehrzahl in Deutschland sowohl als in Frankreich den Frieden will, ja, um jeden Preis; die Geschichte zeigt ja freilich, daß dieser Willen meist nichts nützen kann gegenüber der kriegslüsternen Mehrheit.«[15] Was jedoch den Zankapfel Elsaß-Lothringen betraf, so billigte er die 1871 erfolgte Annexion und stellte sogar sein sonst immer so kompromißloses Gerechtigkeitsgefühl zurück, denn er meinte, »daß wir das Land um der Festungen willen behalten *müssen*, denn wenn wir die Wahl hätten, hätten wir kaum ein Recht dazu«.[16]

Bei der Reichstagswahl am 21. Februar 1887 stimmte Heinrich Hertz ebenso wie sein Vater für die Nationalliberalen, die zum Bismarck unterstützenden »Kartell« gehörten.[17] Da die Wahl eine Mehrheit für »Kartell« und »Septennat« brachte, brauchte Bismarck die Kriegsgefahr nicht mehr, und Heinrich Hertz konnte aufatmen. Ende April sorgte noch einmal die »Affäre Schnäbele« für Beunruhigung, als der französische Grenzkommandant Guillaume Schnäbele sich auf deutsches Gebiet locken ließ und festgesetzt wurde. Frankreichs Kriegsminister Georges Boulanger drohte, ihn mit Waffengewalt herauszupauken, aber als Schnäbele freigelassen wurde, kehrte an der Westgrenze Ruhe ein, und Heinrich Hertz' Dienst am Vaterland war wieder auf die traditionellen Spargelessen der Reserveoffiziere reduziert.[18]

Seine Bemerkungen zu den Irritationen des Jahres 1887 waren übrigens eine Ausnahme, denn Politisches wurde von ihm nur dann wahrgenommen, wenn es ihn persönlich betraf. Erst fünf Jahre später wird er sich wieder zu einem politischen Thema äußern und über die Einführung der Einkommensteuer kräftig schimpfen.

Nicht nur das Kriegsgeschrei störte den Gelehrten, sondern auch die Berufspflichten des Hochschullehrers. Neben den Verwaltungsaufgaben mit machmal sogar »etwas erregten Sitzungen« des Großen Rats der Hochschule und dem umfangreichen Unterrichtspensum war intensive Forschung für Heinrich Hertz überhaupt nur möglich, weil er im Laboratorium unglaublich zügig und effektiv arbeiten konnte. Zwar hielt er seine Vorlesungen nicht zum ersten Mal, was die Vorbereitungszeit reduzierte, aber dafür machten sie ihm auch weniger Spaß. Besonders »gegen das Ende des Semesters wird die Sache unangenehm. Man selbst hat keine Lust mehr, und man merkt zu deutlich, daß auch die Studierenden keine Lust mehr haben, da quält sich die Sache nur noch so hin.«[19]

Zur Entschädigung ist Heinrich Hertz zum Semesterende »nun eine lang getragene Hoffnung in Erfüllung gegangen, nämlich die Beschaffung einer vollständigen photographischen Ausrüstung für das Kabinett, alles in allem 300 Mark«.[20] Sofort begann er mit Versuchen und photographierte die der Hochschule gegenüberliegenden Gebäude und sein eigenes Zimmer. Das wirkte wie eine Erholung, und einige Tage tat er nichts anderes als Photographieren. Er schleppte die Ausrüstung auch in seine Wohnung und porträtierte dort Elisabeth und seine Schwägerin Mathilde.[21]

Einige Photographien schickte er der Mama zum Geburtstag, bat aber darum, sie »nur vom Standpunkt des guten Willens anzusehen; auf Porträtphotographien kann ich mich doch nicht in Konkurrenz mit den Photographen einlassen. Immerhin ist es mal wieder eine eigene Arbeit.«[22] Die Aufnahmen können nicht sehr attraktiv gewesen sein, denn mit Ausnahme eines mit einem Selbstauslöser aufgenommenen interessanten Selbstporträts sind sie nicht aufbewahrt worden. Sehr gut gelungen ist ihm am 19. März auch eine Aufnahme in seinem Laboratorium, auf der er seine Apparaturen mit dem großen Oszillator dokumentierte.

Von dem langen Wintersemester war er aber so erschöpft, daß er Ende März, nachdem er die Arbeit über sehr schnelle Schwingungen abgeschlossen hatte, zu einer langen Wanderung durch den

Schwarzwald aufbrach. Er hatte tägliche Etappen von etwa vierzig Kilometern geplant. Am ersten Tag fuhr er mit der Bahn bis Gernsbach und marschierte von dort bis Baiersbronn. Die nächsten Etappen führten über Freudenstadt nach Wolfach und anschließend über Triberg nach Furtwangen. Zum Abschluß marschierte er durch Schneegestöber nach Freiburg, wo er den Freund Emil Levy besuchte, bevor er den Zug nach Karlsruhe nahm. Nach mehr als 150 Kilometern in vier Tagen konnte er mit Recht seine Tour als eine »sehr anstrengende« bezeichnen.[23]

Der Beginn der Vorlesungen Mitte April traf ihn als einen »harten Schlag«, vor allem deshalb, weil er sich auf geringes Interesse und mäßiges Niveau einstellen mußte, was ihn immer mehr ärgerte: »Übrigens bin ich, je länger ich hier bin, je unzufriedener mit den hiesigen Studenten.« Die neigten dazu, sich in dem verschulten Betrieb möglichst bequem einzurichten und die Propädeutika, zu denen die Physik gehörte, ohne größere Anstrengung hinter sich zu bringen. Mit akademischem Studium hatte das für Heinrich Hertz nicht viel zu tun: »Neulich hatte ich ein Examen von vier Lehramtskandidaten, die alle zum größten Teil Universitätsstudium hinter sich haben, es war gleich ein anderer Schlag.«[24] Seine Absicht, in einem Colloquium die neueren Entwicklungen der Physik zu diskutieren, war am Teilnehmermangel gescheitert, und bei einem zweiten Anlauf im Sommersemester 1887 blieb er wieder allein: »Mißglückter Versuch, das Colloquium wieder einzurichten.«[25]

Sogar das elektrotechnische Laboratorium, dessen Einrichtung ihn viel Zeit und Mühe gekostet hatte, wurde wenig genutzt, und auch die Vorlesungen zur Elektrotechnik waren ihm nur noch Zeitvergeudung, ebenso verdrießlich wie die Meteorologie für angehende Forstleute. Zu beiden Kollegs bemerkte er, daß er sie »ohne Interesse zum dritten Male abdeklamiere«. Seine Unlust produzierte einen Ausbruch von der Komik hilfloser Wut: »Ich habe immer den Gedanken, dem verehrlichen badischen Staate einen Tausch vorzuschlagen, daß ich statt des Kollegienlesens lieber die gleiche Zeit will Zahnweh haben oder ein Brechmittel nehmen oder etwas derartiges. Leider habe ich keine Hoffnung, daß das Ministerium darauf eingehen würde. So denke ich, es ist halt fürs liebe Brot und muß auch sein.«[26]

Was die Meteorologie betraf, so war Heinrich Hertz' Funktion als »wissenschaftlicher Beirat« des »Centralbureaus« offenbar eine Sinekure, die ihn keine Zeit gekostet hat, zumindest hat sie keinerlei Spuren in seinen Aufzeichnungen hinterlassen. Und wenn er lieber ein Brechmittel nehmen wollte als Meteorologie zu lesen, so lag das an den unwilligen Studenten, nicht aber an der Meteorologie und schon gar nicht am Wetter, das ihn als Naturphänomen immer faszinierte. So gab es im Dezember 1886 in Karlsruhe heftige Schneefälle bei Temperaturen, die am Tag um den Gefrierpunkt lagen. Sie forderten ihn als Wissenschaftler heraus: »Die auf den geneigten Dächern angehäuften Schneemassen zeigten deutlich eine langsame innere Formveränderung unter dem Einfluß ihres eigenen Drucks, welche dem Fließen sehr zäher Flüssigkeiten, dem Fließen weicher Metalle unter hohem Druck und dem Fließen des Gletschereises analog war.«[27] Am auffälligsten waren meterlange Eiszapfen, die wegen des Fließens wie Stoßzähne von Elefanten gebogen waren.

Diese innere Deformation der Schneemassen schien ihm so bemerkenswert, daß er darüber unmittelbar vor Weihnachten einen kleinen Artikel für die »Meteorologische Zeitschrift« schrieb und mit einer Folge von fünf Zeichnungen an deren Redakteur Wladimir Köppen schickte.[28] Während der Ferien in Hamburg nutzte er noch die Gelegenheit, darüber mit Köppen auf der Seewarte zu diskutieren. Diese hübsche Petitesse hat er allerdings nicht zu seinen eigentlich wissenschaftlichen Abhandlungen gezählt.

Ähnlich betrachtete er eine wissenschaftshistorische Ausgrabung, auf die er im Februar beim Aufräumen im »Physikalischen Kabinett« gestoßen war, nur als »kleines Plaisir«. In einem Kasten aus rotem Leder entdeckte er Aufzeichnungen aus den Jahren 1779 bis 1782: »Tag für Tag die meteorologischen Elemente und die Angaben über Sonnenschein, Gewitter etc., alle in sehr netter Weise durch kleine Bildchen dargestellt durch meinen Ururvorgänger Böckmann ... Die Sauberkeit und Originalität der Ausführung, die Gewissenhaftigket der Arbeit, der Umstand, daß es mit die ersten systematischen Beobachtungen in Deutschland sind, haben mir die Auffindung doch zu einer rechten Freude gemacht.«[29] Dieses über hundert Jahre alte Material präsentierte Heinrich Hertz am 13. April 1887 in einem Vortrag in seinem eigenen Hörsaal vor der Versammlung der »Deutschen Meteorologischen Gesellschaft«. Eine Kurzfassung erschien in der »Meteorologischen

Zeitschrift«, und eine noch kürzere Version schrieb er für die Lokalzeitung.[30] Sein Rückblick auf die Anfänge systematischer Wetterkunde wurde allerdings sein letzter schriftlicher Beitrag zur Meteorologie.

Regelmäßige Gelegenheit zum wissenschaftlichen Gedankenaustausch fand Heinrich Hertz eher als an der Hochschule im Karlsruher Vereinsleben. Die Vortragsveranstaltungen waren praktisch die einzigen Anlässe, zu denen er abends noch das Haus verließ: »An jedem Mittwoch habe ich hier ein mathematisches Kränzchen, zu welchem ich gern hingehe und auch hingehen muß, den einen Freitag um den andern den naturwissenschaftlichen Verein, wo ich mich im allgemeinen nicht ausschließen kann; sonst gehe ich nicht aus, Kegelabend etc. sind aufgesteckt.«[31] Im »Kränzchen« trug er über sein Steckenpferd der wahrscheinlichkeitstheoretischen Analyse von Würfelspielen vor oder über die Projektion eines vierdimensionalen Würfels in den dreidimensionalen Raum. Physikalisch war ein Vortrag über die »Grenzen der Atmosphäre« und natürlich mancher erste Bericht über seine Versuche.[32]

Während das »Kränzchen« eine private Veranstaltung war, hatte der »Naturwissenschaftliche Verein« einen offiziellen Anstrich, mit Vorsitzendem, Mitgliedsbeiträgen und gedruckten Verhandlungen. Neben vielen Professoren und Dozenten der Hochschule gehörten Fabrikanten und Ingenieure, Ärzte und Apotheker und Lehrer zu den Mitgliedern, und dazu auch Staatsräte oder sonst um die »Hebung des Gewerbefleißes« auf wissenschaftlich-technischer Grundlage bemühte Ministerial- oder Bauräte. Die Zahl der Mitglieder schwankte um die hundertfünfzig, von denen etwa die Hälfte zu den alle zwei Wochen stattfindenen Sitzungen erschien.

In diesem Verein trug Heinrich Hertz so manches Mal über seine Entdeckungen vor, aber auch über technisch relevante Fragen wie »Die Bestrebungen der Elektrotechnik in den letzten Jahren« oder über das aktuelle Thema, wie die vorhandenen Telegraphenleitungen auch fürs Telephonieren genutzt werden können, wie man also auf einem Draht gleichzeitig Morsezeichen und Sprache senden kann.[33] Aus diesem Vortrag entstand sein erster Artikel für eine Zeitung.

Die Problematik bei der zweifachen Verwendung der Leitungen machte er folgendermaßen deutlich: »Jeder Stromschluß zum Zwecke des Telegraphierens ... hat ein kurzes Knacken im Telephon zur Folge und die Wirkung mehrerer Linien setzt sich zu einem beständigen Getöse im Telephon zusammen, welches jede Unterhaltung übertäubt.« Der amerikanische Erfinder van Rysselberghe hatte nun »den glücklichen Gedanken, diese Wirkung dadurch zu beseitigen, daß er ein langsames An- und Abschwellen der Telegraphieströme an die Stelle des plötzlichen Stromschlusses und der Stromöffnung setzte«. Die Störung war damit zwar nicht beseitigt, »aber sie hat nur eine sanfte, für das Ohr nicht wahrnehmbare Bewegung der Telephonmembran zur Folge«.[34] In der Hauptsache ging er dann auf die technischen Lösungen und ihre praktische Umsetzung ein. Er hat diesen Artikel, der in der »Karlsruher Zeitung« am 6. Februar 1887 erschien, als Referat über die Sitzung nicht namentlich gezeichnet und gänzlich unpersönlich geschrieben, und trotzdem ist er ihm sehr interessant und gut lesbar geraten.

Derart öffentliche Präsentation von Wissenschaft und Technik mochte für Heinrich Hertz zwar das Risiko oder den Makel der Eitelkeit in sich bergen, aber er fand sie doch nützlich und hat noch öfter als Autor dazu beigesteuert, aber immer anonym und im Stil eines Referats durch einen neutralen Dritten.[35] Daher sind diese Artikel zwar wegen der Vielfalt der Interessen von Heinrich Hertz interessant, aber doch nicht so faszinierend wie einige seiner Briefe an den Vater. So schrieb er am 7. Juli 1887: »Da Du Strohwitwer bist und meine Frau mir heute abend Urlaub gibt, so können wir uns ja einmal mit Muße von wissenschaftlichen Dingen unterhalten.« Die Unterhaltung galt dem photoelektrischen Effekt und wurde eine hinreißende Darstellung einiger physikalischer Aspekte, des Neuigkeitswertes und der Publikationsgeschichte, leider viel zu lang, um hier abgedruckt zu werden.[36]

Die außergewöhnlich lebendige Darstellungsweise von Heinrich Hertz in seinen Briefen wird besonders deutlich im Vergleich mit einem Artikel, in dem ein Mitarbeiter der angesehenen »Kölnischen Zeitung« im November 1887 unter dem Rubrum »Naturwissenschaftliche Plaudereien« sehr ausführlich über »Eine neue Wirkung des Lichts auf elektrische Entladungen« berichtete.[37] Es war eine sehr lange und trocken bemühte Darstellung, die sich an Hertz' Abhandlung in den »Annalen« entlanghangelte. Immerhin wurde die Entdeckung als »eine wertvolle Bereicherung unseres physikalischen Wissens« gerühmt, allerdings verkürzt auf den Aspekt, daß es nun möglich sei, »Strahlen zu erkennen, die sich wegen ihrer außerordentlichen Brechbarkeit und wahrscheinlich auch wegen ihrer Schwäche den gewöhnlichen Beobachtungsmitteln entziehen.« Daß umgekehrt die kurzwelligen ultravioletten Strahlen eine neuartige Sonde für die Erforschung rätselhafter oder völlig unbekannter Prozesse darstellen, hat der Verfasser nicht erkannt.

Von diesem Artikel erfuhr Heinrich Hertz im »mathematischen Kränzchen« durch Ludwig Wedekind, Mathematiker und Kollege an der Hochschule. Heinrich Hertz war zunächst erfreut: »Gerade nur eine Beschreibung der Erscheinungen, aber zeigt doch, daß sie auch das allgemeinere Publikum interessieren kann.«[38] Beim genaueren Lesen war es jedoch ein zwiespältiges Erlebnis, seinen Namen erstmals in der überregionalen Presse gedruckt zu sehen, denn seltsamerweise war nur vom »Physiker Hertz« die Rede, ohne Titel und ohne Angabe der Wirkungsstätte. »Der Physiker Hertz war mir auch nicht recht, besonders war mir nicht recht, daß nicht der Ort dabeistand«, bemängelte er, weil er wußte, daß die Leser doch »mehr auf den Namen als auf die Sache aufmerksam« würden, besonders natürlich die Leser in Karlsruhe. »Indessen, wenn man die Artikel nicht selbst in die Zeitungen einsendet, muß man sie nehmen, wie sie sind.«

Aber so gleichmütig war er nicht, daß er nicht einige Sarkasmen folgen ließ, die sich darauf bezogen, daß es im wissenschaftlichen Publikationswesen auch nicht besser war: »Und überhaupt ist es ja eine sehr einfache Überlegung, daß jeder Schreiber das Interesse hat, seinen eigenen, aber nicht fremden Ruhm zu verkündigen. Ich würde viel öfter erwähnt werden in fremden Arbeiten, wenn die Verfasser meine Väter oder Brüder wären. Und ich würde andere Arbeiten viel mehr erwähnen, wenn ich selber sie verfaßt hätte. Dies ist klar, aber nicht immer ist einem die Anwendung lieb.«[39]

Die ersten beiden Monate des Sommersemsters 1887 hat Heinrich Hertz also beharrlich und mit Erfolg gearbeitet: »Kein Tag ohne einen kleinen Fortschritt, ich hoffe jetzt, die längste Zeit ohne einige Frucht gewesen zu sein, wenn es auch nur Pflaumen und keine Ananas sind.«[40] Der Vergleich mit den Früchten war eine dicke Untertreibung, was er zweifellos wuße. Ende Juni erschienen seine beiden Arbeiten, die »Über sehr schnelle Schwingungen« in den »Annalen« und die kurze Nachricht über den photoelektrischen Effekt in den Akademieberichten, so daß sich Heinrich Hertz als

)r. Gustav Hertz und seine Frau Elisa-
eth mit ihrem Sohn Heinrich Rudolf
.857.

Heinrich Hertz im Alter von 8 Jahren.

)ie Familie Hertz mit den vier Söhnen im Jahre 1869. (2. v. r. Heinrich Hertz.)

Das Haus in der Magdalenenstraße 3 in Hamburg, in dem Heinrich Hertz seine Jugen
verbrachte.

.ls Student im Alter von 21 Jahren.

Die großen Lehrer Gustav Kirchhoff …

und Hermann von Helmholtz

Das Physikalische Institut der Berliner Universität an der Marschallbrücke.

rechts: Elisabeth Doll und Heinrich Hertz in der Zeit ihrer Verlobung 1886.
unten: Eine Familienfeier bei den Schwiegereltern in Karlsruhe 1891. Heinrich Hertz in der Uniform des »Premier-Lieutenants«, links vorn seine Frau Elisabeth, hinten rechts Mathilde Doll und Carl Pulfrich, der vormalige Assistent von Heinrich Hertz.

Der »große Oszillator«, photographiert von Heinrich Hertz im Frühjahr 1877.

Das Physikalische Institut der Technischen Hochschule Karlsruhe und der Hörsaal, in dem Heinrich Hertz seine Experimente ausführte.

Illustrirte Zeitung

Nr. 2422. 93. Bd. — Erscheint regelmäßig jeden Sonnabend im Umfang von circa 24 Folioseiten. — Leipzig und Berlin. — Vierteljährl. Abonnementspreis 7 Mark. Einzelpreis einer Nummer 1 Mark. — 30. November 1889.

Die Hertz'schen Experimente über Fortpflanzung der Elektricität.

Aus frühern Versuchen des Engländers Wheatstone wissen wir, daß sich der elektrische Zustand in einem Metalldraht mit außerordentlich großer, aber doch meßbarer Geschwindigkeit fortpflanzt. Verbesserte neuere Methoden gestatteten den genauern Nachweis, daß die Elektricität in einem Leiter sich etwa mit derselben Schnelligkeit verbreitet wie das Licht durch den Weltraum, d. h. mit 40 000 Meilen (=300 000 Kilomtr.) in der Secunde. Diese Uebereinstimmung legte schon immer den Gedanken nahe, daß die elektrischen Erscheinungen ebenso wie die optischen auf die rasch fortschreitenden Schwingungen eines äußerst feinen Mediums zurückführbar sein müßten, welches alle materiellen Dinge durchdringt. Die Fernwirkung der Elektricität (wie sie z. B. stattfindet, wenn ein starker galvanischer Strom auf mehr als Spannenweite eine Magnetnadel ablenkt, an der er vorbeigeführt wird) macht die Annahme eines Trägers für eine derartige mechanische Kraftäußerung nothwendig, und als solchen nahm man bisher denselben Aether an, der auch zu einer befriedigenden Erklärung der optischen Erscheinungen unentbehrlich ist. Vermittelt nun aber jener unsichtbare, feine Stoff wirklich die Fortbewegung der Elektricität in Leitern nur durch den (scheinbar) leeren Raum, so muß es möglich sein, durch geeignete Versuche zu zeigen, daß es neben den Lichtwellen auch elektrische Wellen gibt, welche sich in ganz bestimmter Weise (durch ihre Länge z. B.) von den Undulationen, welche auf unserer Netzhaut die Lichtempfindung verursachen, unterscheiden.

Prof. Dr. Heinrich Hertz.

Die Nothwendigkeit solcher Experimente haben alle Physiker längst erkannt, aber es glückte bisher keinem, den richtigen Angriffspunkt für dieselben zu finden. Erst in allerneuster Zeit gelang es dem Prof. H. Hertz an der Technischen Hochschule in Karlsruhe (jetzt an der Universität Bonn), eine Reihe von Versuchen anzustellen, welche den längst ersehnten Aufschluß über das Wesen der Elektricität endlich bringen und den bisherigen theoretischen Erörterungen eine erfahrungsmäßige Grundlage geben, auf welcher die moderne Physik weiter bauen kann. Mit vollstem Recht haben die Experimente des genannten Forschers auch außerhalb der Fachkreise Aufsehen erregt, und es ist nicht übertrieben, wenn behauptet worden ist, daß durch die Hertz'schen Ergebnisse ein vollständiger Umschwung auf dem Gebiete der Elektricitätslehre erzielt worden sei. Freilich können wir an dieser Stelle nur ganz im allgemeinen andeuten, wie der Urheber dieser Versuche dabei zu Werke gegangen ist, denn das Speciellere darüber entzieht sich selbstverständlich dem Rahmen einer populären Darstellung, wie sie hier geboten ist. Für physikalisch und mathematisch gebildete Leser geben die unlängst veröffentlichten Originalberichte des Prof. Hertz eingehender Belehrung.*)

Für unsern Zweck kommt hauptsächlich die Abhandlung über „Strahlen elektrischer Kraft" in Betracht, worin der Verfasser die Methode darlegt, mit welcher er die hochwichtigen Aufschlüsse über das eigentliche Wesen der Elektricität erhalten hat. Prof. Hertz verfuhr dabei so, daß er die Funkenstrecke eines kräftigen Inductionsapparates in den Brennpunkt eines großen Hohlspiegels von Zinkblech versetzte und mittels derselben in einem kreisförmig gebogenen Drahte, der eine minimale Lücke besaß, secundäre Schwingungen erzeugte, welche sich durch winzige Fünkchen kundgaben, die an der Lücke übersprangen. Der Experimentator entdeckte nun, daß die im secundären Leiter hervorgerufenen Funken selbst dann noch aufblitzten, wenn derselbe längs der optischen Achse des Hohlspiegels 5 bis 6 Mtr. weit fortbewegt worden war. Bei Wegnahme des reflectirenden parabolisch gebogenen Zinkblechs verschwand die Wirkung am secundären Leiter, woraus ersichtlich wird, daß sich die Elektricität ebenso wie strahlende Wärme und Licht mit Hülfe eines Hohlspiegels in den Raum hinaus reflectiren läßt.

Noch überraschendere Ergebnisse erhielt Prof. Hertz, wenn er dem ersten Hohlspiegel (mit der Funkenstrecke des Inductoriums) einen zweiten von gleicher Größe gegenüberstellte, welcher die von jenem ausgehenden Fernwirkungen so auffing, daß sie den secundären Leiter trafen, der im Brennpunkte

*) „Ueber die Ausbreitungsgeschwindigkeit der elektrodynamischen Wirkungen", Sitzungsberichte der königl. Akademie der Wissenschaften zu Berlin. VI. 1888, und „Ueber Strahlen elektrischer Kraft", ebendaselbst: L. 1888.

»… das Fruchtbare einer genialen That: ihre Folgen erstrecken sich bis ins Unendliche.« Heinrich Hertz im Spiegel der Medien, hier in der »Illustrirten Zeitung«, Leipzig und Berlin, 30. Nov. 1889.

Heinrich Hertz 1892, schon von der Krankheit gezeichnet.

publizierender Physiker zurückgemeldet hatte, und dies sehr eindrucksvoll.

Zwischendurch war er einer Abschweifung nachgegangen. Ende Mai, unmittelbar nach Fertigstellung der Abhandlung über den photoelektrischen Effekt, bei dem noch viel zu erforschen war, wurde er von der Wagenschmiere gepackt: »Gegenwärtig sinniere ich über die Bewegung der Wagenschmiere in der Radnabe. Eine sehr merkwürdige Bewegung. Jetzt habe ich schon manche Seite darüber vollgerechnet, aber die Hilfsmittel der heutigen Analysis und Physik gestatten nicht, die Wagenschmierwirkung gänzlich zu erklären. Eine sehr merkwürdige Wirkung.«[41] Nach drei Tagen intensiver Rechnerei hat er die schwierige Theorie der Schmiere »definitiv aufgegeben, wie alle ähnlichen Arbeiten«.[42] Funken und ultraviolettes Licht waren doch ergiebiger.

Aber die Arbeit im Laboratorium war immer noch durch das Mechanikerproblem beeinträchtigt. Heinrich Hertz hatte zwar einen Mechaniker, aber es war der falsche. Nach dem Tod von Gottlieb Martin hatte er die Stelle ausgeschrieben, mit vielen Bewerbern gesprochen und über die meisten von ihnen sogar Erkundigungen eingeholt, aber trotz der Sorgfalt hatte er jemanden ausgesucht, der nicht geeignet war.[43] Immerhin erklärte dieser Herr Bickel selbst nach zwei Monaten, daß er seinen Aufgaben nicht gewachsen sei, und bat um Entlassung.

Am Himmelfahrtstag hat Heinrich Hertz daher erstmals »mit dem Mechaniker Ammann gesprochen«.[44] Am 4. Juni begann Julius Ammann seinen Dienst im »Physikalischen Kabinett«. Er hatte zuvor bei den »Großherzoglichen Eisenbahn-Hauptwerkstätten« in Karlsruhe gearbeitet, war fünfzehn Jahre älter als sein Chef und ein sehr geschickter und gewissenhafter Mann. Als erste größere Aufgabe ließ ihn Heinrich Hertz einen Drehspiegel herstellen, was hervorragend gelang. Die Beobachtung der Funkenentladung mit diesem Instrument ergab zwar nichts Rechtes, aber Heinrich Hertz wußte nun, daß er endlich einen tüchtigen Helfer hatte, auf den er sich verlassen konnte.

Allerdings schwand in der ungewöhnlichen Julihitze, unter der Heinrich Hertz schon im Vorjahr gelitten hatte, die Lust zum Experimentieren. Er feilte noch ein wenig an den Referaten für die »Fortschritte der Physik« aus dem Jahre 1883, und dies zum letzten Mal, weil ihn die lange Verzögerung verdroß, und er trieb Literaturstudien. Um wenigstens in den Ferien der Hitze zu entgehen, fuhr er ins knapp dreißig Kilometer entfernte Herrenalb an den nördlichen Ausläufern des Schwarzwalds und mietete eine Ferienwohnung. Der Arzt hatte zwar wegen der dreistündigen Kutschfahrt bei fortgeschrittener Schwangerschaft Bedenken, aber trotzdem brach er gleich nach Semesterschluß mit Elisabeth und dem Dienstmädchen in die kühlende Sommerfrische auf.

Weil Elisabeth bereits im achten Monat war, mußten weite Spaziergänge unterbleiben. Oft lag Heinrich Hertz nur am Waldesrand und las, mal allein und mal gemeinsam mit seiner Frau. Zur Lektüre gehörten Lichtenbergs Betrachtungen zu den Kupferstichen von Hogarth und Eckermanns Gespräche mit Goethe. Dessen »Wilhelm Meister« hielt er übrigens auch bei Wiederlesen für »nichts als ästhetische Salbaderei ... Kein Zusammenhang in der Handlung, kein Achten auf Zeit und Ort der Handlung, gerade das Gegenteil von klassisch.«[45] Aber die Wissenschaft ließ ihn auch unter Bäumen nicht los. Am 7. August war das einzige im Tagebuch notierenswerte Ereignis: »Über anzustellende Versuche nachgedacht.«

Am 15. August kamen seine Eltern mit Melanie auf eine Woche nach Herrenalb. Sie waren inzwischen anderweitig Großeltern geworden, denn am 22. Juli hatten Gustav und Auguste einen Sohn bekommen, der wiederum auf den Namen Gustav getauft wurde. Heinrich hatte damals seinen Eltern geschrieben: »Es kommt Euch wohl sonderbar vor, auf einmal eine Generation heraufgerückt zu sein!«[46] – Dieser Gustav folgte übrigens nicht der juristischen Familientradition, sondern wurde wie Heinrich Physiker. Als Student las er 1910 die Korrekturen zur zweiten Auflage der »Prinzipien der Mechanik« seines früh verstorbenen Onkels. Bald darauf unternahm er in Berlin zusammen mit dem ebenfalls aus Hamburg stammenden James Franck ein Experiment, das als »Franck-Hertzscher Stoßversuch« berühmt und wichtig für die Quantentheorie war. Dafür wurde Gustav Hertz gemeinsam mit James Franck 1925 mit dem Nobelpreis ausgezeichnet.

Nach fünf Wochen in Herrenalb kehrten Elisabeth und Heinrich Hertz am 3. September nach Karlsruhe zurück. Dort hat Heinrich Hertz dank Ammann »im Polytechnikum alles nach Wunsch vorgefunden«[47] und gleich wieder angefangen zu experimentieren. Wahrscheinlich hatte er sich schon in Herrenalb entschlossen, den photoelektrischen Effekt nicht weiter zu verfolgen und sich ganz auf die elektrodynamischen Wirkungen von Isolatoren durch sehr schnelle Schwingungen zu konzentrieren, und dabei ist er gleich wieder »in medias res« gekommen.[48]

Auf der Rückreise von der Schweiz schauten seine Eltern auf einige Tage vorbei, und ein stolzer Sohn konnte seinem aufmerksamen Papa die eindrucksvollsten Experimente im Laboratorium vorführen. Durch die Veröffentlichungen waren Kollegen auf den Professor in Karlsruhe aufmerksam geworden und besuchten ihn, darunter Gustav Wiedemann aus Leipzig und Otto Wiener aus Straßburg. Elisabeth fühlte sich deshalb jedoch nicht gestört und auch wegen der Experimente nicht vernachlässigt: »Heinrich arbeitet sehr fleißig, und findet dabei noch immer Zeit, seine Frau ganz schrecklich zu verwöhnen und zu verziehen.«[49]

Ab dem 28. September hat er hauptsächlich zu Hause gezeichnet und gerechnet, »um Elisabeth in der Erwartung beizustehen«. Am nächsten Tag schickte er schon nach der Hebamme, aber es war vergeblich. Täglich gingen Telegramme zwischen Karlsruhe und Hamburg hin und her und informierten über den Stand der Dinge, und zu Hause leistete Elisabeths Mutter jede erdenkliche Hilfe, da die werdende Mutter unter immer stärker werdenden Schmerzen litt. Erst am 2. Oktober wurde eine Tochter geboren. Sie sollte Johanna Sophie Elisabeth heißen.[50]

Sofort berichtete Heinrich Hertz seinen Eltern von der komplizierten Geburt, zu der auch eine medizinische Kapazität vom Range eines Geheimrats herbeigerufen worden war: »Das Kind hatte sich in der Nabelschnur verwickelt ... die arme Elisabeth wurde chloroformiert, die Zange angewendet, und nun ging's wohl; um $^3/_4$ 3 Uhr war das Kind da, um 4 Uhr Elisabeth wieder bei sich und die Sache beendigt.« Während er das schrieb, brüllte das Töchterchen schon »ganz fidel, es ist ein fertiges ausgewachsenes hoffentlich auch gesundes Kind. Daß es ein Töchterchen ist, darüber war ich schnell zufrieden.«[51]

Elisabeth hatte sich einen Sohn gewünscht, und nachdem Gustav und Auguste ihren Gustav bekommen hatten, war sie der festen Überzeugung, »jetzt habe sie erst recht Anspruch, ebenfalls einen Bub zu haben«.[52] Nur Stunden nach der Geburt der Tochter meinte sie, ihren Mann trösten zu müssen, »es könne ja noch einer kommen«. Heinrich Hertz rechnete ihr das »als große Tapferkeit« an, sah das aber ganz anders, natürlich als vernünftiger Mann, der sich nichts wünschen soll, worauf er keinen Einfluß hat, und auch aus praktischen Erwägungen, die er noch einmal bekräftigte: »Daß es eine Tochter, darüber habe ich mir keinen Augenblick Gedanken gemacht; da ich kein Geschäft fortzuerben und kein altes Stammschloß zu besetzen habe, brenne ich nicht auf einen Sohn ... Und schließlich denkt man auch, wie viel mehr die Tochter in der Familie lebt und wie viel bescheidenere Ansprüche man an sie zu stellen hat, während beim Sohn die Begabung nur ein bißchen mangelhaft zu sein braucht, so drohen Gymnasium, Examina, Berufswahl, Fortkommen, Militärdienst wie ebenso viele dunkle Wolken.«[53] – Johanna dürfte sich nicht wenig gewundert haben, als sie nach ihrem Medizinstudium als praktizierende Ärztin diese Betrachtungen ihres Vaters Jahrzehnte später gelesen hat.

Die Tochter hat ihrem Vater immer viel Freude gemacht. Schon am Tag nach der Geburt berichtete er: »Das Kindchen ist prächtig und macht entschieden den Eindruck, nicht zu früh zur Welt gekommen zu sein; es wendet die Augen nach dem Licht und weiß sehr genau, wann es zu essen haben will oder aufgenommen sein. Schreit auch kräftig stundenlang.«[54] Eine Amme mußte besorgt und der Haushalt organisiert werden, weil Elisabeth nach der Geburt noch drei Wochen das Bett hüten mußte. Nach einigen Tagen war der Vater beinahe dankbar, wenn die Tochter mal lärmte, »um mir hin und wieder Gelegenheit zu geben, sie herumzutragen und zu beruhigen«. Immer wieder brachte die Elternschaft schöne und berichtenswerte Erlebnisse mit der kleinen Johanna: »Elisabeth und Mathilde schwören, sie habe heute morgen gelacht; sicher ist, daß ich darüber gelacht habe. Aber Grimassen schneidet sie alle möglichen.«[55]

Inzwischen drängten aber die beruflichen Pflichten in Gestalt von Examina, deren Termin auf die familiären Probleme keine Rücksicht nahmen. Drei Tage nach der Geburt war der junge Vater auch wieder zu seiner Wissenschaft zurückgekehrt: »Nachmittags habe ich mich Gott sei Dank wieder an die Arbeit im Laboratorium gemacht, die gut geht; es ist schön und einem Mann wohl zu gönnen, daß er nicht ganz in dem Gedankenkreise des Wochenbetts aufgeht.«[56]

4. Elektrodynamische Wirkungen – Triumph der späten Lösung

Gleich nach der Rückkehr aus der Sommerfrische ist Heinrich Hertz Anfang September 1887 in sein Laboratorium gegangen, hat dort »alles nach Wunsch vorgefunden und schon wieder angefangen zu arbeiten«.[1] Wie er es sich in den Ferien überlegt hatte, gab er den photoelektrischen Effekt endgültig auf und konzentrierte sich wieder auf die schnellen Schwingungen und hierbei besonders auf den »Resonator«. Den Draht dieses abgekoppelten »Nebenkreises«, der bis dahin auf dem großen Labortisch ausgebreitet war, spannte er nun auf einen Holzrahmen, damit er im Raum beliebig bewegt werden konnte. Das Rießsche Funkenmikrometer wurde durch eine in den Ring fest eingebaute Funkenstrecke ersetzt, die von einem auf Hundertstelmillimeter einstellbaren Mikrometer gebildet wurde. Resonator und Oszillator wurden von vornherein auf »Resonanz« abgestimmt, weil dieser Aspekt aufgeklärt war und die Veränderung der Resonanz bei den folgenden Untersuchungen als Indikator dienen sollte.[2]

Der anfängliche »Nebenkreis« war damit binnen Jahresfrist zu einem Detektor transformiert, mit dem Heinrich Hertz den Raum in der Nähe des Oszillators nach »Kräften« absuchen konnte. Dabei ist er »schnell in medias res gekommen«.[3] Je nachdem, wie er den Resonator zum Oszillator ausrichtete, zeigte die maximale Länge der Fünkchen die Stärke der jeweiligen Kräfte an. Hielt er den Resonator senkrecht zur Ebene des Oszillators und drehte ihn so, daß die Funkenstrecke in dieser Oszillatorebene lag, »so sind die Funken verschwindend«. Daraus folgerte er: »1. Die magnetische Kraft ist überall senkrecht zur Meridianebene. 2. Die elektrische Kraft während der Schwingung liegt in der Meridianebene.« Wird der Resonatorkreis senkrecht zur Oszillatorebene ausgerichtet und um seine Achse gedreht, »so ändert sich die Funkenlänge und wird in zwei Lagen Null und in zweien ein Maximum«.[4]

Nach einer Woche beobachtete Heinrich Hertz eine »eigentümliche Störung in den Versuchen« und hatte deshalb »große Mühe«.[5] Vermutlich hat er in größeren Entfernungen vom Oszillator nur noch irreguläre Signale mit dem Resonator empfangen, verursacht durch Reflexionen und sonstige Störquellen in seinem Laboratorium. Da noch Ferien waren, ist er mit seinen Apparaten »ins Auditorium ... gegangen, wo die Versuche besser gelangen«. In diesem großen Raum erhielt er schon nach einem Tag »sehr schöne und sich zusammenfügende Resultate«.[6] Mit der Funktionsweise des Resonators war er vertraut geworden. Das Verständnis dieses Instruments hatte er sich eher durch experimentelle Manipulationen als durch theoretische Analysen erarbeitet. Was er mit diesem Detektor über die Kräfteverteilung um den Oszillator herausfand, hätte er gewiß zu einer schönen Veröffentlichung ausbauen können, aber er verschob das auf spätere Zeiten. Denn diese Untersuchungen waren nicht Selbstzweck, sondern sie sollten einen Ansatzpunkt für die Lösung der Preisaufgabe der Akademie aus dem Jahre 1879 liefern. Den hatte er jetzt gefunden. Weil er sich jetzt konkret dieser Aufgabe zuwenden wollte, hat er sich am 21. September »nach einem Asphaltblock umgetan«.[7]

Nachdem sich Heinrich Hertz in seinen ersten Semestern als Student in Berlin durch die brillante Bearbeitung einer Preisaufgabe der Philosophischen Fakultät profiliert hatte, ließ Helmholtz durch die Akademie eine weitere Preisaufgabe in der sicheren Erwartung stellen, daß Heinrich Hertz sie erfolgreich bearbeiten würde. Eine Lösungsmöglichkeit der weitläufig angelegten Aufgabenstellung bestand darin, elektrodynamische Wirkungen von Isolatoren nachzuweisen, also zu zeigen, daß Nichtleiter nicht etwa elektrisch indifferent oder »tot« sind, wie in den Fernwirkungstheorien angenommen wurde, sondern höchst lebendig zu dem elektrodynamischen Geschehen beitragen. Für die englischen »Maxwellianer« war dieses Problem allerdings irrelevant, weil sie ohnehin glaubten, daß ihr Heros James Clerk Maxwell alles dazu Nötige mit seinem Konzept des »Verschiebungsstroms« gesagt habe. Für die von Helmholtz entwickelte Theorie waren die elektrodynamischen Wirkungen der Isolatoren jedoch ein zentrales Thema, das sie von den in Deutschland üblichen Fernwirkungstheorien scharf unterschied.

Damals hatte Heinrich Hertz nach gründlichen Analysen herausgefunden, daß bestenfalls Effekte an der Grenze des Wahrnehmbaren erwartet werden konnten, so daß er dieser Aufgabe aus dem Wege ging. Als er aber im Oktober 1886 bemerkte, daß die Entladung Leidener Flaschen durch eine Rießsche Spule in sehr schnellen Schwingungen erfolgt, waren seine Gedanken sofort wieder bei der alten Aufgabe. »Benutzung zur Einwirkung auf Dielektrica«, notierte er gleich zu Beginn der Versuchsserie in seinem Laborprotokoll. Nachdem er sein System aus Oszillator und abgekoppeltem »Nebenkreis« als Resonator entwickelt und handhaben gelernt hatte, nahm er am Nachmittag des 7. Dezember 1886 die Aufgabe in Angriff.

Zunächst dachte er an den in der Preisaufgabe angegebenen zweiten Lösungsweg, nämlich die Erzeugung der Polarisation in einem Isolator durch elektromagnetische Induktion. Dazu wurde der Oszillator mit einem Isolator aufgefüllt. Ein Ring aus Paraffin wurde gegossen und an einer Stelle aufgeschnitten; im Zwischenraum wurden Bleche auf das Paraffin aufgebracht und der Ring mit Draht umwickelt. Die Bleche bilden die Kapazitäten des ursprünglichen Oszillators. Dieses Gebilde hätte offenbar als durch den Isolator »verstimmter« Oszillator funktionieren sollen, aber in dem Zwischenraum erhielt er »nur minimale Funken ... welche unsicher gingen und nicht weiter auf ihren Ursprung untersucht werden konnten«.[8]

Anschließend wandte sich Heinrich Hertz der ersten Variante der Aufgabe zu, also dem Nachweis einer elektrodynamischen Wirkung durch Vorgänge in Isolatoren. Dazu wurde der Oszillator nicht zu einem durchgeschnittenen Schlauch deformiert, sondern nur so weit gebogen, daß zwischen zwei Blechen ein Zwischenraum von 32 Zentimetern verblieb, in den Isolatoren eingebracht werden konnten. Die Resultate waren verwirrend: »Einschieben eines Holzklotzes gab Wirkung, glaubte, daß die Sache gelöst sei. Aber Bemerkung, daß er gleichzeitig die Schwingungszeit des Hauptstromes vergrößert und die Kapazität, so daß Täuschung vorliegen könnte.« Statt des Holzes wurde aus Schwefel, einem hervorragenden Isolator, ein rechteckiger Stab gegossen, aber es war »keine sichere Wirkung damit wahrzunehmen«. Auch bei veränderten Anordnungen kam er nicht darüber hinaus, daß die »Wirkung negativ oder doch im höchsten Grade zweifelhaft« war.[9]

Kurz vor Weihnachten hat er »mit längeren und schmäleren induzierten Kreisen« experimentiert und »einige Mal geglaubt, Wirkung zu haben«, denn die Funken wurden »mehr bei angenähertem Schwefel«. Als skeptischer Experimentator hat Heinrich

Hertz die Anordnung wieder und wieder variiert, um Zufälligkeiten und Täuschungen auszuschließen: »Aber dann, nach kleinen Änderungen wieder gar kein Unterschied, selbst umgekehrt als zu erwarten.«[10] Das reichte für eine sichere Entscheidung, ob oder gar wie stark ein Isolator auf die Schwingungen des Oszillators reagiert, nicht aus. Im ersten Anlauf war er gescheitert. Nach den Weihnachtsferien hat er diese Versuche nicht fortgesetzt, sondern erst einmal den photoelektrischen Effekt untersucht.[11]

Neun Monate später hatte Heinrich Hertz nun herausgefunden, daß es ganz entscheidend auf die räumliche Anordnung des Resonators in bezug auf den Oszillator ankommt. Er baute sich ein Gerät, das er eine »Induktionswaage« nannte: Zunächst den Oszillator, bei dem die Kugeln durch Bleche ersetzt waren, und dann den bereits beschriebenen Resonator, der um seine Achse gedreht werden konnte. Der Resonator wurde nun so eingestellt, daß die Schwingungen des Oszillators keine Funken entstehen ließen. Wurden Leiter an den Oszillator angenähert, so geriet er »aus dem Takt«, und die Anwesenheit der leitenden Materialen wurde durch das Auftreten von Funken dokumentiert.

Wie nun die Annäherung von Nichtleitern die Schwingungen des Oszillators beeinflußt, konnte Heinrich Hertz schon durch »Näherung des menschlichen Körpers« sehen – natürlich seines eigenen.[12] Diese Störung machte die Untersuchung nicht gerade leichter, denn er mußte, um die ernsthafteren Experimente nicht durch seine körperliche Nähe zu beeinträchtigen, die ohnehin kaum sichtbaren Fünkchen aus einer Entfernung von mindestens einem Meter beobachten. Das war nur im völlig abgedunkelten Raum möglich.

Eine größere Schwierigkeit bestand noch »in der Beschaffung hinreichend großer isolierender Massen«[13]. Da der Oszillator im wesentlichen den Abmessungen des ursprünglichen »großen Oszillators« entsprach, wurden beträchtliche Mengen Isolatormaterial benötigt. Damit befaßte sich Heinrich Hertz drei Tage nach der Geburt seiner Tochter, als er sich aus dem »Gedankenkreise des Wochenbetts« gelöst hatte. Den ersten Versuch unternahm er am Vormittag »mit einem Materiale, welches leicht zur Hand ist, mit Papier«. Er schichtete Bücher zu einem Quader von eineinhalb Metern Länge, einem halben Meter Breite und einem Meter Höhe auf, ein beachtlicher Stapel, der auf eine gute Ausstattung seiner Institutsbibliothek schließen läßt. Das Stapeln hatte sich gelohnt, denn »es zeigte sich deutlich, daß in den vorher funkenfreien Lagen des Kreises B nunmehr Funken auftraten, und daß erst eine Drehung der Funkenstrecke f um etwa 10^0 gegen den Bücherhaufen hin die Funken zum Erlöschen brachte«.[14]

Von diesem Erfolg ermutigt, ließ er sich noch am gleichen Tag einen Asphaltblock von vergleichbaren Abmessungen herstellen, der eine knappe Tonne wog und in Dimension und Gewicht beinahe an »Großforschung« denken ließe, wenn es dieses bombastische tönende Wort damals schon gegeben hätte. Die vorbereitete Prozedur dürfte die gleiche gewesen sein wie später bei einem Experiment zur Beugung elektromagnetischer Wellen durch ein großes Prisma aus Pech, für dessen Nachahmung ein Kollege ausführliche Ratschläge erhielt: »Sie besprechen sich und veraccordieren zuerst mit einem Bauunternehmer, der auch den nötige Asphaltschmelzkessel hat. Dann lassen Sie beim Tischler die Kästen aus hartem, trockenen Holz machen, lassen ihn dieselben auf den Lagerplatz des Bauunternehmers bringen; dort werden sie gefüllt, was mit Sorgfalt geschehen muß ... Sind sie ganz kalt, bringt Ihnen der Unternehmer sie ins Haus; Sie haben dann auch gleich die 4–6 Leute, die zum Aufbau nötig sind.« Der achthundert Kilogramm schwere Block kostete einschließlich der Anlieferung etwa achtzig Mark, und Heinrich Hertz riet als umsichtiger Verwalteter der Institutskasse, mit dem Unternehmer dahingehend zu »veraccordieren«, daß er Asphalt oder Pech wieder zurücknimmt, »und Sie fahren billiger«.[15]

Während Heinrich Hertz tagsüber Examina abnehmen mußte, wurde der Asphaltklotz gegossen und am späten Nachmittag ins Institut geschafft. Oberhalb des Asphalts wurde der Oszillator aufgebaut und »von oben her bis zum Aufliegen der Platten auf dem Klotz genähert«. Die Mühe hatte sich gelohnt: »Die Einwirkung war auf den ersten Blick erkennbar.« Wenn die Platten des Oszillators voll auf dem Block lagen, betrug die Drehung des Resonators bis zur maximalen Funkenlänge 31^0.[16] Der Asphalt, obwohl ein Nichtleiter, war also bei den sehr schnellen Schwingungen sehr aktiv. Im Tagebuch hielt er fest: »Abends sehr gelungene Versuche mit dem Asphaltblock angestellt.« Am nächsten Abend hat er die »Versuche in Dr. Schleiermachers Gegenwart wiederholt und vervollständigt«.[17] Den Eltern berichtete er neben dem täglichen Bulletin über das Ergehen von Mutter und Kind auch davon, daß er »wichtige Versuche mit Glück angestellt« habe: »Wenn ich zu Hause alles in Ordnung weiß, ist es mir auch wieder recht behaglich bei der Arbeit.«[18]

Am 10. Oktober hatten die Vorlesungen begonnen: Vier Stunden Physik, zwei Stunden Elektrotechnik und dazu wie in jedem Herbst eine Stunde Meteorologie. Besonders die letzten beiden empfand Heinrich Hertz als lästige Pflichtübungen, die ihm die Zeit stahlen. Auch wenn er sie nur noch »abdeklamierte«, war nun mancher Tag »durch Vorlesungen ausgefüllt«, aber trotzdem hoffte er, sie würden ihn »nicht mehr hindern, meine Arbeiten weiter zu treiben, wenn es freilich auch meine freie Zeit beschränkt«.[19] Nach einer Woche sah er das anders: »Ich habe meine Versuche etwas aufgesteckt, bis ich mehr ins Semester hineingekommen bin, oder beschränke sie doch auf die letzten Tage der Woche, so geht's auch mit den Vorlesungen. Aber beides zusammen ist mir über die Kräfte.«[20]

Schließlich wollte er sich auch an seinem Glück als Ehemann und Vater erfreuen. »Heins ist solch ein zärtlicher Papa«, berichtete seine Frau. »Wenn Ihr ihn nur sehen könntet, wie er seine Tochter spazieren trägt und ihr vorschwatzt, und sie aufhorcht, als wenn sie etwas davon verstünde.«[21] Er selbst beschrieb die Freuden der Elternschaft unter eher realistischen Gesichtspunkten: »Ein schöner Charakterzug von ihr ist ihr nächtlicher Schlaf; wir haben die Abende nach $^1/_2$ 8 für uns, und erst gegen Morgen werden wir geweckt. Rücksichtsvolles Kind.«[22]

Zu seiner guten Stimmung trug auch die Physik ganz wesentlich bei. Schon Mitte Oktober zog er eine vorläufige, aber bereits sehr optimistische Bilanz: »Ich kann wohl mit Fug und Recht sagen, daß, wenn ich in diesem Wintersemester nur nichts wieder verliere, ich sehr zufrieden mit der Ausbeute desselben sein kann, es braucht gar nichts hinzuzukommen.«[23] Er »verlor« nichts, und es kam sogar noch sehr viel dazu, was er in seinen kühnsten Träumen kaum zu hoffen gewagt hätte. Zunächst aber galt es, die Untersuchung über die elektrodynamischen Wirkungen abzuschließen, und auch das ging zügiger voran, als er wohl selbst erwartet hatte.

Heinrich Hertz hatte zwar »vorzüglich isolierenden Asphalt« benutzt, aber er ließ ihn von einem Chemiker, dem Kollegen und Hofrat Carl Engler, analysieren. Dadurch wurde bestätigt, was er schon selbst nach Verbrennung einer Probe vermutet hatte, daß der Aspalt viele Stoffe enthielt, die leitend sein könnten. Um Irrtümer auszuschließen, ließ er daher einen großen Klotz aus Pech herstellen, das nur Kohlenwasserstoffverbindungen enthält. Damit war die Drehung des Resonators mit 21⁰ nicht mehr ganz so groß, aber doch eindeutig. Weitere Versuche mit gut isolierenden Materialien in hinreichender Reinheit und ausreichender Menge wären zu teuer gekommen, so daß sich Heinrich Hertz von dem tüchtigen Mechaniker Julius Ammann eine Induktionswaage bauen ließ, bei der die linearen Abmessungen des Oszillators auf die Hälfte verkleinert waren, so daß es bei den Materialien nicht mehr um Tonnen ging, sondern nur noch um Zentner.

Während Heinrich Hertz noch an dem »Asphalt herumanalysiert« hat, wurde nach einigen Tagen der kleinere Apparat fertig. Nachdem diese Induktionswaage mit Büchern als Isolatormaterial ausprobiert worden war, hat er einen »großen Schwefelklotz von zwei Zentnern gegossen«. Der Schwefel war frei von Verunreinigungen und der beinahe ideale Isolator, so daß eine Wirkung dieses Materials die Frage entgültig entscheiden würde. Die Erwartungen von Hertz wurden nicht enttäuscht: »Die Wirkung des Blocks war sehr deutlich, die ... Einzelheiten waren verfolgbar, die Drehung betrug 13–14⁰.«[24] Einfacher gestaltete sich die Untersuchung mit Sandstein, denn dafür konnte Heinrich Hertz einen im Institut frei stehenden Pfeiler benutzen.

Weitere Versuche hat er mit Holz, Paraffin und Petroleum unternommen, immer erfolgreich und alles in allem eine veritable Materialschlacht: »16 Zentner Asphalt, 9 Zentner Pech, 2 Zentner Schwefel; jetzt habe ich mir noch für 77 Mark einen Zentner Paraffin bestellt. Da ist es denn doch gut, wenn man nicht aus eigener Tasche für die Versuche zu zahlen braucht.«[25] Der Vater befürchtete schon eine Behinderung der Forschungen seines Sohnes durch Geldmangel und bot seine Hilfe an. Die war aber doch nicht nötig: »Papas freundliches Anerbieten nehme ich zwar gerne ad notam, einstweilen sind die Kassen des Kabinetts aber noch wohlgefüllt.«[26]

Ende Oktober waren die Experimente im wesentlichen abgeschlossen. Nur »einige Kontrollversuche, die ich aus Gewissenhaftigkeit machen muß, für deren Erfolg ich aber sichere Hoffnung hege, halten mich soviel auf wie die ganze Arbeit«.[27] Am 31. Oktober war auch das geschafft, und nach einem Tag, der Elisabeth und der Tochter gehörte, begann er am 2. November mit der Niederschrift seiner Abhandlung. Er arbeitete sie ohne Rückgriffe auf die Theorie aus, praktisch als experimentelle Phänomenologie. Drei Monate später hielt er es in einem weiteren Artikel doch für zweckmäßig, wenigstens einige theoretische Aspekte zur Funktionsweise des Resonators nachzutragen.

Am 5. November schickte er seine Abhandlung »Über Induktionserscheinungen, hervorgerufen durch die elektrischen Vorgänge in Isolatoren« an Helmholtz mit der Bitte um Aufnahme in die Akademieberichte. Dabei erinnerte er den »Hochverehrten Herrn Geheimrat« daran, daß »es sich um einen Stoff handelt, zu dessen Bearbeitung Sie mich selbst einmal vor Jahren aufforderten und den ich deshalb stets im Auge behalten habe, ohne daß ich indessen früher einen Weg gefunden hätte, der einigermaßen Aussicht auf einen unzweideutigen Erfolg bot. Hoffentlich täusche ich mich nicht in der Überzeugung, daß die gegenwärtigen Versuche unzweideutig sind.«[28]

Auch seinen Eltern erzählte er die Vorgeschichte. Bei diesen Adressaten war er weniger gehemmt als gegenüber Helmholtz, wenn es darum ging, sich über seinen Erfolg zu freuen: »Jetzt ist es mir fast spielend geglückt, auf einem Wege, der damals freilich nicht zu vermuten war. Darum ist die Arbeit für mich eine Art persönlichen Triumphes.« Er wäre freilich nicht Heinrich Hertz, wenn ihn nicht sogleich die nüchternen Realitäten des Forscherlebens eingeholt hätten: »Im übrigen glaube ich nicht, daß sie die Augen sehr auf sich ziehen wird, denn es handelt sich um Wirkungen, die man lange vorausgesetzt hat. Nur wer sich, wie ich selbst, von der gänzlichen Hoffnungslosigkeit der Sache überzeugt hatte, wird sich jetzt wundern, mit wie einfachen Versuchen sie angegriffen werden kann.«[29] Einer aber war sofort beeindruckt, und der war für Heinrich Hertz der Wichtigste. Am Sonnabend hatte er seine Abhandlung abgeschickt, und schon am Dienstag erhielt er eine der damals gebräuchlichen kleinformatigen Postkärtchen aus Berlin: »Manuskript erhalten. Bravo!! Werde es Donnerstag überreichen zum Druck. H. v. Helmholtz.«[30]

Den persönlichen Triumph hat Heinrich Hertz in seiner Abhandlung natürlich nicht erwähnt, aber er hat auch sonst jeden Hinweis auf die Preisaufgabe unterlassen, und dies nicht nur, weil die Frist schon 1882 abgelaufen war, sondern wegen einer ärgerlichen Konkurrenzsituation. Heinrich Hertz war überzeugt, daß er die Aufgabe nicht nur gelöst, sondern daß er sie als erster gelöst hatte. Aber es gab jemanden, der schon früher eine andere Lösung eben dieser Preisaufgabe für sich reklamiert hatte, allerdings auf eine Weise, die Heinrich Hertz nicht akzeptieren konnte.

Dieser Konkurrent war Wilhelm Conrad Röntgen, damals Ordinarius in Gießen, zwölf Jahre älter als Hertz und noch nicht berühmt durch die Entdeckung der X-Strahlen, die ihm acht Jahre später in Würzburg glückte. In Gießen hatte Röntgen ein klassisches Experiment abgewandelt, das der Amerikaner Henry Rowland 1876 in Berlin im alten Laboratorium im Hauptgebäude der Universität ausgeführt hatte und das durch Helmholtz in den Akademieberichten veröffentlicht worden war. Rowland hatte eine metallisch beschichtete Kunstharzscheibe in schnelle Umdrehungen versetzt und mit einer empfindlichen Magnetnadel die Wirkungen der bewegten Ladungen in der Metallschicht und damit die sogenannten Konvektionsströme nachgewiesen. Röntgen ließ nun eine reine Kunststoffscheibe in einem elektrostatischen Feld rotieren und versuchte, die magnetischen Wirkungen des durch das Feld polarisierten Materials nachzuweisen. Wenn auch nicht so schön und inhaltsreich wie die Versuche von Hertz, so war auch das Experiment von Röntgen schon eine Lösung der Preisaufgabe. Allerdings war der Nachweis dieser »Polarisationsströme« durch die Auslenkung einer Magnetnadel an der Grenze des Beobachtbaren, wie es der Student Heinrich Hertz bei seinen Analysen zu dieser Aufgabe im Jahre 1879 befürchtet hatte. Röntgen hatte sich jedoch nach jahrelangen Mühen dahingehend überzeugt, reproduzierbare Ausschläge zu erhalten und dies 1885 in einer kurzen Mitteilung zusammengefaßt, die Helmholtz in den Akademieberichten drukken ließ.

Das war Heinrich Hertz natürlich bekannt. Als er am 27. März 1885 durch Gießen kam, hat er zwar nicht Röntgen angetroffen, aber wahrscheinlich dessen Apparat inspiziert, denn der Extraordinarius Carl Fromme ließ ihn »die Einrichtung von Röntgen besehen«.[31] Vor allem aber war Heinrich Hertz bekannt, daß Röntgen nur eine vorläufige Mitteilung publiziert hatte und die üblicherweise folgende, ausführliche Darstellung der Experimente ausgeblieben war. Das stellte einen betrüblichen Verstoß gegen die Publikationsregeln dar. Deshalb schrieb Heinrich Hertz am 20. Oktober 1887 an den Kollegen, trug den gewichtigen Einwand vor, daß Röntgens Beobachtungen durch Ladungen vorgetäuscht sein könnten und erinnerte, zweifellos in der ihm eigenen Höflichkeit, an die ausstehende Abhandlung. Röntgen antwortete umgehend, aber für jemanden, der zwei Jahre zuvor die Lösung der Aufgabe verkündet hatte, war es eine eigenartige Mischung aus Ausflüchten und ungedeckten Wechseln auf die Zukunft:

»Meine Versuche sind noch nicht abgeschlossen, ich hoffe aber bis Neujahr fertig zu werden. Die Schwierigkeit derselben sowie die ungünstigen Institutsverhältnisse ließen mich nur äußerst langsam vorwärts kommen. Mit dem neuen Apparat habe ich viele Versuche gemacht, die den Zweck hatten, die der Berl. Ak. mitgeteilten Versuche einwurfsfrei zu machen; an Bedenken fehlte es ja nicht. Auch das von Ihnen geäußerte Bedenken mußte beseitigt werden ... Zu einem definitiven Resultat bin ich aber noch nicht gekommen; die Sache liegt augenblicklich so, daß das Gesamtresultat meiner bisherigen Versuche noch immer zu Gunsten der von mir gegebenen Deutung der beobachteten Wirkungen spricht. Jedenfalls werde ich, mag die weitere Untersuchung ausfallen, wie sie will, das Resultat später veröffentlichen ... Leider kann ich Ihnen nichts Positives mitteilen; sobald ich etwas gefunden habe, schreibe ich es Ihnen. Ich bin sehr gespannt zu erfahren, in welcher Weise es Ihnen gelungen ist, die elektrodynamischen Wirkungen veränderlicher Polarisation nachzuweisen.«[32]

Nach diesen windigen Ausflüchten entschloß sich Heinrich Hertz, die Akademieaufgabe als Ausgangspunkt seiner Untersuchung in seiner Abhandlung zu ignorieren und Röntgens Versuche nur in einer beiläufigen Distanzierung zu erwähnen: »Eine magnetische Wirkung, welche von den Vorgängen in einem Isolator herrührt, hat sich bereits in einem Versuche des Herrn Röntgen gezeigt, vorausgesetzt, daß die endgültige Mitteilung über jenen Versuch die demselben zunächst gegebene Deutung bestätigt.«[33] Was er von dem Kollegen und seinem Verfahren hielt, zwar die Priorität durch eine vorläufige Mitteilung zu beanspruchen, sich aber der Pflicht einer ausführlichen Darstellung zu entziehen, teilte er alsbald seinem Vater mit. Gustav Hertz hatte einen Separatdruck der jüngsten Glanzleistung seines Sohns sofort nach Erscheinen erhalten und sich gewundert, daß die Preisaufgabe mit keinem Wort erwähnt worden war. Aus diesem Anlaß schrieb Heinrich dem »lieben Papa« eine ausführliche und interessante Aufklärung – und einen seiner seltenen Wutausbrüche:

»Die Aufgabe zu erwähnen lag eigentlich kein Grund vor, als

höchstens der, daß solche, die sonst kein Interesse an der Arbeit haben, dadurch veranlaßt werden könnten, sie zu schätzen. Es war aber ein besonderer Grund dagegen. Nämlich die Versuche von Röntgen, welche in der Arbeit erwähnt werden, sind ebenfalls schon eine Lösung der Aufgabe, und meine Versuche öffentlich als Lösung einer schon gelösten Aufgabe hinzustellen hatte keinen Zweck.

Nun liegt freilich die Sache etwas anders. Nämlich jene Versuche von Röntgen sind höchst zweifelhafter Natur. Er spricht da von Dingen, die so schwer zu beobachten sind, daß er sich selbst erst durch 1000 Beobachtungen, wie er schreibt, so weit bringen mußte, ›meistenteils richtig zu sehen‹; er verspricht eine ausführliche Veröffentlichung – und hat sie jetzt nach zwei Jahren noch nicht gegeben; gegen die Deutung seiner Versuche aber lassen sich insbesondere so gewichtige Einwände machen, daß von denselben nach meiner Meinung nichts, rein gar nichts übrig bleibt. Legitim ist also meine Lösung auch wirklich die erste. Nur um zu wissen, wie ich mich zu jener Arbeit stellen sollte, die gewissermaßen räuberisch mir das Vergnügen, der erste zu sein, weggenommen hatte, schrieb ich an Röntgen und fragte an, wie es mit seinen Versuchen und deren definitiver Veröffentlichung stände. Er antwortete: er arbeite immer noch daran, die Schwierigkeit ... etc., im Ganzen deute die Gesamtheit seiner Versuche gegenwärtig immer noch dahin, daß die von ihm den Versuchen gegebene Deutung die richtige sei, jedenfalls werde er das Ergebnis in jedem Falle noch veröffentlichen.

Sollte ich nun zunächst über seine Versuche herfallen, lediglich um meinen etwas mehr Relief zu geben? Es hätte meine Arbeit nur entstellt und es kommt ja eigentlich auch niemandem außer mir etwas darauf an; einen Preis gab es doch nicht mehr. So habe ich denn seine Versuche anerkannt als frühere auf gleichem Gebiete; der Zweifel ist aber doch, glaube ich, für ähnlich Denkende deutlich genug. – Ich glaube, daß, wenn dies nicht geschehen wäre, ich die Aufgabe der Akademie als Veranlassung meiner eigenen Arbeit angegeben hätte.«[34]

Röntgen hat sein merkwürdiges Spiel der Ankündigungspublikation, der nichts folgt, übrigens wiederholt. Im nächsten Jahr schrieb er Hertz: »Bei meinen Versuchen geht mir von Zeit zu Zeit die Geduld aus, und ich muß dann jedes Mal wieder einen neuen Anlauf nehmen. Eine ausführliche Mitteilung muß noch aufgeschoben werden, und habe ich daher wieder einen kurzen Bericht über die elektrodynamische Wirkung bewegter Dielektrika erstattet, den ich Ihnen hiermit übersende.«[35] Es war wieder nur eine sehr kursorische Mitteilung, die im Februar 1888 in den Akademieberichten erschienen war, aber in den »Annalen« nachgedruckt und so einem größeren Kreis bekannt wurde.[36]

Daraufhin gingen Henry Rowland, nunmehr Professor an der Johns Hopkins University in Baltimore und mit dieser Art von Experimenten bestens vertraut, und sein Kollege Hutchinson mit den mehr ankündigenden als beweisenden Mitteilungen Röntgens hart ins Gericht und warfen ihm vor, daß er etwas, das ihm sein Apparat vorgegaukelt haben könne, als Resultat ausgebe.[37] Dadurch fühlte sich Röntgen 1890 immerhin genötigt, zwei Jahre, nachdem er seine Versuche beendet und Gießen verlassen hatte, in den »Annalen« seinen in Gießen verbliebenen Apparat detailliert zu beschreiben und seine Schlußfolgerungen zu begründen.

Heinrich Hertz war nicht beeindruckt, sondern er rückte 1890 in seine Abhandlung über die »Grundgleichungen der Elektrodynamik« zum Nachweis der magnetischen Wirkungen wegen der Vollständigkeit, aber in wiederum leiser Distanz die Bemerkung ein, es liege »wenigstens eine Andeutung derselben in den Versuchen des Herrn Röntgen vor«.[38] Bald darauf erklärte er an exponierter und nicht zu übersehender Stelle zu der Preisaufgabe, es sei ihm »nicht bekannt geworden, daß dieselbe eine anderweitige Bearbeitung gefunden hätte«.[39]

Der Zorn, den Heinrich Hertz im Herbst 1887 gegenüber Röntgen und seinen zweifelhaften Prioritätsbeschaffungsmethoden empfand, verflog jedoch schnell. Darauf zu insistieren hätte seiner Erziehung, seinem Temperament und seiner Einsicht widersprochen, daß auch Derartiges zu den »Mißständen der akademischen Laufbahn« gehört. Am heilsamsten war freilich der Erfolg, nicht nur bei den abgeschlossenen Experimenten, sondern ein noch größerer, der sich schon ankündigte. Kaum war seine Arbeit abgeschickt, gelangen ihm wieder Experimente, von denen er sich viel erhoffen konnte: Er war der Ausbreitung der elektrodynamischen Wirkungen durch den Raum auf der Spur.

5. »mit der Natur allein« – Wellen im Raum

Die Lösung der Preisaufgabe hatte Heinrich Hertz am Sonnabend, dem 5. November, nach Berlin geschickt, und der Sonntag gehörte seiner Familie, aber am Montag arbeitete er schon wieder im Laboratorium. Da er von den Experimenten regelrecht »fortgerissen« wurde und nicht mehr zum Schreiben kam, war es seine Frau, die darüber nach Hamburg berichtete: »Als er abends nach Hause kam, sagte er mir, er habe die Apparate aufgestellt, versucht, und innerhalb einer Viertelstunde seien ihm schon wieder die schönsten Versuche gelungen: er habe eine neue Arbeit schon so gut wie fertig, und diese sei noch schöner wie die abgeschickte. Er schüttelt die schönen Sachen gegenwärtig nur so aus dem Ärmel! Das macht ihn natürlich sehr vergnügt und mich auch, wenn er mir mit strahlendem Gesicht davon erzählt. Ich verstehe freilich nichts davon, ich kann Euch nur sagen, daß die Arbeit sich an die Schwingungsarbeit vom Frühjahr anschließt.«[1] Im Protokoll hatte der glückliche Experimentator notiert: »Stehende elektrische Schwingungen in geradlinig gespannten Drähten beobachtet. Durchs ganze Laboratorium hindurch.«[2]

Das war schon ein Grund, »sehr vergnügt« zu sein. Die wellenartige Ausbreitung der Elektrizität entlang von Drähten wurde zwar allgemein angenommen, aber Heinrich Hertz war der erste, der diese Drahtwellen »sehen« und die Ausbreitungsgeschwindigkeit experimentell bestimmen konnte. Wirklich gesehen hatte er natürlich nur winzige Fünkchen in dem Resonator, den er entlang eines kapazitiv an den Oszillator angekoppelten Drahtes aufgestellt hat. Sein Laboratorium war bei vier Metern Breite mit zwölf Metern lang genug, so daß er einige Wellenknoten identifizieren und die Wellenlänge zu drei Metern ermitteln konnte. Mit dieser Erfahrung hat er den Draht durch das Fenster geführt, sechzig Meter im Freien verlaufen und in einer Erdleitung enden lassen. Ein »feines Funkenspiel« in dem längs des Drahtes aufgestellten Resonator begleitete die Entladungen des Induktoriums, und die wechselnde Intensität der Funken gab eine Vorstellung von dem periodischen Charakter der Elektrizitätsleitung.[3]

Eine gute Bestimmung dieser Periode wurde durch »stehende«

Wellen erreicht, die sich bei »Abstimmung« der Drahtlänge auf die Schwingungsdauer des Oszillators ausbilden. Knoten und Bäuche zeigen sich am deutlichsten, wenn die Drahtlänge ein ganzzahliges Vielfaches der Wellenlänge ausmacht. Den Resonator, den er nach wie vor als »sekundären Leiter« bezeichnete, hat er an einem hölzernen Gestell neben dem Draht aufgestellt und die Drahtlänge durch eine Schleife hinter dem Oszillator verändert. Viele seiner Experimente sind dann ähnlich verlaufen wie dieses: »Am freien Ende des Leiters sind die Funken sehr klein, sie nehmen an Länge zu, wenn wir uns dem Ursprung des Drahtes nähern, in einiger Entfernung aber nehmen sie wieder ab und sinken fast auf Null, um dann wieder zuzunehmen. Wir haben einen Knotenpunkt gefunden. Messen wir nun die so gefundene Wellenlänge, machen die ganze Länge des Drahtes, vom Punkte n an gerechnet, gleich einem ganzzahligen Vielfachen dieser Länge und wiederholen den Versuch, so finden wir, daß jetzt die ganze Länge sich durch Knotenpunkte geteilt hat. Bestimmen wir jeden Knotenpunkt für sich mit möglichster Sorgfalt und bezeichnen ihn durch einen aufgesetzten Papierreiter, so können wir uns überzeugen, daß die Abstände der letzteren ziemlich gleich werden, und daß die Versuche einige Genauigkeit gestatten.«[4]

Den nächsten Tag begann Heinrich Hertz mit einer rasch hingeworfenen Skizze von Apparat und Draht. Seine Versuche variierte er durch die Verwendung verschieden dicker Drähte aus Kupfer oder Eisen. Immer fand er die »Knoten an den alten Stellen«. An den Knoten waren die »stärksten Funken etwa $^1/_3$ mm, in den Bäuchen 2,6 mm«. Ebenso lakonisch notierte er: »Wirkung auf 3 mtr nach den Seiten des Drahtes wahrnehmbar.« Auch wenn es sich in dem Protokoll nicht niedergeschlagen hat, wurde er von dieser Beobachtung elektrisiert, weil sie den Fernwirkungstheorien widersprach, in denen die Wirkungen mit dem Quadrat der Entfernung abnehmen und daher bei drei Metern seitlicher Entfernung vom Draht praktisch verschwunden sein sollten.

Noch Aufregenderes gelang ihm am 10. November, als er die Experimente mit einem auf die Hälfte verkleinerten Apparat fortsetzte: »Versuche, Interferenzen zwischen den direkten und den durch Drähte fortgeleiteten Wirkungen herzustellen, gelingen.«[5] Diese Überlagerung der Drahtwellen und der sich im Raum ausbreitenden »direkten« Wirkung würde eine Verschiebung der Knoten ergeben, aus dem sich das Verhältnis der beiden Geschwindigkeiten ermitteln läßt. Damit hatte Heinrich Hertz ein Mittel zur

Bestimmung der Ausbreitungsgeschwindigkeit der »Wirkungen« im Raum in der Hand. Das war ein Durchbruch, von dem er viel erwarten konnte und auf den er stolz sein durfte: »Helmholtz hat vor zwanzig Jahren einmal Versuche darüber angestellt und mit Mühe konstatiert, daß die Ausbreitungsgeschwindigkeit größer sei als 300 Kilometer in der Sekunde. Hier handelt es sich aber um 300 tausend Kilometer!«[6]

Von elektromagnetischen Wellen, die sich analog den Lichtwellen gemäß der Maxwellschen Theorie im Raum ausbreiten, war bei Heinrich Hertz allerdings nicht die Rede, sondern ausschließlich von »Wirkungen«. Das ist erklärungsbedürftig.

In der »Einleitenden Übersicht« zu einer 1892 als Buch erschienen Sammlung seiner Abhandlungen über Schwingungen und Wellen hat Heinrich Hertz eine Art intellektueller Autobiographie für diese Phase seiner Forschungen geschrieben, aufrichtig und bar taktischer oder beschönigender Glättungen, aber doch nicht vollständig und manchmal interpretationsbedürftig. In den Tagebüchern und Experimentierprotokollen hat er dagegen dieses Moment ausgespart und sich auf das Registrieren von Tatsachen und Beobachtungen beschränkt, und seine Abhandlungen waren ohnehin nicht das geeignete Feld für Introspektion und Spekulation. Daher ist es oft schwierig und manchmal heikel, aus diesen knappen Angaben seine Gedankengänge und die theoretischen Hintergründe seiner Versuche zu rekonstruieren. Besonders heikel wird dieses Unterfangen, wenn es nicht einmal Indizien gibt, wie es ausgerechnet bei der wichtigen Frage seiner Einschätzung der Maxwellschen Theorie in den ersten Phasen seiner Experimente in Karlsruhe der Fall ist.

Als Privatdozent in Kiel war er im Sommer 1884 jedenfalls ein entschiedener Anhänger der Maxwellschen Theorie, wenn er sich auch über die Begründungszusammenhänge seine eigenen Gedanken machte. In der Vorlesung über die »Konstitution der Materie« hat er die Fernwirkungstheorien schon beinahe ironisch abgetan und zur Maxwellschen Theorie enthusiastisch erklärt, es werde »für die kommenden Jahrzehnte die hier in Rede stehende Theorie die herrschende sein«. In seiner Parallelaktion der Studie über die Grundgleichungen der Elektrodynamik hat er aus allgemeinen Prinzipien die Maxwellschen Gleichungen hergeleitet und Gründe aufgezeigt, daß dieses System als einziges mit allen Grundannahmen in Einklang ist und deshalb den Vorzug verdient.[7]

Daß er auf diese originelle Leistung weder in seinen Veröffentlichungen noch in seinen privaten Notizen jemals zurückgekommen ist, bleibt ein Rätsel, das auch nicht durch die Enttäuschung erklärbar wird, daß seine Bemühungen im Herbst 1884, seine vertrackten Argumentationen nachträglich zu einem stringenten Beweis auszubauen, gescheitert waren. Noch rätselhafter ist allerdings, daß in den nächsten Jahren nicht eine einzige Notiz auf eine Beschäftigung mit der Maxwellschen Theorie hindeutet; er hat sie offenbar, als habe er sich daran die Finger verbrannt, wie eine anrüchige Jugendsünde aus seinem Denken verbannt. Ganz kann ihm das aber unmöglich gelungen sein, weil er gelegentlich immer noch mit den verspäteten Referaten für die »Fortschritte der Physik im Jahre 1883« beschäftigt war. Dabei hatte er unvermeidlich auch Arbeiten englischer Maxwellianer besprochen, wie z. B. eine kurze Notiz von FitzGerald, nach der ein schnell veränderlicher Strom gemäß der Maxwellschen Theorie Strahlung von der Natur des Lichts aussenden muß.[8]

Als Heinrich Hertz 1886 mit seinen Untersuchungen über sehr schnelle Schwingungen begann, ist er jedenfalls nicht angetreten, die Maxwellsche Theorie zu beweisen[9], sondern dieser Beweis stand erst am Ende eines verschlungenen Weges, der um die Preisaufgabe der Berliner Akademie kreiste. Bei den wenigen theoretischen Elementen, die er für diese Aufgabe brauchte, konnte er sich auf einen pragmatischen Rahmen ohne theoretischen Tiefgang beschränken. Erst nach der Lösung mußten wegen der Fortsetzung der Untersuchungen prinzipielle Fragen aufgeworfen werden. Zunächst plante er, den alternativen Weg zur Lösung der Preisaufgabe aufzugreifen, also den Nachweis der Polarisation von Isolatoren durch elektrodynamische Induktion. Wegen komplizierter theoretischer Zusammenhänge wäre dann mit beiden Effekten gezeigt, daß sich in Isolatoren Wellen der von Maxwell vermuteten Art fortpflanzen könnten.

Schon in der Preisaufgabe war freilich neben den isolierenden Medien der »Weltraum« erwähnt worden, was eine Chiffre für den von wägbarer Materie freien Raum war, also für den »Äther«. Experimente zur »Polarisation« dieses Äthers galten jedoch als aussichtslos, so daß Helmholtz die Aufgabe im Jahre 1879 auf Isolatoren beschränkt hatte. Heinrich Hertz erkannte in diesem Problem des materiefreien Raumes eine alles umfassende dritte Voraussetzung, wie er im Rückblick dazu schrieb: »Ich mußte mir sagen, daß der Kernpunkt, der Sinn und die Besonderheit der Faradayschen und damit der Maxwellschen Anschauung in der dritten Voraussetzung liege, daß es also ein würdigeres Ziel sei, wenn ich mich geradewegs auf diese wandte. Für den Luftraum die erste und die zweite Voraussetzung gesondert zu prüfen, sah ich keine Möglichkeit; beide Voraussetzungen aber waren zugleich bewiesen, wenn es gelang, eine endliche Ausbreitungsgeschwindigkeit und Wellen im Luftraum nachzuweisen.«[10]

Wie aber die Experimentierprotokolle ausweisen, hat Heinrich Hertz seine weiterführenden Untersuchungen nicht mit den Begriffen der Maxwellschen Theorie beschrieben, sondern in lockerer Anlehnung an die Helmholtzsche Version der Elektrodynamik konzipiert und interpretiert, in der instantane elektrostatische Fernwirkungen und elektrodynamische Nahwirkungen ein eigentümliches Amalgam bildeten. Für die Ausbreitungsgeschwindigkeit der elektrodynamischen Wirkungen hat er gemäß der Theorie die Lichtgeschwindigkeit erwartet, aber tatsächlich fand er zuerst eine unendlich große Ausbreitungsgeschwindigkeit. Nachdem alles vollbracht war, gab er sich große Mühe, seine Leser zu überzeugen, »daß ich in diesen Untersuchungen nicht einfach in bequemster Weise eine vorgefaßte Meinung durch passende Deutung der Versuche habe bestätigen wollen. Im Gegenteil habe ich diese nicht leichten Versuche entgegen einer vorgefaßten Absicht mit bestmöglicher Sorgfalt durchgeführt.«[11]

Der anfängliche Optimismus des November 1887 verflog tatsächlich sehr schnell, weil Heinrich Hertz in ein experimentelles Dickicht geriet, aus dem er erst nach großen Anstrengungen herausfand. Später schrieb er über die Experimente zur Ausbreitung, er habe »bei allem Glück gerade in dieser Untersuchung entschieden Unglück gehabt. Denn anstatt mit leichter Mühe zum wahren Ziele zu gelangen, wozu ein richtig angelegter Plan mich vielleicht berechtigt hätte, scheine ich mit großer Mühe in die Irre gegangen zu sein.«[12]

Dieser Weg, der mit »großer Mühe in die Irre« führte, begann unmittelbar nach der euphorisch stimmenden Entdeckung der Interferenz zwischen den Drahtwellen und den sich im Raum ausbreitenden Wirkungen. Am 11. November notierte er: »Vergebliche Versuche, die Ausbreitungsgeschwindigkeit durch den Luftraum zu bestimmen.« Am nächsten Tag hielt er als Ergebnis fest, womit er nicht gerechnet hatte: »Entgegen der Erwartung ergibt sich eine unendliche Ausbreitung.«[13] Offenbar hat er keine Veränderung der Drahtwelle durch Interferenz finden können. Am Ende dieser Woche verwirrender Experimente war Heinrich Hertz aber nicht deprimiert, sondern er schrieb seinen Eltern:

»In meinen eigenen Versuchen bin ich diese Woche wieder glücklich gewesen, und wenn auch einiges mißglückt ist, auf dessen Gelingen ich fast sicher rechnete, so muß ich doch gestehen, daß ich fast frech in meinen Wünschen war, und daß ich schon sehr verwöhnt bin, wenn ich mich nicht mit dem wirklich Erzielten recht herzlich freue. Ich war aber noch nie auf einem so glücklichen Boden, es eröffnen sich eigentlich nach rechts und links die Aussichten auf neue interessante Versuche, aus denen ich gerade nur einzelne aus dem Vollen herausgreife. Gerade was ich jetzt wieder gemacht habe, hat mir seit Jahren vorgeschwebt, ohne daß ich an die mögliche Verwirklichung geglaubt hätte. Die unerwartete Erfüllung solcher Wünsche gibt dann den Anforderungen auch einen ganz anderen Maßstab, man probiert manches, was man gar nicht probieren würde, wenn man nicht schon einmal seine Erwartungen übertroffen gesehen hätte.«[14]

Erst gegen Ende der nächsten Woche kam er wieder zum Experimentieren und hat »andere Versuche über endliche Ausbreitungsgeschwindigkeiten der Wirkung gemacht«, aber die gaben »ebenfalls negatives Resultat«. Am Tag darauf folgte eine sorgfältige Wiederholung, und erstmals hat er in diesem Zusammenhang »Überlegungen über die Maxwellsche Theorie« angestellt.[15] In der nächsten Woche experimentierte er nur noch ein Mal, aber »ohne rechten Eifer«[16], und dann steckte er für vier Wochen das Experimentieren ganz auf: »Da ich zu meinen Versuchen einige Stunden Vorbereitungen brauche und sie nur in meinem größten Raum, dem Auditorium, anstellen kann, so ist während der Vorlesungen nichts zu machen. Ich habe es manchmal an dem freien Samstag versucht, aber war ich eben im Gange, so war der Tag hin, und ich mußte meine mühsam aufgebauten Apparate wieder abbauen.«[17] Statt dessen hat er »theoretisch gearbeitet«, »über Schwingungen nach Maxwellscher Theorie nachgedacht« und die »Theorie der Fortpflanzung der Wellen in Drähten entwickelt«.[18]

In dieser Phase nutzte Heinrich Hertz die Gelegenheit, daß er sich bei Helmholtz für die Übersendung einiger Sonderdrucke und nachträglich für die Postkarte mit dem »Bravo!!« zu bedanken hatte, zu einem ausführlichen Bericht an seine nächst der Natur oberste Instanz. Bei aller Entdeckerfreude scheinen dabei auch Unsicherheiten durch, wie sie für die tastende Orientierung in unbekanntem Gelände charakteristisch sind. »Mir sind inzwischen wieder einige Versuche geglückt«, kam er nach Gruß- und Dankesfloskeln sofort zur Sache. »So ist es mir gelungen, mit Hilfe der Schwingungen, die ich in meiner vorigen Arbeit benutzte, stehende Wellen mit vielen Knoten in geradlinig gespannten Drähten zu erregen.« So weit durfte er sicher sein, zumal die Knoten beinahe so deutlich sichtbar waren »wie die Knoten einer schwingenden Saite«.

Aber auch die widersprüchlichen Aspekte der Experimente breitete er mit erfrischender Unbekümmertheit vor seinem Meister aus: »Der größere meiner Apparate gibt in geraden Drähten Wellen von fast genau 3 m Länge. Die Schwingungsdauer, aus Kapazität und Potential berechnet, war 1,5 hundertmilliontel Sekunde, danach wäre die Fortpflanzungsgeschwindigkeit 200 000 Kilometer/Sekunde.« Weil diesem Ergebnis von zwei Dritteln der Lichtgeschwindigkeit nicht so ohne weiteres zu trauen war, zog er als Alternative den umgekehrten Weg in Erwägung: »Vielleicht rechnet man besser die Fortpflanzungsgeschwindigkeit in den Drähten gleich der Lichtgeschwindigkeit, da fast alle Theorien dies ergeben, und bestimmt danach die Schwingungsdauer des Apparats zu einer hundertmilliontel Sekunde.« – Wäre er dieser Idee in den folgenden Experimenten und in seinen Veröffentlichungen gefolgt, hätte er sich manche Mühe sparen können.

Was er über die Interferenzen zwischen »den Wirkungen, welche sich durch den Draht, und denen, welche sich durch den Luftraum fortpflanzten«, mitteilte, klang dann wieder sehr überzeugt: »Ich hoffte, dadurch eine endliche Ausbreitungsgeschwindigkeit der letzteren Wirkungen nachzuweisen. Aber bisher sind die Versuche durchaus so verlaufen, als breiteten sich die Wirkungen durch die Luft vielmals schneller als durch die Drähte, also auch schneller als das Licht aus.« Zwar hatte das Experiment gesprochen, aber ganz ausgeräumt waren die Zweifel nicht: »Freilich muß ich diese Versuche noch wiederholen und hoffe, sie auch noch verfeinern zu können, ehe ich in dieser Hinsicht meiner Sache sicher bin.«[19]

Erst nach vierwöchiger Unterbrechung baute Heinrich Hertz am Freitag, dem 16. Dezember, wieder seine Apparate im Hörsaal auf, allerdings in der Überzeugung, daß nur noch »Lücken auszufüllen«

seien. Folgt man jedoch seinen Protokollen, so waren die Lücken noch groß, denn er hat viele geometrisch gewundene Konstellationen zwischen Draht und Resonator ausprobiert, wahrscheinlich immer in der Absicht, die elektrostatische Wirkung von der elektrodynamischen zu separieren.[20] Am Sonnabend arrangierte er Oszillator, Draht und Resonator in jener zweckmäßigen Weise, die er später in seiner Publikation darstellte, und begann eine Serie konsequent numerierter Experimente. Dabei konzentrierte er sich auf eine Lage des Resonators, in der dieser nur auf die elektrodynamische Wirkung ansprach und für die elektrostatische unempfindlich war. Den Resonator hat er an einer Position des Drahtes fixiert und die Phase der Welle dadurch variiert, daß er den Draht hinter dem Oszillator in systematischer Weise verlängerte. Nach dem einundzwanzigsten Experiment hatte er nicht nur das schöne Gefühl des Erfolges, sondern auch, daß er die »Interferenzen zwischen direkter Wirkung und der durch Draht fortgepflanzten vollständig behandelt« habe.

Am 20. Dezember hielt Heinrich Hertz die letzte Vorlesung vor den Weihnachtsferien, und fortan gehörte ihm der Hörsaal allein. Den ganzen 21. Dezember hat er experimentiert und dabei die »Interferenz ... in allen Lagen« untersucht. Am nächsten Tag ging er dazu über, den Resonator in Schritten von fünfzig Zentimetern den Draht entlangzuführen und dabei in einer ausgeklügelten Weise zu drehen. Abends hatte er ein strukturiertes »Schema der Resultate«, aber immer noch die Überzeugung von der unendlich großen Geschwindigkeit.

Am Morgen des 23. Dezember schrieb Heinrich Hertz an seine Eltern. Es spricht für die längst nicht mehr gegebene Zuverlässigkeit der damaligen Post, daß dieser Weihnachtsbrief zum Heiligen Abend in Hamburg eintraf, aber Heinrich Hertz schrieb wenig von Weihnachten und viel von Physik: »Die Frage, welche mich jetzt beschäftigt, ist die nach der Ausbreitungsgeschwindigkeit der elektrischen Wirkungen durch die Luft. Eine wichtige und schöne Theorie meint, diese Wirkungen breiten sich mit endlicher Geschwindigkeit aus, und zwar mit der Geschwindigkeit des Lichts ... Was aber ist das unerwartete und mich nicht erfreuende Resultat meiner Bemühungen? Die Geschwindigkeit ist nicht die des Lichts, sondern jedenfalls viel größer, vielleicht unendlich groß, jedenfalls nicht meßbar. Wäre sie auch dreimal schneller, so ließe sie sich doch messen, aber alles hat eine Grenze. Nun, mit der Natur ist nicht zu

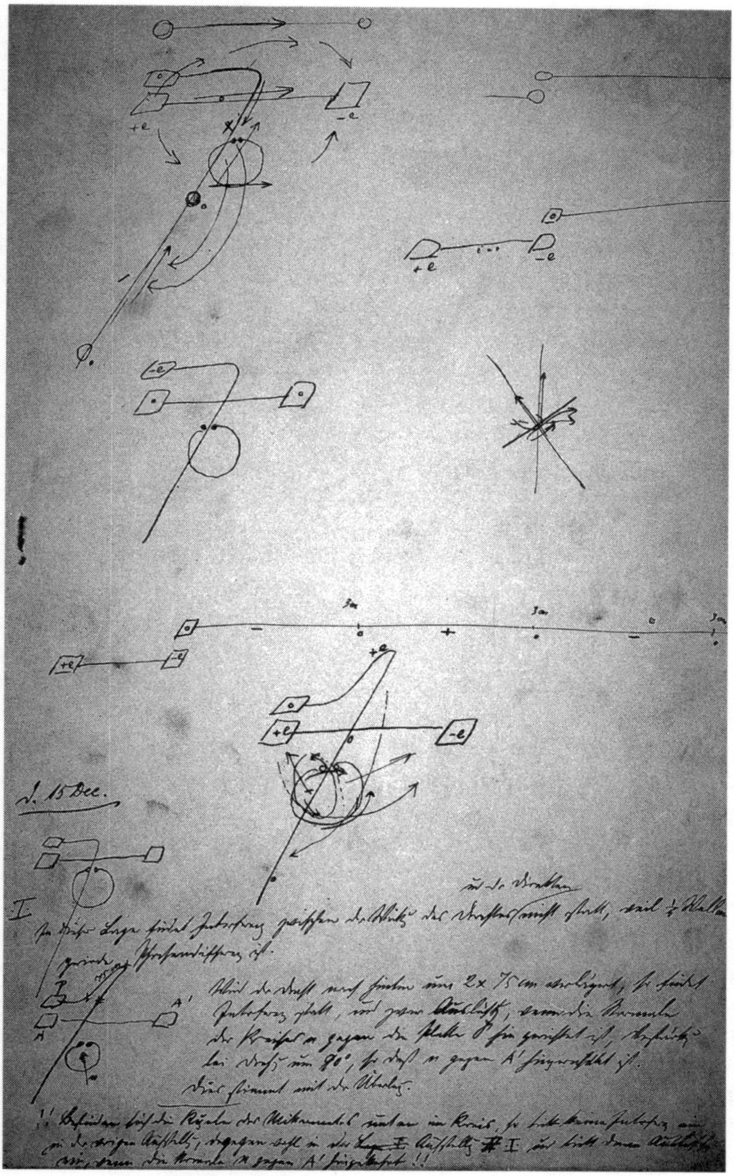

Untersuchungen elektrischer Wirkungen in Drähten und im Raum, dokumentiert im Experimentierprotokoll vom 18. Nov. und 15. Dez. 1887. (NMH. Photographie, Univ. Karlsruhe)

rechten; wie sie ist, so muß sie wohl sein, aber für mich wäre es freilich schöner gewesen, ein deutliches positives Resultat zu erhalten, als dieses mehr negative. Und die ›aussichtsvollsten Theorien‹, von denen ich noch in meiner vorigen Arbeit sprach, sind mit einem Male so aussichtsvoll nicht mehr. Da heißt es freilich vorsichtig sein, aber die Versuche scheinen mir auch wieder zu deutlich.« Erst nach diesem, hier schon gekürzten Exkurs in die Physik fiel ihm ein, daß dies »keine Weihnachtsabendunterhaltungen« seien.[21] Bei denen faßte er sich dann kurz, denn es zog ihn unwiderstehlich ins Laboratorium und den angrenzenden Hörsaal.

Der Eifer lohnte sich, denn am Nachmittag fand er erstmals einen Abstand zwischen den Maxima der Interferenz, der größer war als die Wellenlänge im Draht. Damit hatte er, als er bei Experiment Nr. 52 angekommen war, »eine Andeutung für die endliche Ausbreitungsgeschwindigkeit erhalten«. Dieser Erfolg war möglich, weil er für den Resonator eine Lage gefunden hatte, in der er nur auf die elektrodynamischen Wirkungen reagierte.[22] In der durch Weihnachten erzwungenen Pause konnte er sich darüber ausgiebig freuen: »Ein großes Geschenk ist mir auch noch am Abend vor Weihnachten in meiner Arbeit gemacht worden, wenigstens scheint es so, die Natur scheint doch etwas freundlicher gegen mich eingerichtet zu sein, als es bisher den Anschein hatte. Wir wollen sehen!« Die Unterbrechung durch die Feiertage hat er aber nicht bereut: »Alles in allem war es ein sehr schönes Weihnachten, das Aufzieren und Anzünden des Baumes hat mir große Freude gemacht, viel mehr, als ich gedacht hatte, denn eigentlich dachte ich, wir seien schon zu groß und die Kleine noch zu klein für Weihnachten, aber das war nicht der Fall.«[23]

Am 26. Dezember war Heinrich Hertz wieder im Hörsaal, hat einige Experimente wiederholt und andere ausgebaut und dabei für die endliche Ausbreitungsgeschwindigkeit eine »Bestätigung erhalten«.[24] Am nächsten Tag notierte er sein entscheidendes Resultat: »Die Induktionswelle ist also von ähnlicher Größe wie die im Draht. Verhältnis etwa 3:2. (Auf 4 mtr. etwa $^1/_4$ Wellenlänge Voreilung)«. Aus der Analyse seiner Funkendiagramme wußte er, »daß die Luftwelle die schnellere ist«.[25] Wenn er für die Drahtwelle eine Geschwindigkeit von 200 000 km/s ansetzte, ergab sich für die »Luftwelle« in etwa die Lichtgeschwindigkeit. In dieser Eintragung kommen übrigens statt der früheren »Wirkung« erstmals Formulierungen wie »Induktionswelle« und »Luftwelle« vor, die auf einen tiefgreifenden Sinneswandel hindeuten über das, was sich in den Funkenmustern manifestiert, nämlich die Ausbreitung elektromagnetischer Wellen im Raum.

Nachdem sich Heinrich Hertz noch um die Präzisierung einiger Experimente mit dem Draht bemüht hatte, fand er »Schattenwirkung von Blechen, Reflexion an der Wand usw.«, also alles Erscheinungen, die auf eine enge Verwandtschaft mit den Lichtwellen hindeuteten. Schließlich ging er am 30. Dezember dazu über, die Ausbreitung durch den ganzen Hörsaal zu verfolgen. Dies geschah nicht mehr als interferenzerzeugendes Wechselspiel zwischen Draht- und Raumwelle, sondern als freie Ausbreitung im Raum in allen Richtungen. Den Hörsaal skizzierte er im Maßstab 1:100, trug auch die sechs eisernen Säulen ein, und suchte den Raum in seiner ganzen Länge von vierzehn Metern mit dem Resonator ab. In der Nähe des Oszillators fand er vier Punkte, in denen weder Größe noch Richtung der elektrodynamischen Kräfte bestimmt werden konnten, aber in größeren Entfernungen ergaben sich im Experiment Nr. 63 schöne Muster, die sich zum ersten Bild der Abstrahlung elektromagnetischer Wellen von einem Dipol zusammenfügten.

Heinrich Hertz wußte, daß der Nachweis der endlichen Ausbreitungsgeschwindigkeit eine Leistung von epochaler Bedeutung für die Entwicklung der Physik war. »Ich glaube ihn aber sicher zu haben.« Das mußte in der Elektrodynamik die endgültige Wende von den Fernkräften zu den Nahwirkungen bedeuten: »Dann sind wieder die ›aussichtsvollsten Theorien‹ die aussichtsvollsten, aber alle anderen sind dann überhaupt nichts mehr.«[26] Am letzten Tag dieses ereignisreichen Jahres war er »müde vom Experimentieren«, hatte aber allen Grund zu einer erfreulichen Bilanz: »Gern auf das Jahr zurückgesehen.«[27]

Das neue Jahr 1888 begann mit einem Übel. Vielleicht erinnerte sich Heinrich Hertz an seinen Einfall, »dem verehrlichen badischen Staat einen Tausch vorzuschlagen, daß ich statt des Kollegienlesens die gleiche Zeit will Zahnweh haben«.[28] Nun hatte er beides, Zahnweh und Vorlesungen, und trotz heftiger Schmerzen, derentwegen er seit dem 2. Januar viele Tage »an der Arbeit verhindert gewesen« war, bestand er darauf, daß der Beginn der Vorlesungen am 4. Januar »viel schlimmer« sei.[29] Am 6. Januar hat er trotz der Schmerzen nach der Vorlesung wieder die Apparate in den Hörsaal geschafft, »die wichtigsten Versuche wiederholt und Dr. Schleiermacher gezeigt«. Am nächsten Morgen ließ er sich einen Zahn ziehen und nutzte anschließend den Sonnabend zum Experimentieren, aber ohne neuerliche Höhepunkte: »Nach einigen vergeblichen Versuchen, weitere Resultate zu erhalten, die Versuche vorläufig abgeschlossen.«[30] Seine Frau schrieb nach Hamburg: »Er behauptet, auch so weit schon zu sein, um mit dem Niederschreiben anfangen zu können! ›Wir‹ können wieder stolz sein, wie die wichtige Arbeit zustande gekommen.«[31]

Die Zahnschmerzen ließen ihn aber nicht los. Es wurde nicht nur gebohrt und plombiert, sondern auch zu Maßnahmen gegriffen, die er als »Zahnoperationen« bezeichnete. Er konnte sich nur noch durch die Vorlesungen schleppen und versuchte, zu Hause beim Lesen, vor allem in den Werken Lessings, auf Besserung zu warten. Mitte des Monats war seine »rechte Backe so dick, wie vorher die linke, und ich kann auf keinem Zahn mehr beißen. Gottlob hat man derartige Zustände in einem langen Leben schon als vorübergehende erkannt.«[32] Erst Ende Januar waren das Übel ausgestanden und fand »in einer horrenden Zahnarztrechnung einen schmerzlichen Nachklang«. Dafür waren wieder die »Vorlesungen arg lästig ... da sie nun schon so lange dauern und ich meine Zeit so gut anwenden könnte.«[33]

Dem Zahnweh zum Trotz hat Heinrich Hertz am 13. Januar »die Arbeit über die Ausbreitung der elektrodynamischen Wirkungen angefangen niederzuschreiben«.[34] Es lag nicht nur an den Zahnschmerzen, daß ihm diese Arbeit »entsetzlich schwer« fiel: »Ich muß immer das Geschriebene wieder lesen, um mich zu überzeugen, daß es sich nicht so schwer liest wie schreibt.« Nicht ausdrücklich erwähnt hat er die Schwierigkeit, räumliche Manipulationen mit Drähten und Resonatoren, die beim Experimentieren völlig einsichtig sind, schriftlich so darzustellen, daß sie ein nur auf sein Vorstellungsvermögen verwiesener Leser nachvollziehen kann. Später hat er öfter erlebt, daß Kollegen, die ihn besuchten, etwas ratlos waren, daß ihnen aber sofort ein Licht aufging, wenn er ihnen die Versuche vormachen konnte.

Zu diesen praktischen Schwierigkeiten beim Schreiben gesellte sich noch die Last der Verantwortung vor der Geschichte, denn er durfte wohl annehmen, daß seine Abhandlung einen Meilenstein der Physik darstellen würde: »Dann kommt der Gedanke: ist es auch wirklich wahr, sind die Beobachtungen nicht Vorspiegelungen der Einbildungskraft? Denn bisweilen kommen einem die Folgerungen gar zu weittragend vor, und dann denkt man wieder, daß auch dieses ganz eitel sei.«[35] Schließlich war die schriftliche Ausarbeitung auch eine heikle Gratwanderung, denn aus allen Theorien folgte für die Ausbreitung der Drahtwellen die Lichtgeschwindigkeit, während Heinrich Hertz nur mit zwei Dritteln dieser Größe operierte.

Erst im nachhinein wurde ihm klar, daß seine Experimente sehr störanfällig waren durch Reflexionen von den Wänden und vor allem durch Eisen, das in Gestalt sechs tragender Säulen und eines großen Ofens im Hörsaal reichlich vorhanden war. Später erinnerte er sich, daß er »den wellenführenden Draht nur in einem Abstand von 1,5 m an einem eisernen Ofen vorbeiführte«, was einen zusätzlichen Phasenwechsel der Interferenz bewirkt haben könnte.[36] Zunächst überwog aber der Triumph, daß sich die elektrodynamischen Wirkungen mit Lichtgeschwindigkeit ausbreiten. Helmholtz beschrieb er nicht nur den Gang seiner Forschungen, sondern auch die noch offenen Fragen:

»In der Sache selbst konnte ich das Richtige anfangs nicht erkennen, weil ich nur in kleinen Räumen und daher in kleinen Entfernungen arbeitete; in den Weihnachtsferien, wo mir Raum und Zeit besser zu Gebote standen, konnte ich mir erst über den Zusammenhang klar werden. Die Erscheinungen habe ich andern gezeigt und mich dadurch von ihrer Realität überzeugt. Die Deutung schien mir anfangs selbst etwas weitgehend, aber je mehr ich darüber nachdenke, je weniger vermag ich eine Unsicherheit oder einen Fehler in derselben zu finden. Über die Konsequenzen, welche die nunmehr, wie ich hoffe, erlangte Gewißheit von der endlichen Ausbreitungsgeschwindigkeit mit sich zieht, war hier nicht Gelegenheit zu reden. Diese Folgen sind Ihnen, hochverehrter Herr Geheimrat, klarer als irgend jemandem. Bisher habe ich noch nicht versucht, eine bestimmte Theorie auf die Erscheinungen anzuwenden und etwa die Konstante k oder die Dielektrizitätskonstante des Raumes zu bestimmen. Nur glaube ich mich überzeugt zu haben, daß das Maxwellsche Gleichungssystem nicht genügt. Wenigstens vermochte ich in demselben überhaupt keine bestimmte Geschwindigkeit in Drähten abzuleiten.«[37]

Für das gefestigte Selbstbewußtsein von Heinrich Hertz spricht in hübscher Weise, wie er Helmholtz diese Abhandlung für die Sitzungsberichte der Berliner Akademie antrug: »Auf der einen Seite denke ich, daß es der Entschuldigung gar sehr bedarf, wenn ich Ihnen so oft Zeitverlust und Mühe verursache, auf der anderen Seite denke ich auch wieder, daß ein Schüler sich vor seinem Lehrer nicht wegen einer glücklichen Arbeit entschuldigen soll. So wird es am besten sein, ich überlasse es ganz Ihrer Güte, was Sie für mich tun wollen.«[38] Helmholtz sandte postwendend »Beste Glückwünsche auch zu diesem Erfolge« und kündigte an, den Druck etwas außerhalb der Statuten schon vor der nächsten Sitzung in die Wege zu leiten.

Den vorgezogenen Druck wollte Helmholtz auch für eine Arbeit von August Kundt erreichen, den Straßburger Ordinarius, der gerade den Ruf als Nachfolger von Helmholtz erhalten hatte, weil der das Präsidentenamt der Physikalisch-Technischen Reichsanstalt übernahm. Zu beiden Arbeiten fragte Helmholtz daher seinen »lieben Freund« Emil Du Bois-Reymond, den amtierenden »Sekretar« der physikalisch-mathematischen Klasse der Akademie, »ob der Druck nicht sogleich beginnen könnte, so daß sie schon im Heft des 2. Februar erscheinen könnten. Beide Arbeiten sind sehr geschickt in der Ausführung, beide sehr wichtig in ihren Resultaten, die von Hertz ganz genial. Es scheint mir also die Annahme beider durch die Akademie nicht zweifelhaft sein zu können. Indessen erkläre ich mich bereit, die Druckkosten zu tragen, wenn sie zurückgewiesen werden sollten.«[39] – Helmholtz brauchte nicht zu zahlen, sondern erhielt, wie zu erwarten, am 2. Februar die Zustimmung für die bereits gesetzten Arbeiten.

Tags darauf stellte Helmholtz beide Arbeiten in der Physikalischen Gesellschaft vor, was von dem dabei anwesenden Amerikaner Michel Pupin beschrieben wurde, als sei es ein Stück aus dem Wagnerschen Götterhimmel des »Ring des Nibelungen«: »Es herrschte eine Atmosphäre der Erwartung, als ob etwas ganz Ungewöhnliches im Werke sei. Helmholtz erhob sich und sah ernster aus als sonst; ich bemerkte jedoch ein triumphierendes Leuchten in seinen Augen; er sah aus wie Wotan, der zur vollkommenen Form, der himmlischen Walhalla hinaufschaut, und ich fühlte intuitiv, daß er im Begriff sei, etwas ganz Ungewöhnliches anzukündigen, und so geschah es auch ... Helmholtz (kündigte) feierlich an, daß er einige bemerkenswerte experimentelle Ergebnisse beschreiben wolle, die Hertz mit Hilfe sehr schneller elektrischer Schwingungen erzielt hätte. Dann beschrieb er auf seine unnachahmliche Weise einen vorläufigen Bericht, den Hertz ihm gesandt hatte ... Alle Anwesenden waren ergriffen, besonders als Helmholtz mit einer Lobrede auf seinen geliebten Schüler Hertz und einem Glückwunsch an die deutsche Wissenschaft schloß, die das Glück habe, ›ihrem Lorbeerkranz ein weiteres schönes Blatt‹ hinzufügen zu können.«[40]

Von alledem bemerkte Heinrich Hertz in Karlsruhe nichts. Helmholtz' Charakterisierung seiner Arbeit als »ganz genial« hätte ihn nur verlegen gemacht, aber über dessen »Beste Glückwünsche« hatte er sich sehr gefreut. Gleichzeitig mit der Karte von Helmholtz erhielt er von dem anderen mächtigen Geheimrat, Gustav Wiedemann aus Leipzig, eine Anfrage, ob in den »Annalen« der Akademiebericht über die elektrodynamischen Wirkungen von Isolatoren nachgedruckt werden könne. Auch das hat ihn gefreut, weil es ihm zeigte, »daß ich nicht mehr ängstlich um Aufnahme zum Druck zu bitten brauche«.[41] Aus dieser angenehmen Position heraus schlug er Wiedemann vor, nicht nur eine Arbeit zu publizieren, sondern gleich drei.

Da sich Heinrich Hertz in seinem ersten Akademiebericht hatte kurz fassen müssen, so daß mancher Aspekt insbesondere des Wechselspiels von Draht und Resonator ausgespart blieb, hatte er ohnehin die Absicht, »die Sache sogleich in vollständiger Form auszuarbeiten und mich dann an Sie zu wenden, Sie wissen, mit welcher Bitte. Allein die Versuche haben mich sozusagen fortgerissen, da ich sehr interessante Fragen vor mir sah, so daß ich zu jener Ausarbeitung noch nicht gekommen bin, sondern kürzlich an Helmholtz eine neue Abhandlung abgeschickt habe ... Ich möchte gern hintereinander oder doch in aufeinanderfolgenden Heften drei kleine Abhandlungen haben, nämlich 1. Über die Einwirkung einer geradlinigen elektrischen Schwingung auf eine sekundäre Strombahn ... Die letzten beiden wären dann im Wesentlichen die Akademieberichte, der schon erschienene und der noch ungedruckte.«[42]

Dieser Vorschlag einer Trilogie war ziemlich kühn, denn Wiedemann mußte immer darauf bedacht sein, den begrenzten Platz in den »Annalen« möglichst gerecht zu verteilen, aber hier sah er einen großen Gewinn für die Zeitschrift und stimmte zu. Am 30. Januar begann Heinrich Hertz mit der Niederschrift der ersten

Abhandlung, in der die Wechselwirkung von Drahtwellen und Resonator beschrieben wurde, wie er sie zwischen September und Dezember 1887 erarbeitet hatte. Bei den beiden folgenden Arbeiten brauchte er nicht mehr viel zu schreiben, sondern er benutzte die Fahnen der Akademieberichte und brachte hier eine Kürzung, dort einen Einschub und an geeigneten Stellen einen Querverweis auf andere Teile der Trilogie an, so daß ein geschlossenes Ganzes entstand.[43] Am 17. Februar schickte er das Konvolut nach Leipzig. Wiedemann entsprach dem Wunsch des Autors und ließ die Trilogie in drei aufeinanderfolgenden Heften zwischen April und Juni 1888 erscheinen.

Für die Fachwelt war freilich nur die als letzte geschriebene, aber als erste veröffentlichte Abhandlung neu, denn die Kollegen waren von Heinrich Hertz sofort nach Erscheinen der Akademieberichte mit Sonderdrucken bedacht worden. »Gegen hundert Stück« hatte er Ende Februar von dem Bericht über die Ausbreitung verschickt, so daß praktisch alle deutschen Physiker und auch einige des Auslands informiert wurden.[44] Unter den Kollegen, die gratulierten, war als einer der ersten Röntgen mit »aufrichtigem Glückwunsch zu den famosen Arbeiten, die Sie geliefert haben. Ich halte dieselben für die besten, welche in den letzten Jahren auf physikalischem Gebiet ausgeführt wurden.«[45] Heinrich Hertz freute sich nicht nur über die Anerkennung durch den Konkurrenten, sondern fühlte sich nachträglich bestätigt und »auch belohnt, daß ich nicht eine scharfe Kritik über seine Arbeit meiner eingefügt hatte«.[46]

So eindrucksvoll und schön die Arbeit über die endliche Ausbreitungsgeschwindigkeit der elektrodynamischen Wirkungen auch ausgefallen war, so war Heinrich Hertz doch klar, daß er nicht nur ein großes Problem gelöst hatte, sondern dadurch auch vor manchen Rätseln stand. Insbesondere die Ausbreitungsgeschwindigkeit in Drähten von nur zwei Dritteln der Lichtgeschwindigkeit mußte ihm Sorgen machen, und dann gab es noch die elektrostatischen Wirkungen, von denen er nach wie vor annahm, daß sie sich mit unendlicher Geschwindigkeit fortpflanzen würden. Daher hatte er, kaum daß er seine Abhandlung an Helmholtz abgeschickt hatte, »angefangen, über die mathematische Theorie der letzten Versuche nachzudenken«. An den folgenden Tagen wurde nur »gerechnet« und »weiter gerechnet«, bis »die Sache vom mathematischen Standpunkt aus gelöst« war. Die Details der Rechnungen sind freilich ebenso unbekannt wie die Art der Lösung, die nicht die definitive gewesen sein kann, aber er zog es ohnehin vor, »erst weitere Versuche abzuwarten«.[47]

Die geplanten Experimente schlossen sich an Beobachtungen vom Dezember an, als Heinrich Hertz Schattenbildung durch Bleche und »eine eigentümliche Verstärkung der Wirkung« aufgefallen waren, die er sich durch Reflexionen an den Wänden erklärte. Zunächst schien ihm dieser Gedanke »fast unzulässig, so sehr wich er immerhin von der uns damals geläufigen Vorstellung einer elektrischen Kraft ab, unbeschadet aller Bekanntschaft mit dem Vorstellungskreis der Maxwellschen Theorie«.[48] Um der Sache auf den Grund zu gehen, traf am 10. Februar ein »Gerüst für (einen) großen Spiegel« im Institut ein, offenbar zu früh, denn er war noch mit seiner Trilogie für die »Annalen« beschäftigt. Ende Februar wurde der Mechaniker Julius Ammann mit der »Vorbereitung für neue Versuche« beauftragt; anschließend wurde ein »Blechschirm gefertigt« und ein »kleiner Kreis mit Mikroskop« für die Beobachtung auch noch der winzigsten Fünkchen ausprobiert. Die ersten »Versuche über die Reflexion der elektrodynamischen Wellen an einer Zinkplatte«, die er am 2. März, einem Freitag, im Hörsaal unternahm, ergaben jedoch nur ein »dunkles Resultat«, und auch am Sonnabend änderte sich daran nichts.[49]

Weil der Hörsaal noch für Vorlesungen gebraucht wurde, untersuchte Heinrich Hertz im Laboratorium ein wenig die »Schattenbildung der elektrodynamischen Strahlen« und ließ sich von Ammann einen »großen Hohlspiegel« anfertigen. Kaum war das Semester zu Ende, wurden »Versuche mit dem großen Hohlspiegel gemacht, die mißlingen, aber doch andeutungsweise Resultate« ergaben.[50] Der Hohlspiegel war, wie er einsehen mußte, für die Wellen zu klein, als daß er elektromagnetische Wellen hätte fokussieren können.

Mit großen ebenen Spiegeln sollten die Experimente einfacher sein und bessere Resultate liefern, wenn es gelingen würde, »stehende« Wellen zu erzeugen. Dafür wurde an der Stirnwand ein Zinkblech von vier Metern Höhe und zwei Metern Breite befestigt und durch Verbindung mit Gas- und Wasserleitungen geerdet. Der Oszillator wurde auf dem langen Tisch des Hörsaals senkrecht aufgestellt, so daß die Funkenstrecke zweieinhalb Meter über dem Boden und dreizehn Meter von dem Spiegel entfernt war. In entsprechender

Höhe wurde mit hölzernen Tischen und Brettern über den wie in einem Amphitheater ansteigenden Bänken ein Laufsteg für den Beobachter improvisiert.

Am 12. März trug Heinrich Hertz morgens Uniform, weil drei Tage nach dem Tod von Kaiser Wilhelm I. die Offiziere mit großem Zeremoniell auf dem Marktplatz auf ihren neuen obersten Kriegsherrn, den Kaiser Friedrich III., vereidigt wurden. Nachmittags war er wieder im Hörsaal, erklomm den Laufsteg und glaubte, »stehende elektrodynamische Wellen durch Reflexion im Saale zu finden«. Drei Tage später hat er »weiter experimentiert an großen ebenen Spiegeln« und ist dabei »sicherer über die stehenden Wellen geworden«[51], aber leider nicht ganz sicher. In der Hoffnung auf definitive Resultate wurde der Hörsaal, so gut es ging, vom Eisen befreit. Teile der Gasleitungen wurden entfernt, und als das nicht ausreichte, hat Heinrich Hertz noch die metallischen »Kronleuchter im Hörsaal abnehmen lassen«. Die Mühe hatte sich gelohnt: »Die Versuche gelingen glänzend.«[52]

Sonntags blieb er zu Hause, und am Montag, dem 19. März, hat er »die Versuche mit möglichster Sorgfalt wiederholt«.[53] Stundenlang ist er auf seinem Laufsteg im Finstern entlangbalanciert und hat dabei den auf einem Holzgestell befestigten Resonator in der Hand gehalten, in die signifikanten Richtungen gedreht und die Funken registriert. Weil der menschliche Körper dabei ein störendes »Dielektrikum« war, mußten die Beobachtungen aus einigen Metern Abstand vom Resonator wiederholt werden. »Die Funken sind auch kräftig genug, um im Dunkeln aus einer Entfernung von mehreren Metern gesehen zu werden, im hellen Zimmer ist freilich ... auch aus der Nähe so gut wie nichts wahrzunehmen.«[54]

Die wechselnde Stärke der Funken sprach für ein gesichertes Resultat in Gestalt stehender Wellen. Daß die Wellenlänge mit 4,8 Metern etwas größer ausfiel als die 4,5 Meter, die er den von seinem Apparat ausgehenden Wellen bislang zugeschrieben hatte, irritierte ihn nicht sehr, da er das nicht berücksichtigten Reflexionen zuschreiben konnte. Auf jeden Fall hatte er die vorausgegangenen Arbeiten durch eine Alternative auf das eindrucksvollste bestätigt: »Der alternierende Charakter des Raumes tritt deutlich hervor.«[55] Über diesen neuerlichen Triumph berichtete er noch am Abend Helmholtz, dem er ohnehin noch Dank schuldete für die zügige Veröffentlichung des letzten Akademieberichts:

»Jetzt aber hole ich meinen Dank nach und möchte zugleich über folgenden Fortschritt berichten: Die elektrodynamische Wellen in der Luft werden von festen leitenden Wänden reflektiert, die reflektierten Wellen interferieren bei senkrechter Inzidenz mit den ankommenden und geben zu stehenden Wellen in der Luft Anlaß. In der ersten Wellenlänge von der Wand ab gerechnet sind die Erscheinungen sehr ausgesprochen und mannigfaltig, und ich glaube, daß man die Wellennatur des Schalles im freien Raum nicht so deutlich vor die Augen stellen kann wie die Wellennatur dieser elektrodynamischen Ausbreitung ... Das Wichtigste scheint mir, daß es jetzt sicher ist, daß die Ausbreitung durch leitende Drähte merklich langsamer ist als durch die Luft, während bisher aus allen Theorien, auch aus der Theorie Maxwells, für die Ausbreitung durch Drähte die Lichtgeschwindigkeit gefolgert wurde.«[56]

Ganz im Stile seines Meisters Helmholtz hat Heinrich Hertz in den nächsten Tagen »die Versuche abgeändert« und tags darauf »weitere Abänderungen an den Versuchen vorgenommen«. So ließ er die Wellen schräg auf den Metallspiegel fallen, offensichtlich in der Hoffnung, ein Gesetz für die Reflexion gleich dem für Lichtstrahlen zu finden. »Doch versagt die Kraft«, trug er ins Tagebuch ein, wobei offen bleibt, ob er seine Arbeitskraft oder die der Wellen meinte. »Es will nicht gehen«, notierte er am nächsten Tag, weil offenbar die Wellen zu lang für den erhofften Nachweis der schrägen Reflexion waren. Dann wandte er sich Versuchen mit einem geradlinigen Resonator zu, aber hauptsächlich hat er »gerechnet und überlegt über die Fortleitung durch Drähte«. Dabei ist er ein großes »Stück weitergekommen. Formel für Schwingungen nach Maxwell gefunden«. Das war eine großartige Leistung, aber ihre Ausarbeitung zu einer Veröffentlichung verschob er auf die Zukunft, denn Ende März hat er bei einem ausgiebigen Spaziergang »beschlossen, zuerst die Versuche über die Wellen aufzuschreiben«.[57]

Die Ausarbeitung ging rasch voran und wurde noch Ende März am Sonnabend vor Ostern fertig. Heinrich Hertz bat Gustav Wiedemann um Nachsicht, schon wieder dessen »Güte in Anspruch zu nehmen« und um Platz in den »Annalen« zu bitten, wo doch gerade die Trilogie, wie es damals hieß, »unter der Presse« war. Er bemerkte nur, daß die Arbeit über die Reflexion »erst nach den anderen abgedruckt werden kann«.[58] So geschah es, und aus der

Trilogie wurde eine Tetralogie, die zwischen April und Juni 1888 ›en suite‹ in aufeinanderfolgenden Heften des 34. Bandes der »Annalen« erschien.

Diese Tetralogie war für Heinrich Hertz ein unvorstellbar reicher Ertrag des einen Wintersemesters und für die Wissenschaft ein Meilenstein. Sie ist der krönende Höhepunkt der von Faraday eingeleiteten Umwälzung in den Grundlagen der Physik. Zwar waren seine Versuche unabhängig von aller Theorie, aber sie sprachen doch überwältigend für die von Maxwell auf Grundlage der Faradayschen Anschauungen entfaltete Theorie der sich durch den Raum ausbreitenden Wirkungen. Es gab zwar noch das Problem der unterschiedlichen Geschwindigkeit in Drähten und im Raum, aber das hinderte Heinrich Hertz nicht, im gezügelten Duktus der wissenschaftlichen Abhandlung den epochalen Rang und seinen Triumph anklingen zu lassen. Was er vier Jahre zuvor in seiner Kieler Vorlesung emphatisch ausgeführt hatte, nämlich die Einheit der optischen und elektromagnetischen Erscheinungen im Rahmen der Maxwellschen Theorie, hatte nun eine experimentelle Basis:

»Es scheint mir, daß auch die an jene Theorie geknüpfte Hypothese über das Wesen des Lichtes sich gegenwärtig mit noch stärkeren Gründen aufdrängt, als dies schon bisher der Fall war. Es ist gewiß ein interessanter Gedanke, daß die Vorgänge im Luftraume, welche wir untersuchten, uns in millionenfacher Vergrößerung dieselben Vorgänge darstellen, welche zwischen den Platten eines Newtonschen Farbenglases oder in der Nähe eines Fresnelschen Spiegels sich abspielen.«[59]

Befreundeten Kollegen schrieb Heinrich Hertz über seine letzten Taten, er sei »schon viel weiter gekommen« und daß »die Hauptsache jetzt ganz sicher« sei.[60] Am schönsten schilderte er seine Empfindungen, wie könnte es anders sein, seinem Vater: »Ich habe jetzt die Annehmlichkeit bei der Arbeit, mich sozusagen auf eigenem Grund und Boden zu fühlen und fast sicher zu sein, daß es sich nicht um einen ängstlichen Wettlauf handelt und daß ich auch nicht auf einmal in der Literatur finde, ein anderer habe das längst gemacht. Hier fängt eigentlich erst das Vergnügen des Forschens an, wenn man mit der Natur sozusagen allein ist und nicht mehr über menschliche Meinungen, Ansichten oder Meinungen disputiert. Das philologische Moment fällt fort, und das philosophische bleibt allein übrig, um mich mehr gelehrt als klar auszudrücken.«[61]

6. »in diesem Jahrhundert kein wichtigeres Experiment« – vom Ruhm in England und dem Militärdienst in Deutschland

Es war in dem für Heinrich Hertz glorreichen Winter 1887/88, daß sein Dienstherr, der Großherzog Friedrich, sich in Staatsgeschäften in Berlin aufhielt und dabei auch mit Helmholtz zusammentraf. Auf die Frage der Königlichen Hoheit, »was es Neues und Großes in der Physik gäbe, antwortete ihm dieser, ›das werde alles in Karlsruhe gemacht‹, und stellte dem darüber hocherfreuten Landesherrn die Entdeckungen von Hertz in ihrer ganzen Größe dar.«[1] Wie so oft, dauerte es ein Weilchen, bis der aus wissenschaftlichen Leistungen resultierende Ruhm am Ort des Wirkens wahrgenommen wird, und bei einem unter dem Motto des »mehr sein als scheinen« erzogenen Hanseaten dürfte es noch etwas länger gedauert haben.

Dabei hatte Heinrich Hertz sein Licht in Karlsruhe keineswegs unter den Scheffel gestellt. Im »Mathematischen Kränzchen« und im »Naturwissenschaftlichen Verein« hat er regelmäßig über seine Arbeiten berichtet, oft sogar kurz nach einer bedeutsamen Entdekkung. Manchmal dürfte es ähnlich wie einst in Berlin in der Physikalischen Gesellschaft gewesen sein, daß man sich bei Mangel an Vorträgen eben an Heinrich Hertz wandte. Einmal hat er sogar seine Kameraden Reserveoffiziere, die sich in einer lockeren Vortragsreihe über vorwiegend militärisch relevante Themen auf dem laufenden hielten, in seinen Hörsaal eingeladen und ihnen einen »großen Experimentalvortrag« gehalten.[2]

Was bei den »Lieutenants« hängengeblieben ist, mag dahingestellt bleiben, aber auch über die Reaktionen seiner Kollegen ist kaum etwas bekannt. Gewiß machte es Eindruck, daß der Name des Professor Hertz in der überregionalen Presse auftauchte, und daß die Forschungen eines Karlsruher Professors der Aufnahme in die Sitzungsberichte der Berliner Akademie gleich mehrfach für würdig befunden wurden, war überhaupt noch nicht vorgekommen. Ebenso gewiß hielt Heinrich Hertz seine Vorträge aber in betont sachlichem Ton, so daß nur Fachkundige ahnen konnten, daß in Karlsruhe Experimenten im Gange waren, die die Grundlagen der Physik verändern würden. Zur Bewunderung mag sich daher bei so manchem wackeren Polytechniker auch die Verwunderung über einen Gelehrten gesellt haben, der Pech und Schwefel gleich zentnerweise ins Institut schaffen ließ oder gar auf einem wackeligen Laufsteg in seinem verdunkelten Hörsaal herumturnte und bei knatterndem Rühmkorff den Raum mit einer Drahtschlinge absuchte, als sei er ein Wünschelrutengänger.

Wie alle Forscher war auch Heinrich Hertz auf Anerkennung bedacht, aber sein Forum war nicht eigentlich Karlsruhe und seine kleine Hochschule, sondern die Elite der Physiker Deutschlands und der Welt. Daß er wie ein folgsamer Schüler dem berühmten Helmholtz über seine Fortschritte berichtete, war zweifellos Ausdruck von Verehrung und Dankbarkeit, hatte aber auch den Vorteil, daß er an sozusagen höchster Stelle auf sich und seine Leistungen aufmerksam machen konnte. Die Entdeckung des photoelektrischen Effekts hatte überdies zur Folge, daß mit der Veröffentlichung im Sommer 1887 alle Kollegen auf den jungen Professor aus Karlsruhe aufmerksam wurden. Er selber wunderte sich alsbald, daß zwar deutsche Physiker diese Entdeckung aufgegriffen und weiter verfolgt hatten, das Interesse daran aber an den Grenzen halt machte: »Seltsamerweise habe ich in ausländischen Zeitschriften noch gar keine Notiz über jene Wirkung gefunden«, schrieb er ein halbes Jahr nach der Veröffentlichung in den »Annalen«. Mit einer Anwandlung von Patriotismus tröstete er sich darüber hinweg: »Es würde mich dies doch enttäuschen, wenn ich nicht hoffte, daß die Ausländer zu ihrem eigenen Schaden diese Sache übersähen, und wenn es mir nicht ganz recht wäre, daß sie so viel wie möglich den Deutschen verbleibt. Jedenfalls habe ich nicht die Absicht, Schritte zu tun, daß die Arbeit in eine englische Zeitung käme, was, wie ich glaube, nicht schwer fallen würde.«[3]

In dem maßgeblichen Kreisen hatte sich Heinrich Hertz schnell einen Ruf als herausragender Physiker erworben, und so konnte es nicht lange ausbleiben, daß er trotz seiner Jugend auch für begehrenswerte Ordinariate an Universitäten in Frage kam. Schon im Winter 1887, als von seinen epochalen Leistungen erst der Akademiebericht über die elektrodynamischen Wirkungen von Isolatoren erschienen war, wurde mehrfach seine Kandidatur diskutiert, sogar in Berlin. Dort waren zwei Ordinariate zu besetzen, da Kirchhoff gestorben und Helmholtz Präsident der Physikalischen Reichsanstalt geworden war. Die Professur für Physik und damit auch das Institut übernahm August Kundt, der sich in Straßburg als brillanter Experimentator, inspirierender Lehrer und geschickter Administrator für die Berliner Spitzenposition empfohlen hatte. Heinrich Hertz war für die theoretische Professur im Gespräch.

Von dieser Ehre erfuhr er nicht etwa durch Helmholtz oder durch den akademischen Tratsch, sondern von seinem Vater, der sich auf Nachrichten der Berliner Verwandtschaft, vermutlich der Hansemanns, stützen konnte. Allerdings wußte der Vater auch schon, daß nicht sein Sohn den Ruf erhalten würde, sondern die Fakultät Ludwig Boltzmann als einzigen Kandidaten nominiert hatte.[4] Heinrich Hertz war nicht enttäuscht: »Was Papa von Berlin berichtet, war mir natürlich lieb zu hören, aber es ist mir auch wirklich ganz recht, daß ich hier nicht berufen bin, und wenn ich weiß, daß meine Jugend der Grund war, so bin ich doppelt einverstanden. Denn weder so jung als Kirchhoffs Nachfolger antreten zu müssen, noch so jung an das Ende der Laufbahn und nach Berlin zu kommen, wäre wohl für mich gut gewesen. Freilich ist es mir auch lieb zu hören, daß ich nicht ganz außer Frage war, denn es handelt sich ja nicht um einen Vergleich mit Kirchhoff, sondern mit dem, der an seine Stelle getreten ist.«[5] – Daß er sich zwar nicht mit Kirchhoff, aber doch mit Boltzmann messen wollte, spricht für das neue Selbstbewußtsein von Heinrich Hertz nach einem Jahrzehnt der Angst, der Unsicherheit und des Zweifels.

Mit den vom Papa übermittelten Nachrichten aus Berlin waren die Gerüchte aber nicht zu Ende, denn durch die Berufung Kundts nach Berlin mußte für Straßburg ein Nachfolger gefunden werden, der wiederum ein Ordinariat frei machen würde. Es setzte also das ein, was Heinrich Hertz eine »Schiebung« nannte, ganz ohne Ironie und boshaften Unterton, sondern als sachliche Beschreibung der Berufungsstafette. Und nun hatte der Sohn dem Vater etwas zu erzählen: »Was Straßburg anlangt, so ging hier das Gerücht, ich habe einen Ruf dahin erhalten, und durchaus erscheint es mir als wahrscheinlich, daß auch dort von mir in zweiter oder wahrscheinlich in dritter Linie die Rede war. Mich begeisterte der Gedanke nicht, und so hat es mich absolut kalt gelassen, daß nichts gekommen ist.«[6]

Seine Ablehnung galt nicht dem Institut, denn ein besseres gab es in ganz Deutschland nicht. Nach der Annexion von Elsaß-Lothringen war in Straßburg die Kaiser-Wilhelm-Universität in der Absicht gegründet worden, im »Reichsland« deutsche Kultur und Wissenschaft zu repräsentieren, und dafür hatte die Reichsregierung weder Kosten noch Mühen gescheut. Daher hatte der 1872 als erster Ordinarius berufene August Kundt die Gelegenheit, vor den Toren der Stadt ein Institut zu errichten, das zwar nicht so groß war wie das in Berlin, es an Zweckmäßigkeit aber deutlich übertraf. Im April 1887 hatte Heinrich Hertz in Straßburg einen »sehr angenehmen Tag« verbracht, »wegen der freundlichen und herzlichen Aufnahme, die ich seitens des dortigen Kollegen fand, und des Interessanten, was ich sah und hörte über das dortige Laboratorium, seine eigenen Arbeiten und die Personalverhältnisse der Physik in Deutschland«. Die Stadt mit dem weithin berühmten Münster hat ihm dagegen gar nicht nicht gefallen: »Alles zusammengedrängt, uralte Gebäude, ganz neue tote Straßen ... wenige deutsche Prachtbauten des Friedens und militärischer Zurüstung. Ich freute mich, wie ich wieder über dem Rhein war.«[7]

Deshalb waren Heinrich Hertz die Gerüchte über Straßburg eher unangenehm, »weil es ein Ruf gewesen wäre, der sich überhaupt nicht hätte ausschlagen lassen«, und er sehr zweifelte, »ob ich nachher glücklich gewesen wäre«. Aber auch unter dem Aspekt einer Gesamtverantwortung für das Gedeihen der physikalischen Forschung billigte er die Berufung von Friedrich Kohlrausch, einem älteren und erfahreneren Kollegen: »Prof. Kohlrausch ist seit Jahren einer der ersten, hat ein großes Institut in Würzburg; wenn also überhaupt diese beständigen Schiebungen sein sollen, so war es in gewissem Sinne sogar völlig richtig, ihm zuerst die Stelle anzubieten. Und daß nicht jede Professur auf Lebenszeit gleich von einem Jüngeren besetzt wird, liegt gegenwärtig ... nur im Interesse der Gelehrten.«[8]

Die Straßburger Gerüchte waren noch nicht erledigt, als Heinrich Hertz aus Berlin von einem jungen Kollegen, es war wohl Arthur König, einen Brief bekam: »Er habe erfahren, daß mich die gegenwärtige Schiebung nach Freiburg führen werde und gratulierte mir dazu; empfahl sich auch als Nachfolger.« Dieses Gerücht entbehrte jedoch des Hintergrunds, denn Heinrich Hertz wußte, daß die »Schiebung« Freiburg und seinen Kollegen Emil Warburg gar nicht erreicht hatte. »Freilich höre ich auf, mich mit Vermutungen über die Zukunft abzugeben ... Auch bin ich ja in der glücklichen Lage, hier gerade recht zufrieden zu sein. Und die Furcht, auf immer zu bleiben, brauche ich ja, wie es scheint, nicht zu haben.«[9] – Das Jahr war noch nicht zu Ende, und Heinrich Hertz konnte zwischen zwei sehr attraktiven Ordinariaten in Preußen seine Wahl treffen.

Seinen 31. Geburtstag verbrachte Heinrich Hertz in gelöster Stimmung. In seiner Arbeit brauchte er sich nicht darum zu sorgen, »im Anschluß zu bleiben«, sondern er wußte, daß er die vorderste Front der Forschung bestimmte, und auch als Ehemann und Vater durfte er zufrieden sein. Zwar mußte mit dem bescheidenen Gehalt umsichtig gewirtschaftet werden, aber sein Papa half noch immer mit größeren Zuwendungen. Zum Geburtstag hatte er wieder eine beträchtliche Summe überwiesen, wohl als Reaktion auf die »horrende Zahnarztrechnung«, von der Heinrich Hertz berichtet hatte. »Papas ›Unter die Arme greifen‹ ist auch ein großes Geschenk, welches wohl Gedanken macht«, bedankte er sich nicht ohne Humor. »Wie soll ich denn da sehen, ob ich mit meinem Einkommen auch auskomme, lieber Papa? Indessen freilich ist dies zu sehen nicht das höchste Ziel, und diesmal kann ich auch nicht zu stolz sein, sondern habe mich sehr gefreut, denn es offen zu gestehen, sehe ich zum ersten Mal den Markbankrott vor mir.«[10]

Der Vater war übrigens am 15. Dezember des vergangenen Jahres zum Senator der Hamburger Stadtregierung gewählt worden, zuständig für das Justizwesen, wozu die Aufsicht über die Gerichte, die Gefängnisse, den Vollstreckungsdienst und vieles andere gehörte. Der Sohn gratulierte zu der Ehre, wünschte seinem Papa, »daß Du die Würde lange, lange bekleiden mögest« und hoffte, sein Vater »denke nicht daran, Hamburg binnen 24 Stunden zu verlassen«[11], was nach altem Brauch die einzige Möglichkeit für einen Gewählten war, sich der Bürde des Amtes zu entziehen. Als nach einigen Wochen der Sohn hörte, das »Papas Tätigkeit ihn erfreut und ihn nicht überlastet«, freute er sich sehr darüber: »Hoffentlich bleibt es so, wie überhaupt im allgemeinen ich den jetzt in unserer Familie bestehenden Verhältnissen wohl Bestand wünschen möchte.«[12]

Während der Papa ins Rampenlicht der politischen Öffentlichkeit geraten war, führte sein Sohn in Karlsruhe ein eher zurückgezogenes, beinahe beschauliches Leben. Hin und wieder wurden Abendeinladungen für jüngere Kollegen gegeben, und das Ehepaar Hertz erwiderte gelegentlich solche Besuche, aber dem »gesellschaftlichen« Treiben der Residenz blieben sie fern. In diesem Winter fiel das nicht auf, weil ohnehin wegen des Todes von Kaiser Wilhelm eine dreimonatige Trauer verordnet wurde. Heinrich Hertz hielt derweil dem »Mathematischen Kränzchen« die Treue, auch wenn er sich mal über den »entsetzlichen Vortrag« des Kollegen Schröder ärgerte.[13] Daneben ging er zum »Naturwissenschaftlichen Verein« und manchmal zu Veranstaltungen der Reserveoffiziere, aber davon abgesehen verbrachte er die Abende zu Hause, vertieft in Arbeit oder Lektüre.

Von der nach wie vor ausufernden Weitläufigkeit seiner Interessen mögen die Bücher zeugen, die er Ende Februar und Anfang März 1888 nebenher las, als er die »Trilogie« fertig geschrieben hatte und mit den Experimenten über stehende Wellen beschäftigt war. Er begann mit »Napoleons Korrespondenz über die italienischen Feldzüge«, griff dann zu »Büchern über Altägypten und Hieroglyphen« und studierte ein englisches Werk über »Sprache, Singen und Balzen der Vögel« sowie eine Sammlung der Briefe Darwins.[14] In der ersten Märzwoche interessierte er sich für den Stammvater seiner Wissenschaft und hat »hauptsächlich Galileis Briefwechsel gelesen«[15], wahrscheinlich in der schönen Ausgabe von Alberi aus dem Jahre 1856. – Außerdem hat er an langen Winterabenden Elisabeth aus dem Herodot vorgelesen, und, nachdem der fertig war, aus dem Thukydides.[16] Als einmal keine neuen Bücher im Haus waren, las er seiner »lieben Lies« die Briefe vor, die ihm die Eltern in den letzten zwölf Jahren geschrieben hatten – »und finden wir es eine gute Unterhaltung.«[17]

Im März hatte Heinrich Hertz auch noch genug Zeit, seine Frau das Schachspiel zu lehren. Elisabeth bekannte bald, daß sie »eine sehr schlechte Schülerin« sei, und nach drei Wochen war das vorbei: »Sei es, daß ich nicht genug Esprit dazu habe, oder Heins zu viel Kopf«, berichtete Elisabeth, »jedenfalls wurde der Unterschied zwischen unseren Kenntnissen immer größer, so daß wir es wieder ganz aufgegeben haben.«[18]

Bis kurz vor Ostern hatte Heinrich Hertz an seiner Abhandlung über die stehenden Wellen gearbeitet, und unmittelbar danach wollte er sich wie im Vorjahr bei einer Wanderung erholen. Am ersten Tag fuhr er mit dem Zug nach Pforzheim und wanderte bis Calw, nahm dort ein Bähnlein nach Wildbad und marschierte weiter bis Nagold; die über vierzig Kilometer Fußmarsch waren offenbar zu viel, denn am Ziel ist er »durch Übermüdung unwohl geworden«. Deshalb nahm er am nächsten Tag den Zug nach Tübingen und wußte nicht recht weiter: »Wer weiß, wenn ich nur zum Vergnügen ginge, ob ich nicht nach Hause zurückführe«, schrieb er seiner Frau. »Aber ich denke, daß ich nicht nur zum Vergnügen gehe, sondern um mich etwas auszuruhen und aus dem Gedankenkreise herauszureißen, was doch in Karlsruhe nicht möglich ist.«[19]

Als es am nächsten Morgen auch noch schneite, entschloß er sich, die Fußtour abzubrechen. Bevor er mit dem Zug nach Karlsruhe zurückkehrte, besuchte er im Schneegestöber seinen Karlsruher Vorgänger Ferdinand Braun in dessen Residenz im Schloß, die zwar vornehm, aber für ein physikalisches Institut denkbar ungeeignet war. Das gemeinsame Mittagessen, an dem auch der Münchener Privatdozent Leo Graetz teilnahm, wurde jedoch eine Enttäuschung. Trotz der resignativen Einsicht von Heinrich Hertz, daß bei einer schönen Arbeit die Kollegen meistens »mehr Neid als Vergnügen daran haben«[20], hatte er das Verhalten von Braun und Graetz ein halbes Jahr später, als seine Arbeiten schon in England gerühmt wurden, noch nicht verwunden: »Als ich im Anfang April in Tübingen war, hatte ich das alles auch schon, was jetzt veröffentlicht ist, und hätte gern darüber gesprochen, fand aber keine Gelegenheit, da kein anderer von diesen Sachen anfing, obwohl doch genug davon schon gedruckt war, um einen Physiker zum Fragen veranlassen zu können.«[21]

Vermutlich wäre er gar nicht erst aufs Tübinger Schloß gegangen, wenn er gewußt hätte, was Braun zwei Monate zuvor seinem Freund Graetz nach München geschrieben hatte: »Hertz' Einfluß des ultravioletten Lichts auf die elektrische Entladung imponiert mir nicht mehr ... Das ist eine furchtbare Aufbauschung in der Darstellung. Das ist ganz wie bei seiner schwimmenden elastischen Platte – mit zwei Worten läßt sich alles sagen, aber freilich ist dann jedermann bekannt, daß ein Papier, das sich ausbaucht, umso mehr trägt, je mehr es sich ausbaucht.«[22] So konnte Heinrich Hertz aus dem demonstrativen Schweigen nur schließen, daß seine Arbeiten keineswegs von allen Kollegen so enthusiastisch begrüßt wurden wie von Helmholtz. Allerdings war Braun binnen Jahresfrist vollständig bekehrt; später trug er mit Pionierleistungen zur Radiotechnik bei, wofür er 1909 den Nobelpreis erhielt, und betätigte sich sogar als Unternehmer in dem auf den Hertzschen Wellen basierenden neuen Industriezweig.

Eher erschöpft als erholt von der mißglückten Wanderung, hatte sich Heinrich Hertz in Karlsruhe trotzdem unverzüglich »an die Arbeit gemacht, zunächst theoretisch«, und außerdem hat er »gezeichnet an der Darstellung von Schwingungen nach der Maxwellschen Theorie«.[23] Darin wurde er unterbrochen, weil ein Umzug bevorstand. Das Haus in der Waldstraße war verkauft und wurde umgebaut. Die neue Wohnung mit fünf Zimmern, Küche, Bad und Mädchenkammer war in einem Neubau in der Nr. 59 der Hirschstraße, in der in Richtung auf den Schloßgarten auch das Haus der Schwiegereltern Doll stand. Tagelang war er mit dem Umzug und der Neueinrichtung beschäftigt, und trotz der Hilfe des Mechanikers Ammann dauerte es beinahe eine Woche, bis wenigstens »das Gröbste in Ordnung gebracht« war.

Obwohl Mitte April das Semester begonnen hatte, war er gleich wieder beim Experimentieren, zunächst über die theoriewidrig langsame »Fortleitung in Drähten«, dann mit Spiralen und über das später »Skineffekt« genannte Phänomen, daß sich der Strom nur in den äußersten Schichten des Leiters fortpflanzt.[24] Er arbeitete regelmäßig auch theoretisch, aber ohne besondere Anspannung und zeitlichen Druck: »Meine Arbeit führe ich jetzt mit Gemütsruhe weiter, ich habe noch sehr viel Ernte auf den Feldern, so daß es mir nicht eilt.«[25] Nach der eindrucksvollen »Tetralogie« des vergangenen Winters, die erst während des Sommersemesters sukzessive in den »Annalen« erscheinen würde, sah er keine Notwendigkeit, schon wieder unbedingt etwas zu publizieren. Dazu mag auch die Kürze des Sommersemesters beigetragen habe und das im Juli übliche feuchtheiße Klima, das ihn schon öfter am Arbeiten gehindert hatte, und schließlich hatte auch das Militär damit zu tun.

Der Professor für Physik war schon im vergangenen Jahr gefragt worden, ob er die Aufgabe des Adjutanten beim Ersatzbataillon übernehmen wolle. Der Vorteil war, daß er weder im Frieden zu Manövern noch im Kriegsfall einberufen werden würde, aber als Nachteil waren mehrere sechswöchige Übungen auf dem Bureau des Bezirkskommandos fällig. Die Vorteile überwogen: »Ich habe damals nach Überlegung aller Umstände (wie Ihr als Eltern es billigen werdet) nicht abgelehnt, insbesondere weil ich mir schon damals ganz klar war, daß meine freiwillige oder pflichtmäßige Dienstzeit ein absehbares Ende nicht besitze.«[26] Seine Frau war mit dieser Entscheidung mehr als einverstanden: »Ich bin glücklich, daß er in diesen unruhigen Zeiten diesen Posten erhalten hat; vielleicht schilt mich Papa eine schlechte Patriotin, aber ich meine, in seinem Alter und als Familienvater kann er die Stellung im Felde auch Jüngeren überlassen.«[27]

Weil er als pflichtbewußter Mann die fällige Übung in die Ferien gelegt hatte, zuvor aber der Hitze entfliehen und sich erholen wollte, plante er, das Semester etwas abzukürzen. Die Einladung der Mama zu einem gemeinsamen Urlaub an der Nordsee war willkommen, nur erklärte er ohne Schnörkel: »Meine Mittel erlauben es mir absolut nicht, mit Frau, Amme, Kind in ein norddeutsches Seebad zu reisen.«[28] – Aber das würde der Papa schon richten, und so geschah es auch.

Selbst eine angenehme Überraschung, die ihm sein Dienstherr »Friedrich, von Gottes Gnaden etc.« bereitete, indem er sich zu einer »Besoldungszulage … gnädigst bewogen gefunden«[29], änderte nichts an den etwas beengten finanziellen Verhältnissen. Die Zulage war mit dreihundert Mark badisch sparsam bemessen, aber Heinrich Hertz würdigte sie als Geste der Anerkennung, »welche mir Freude macht, weil es bei meiner kurzen Anwesenheit hier als ein Zeichen von besonderem Wohlwollen erscheint (obwohl viele Kollegen gleichzeitig bedacht sind) und mir das Gefühl gibt, daß der Staat sich zu uns nicht auf das sture Rechtsverhältnis stellt«.[30]

Eine größere Freude als die Zulage war zweifellos ein Brief von George Francis FitzGerald, der kurz danach eintraf. Der Professor am Trinity College in Dublin, einer der profiliertesten »Maxwellianer«, hatte in einer kleine Notiz gelesen, was Helmholtz in Berlin referiert hatte, nämlich »Ihre glänzende Bestätigung der Maxwellschen Theorie, daß sich elektromagnetische Störungen mit der Lichtgeschwindigkeit ausbreiten«. FitzGerald hatte früher Sonderdrucke von Hertz erhalten, aus unklaren Gründen, aber nicht den über die endliche Ausbreitungsgeschwindigkeit. Seine Bitte um dessen Übersendung war die passende Gelegenheit für höchstes Lob: »Ich denke, daß in diesem Jahrhundert kein wichtigeres Experiment gemacht wurde. Es ist auf der gleichen Ebene wie Foucaults ›experimentum crucis‹ zwischen der Wellentheorie und der Emissionstheorie des Lichts. Ihr Experiment wird ›Hertz' klassisches Experiment, das zwischen den Theorien der elektrodynamischen Fernwirkung und der Wirkung vermöge des Äthers unterscheidet‹ genannt werden.«[31]

Umgehend bedankte sich Heinrich Hertz für diese Worte und

meinte, einiges zurechtrücken zu müssen: »Nach Ihren Ausdrücken fürchte ich zwar, daß Sie mehr voraussetzen, als vorhanden ist, und enttäuscht sein werden. Denn erstens kann von einer Messung im strengen Sinne und genauen Vergleichungen noch nicht die Rede sein, und zweitens sind die Versuche etwas verwickelt und nicht so einfach, wie man es von einem experimentum crucis verlangt. Aber was dieses anlangt, so glaube ich auch, daß diese Versuche noch nicht ein letztes Ziel sind, sondern vielmehr der Anfang und die Einleitung zu besseren Versuchen, und in der Tat ist es mir inzwischen auch geglückt, in der Luft selbst stehende Wellen zu erzeugen und ihre Wellenlänge zu messen, so daß es allerdings keinem Zweifel mehr unterliegt, daß die Ausbreitung von Punkt zu Punkt erfolgt. So zweifle ich auch nicht, daß die Ansichten von Faraday und Maxwell dauernd triumphieren werden.« Natürlich verschwieg er nicht die von der Theorie abweichende Geschwindigkeit in Drähten; aber nicht deshalb, sondern wegen einiger Schwierigkeiten, die die Bewegung des Äthers betrafen, meinte er, »daß Maxwells Theorie wohl noch in Nebensachen der Verbesserung bedürftig ist, wenn sie auch in der Hauptsache nicht nur die schönste ist, sondern auch die einzig richtige zu sein scheint«.[32]

Der Brief von FitzGerald hatte noch ein hübsches innerfamiliäres Nachspiel, weil die Mama gerade in Karlsruhe war und den Brief voller Stolz nach Hamburg schickte. Der Papa war einerseits begeistert, daß die Arbeiten seines Sohnes schon im Ausland gerühmt wurden und wollte viel über den Hintergrund erfahren, andererseits sorgte er sich, daß sein Heinrich nur still vor sich hin arbeite, sich zuwenig ums Renommee kümmere und seine Arbeiten zu gering einschätze. »So beschränkt bin ich nicht, daß ich nur so blind in den Tag hineinarbeitete und nicht wüßte, ob das, was ich fertig bringe, Bedeutung hat oder nicht«, replizierte Heinrich leicht gereizt, offenbarte dann aber doch die Freuden und auch die Ungeduld eines Forschers im Neuland: »Hierin scheinst du mich ganz zu verkennen. Wenn ich meinen früheren Arbeiten wenig Bedeutung beimaß, so geschah das meiner Meinung nach mit allem Recht, aber ich hatte mir deshalb nicht vorgenommen, alles gering zu schätzen deshalb, weil ich es etwa ausführen würde. Also bin ich in der Tat der Ansicht, daß diese Versuche einen wirklichen Fortschritt für immer für die Physik bilden.«

Zu der »Richtigkeit der FitzGeraldschen epitheta ornantia« mochte er sich freilich nicht so ohne weiteres bekennen, denn dafür

»kann es natürlich keinen Maßstab als die Meinung der anderen geben und diese kann ebenso leicht zu gut wie zu schlecht sein«. Bei kräftigem Lob hatte er ohnehin »das Gefühl, wie wenn man auf der Straße gegrüßt wird und hinter sich sieht, ob man auch gemeint ist«. Andererseits hatte er in einer für ihn charakteristischen Mischung aus Zurückhaltung und Ungeduld bei seinen neuen Arbeiten »auf mehr Anerkennung gerechnet«, obwohl er wußte, das alles, »was nicht schon ein halbes Jahr alt oder älter ist, in der Öffentlichkeit noch kaum vorhanden ist«. Dieser Trost half aber nur beschränkt: »Indessen macht es mir doch einen etwas niederdrückenden Eindruck, daß viele Zeitschriften (exempli gratiae die des elektrotechnischen Vereins), die über die unbedeutendsten Arbeiten, die schon tot geboren sind, referieren, an meiner vorübergehen, ohne sie auch nur zu erwähnen. Ich muß mich auch damit trösten, daß vielleicht manches Gute von ihnen gesprochen wird, was ich nicht höre.«[33] – Es dauerte nicht lange, und er hörte nur noch Gutes, und bald sogar mehr, als ihm lieb war.

Die »verehrliche Direction« der Hochschule bat Heinrich Hertz wegen seiner militärischen Pflichten um »Ermächtigung, mit dem Sonnabend, dem 21. Juli meine Vorlesungen schließen und abreisen zu dürfen. Ich habe dafür gesorgt, daß ich meinen Stoff zu Ende kriege.«[34] Der patriotischen Begründung konnte nicht wiedersprochen werden, so daß noch am 21. Juli der Zug nach Hamburg genommen werden konnte. Das Wiedersehen mit den Eltern war herzlich. Bei Familientreffen mit den Geschwistern wurden die Enkel Johanna und Gustav bewundert und in ihrer Ähnlichkeit – oder dem Mangel derselben – verglichen. Neben Ausflügen um Alster und Elbe gab es auch erholsamen Müßiggang, und natürlich wurde in der Magdalenenstraße manche Gesellschaft gegeben, darunter eine zweifellos würdige zum 58. Geburtstag des Senators am 2. August.

Gleich danach fuhren Heinrich und Elisabeth Hertz nach Tondern und setzten mit einem Boot nach Sylt über, wo »prachtvoller Seegang bei Wind« zu bewundern war, aber »leider Regen« die knappe Woche an der Küste beeinträchtigte. Anschließend besuchte Heinrich Hertz mit seiner Frau die alten Freunde in Kiel, wahrscheinlich nicht ganz ohne bange Erinnerungen. Hippolyt Haas und Gustav Petersen ließen solche Gedanken aber gar nicht aufkommen, und Petersen drängte zur Übernachtung, so daß sie erst am nächsten Tag wieder in Hamburg waren.[35]

Die Wissenschaft hatte sich Heinrich Hertz für die Ferien aus dem Kopf geschlagen, aber nicht ganz, denn vor der Abreise absolvierte er noch seinen traditionellen Besuch auf der Seewarte. Nach einer Runde von Abschiedsbesuchen nahm er am 21. August den Schlafwagen nach Karlsruhe, während Elisabeth und Johanna mit seinen Eltern noch einige Wochen auf Sylt verbrachten.

Der Dienst auf dem Bezirkskommando bestand zunächst in der Kontrolle von Vorladungs- und Einberufungslisten sowie dem Studium der Mobilmachungsordnung. Das war weder anstrengend noch zeitraubend, sondern schlicht langweilig. Nach einer Woche war nicht mehr genug zu tun, und der Herr Adjutant vertrieb sich die Zeit mit der Lektüre französischer Bücher, darunter eine Beschreibung von Napoleons Gefangenschaft auf St. Helena und »La Vie de Jesus« von Ernest Renan, dessen historisierende Entmythologisierung bei deutschen Kulturprotestanten auf großes Interesse gestoßen war. Ansonsten beschrieb er seinen Dienst als »absolutes Herumstehen« oder »äußerst langweilig«; eine der wenigen Abwechselungen war »Schießen auf den Scheibenständen«.[36] Seine Frau sah bei ihrer Rückkehr Mitte September jedoch Vorteile: »Heins geht es sehr gut, ich finde, die geringe Arbeit bekommt ihm sehr gut: außerdem ist er abends, da er den Kopf nicht so voll von Arbeiten hat, so sehr genießbar, und das ist auch sehr angenehm.«[37]

Ihr Mann dagegen ärgerte sich sehr über den Zeitverlust, zumal er gern zu der in der dritten Septemberwoche in Köln stattfindenden »Versammlung der Gesellschaft deutscher Naturforscher und Ärzte« gefahren wäre. Für diese alljährliche repräsentative Tagung hatte er sogar einen Vortrag angemeldet, allerdings unter Vorbehalt. Durch ein Mißgeschick war dieser Vortrag trotz der späteren Absage ins Programm geraten. »Bitte entschuldigen Sie mich, wenn auf mich geschimpft wird«, bat er Adolf Elsas. »Ich wollte jetzt, ich wäre frei«, klagte er und versuchte zugleich, den nie ganz gesunden Freund über dessen chronische Leiden hinwegzutrösten: »Soll ich Ihnen Glück wünschen, daß Sie diese Art Störungen nicht kennen! Ich weiß wohl, daß Sie das mit Recht zurückweisen würden. Aber als einen kleinen Vorteil, welcher mit jedem Übel verbunden ist, können Sie es immer in Rechnung bringen.«[38] So wurde in Köln von Kollegen zwar über den photoelektrischen Effekt referiert, über die Wellen jedoch kein Wort verloren.

Wie wichtig es wäre, einigen Physikern die neue Lehre der von Punkt zu Punkt in endlicher Zeit im Raum fortschreitenden Nahwirkungen nahe zu bringen, hatte Heinrich Hertz Anfang September an einem dienstfreien Sonntag nachmittag erfahren, als er Eilhard Wiedemann in Baden-Baden besuchte. Der Sohn des »Annalen«-Herausgebers erzählte, sein Vater wolle bei der Neuauflage seines vierbändigen Lehrbuchs der Elektrizität »nur einige Zusätze machen, da ja ›prinzipiell Neues nicht erschienen sei‹. Ich sagte, prinzipiell Neues sei allerdings nicht erschienen, mußte mir aber doch Mühe geben, kein befangenes Gesicht zu machen, da er mir sein Urteil so gerade ins Gesicht sagte.«[39]

Für diese Ignoranz wurde Heinrich Hertz eine Woche später überreichlich entschädigt, denn er war in der Londoner »Times« gerühmt worden. Dieses Blatt wurde zwar nicht in Karlsruhe gelesen, aber im anglophil-weltläufigen Hamburg, und so schrieb der Vater einen begeisterten Brief und fügte den Ausschnitt bei. Der Bericht betraf den Eröffnungsvortrag von FitzGerald vor der mathematischen und physikalischen Sektion der britischen Naturforscherversammlung in Bath am 6. September 1888. Zu der lange unentschiedenen Frage der Fern- oder Nahwirkung hatte der Redner emphatisch erklärt: »Das Jahr 1888 wird für immer im Gedächtnis bewahrt bewahrt werden als das Jahr, in dem diese große Frage durch Hertz in Deutschland entschieden wurde, und, so hoffe ich, durch andere in England.«[40] Der größte Teil von FitzGeralds Vortrag war einer Beschreibung der Karlsruher Experimente gewidmet, insbesondere jener über stehende Wellen, und einem enthusiastischen Entwurf ihrer Bedeutung für die Zukunft der Naturforschung.

Der Artikel in der »Times« machte Heinrich Hertz »große Freude«, zumal er für FitzGeralds Eröffnungsvortrag auf weite Verbreitung hoffen durfte: »So wird er auch von deutschen Naturforschern gelesen, da er in die ›Nature‹ und andere Zeitschriften kommen wird, während ihn in der ›Times‹ wohl niemand bemerkt hat. Hierher nach Karlsruhe dringt von solchen Dingen nichts.« Der Kontrast zur deutschen Presse, wenigstens der in der Provinz, war ihm noch eine mokante Bemerkung wert: »Von dem deutschen Naturforschertag ist in hiesigen Zeitungen nur die eine Mitteilung, daß des verstorbenen Kaisers gedacht sei, ein Hoch auf den jetzigen ausgebracht sei und ein Huldigungstelegramm an den jetzigen abgegangen.«[41]

Den vollständigen Vortrag, den er von FitzGerald alsbald als Sonderdruck erhielt, fand er nicht nur ausführlicher, sondern »vielleicht noch etwas schmeichelhafter« als die Auszüge in der »Times«.[42] Dem Kollegen sandte Heinrich Hertz seinen »allerbesten Dank für die gütige und edelmütige Anerkennung, welche Sie meinen einfachen Versuchen gespendet haben ... Sie werden mir wohl glauben, daß ich mich geehrt fühlte, an so hervorragender Stelle und in solcher Weise erwähnt zu werden.«[43]

Beim Miltär konnte der »Second-Lieutenant« Heinrich Hertz freilich nicht damit rechnen, daß wissenschaftliche Arbeit und Anerkennung auch nur den geringsten Eindruck machen würden. Der Chef des Bezirkskommandos war zwar »liebenswürdig und gemütlich«, erklärte seinem Adjutanten aber rundheraus, »Professoren an Hochschulen hätten eigentlich nichts zu tun ... Was wir neben dem Unterricht täten, sei doch nach unserem Belieben, ein Steckenpferd habe schließlich jeder.« Auf den Artikel in der »Times« wollte sich Heinrich Hertz gar nicht erst berufen, sondern spielte nur in Gedanken durch, wie der »Oberstlieutenant« wohl reagieren würde: »1. Ich lese kein Englisch. 2. Sie müssen suchen, die Zufriedenheit ihrer Vorgesetzten zu erwerben, nicht sich in einer fremden Zeitung loben zu lassen. 3. Ich verstehe von der ganzen Auseinandersetzung kein Wort. 4. Ach, der hat zufällig dasselbe Steckenpferd wie Sie.« – Da gab der Herr Professor lieber zu, »daß wir es sehr gut hätten«.[44]

Inzwischen wurde auch Heinrich Hertz während des Militärdienstes von dem erreicht, was er die »Schiebung« nannte.

7. Ein »Kopf ersten Ranges« – Berufung auf preußisch

Die Berufungsstafette, die Heinrich Hertz zu Beginn des Jahres 1888 nur gestreift hatte, erreichte ihn schließlich im Sommer. Da Friedrich Kohlrausch nach Straßburg gegangen war, wurde Würzburg frei; Eduard Riecke und Ferdinand Braun, die die Berufungsliste anführten, ließen sich mit ihren Absagen Zeit, so daß es Juli wurde, bis der als Dritter nominierte Gießener Ordinarius Wilhelm Conrad Röntgen den Ruf erhielt und annahm. Kurz darauf hatte man in Gießen den Nachfolger auserkoren, und Röntgen teilte Hertz mit, »daß Sie von einer Kommission als einziger Kandidat für die Wiederbesetzung der durch meinen Weggang frei werdenden Professur in Vorschlag gebracht worden sind«.[1]

Wann Heinrich Hertz diesen Brief erhalten hat, ob in den Ferien in Hamburg oder erst bei der Rückkehr nach Karlsruhe, ist nicht bekannt. Eine Eintragung im Tagebuch war er ihm jedenfalls nicht wert, denn die kleine Universität des Großherzogtums Hessen-Darmstadt in Gießen war nicht sein Wunschtraum. Daher war es ihm gleichgültig, daß der offizielle Ruf auf sich warten ließ: »Aus verschiedenen Andeutungen kombiniere ich mir zusammen, daß das Ministerium meine hiesigen Einkünfte zu hoch findet, um sie überbieten zu sollen.«[2]

Das war freilich ein erstaunlicher Irrtum, der darauf schließen läßt, daß Heinrich Hertz die finanzielle Seite der Gelehrtenlaufbahn aus den Augen verloren oder verdrängt hatte. Denn als er sich Ende September doch noch zu einer Anfrage bei Röntgen entschloß, erfuhr er, daß der Kollege in Gießen jährliche Einnahmen von elftausend Mark hatte, nämlich ein Gehalt von fünftausendfünfhundert Mark und noch einmal den gleichen Betrag an Kolleggeldern und Examensgebühren.[3] Der mit nur viertausenddreihundert Mark besoldete Heinrich Hertz wunderte sich: »Sie haben es doch gut, die Universitätsprofessoren, es ist gut, wenn so ein Professor am Polytechnikum es nicht immer weiß.«[4] – Gießen war offenbar doch nicht ganz uninteressant, und sei es nur als Verhandlungsmasse bei anderen Berufungen.

Inzwischen war nämlich ein Brief von Friedrich Althoff eingetroffen, dem für die Universitäten zuständigen Geheimrat im Kultusministerium in Berlin, der immer auf der Suche nach den besten Professoren war. Es war der Auftakt zu einer Berufung auf preußisch. Sie ist über die nüchterne Aktenlage hinaus in allen Einzelheiten dokumentiert, da beide Seiten alle Schriftstücke aufbewahrt haben.

»Erlauben Sie mir als altem Bekannten eine vertrauliche Mitteilung«, knüpfte Althoff in seinem Brief an die Unterredungen wegen des Stipendiums und der Kieler Professur vor dreieinhalb Jahren an. Daß der mächtige Mann sich als »alter Bekannter« in Erinnerung brachte, beeindruckte Heinrich Hertz beinahe so sehr wie alles weitere: »Es ist nicht unmöglich, daß Sie in nächster Zeit für eine Professur in Preußen mit in Frage kommen. Mit Rücksicht darauf möchte ich Sie bitten, etwaige andere Berufungen nicht etwa abzulehnen, wohl aber mir davon Kenntnis zu geben, bevor Sie sich zur Annahme derselben bereit erklären.«[5] Heinrich Hertz dankte umgehend und »zeigte ergebenst an«, er werde sich »etwa eintretenden Falles ganz gemäß Ihrer gütigen Weisung verhalten«.[6]

Zugleich nahm er sich vor, sich weder vom kleinen Gießen noch vom großen Preußen aus der Ruhe bringen zu lassen: »Ich habe, Gott sei Dank, schon die Festigkeit gewonnen, in diesem Regen von zerplatzenden Möglichkeiten und Aussichten ruhig zu sitzen, ohne nervös zu werden oder mir aus dem Eintreffen oder Nichteintreffen dieser oder jener Erwartung viel zu machen. Das Bewußtsein, daß mir etwas Schönes geglückt ist, ist mir mehr als die Aussichten, und für das glückliche Gelingen weiterer Arbeiten gebe ich gern einstweilen alle äußeren Erfolge hin.«[7]

Der von Althoff ins Auge gefaßte Fall trat schon fünf Tage später ein, als Heinrich Hertz den offiziellen Ruf nach Gießen erhielt mit der Bitte, am 1. Oktober 1888 zu Verhandlungen ins Ministerium nach Darmstadt zu kommen. Er teilte das umgehend dem badischen Ministerium und dem Direktor der Hochschule mit. In dieses Amt war gerade Karl Schuberg gewählt worden, der einmal unter merkwürdigen Umständen nicht der Schwiegervater des Kollegen Hertz geworden war. Schuberg, gerade vom Forst- zum Hofrat aufgerückt, konnte dem Kollegen eine Aufbesserung der Bezüge um siebenhundert Mark in Aussicht stellen, aber unter der Bedingung, daß der gar nicht erst nach Darmstadt fahren würde. Diesen

Knebelungsversuch lehnte Heinrich Hertz ab, denn er hatte »noch einen geheimen Trumpf in seinem Kasten«[8], von dem er niemandem berichtet hatte, und das war Berlin.

Sofort schmiedete Heinrich Hertz sein Eisen, das er bei Althoff im Feuer hatte. In geschickt gewählten Formulierungen übte er zugleich sanften Druck aus und gab dem machtbewußten Geheimrat das Gefühl, daß er sich ganz seinem Rat anvertrauen wolle: »Der Fall, welchen Ihr gütiges Schreiben vom 18. ds. (Monats) voraussetzt, ist früher eingetreten, als ich erwarten durfte«, fiel er bei Althoff mit der Tür ins Haus und ging nach Schilderung der wesentlichen Aspekte auch auf die Schwierigkeiten der Abwägung ein, »da Gießen zwar den Vorzug hat, Universität zu sein, Karlsruhe aber wiederum eine weit bessere Arbeitsmöglichkeit bietet ... In dem Gedanken an etwaige Aussichten in Preußen würde ich mich nur dann beeinflussen lassen, wenn Sie, hochverehrter Herr Geheimrat, mir eine solche Rücksichtnahme ausdrücklich empfehlen würden. Es scheint in Darmstadt großer Wert auf einen schnellen Entschluß gelegt zu werden; aus diesem Grund habe ich mein Schreiben nicht bis nach der mündlichen Besprechung verzögern mögen.«[9]

Jetzt ging alles ganz schnell. Althoff dankte Heinrich Hertz in ausgesucht höflichem Ton »für Ihre warmen Zeilen vom gestrigen verbindlichst« und teilte »ergebenst mit, daß die Dinge in Preußen jetzt etwas festere Gestalt angenommen haben und daß ich daher in der Lage bin, Bestimmtes darüber mit Ihnen zu reden«. Er bat zu einer Besprechung am nächsten Sonnabend im Ministerium oder am Sonntag in seiner Wohnung. »Daß Sie mit Ihrer Reise nicht unzufrieden sein werden, glaube ich versprechen zu können.«[10] Die Reise nach Berlin machte Schwierigkeiten, weil auf dem Bezirkskommando nur der Sonntagnachmittag frei war. Für Montag, den 1. Oktober, hatte Heinrich Hertz wegen der Besprechung in Darmstadt Urlaub beantragt und erhalten, so daß der Chef nur mühsam zu überreden war, diesem reiselustigen Gelehrten auch noch den Sonnabendnachmittag und den Sonntag frei zu geben. Erst im letzten Moment konnte Heinrich Hertz am Sonnabend nach Berlin telegraphieren, daß er am nächsten Vormittag in Berlin sein werde: »Militärischer Dienst verhinderte früheres Kommen und frühere Antwort.«[11] Bis 13 Uhr war er in Uniform, kleidete sich rasch um und nahm um 14 Uhr den Zug nach Berlin.

Heinrich Hertz wird gewußt haben, obwohl er es nirgendwo notiert hat, daß in Preußen zwei Ordinariate frei waren. Erstrebenswert war Bonn, wo Rudolf Clausius am 22. August gestorben war, aber es war auch wieder Kirchhoffs Professur in Berlin offen. Boltzmann hatte nämlich, nachdem er bereits ernannt und in die Akademie gewählt worden war, vor Amtsantritt wegen »nervöser Erregung« unter Beifügung eines Attests des berühmten Nervenarztes und Direktors der Grazer »Landesirrenanstalt« Richard von Krafft-Ebbing um »Enthebung« von seiner Professur gebeten.[12] Die Anekdote will freilich wissen, daß sich der wahre Grund bei einem von Helmholtz ausgerichteten Diner ergeben habe, wobei Boltzmanns etwas laxe Tischmanieren ihm nicht nur den strengen Blick der Hausherrin eingetragen hätten, sondern auch deren spitze Bemerkung: »Herr Professor, ich fürchte, Sie werden sich in Berlin nicht wohlfühlen.«

Wie dem auch gewesen sein mag: Diese Stelle wollte Heinrich Hertz ohnehin nicht, da er sich nicht auf theoretische Physik beschränken mochte. In gespannter Erwartung spazierte er daher nach »sehr schlechter Fahrt« am Sonntagmorgen durch Berlin, bis er gegen elf Uhr in Althoffs Wohnung vorsprach. Dort fand er einen Zettel an der Tür, der ihn auf zwölf Uhr ins Kultusministerium bestellte. In dem noblen Gebäude Unter den Linden Nr. 4 wurde er in ein luxuriöses Zimmer geführt und alsbald von dem Geheimrat begrüßt.

Althoff war eine der schillerndsten Figuren unter den hohen preußischen Beamten. Von den einen als Seele des Kultusministeriums und begnadeter Administrator gerühmt, der sich um Rang und Ansehen der preußischen Universitäten große Verdienste erworben habe, wurde er von anderen als durchtriebener Despot geschmäht und gefürchtet. Vermutlich hatten beide Seiten recht, insofern Althoff seine Erfolge nur um den Preis erreichen konnte, daß er viele Professoren verärgerte oder schikanierte.[13] Zu seinem aus Karlsruhe angereisten Gast war Althoff freilich »sehr freundlich«, aber auch der bekam eine Probe der Althoffschen Wechselbäder von Zuckerbrot und Peitsche zu spüren.

»Das Gießen, das müssen Sie ablehnen, wir haben Besseres für Sie«, begann Althoff den sachlichen Teil der Unterredung. Was das »Bessere« war, sagte er jedoch nicht, und da Heinrich Hertz fürchtete, bei einer innerpreußischen »Schiebung« etwa im entlegenen Königsberg zu landen, wollte er sich Gießen wenigstens als Option offenhalten. Nach der Drohung, »ich sei ihnen schon einmal durchgebrannt, wenn ich ihnen wieder einen Korb gäbe, sei es aus mit Preußen für mich«, mußte Heinrich Hertz versprechen, Gießen ohne konkretes Angebot aus Preußen abzulehnen, aber immerhin »auf die Versicherung hin, daß meine Wünsche möglichst berücksichtigt würden«.

Nachdem so die Verhandlungsgrundlagen geklärt waren, wurde die Unterhaltung wieder freundlicher. Beim Minister von Goßler, der gleichfalls am Sonntag in sein Büro gekommen war, verbrachte Heinrich Hertz anschließend etwa eine Stunde in sehr angenehmem Gespräch, teils allein mit der Exzellenz, teils im Beisein von Althoff, aber immer so, »daß ich hier ruhig jedes Vertrauen haben könnte, daß man mir wohlwollte, und sowohl meine persönlichen Wünsche als auch meine Arbeitsfähigkeit nach aller Möglichkeit fördern würde«. Dafür hatte offenbar Helmholtz gesorgt, und auch dafür, daß Heinrich Hertz in Berlin mit Sicherheit vorgeschlagen werde. Jedoch protestierte er »lebhaft« gegen das theoretische Ordinariat, denn dann würde er »ganz aus den Arbeiten herausgerissen, in denen ich Erfolge gehabt«. Als Lehrstühle für Physik kämen Bonn oder Göttingen in Frage, aber beide Fakultäten müßten erst ihre Berufungslisten einreichen. Die Allmacht Althoffs kollidierte nämlich mit der eifersüchtig gehüteten Autonomie der Fakultäten, die er zwar manipulieren und überspielen, aber nicht ignorieren konnte.

Nach drei Stunden im Ministerium wurde Heinrich Hertz von Althoff »äußerst freundlich« verabschiedet und stärkte sich in einem Restaurant, bevor er ein Telegramm nach Karlsruhe aufgab: »+nicht nach giessen, noch ungewisz wohin, doch bin ich sehr zufrieden+.« Gegen fünf Uhr ging er ins Institut, wo Helmholtz noch wohnte, weil die fürstliche Dienstvilla in Charlottenburg noch nicht bezugsfertig war. Heinrich Hertz traf den Geheimrat im Kreise der Familie bei einem frühen Abendessen, weil man ins Theater gehen wollte. Er wurde hinzugebeten, konnte aber nur kurz mit Helmholtz sprechen. Danach war er erleichtert, daß er sich wegen seiner Bedenken hinsichtlich der Berliner Professur weder entschuldigen noch verteidigen mußte, da Helmholtz der gleichen Meinung war und dies auch Althoff mitgeteilt hatte.[14]

Für den Fall, daß Heinrich Hertz trotzdem nur das theoretische Ordinariat angeboten würde, hätte man auf Arrangements zurückgreifen können, wie sie mit Boltzmann ausgehandelt worden waren, der ebenfalls nicht aufs Experimentieren verzichten wollte: Ihm waren »einige Zimmer (etwa 2–3) in der Physikal. Reichsanstalt« oder andere Räume sowie eine »Dotation von ca. 3000 Mark für Hilfsassistenz, Diener und Apparate«[15] zugesagt worden. Natürlich wollte Helmholtz auch Heinrich Hertz »einige Zimmer im Reichsinstitut einräumen, aber das gleiche sei es doch nicht«. Trotzdem verließ Heinrich Hertz Berlin »hochbefriedigt« mit dem Nachtzug.

In Darmstadt trug er seine schriftliche Ablehnung des Rufes nach Gießen aufs Ministerium und speiste »sehr freundschaftlich« mit dem Kollegen von der Darmstädter Hochschule, Franz Himstedt, der sich freute, daß Gießen wieder zu haben war und der tatsächlich dorthin berufen wurde. Montag nachmittag war Heinrich Hertz wieder in Karlsruhe, wo nur noch zwei Tage auf dem Bezirkskommando zu absolvieren waren. Dem Ministerium und dem Direktor der Hochschule teilte er die neue Situation mit und verzichtete, wie Althoff geraten hatte, auf die in Aussicht gestellte Gehaltsaufbesserung. Er durfte auf Geheiß Althoffs zwar sagen, daß er einen Ruf aus Preußen erwarte, nur eine bestimmte Universität konnte und durfte er nicht nennen. Trotzdem glaubten alle, daß er nach Bonn gehen würde.[16]

Als Termin des Wechsels hatte Althoff das Frühjahr 1889 als wahrscheinlich angesehen, Heinrich Hertz aber gebeten, sich auch auf einen früheren Dienstantritt einzurichten. Der wollte jedoch unbedingt noch das Wintersemester in Karlsruhe bleiben, um einige Experimente zu Ende zu bringen, und dafür setzte er seine Hoffnungen auf den badischen Staat, daß der ihn nicht überstürzt ziehen lassen würde. Zwar hatte Althoff getönt, »wir arbeiten hier sehr schnell«, und tatsächlich hatte er sofort nach Heinrich Hertz' Abreise die Universität Bonn um Vorschläge gebeten, aber es waren Ferien, so daß sich beide, Althoff und vor allem Heinrich Hertz, gedulden mußten.

Unmittelbar nach dem Tod von Clausius hatte der Mathematiker Rudolf Lipschitz, der in Sachen der exakten Naturwissenschaften in der Bonner Fakultät die Fäden zog, Helmholtz um ein Gutachten gebeten. Beide setzten natürlich voraus, daß als Nachfolger des hochberühmten Clausius nur die besten Physiker in Frage kämen. Zu dem offensichtlichen Wunschkandidaten der Bonner meinte Helmholtz jedoch, »daß es nicht möglich sein wird, Fr. Kohlrausch zur Übersiedelung nach Bonn zu bestimmen, da er eben die Professur in Straßburg mit dem außerordentlich schön eingerichteten Institut übernommen hat. Sonst wäre dieser wohl die bestmögliche Kraft, die man gewinnen könnte.« Daher empfahl er Heinrich Hertz, zwar an zweiter Stelle, aber mit höchstem Lob als »den talentvollsten und an originalen Ideen reichsten unter den jüngeren Physikern ... Seine letzten Untersuchungen über die Fortpflanzung der elektrodynamischen Wirkungen durch den Luftraum zeigen ihn als einen Kopf ersten Ranges.«[17] Als weitere nachrangige Kandidaten erwähnte Helmholtz noch Quincke und Wiedemann, die Ordinarien in Heidelberg und Leipzig.

Die Kommission, die in Bonn am 12. Oktober 1888 zusammentrat, hatte sich aber nicht nur mit dem Nachfolger für Rudolf Clausius zu befassen, sondern mit einem heiklen Organisationsproblem. Clausius war an der Theorie stärker interessiert gewesen als am Experiment und hatte daher die Leitung des Praktikums Eduard Ketteler überlassen, der schon 1872 zum Extraordinarius ernannt worden war, aber nur das Gehalt eines Assistenten bezog. 1884 hatte Ketteler seine Beförderung zum Ordinarius beantragt; die Fakultät unterstützte wegen der »ziemlich bedrängten« finanziellen Lage des verdienten Kollegen den Antrag, und der Kurator schloß sich in seiner Stellungnahme ans Ministerium dem Antrag Kettelers an: »Derselbe besitzt wenig Privatvermögen, ist mit einer unvermögenden Frau verheiratet ...« Althoff sah darin keinen Grund für ein zweites Ordinariat, »das etatmäßig nicht vorhanden ist, wie denn auch die Begründung eines solchen nicht wohl in Aussicht genommen werden kann«. Ketteler wurde eine Gehaltserhöhung von dreihundert Mark bewilligt und dazu gratis der Titel »Übungsdirigent im physikalischen Laboratorium« verliehen.[18]

Weil Ketteler mittlerweile die Leitung des Laboratoriums, also auch die Betreuung experimentell arbeitender Doktoranden, auf Dauer übertragen worden war und er in den letzten Jahren den kranken Clausius in der Leitung des Instituts erfolgreich vertreten hatte, sollte er endlich durch eine zwar nachgeordnete, aber immer noch ordentliche Professur für theoretische Physik belohnt werden. Den Nachfolger von Clausius würde das kaum berühren, weil er die Direktion des Instituts und die kolleggeldträchtigen großen Vorlesungen übernehmen würde. Nur zwei Räume sollte er dem Kollegen abtreten. Helmholtz hatte jedoch gleich angemerkt, daß

Kohlrausch »das Arrangement mit Prof. Ketteler ... ablehnen« würde. Heinrich Hertz könne das eher zugemutet werden, »da er noch verhältnismäßig jung ist«.[19]

Diese delikaten Probleme wurden in dem Kommissionsbericht ausgebreitet, bevor die Berufungsliste aufgestellt wurde. Als erster wurde Kohlrausch nominiert, »als die bewährteste Kraft, welche für die vakante Stelle gewonnen werden könnte«. An zweiter Stelle wurde Heinrich Hertz benannt. Neben viel wissenschaftlichem Lob – »seine letzten Untersuchungen ... haben ihn in die erste Reihe der schöpferischen Physiker gehoben« – wurde auch »seine Vortragsweise als ungemein durchsichtig« geschildert. Die Fakultät wollte »auch die Wahl dieses Mannes als eine den Verhältnissen in hohem Maße entsprechende betrachten«. – Als Reservekandidaten wurden noch Leonhard Sohncke und Emil Warburg aufgeführt. – Am 9. November, als alle Ordinarien aus den Ferien zurückgekehrt waren, wurde dieser Bericht in einer Sitzung der gesamten Fakultät gebilligt und über den Kurator auf den Weg nach Berlin gebracht.[20]

Tags zuvor hatte auch in Berlin eine Kommission der Fakultät getagt. Zunächst gab es Kopfschütteln über Boltzmann, weil der es sich wieder anders überlegt hatte und ein zweites Mal auf die Stelle berufen werden wollte, die er zuvor abgelehnt hatte.[21] Althoff hatte ihm schon einen Korb gegeben, so daß Boltzmanns Bewerbung mit einem Hinweis auf dessen schlechten Gesundheitszustand abgetan werden konnte. Helmholtz war mit einem langen Bericht erschienen, voll enthusiastischen Lobs für Heinrich Hertz und anerkennender Bemerkungen über Max Planck. Die Kommission folgte diesem Bericht und nominierte an erster Stelle Heinrich Hertz, »welcher zwar vorwiegend experimentierender Physiker ist, aber auch die theoretische Physik vollständig beherrscht, ein origineller Kopf, der sehr wertvolle Arbeiten gemacht hat«. An zweiter Stelle wurde der Extraordinarius Max Planck aus Kiel benannt, »welcher sehr wichtige Untersuchungen durchgeführt hat« und den etatschonenden Vorteil bot, daß er »vielleicht als Extraordinarius zu gewinnen sein« würde. Dem stimmten alle zu, nur wollte Wilhelm von Bezold, inzwischen Ordinarius für Meteorologie in Berlin, »den bedeutenden Unterschied zwischen den beiden recht stark hervorgehoben« sehen.[22] Am 15. November bestätigte die Fakultät diesen Vorschlag und sandte ihn an den Minister.

Derweil war Heinrich Hertz schon ungeduldig geworden, obwohl er hätte wissen müssen, daß Beschlüsse der Fakultäten nicht vor November zu erwarten waren. Mitte Oktober schrieb er noch kurz: »Aus Berlin nichts Neues.«[23] Im Tagebuch notierte er, daß er sich »viel um die Zukunft gesorgt« habe und ihm »Gerüchte über Sitzungen in Bonn ... zugetragen« würden.[24] Genaueres erfuhr er durch Hippolyt Haas, der ihn gerade besucht hatte; sein Heimweg führte über Bonn, von wo er eine Karte schickte, »Heinrich habe große Aussichten dahin«.[25] Während seine Frau sich freute, daß sie »einer Entscheidung sehr nahe« seien, schrieb ihr Mann an den Bonner Mineralogen Hugo Laspeyres, den er aus Kiel kannte, »da die Ungewißheit zu schwer«.[26]

Mittlerweile brauten sich bei Heinrich Hertz trübe Anwandlungen zusammen, wie er sie von früheren Jahren kannte: »Denn von Berlin erfahre ich immer nichts, und obwohl ich mir vorgenommen habe, mich die Sache nicht anfechten zu lassen und sie in größter Gemütsruhe abzuwarten, merke ich doch, wie sich durch die Ungewißheit meine Laune allmählich verdüstert und ich aufhöre, an einen angenehmen Ausgang zu glauben, obwohl hierfür doch gar kein vernünftiger Grund einstweilen vorliegt.« Elisabeth, die ihren Heins gut kannte, schrieb an den Rand: »ist nicht so schlimm«, und ihr Mann erläuterte ebenfalls auf dem Rand, er sorge sich eigentlich nur darum, »daß man mich doch nach Berlin oder Breslau oder irgendwohin ruft, wo ich nicht hin möchte«.[27]

Das beste Mittel gegen die Verdüsterung der Laune war die Arbeit, in die sich Heinrich Hertz mit solcher Intensität stürzte, daß er für einige Wochen nicht einmal seinen Eltern schrieb, sondern die »Wochenbriefe« seiner Frau überließ. Elisabeth konnte Mitte November eine Nachricht aus Bonn weitergeben, nach der Heinrich an zweiter Stelle vorgeschlagen worden sei; von dem an erster Stelle nominierten Kohlrausch nahm man aber an, daß er Straßburg nicht verlassen und das Ministerium ihm die Stelle gar nicht antragen würde. So seien die Aussichten von Heinrich Hertz, »nach Bonn zu kommen, sehr groß, und er ist sehr vergnügt darüber«.[28] Anfang Dezember erzählte der Chemiker Carl Engler, der zu Reichstagssitzungen in Berlin war, daß Althoff ihm aufgetragen habe, »ihn bei H. zu entschuldigen, daß sich die Sache so lange hinziehe, was H. sehr angenehm war«. Noch angenehmer war die Nachricht, daß nur die Universitäten Berlin, Bonn und Göttingen in Frage kämen, »und da H. aus den bekannten Gründen nicht nach Berlin will, so sind es nur Bonn und Göttingen«.[29]

Was allerdings in Göttingen beabsichtigt war, ist unklar, weil der dortige Ordinarius Riecke sich jedenfalls nicht mit Abwanderungsgedanken trug. Wahrscheinlich verfolgte Althoff schon 1888 die Absicht, diese Universität, an der der Geist von Gauß und Weber noch lebendig war, zu einem Zentrum mathematisch-physikalischer Forschung auszubauen, und hatte deshalb Heinrich Hertz neben Riecke und Voigt als dritten Ordinarius vorgesehen. Diese weitsichtigen Planungen ließen sich jedoch erst später realisieren. – Vielleicht hatte es aber mit diesen Überlegungen zu tun, daß die »Königliche Gesellschaft der Wissenschaften zu Göttingen« Heinrich Hertz am 3. November zum »Correspondenten«, also zum auswärtigen Mitglied, der mathematischen Klasse ernannt hat. Heinrich Hertz hat sich darüber sehr gefreut, »besonders, da dies in Deutschland das erste Zeichen öffentlicher Anerkennung ist«.[30]

Das Abwägen zwischen Bonn und Göttingen hatte am 10. Dezember ein Ende. »Es freut mich«, hatte Althoff geschrieben, »daß Sie, wie ich erwartet hatte, sowohl in Berlin wie in Bonn vorgeschlagen sind. Der Herr Minister hat mich beauftragt, an Sie die Frage zu richten, welche der beiden Stellen Sie vorziehen würden.«[31] Sofort sandte Heinrich Hertz an die Exzellenz und an den Geheimrat seinen »tief gefühlten Dank für die Güte« und entschied sich für Bonn: »Ich finde meine Freude in meinem Beruf im Experimentieren und ich würde auf dasselbe verzichten oder meine Forschungstätigkeit als Urlaubssache begründen müssen, wenn ich die Berliner Professur übernähme.«[32] Althoff akzeptierte, und Helmholtz »tat es persönlich leid, daß Sie nicht nach Berlin kommen wollen«. Er hatte aber selbst zu Bonn geraten und dabei den weiteren Lebenslauf von Heinrich Hertz skizziert, als ob er dem seinen folgen sollte: »Wer noch viel wissenschaftliche Aufgaben vor sich sieht, die er angreifen möchte, bleibt den großen Städten besser fern. Am Ende des Lebens, wenn es mehr darauf ankommt, den errungenen Standpunkt für die Heranziehung der neuen Generation und für die Staatsverwaltung zu verwerten, ist es anders.«[33]

Nachdem der sehnliche Wunsch nach Bonn in Erfüllung gegangen war und nur noch Details geregelt werden mußten, war Heinrich Hertz ernüchtert und fand, der »Wechsel an sich ist ja nicht angenehm, und zwei Jahre können wieder herumgehen, bis alles im Geleise ist«. Jedoch überwog die Erwartung, »daß sich der Wechsel auch lohnt ... Alles in allem aber ist nicht zu leugnen, daß ich mich hier als rechter Glückspilz bewährt habe, zunächst äußerlich und dem Schein nach; hoffentlich zeigt die Zeit, daß es auch innerlich und dem Wesen nach so ist.«[34]

Für die abschließenden Verhandlungen hatte sich Heinrich Hertz mit Althoff für den 22. Dezember in Bonn verabredet[35], und da er die Stadt nur als Knabe auf einer Rheinfahrt mit seinem Vater gesehen hatte, studierte er erst einmal den Baedeker der Rheinlande. Als er am 20. Dezember abends in Bonn eintraf und herumspazierte, wurde er etwas enttäuscht, denn »neblige Dezembertage sind freilich nicht geeignet, einen in dieser Hinsicht schwärmen zu lassen«. Am nächsten Tag besuchte er die Naturwissenschaftler der Fakultät und fand bestätigt, daß er in diesem Kreise der Benjamin sein würde. Der Zoologe Hugo Ludwig war zwar nur sechs Jahre älter, jedoch waren die anderen Kollgen würdige Herren jenseits der Fünfzig und manchmal sehr viel älter, aber »alle empfingen mich aufs liebenswürdigste und gefielen mir demnach aufs beste, ob sie nun Geheimräte sind oder nicht«.

Das Physikalische Institut befand sich im Südflügel des ehemals kurfürstlichen Schlosses, und dort war auch die herrliche Dienstwohnung, in der Clausius seine letzten vier Lebensjahre verbracht hatte. Nach Abwägung aller Umstände zog es Heinrich Hertz aber vor, in einem der schönen Bonner Bürger- und Professorenhäuser wohnen zu wollen. Dieser Entschluß wurde allseits begrüßt, weil dadurch das etwas beengte Institut um die Räume der Dienstwohnung erweitert werden konnte. Am nächsten Vormittag wurde mit Althoff an der Spitze, einigen Universitätsbeamten und Kollegen das Institut inspiziert. Dabei lernte Heinrich Hertz Eduard Ketteler kennen und erfuhr wohl erstmals, daß ihm ein theoretischen Ordinariat zugesichert worden war und dazu zwei Räume. Wenn Heinrich Hertz diese Art, ihn vor vollendete Tatsachen zu stellen, geärgert haben sollte, so hat er sich das nicht anmerken lassen. Helmholtz hatte auch in dieser Hinsicht seinen ehemaligen Assistenten zutreffend eingeschätzt.

Mit Bangen sah Heinrich Hertz der Verhandlung mit Althoff über das Gehalt und andere Vertragsbedingungen am Nachmittag entgegen; er war »auf ein greuliches Schachern vorbereitet, aber wir kamen in anständiger Weise zusammen«. Die beiden einigten sich auf sechstausendvierhundert Mark und dazu die üblichen sechshundertsechzig Mark Wohnungsgeld.[36] Heinrich Hertz glaubte, daß er wie ein geschäftstüchtiger Hanseat verhandelt und sich wacker geschlagen habe, aber noch zufriedener konnte Althoff sein, denn er hatte den fähigsten der jüngeren Physiker für ein in Bonn übliches Normalgehalt bekommen, während er Boltzmann für die Berliner Stelle mit dreizehntausendsiebenhundert Mark das Doppelte hatte bewilligen müssen.[37] Allerdings wußte Heinrich Hertz, daß »die Kollegiengelder einen zum wohlhabenden Mann machen«, er sein Einkommen also etwa verdoppeln würde.

Wie bei Althoff üblich, wurden alle Vereinbarungen schriftlich festgehalten und von beiden Seiten gegengezeichnet. Dazu gehörten auch Abmachungen, die nicht in die Bestallungsurkunde aufgenommen würden, bis hin zu den zwei Räumen für Ketteler. Wichtiger war eine »außerordentliche Bewilligung« für das Institut von dreitausend Mark und eine generöse »Zusage außerordentlicher Zuschüsse bei Bedarf«.[38] Um letzteres hatte der neue Professor nicht einmal bitten müssen, denn Althoff war an exzellenter Forschung interessiert, und die sollte am Geld nicht scheitern. Deshalb riet er auch dazu, nicht zu viele Vorlesungen zu halten; selbst bei den gesetzlich vorgeschriebenen, honorarfreien und öffentlichen Vorlesungen wollte er »durch die Finger« sehen, denn Heinrich Hertz solle »freie Zeit zu seinen Arbeiten behalten und seine Ausbreitungsgeschichten ruhig zu Ende bringen«. Wichtig war nur, daß »etwas geleistet wird, wie Sie es bisher getan haben«. Da freute sich Heinrich Hertz, »wieviel Wert man auf meine wissenschaftliche Tätigkeit legt und empfand auch darin wohltätig den Gegensatz der Universität gegen das Polytechnikum«.[39]

Sogar die Petitesse der Reisekosten gestaltete Althoff noch zu einem Gunstbeweis, indem auf seine Anweisung die Bonner Universitätskasse hundertfünfzig Mark zu zahlen hatte: »Dies ist mehr, als in Bonn verabredet wurde«, wunderte sich Heinrich Hertz, und noch einmal hatte er Grund, dem Geheimrat »für die mir erwiesene Liberalität meinen ergebensten Dank« auszusprechen.[40] – Die Fahrkarte hatte vierzig Mark gekostet.

In Karlsruhe teilte Heinrich Hertz noch am Heiligen Abend dem Direktor und Hofrat Schuberg schriftlich die Annahme des Rufes nach Bonn mit und ersuchte um Entlassung zum 1. April des nächsten Jahres. Dabei wußte er nicht recht, ob er sich entschuldigen sollte, weil er der badischen Regierung keine Gelegenheit zu Bleibeverhandlungen eingeräumt hatte, »welche von vornherein aussichtslos wären und bei welchen man nur Nebenabsichten hätte vermuten können«.[41]

Daß der Weihnachtsabend sehr schön wurde, lag nicht nur daran, daß Heinrich Hertz von seinen Eltern eine teure und schöne goldene Uhr geschenkt bekam und »die Kleine seelenvergnügt« war. Ihre Eltern konnten mit dem Erreichten mehr als zufrieden sein, nicht nur wegen der Berufung nach Bonn, sondern vor allem wegen des wissenschaftlichen Ertrages, den Heinrich Hertz in den letzten Monaten auf großartige Weise hatte abrunden können. An Silvester hat er nur »ungern von dem guten Jahr Abschied genommen«.[42]

8. »Strahlen elektrischer Kraft«

Folgt man den Eintragungen im Tagebuch von Heinrich Hertz, so hat er sich im Sommer 1888 während der Ferien in Hamburg und beim anschließenden Dienst auf dem Bezirkskommando in Karlsruhe die Physik aus dem Kopf geschlagen. Gegen Ende September wurde er jedoch unruhig und meinte, er sei »nun hinlänglich lange Zeit untätig gewesen, um hoffen zu dürfen, daß ich wieder mit frischen Kräften an die Arbeit gehe«.[1] Als er aus Berlin von seinem Gespräch im Kultusministerium zurückkehrte, begann die Arbeit freilich mit Routinepflichten. Morgens mußte er Examina abnehmen, hastete dann aufs Bezirkskommando und widmete sich dort dem »Abschluß der Kassenbücher«, bevor er am Abend des 3. Oktober die Uniform ausziehen konnte.[2]

Am ersten Tag im »Zivilverhältnis« hat Heinrich Hertz wie ein ausgehungerter und nach Taten dürstender Forscher »im Laboratorium sogleich Versuche mit dem Interferenzrefraktometer aufgenommen«. Nach zwei Tagen mußte er diese Versuche abbrechen, weniger, weil sie ein »negatives Resultat« ergaben, sondern weil er tagelang Prüfungen abzunehmen hatte. Weil die Zahl der Studenten von dreihundert auf mehr als fünfhundert angewachsen war, nahm auch die Zahl der Prüfungen zu. Für seine große Vorlesung meldeten sich mit einhundertzweiundsiebzig doppelt so viele Hörer an wie drei Jahre zuvor, und im Praktikum waren es fünfzehn Teilnehmer. Allerdings wurde ihm zu Beginn des Semesters in der zweiten Oktoberwoche auch ein erfreuliches Geschenk gemacht: Die Vorlesung über Meteorologie, die noch unter seinem Namen angekündigt war, übernahm ein Dr. Schultheiß, der sich habilitiert hatte und der Forstschule attachiert war.[3]

Erst Mitte Oktober kam Heinrich Hertz wieder zum Experimentieren und untersuchte »das Eindringen der elektrischen Kraft in das Innere fest geschlossener Räume«, aber nur kurz, denn nun drängte es ihn, die theoretischen Untersuchungen aus dem Sommersemester in eine definitive Form zu bringen: »Nachgedacht für Anwendung von Maxwells Gleichungen auf schnelle Schwingungen, d.h. die Niederschrift davon.«[4] Das Ziel war eine Analyse und konsistente Beschreibung seiner Experimente mit den Mitteln der

Maxwellschen Theorie, was zugleich als ein Prüfstein für die Tragweite dieser Theorie gedacht war. Die meisten Rechnungen hatte er im vergangenen Semester so weit vorangetrieben, daß er glaubte, das Ganze nur noch in eine ansprechende Form bringen zu müssen, aber es wurde mehr.

Einige Tage hat er gerechnet und geschrieben, schließlich auch an den Abbildungen gezeichnet: »Elisabeth hilft mir.« Nach einer Woche klagte er über die Mühe der Ausarbeitung, daß »die gar nicht vorwärts will«.[5] Er blieb aber zäh bei dieser Aufgabe, weil er spürte, »daß ich doch eigentlich erst mit Ruhe weiterkomme, wenn ich das Vorangegangene rein und klar, d.h. druckfertig gemacht habe, es liegt mir sonst immer noch im Kopf«.[6] Die nötige hohe Konzentration hatte zudem den Vorteil, daß die aufkommende Unruhe wegen der ungeduldig erwarteten Berufung in den Hintergrund gedrängt wurde. Ende Oktober hat er immer noch »mühselig an der Niederschrift der Maxwellschen Theorie gearbeitet« und sie endlich am 5. November so weit fertig gestellt, daß nur noch »mächtig abgeschrieben« werden mußte. Die Reinschrift schickte er am 7. November unter dem Titel »Die Kräfte elektrischer Schwingungen, behandelt nach der Maxwellschen Theorie« an Wiedemann.[7]

Diese Abhandlung, die Anfang des nächsten Jahres in den »Annalen« erschien, hatte einen immensen Einfluß auf die Entwicklung der Physik und später auch der Technik. Sie wurde viel studiert und oft zitiert. Den Physikern bot sie eine klare Exposition des neuen Denkens einer feldtheoretisch begründeten Elektrodynamik. Durch die von Hertz präsentierte Darstellung der Maxwellschen Gleichungen verhalf sie dieser Theorie auch auf dem Kontinent zum Durchbruch. Für die kommenden Jahre bis in die Gegenwart und für alle Zukunft enthielt sie in vollendeter Form das, was man »Antennentheorie« nennen mag, nämlich eine geschlossene und für immer gültige Berechnung der von einem oszillierenden Dipol ausgehenden Strahlung.

Seine Experimente hatte Heinrich Hertz im Rahmen von »älteren Anschauungen« konzipiert und gedeutet, wie er in der Einleitung erläuterte. Dabei hatte er ein Zusammenspiel von elektrostatischen Kräften und elektrodynamischen Wirkungen zugrunde gelegt, wobei sich erstere mit unendlicher, letztere mit endlicher Geschwindigkeit ausbreiten sollten. »Der Maxwellschen Theorie in reiner

Entwicklung ist ein derartiger Unterschied fremd. Ich wünsche deshalb gegenwärtig zu zeigen, daß auch auf Grund der Maxwellschen Theorie die Erscheinungen gedeutet werden können, ohne jene Trennung einzuführen. Gelingt dieser Versuch, so ist damit die Frage nach der besonderen Ausbreitung der elektrostatischen Kraft als bedeutungslos in Maxwells Theorie von selbst erledigt.« Natürlich war dieser Versuch gelungen, aber »auch abgesehen von dem besonderen Zweck ist ein näherer Einblick in das Spiel der Kräfte einer geradlinigen Schwingung nicht ohne Interesse«.[8]

Dazu stellte Heinrich Hertz die Maxwellschen Gleichungen für den leeren Raum, der bei ihm der »freie Äther« hieß, an den Anfang. Diese Gleichungen bilden für Heinrich Hertz, »was den Äther anlangt, den wesentlichen Bestandteil der Maxwellschen Theorie«. Sie rühren freilich nicht direkt von Maxwell her, sondern haben genau diejenige symmetrische und besonders durchsichtige Form, die er selbst 1884 in Kiel gefunden und in seiner Abhandlung über die Grundgleichungen der Elektrodynamik angegeben hatte. Er verschweigt jedoch diese Vorleistung und unternimmt auch nicht mehr den Versuch, diese Gleichungen herzuleiten oder wenigstens plausibel zu machen. Damit verabschiedet er zugleich alle mechanischen Modelle des Äthers und der elektromagnetischen Wechselwirkungen.

Erstmals und zugleich schon sehr entschieden bekennt sich Heinrich Hertz zur axiomatisch-deduktiven Methode, wie er sie später als einen charakteristischen Aspekt seiner wissenschaftstheoretischen Programmatik entfalten wird. Viele seiner Kollegen, die darauf stolz waren, daß die Physik eine auf Erfahrung und nichts sonst gegründete Wissenschaft sei, mögen über diese radikale Umkehrung der Argumentationsstruktur den Kopf geschüttelt haben, und für die englischen »Maxwellianer« war diese Verschlankung der Lehre ihres Heros überhaupt nicht akzeptabel. Aber Heinrich Hertz begründete sein Vorgehen nicht als abgehobene methodologische Spekulation, sondern konkret und überzeugend anhand der Maxwellschen Gleichungen:

»Maxwell gelangte zu denselben, indem er von Fernkräften ausging und dem Äther die Eigenschaft eines in hohem Grade dielektrisch polarisierbaren Mittels beilegte. Man kann auch auf anderen Wegen zu denselben gelangen. Auf keinem Weg kann indessen bislang ein direkter Beweis für jene Gleichungen aus der Erfahrung erbracht werden. Es erscheint deshalb am folgerichtigsten, dieselben unabhängig von dem Wege, auf welchem man zu ihnen gelangt ist, als eine hypothetische Annahme zu betrachten und ihre Wahrscheinlichkeit auf der sehr großen Zahl an Gesetzmäßigkeiten beruhen zu lassen, welche sie zusammenfassen. Stellt man sich auf diesen Standpunkt, so kann man eine Reihe von Hilfsbegriffen entbehren, welche das Verständnis der Maxwellschen Theorie erschweren, zum Teil aus keinem anderen Grunde, als weil sie in der Tat keine Bedeutung besitzen, sobald man endgültig die Vorstellung unvermittelter Fernkräfte ausschließt.«[9] Einige Jahre später wird er schreiben: »Die Maxwellsche Theorie ist das System der Maxwellschen Gleichungen.«[10]

Ebenso klar und durchsichtig wie die Methodik ist die nachfolgende Mathematik. Aus den vier Maxwellschen Gleichungen wird ein Ausdruck für die in einem Volumenelement enthaltene Energie hergeleitet und zudem der von John Henry Poynting 1884 vorgeschlagene Ausdruck herangezogen, der den Energiefluß durch die Oberfläche beschreibt und der Wellengleichung genügt. Wegen der Rotationssymmetrie um die Achse des Dipols erfolgt eine Vereinfachung ins Zweidimensionale und dann mit Standardmethoden die Lösung, die als »Hertzsche Dipolformel« in die Geschichte eingehen wird. Besonders wichtig ist dabei eine Größe, welche die elektrischen Kraftlinien beschreibt.

Mit dieser Größe berechnet Heinrich Hertz eine Darstellung der Kraftlinien, wie sie in Abständen von einem Viertel der Schwingungsdauer aufeinanderfolgen, so daß eine volle Periode einer Schwingung erfaßt wird. Die Zeichnungen zeigen in faszinierender Anschaulichkeit, wie geschlossene Kraftlinien entstehen, wie sie sich einschnüren und als geschlossene Kraftlinien in den Raum entschwinden, während ihre Rudimente wieder in den schwingenden Dipol zurücksinken. Die vier in der Veröffentlichung präsentierten Zeichnungen wirken in ihrem zeitlichen Verlauf wie eine mathematische Variante bewegter Guckkastenbilder als Vorform des Films. Der hohe Grad an Genauigkeit, den Heinrich Hertz erreichte, ist immer wieder bewundert und bestätigt worden, in den letzten Jahrzehnten natürlich mit Computern, und heute ist es ein leicht zu programmierendes Vergnügen, diesen Vorgang der Dipolstrahlung auf dem Bildschirm eines Rechners nahezu kontinuierlich ablaufen zu lassen.

Natürlich hat Heinrich Hertz zu seinen Rechnungen viel zu er-

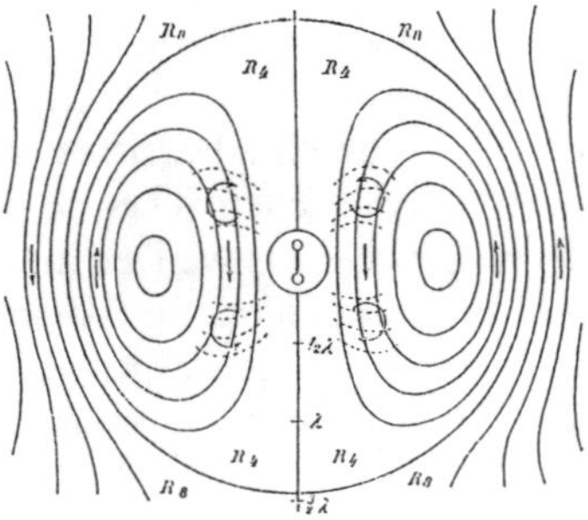

Fig. 27.

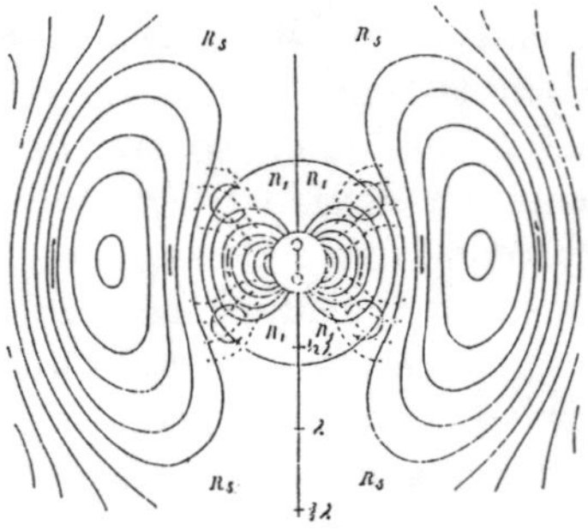

Fig. 28.

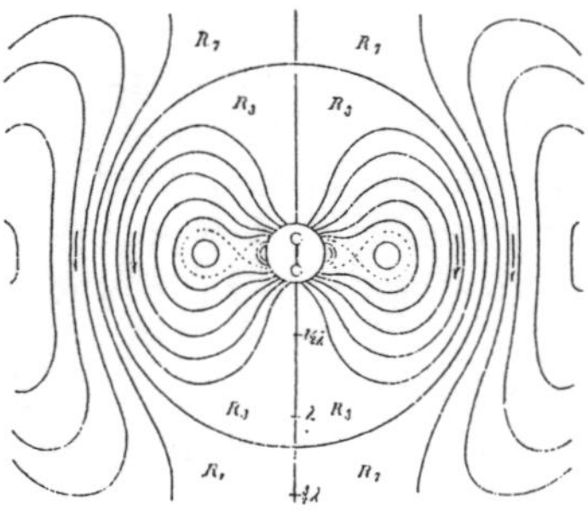

Fig. 30.

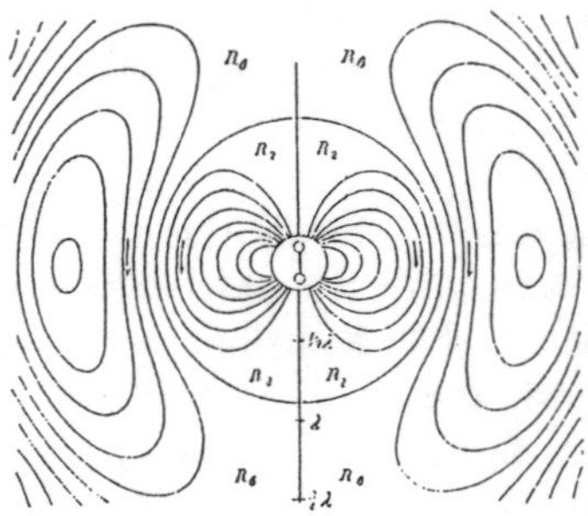

Fig. 29.

Die Ausbreitung elektromagnetischer Wellen im Raum, wie sie Heinrich Hertz 1888 berechnet und gezeichnet hat. (Ges. Werke II, S. 156/7)

klären und zu interpretieren. So findet er in verschwindendem Abstand vom Nullpunkt so etwas wie eine nahezu unendliche Ausbreitungsgeschwindigkeit, die er früher der elektrostatischen Kraft zuschrieb, jetzt aber darauf zurückführt, »daß im Grunde die sich bildende Welle nicht lediglich den Vorgängen im Nullpunkt ihre Entstehung verdankt, sondern aus den Zuständen des ganzen umgebenden Raumes hervorgeht, welch letzterer nach unserer Theorie der eigentlich Sitz der Energie ist«.[11] Jedenfalls breitet sich die

Welle schon in kleinen Abständen vom Nullpunkt mit Lichtgeschwindigkeit aus. Als anschauliche Nutzanwendung rechnet er vor, daß von seinem oszillierenden Dipol bei einer einzigen vollen Schwingung während der Dauer von 1,5 Hundertmillionstelsekunden 22 PS oder in heute üblichen Einheiten etwas mehr als 17 Kilowatt abgestrahlt werden. Freilich sind die Schwingungen des ursprünglichen »Hertzschen Oszillators« stark gedämpft, und nach etwa zehn Perioden ist alles vorbei. Aber »während der ersten wenigen Schwingungen entspricht die Intensität der Strahlung in etwa 12 m Abstand vom primären Leiter der Intensität der Sonnenstrahlung auf der festen Erdoberfläche«.[12]

So weit ist die Abhandlung einer der großen Klassiker der Physik, aber Heinrich Hertz hat noch mehr mitzuteilen, und das war problematisch.

In einem weiteren Kapitel analysierte Hertz die Interferenzen zwischen Drahtwellen und den Wellen im Raum. Bei den ersten Versuchen dieser Art war er noch irritiert, daß die Geschwindigkeit im Draht entgegen aller Theorie nur etwa zwei Drittel der Geschwindigkeit freier Raumwellen betragen sollte, aber im März 1888 war aus der Irritation eine Gewißheit geworden. An Helmholtz schrieb er damals: »Das Wichtigste scheint mir, daß es jetzt sicher ist, daß die Ausbreitung durch leitende Drähte merklich langsamer ist als durch die Luft.«[13] Was heute als passagerer Irrtum erscheint, der bald korrigiert werden sollte, war für Heinrich Hertz offenbar etwas ganz anderes, nämlich eine experimentelle Entdeckung, eine sehr bemerkenswerte sogar, weil sie allen Theorien widersprach und deshalb für die richtige Theorie der Zukunft von großer Bedeutung sein mußte. Dieser Entdeckung galt es nun, eine theoretische Interpretation zu verschaffen.

Während der erste Teil der Arbeit über die Dipolstrahlung von der Eleganz und Transparenz eines großen Klassikers zeugt, geriet dieser zweite Teil zu einer vertrackten Angelegenheit, der man die Mühe beim Schreiben ansieht und auch die Berechtigung der Klage, daß »sie gar nicht vorwärts will«. Einiges konnte er sehr gut erklären, anderes weniger gut oder gar nicht, aber das Fazit dieses Abschnitts ist eindeutig: »Von Wichtigkeit ist, daß auch unter Zugrundelegung der Maxwellschen Theorie die Versuche nicht gedeutet werden können, ohne einen merklichen Unterschied zwischen der Ausbreitungsgeschwindigkeit der Wellen in Drähten und der

Wellen im freien Raum anzunehmen.«[14] Das klingt nicht nach Bedauern, sondern nach der Reklamation einer folgenreichen Entdeckung.

Das gleiche gilt für den abschließenden Abschnitt über »Wellen in drahtförmigen Leitern«, dessen Überschrift etwas merkwürdig formuliert ist, weil zumindest in der Maxwellschen Theorie sich das Wesentliche gar nicht im Draht abspielt, sondern im umgebenden Luftraum. In diesem letzten Abschnitt hat Heinrich Hertz die Fülle seiner Experimente mit geraden, parallel geführten, zu Spiralen aufgewickelten und »gezackten« Drähten sowie mit Flüssigkeitssäulen analysiert. Auch dabei steht die von allen Theorien behauptete Ausbreitung der Wellen für vollkommen leitende Drähte auf dem Prüfstand: »Dürfen wir indessen unseren Versuchen nur ein weniges trauen, so ist dies Resultat unrichtig, die Ausbreitung geschieht mit einer viel kleineren Geschwindigkeit ... Die Ursachen, welche diese Geschwindigkeit bestimmen, sind noch dunkel.«[15]

Das konnte nichts anderes heißen, als daß eine neue Theorie entwickelt werden muß, und trotzdem schließt Heinrich Hertz versöhnlich: »Indem wir versuchten, die Beobachtungen aus der Maxwellschen Theorie zu erklären, ist es uns nicht gelungen, alle Schwierigkeiten zu beseitigen. Gleichwohl wird man die Vollständigkeit, mit welcher jene Theorie den größten Teil der Erscheinungen wiedergibt, als eine nicht beträchtliche Leistung derselben betrachten dürfen.«[16]

Sofort nach Absendung seiner Abhandlung zog es Heinrich Hertz ins Laboratorium, und er hat sich »bemüht, wieder ins Fahrgeleise der Versuche zu kommen«. Zunächst wollte die Arbeit »nicht recht vorwärts«, aber nach einem geruhsam verbrachten Sonntag glückte ein Durchbruch: »Versuche rücken vorwärts. Resonatoren in kleinem Maßstab. Ganz kurze Wellen in Drähten entdeckt.«[17] Das eröffnete neue Perspektiven für schöne Experimente.

Schon im Frühjahr hatte er versucht, kürzere Wellen für Experimente über Schattenwurf und Fokussierung zu erzeugen, war damals aber gescheitert. Nun war ihm der Zufall zu Hilfe gekommen, indem er kurze Wellen schon bei seinem Standardoszillator fand. Das geschah beim Abtasten der Welle in dem engen Zwischenraum zwischen zwei Drähten, wobei die sehr kleinen Resonatoren am Ende der Drähte deutliche Knoten von Wellenlängen bis hinunter zu 24 Zentimetern anzeigten.[18] Diese Beobachtung hätte ihm einen interessanten Aufschluß über die Funktionsweise des Oszillators verschaffen können: Er erzeugte nämlich nicht eine einzige Welle bestimmter Frequenz, sondern zugleich mit der »Grundwelle« auch das Analogon zu den akustischen Obertönen etwa einer Violinsaite und wegen der raschen Dämpfung dazu noch ein buntes Gemisch der verschiedensten Frequenzen.

Für solche Gedanken hatte Heinrich Hertz offenbar gar keine Zeit, denn er stürzte sich auf die Herstellung eines kleinen Oszillators und hat sofort die »Versuche mit ganz kleinen Resonatoren und primären Kreisen fortgesetzt«. Schon am nächsten Tag fand er, was er brauchte: »Auch in Luft werden Andeutungen von Wellen von 40 cm Länge erhalten.« Nachdem er seinen wahrscheinlich noch provisorischen Oszillator mit einem kleineren Induktorium bei einer Funkenlänge von 3 Millimetern ausprobierte, was übrigens etwa 11 000 Volt entspricht, gelang es »ziemlich gut, die früheren Versuche im zehnfach kleineren Maßstab zu wiederholen«.[19]

Die kurzen Wellen waren zwar nichts prinzipiell Neues, aber sie boten große Vorteile praktisch-experimenteller Art. Heinrich Hertz konnte nun die meisten klassischen Experimente, die in der Optik den Wellencharakter des Lichts beweisen, mit den im Laboratorium erzeugten elektromagnetischen Wellen imitieren und dadurch sicherstellen, daß Licht und elektromagnetische Wellen, abgesehen von ihrer Länge, identische Naturerscheinungen sind. Zudem wurden die Experimente handlicher, so daß er sie jederzeit im Laboratorium und, wenn es mal nötig war, in benachbarten Räumen ausführen konnte und nicht wie früher auf den Hörsaal angewiesen war, der nur an den Wochenenden oder in den Ferien frei war. Kein Wunder also, daß es zügig voranging.

Unterdes hatte er sich einen guten Oszillator gebaut und optimiert. Seine Veröffentlichung enthält eine genaue Beschreibung des Apparats als Anleitung zum Nachbau. Demnach bestand er aus einem »zylindrischen Messingkörper von 3 cm Durchmesser und 26 cm Länge, in der Mitte unterbrochen durch eine Funkenstrecke, deren Pole beiderseits durch Kugelflächen von 2 cm Radius gebildet werden«.[20] Dazu beschrieb er auch viele handwerkliche Tricks aus dem Erfahrungsschatz des routinierten Experimentators, von der Abschirmung der Funkenstrecke im Oszillator gegen die des Induktoriums bis zu Vorschriften zum Polieren der Kugeln.

Bei Versuchen »über die Reflexion kurzer Wellen in Luft« hat er mit diesem Apparat »sehr genau 33 cm Wellenlänge messen können«. Im Tagebuch gab er allerdings den Abstand zweier benachbarter Knoten als »Wellenlänge« an; die volle Wellenlänge betrug also 26 Zentimeter; damit lag die Frequenz in jenem Bereich, der ein halbes Jahrhundert später erst für Radar und dann fürs Fernsehen genutzt wurde. Diese Wellenlänge war mit Sicherheit klein genug für Experimente mit großen Metallflächen, so daß Heinrich Hertz einen »ersten parabolischen Hohlspiegel bestellt« hat.[21]

Was zwei Tage später im Institut eintraf, war ein Holzgerüst und ein großes Zinkblech, beides eine Herausforderung an den Professor als Handwerker, der das sperrige Blech in der optimalen Form fixieren mußte: »Ich wählte deshalb als Brennweite 12 $^1/_2$ cm und stellte den Hohlspiegel her, indem ich ein Zinkblech von 2 m Länge, 2 m Breite und $^1/_2$ mm Dicke über einem Holzklotz in die gewünschte Gestalt bog.«[22] Das wie eine Parabel geformte Blech wurde auf ein Holzgestell genagelt, der Oszillator auf einem garantiert nichtmetallischen Gestell aus Holz, Kautschuk und Siegellack im Brennpunkt angebracht und mit dem hinter dem Spiegel aufgestellten Induktorium verbunden. Während seitwärts des Spiegels die Resonatoren nicht ansprachen, waren in seiner Achse Funken bis in sechs Metern Entfernung wahrnehmbar, bei Reflexion an einer ebenen Metallplatte noch in zehn Metern. Die Mühe mit dem Parabolspiegel hatte sich gelohnt: »Versuche gelingen sehr gut. Zweiter bestellt.«[23]

Der zweite Parabolspiegel wurde ähnlich wie der erste hergerichtet, nur sollte er als »Empfänger« die auf ihn fallenden Wellen in seinem Brennpunkt fokussieren, wo eine Funkenstrecke als Detektor angebracht war. Der zweite Spiegel wurde an einem Sonnabend fertig, dem günstigsten Tag für Langstreckenversuche: »Durch den ganzen Hörsaal, doch nicht so stark, wie ich gehofft hatte.«[24] Die Enttäuschung war jedoch nicht groß, denn gegenüber den Eltern schwärmte er von seiner Arbeit, daß sie »wieder eine weit bessere Wendung genommen hat, als ich nach den kurz vorher erlangten Erfolgen hoffen durfte. Hoffentlich sind mir einige Wochen ruhiger Arbeit vergönnt, ohne daß ich gestört werde, ob ein anderer mir zuvorkommt.«[25]

Trotz der Eile war er einige Tage »durch Kopfweh unlustig zur Arbeit« und hat sich darauf beschränkt, eine »Kiste für ein Prisma

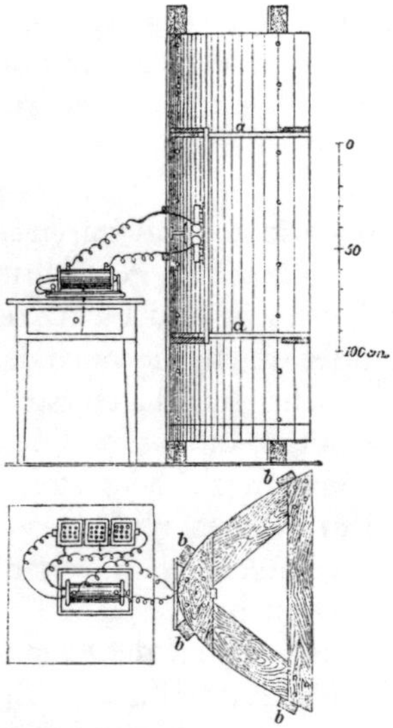

Sender und die Wellen fokussierender Hohlspiegel in Seitenansicht und in Aufsicht.

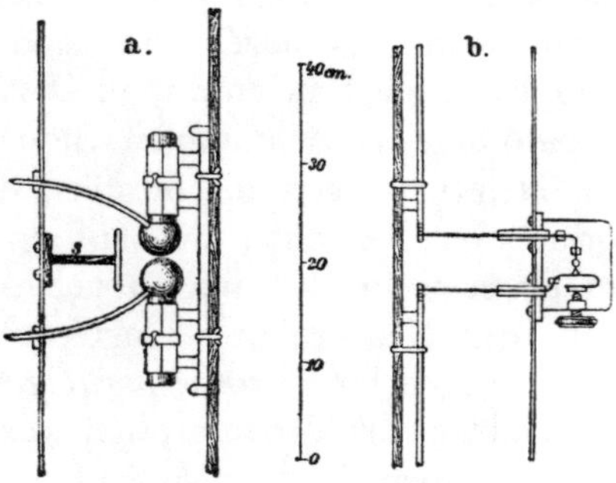

Die Funkenstrecke des Senders und des Empfängers. (Ges. Werke II, S. 196 und 197)

mit Pech« zu bestellen. Es handelte sich ähnlich wie bei den Asphalt- und Pechblöcken für die Experimente über die elektromagnetische Wirkung von Isolatoren um die hölzerne Schalung für eine prismatisch geformte Säule, welche die elektromagnetischen Wellen in der gleichen Weise brechen sollte wie ein gläsernes Prisma das Licht. Erst an den beiden letzten Tagen des November hat er die »Sammlungsräume für die Versuche mit den Hohlspiegeln hergerichtet« und »Versuche über geradlinige Ausbreitung und Reflexion angestellt«.[26]

Die Experimente gelangen so gut und waren so schön, daß er noch am selben Abend Helmholtz seinen Fortschritt mitteilte, »welcher die Verbindung zwischen Licht und Elektrizität, wie mir scheint, dauernd festlegt, und über welchen es mich daher drängt, Ihnen zu berichten«. Zunächst beschrieb er die Herstellung der kurzen Wellen und wie es ihm gelang, »die Kraft durch Hohlspiegel in die Ferne zu senden und einen Strahl herzustellen, und zwar mit bestem Erfolge«. Mit dem zweiten Hohlspiegel war die Strahlung »bis auf 16 Meter, und wahrscheinlich weiter, wahrnehmbar. Man kann den Strahl durch Drehen des Spiegels richten, man kann an ihm eine geradlinige Ausbreitung, die Schattengebung, vollkommen nachweisen. Ein Mensch z.B., der die Bahn des Strahles kreuzt, läßt den Funkenstrom in dem induzierten Spiegel vollständig erlöschen.«[27]

Das war schon erstaunlich genug, aber es kam noch besser: Die Strahlen wurden von einer Metallplatte so zuverlässig reflektiert wie Licht von einem Glasspiegel, und das auch bei Platten, die gegen die Strahlrichtung geneigt waren. Darüber wurde der Forscher zum »homo ludens«, dem immer schönere Experimente einfielen. So ließ Heinrich Hertz die Strahlen die lange Wand seines Laboratoriums entlang laufen und auf eine Platte treffen, von der sie um einen rechten Winkel abgelenkt wurden und durch die Tür in einen Nebenraum gelangten, wo die Funkenstrecke des zweiten Spiegels ihr Eintreffen anzeigte. Dabei machte es keinen Unterschied, ob die Tür nun offen war oder geschlossen. »Isolatoren halten den Strahl nicht auf«, war die wissenschaftlich relevante Feststellung, aber die bei der erstmaligen Beobachtung erlebte Mischung aus Freude und Erschütterung hat noch in der Veröffentlichung einen Nachklang: »Man sieht nicht ohne Verwunderung im Innern geschlossener Zimmer die Funken auftreten.«[28]

So weit war Heinrich Hertz am 30. November gekommen, als es ihn »drängte«, Helmholtz zu schreiben und er sich wegen seines Eifers entschuldigte, »diese Beobachtungen so bald an Ihr Ohr zu tragen«. Er war sogar so kühn, daß er erstmals dem »hochverehrten Herrn Geheimrat« schon im voraus einen Akademiebericht an in der Hoffnung ankündigte, »Sie werden denselben gütigst entgegennehmen«.[29] Heinrich Hertz wußte, daß er noch Interessantes herausfinden würde, und Helmholtz war gewiß gespannt auf das, was angekündigt wurde. Er brauchte nicht lange zu warten.

Am folgenden Tag hat Hertz neben Versuchen über Reflexion auch solche über die Polarisation der Strahlen unternommen. Vom Licht wußte man, daß seine Wellen nach Durchgang durch gewisse Kristalle wie Turmalin in einer wohldefinierten Ebene schwingen, und genau diese Festlegung der Schwingungsebene ist die Polarisation. Bei den elektromagnetischen Wellen durfte Heinrich Hertz schon wegen der Entstehung um einen im Raum ausgerichteten Dipol annehmen, daß sie aufgrund der Erzeugungsweise polarisiert seien. Um das auch experimentell sicherzustellen, drehte er den Empfänger aus der zum Sender parallelen Ausrichtung in eine dazu senkrechte Position. Tatsächlich wurden während der Drehung die Funken im Empfänger immer kleiner und verschwanden vollständig bei dessen horizontaler Lage.

Bei der Größe der Hohlspiegel und der Gerüste muß das eine gewaltige Kraftanstrengung gewesen sein, die gewiß nur mit der Hilfe des Mechaniker Julius Ammann zu bewerkstelligen war. Von der Mitwirkung dieses Mannes bei den Experimenten ist jedoch kaum die Rede. Im Tagebuch wird nach einigen Bemerkungen aus der Anfangsphase im Herbst 1886 nur noch erwähnt, daß er seinem Chef beim Wohnungswechsel beim Aufhängen der Bilder geholfen habe, und in den Veröffentlichungen wird seine Existenz nur angedeutet, wenn es etwa heißt: »Ein Gehilfe, welcher den Strahl kreuzt, läßt die sekundäre Funkenstrecke dunkel werden.«[30]

Zweifellos hat Ammann aber sehr viel mehr getan, als sich nur einem Strahl in den Weg zu stellen. Obwohl seine Tätigkeit in den Briefen und Aufzeichnungen kaum schriftliche Spuren hinterlassen hat, wird man annehmen dürfen, daß er nicht nur beim Bau der Geräte geholfen oder manche allein nach Zeichnungen hergestellt hat, sondern auch bei den meisten Experimenten mitgewirkt hat. Wie sehr Heinrich Hertz den Mechaniker geschätzt hat, geht aus einigen späteren Briefen hervor, in denen er Amman um die Anfertigung des einen oder anderen Instruments für die Sammlung des Bonner Instituts bat, mal um ein Brett mit Platindrähten oder auch um »eine genaue Kopie der in Karlsruhe vorhandenen sog. Knochenhauerschen Spiralen«, mit denen einmal alles angefangen hatte. Dabei versicherte er Ammann: »Mir tut es immer sehr leid, daß ich mich von Ihnen habe trennen müssen.«[31]

So wird Ammann auch die Geräte hergestellt haben, mit denen Heinrich Hertz die Polarisation durch Analogien zu optischen Experimenten so deutlich wie möglich herausarbeiten wollte. Dazu wurden zwei große achteckige Holzrahmen von zwei Metern Höhe und Breite mit parallelen Kupferdrähten in einem Abstand von drei Zentimetern bespannt. Der erste Rahmen ließ nur Strahlen einer bestimmten Polarisationsebene passieren, während der zweite durch Drehung als Analysator wirkte, mit dem die Polarisationsebene festgestellt wird. Alle Experimente verliefen erwartungsgemäß wie in der Optik: Die elektromagnetischen Wellen sind Transversalwellen, schwingen also senkrecht zur Ausbreitungsrichtung. Allerdings konnten nur die Schwingungen der elektrischen Kraft analysiert werden, aber aus den Erfahrungen bei langsam veränderlichen Strömen folgerte er, »daß die Schwingungen in der Vertikalebene elektrischer, in der Horizontalebene magnetischer Natur sind«.[32]

Nun wartete Heinrich Hertz ungeduldig auf das Prisma aus Pech für die letzte Serie seiner Experimente. Am 7. Dezember wurde das gewichtige Gebilde von zwölf Zentnern ins Institut geschafft und im elektrotechnischen Laboratorium aufgestellt: »Versuche damit gelingen.« Am nächsten Tag hat er die »Brechungsversuche ausführlich und mit Dr. Schleiermacher angestellt«, also erstmals den Assistenten in seine Forschungen einbezogen. Das Pech wirkte auf die Wellen ebenso wie ein gläsernes Prisma auf Licht, und der Brechungsindex zeigte mit 1,69 eine befriedigende Übereinstimmung mit dem Index für Lichtwellen.[33]

Am folgenden Tag wurden noch »einige Nachversuche« gemacht, und schon ging es an die definitive Ausarbeitung, bei der Heinrich Hertz auf ziemlich weit gediehene Entwürfe zurückgreifen konnte. Er arbeitete sehr zügig, »damit mir nicht ein Engländer, von denen vielleicht der eine oder der andere mit ähnlichen Versuchen beschäftigt ist, zuvorkomme«.[34] Statt seiner berichtete Elisabeth nach Hamburg, ihr Mann komme »so außerordentlich rasch weiter, daß er jetzt schon mit der letzten Niederschrift beschäftigt ist, die Arbeit also in den nächsten Tagen an Helmholtz abgehen kann. Ich glaube, er hat die ganze Sache neben seinen Vorlesungen in drei Wochen gemacht, dabei hält er sie für die beste seiner Arbeiten.«[35]

Die Abhandlung präsentierte allerdings weniger überraschende Durchbrüche als Bestätigungen dessen, was nach den vorangegangenen Entdeckungen erwartet werden konnte. Aber auch eine solche Abrundung war schön: »Mir wenigstens erschienen die beschriebenen Versuche in hohem Grade geeignet, Zweifel an der Identität von Licht, strahlender Wärme und elektrodynamischer Wellenbewegung zu beseitigen«, schrieb Heinrich Hertz zum Schluß seiner Abhandlung, und er war sicher, daß ihm die Kollegen darin folgen würden und die zukünftige Forschung sich auf einer neuen Grundlage entfalten würde: »Ich glaube, daß man nunmehr getrost die Vorteile wird ausnutzen dürfen, welche sich aus der Annahme dieser Identität sowohl für das Gebiet der Optik als das der Elektrizitätslehre ziehen lassen.«[36]

Für die Verbreitung der neuen Lehre hatte die Abhandlung zudem einen unschätzbaren Vorzug: Sie war leicht nachzuvollziehen, klar und durchsichtig in der Darstellung der Experimente und zwingend in den Schlußfolgerungen. Offenbar war es für Heinrich Hertz eine große Freude, etwas Neues und zugleich überzeugend Einfaches schreiben zu können. Schon seinen Eltern hatte er Ende November angekündigt, er werde bald »etwas fertig haben, daß auch Ihr verstehen könnt«, und nach der Fertigstellung bestätigte er: »Ich lebe in der freudigen Hoffnung, daß Ihr die Arbeit in der Hauptsache auch verstehen könnt. Wenn ich mich irre, so verzichte ich auf das Vergnügen für immer.«[37] Zumindest der Papa brauchte sein Schulgeld nicht zu retournieren, und auch für die Kollegen war die leichte Zugänglichkeit von Vorteil, denn sie trug zu dem gewaltigen Eindruck bei, den diese Abhandlung mit dem plakativen Titel »Über Strahlen elektrischer Kraft« in der Fachwelt und in der Öffentlichkeit machte.

Als Heinrich Hertz mit der Reinschrift beinahe fertig war, traf Althoffs Brief ein, der ihm die Wahl zwischen den beiden Ordinariaten in Berlin und Bonn ließ. Daher konnte er in seinem Brief, mit dem er Helmholtz seine Abhandlung antrug, zugleich den Dank aussprechen, daß er sich nicht zu entschuldigen brauche, »wenn ich die Bonner Professur als Experimentalprofessur der großen Ehre vorziehe, welche mir die Berliner Fakultät zugedacht hat«. Von seiner Arbeit war Heinrich Hertz rundum überzeugt: »Ich fürchte nicht, daß sie den Stoff unwürdig finden werden«, demonstrierte er dem Geheimrat sein Selbstbewußtsein. Zudem seien die Versuche »nicht so undeutlich, daß man über ihr Gelingen irgend Zweifel haben könnte«.[38]

Das Manuskript traf noch eben rechtzeitig für die Sitzung der Akademie am 13. Dezember ein, in der Helmholtz sie unverzüglich vorlegte und zur Annahme empfahl. Am Tag darauf stand in der Physikalischen Gesellschaft ebenfalls »Hertz« auf dem Programm, denn Robert Ritter hielt einen Vortrag mit Demonstrationen über den photoelektrischen Effekt. Anschließend ergriff Helmholtz das Wort und stellte den neuesten Bericht von Heinrich Hertz vor, gewiß mit vergleichbar emphatischen Worten wie zu Anfang des Jahres, als er über die Arbeit zur endlichen Ausbreitungsgeschwindigkeit elektrodynamischer Wirkungen gesprochen hatte. Emil Du Bois-Reymond jedenfalls war ganz ergriffen: »Es erinnert an die Tage Faradays.«[39]

Helmholtz schrieb einen sehr schönen Brief an Heinrich Hertz: »Über Ihre letzten Taten habe ich mich sehr gefreut. Es sind Dinge, an deren Möglichkeit ich jahrelang herumgenagt habe, um ein Loch zu finden, wie man ihnen beikommen könnte, und mir ist deshalb auch der ganze Gedankenkreis vertraut und ihre Wichtigkeit gleich einleuchtend.«[40] Daß er seinen vormaligen Assistenten nun als »Verehrter Freund« anredete, wird der Empfänger als ganz besondere Auszeichnung gewürdigt haben, wenn auch der Beigeschmack, daß es der Erfolg war, der sich in dieser Bekundung widerspiegelte, nicht ganz zu ignorieren war.

Erst Anfang des nächsten Jahres konnte Heinrich Hertz die Sonderdrucke seiner Bravourleistung verschicken, und bald lagen »günstige Briefe aus verschiedenen Orten vor«, die ihm viel Anerkennung und begeistertes Lob eintrugen. Sie sei »ganz glänzend«, rühmte FitzGerald die Abhandlung, und in einem weiteren Brief wünschte er seinem Kollegen »Beständigkeit in Ihrer großartigen Eroberung des Unbekannten in der Natur«.[41] Darüber vergaß Heinrich Hertz aber nicht die Freude darüber, daß die Experimente auch das »Interesse und Verständnis« der Eltern gefunden hatten: »Was noch fehlt, könnte ich ziemlich leicht ergänzen.«[42]

Sogar in der Presse erregte der Akademiebericht spektakuläres

Aufsehen. Eine große Berliner Zeitung jubelte: »Eine große Entdekkung auf dem Gebiet der Elektrizität hat ein deutscher Gelehrter gemacht.« Mit dem Sinn fürs Außergewöhnliche wurde festgestellt, daß diese Leistung »den Namen des genialen Entdeckers der Nachwelt überliefert und ihn den größten Namen der Gelehrtenrepublik beigesellt«. Der Artikel läßt im übrigen erkennen, daß der Verfasser den Akademiebericht gelesen hat: »Professor Dr. Hertz in Karlsruhe hat durch eine Reihe von sehr sinnreich erdachten Versuchen nachgewiesen, daß sich die Wirkung einer elektrischen Schwingung als Welle in den Raum ausbreitet ... Der wissenschaftliche Wert dieser Entdeckung dürfte in erster Linie darin bestehen, daß sie geeignet ist, Zweifel an der Identität von Licht, strahlender Wärme und elektrodynamischer Wellenbewegung zu beseitigen.« Natürlich wurde in dem Artikel auch über Dinge spekuliert, die nicht in dem Akademiebericht standen, aber auf der Hand lagen, wie über den »technischen Wert« und die Frage, wie sich diese Entdeckung, »sei es mit, sei es ohne Patent, in klingendes Geld umsetzen läßt«.[43]

Dieser Artikel wurde in vielen Zeitungen nachgedruckt, auch in der in Karlsruhe erscheinenden »Badischen Zeitung« und in der »Kieler Zeitung«.[44] Die Schwester Melanie schickte eine getreuliche Abschrift und Hippolyt Haas den Auszug aus der »Kieler Zeitung« mit einen Begleittext voll freundschaftlicher Ergriffenheit: »Wenn man in späten Jahren über ›H. Hertz und seine Stellung zur Universität Kiel‹ sprechen wird, wird auch meiner, der sonst lange vergessen wäre, Erwähnung getan werden, denn: Ein Strahl seiner Elektrizitätssonne fiel auf ihn so hell, daß sie Unsterblichkeit ihm lieh.«[45] Der gepriesene »geniale Entdecker« mochte den Artikel nicht: »Übrigens ist er nicht in meinem Geschmack, ich würde so nicht schreiben, auch nicht über einen andern.«[46]

Ganz anders reagierte Heinrich Hertz auf die Anerkennung der Fachkollegen. Da staunte er zwar, hatte aber nichts dagegen einzuwenden, wenn der Beifall »meine Erwartungen weit übertraf«, wie er nach einigen Jahren bilanzierte, denn die Gründe konnte er billigen: »Ein guter Teil dieses Beifalls entsprang einer philosophischen Quelle. Die alte Frage nach der Möglichkeit und dem Wesen der Wirkung in die Ferne war berührt. Die von der Wissenschaft geheiligte, vom Verstande aber nur ungern getragene Herrschaft der unmittelbaren Fernkräfte schien im Gebiet der

Elektrizität durch einfache und schlagende Versuche für immer zerstört.«[47]

Vielleicht erinnerte sich Heinrich Hertz irgendwann einmal in dieser Zeit großer Erfolge daran, daß er als Student in München bedauert hatte, nicht in früheren Zeiten gelebt zu haben, als es noch viel Neues zu entdecken gab; damals hatte er bezweifelt, »daß noch jetzt leicht etwas gefunden werden kann, was so umgestaltend auf die Anschauungsweise einwirken kann wie in einer Zeit, wo Teleskop und Mikroskop noch neu waren«.[48] Nun, ein Jahrzehnt später, hatte er die bedeutendste Umgestaltung in der Physik des 19. Jahrhunderts zu einem triumphalen Abschluß gebracht.

9. »zu spät« – ein Abschied mit Ehren

So sehr sich Heinrich Hertz über die Berufung nach Bonn gefreut hatte, so mußte er sich auch darauf einrichten, daß die letzten Monate in Karlsruhe hektisch werden würden. Weil er an der neuen Wirkungsstätte das Institut von Grund auf neu gestalten mußte und deshalb in den ersten Semestern kaum Zeit und Gelegenheit zum wissenschaftlichen Arbeiten finden würde, wollte er unbedingt noch einiges in Karlsruhe fertigstellen. Dazu kamen die Anforderungen des wachsenden Ruhms, gern registriert, aber auch mit sehr viel Korrespondenz und Besuchen verbunden. Zunächst galt es aber, einen Nachfolger zu finden.

Heinrich Hertz hatte in Bonn noch nicht angenommen, als er schon Glückwünsche erhielt, oft von Physikern, die sich für die Karlsruher Professur empfahlen. Einer der ersten, der hier Interesse bekundete, war allerdings Helmholtz, der Heinrich Hertz unverblümt fragte, ob er »nicht ein Wort für Dr. Arthur König einlegen« könne, der als »höchst solider und zuverlässiger Experimentator sehr rühmenswert« sei. Arthur König war vor sechs Jahren Heinrich Hertz als Assistent gefolgt und es seither geblieben, weil er im Dienste des Meisters ins karrierehinderliche Zwischenreich der Disziplinen geraten war: »An seiner Richtung nach der Physiologischen Optik bin ich selbst einigermaßen schuld«, begründete der Geheimrat seine Intervention, denn »dies wird ihm von anderen Physikern einigermaßen verdacht. Aber was er dabei gemacht, beruht alles auf sehr verständig und sauber durchgeführten physikalischen Methoden.«[1]

Mit einer Antwort auf dieses Ansinnen ließ sich Heinrich Hertz Zeit und wartete die Beratungen der Kommission für die Wahl des Nachfolgers ab. Berichterstatter waren wieder, wie schon bei seiner eigenen Berufung vor vier Jahren, der Geheimrat Grashof und der Hofrat Engler; er selbst war als Vertreter des Faches das wichtigste Mitglied. Erst nach der Sitzung am 27. Dezember berichtete er Helmholtz: »Ich bin warm für Herrn Dr. König, dessen Tätigkeit ich auch aus eigenem Antriebe sehr hoch schätze, eingetreten und habe nicht verhehlt, daß hinter meiner Empfehlung eine gewichtigere stände.« Zur Probe auf den Erfolg dieses Votums war es aber nicht gekommen, »denn das Kollegium wünscht aus allgemeinen Gründen der Anstalt, welche auch mir berechtigt scheinen, in erster Reihe, wenn irgend angänglich, Extraordinarien vorzuschlagen«.[2]

Helmholtz ließ nicht locker und ergänzte prompt seine Empfehlung »in Betreff von Dr. König« um genau diesen Aspekt, »daß, wenn es nach dem Wunsche der Fakultät gegangen wäre, er schon seit einem Jahr Professor Extraordinarius wäre. Aber unser Ministerium ist in neuerer Zeit ungemein schwierig geworden mit diesen Ernennungen.«[3] Althoff war es nämlich leid, daß die Fakultäten viele Privatdozenten mit dem Titel eines »Professor Extraordinarius« schmückten, was zunächst niemanden etwas kostete. Für das Ministerium entstand daraus aber die mißliche Lage, daß der unbesoldete oder nur als Assistent bezahlte Herr Professor die Beförderung auf das nächste frei werdende Ordinariat beanspruchte oder von der Fakultät eine etatmäßige Stelle eingefordert wurde. Diese Methoden akademischer Karriereplanung und Stellenvermehrung hatte Althoff in Preußen kurzerhand unterbunden und angeordnet, daß die Würde ohne Amt nur noch in gut begründeten Ausnahmefällen verliehen werden durfte. Auch Helmholtz und die Berliner Fakultät hatten sich dem zu beugen.[4]

Die »allgemeinen Gründe der Anstalt«, auf die Heinrich Hertz in seiner Antwort an Helmholtz angespielt hatte, betrafen ohnehin nicht den Titel, sondern das Gehalt, das der Kandidat bereits bezog, und die diesbezügliche Knauserigkeit des badischen Ministeriums. Bei der Berufung des Privatdozenten Hertz hatte man vor vier Jahren kräftig gespart, und weil das so gut gelungen war, sollte das Gehalt des Nachfolgers noch einmal um sechshundert Mark gekürzt werden. In einem Brief an seinen Vater schimpfte Heinrich Hertz, es sei »eine Schande, wenn die Regierung ordentliche Professuren für 2200 Mark anbietet«. Auf sein Betreiben hatte die Kommission aber den Sparwillen der Regierung unterlaufen und »ihr nur solche Kandidaten präsentiert, bei welchen sie doch schon etwas tiefer in ihren Beutel greifen muß«. Über sein eigenes Gehalt hatte Heinrich Hertz freilich nie geklagt, obwohl er ohne die erheblichen Zuwendungen seines Vaters und die geringeren des Schwiegervaters kaum ausgekommen wäre. Aber er war erleichtert, daß die Zeit des knappen Geldes zu Ende ging: »Wenn ich älter hier geworden wäre und hätte von meinem Gehalt wirklich die Familie unterhalten und großziehen sollen, wäre es doch höchst ärgerlich geworden.«[5]

Als die erste Phase der Berufungsprozedur abgeschlossen und das gute Dutzend der Kandidaten gesichtet war, hat Heinrich Hertz »viele Briefe geschrieben an nicht Vorgeschlagene«.[6] Dieser undankbaren Aufgabe entledigte er sich mit bemerkenswerter Rücksichtnahme, wenn er einem erfolglosen Kandidaten versicherte, »daß nicht Ihre Leistungen oder Ihre Persönlichkeit gegen denjenigen oder diejenigen zurückgestellt worden sind, von welchen Sie erfahren werden, daß der Ruf an sie gelangt ist«. Mit der Bitte, das »Votum der Kommission nicht nur auf meine Rechnung setzen zu wollen«, schloß er »mit der Hoffnung und Zuversicht auf ungetrübtes Einvernehmen«.[7] – Die Notwendigkeit, auch über persönliche Schicksale von Kollegen mitentscheiden zu sollen, war ihm offensichtlich unangenehm, so daß er »wirklich nur aus Pflicht an diese Überlegungen gegangen« ist und »glücklich« war, mit der Auswahl »nicht ... offiziell betraut zu sein«.[8]

Wichtiger als die Regelung der Nachfolge in Karlsruhe war für Heinrich Hertz die Vorbereitung des Umzugs, so daß er schon am Neujahrstag nach Bonn zur Wohnungssuche aufbrach, wozu ihm seine Frau »freudig und unter Verzicht auf spätere Klagen Vollmacht erteilt hat«.[9] Er beabsichtigte, eines der typischen Stadthäuser, wie sie die meisten Professoren bewohnten, zu mieten und später eventuell zu kaufen. »Ich weiß nicht, ob Du mir mehr als allgemeine Ratschläge in der Sache geben kannst,« bezog er den Vater in die anstehende Entscheidung ein, »aber es könnte doch sein ...«[10] Der Vater verstand die Andeutung und stellte Kredit in Aussicht. Das war günstig, denn zur Miete hatte der beauftragte Agent nichts Geeignetes anzubieten. In einer Bilanz des ersten Besichtigungstages nannte Heinrich Hertz in einem langen Bericht an den Vater »die Zahl der zum Kauf ausstehenden Häuser, die in Betracht kommen, klein, die der zu vermietenden verschwindend klein«.

Das einzige Haus, zu dessen Kauf er sich »ganz ohne Angst entschließen könnte«, war das seines Vorgängers Clausius. Es lag in der Quantiusstraße gleich hinter dem Bahnhof, von dem es durch einen mit Gesträuch bepflanzten großen Platz getrennt war. Die nach Norden zum Bahnhof weisende Frontseite war gut zehn Meter breit, und hinter dem Haus war ein dreißig Meter tiefer Garten, den Clausius ansprechend angelegt und bepflanzt hatte. Die insgesamt zwölf Zimmer, von denen allerdings keines sehr groß und manches sehr klein war, würden bequem ausreichen, vor allem aber gefiel ihm an dem Haus sein »einfaches, aber feines, anständiges, mir äußerst zusagendes Äußere«.[11] Seiner Frau schrieb er, daß ihm dieses Haus »hinreißend gefällt«, und lud zur gemeinsamen Besichtigung ein: »Wenn Du entscheidend mitzusprechen wünschst, liebe Lies, so komm her ... Ich verlange es aber nicht, glaube auch, daß ich mich doch nicht sehr beeinflussen ließe.«[12] – Elisabeth blieb in Karlsruhe.

Andere Häuser wurden besichtigt, eines in der Königstraße besonders gründlich, aber Heinrich Hertz kam wieder auf das Clausiussche zurück. Ein Sachverständiger hatte den Wert auf mehr als dreiundvierzigtausend Mark geschätzt, so daß die Erben mindestens vierzigtausend Mark erwarteten; schließlich wurde er mit ihnen bei siebenunddreißigtausendsiebenhundert Mark handelseinig. Am 5. Januar schloß er den vorläufigen Kaufvertrag, bestellte den Photographen, damit Elisabeth wenigstens einen äußeren Eindruck erhalten würde, und fuhr zufrieden nach Karlsruhe: »Daß das Haus von einem in meiner Wissenschaft hochberühmten Mann bewohnt wurde, ist natürlich noch ein weiterer Reiz für mich und alle Physiker, welche mich besuchen, welchen ich freilich bei dem Kauf nicht berücksichtigt habe.«[13] Er hatte auch nicht den unvermeidlichen Lärm berücksichtigt, der vom Bahnhof herüberdringen würde; einige Wochen nach dem Einzug war er dann »in hohem Grade nervös und abgespannt, besonders über das Eisenbahngeräusch an unserem Haus«.[14] Später scheint er sich daran gewöhnt zu haben.

Nun mußte sich Heinrich Hertz um Hypotheken kümmern und zusätzlich Geld leihen, »sehr gern z. B. von Dir, lieber Papa – herzlichen Dank für Dein freundliches Anerbieten – wenn wir uns über die Zinsen einigen können«, denn »einen milderen Gläubiger würde ich am Ende auch nicht finden«.[15] Der Vater regelte das auf seine Art: Wohl Eintragung einer Grundschuld von zehntausend Mark, aber ohne Zinsen. Sein Sohn haderte im Scherz: »Es ist eigentlich gar kein Handeln mit Dir; wie kann ich Geld von Dir leihen, wenn Du es nachher so machst. Doch kann ich freilich nichts dagegen haben, und wäre nur in dem Falle unfreundlich, wenn ich die geschenkten Zinsen ausgäbe und nicht zurücklegte ... Vielen Dank nochmals, aber Recht ist es nicht.«[16]

Heinrich und Elisabeth genossen die Vorfreuden auf ihr zukünftiges Haus und planten die Möblierung der Räume und die Einrichtung anhand von Zeichnungen der Grundrisse. Ein Zimmer wurde als »Zukunftszimmer« reserviert.[17]

Gleich nach der Rückkehr aus Bonn erhielt Heinrich Hertz die Sonderdrucke des Akademieberichts »Über Strahlen elektrischer Kraft« und hatte wieder einen Abend damit zu tun, etwa hundert Umschläge zu adressieren und zu frankieren. Auf Lob und Anerkennung brauchte er nicht lange zu warten, und seine Frau freute sich, »daß er ein berühmter Mann geworden ist«.[18] Aus England schrieben wieder FitzGerald und Oliver Lodge, und dazu meldete sich auch Oliver Heaviside, jener scharfsinnige, etwas verschrobene »Maxwellianer«, der als Privatgelehrter die Theorie seines Abgottes weiterentwickelt hatte. Heaviside schickte Hertz eine Sammlung seiner theoretischen Abhandlungen der letzten Jahre, die er als Buch unter dem Titel »Electromagnetic Waves« auf eigene Kosten hatte drucken lassen, obwohl er sich hart an der Armutsgrenze durchs Leben schlug. Seine persönliche Widmung verknüpfte er mit der Ankündigung: »Meine Methode, über elektrodynamische Probleme zu arbeiten, ist exzentrisch, und so ist es meine Bezeichnungsweise. Und so ist es auch Ihre Methode des Experimentierens mit elektrodynamischen Wellen. Aber sie paßt für die Wellen, und darauf kam es an.«[19]

In langen Briefen erläuterte Heaviside seine Fassung der Maxwellschen Theorie und ihre Darstellung durch die Symbolik der Vektoren und Differentialoperatoren, die später allgemein gebräuchlich wurde. Heinrich Hertz blieb aber bei seiner heute umständlich und befremdlich wirkenden Schreibweise in Komponenten, denn er hatte es nicht leicht, sich in dieser exzentrischen britischen Mathematik zurechtzufinden: »Sie wissen, mathematische Symbole sind wie eine Sprache, und Ihre klingt wie ein sehr entfernter Dialekt.« Heaviside dürfte diese Ablehnung mathematischer Prägnanz dem absonderlichen Nationalcharakter der Deutschen zugerechnet haben, deren vertrackte Sprache sie nach seiner Überzeugung an klarem Denken und klarem Ausdruck hinderte. Hertz machte er immerhin das Kompliment, daß dessen Stil »viel einfacher als der der meisten deutschen Schriftsteller« sei, und er war mit ihm einig in der Verehrung Maxwells, wie sie Heinrich Hertz bekundet hatte: »Wenn Maxwell lebte, so würde er, glaube ich, mehr Freude an meinen Experimenten haben und auch mehr Grund dazu, auf ihre Ergebnisse stolz zu sein, als ich es sein kann.«[20]

Heaviside informierte Heinrich Hertz auch darüber, daß er vor elf oder zwölf Jahren etwas gemacht habe, daß, »hätte ich nur gewußt, was es bedeutet und wie es auszubauen gewesen wäre, mich dazu geführt haben könnte, einige Ihrer berühmten Experimente vorwegzunehmen«. Seine damaligen Beobachtungen skizzierte er in Stichworten: »Elektromagnetischer Unterbrecher, Draht verbunden mit dem Joch des Elektromagneten; Funken am freien Drahtende, wenn in der Nähe eines Ofens; ich erhielt Funken in *einem anderen* Draht, der nicht mit dem Elektromagneten verbunden war. Aber die Erscheinung war sehr erratisch, und ich hatte keine Idee, wie sie zu verfolgen wäre.« Heinrich Hertz fand das sehr interessant und war »froh, daß Sie die Andeutungen, die Sie hatten, nicht weiter verfolgt haben«.[21]

Wie bei mancher großen Entdeckung, wurde auch bei den elektromagnetischen Wellen später die Frage aufgeworfen, wie nahe andere dieser Entdeckung waren und wer vielleicht an die Stelle des tatsächlichen Entdeckers hätte treten können. Heinrich Hertz wies selbst auf die theoretischen Analysen von George F. FitzGerald und die experimentellen Arbeiten von Oliver Lodge hin. Der Professor in Liverpool hatte die Entladung sehr kleiner Kondensatoren im Zusammenhang mit Studien über Blitzableiter untersucht. Sie führten Lodge im Sommer 1888 auf schnelle Schwingungen und stehende Wellen in Drähten, und als überzeugter »Maxwellianer« wäre er vielleicht irgendwann einmal auch auf die Wellen im Raum gekommen. Lodge hatte angekündigt, bei der Naturforscherversammlung in Bath im September 1888 »numerische Resultate« über Drahtwellen vorzulegen, aber da waren bereits die Hertzschen Experimente und die Bestätigung Maxwells die Höhepunkte der Sitzung.[22]

Nun sind schon immer durch Funken elektromagnetische Wellen entstanden, beim sanften Streicheln einer Katze ebenso wie beim furchterregenden Blitz. Seit Naturforscher sich der Elektrizität bemächtigt hatten, haben sie daher des öfteren Erscheinungen wahrgenommen, die mit dem besseren Wissen späterer Jahre durch die Ausbreitung von Wellen erklärt wurden. So hatten etwa bei Flaschenentladungen in sicherer Entfernung lagernde tote Froschschenkel gezuckt oder es leuchteten in weit entfernten metallenen Türknäufen Funken auf.[23]

Die markantesten Phänomene brachte wohl der Engländer David Hughes zustande, der 1878 das Kohlekörnermikrophon erfunden hatte. Wann immer in seinem Laboratorium eine Spule ein- oder ausgeschaltet wurde, war in diesem Instrument ein Knacken zu vernehmen, auch wenn Spule und Mikrophon nicht durch einen

Draht verbunden waren. Auch elektrostatisch erzeugte Funken brachten ein entferntes Mikrophon zum Knacken, wobei Drähte als »Empfänger« dienten. »Sender und Empfänger waren in verschiedenen Räumen, etwa 20 Meter voneinander entfernt«, schrieb Hughes und ging zu Freilandexperimenten mitten in London über: »Nachdem ich alle Distanzen, die mein Haus in der Portland Street erlaubte, durchprobiert hatte, bestand meine übliche Methode darin, daß ich den Sender in Gang setzte und die Great Portland Street auf und ab lief, den Empfänger in der Hand und das Mikrophon am Ohr.«[24]

Hughes glaubte, eine neue Form der Leitfähigkeit der Luft entdeckt zu haben, aber tatsächlich wurde das Knacken in seinem Mikrophon von Wellen hervorgerufen; sogar die Reflexion an Hauswänden und daraus resultierende stehende Wellen machten sich bemerkbar, denn Hughes schien es »bemerkenswert, daß ich gegenüber gewissen Häusern besser hören konnte, während bei anderen die Signale kaum noch wahrgenommen werden konnten«. Als er am 20. Februar 1880 seine Entdeckung der »Leitfähigkeit der Luft« den höchsten wissenschaftlichen Autoritäten vorführte, wurde dem Erfinder diese offensichtlich falsche Idee ausgeredet. Darüber wurde er so unglücklich, daß er den tiefen Gehalt seiner Experimente nicht weiter verfolgte. Erst lange nach dem Tod von Hertz kam er darauf zurück, und dies mit einer in der Geschichte der Erfindungen und Entdeckungen seltenen Zurückhaltung, denn er erhob keinerlei Anspruch auf Priorität. Zwar waren Wellen bei seinen Experimenten im Spiel, aber er hatte nichts dergleichen erkannt.

Den der Theorie fernstehenden Erfinder könnte man auch nicht tadeln, daß er etwas Bedeutendes übersehen oder verkannt hätte, aber wundern darf man sich über die Autoritäten. Zu denen gehörte neben William Spottiswoode, dem Präsidenten der »Royal Society«, auch der glänzende Physiker Gabriel Stokes, der in der Nachfolge Newtons den traditionsreichen, nach dem Evangelisten Lukas benannten Lehrstuhl in Cambridge innehatte. Stokes war natürlich im Recht, wenn er eine spezielle Leitfähigkeit der Luft bestritt. Daß er die Experimente aber für durch Induktion erklärbare Trivialitäten hielt, die Verbindung zur Maxwellschen Theorie übersah und Hughes völlig demoralisierte, waren gleich mehrere bedauerliche Fehlgriffe.

Die Verbindung zwischen Funken, der Ausbreitung elektromagnetischer Wirkungen und den Wellen der Maxwellschen Theorie zu knüpfen, war offenbar nur einem ganz außergewöhnlichen Physiker vorbehalten: Einem virtuosen Experimentator vom Genie Faradays und einem Theoretiker auf der gleichen Ebene wie Maxwell.

Anfang Februar 1889 erhielt Heinrich Herz die erste Reaktion zwar nicht aus Frankreich, aber immerhin aus französischem Sprachgebiet: Der Genfer Physiker Édouard Sarasin bat um einen Übersichtsartikel für die von ihm redigierten »Archives des Sciences physiques et naturelles«. Für Heinrich Hertz war es »ebenso schmeichelhaft wie nützlich ... wenn meine Arbeiten auch in die Archives aufgenommen werden«. Den Artikel wollte er bis Mitte März fertig haben, allerdings in Deutsch, und anschließend die von Sarasin besorgte französische Fassung überarbeiten.[25] Offensichtlich war es ihm nicht gleichgültig, daß die französischen Kollegen von ihm direkt informiert wurden und nicht nur auf dem Umweg über englische Zeitschriften.

Er hatte mit diesem Referat noch nicht begonnen, als er aus Hamburg einen Artikel über seine Arbeiten aus der Pariser Zeitung »Les Temps« zugeschickt bekam, und dazu »außerordentlich herzliche« Grüße der ihm unbekannten französischen Verwandtschaft.[26] Bald darauf wurde er noch mehr überrascht, denn der Pariser Physiker Joseph Joubert sandte ihm ein »schmeichelhaftes Schreiben« und einige Exemplare des von ihm herausgegebenen »Journal de physique«, in dem der Akademiebericht »Über Strahlen elektrischer Kraft« in voller Länge und Auszüge aus früheren Arbeiten in Übersetzungen abgedruckt waren. Dies war so zügig durch Verwandtschaftshilfe geschehen.

Der Vater hatte ein Exemplar des Akademieberichts an eine Kusine nach Paris geschickt. Mit dieser Madame Fould war er durch seinen Großvater und Heinrichs Urgroßvater Salomon Oppenheim verwandt, der sein Bankgeschäft vorangebracht hatte wie einst die Habsburger die Staatsgeschäfte, nämlich durch Heirat. Eine seiner Töchter, eine Schwester von Heinrichs Großmutter, wurde mit einem Pariser Bankier namens Fould verehelicht, und die aus dieser Verbindung hervorgegangenen Söhne stiegen in Frankreich zu einflußreichen Persönlichkeiten auf, der eine als Politiker und Minister und der andere als Bankier, der wiederum gemeinsam mit den Oppenheims in Deutschland eine Bank gründete. Madame Fould war es als Dame der Gesellschaft ein Leichtes, die Abhandlung ihres deutschen Verwandten an die richtige Adresse weiterzureichen, »und so scheint das Exemplar, welches Papa nach Paris gesandt, doch das erste dort bemerkte zu sein«.[27]

Während sich Heinrich Hertz früher in Karlsruhe isoliert und fernab dem wissenschaftlichen Geschehen gefühlt hatte, sagten sich jetzt viele Besucher an, darunter auch solche aus Übersee. Am 5. Februar erschien der amerikanische Physiker Stanley Hall, berühmt durch die Entdeckung des nach ihm benannten Effekts und Präsident der Clark University in Worcester in Massachussetts. Die gerade gegründete Hochschule war mit schier unerschöpflichen Mitteln ausgestattet, und wie die Johns Hopkins University in Baltimore sollte sie ein Zentrum hochkarätiger Forschung werden. Hall suchte einen Kollegen, der als erstklassiger Physiker der neuen Universität zur Ehre gereichen würde. Zwanzigtausend Mark Jahresgehalt und die Investition von einer Million Mark für das beste nur denkbare Institut waren Beträge, die Eindruck machten: »Ja, wenn er vor einem Jahr gekommen wäre, wäre ich da gegangen? Ich will es nicht sicher behaupten, aber die Versuchung wäre doch überwältigend gewesen. Ehe ich verheiratet war, wäre ich bestimmt gegangen.« So blieb Stanley Hall nichts anderes übrig, als zu bedauern, »daß Bonn so schön ist«.[28] – Der erste Physikprofessor der Clark University wurde übrigens ein Amerikaner: Heinrich Hertz' alter Bekannter Abraham Michelson.

Ein Besucher kam von noch weiter her, nämlich aus Australien. Richard Threlfall, Professor in Sydney, wollte Europa nicht verlassen, ohne die berühmten Experimente von Heinrich Hertz gesehen zu haben. Wie unzählige andere Besucher bekam er eine Privatvorführung geboten. Das hatte weitreichende Folgen, denn durch Threlfall wurde die Kunde von den Wellen in Australien und Neuseeland verbreitet. Dort baute alsbald ein junger Mann namens Ernest Rutherford Sender und Empfänger und war mit seinen Untersuchungen über die »Magnetisierung von Eisen durch Hochfrequenzentladungen« so erfolgreich, daß er mit einem Stipendium nach Cambridge gehen konnte und der erste »Forschungsstudent« von Joseph John Thomson wurde. Seine Absicht, mit der Anwendung elektromagnetischer Wellen in England reich zu werden, erfüllte sich jedoch nicht, so daß er der Physik erhalten blieb und bald einer der produktivsten Forscher wurde.[29]

Neben diesen weitgereisten Gästen fanden sich viele deutsche Kollegen ein und besonders solche aus der Nachbarschaft, wie Warburg aus Freiburg, Quincke aus Heidelberg, der Straßburger Extraordinarius Emil Cohn und die dortigen tüchtigen Privatdozenten. Alle wollten die Versuche sehen, bevor Heinrich Hertz in Karlsruhe seine Zelte abbrechen würde. Das kostete Zeit, aber »es macht natürlich auch wieder Spaß, sich so besucht zu sehen«.[30] Elisabeth war oft und gern damit beschäftigt, »für den Abend etwas Gutes zu richten«, und besonders nett fand sie, daß Emil Warburg von seiner Frau begleitet wurde, »damit auch die weibliche Physik sich etwas besser kennenlernt. Überhaupt sind die Physiker sehr nett untereinander, und suchen in ein möglichst freundschaftliches Verhältnis zu kommen.«[31]

Der Ruhm und der rege Besuchsverkehr änderte nichts an den Routinepflichten. Dazu gab es noch Sitzungen über den Nachfolger sowie eine anstehende Beförderung Schleiermachers, für die er als Vertreter des Faches »Referate aufgesetzt« hat.[32] Am Unterricht hat Heinrich Hertz »gar keinen Gefallen mehr gefunden« und »überhaupt stets nach Bonn vorausgedacht«.[33] Trotzdem wollte er unbedingt noch einige Experimente abschließen. Sie waren zwei Komplexen gewidmet. Zum einen ging es um die Rolle der Leiter bei der Ausbreitung der Wellen in Drähten, und zum anderen um einen expliziten Nachweis der magnetischen Wirkungen.

Für die Ausbreitungsfrage ließ er sich vom Mechaniker Ammann ein »großes Rohr aus parallelen Drähten anfertigen«.[34] Es wurde die Urform des Koaxialkabels, wie es vier Jahrzehnte später zur Übertragung hochfrequenter Signale diente. Weitere Versuche wurden mit geschlossenen Röhren und mit Spiralen angestellt. Daß er auch die »Verwendung des Froschschenkels im sekundären Kreis statt des Funkens«[35] untersuchte, hatte freilich weniger mit dem Erkenntnisfortschritt zu tun als mit der Demonstration der Experimente vor einem größeren Publikum.

Für Besucher im Laboratorium waren die Versuche überzeugend, sogar spektakulär, aber die Vorführung in einem Hörsaal bereitete Schwierigkeiten. »Ohne einzelne Personen herantreten zu lassen, ist kaum etwas zu machen«, schilderte Heinrich Hertz einem Kollegen das Dilemma, »um so mehr, als man am Ende ein größeres Auditorium auch nicht in völlige Dunkelheit setzen kann.« Zudem bestand die Beweiskraft der Experimente »nicht im

Auftreten von Funken überhaupt, als in dem Verschwinden derselben in gewissen Lagen etc., was kaum einem Auditorium sichtbar zu machen ist ...Wenn ich jetzt selbst über die Sache vor einem größeren Auditorium vortrüge, würde ich auch nur die Apparate vorzeigen können.«[36]

Georg Quincke riet zu dem altbewährten Indikator des auf Elektrizität reagierenden Froschschenkels, aber Heinrich Hertz hat »nicht die mindeste Zuckung daran erhalten«.[37] Vermutlich war er gescheitert, weil er seine in der Jugend gemachten Erfahrungen beim gelegentlichen Sezieren von Fröschen überschätzt und die Schwierigkeiten beim Präparieren der Nerven unterschätzt hat. Vielleicht hatte er auch direkt die Funkenstrecke des Empfängers durch den Froschschenkel ersetzt und den Nerv nicht in den »Nebenschluß« gelegt, womit wenig später Robert Ritter in Berlin Erfolg hatte.

In einem langen Kellergang des Physikalischen Instituts stellte Ritter den empfangenen Hohlspiegel in einer Entfernung von achtunddreißig Metern zum Sender auf und sah noch deutliche Funken. Der Froschschenkel wurde von zwei Physiologen aus dem benachbarten Institut von Emil Du Bois-Reymond professionell präpariert; dann wurde der Nerv mit zwei dünnen Drähten verbunden und parallel zur Funkenstrecke des Empfängers geschaltet. Wenn keine Funken überschlugen, blieb der Froschschenkel in Ruhe. »Wurde dagegen die Spitze der Kugel so weit genähert, daß Funken übersprangen, so zuckte der Schenkel beim ersten Auftreten von Funken; wurde die Funkenstrecke so eingestellt, daß fortdauernd Funken übergingen, so traten mehr oder weniger häufige Zuckungen des Froschschenkels ein.«[38]

Noch besser funktionierte die Sache, wenn Ritter »den mit den beiden Hinterbeinen des Frosches in Verbindung gelassenen Teil des Rückgrates festklemmte, so daß die Beine beweglich herabhingen«. Die Reaktion war am kräftigsten, wenn nur ein Draht den Nerv berührte: »Sobald Funken in der Funkenstrecke des sekundären Leiters übergehen, treten alsdann auch lebhafte Zuckungen desjenigen Beines ein, zu welchem der mit einer Elektrode in Berührung befindliche Nerv gehört.«[39] Es versteht sich, daß für große Hörsäle dieses Signal noch amplifiziert werden konnte, etwa durch eine Klingel, die durch die Zuckung des Froschschenkels in Gang gesetzt wurde.

Diese Mittel standen Heinrich Hertz jedoch nicht zur Verfügung, als er zum Abschied eine Reihe von Vorträgen hielt. Am 19. Februar hatte er das »Mathematische Kränzchen« im Institut zu Gast und hat »die Versuche gezeigt«, weil es bei dieser kleinen Schar kein Problem war, den Kollegen die manchmal nur einen Hundertstelmillimeter langen Fünkchen vorzuführen. Drei Tage später, an seinem zweiunddreißigsten Geburtstag, kamen zur 368. Sitzung des »Naturwissenschaftlichen Vereins« sechzig Mitglieder in seinen Hörsaal. Dabei hat er »nur die Apparate vorgezeigt«[40], aber seine Redekunst hat den Mangel an konkreten Demonstrationen mehr als wettgemacht, denn noch lange wurde des »denkwürdigen Abends« gedacht.[41] Heinrich Hertz erlebte, daß sein Vortrag »ein wirklicher Erfolg« war, und seine Frau schrieb, sie bekämen »viel Schönes« über den Vortrag zu hören: »Der eine sagt, er sei ganz ›erschüttert‹ gewesen, der andere behauptet, der Vortrag habe ihn eine schlaflose Nacht gekostet, aber er bereue es nicht!«[42] Heinrich Hertz meinte dazu nur: »Ich werde jetzt auch in Karlsruhe bekannt, zu spät!«[43]

Auf Wunsch einiger Studenten wiederholte er zum Schluß des Semesters am 7. März diesen Vortrag als öffentliche Veranstaltung. Weil als revolutionäre Neuerung eine Studentin in der Männerhochburg erscheinen würde, konnte auch seine Frau es wagen, in den Hörsaal mitzukommen, was sie »*sehr* glücklich machte«, denn sie »hatte Heins noch nie sprechen hören«. Mit dreihundert Zuhörern, mehr als der Hälfte der Studenten, war das Auditorium überfüllt. Elisabeth schilderte ihren Schwiegereltern eine »Versammlung, wie sie das Polytechnikum wohl seit langem nicht mehr gesehen hat. Am Schluß wurde so sehr applaudiert und Hoch gerufen, daß ich ganz beschämt war.«[44] Für Heinrich Hertz war es ein gelungener Abschied von jener Stätte, an der er vier Jahre lang unterrichtet hatte, und daß »ich doch einmal noch meinen Hörsaal wirklich gefüllt erblickte, hat mich natürlich auch sehr gefreut«.[45]

Über das Abschiedsessen, das ihm zu Ehren am 4. März gegeben wurde, verlor er dagegen kein Wort, sondern ließ Elisabeth berichten: »Es war sehr zahlreich besucht, und die Herren waren alle außerordentlich liebenswürdig. Vier Toasts auf ihn und einen auf die Familie.« Die Veranstaltung hatte eine delikate Note, denn als Direktor der Hochschule präsidierte Forst- und Hofrat Schuberg, was Heinrich Hertz an die schwärzesten Monate seines Lebens erinnert haben dürfte. Schuberg hatte nun die Pflicht, »Heins neben sich zu setzen und das erste Hoch auf ihn auszubringen, dem er sich auch keineswegs entzog, sondern sehr liebenswürdig auf ihn sprach – es ändern sich die Zeiten«.[46]

Die Anstrengungen der vergangenen Jahre und der Trubel der letzten Monate forderten auch bei einem jungen und kräftigen Mann ihren Tribut. Besonders die Konzentration auf winzige Fünkchen im Dunkeln hatte die Augen beeinträchtigt. Am 27. Februar, als er dem Kollegen Engler sowie einem Oberpostdirektor und einem Postrat die Versuche vorführte, hat er erstmals »Flimmern vor den Augen bekommen«. Er hatte »Mühe im Fixieren« und mußte sich von Elisabeth vorlesen lassen. Ein Augenarzt verordnete eine Brille für das Nahsehen.[47]

Zur Erholung und auch »in Geschäften« unternahm er eine kurze Reise nach Straßburg, begleitet von Alois Schulte, einem Archivrat, mit dem er sich angefreundet hatte. Friedrich Kohlrausch lud zu einem Essen, an dem auch Emil Cohn und die beiden Privatdozenten Hallwachs und Arons teilnahmen. Danach spazierte Heinrich Hertz mit Leo Arons durch die Stadt, traf sich mit Hermann Lorberg und war für die Nacht bei Emil Cohn zu Gast, mit dem er in Gesprächen theoretische Fragen zu klären suchte, über die die beiden in eine weitläufige Korrespondenz geraten waren. Am nächsten Tag stieg er noch auf den Turm des Münsters, bevor er mit dem Archivrat Schulte zu einer Wanderung durchs Rheintal aufbrach. Nach einer Übernachtung in einem Dorfgasthof marschierten die beiden durch dicken Schnee nach Achern und nahmen dort den Zug nach Karlsruhe.

Wenn sich Heinrich Hertz durch den Fußmarsch ein wenig gestärkt haben sollte, so war das schnell dahin, denn gleich nach der Rückkehr mußte er sich wieder einen Zahn ziehen lassen, und die Augen machten weiterhin Probleme.[48]

Das Experimentieren hatte Heinrich Hertz im Februar aufgegeben, aber nicht das Arbeiten. Die Abhandlung für die Genfer »Archives« konnte er schon am 7. März an Sarasin schicken: »Das Vergnügen, meine Arbeiten nun auch in Ihrem Archiv gebracht zu sehen, wiegt die kleine Arbeit auf, welche ich mir gemacht habe.«[49] Er nutzte die Gelegenheit, auf die nach wie vor irritierende Frage der unterschiedlichen Geschwindigkeiten in Drähten und im Raum einzugehen, die bei längeren Wellen beträchtlich war, »während für kurze Wellen beide merklich gleich sich zeigten. Dies Ergebnis ist zu auffällig, als daß wir es als sicher betrachten könnten.«[50] – Es war Sarasin, der diesen Stolperstein später aus dem Weg räumte und die durchgängige Identität der beiden Geschwindigkeiten für alle Wellenlängen bewies.

Während Heinrich Hertz der Übersichtsartikel leicht von der Hand ging, hat er sich zugleich mit schwierigen und tiefen Problemen beschäftigt, indem er »Über die Grundgleichungen der Elektrodynamik nachgedacht« hat und auch schon die Rolle des Dielektrikums einbeziehen wollte.[51] »Ich arbeite theoretisch an der Ausbildung der neuen Anschauungen«, schrieb er den Eltern, »aber nachdem ich viele Hauptsachen leicht erledigt, sitze ich jetzt schon seit ein paar Wochen an einer kleinen Nebensache, die nicht will, und die ich doch nicht aufgeben will. Nun werden wohl bald die Umzugssachen mich herausreißen.«[52] Ende März entschloß er sich, »den Rest der Versuche noch vor der Übersiedelung niederzuschreiben«, was ihm in nur vier Tagen gelang.[53] Es handelte sich dabei nicht nur, wie der Titel vermuten läßt, um »die Fortleitung elektrischer Wellen durch Drähte«, sondern um metallisch abgeschirmte Hohlräume, Röhren und Drahtsysteme, die das spätere Koaxialkabel vorwegnahmen.

Daß sich sehr schnell oszillierende Ströme anders verhalten als Gleichstrom, war allein wegen der Selbstinduktion zu erwarten, aber Heinrich Hertz arbeitete als wesentliche Pointe eine Vertauschung von Leitern und Nichtleitern heraus: »Nach unserer Auffassung scheint alle Fortpflanzung der elektrischen Erregung durch die Nichtleiter zu geschehen, die Leiter setzen dieser Fortpflanzung einen für schnelle Änderungen unüberwindlichen Widerstand entgegen.«[54] Diese Bemerkung nahm die entscheidende Wende in der Elektrizitätslehre voraus, die später theoretisch ausgearbeitet wurde, daß nämlich nicht Ladungen und Leiter das Wesentliche sind, sondern die elektromagnetischen Felder.

Seine Hauptbeschäftigung in dieser Zeit war aber schon nicht mehr die Wissenschaft, sondern das zeitaufwendige Ritual der Abschiedsbesuche, das die letzten beiden Wochen beinahe vollständig ausfüllte. »Und dann sind die Menschen darin gräßlich, daß sie uns nun wieder Besuche auf die Abschiedsbesuche machen.«[55] – Wie es sich ziemte, hatte Heinrich Hertz auch bei seinem Dienst- und Landesherrn um eine Audienz nachgesucht, aber der Großherzog war in Berlin und ließ durch sein »Geheimes Kabinett« ausrichten, wie sehr Königliche Hoheit bedauerten, den Professor Hertz nicht mehr sehen zu können, und ebenso bedauerten Hoheit, »daß ich ihn nicht mehr aufsuchen kann, um von ihm selbst zu hören, was für Entdekkungen seinen Forschungen zu verdanken sind. Ich hoffe, daß eine spätere Zeit mich dafür entschädigen wird.«[56] – Heinrich Hertz konnte es leicht verschmerzen, nicht noch einmal »in allerhöchste Gegenwart« zu gelangen. Wichtiger war ihm die Anerkennung seiner Arbeiten in der Welt der Wissenschaft, und die wurde ihm noch in Karlsruhe auf eine besonders schöne Weise zuteil.

Am 15. März hatte Heinrich Hertz durch die Post das Diplom seiner Ernennung zum »Korrespondierenden Mitglied« der Königlich Preußischen Akademie der Wissenschaften zu Berlin erhalten, der angesehensten und einflußreichsten aller gelehrten Gesellschaften in Deutschland. Die Initiative war von Helmholtz ausgegangen, der den Wahlvorschlag formuliert und am 31. Januar 1889 in der Sitzung der physikalisch-mathematischen Klasse vorgelegt hatte. Heinrich Hertz sei zwar »noch ein verhältnismäßig junger Mann, der sich aber schon durch eine Reihe sehr scharfsinniger und ungewöhnlich wichtiger Arbeiten bekannt gemacht hat«, weshalb die Unterzeichneten, neben Helmholtz auch Kundt und Bezold, meinten, ihren »Antrag der Akademie dringend empfehlen zu dürfen«.[57] In der nächsten Sitzung zwei Wochen später stimmten die ordentlichen Mitglieder der Klasse ohne Aussprache ab, wobei sich nach dem »Kugelung« genannten traditionellen Verfahren vierzehn zustimmende weiße Kugeln und eine ablehnende schwarze Kugel in der Urne fanden. Am 7. März wurde vom Plenum der Akademie die Wahl bei wiederum einer schwarzen Kugel bestätigt.[58]

»Ihr könnt Euch denken, daß mich diese Ehre gefreut hat«, schrieb Heinrich Hertz seinen Eltern; »dieselbe ist mir immer ganz außerordentlich erschienen.«[59] Er wußte natürlich, daß seine Arbeiten die Auszeichnung allemal rechtfertigten, zumal im Vergleich mit dem gleichzeitig gewählten Aachener Ordinarius Adolph Wüllner, der gewiß ein verdienter, aber kein außergewöhnlicher Forscher war, jedoch die im Olymp der Gelehrsamkeit als Voraussetzung angesehenen fünfzig Lebensjahre überschritten hatte. An der Wahl von Heinrich Hertz war nur dessen Alter von eben zweiunddreißig Jahren ungewöhnlich; am wissenschaftlichen Rang gemessen war sie ebenso eine Ehre für die Akademie wie für das neue korrespondierende Mitglied.

Die Auszeichnung war wieder ein Anlaß, Helmholtz zu schreiben, »da ich denken muß, daß ich Ihnen vorzüglich diese Freude zu verdanken habe und da es mir wirklich ein Bedürfnis ist, neben dem Gefühl der Freude auch dem der Beschämung Ausdruck zu geben«. Es folgten freilich nicht nur Bescheidenheitsfloskeln, wie sie bei solchen Gelegenheiten zur Routine gehörten, sondern eine selbstkritische Analyse und Einordnung der eigenen Leistung: »Ich will gewiß nicht den Erfolg meiner Arbeiten heruntersetzen, aber ich bin mir nur allzusehr bewußt, wie wenig an diesem Erfolg mein eigenes Verdienst war, und wie viel von dem günstigen Geschick und der ganzen Lage der Wissenschaft abhing. Und deshalb ... sehe ich in der Mitgliedschaft der Akademie auch nicht eine verdiente Belohnung, sondern einen Sporn für die Zukunft.«[60] In seinem Dank an den amtierenden Sekretar der Akademie, der ihm das Diplom übersandt hatte, riskierte er, um sich von dem Erwartungsdruck zu entlasten, sogar einen Schluß mit einem Hauch Ironie: »Ich kann nichts tun, als versichern, daß ich es an der eigenen Anstrengung in der Zukunft nicht will fehlen lassen und hoffen, daß alsdann die Königl. Akademie wenigstens nicht Ursache haben möge, die mir so früh erwiesene Auszeichnung zu bereuen.«[61]

Was er als Zwanzigjähriger bei seinem Wechsel vom Ingenieurwesen zur Physik für einzig erstrebenswert gehalten hatte, nämlich ein »bedeutender Naturforscher« zu werden, war ihm nun gelungen. Aus der Freude, »einen Fortschritt für immer« in seiner Wissenschaft erreicht zu haben, hat er keinen Hehl gemacht, aber wenn er sich ein wenig über die daraus resultierenden Erwartungen und Verpflichtungen sorgte, so war das nicht Koketterie: »Ich höre in dieser Zeit fast zu viel Angenehmes und möchte ganz gern wieder etwas zurücktreten«, schrieb er seinen Eltern, »denn einen so guten Ruf, wie er mir jetzt von allen Seiten entgegentönt, zu bewahren, ist nicht leicht.«[62] Auch wenn »der Bescheidenheit ... bisweilen Zumutungen gestellt« waren, wurde er deshalb nicht übermütig. Das lag nicht nur an seinem Temperament und seinen immens hohen Ansprüchen an sich selbst. Wie er Helmholtz geschrieben hatte, war er sich dessen bewußt, daß sein Triumph von »der ganzen Lage der Wissenschaft abhing«. Probleme von säkularem Rang wie die Entscheidung zwischen Fern- und Nahwirkung bei den elektromagnetischen Erscheinungen, die wenigstens in Ansätzen lösbar schienen, gab es nicht oft, und allein deshalb war eine Wiederholung eines derartigen Triumphs eher unwahrscheinlich.

Als Heinrich Hertz am 1. April 1889 zum letzten Mal durch sein Laboratorium ging, wird er an die Anfänge im Herbst 1886 gedacht haben, als aus den Funken bei den Knochenhauerschen Spulen der Oszillator und der Nebenkreis hervorgingen und elektromagnetische Resonanzerscheinungen wahrnehmbar wurden, die alles Weitere erst möglich gemacht haben: »Übrigens ist natürlich meine letzte Arbeit nur dasjenige, was der Welt in die Augen springt, in Wahrheit ist sie in den früheren enthalten, und das Verdienst bestand mehr in dem Auffinden der ersten Spur; je weiter eine Arbeit in der Reihe zurückliegt und je weniger sie beachtet worden ist, je mehr hätte sie eigentlich Lob verdient.«[63]

Heinrich Hertz hat denn auch die elektromagnetischen Wellen nicht auf eine Weise gefunden, die man landläufig Entdeckung nennt, sondern er hat sie in einem schöpferischen Prozeß im ständigen Wechselspiel von Experiment und Theorie im Laboratorium hervorgerufen, und dies in einer Form, die für ihre Analyse geeignet war. Max Planck bewunderte diese Leistung als herausragendes Beispiel für »die gewaltige Abstraktionsfähigkeit des Menschengeistes, wie sie nur die schärfste Logik im Bunde mit echt künstlerischer Phantasie erzeugen kann«.[64]

Wenn das Glück des Entdeckers im Spiel war, dann ganz zu Beginn bei der Wahrnehmung der Funkenüberschläge in den Knochenhauerschen Spulen. Alles Weitere führte nur deshalb zum Erfolg, weil das Glück, ganz im Sinne von Pasteurs Diktum, dem »vorbereiteten Verstand« zuteil wurde, der mit dem Handwerk des Genies das Beste daraus machen konnte.

V. GROSSE PLÄNE UND EIN BITTERES ENDE

1. »Böse Zeiten« des Neuanfangs und ein Triumph

Am 3. April traf Heinrich Hertz in Bonn ein, mit nur leichtem, aber belastendem Gepäck. Die Hypothek für sein Haus hatte er sich in Karlsruhe besorgt und war mit fünfundzwanzigtausend Mark im Koffer gereist. Daher wurde er nervös, als er den Sohn von Clausius, dem er das Geld aushändigen wollte, bis in den Abend hinein vergeblich suchte. Erst am nächsten Tag konnte er sich von dieser Bürde befreien.[1] – Das Haus war noch bis Mitte Mai an ein Mädchenpensionat vermietet und sollte anschließend renoviert werden, so daß er sich auf ein Provisorium von mindesten zwei Monaten einrichten mußte. Er logierte solange im renommierten Hotel Kley am Rhein, in dem er schon bei früheren Aufenthalten abgestiegen war. Dabei beschlich ihn »das Gefühl der Einsamkeit«; er wurde »lebhaft erinnert an die ersten Tage, die ich in Berlin oder Kiel zubrachte«, und er stellte sich vor: »Wie schön muß es sein, wenn man sein behagliches Heim und seine Frau und Familie hat.«[2] Als Elisabeth und die Tochter Ende April nach Bonn kamen, wurde im Hotel Kley eine Wohnung gemietet.

Bonn war damals eine Stadt von gut vierzigtausend Einwohnern. Als ehemalige Residenz der Kurfürsten und Erzbischöfe von Köln, die alle auf Repräsentation bedachte, genußsüchtige Wittelsbacher waren, wurde die Stadt von zwei Schlössern dominiert. 1814 gelangte beim Wiener Kongreß das einstige Kurfürstentum Köln an Preußen, und König Friedrich Wilhelm III. machte das große kurfürstliche Schloß der 1818 gegründeten Universität »zum Geschenk«. Im kleineren Poppelsdorfer Schloß war eine mit der Universität nur locker verbundene, im wesentlichen autonome Landwirtschaftliche Akademie untergebracht.

Die Bevölkerung war zu gut drei Vierteln katholisch und zu einem knappen Viertel protestantisch; daneben gab es noch eine jüdische Gemeinde von knapp tausend Mitgliedern. Die »Rheinische Friedrich-Wilhelms-Universität« war in sozusagen missionarischer Absicht gegründet worden, um den neuen Landeskindern der Rheinprovinzen preußisch-protestantischen Geist nahezubringen.

Bei den Hohenzollern wurde es Tradition, daß die Kron- und alle sonstigen Prinzen in Bonn einige Jahre verbrachten, die man mit einiger Großzügigkeit als Studium bezeichnen mag. Immerhin hatte der Kaiser Wilhelm II. bei Clausius so manches Privatissimum in Physik genossen, und noch lange erzählte man sich in Bonn die Geschichte, wie nach dem Unterricht ein Wettlauf zwischen der Königlichen Hoheit und dem Institutsdiener zum Kleiderständer entbrannte: Der Diener wollte unbedingt dem zukünftigen Kaiser in den Mantel helfen, und Hoheit wollten den Mantel vor den immer dreckigen Händen des Untertanen retten.[3]

Die Prinzen, das »Corps Borussia« und das vornehme »Husarenregiment König Wilhelm I.« waren die Attraktionszentren der Bonner Welt, an deren Glanz teilzuhaben das Bestreben der meisten Professoren war. Eine ganze Reihe von ihnen waren trotzdem große Forscher und Gelehrte, die Heinrich Hertz schon vor seiner Berufung dem Namen nach bekannt waren, wie der Mathematiker Rudolf Lipschitz, der Chemiker August von Kekulé und der Physiker Rudolf Clausius.

Der Nachfolger eines der Großen seines Faches zu sein, war eine Ehre, die Heinrich Hertz zu würdigen wußte, aber das Erbe war in diesem Falle auch eine Last, denn der an Experimenten nicht interessierte Clausius hatte das Institut in einem maroden Zustand hinterlassen. Als er 1869 sein Ordinariat antrat, war das Physikalische Kabinett in dem langen Mitteltrakt des Schlosses in zwei Räumen und einem Hörsaal mehr schlecht als recht untergebracht. Nachdem die medizinischen Kliniken 1885 größere Teile des Schlosses räumten und neue Gebäude bezogen, bekam Clausius den frei gewordenen Südflügel zur Verfügung gestellt, der zwar groß und repräsentativ war, aber für ein physikalisches Institut nicht sonderlich geeignet. Zudem hatte es mit diesem Teil des Schlosses eine besondere Bewandtnis, die schließlich zu einer schweren chronischen Erkrankung von Heinrich Hertz und seinem frühen Tod zumindest beigetragen hat.

Das untere Geschoß des Südflügels war einst als Bastion mit meterdicken, nach den Maßstäben des 18. Jahrhunderts bombensicheren Mauern errichtet worden, und darüber hatte sich der Erzbischof und Kurfürst Clemens August sein »Buen retiro« eingerichtet. Da Eminenz aus seinen Gemächern direkt in einen privaten Garten zu treten wünschte, wurde der große Innenhof bis zum ersten Stockwerk mit Erde aufgefüllt. Die Anlage mit seltenen Pflanzen und großen Bäumen war eines Kurfürsten würdig und wurde in Anspielung auf die »hängenden Gärten« einer sagenumwobenen assyrischen Königin der »Semiramisgarten« genannt. Dieses Bonner Wunder hatte nur den Mangel, daß eine Drainage fehlte, so daß die Mauern des Bauwerks mit Wasser vollgesogen waren.

Clausius, der beschwerlich zu Fuß war, vermietete 1885 sein Haus und zog in die obere Etage des Südflügels in die vormaligen Räume des Kurfürsten. Das Äußere, die Lage, der Blick auf den Hofgarten und zum Poppelsdorfer Schloß und nicht zuletzt der »Semiramisgarten« waren herrlich, und trotzdem erschien Heinrich Hertz bei der ersten Besichtigung die Direktorenwohnung mit ihren drei je siebzig Quadratmetern großen und knapp fünf Meter hohen Räumen »ganz unheimlich«. Da man sich wegen der früheren Verwendung als Krankensäle auch noch Sorgen wegen infektiöser »Miasmen« machte, ein konsultierter Mediziner die Räume »überhaupt für ungesund« erklärte und von Seiten der Behörden eine Vergrößerung des Instituts gewünscht wurde, war Heinrich Hertz gern bereit, gegen den Wohngeldzuschuß auf diese Säle zu verzichten.[4] So wohnte er zwar nicht im Schloß, war als Institutsdirektor aber Hausherr in diesem äußerlich schmucken, innen jedoch etwas unheimlichen Gemäuer.

Das schönste Eckzimmer, das einmal dem Kurfürsten als Schlafgemach gedient hatte, suchte er sich als seinen eigenen Arbeitsraum aus. Die dort untergebrachte Bibliothek ließ er in andere Räume schaffen und freute sich an seinem »warmen Zimmer«, aber die nassen Kasematten der alten Bastonade und die vielen leeren Räume machten ihm angst: »Einstweilen irre ich allein nicht ohne Beklemmung in denselben herum. Und alle die Keller und Gänge, wo das Wasser von der Decke tropft und man Quellen rauschen hört – hu – hu –. Werden wir Leben in die Sache bringen, das frage ich mich mit großen Zweifeln.«[5]

Nur beim Kurator und beim Rektor machte Heinrich Hertz Antrittsbesuche. Alle anderen ließ er warten, »denn ich habe jetzt viel im Institut zu tun, da ich in 8 oder 14 Tagen schon detaillierte Forderungen für den Etat 90/91 einreichen soll«.[6] Mit dem Assistenten Dr. Carl Pulfrich und dem Kollegen Ketteler traf er sich zwar mehrmals, einigte sich auch schnell mit Ketteler über die beiden ihm versprochenen Räume, aber die Hauptlast der Neugestaltung des Instituts trug er allein, wollte sie sich wohl auch nicht abnehmen lassen. »Ich habe viel Arbeit und denke an nichts als an die Ordnung der Sammlung, die Einrichtung der Räume und das Geld, welches ich dazu brauche, und stecke auch tief im Schmutz den ganzen Tag, aber ich sehe schon, daß sich alles gut wird ordnen lassen und es dann ein schönes Institut gibt.«[7]

Der Bauinspektor der Universität war zwar hilfsbereit, aber alles mußte den preußisch korrekten Weg des Antrags gehen, und das war lästig: »Das wichtigste dabei ist freilich daher das Warten, bis dies und das gemacht ist, was man nicht selbst machen kann; aber das Warten kostet mehr Zeit und Kräfte als jede andere Tätigkeit.«[8] Ende Mai war Althoff »wie ein Meteor« im Institut aufgetaucht.[9] Offenbar stimmten ihn die Mängel des Bauwerks nachdenklich, denn anschließend wurde in Konferenzen zwischen Kurator, Bauinspektor und Heinrich Hertz ein fünf Seiten langer Bericht erarbeitet, der an Althoff geschickt wurde und als Argumentationshilfe beim Finanzministerium dienen sollte.

Wortreich wurde darin beschrieben, daß »die Erdgeschoßräume wegen Feuchtigkeit und mangelhafter Beleuchtung völlig unbrauchbar« seien, und auch in der oberen Etage in einigen Räumen die Feuchtigkeit so groß wäre, daß Farben nicht haften und Holztäfelungen aufquellen würden.[10] Zu einer durchgreifenden Sanierung des nassen Gemäuers konnten sich die Berliner Ministerien trotzdem nicht entschließen, sondern nur zu oberflächlichen Ausbesserungen, und auch die zogen sich in die Länge. So kostete Heinrich Hertz mehr als ein Jahr lang die Leiden eines geplagten Bauherrn, bis im Juni 1890 die Umbauten und Renovierungen beendet waren: »Endlich!«[11]

Trotz dieser beträchtlichen Malaisen wurde Heinrich Hertz ein nachgerade vorbildlicher Direktor. In seinem Bemühen um Perfektion auch in kleinen Dingen führte er über die organisatorischen und finanziellen Belange des Instituts so akkurat Buch wie ein ehrbarer Kaufmann über die Geschäfte. Deshalb ging er gleich an die Inventarisierung der Instrumentensammlung. »Ob's mir jemand dankt, ist wohl fraglich, aber einmal muß doch wenigstens alle zwanzig Jahre Ordnung gemacht werden, und da ich lange hierbleiben möchte, tue ich's lieber zu Anfang.«[12] Auf der Titelseite des von ihm angelegten und geführten Inventarbuches prangte wohl nicht ohne Grund die Inschrift: »Mit Gott.« Ein zuverlässiger Überblick über sein Reich war ihm wichtig; als das Jahr sich schon dem Ende zuneigte, hat er mal »den ganzen Nachmittag im ungeheizten Zimmer bei Stearinlicht die Bibliothek neu inventarisiert«.[13]

Schon beim ersten Rundgang anläßlich der Berufungsverhandlungen mußte Heinrich Hertz feststellen: »An Apparaten fehlt viel.«[14] Weil für Anschaffungen ein großzügiger Etat bewilligt war, besuchte er die ortsansässigen Instrumentenmacher, darunter die angesehene Firma des Glasbläsers Heinrich Geißler, der die für Gasentladungen bahnbrechenden Röhren konstruiert hatte und dafür zum Ehrendoktor der Bonner Universität promoviert worden war, sowie die Firma Leybold im nicht weit entfernten Köln.[15] Seine Erwerbungen beschränkte er allerdings nicht auf diesen näheren Umkreis, sondern kaufte überall in Deutschland und auch in England und in Paris neue Instrumente.

Sein Aktionsradius geht nicht nur aus dem Inventar hervor, sondern auch aus dem »Copierbuch«, das er im August für den geschäftlichen Schriftverkehr mit Firmen und Lieferanten anlegte. In diesem Buch wurden mit Tinte geschriebene Briefe auf dünnes Transparentpapier gepreßt, auf dem sie einen gut lesbaren Abdruck hinterließen. Die einhundertfünfundachtzig von Heinrich Hertz verfaßten Schriftstücke dieses Buches bieten einen faszinierenden Einblick in die praktische Seite des damaligen Laboratoriumsbetriebs, und obwohl alle Briefe geschäftlichen Inhalts sind, verraten sie doch einiges über den Verfasser, wie seine weitgespannten Interessen, seine Höflichkeit und auch seine manchmal schroff formulierte Ungeduld, wenn Zusagen nicht eingehalten wurden oder Handwerker Termine ignorierten.[16]

Gegen Ende April mußte Heinrich Hertz an die Vorlesungen denken und vor allem das große Kolleg über Experimentalphysik vorbereiten, das im ersten Semester von Allgemeiner Physik und Wärme handeln sollte. Diese Veranstaltung war für viele der eintausenddreihundert Bonner Studenten obligatorisch und deshalb wegen der Kolleggelder eine nicht immer angenehme, aber immer einträgliche Pflicht, die den Ordinarius zum reichen Mann machte. Jeder Student mußte pro Wochenstunde fünf Mark zahlen, so daß bei vier Wochenstunden und hundertfünfzig Hörern im Semester dreitausend Mark zusammenkamen. Die meisten Ordinarien setzten für diese Vorlesung lieber fünf Stunden an, was ihren Einnahmen nützte, und einige, wie Karsten in Kiel und Meyer in Breslau, hielten sogar sechs Stunden für nötig.[17] Althoff war nicht entgangen, daß dieser Eifer weniger pädagogischem als monetärem Eros entsprang, aber seine Versuche, die Zahl der Pflichtstunden auf das Notwendige zu begrenzen, scheiterten an der heiligen Autonomie der Fakultäten.

Trotz der finanziellen Versuchung gehörte Heinrich Hertz zu der kleinen Minderheit von nur vier Ordinarien in Deutschland, die es bei vier Stunden in der Woche beließen. Mit seinem Gehalt nebst Wohnungszuschuß, den Kolleggeldern und weiteren Einnahmen wie Praktikums- und Examensgebühren konnte er trotz seiner Zurückhaltung mit jährlichen Einnahmen von vierzehntausend Mark rechnen. Das war auch nach bürgerlichen Maßstäben ein stattliches Einkommen, das einen Vergleich mit dem Senatorengehalt des Vaters von fünfundzwanzigtausend Mark nicht mehr zu scheuen brauchte.

Neben der großen Vorlesung kündigte er noch ein einstündiges honorarfreies »Publikum« an, wie es für Ordinarien vorgeschrieben war. Offensichtlich wollte er nicht schon in seinem ersten Semester als preußischer Professor den Geheimrat Althoff »durch die Finger sehen« lassen und sprach Dienstag abend um sechs Uhr über »Die Anwendungen der Elektrizität«. Daneben gab es noch »Übungen im physikalischen Laboratorium«, die bei den Anfängern der Assistent Pulfrich betreute. Ketteler las eine dreistündige »Einführung in die theoretische Physik« sowie zweistündig »Elastizitätstheorie«, und der Privatdozent Franz Richarz rundete das recht umfangreiche Angebot durch eine »Theorie der Emission und Absorption der Licht- und Wärmestrahlen« ab.

Die Beschränkung der großen Vorlesung auf vier Wochenstunden hatte den Vorteil, daß Heinrich Hertz sie »gerade so wie in Karlsruhe« halten konnte und sich nur um die Demonstrationsexperimente kümmern mußte. »Ich werde zunächst mehr Mühe damit haben als zuletzt in Karlsruhe, aber ich denke doch, bedeutend weniger als am Anfang … es will also alles gelernt sein, und hat man es gelernt, ist es leicht, es ist wie jedes andere Handwerk.«[18]

Am 20. April trafen Elisabeth und die Tochter ein. Die kleine Familie bewohnte im Hotel Kley »in einem im Garten gelegenen Nebenhaus 3 hohe Zimmer: einen Salon mit Balkon und Aussicht nach dem Rhein, ein kleines zweifenstriges Zimmer fürs Kind und ein kleines Schlafzimmer für uns.«[19] Es war ein angenehmes Provisorium, und Elisabeth klagte nur, »daß sie so viel freie Zeit hat«. Das änderte sich schnell wegen der unvermeidlichen Antrittsbesuche bei allen Ordinarien und einigen anderen Notabeln. Die etwa hundert Besuche dauerten länger als eine Woche, obwohl sie in logistisch ausgeklügelten Touren zu je zwölf Besuchen absolviert wurden.

Das war aber nur der Auftakt zu einem Reigen von Einladungen und Gegeneinladungen in dem regen gesellschaftlichen Leben, das den Bonner Professoren ebenso wichtig oder vielleicht noch wichtiger war als die Wissenschaft. Schon Helmholtz hatte sich darüber gewundert, als er 1856 Ordinarius für Physiologie in Bonn war: »Unter den Professoren ist hier ein kurioses Treiben, sie suchen weniger durch Wissenschaft zu glänzen als durch ihre Verbindungen mit den Prinzen.«[20] Weil die Hohenzollern um 1890 aber keine Prinzen im studierfähigen Alter zur Verfügung hatten, mußten die Professoren sich selbst beglänzen; sie taten das ausgiebig und gern.

Zunächst fand Heinrich Hertz die Aufnahme in diese Zirkel noch interessant. »Alle sind sehr liebenswürdig gegen uns«, schrieb der in solchen Dingen nicht unerfahrene Sohn aus gutem Hause. »Elisabeth hat immer den Hausherrn zu Tische und ich empfinde angenehm, daß uns der gute Ruf schon vorausgeeilt ist.« Schwierigkeiten hatte er nur mit dem Verständnis des verwickelten Geflechts der Sym- und Antipathien: »Es ist eine ordentliche Arbeit, in die Personalien hineinzukommen.«[21] Etwas drastischer schrieb er einem befreundeten Kollegen, seine Hauptbeschäftigung sei »das Durchessen durch die Universität; bei der zunehmenden Wärme ist das sehr erschöpfend. Auch kommt außer Unlust zur Arbeit wenig Nützliches dabei heraus.«[22] Zu dem wenig Nützlichen zählte er auch das bei den Gesellschaften zur Schau gestellte geistreiche Gespreize. Manchmal »kamen wir uns wie in einer anderen Welt vor, wenn wir gefragt wurden, ob wir dies Konzert, jene Ausstellung gesehen, jene Zeitung gelesen hätten: wir hatten das Gefühl, wie kann man Zeitung lesen etc.; wo nehmen die Menschen die Zeit her?«[23]

Das größte Übel der Einladungen war die Notwendigkeit, sie zu erwidern, zuerst im Hotel und später im eigenen Haus. Die anfängliche Hoffnung, daß dieses Karussell sich bald langsamer drehen würde, schmolz dahin wie Butter in der Sommersonne: »Die Gesellschaften nehmen nicht ab, sondern werden häufiger. Nur nimmt unser guter Wille schließlich mehr und mehr ab und wir machen es uns langsamer.« Er war es auch leid, mit seiner Frau als »das reizende junge Paar« unter lauter alten Leuten herumgereicht zu werden, so daß er, um einer Gesellschaft zu entgehen, sich in eine Notlüge rettete und eine Verabredung zu einem Ausflug nach Koblenz erfand. Sei es, daß ihm dieses Mittel doch verwerflich erschien, sei es, daß er eine Entdeckung fürchtete, jedenfalls wurde der erfundene Ausflug realisiert und die Dampferfahrt auf dem Rhein war »sehr erfreulich«.[24]

Das Haus in der Quantiusstraße wurde am 17. Mai frei, und fortan war Heinrich Hertz auch noch mit dem Arrangieren und der Überwachung der Renovierungsarbeiten beschäftigt. Am 7. Juni wurden die Möbel ins Haus gebracht, und abends kamen die Eltern mit der Schwester Melanie und der Schwägerin Carmen aus Hamburg über Pfingsten zu Besuch. Man wohnte allerdings noch gemeinsam im Hotel. Der Sohn, dem sein Haus ganz »hinreißend« gefiel, befürchtete, daß »Senators« seinen Besitz etwas bescheiden finden würden, was im Vergleich mit dem Anwesen in der Hamburger Magdalenenstraße auch zutraf. Er hatte es deshalb für angebracht gehalten, die Erwartungen zu dämpfen: »Es ist sehr hübsch; Ihr werdet doch freilich alle Räume etwas klein finden, wie sie es in der Tat sind. Aber die meisten wohnen hier in Bonn so, und und wir haben ja immer noch sehr viel mehr Platz als in Karlsruhe.«[25] Am nächsten Vormittag präsentierte er seinen Eltern Haus und Institut, und vielleicht dachte die Mama, daß ihr Heins doch besser im Schloß hätte Wohnung nehmen sollen.

Über Pfingsten fuhr man per Kutsche nach Rolandseck und auf den Drachenfels, zu jenen Kleinodien der Bonner Umgebung, die der Weltreisende Alexander von Humboldt in seiner Rangliste der schönsten Landschaften an die siebte Stelle gesetzt hatte. Für stromaufwärts reisende Touristen waren sie die Eintrittspforte in die von Mythen und Legenden umwobene Rheinromantik. Heinrich Hertz hatte diese Orte schon des öfteren besucht, zunächst allein zu Fuß und dann mit Elisabeth und Johanna in einer Kutsche, und daß man in der Nähe Bonns so wunderbar spazierengehen konnte, rechnete er zu den größten Vorzügen der Stadt.[26]

Am Pfingstmontag erschienen auch noch die Schwiegereltern Doll aus Karlsruhe und der Bruder Rudolf. Derweil hat Heinrich Hertz im Haus herumgewerkelt und Bilder aufgehängt. Der

12. Juni war der große Tag des Einzugs. Der Hausherr war erleichtert, als die Besucher in den nächsten Tagen abreisten, aber Freude an dem Haus wollte sich nicht einstellen, denn er war erschöpft, nervös und abgespannt. Er hatte sogar »Elisabeths Geburtstag fast vergessen« und sich tagelang »sehr gedrückt und überbürdet gefühlt«.[27] Trotzdem mußte er Haltung bewahren, denn nun gaben sich andere Besucher die Klinke in die Hand: Gustav Wiedemann war der erste, gefolgt von Helmholtz' Sohn Robert, der einige Wochen in Bonn blieb, und dem Karlsruher Freund Alois Schulte. Die erste kleine Gesellschaft im eigenen Haus beschränkte sich, vom Kollegen Ketteler abgesehen, auf junge Leute wie Richarz, Pulfrich und Robert von Helmholtz.[28]

Erschöpfung und Frustrationen über den schleppenden Gang der Umbauten im Institut hätten für Heinrich Hertz' Mißmut ausreichen können, aber der wesentlichste Grund lag darin, daß er nicht zur wissenschaftlichen Arbeit kam. Er hatte in Karlsruhe vorausgesehen, daß für einige Zeit seine »Kräfte lahmgelegt« sein würden, hatte aber die Hoffnung auf wenigstens gelegentliche Muße zur Forschung nicht aufgegeben: »Überhaupt denke ich, was ich vielleicht leisten könnte, wenn ich an nichts anderes als an die Arbeit zu denken hätte, da es mir immer vorkommt, als ob ich im Grunde doch nur einzelne Tage oder vielleicht Wochen zwischendurch arbeite und dann wieder Monate die eigentliche Arbeit nicht anrühre; aber dann denke ich auch, daß wiederum die äußere Unruhe merkwürdig wenig stört, wie ich in diesen Sachen den entscheidenden Schritt eigentlich gerade nach der Geburt des Kindes getan habe, wo doch Unruhe genug zu Hause und im Kopfe war. Aber ich hoffe immer noch auf eine Zukunft, wo ich mich ganz in die Betrachtung vertiefen kann.«[29]

Es traf ihn hart, daß sich diese Hoffnungen nicht erfüllten, und noch härter traf ihn, daß ein Ende der dauernden Störungen nicht abzusehen war. Ende Mai hatte er einem Kollegen noch mit einem Anflug sarkastischen Humors geklagt: »Das Kolleg, die Neuaufstellung des Inventars, Projekte für Bauarbeiten im Institut, kurzum der Beruf machen etwas Arbeit. So liege ich denn den meisten Teil des Tages auf dem Sofa und wundere mich, wie man das alles fertig kriegt.«[30] Aber der Humor verging, selbst der schwarze, und seine Tagebuchnotizen wurden immer gedrückter. Schließlich mußte er auch noch die Praktikanten allein betreuen, weil der Assistent

Pulfrich für den Juli zu militärischen Übungen eingezogen wurde.[31] Der alte Institutsdiener Wirtz, den er von Clausius übernommen hatte, war auch nicht jene »tüchtige Hilfe, wie ich sie in Karlsruhe an meinem Mechaniker hatte«.[32] Daß Heinrich Hertz mal versuchte, »an eigene Arbeit zu denken« und sich einen kleinen Apparat zur Beobachtung der mechanischen Wirkungen der elektromagnetischen Wellen baute, blieb eine vorläufig ergebnislose Episode, und im Tagebuch hieß es: »Böse Zeiten wegen Mühe des Eingewöhnens, Not mit den Handwerkern, Erschöpfung, ewiges Briefeschreiben.«[33]

Nicht einmal offizielle Anerkennungen, die ihn nach wie vor erreichten, brachten Trost. So wurde er zum Ehrenmitglied der »Literary and Philosophical Society« in Manchester ernannt und gleichfalls zum Ehrenmitglied der »Societé Physique et d'histoire naturelle de Genève«. Auch die Erlanger physikalisch-mathematische Gesellschaft ernannte ihn zum Mitglied, und die Wiener Akademie der Wissenschaften verlieh ihm ihren angesehenen Baumgartenpreis, mit dem eine Geldprämie von eintausend Gulden verbunden war. Das alles wurde zwar registriert, vermehrte aber nur das »ewige Briefeschreiben«.

Als das Semester zu Ende ging, drängelten sich Gäste, die auf ihren Ferienreisen vorbeischauten, manchmal mehrere an einem Tag: »Mittags besucht uns ein Prof. Perkins aus Amerika, dann kommt mein Vater, abends noch Prof. Schuster aus Manchester.«[34] In der Universität gab es die üblichen Sitzungen und dazu tagelang Examen, vor allem der Mediziner; daß die Prüfungen erkleckliche Gebühren einbrachten, war auch keine Entschädigung: »Ich sehe mit Sehnsucht den Ferien entgegen und halte meine Vorlesungen wieder einmal so schlecht als möglich, doch liegt es nicht an meinem guten Willen, sondern ich kann buchstäblich nicht besser.«[35] Zum Glück war nur noch im Talar die große Universitätsfeier zu überstehen, die wie an der Friedrich-Wilhelms-Universität in Berlin auch an der rheinischen Namensschwester am 3. August, dem Geburtstag des Stifters, begangen wurde, »und von Sonntag an stand unser Entschluß fest, uns nicht mehr finden zu lassen und uns zu vergnügen«.[36]

Spaziergänge, Ausflüge und Muße in Haus und Garten brachten die ersehnte Erholung. »Fremde Besuche, Einladungen, Visiten haben glücklicherweise seit den Ferien völlig aufgehört«, stellte Heinrich Hertz erleichtert fest. »Das Haus kommt allmählich in Stand, und die Ferien üben die gute Wirkung, daß das nervöse Gefühl des beständigen Gehetztseins verschwindet und ich ab und zu ein Stündchen wieder an wissenschaftliche Gegenstände denken kann, welches mir Gott sei Dank noch immer ein großer Genuß ist.« Einladungen zu den repräsentativen Naturforscherversammlungen im Ausland hatte er abgelehnt, obwohl ihm in Frankreich ein »chaleureux accueil« und in England eine »reception to be proud of« in Aussicht gestellt waren. »Hören und sehen möchte ich gerne, aber mitspielen überhaupt nicht.«[37]

Mitspielen mußte er aber bei der Versammlung der Gesellschaft deutscher Naturforscher und Ärzte Ende September in Heidelberg, für die er einen großen Plenarvortrag »Über die Beziehungen zwischen Licht und Elektrizität« zugesagt hatte. Als er Ende August an die Ausarbeitung diese Vortrags ging, fand er seine ersten Entwürfe »mißglückt« und wurde darüber »unglücklich«. Auch ein neuer Anlauf »in der alten Form von Karlsruhe« machte mehr Mühe als erwartet: »Ich ... doktere mit schwerer, saurer Arbeit und viel Zeitaufwand an ihm herum, und was ich herausbringe, ist dennoch meiner Meinung (meiner aufrichtigen Meinung) nach für den Laien unverständlich, für den Fachmann trivial, mir selbst ekelhaft.«[38] Zwei Wochen wurde gefeilt, bis der Vortrag vor der Abreise »mit Elisabeth zusammen ... abgeschrieben« werden konnte. Seine Frau fand das Werk »*sehr* gelungen«, aber ihr Mann war immer noch entschieden anderer Meinung: »Oft habe ich den den Augenblick verflucht, wo ich ihn übernommen.«[39]

In Heidelberg traf Heinrich Hertz am 17. September rechtzeitig zum Begrüßungsabend im Schloßgarten ein. Da sich mit etwa eintausendsechshundert Teilnehmern die gesamte wissenschaftliche Elite angemeldet hatte, traf er »schrecklich viele Menschen« und freute sich besonders über »das Wiedersehen mit alten Bekannten aus Berlin«. Dazu kam der gleichberechtigte Umgang mit der Prominenz: »Ich wurde Siemens vorgestellt ... dieser war außerordentlich freundlich und herzlich gegen mich.« Eine andere Zelebrität war der amerikanische Erfinder Thomas Alva Edison, der mit seinem neuen Phonographen Furore machte: »Er suchte sich den Rücken an einer Säule zu decken, da er von allen Seiten beguckt wurde ... Er fragte, ob ich der Mann mit den ›sparks‹ wäre, und dann kannte er mich.«[40]

Bei der Eröffnungssitzung mit dem Ritual der Begrüßungsworte, einem dreifachen Hoch auf Kaiser und Großherzog und einem Telegramm an den Kaiser sprach zunächst Rudolf Virchow, der für die Freisinnige Partei im Reichstag saß, eine geschlagene Stunde über Organisatorisches, »ohne Inhalt und Zweck, so daß ich ihn hätte umbringen können; doch stellte sich nachher heraus, daß der Großherzog eine Stunde Verspätung hatte und daß nur diese Lücke ausgefüllt werden sollte. Es ist doch etwas Schönes um die parlamentarische Beredsamkeit.« Spektakulärer Höhepunkt und Abschluß dieser Sitzung war die Präsentation des Edisonschen Phonographen, die großen Eindruck machte. »Aber die Art, wie er dort vorgeführt wurde, war Reklame und nach unseren Begriffen nicht sehr würdig.«[41]

Die fachbezogenen Sitzungen begannen am nächsten Tag. Im Hörsaal des Physikalischen Instituts fanden sich etwa hundert Kollegen ein. »Es ist die Physik doch hier jetzt sehr gut vertreten, Helmholtz, Siemens, Kundt, Kohlrausch, Quincke, Warburg, Meyer, Himstedt u. a. ... im übrigen hat man natürlich von jedem einzelnen sehr wenig.« Dem auf den frühen Abend angesetzten Festmahl entzog sich Heinrich Hertz, »um noch die letzte Feile an meinen Vortrag zu legen«. Am nächsten Vormittag ist dann im großen Saal des Museums sein einstündiger Vortrag in der »Allgemeinen Sitzung«, wie er seiner Frau schrieb, »glücklich vom Stapel gelaufen und hat viel Beifall gefunden«. Elisabeth war von dieser lakonischen Nachricht enttäuscht und meinte: »Das habe ich vorher gewußt.«[42] Ausführlicher berichtete Helmholtz seiner Frau von dem Vortrag, »der wirklich außergewöhnlich gut, auch in der Form sehr vollendet, taktvoll und geschmackvoll war und einen Sturm von Beifall hervorrief«.[43]

Der Vergleich dieses Vortrags mit dem kurzen Referat der Karlsruher Urfassung zeigt allerdings, was Heinrich Hertz beim Schreiben Schwierigkeiten gemacht haben dürfte. Gewiß hätte er lieber so schlicht und sachlich gesprochen wie in den beinahe privaten Karlsruher Veranstaltungen, aber bei einem offiziellen Plenarvortrag wurde im wilhelminischen Zeitalter eine starke Dosis Pathos erwartet, und das lag ihm nicht, schon gar nicht in eigener Sache. Aber Konzessionen mußte er machen, und so klingen einige Sätze etwas forciert, als wären sie nicht von ihm. Nicht ganz geheuer waren ihm wohl auch Rückgriffe auf beliebte, aber deshalb auch abgegriffene Topoi wie das Bild von Naturforschern als Bergsteigern, die sich vor einem »letzten, vereisten Gipfel ihres Hochgebirges« wähnen. Aber diese Konzessionen an den gängigen Geschmack haben den großen Erfolg des Vortrags gewiß noch gesteigert.

Im übrigen hatte sich die Mühe, die sich Heinrich Hertz mit diesem Vortrag gemacht hat, nicht nur für ihn, sondern vor allem für seine Hörer und späteren Leser gelohnt: Er ist ein Höhepunkt wissenschaftlicher Rhetorik. Niemals ist eine Umwälzung der Grundlagen einer Wissenschaft so luzide und kraftvoll dargestellt worden, und wie der »Sturm von Beifall« gezeigt hat, waren entgegen seiner Befürchtung sowohl die Kollegen als auch der Physik fern stehende Hörer begeistert. Der Bonner Verleger Emil Strauss brachte den Vortrag als Broschüre heraus und machte damit ein schönes Geschäft: Binnen drei Monaten waren sieben Auflagen verkauft.[44]

Nach der Sitzung bat der Heidelberger Mathematiker Leo Königsberger, bei dem Heinrich Hertz einst in Dresden im Hörsaal gesessen hatte, zu einem Mittagessen in seinem Hause, an dem neben Hertz auch Helmholtz, Kundt, Paalzow, Wiedemann und andere hervorragende Physiker und Mathematiker teilnahmen. In seiner Tischrede bekundete der Gastgeber »unser aller Staunen und Bewunderung über die völlig neuen und ungeahnten Resultate« der Forschungen von Hertz, wobei der Angesprochene »sich in seiner Bescheidenheit wie ein schamhaftes Kind die Serviette vor die Augen hielt«. Es mögen auch Tränen der Freude oder der Rührung gewesen sein, die Heinrich Hertz verbergen wollte.

Königsbergers an die Gäste gerichtete Bitte, »auf das Wohl des ›nächst Helmholtz größten Physikers der Jetztzeit zu trinken‹«, hat jedoch, wie er später erfuhr, »bei mehreren der anwesenden älteren Physiker Befremden erregt«.[45] So etwas sagte man nicht über einen Zweiunddreißigjährigen. Am Tag darauf soll sich noch »eine interessante Unterhaltung zwischen Kundt und Hertz« darüber ergeben haben, und obwohl Königsberger nichts über ihren Inhalt mitteilte, darf man annehmen, daß vor allen anderen Heinrich Hertz den Trinkspruch als überzogen bedauert hat. Das änderte aber nichts daran, daß er im Grunde als der Nachfolger des »praeceptor physicae« ausgerufen worden war.

Natürlich fühlte er sich geschmeichelt, »daß die Älteren und Namhafteren mich immer in ihre Nähe zogen, und daß dadurch auch meine Autorität bei den Jüngeren schnell und sozusagen sichtbar wuchs«. Werner von Siemens versäumte in diesen Tagen übrigens keine Gelegenheit, Heinrich Hertz seine Entscheidung für Bonn ausreden zu wollen: »Das ist alles Unsinn. Sie müssen nach Berlin kommen.«[46]

Am nächsten Tag waren wieder Sitzungen der Fachsektionen anberaumt, und Heinrich Hertz hatte die Freude, daß von den insgesamt sechzehn Vorträgen der Physiker sich sechs an seine eigenen Forschungen anschlossen. Julius Elster und Wilhelm Hallwachs sprachen über weiterführende Experimente zum lichtelektrischen Effekt. Heinrich Rubens präsentierte die bereits erwähnten Versuche seines nicht nach Heidelberg gekommenen Kollegen Robert Ritter mit zuckenden Froschschenkeln als Indikator für den »Empfang« elektromagnetischer Wellen mit einer in den »Annalen« nicht erwähnten Ergänzung: »Um das Vorhandensein der Zuckungen noch deutlicher wahrnehmen zu können, war in der bekannten Weise an einem der Schenkel eine Kontaktvorrichtung angebracht, welche bei jeder Bewegung desselben eine elektrische Klingel zum Ertönen brachte.«[47] Heinrich Hertz bemerkte in der Diskussion, daß er solche Versuche selbst angestellt habe, »jedoch ohne allen Erfolg. Er habe direkt den Nerven statt der Funkenstrecke eingeschaltet«, und nicht wie Ritter den Nerv in den »Nebenschluß« gelegt.[48] Rubens trug freilich auch über eine weniger bizarr klingende und dafür technisch avancierte Variante zum Nachweis elektromagnetischer Wellen vor, nämlich mit einem sogenannten Bolometer.

Am schönsten war aber der Vortrag von Otto Wiener, der durch ein originelles Experiment die Einheit von Licht und Elektrizität befestigt hatte. Den Straßburger Assistenten hatte Heinrich Hertz in Karlsruhe kennengelernt, weil dessen Vater Professor an der dortigen Hochschule war. Daraus entstand ein freundschaftlicher Umgang, und bei seinem letzten Besuch in Straßburg hatte Heinrich Hertz mit Wiener über dieses Experiment ausführlich gesprochen. Während Hertz in seinen Arbeiten und in seinem Vortrag die elektromagnetischen Wellen als identisch mit denen des Lichts herausgestellt hatte, wollte Wiener in einem wichtigen Punkt die Richtung umkehren und zeigen, daß Lichtwellen sich ebenso wie die Hertzschen Wellen verhalten.

Die Versuche von Heinrich Hertz »Über Strahlen elektrischer Kraft« waren über weite Strecken Analogien zu optischen Experimenten. Bei der Erzeugung und Untersuchung »stehender Wellen« gab es eine solche Analogie zur Optik jedoch nicht, denn niemand hatte bisher mit Licht stehende Wellen produziert. Wiener war nun dieses Kunststück gelungen, indem er eine lichtempfindliche Kollodiumhaut benutzte, deren Dicke nur den zwanzigsten Teil einer Lichtwellenlänge betrug. Sein Experiment widerlegte auf direkte Weise die alte Theorie des elastischen Äthers und bestätigte die Transversalwellen der elektromagnetischen Theorie auch für das Licht. In einer schönen Reverenz vor Hertz erklärte Wiener in Umkehrung der üblichen Redeweise: »Elektrisch gesprochen ist es ermöglicht, elektrische Schwingungen zu untersuchen von der Schwingungsdauer des sichtbaren Lichts.«[49]

Unterdes waren auch die Statuten beraten worden. Seit ihrer Gründung im Jahre 1822 war die Gesellschaft Deutscher Naturforscher und Ärzte praktisch nur während ihrer Jahresversammlungen existent, sollte aber nun als rechtsfähiger Verein mit Mitgliedsbeiträgen, Vermögen und Vorstand konstituiert werden. Darüber wurde endlos debattiert, insbesondere auch über den Ausbau der Sektionen zu Fachgesellschaften und die Konkurrenz zu bereits bestehenden wissenschaftlichen Vereinigungen. Heinrich Hertz hatte sich um derartiges nicht gekümmert und erfuhr zu seinem Erstaunen erst aus der Zeitung, daß er in den Vorstand gewählt worden sei: »Wenn es wahr ist, brauche ich mir darauf nicht viel einzubilden; es lag dann daran, daß ich unmittelbar vorher meinen Vortrag gehalten und niemand sieben Namen so schnell finden konnte. Es ist mir jedenfals nicht lieb und gibt mir eine falsche Stellung und wäre nicht geschehen, wenn ich gefragt worden wäre.«[50] – Ob gefragt oder nicht, er akzeptierte die daraus resultierenden Verpflichtungen und bemühte sich in den folgenden Jahren redlich, ihnen gerecht zu werden.

Nach einem Fest auf dem Schloß und einem verregneten Sonntag, den er »um so gemütlicher mit den Fachgenossen« verbrachte, fuhr Heinrich Hertz vorzeitig nach Hause, denn »das beständige Kneipen, die Aufregung, das Disputieren wurde ich doch satt«. Mit dem Ertrag der Reise konnte er mehr als zufrieden sein: Sie war ein Triumph. Seine Forschungsleistungen wurden einhellig bewundert, jüngere Kollegen hatten seine Arbeiten aufgegriffen und fortgeführt, so daß er wie sonst nur die ehrwürdigen Geheimräte als großer Anreger galt, und für seinen Vortrag hatte er einen »Sturm von Beifall« geerntet.

Was die Zeitungen über die Veranstaltung und seinen Vortrag schrieben, war ihm nicht gleichgültig, nur war das, was er nach einigen Tagen davon gesehen hatte, nach seiner Meinung »ziemlich traurig«. Allerdings war der beste Bericht in einer Wiener Zeitung erschienen, so daß er erst später davon erfuhr. Dieses Blatt rühmte an dem »denkwürdigen« Vortrag, »in großem Stil die Notwendigkeit dargelegt zu haben, sich mit neuen Anschauungen vertraut zu machen«, zumal bei dem Redner das Verdienst hinzukäme, »für die folgenschwere Wandlung unserer physikalischen Anschauungen durch eigene experimentelle Forschungen von großem Scharfsinn mitgewirkt zu haben«.[51] Die folgende Zusammenfassung des Vortrags war so ausführlich und sachgerecht, daß Heinrich Hertz damit zufrieden sein konnte. Bemerkenswert ist übrigens, daß die Zeitungen enthusiastische Töne anschlugen, obwohl es sich um eher philosophisch zu nennenden Grundsatzfragen der Physik handelte, denn von den technischen Weiterungen durch »Funkentelegraphie« und »Rundfunk« wurde noch nicht einmal im Sinne früher Science-fiction spekuliert.

Weil das Zeitalter der neuen Macht der Medien noch in den Kinderschuhen steckte und die Zeitungen korrekt und bieder waren, konnte Heinrich Hertz die Rolle, die man später als die einer »Medienpersönlichkeit« bezeichnet hätte, leicht ertragen, denn abgesehen von seinem geringen Alter oder einer dürren Vita blieb Persönliches ausgeklammert. In den unzähligen Berichten, die an den Heidelberger Vortrag anknüpften, ging es ausschließlich um die wissenschaftlichen Leistungen, und wenn die mal »sensationell«[52] genannt wurden, fand er das geschmacklos, konnte es aber verschmerzen.

In den Wochen nach seinem Vortrag hatte Heinrich Hertz eine ausufernde Korresponenz nicht nur mit Kollegen, »sondern mehr mit Redaktionen von Zeitungen etc.«[53] Geduldig bediente er die Redaktionen im In- und Ausland mit Sonderdrucken und, wenn gewünscht, auch mit einer Photographie und einem kurzen, auf die akademische Karriere beschränkten Lebenslauf. Auf dieses Material konnte sich zum Beispiel die in Leipzig und Berlin erscheinende und in ganz Deutschland verbreitete »Illustrirte Zeitung« stützen, als sie im November 1889 Heinrich Hertz und seinen Experimenten einen großen Artikel widmete. »So viel steht fest und wird allerorts anerkannt«, resümierte das Blatt, »daß wir es in der Hertzschen Entdeckung mit einem jener Marksteine in der Geschichte der Naturforschung zu tun haben, welche die Eröffnung eines neuen Weges zu großen, früher nicht geahnten Fortschritten bezeichnen.«[54]

Der Mann, der dieses vollbracht hatte, war inmitten des Artikels abgebildet. Die Photographie stammte aus Karlsruher Tagen, als er »mit der Natur sozusagen allein« war und in seiner Arbeit kraftvoll vorwärts stürmte. Um seine Züge spielt ein leichter Spott in Distanz zum menschlichen Treiben, und sein Blick ist in die weite Ferne gerichtet, als sähe er nur dort die Probleme, auf die es ihm ankommt. Vielleicht hat dieses Bild den Autor zu seinem letzten Satz inspiriert: »Hierin besteht das Fruchtbare der genialen Tat: Ihre Folgen erstrecken sich bis ins Unendliche.«[55]

»Habt Ihr Euern Sohn erkannt?« fragte Elisabeth ihre Schwiegereltern, offensichtlich nur rhetorisch, denn voller Stolz meldete sie: »Johanna tat es.«[56]

2. Zwei große Preise und viele Kleinigkeiten

Nach dem Triumph in Heidelberg stürzte sich Heinrich Hertz unverzüglich in die Arbeit, um die Zeit bis zum Semesterbeginn zu nutzen. Daß er sich Theoretisches vorgenommen hatte, war Glück im Unglück, denn schon am zweiten Tag nach seiner Rückkehr war er »zu Hause geblieben wegen meines Fußes«. Ein Nagelbett war entzündet, und was wie eine lächerliche Kleinigkeit klingt, wurde lästig und machte große Schmerzen. So saß er denn daheim, hat »den ganzen Tag den Fuß in Wasser gekühlt und dabei gerechnet«. Schließlich mußte »der eingewachsene Nagel geschnitten werden«.[1]

Obwohl ein Professor der Chirurgie das Messer führte, ließ die Besserung auf sich warten. »Heinrichs Fuß braucht längere Zeit zur Heilung als wir anfangs gedacht«, berichtete Elisabeth Mitte Oktober. Zwei Wochen nach der Operation wurde ihr Mann ungeduldig und hat sich »einen Stiefel erweitern und verlängern lassen, und so kann er wenigstens ausgehen«.[2] Der erste kleine Spaziergang mit Elisabeth hatte allerdings zur Folge, daß der Fuß einige Tage darauf »wieder geschnitten« werden mußte und er »sehr heftige Schmerzen davon« hatte.[3] Dieser zweite Eingriff brachte endlich Besserung und rechtzeitig zum Anfang des Semesters auch Heilung.

Was er, den Fuß im Wasserbad, rechnete und studierte, betraf die Grundgleichungen der Elektrodynamik. Darüber wollte er zunächst eine Vorlesung halten und dann eine größere, grundsätzliche Abhandlung veröffentlichen. Ein »Publikum« kündigte er für sein zweites wie auch für alle späteren Semester nicht mehr an, offerierte statt dessen aber seine Vorlesungen über »Elektrodynamik, mathematisch behandelt« für fortgeschrittene Studenten als »privatissime et gratis«, also hörgeldfrei. Das mochte als Kompensation für die Pflicht eines »Publikum« durchgehen, und Teilnehmer würden ohnehin kaum eine Handvoll erscheinen, so daß das Kolleggeld leicht zu verschmerzen war.

Neben den theoretischen Arbeiten mußte sich Heinrich Hertz mit einer ausufernden Korrespondenz befassen, und dazu gehörten inzwischen auch heikle Personalien, denn unversehens sah er sich vom Geheimrat Althoff als informeller Gutachter in Anspruch genommen. Der wollte nicht auf die oft von kollegialen Rücksichten bestimmten offiziellen Berufungslisten der Fakultäten angewiesen sein und hatte sich daher ein Netz von Informanten herangezogen, die als »Spione« oder »Spitzel« gefürchtet waren.[4] In diesen Kreis, der Althoffs Titel »Geheimrat« beinahe einen, allerdings anrüchigen, Sinn verlieh, sollte offenbar auch Heinrich Hertz aufgenommen werden. Außerhalb des Dienstwegs und »vertraulich« wurde er zu einer Äußerung ausgerechnet über seinen Freund Adolf Elsas aufgefordert, dessen Berufung auf ein Extraordinariat, sei es in Marburg oder anderswo, nach dessen Alter fällig, nach der Qualifikation jedoch nicht zwingend war.

Die Beziehung zwischen Elsas und Hertz ist insofern interessant, als in früheren Jahren, in denen Heinrich Hertz in Kiel fürchtete, ins Abseits zu geraten und den Anschluß zu verlieren, Elsas Trost und Zuspruch gespendet hatte. Inzwischen waren durch den Unterschied in der Karriere und im Erfolg die Rollen vertauscht: Hertz wurde zum Tröster und zu einer Art Mentor für Elsas. Dazu gehörte auch kollegiale Kritik, wenn sich der Freund zu weit von solider Forschung entfernte und damit seine Aussichten als Physiker gefährdete: »Verlieren Sie sich nicht allzu tief in die philosophischen Untersuchungen, das ist wenigstens der Gedanke des Physikers.« Ein anderes Steckenpferd von Elsas, die Psychophysik als Untersuchung der Beziehung zwischen Sinnesreizen und der Intensität der Wahrnehmung, schien Heinrich Hertz gar »ein sehr sumpfiges Grenzgebiet zu sein, nur von Irrlichtern erleuchtet ... In ein gesundes Gebiet kann es aber durch Spekulation nicht verwandelt werden, und deshalb rate ich Ihnen, kommen Sie wieder auf festen Boden.«[5]

Diesem Freund nun, bei dessen erstem Kind er Pate geworden war, wünschte Heinrich Hertz jeden erdenklichen Erfolg, aber Schönfärberei kam für ihn nicht in Frage. Daher bezeichnete er in seinem Brief an Althoff nur zwei von Elsas' Arbeiten »als vortrefflich« und bekannte wahrheitsgemäß von den anderen, »daß sie mich nicht so voll angesprochen haben, wie ich es für Herrn Dr. Elsas um seines Erfolges willen gewünscht hätte«. Die experimentellen Arbeiten hätten »nur Ergebnisse von mäßigem Interesse zutage gefördert« und in den theoretischen habe er »für den Geschmack der heutigen Physiker eine allzu große Vorliebe für die entfernten Grenzgebiete. Psychophysik. Kritik der Grundlagen etc., an den Tag gelegt«.

Allerdings erklärte Heinrich Hertz seine wenig empfehlende Einschätzung durch ungünstige Arbeitsbedingungen in Marburg und eine schwere Erkrankung von Elsas, und er ergänzte sie um den Hinweis, »daß die kurze Zeit, in welcher äußere Hindernisse fortfielen, ihm genügte, um Vortreffliches zu leisten«. Die gegenüber Elsas unverblümt geäußerte Kritik an dessen Abgleiten in »sumpfige« Grenzgebiete wendete er für Althoff ins Positive: »Auch ist er wohl der einzige jüngere Physiker, welcher den Anschluß an die Philosophie festzuhalten strebt, und daß dieser nicht ganz verlorengehe, ist gewiß wünschenswert.«[6]

Diese aufrichtige Beurteilung, die ebenso frei von Schmeichelei war wie von gehässiger Kritik, gefiel Althoff offenbar so gut, daß er sich postwendend wegen der Privatdozenten Conrad Dieterici und Wilhelm Hallwachs an Hertz wandte, die an der Akademie Münster als Nachfolger von Wilhelm Hittorf vorgeschlagen waren: »Mit Rücksicht darauf würde ich Ihnen sehr verbunden sein, wenn Sie mir Ihr Urteil über dieselben mitteilen und sich dabei auch über Ketteler äußern wollten.«[7]

Über die Privatdozenten schrieb Heinrich Hertz in beiden Fällen gemäßigt Positives. Schwerer fiel ihm die Stellungnahme zu Eduard Ketteler. Zu dem zwanzig Jahre älteren Kollegen hatte er ein gutes Verhältnis gefunden, das frei war von jenen Machtkämpfen, die gar zu oft durch Institute tobten, in denen der Herr Direktor niemanden neben sich dulden wollte. Die beiden luden sich gegenseitig ein und gingen auch mal miteinander spazieren. »Was Herrn Prof. Ketteler anlangt«, schrieb Heinrich Hertz nach reiflicher Überlegung, »so kann ich mir nur schwer denken, daß ein Wechsel für ihn oder seine neue Stellung ein Glück wäre. Soviel ich aus der Unterhaltung weiß, würde er nur ungern gehen, und wenn in seiner neuen Stellung nicht alles klar und einfach läge, so fürchte ich, daß der Wechsel ihn weniger erfrischen als vielmehr ganz erschöpfen würde.«[8]

Abschließend bat Heinrich Hertz den Geheimrat, »daß Sie meinen Äußerungen nur ein möglichst geringes Gewicht beilegen möchten«, und so geschah es auch, denn zwei Wochen später verfügte das Ministerium, daß der Professor Ketteler »mit gleicher Eigenschaft an die Königliche Akademie zu Münster versetzt« sei.[9] Damit war das Ordinariat für theoretische Physik in Bonn nach einem Semester schon wieder »erledigt«, wie es damals hieß, und die zweite Professur wurde auf das übliche Extraordinariat zurückgestutzt. Mit der Besetzung dieser Stelle ließ sich das Ministerium allerdings viel Zeit. – Heinrich Hertz dürfte erleichtert gewesen sein, daß der Geheimrat auf weitere Anfragen dieser Art verzichtete, aus welchen Gründen auch immer.

Mit dem Semesterbeginn war jede Muße dahin. Das große Kolleg war mit hundertsechzig Hörern gut besucht und der Hörsaal ganz voll. Zum Anfängerpraktikum, das lediglich von Studenten der exakteren Naturwissenschaften belegt wurde, von denen es in Bonn nur etwa fünfzig gab, hatten sich sieben Teilnehmer angemeldet, und einer immerhin für die ganztägigen »Arbeiten für Geübtere«. Die Zahl der Hörer bei der einstündigen Vorlesung »Elektrodynamik, mathematisch behandelt« hat er gar nicht erst notiert; es dürfte kaum eine Handvoll gewesen sein.

Der Lehrbetrieb ging inzwischen seinen gewohnten Gang, gestört allerdings durch die Bauarbeiten im Institut, administrative Scherereien und ewiges Briefeschreiben. Ein typischer häuslicher Abend wurde von Elisabeth so geschildert: »Eben erledigt Heins seine auf dem Schreibtisch angesammelte Korrespondenz, neun Kuverts sind zu, und jetzt kommen sechs weitere, darunter *drei* Anfragen nach H's. Biographie, teils nach England für Zeitschriften. Aber trotz alledem geht es uns sehr gut.«[10]

Solche Abende waren eher selten, denn mit dem Semester hatte das Karussell der Einladungen wieder Fahrt aufgenommen. Etwa vier Abende der Woche wurden aushäusig verbracht, und weil das Ehepaar Hertz mit Rückeinladungen arg in Verzug war, mußte nun einmal in der Woche in der Quantiusstraße eine »Gesellschaft« für jeweils sieben Ehepaare gegeben werden. Das war über den Zeitaufwand hinaus der Arbeit abträglich, denn »das viele gute Essen, Trinken und Aufbleiben kostet auch Kraft«.[11]

Dazu kamen noch offizielle Gelage, wie ein »großes Rektorenessen zu 130 Gedecken und 8 Gängen«. Solche opulenten Tafeleien veranlaßten Althoff, in einem Erlaß an die Kuratoren den »übertriebenen Aufwand an Speisen und Getränken« zu tadeln: »Diese Erscheinung ist nicht bloß um ihrer selbst Willen und mit Rücksicht auf die kollegialischen Verhältnisse innerhalb der Universität, sondern auch aus dem Grunde bedauerlich, weil dieselbe sehr geeignet ist, auf andere geistig minder hochstehende Gruppen der Gesellschaft eine nachteilige Rückwirkung auszuüben.«[12] Beim Rektoratsessen wurde Heinrich Hertz jedenfalls, wie Elisabeth berichtete, »durch einen für sein Alter besonders guten Platz, gerade gegenüber der Frau Magnifica, ausgezeichnet«.[13] Es war anstrengend, in Bonn Professor zu sein.

Die Leitung des Instituts ging natürlich »auf Kosten der eigentlich wissenschaftlichen Arbeit, die dann immer vor den laufenden Geschäften Platz machen muß ... Was bleibt schließlich eigentlich von all den kleinen laufenden Geschäften übrig?«[14] Einem Kollegen, der ihn in einen Gedankenaustausch verwickeln wollte, klagte Heinrich Hertz, er befinde sich »in einem starken und mir ungewohnten Strudel von Geschäften und Geselligkeit, daß ich zu ruhigem Nachdenken nicht einen Augenblick komme, weder über eigene noch über fremde wissenschaftliche Angelegenheiten«.[15] Er sehnte sich nach »etwas mehr Ruhe und Beschaulichkeit« und freute sich, während der Weihnachtsferien, die er wie vor drei Jahren in Hamburg verbringen wollte, »auf einige Zeit aus den ewigen Gesellschaften herauszukommen«.[16]

Die Feiertage wurden jedoch durch eine Grippewelle beeinträchtigt, die in der Magdalenenstraße einen nach dem anderen ins Bett zwang. Nur mit Mühe konnte Heinrich Hertz an der Bescherung teilnehmen, und kaum war er auf dem Wege der Besserung, gab es eine »böse Nacht«, weil die Tochter hohes Fieber hatte. Zum Jahreswechsel waren alle wieder gesund, so daß Silvester im noblen Hotel »Vier Jahreszeiten« an der Alster gefeiert werden konnte, wozu Heinrich von Kusserow eingeladen hatte.[17] Der Heinrich Hertz aus Berliner Studententagen gut bekannte Verwandte war Bismarck mit seiner aggressiven Kolonialpolitik unbequem geworden und in die Verbannung geschickt worden: als Gesandter an den mecklenburgischen Höfen und bei den Hansestädten mit Sitz in Hamburg. Er hatte sich übrigens in Bassenheim in der Nähe von Koblenz ein Schloß mit schönem Park als Alterssitz gekauft, wo auch Heinrich und Elisabeth Hertz seine Gäste waren.

Als Heinrich Hertz nach der Rückkehr am 5. Januar 1890 in Bonn seinen dicken Stapel Post sortierte, war darunter auch eine großformatige Urkunde, die ihm bescheinigte, daß er vom Naturwissenschaftlichen Verein in Hamburg in der Sitzung am 27. November »für hervorragende Verdienste um die Naturwissenschaft zu seinem Ehrenmitglied« ernannt worden sei.[18] Eine Überraschung war das nicht, denn er hatte schon in Hamburg »indirekt durch die Zeitungen« von der Wahl gehört, wollte aber »der offiziellen Anzeige nicht vorgreifen«, wie er dem Vorstand des Vereins schrieb; vielleicht wollte er auch nur seine Ruhe haben. Nun drängte es ihn, seinen »innigsten Dank« auszusprechen, und das waren keine Floskeln, denn er war im Beruf zwar preußischer Professor, aber Hamburger mit Leib und Seele: »Jede Auszeichnung ist eine Freude, aber keine ist schöner, als wenn sie aus der eigenen teuren Vaterstadt kommt und so uns an dieselbe bindet ... Ich hatte in der Tat Glück, daß meine schwachen Verdienste mir nun auch diese Freude gebracht haben.«[19]

Kaum war dieser Dank abgestattet, erfuhr er, daß er von der Pariser »Académie des sciences« in deren Sitzung am 30. Dezember den Prix Lacaze »für die beste physikalische Arbeit der beiden letzten Jahre« erhalten habe. Diese alle zwei Jahre verliehene höchste Auszeichnung der Pariser Akademie auf dem Gebiet der Naturwissenschaften stellte neben der Rumford-Medaille der »Royal Society« den Gipfel wissenschaftlicher Anerkennung dar, bis im 20. Jahrhundert die Nobelpreise diesen Rang einnahmen.

»Heins tut sehr ungehalten über die ›Störung‹«, spöttelte Elisabeth, denn natürlich machte ihm dieser Preis große Freude und ganz besonders, »daß es gerade die Franzosen sind, die ihm einen solchen Preis geben«.[20] Dem Genfer Kollegen Sarasin dankte er für dessen Glückwünsche mit der Bemerkung, daß er diesen Preis »als eine besonders hohe Ehre empfunden« habe und »sehr stolz« darauf sei, und dafür nannte er einen sympathischen Grund: »Es ist auch sehr schön von der Pariser Akademie, daß sie über den Gegensatz der Nationen hinweggesehen hat; dieser Gegensatz, welcher leider immer mehr zunimmt, ist eine sehr traurige Eigentümlichkeit gerade unserer Zeit; möchte die Zeit doch kommen, wo er wieder abnimmt und man an solche Dinge nicht zu denken braucht.«[21]

Neben der Ehre und dem die Internationalität der Wissenschaft unterstreichenden Moment waren die mit dem Preis verbundenen zehntausend Francs, umgerechnet gut achttausend Mark, eine beachtliche Dreingabe. Als der Vater auf diese Seite der Medaille zu sprechen kam und zwischen den Zeilen die Möglichkeit der Rückzahlung des Darlehens für den Hauskauf anklingen ließ, überlas das der Sohn und berichtete, er habe »noch 1500 dazu getan und für 9500 Mark $3^1/_2$-prozentige Schuldscheine der Rheinprovinz gekauft«.[22]

Neben dem großen Preis gab es noch manche gutgemeinte Anerkennung. So klingelte es Mitte Januar um elf Uhr nachts, »und zu unserem Schrecken kommt ein Telegramm, das zu unserer Erheiterung nur berichtete, daß die Mitglieder der Naturforscherversammlung in St. Petersburg dem Entdecker der elektromagnetischen Wellen Gesundheit und Wohlergehen wünschen«. Von diesen Dingen, deren es unzählige gab, hatte Heinrich Hertz genug, »und wenig fehlt, so ist man ärgerlich, daß man sich auch noch bedanken soll«. Aber er gestand auch ein, daß man sich daran wie an ein Reizmittel gewöhnen kann »und es vermißt, wenn es wegfällt, und ich kann nicht leugnen, daß, wenn einige Tage gar nichts gekommen ist, ich schon auf etwas warte«.[23]

Zum Semesterausklang wurde er durch den Kronenorden III. Klasse überrascht, den ihm Wilhelm II. als preußischer König verliehen und der Kurator in feierlicher Zeremonie überreicht hatte. »Es macht ihm doch Freude, und ich hänge ihm gern den ersten bunten Stern an den schwarzen Frack«, berichtete Elisabeth. Bei militärischen Anlässen schmückte der Orden natürlich auch »sehr vorteilhaft die Second-Lieutenantsuniform«.[24]

Nur mit äußerster Anspannung seiner Kräfte konnte Heinrich Hertz zum Semesterende die große Abhandlung über die »Grundgleichungen der Elektrodynamik« fertigstellen.[25] Mitte März fuhr er auf einige Tage nach Berlin zu einer Sitzung des Vorstands der Gesellschaft deutscher Naturforscher und Ärzte, in den er im September in Heidelberg ungefragt gewählt worden war. Elisabeth wollte zunächst wie schon bei der Reise nach Heidelberg ihren Mann begleiten, mochte aber dann die kleine Johanna nicht mit dem Kindermädchen allein lassen.[26]

In Berlin ging es um die Vorbereitung der nächsten Versammlung in Bremen, vor allem aber um die Statuten. In dem erlauchten Kreise des Vorstands, in dem der Chemiker August Wilhelm von Hofmann den Vorsitz führte und dem Werner von Siemens und Rudolf Virchow angehörten, war Heinrich Hertz mit großem Abstand der Jüngste und der einzige ohne den Titel eines Geheimrats. In einer Art »Rahmenprogramm« ist er durch die Stadt spaziert, hat dabei zufällig den Kaiser gesehen und gezielt Helmholtz in seiner prächtigen Dienstvilla in Charlottenburg sowie August Kundt im Physikalischen Institut besucht. In dem langen Kellergang des Instituts konnte er den Aufbau seiner Versuche besichtigen, hat allerdings weder Ritter noch Rubens angetroffen.[27]

Nach der Rückkehr aus Berlin wollte er die Ferien endlich wieder zu eigenen Arbeiten nutzen. So hat er »viel nachgedacht über die Gleichungen für bewegte Körper«, also eine komplizierte Fortsetzung seiner Abhandlung, die er im Sommersemester in einer Spezialvorlesung präsentieren und dann veröffentlichen wollte. Er hatte auch »im Laboratorium zu arbeiten begonnen, aber es strengt meine Augen sehr an«. Mehr als eine Brille hatte der Ordinarius für Augenheilkunde, den Heinrich Hertz gleich nach seiner Ankunft in Bonn vor einem Jahr konsultiert hatte, auch nicht empfehlen können. Trotz dieser Schwierigkeiten versuchte er sich wieder an dem experimentellen Nachweis der magnetischen Wirkung der Wellen in Drähten. Zunächst gelang es ihm, die Wirkung der magnetischen Kraft zu beobachten, aber dann komplizierten sich die Versuche und gaben »keine reinen Resultate«. Schließlich wurden die »experimentellen Arbeiten wieder unterbrochen, da das Semester mich in Anspruch nimmt«.[28]

Ein nicht sehr zeitaufwendiges, aber dafür sehr diffiziles Problem war für Heinrich Hertz die Besetzung des Extraordinariats für theoretische Physik. Ausgewiesene Theoretiker wie den Freund Emil Cohn in Straßburg oder Paul Volkmann in Königsberg kamen leider nicht in Frage, »da für diese eine Verbesserung durch die hiesige Stelle ausgeschlossen wäre«. Daher konnte er nur »an die Beförderung eines Privatdozenten denken«.[29] Als solcher hatte sich sofort Adolf Elsas gemeldet, nachdem sich die Nachricht von der Versetzung Kettelers herumgesprochen hatte. Heinrich Hertz brachte sogleich den Freund ins Spiel. Nachdem er mit dem Mathematiker Rudolf Lipschitz, der in der Fakultät das entscheidende Wort führte, »lange ... über Dr. Elsas gesprochen« hatte, informierte er Elsas noch am gleichen Tage unter dem Siegel absoluter Verschwiegenheit, daß das Ministerium die Stelle frühestens zum nächsten Sommersemester besetzen wolle, war ansonsten aber sehr optimistisch: »Wenn Sie nicht so bald erwarten, etwas aus Berlin zu hören, werden Sie sich die Zeit bedeutend verkürzen. Im übrigen geht alles recht und habe ich Hoffnung auf glücklichen Ausgang.«[30]

Darin hatte sich Heinrich Hertz freilich geirrt, denn Elsas war einer jener Kandidaten, an denen »andere Kollegen Anstoß« nahmen[31], und das muß nach Lage der Dinge vor allem Lipschitz gewesen sein, dessen Votum im Zweifelsfalle mehr galt als das des jugendlichen Fachvertreters. Also ging die Suche weiter. Nach langwierigen Beratungen wurde am 14. Juni 1890 zunächst für ein Probesemester Hermann Lorberg ernannt[32], der schon beinahe sechzigjährige Gymnasialprofessor aus Straßburg, der sich dort im Jahr zuvor habilitiert hatte. Obwohl oder vielleicht gerade weil Heinrich Hertz den älteren Herrn gut kannte, war er nicht sein Wunschkandidat, denn Emil Cohn gestand er: »Gern hörte ich insgeheim, was die Straßburger über die Berufung Lorbergs hierher sagen, aber freilich ist das ein schweres Kapitel und nicht anders als im vertraulichen Gespräche von Mund zu Mund zu verhandeln.«[33] – Lorberg überstand sein Probesemester, erwies sich später aber als eklatante Fehlbesetzung.[34]

Welche Kriterien neben der wissenschaftlichen Leistung eine Rolle spielten, wurde in einem Briefwechsel zwischen Heinrich Hertz und Woldemar Voigt erörtert. Nach dem Veto gegen Elsas hatte sich Hertz in der Sorge, geeignete Kandidaten übersehen zu haben, an Voigt gewandt, der in Göttingen das einzige preußische Ordinariat für theoretische Physik innehatte, denn Max Planck war in Berlin nach der Absage von Heinrich Hertz nur als Extraordinarius berufen worden. Neben anderen hatte die Göttinger Autorität auf František Koláček hingewiesen, einen noch jungen Gymnasialprofessor in Brünn, der in den »Annalen« eifrig über elektromagnetische Lichttheorie publizierte.[35]

Diesen Kandidaten fand Heinrich Hertz »nach seinen Arbeiten besonders berechtigt«, wollte aber mehr »von seiner Persönlichkeit« wissen, insbesondere, »was er im Grunde von Nationalität und Gesittung ist; es wäre doch ärgerlich, wenn wir jemand vorschlügen, der sich schließlich als wütender Tscheche oder Panslawist oder auch nur als ein nach unseren Begriffen ungesitteter Mensch entpuppte. Mit der wissenschaftlichen Berechtigung ist das ja alles verträglich.«[36] In der Wissenschaft war Heinrich Hertz ein von nationalen Vorurteilen und Leidenschaften freier Kosmopolit, aber er bestand doch auf dem ihm vertrauten westeuropäischen bürgerlichen Niveau.

Ähnlich konsequent beharrte er auf der herrschenden Ordnung auch bei dem von Gewerkschaften und Sozialdemokraten erstmals ausgerufenen Kampftag des 1. Mai zur Durchsetzung des Acht-Stunden-Tages. In Bonn würde man davon ja nichts merken »als einzelne herumbummelnde Arbeiter, und zwar nicht die besten unter ihnen«, aber in Hamburg waren Massendemonstrationen zu erwarten. Voller Sympathie war er für seinen Vater, dem als Justizsenator ein schwerer Tag bevorstand, und er sprach ihm Mut zu: »Nach meinem Gefühl ist am meisten die Gutmütigkeit oder zu große Vorsicht der öffentlichen Organe zu fürchten. Denn ich kann kaum in der Feier einen Grund sehen, als eine Herausforderung an die bestehende Ordnung und den Versuch, wie weit sich dieselbe am Bart zupfen und an den Augenwimpern klimpern läßt, und wenn sich zeigt, daß dies sehr gut angeht, wird bald auch der 1. Juni und 1. Juli gefeiert werden.«[37]

Darin reagierte er wie alle Kollegen, welche jede Forderung nach sozialer Gerechtigkeit für staatsfeindlichen Aufruhr hielten. Nur Leo Arons, den er in Straßburg kennengelernt hatte, war eine Ausnahme und wurde sogar Mitglied der SPD, was ihn allerdings auf Befehl des Kaisers seine Privatdozentur an der Berliner Universität kostete. Heinrich Hertz war in dieser Hinsicht jedoch der typische Naturforscher, der zwar mit größtem Vergnügen eine Wandlung oder Umwälzung in den Grundlagen der Physik herbeiführte – von Revolution wurde damals in der Wissenschaft nicht gesprochen –, aber die Vorstellung, einen Hauch dieser intellektuellen Kühnheit auf die Betrachtung der gesellschaftlichen Ordnung anzuwenden, hätte er wohl so befremdlich empfunden wie die Zumutung, von einem Hammer den widernatürlichen Gebrauch eines Mörders zu machen.

Das Sommersemester verlief nicht anders als die vorigen. Viele Scherereien gab es im Institut, in dem die Umbauten allmählich fertig wurden und an die Einrichtung der in Laboratorien umgewandelten ehemaligen Direktorenwohnung gegangen werden konnte. Wie üblich drehte sich das Karussell der Gesellschaften, und dazu war Heinrich Hertz in ein auf zwölf Mitglieder beschränktes akademisches »Kränzchen« kooptiert worden. Man traf sich einmal im Monat, lauschte einem anspruchsvollen Vortrag des Hausherrn und tafelte anschließend bei gelehrtem Gespräch. Auch an Besuchern fehlte es nicht, und in einer netten patriotischen Geste wurden die wenigen aus Hamburg stammenden Studenten gelegentlich in das Haus in der Quantiusstraße eingeladen.

Bemerkenswert interessante Besucher waren zwei Franzosen, Deputierte der Kammer und der eine sogar ehemaliger Minister; sie brachten Grüße »von meinem Freund und halben Namensvetter Cornelis Herz«, dem Herausgeber der in Paris erscheinenden Zeitschrift »Lumière électrique«, »welcher dadurch mit mir anzuknüpfen suchte«. Die beiden wurden zum Essen eingeladen, »sie waren sehr freundlich, wir suchten es auch zu sein, und wir waren sehr erfreut, daß wir als gute Freunde schieden«.[38]

Zu seinem Leidwesen war Heinrich Hertz zunehmend als prominenter Redner gefragt. So hat er bei der Generalversammlung des »Naturhistorischen Vereins der preußischen Rheinlande und Westfahlens« am 27. Mai einen Vortrag über »Die Bildung des elektrischen Stroms mit Bemerkungen über die Theorie des Blitzableiters« gehalten. Ein Referat über diesen Vortrag, der als »klar und lichtvoll« gerühmt und mit »lebhaftem Beifall« bedacht wurde, erschien in der »Kölnischen Zeitung« und wurde in vielen Blättern nachgedruckt.[39] Aber anders als in Karlsruhe, wo Heinrich Hertz regelmäßig selbst Kurzfassungen seiner Vorträge schrieb, mußte sich dieses Mal ein anderer Autor bemühen: »Ich habe überhaupt den Vortrag gegen Wunsch gehalten, sondern weil ich es dem Vorsitzenden aus persönlicher Rücksicht nicht abschlagen konnte, aber dann noch einen Auszug darüber zu schreiben, habe ich verweigert.«[40]

Nachgerade absurd fand er den Wunsch eines Komitees, das den »X. Internationalen Medizinischen Kongress« im August in Berlin vorbereitete und sich an den Minister gewandt hatte, um »im Zusammenhange mit der bei Gelegenheit des Kongresses veranstalteten Ausstellung die epochemachenden Entdeckung Ew. Hochwohlgeboren für die Mitglieder des Kongresses veranschaulicht zu sehen«. Dem Minister würde es »angenehm sein, wenn diesem Wunsche entsprochen werden könnte«, und er bat den »Königlichen ordentlichen Professor« um Mitteilung, »in welcher Weise dies zu ermöglichen sein wird«.[41] Heinrich Hertz entrüstete sich über das Ansinnen des Komitees, »mich als Schaustück in seiner Ausstellung mit auszustellen (was haben die Versuche mit der Medizin zu tun?)« Überhaupt wollte er »nicht als Tanzbär auftreten und der Sklave der Folgen meiner Versuche werden«.[42]

Für den Minister formulierte er seine Absage natürlich höflicher: Das Physikalische Institut der Berliner Universität habe »die hierzu erforderlichen Mittel in vorzüglicher Weise ausgebildet und der Direktor desselben, Herr Professor Kundt, ist, wie er mir auf Anfrage bereitwilligst erklärt, bereit ... die fraglichen Versuche den sich dafür interessierenden Mitgliedern des Kongresses vorführen zu lassen«. Dies allein wäre immer noch ein grobe Unhöflichkeit gewesen, aber Heinrich Hertz hatte zuvor als Grund seiner Verhinderung angegeben, daß »ich von Ende Juli zu einer Militärischen Beförderungsübung einberufen bin, und ein längerer Urlaub bei derartigen Dienstleistungen nicht gewährt zu werden pflegt«.[43] Das war durchschlagend und mußte von Sr. Exzellenz dem Herrn Minister akzeptiert werden.

In Karlsruhe war der Second-Lieutenant Hertz noch kurz vor seinem Weggang mit der »Dienstauszeichnung der Landwehr, zweiter Klasse« bedacht worden. In Bonn meldete er sich aber nicht bei der Reservetruppe, sondern wurde Offizier des 2. Bataillons des 28. Infanterieregiments, das nicht ganz so exklusiv war wie die Bonner Husaren, aber immer noch sehr vornehm. Dieses Regiment war freilich ein Kampfverband, so daß sein Dienst auf dem Bezirkskommando in Karlsruhe, der ihn vor dem Einsatz im Feld hatte bewahren sollen, in dieser Hinsicht umsonst gewesen war.

Die achtwöchige Übung war nicht unbedingt Pflicht, sondern sie diente dem »Avancement« vom Second- zum Premier-Lieutenant. Sie hatte den zweischneidigen Vorteil, daß für ihn das Semester nur bis zur Einberufung am 20. Juli dauern und somit um drei Wochen verkürzt sein würde. Er wollte sich natürlich »bemühen, bis dahin den Stoff meiner Kollegien zu bewältigen«, während die Praktika der Assistent Carl Pulfrich leiten könne, der schließlich nach Schriftverkehr auch die Vertretung des Direktors wahrzunehmen hatte.[44] Etwas sarkastisch kommentierte Heinrich Hertz, daß er Ferienpläne nicht zu machen brauche: »Andere machen Sie für mich, und ihnen werde ich in den bunten Rock und in die Manöver folgen.«[45] Seine Frau fand übrigens »die ganze Übung unter H.'s Würde« und meinte, »er hätte sich unter allen Umständen davor drücken sollen«.[46]

Die ersten Tage mit Exerzieren, Instruktionen, Schießübungen in der Troisdorfer Heide und einem Nachtangriff auf das Dorf Röttgen waren »etwas bitter«, und ihn »quälte dann etwas die Frage, warum eigentlich, da es doch freiwillig?« Aber die Bewegung in frischer Luft tat gut, und »daß ich nicht zurückgestanden bin«, gab ihm das Gefühl, seine Pflicht zu tun, und darauf war er am Ende stolz. »Übrigens ist mein ziviler Ruf doch auch ins Militär gedrungen und steht mir zur Seite, was mich einigermaßen wundert«, schrieb er den Eltern. »Allein gerade die Berücksichtigung, die ich erfahre, gab mir in den ersten Tagen etwas das Gefühl, daß ich mich in einer schiefen Lage befände.«[47] Als Entschädigung für strammes Exerzieren gab es auch angenehme Abwechselungen wie eine Parade vor dem Herzog von Cambridge mit anschließender großer Gala und einem Frühstück zu dessen Ehren, wobei der Kronenorden natürlich ganz ungemein schmückte.[48]

Anfang August ging es für drei Wochen ins Lager in der Wahner Heide bei Köln mit Exerzieren und Schießen. Der weltberühmte Herr Professor verlegte dort auch mal »eine elektrische Leitung, die dann aber versagte. Viel Ärger darüber.«[49] Zum Abschluß folgten in der Nähe von Aachen drei Wochen harter Manöver mit Nachtmärschen und Gefechten unter Kriegsbedingungen, bei denen die Artillerie mit scharfen Granaten schoß. Er war froh, als das vorüber war: »Zufrieden konnte ich eigentlich nur mit meiner Gesundheit sein, da mir körperlich die Strapazen ebensowenig ausmachten wie in früheren Jahren.«[50] Die Übung hatte sich auch sonst gelohnt: Am 15. Dezember unterzeichnete Wilhelm II. das Patent für seinen Premier-Lieutenant Heinrich Hertz.[51]

Von den militärischen Strapazen konnte er sich kaum ausruhen, denn er wurde in Bremen bei der Naturforscherversammlung erwartet. »Leider bin ich aber etwas verwildert und wenig mehr in meiner Wissenschaft darin, und gerade darum bangt mir auch etwas, nach Bremen zu gehen, die Details und Spezialitäten erscheinen mir allzu deutlich als Details und Spezialitäten.«[52] Aber als Vorstandsmitglied mochte er nicht schwänzen. Die Veranstaltung in Bremen war längst nicht so gut besucht wie die im Vorjahr in Heidelberg, aber in den Sitzungen der Fachsektion hörte er wieder von erfreulichen Anknüpfungen an seine Entdeckungen. Die ebenso liebenswerten wie produktiven Wolfenbütteler Gymnasialprofessoren Julius Elster und Hans Geitel berichteten über »neue lichtelektrische Versuche« sowie die Anwendung derselben auf »die Photometrie des ultravioletten Lichts der Sonne«. Ernst Lecher aus Wien trug über die »Darstellung elektrischer Resonanzerscheinungen« mit parallelen Drähten vor, was Heinrich Hertz freilich zu denken gab, weil Lechers Resultate in einem wichtigen Punkt, nämlich der Ausbreitungsgeschwindigkeit von Drahtwellen, von seinen eigenen Resultaten abwichen. [53]

Sehr interessant waren auch die Vorträge von Heinrich Kayser und Carl Runge über die Spektren der Alkalimetalle und der seltenen Erden, die sie in ihrem Laboratorium an der Technischen

Hochschule in Hannover erhalten hatten. Mit einem Rowlandschen Gitterspektrographen hatten sie viele feine Details und insbesondere die Aufspaltung vieler Spektrallinien in sogenannten Tripletts sichtbar gemacht. Heinrich Hertz, der schon in seiner Kieler Vorlesung über die »Konstitution der Materie« skizziert hatte, daß die Analyse des Lichts einen Weg ins Innere der Atome weisen würde, beglückwünschte seinen vormaligen Assistentenkollegen, daß »Ihre Resultate einen so sicheren Schritt vorwärts zu begründen scheinen, daß ein fester Standpunkt gewonnen ist«.

Er fühlte sich offenbar an seine Studien über Hieroglyphen erinnert und war fasziniert, »was für komplizierte Inschriften solche Spektren sind und wie viel sie möglicherweise enthalten, wenn man nur lernt, sie zu lesen.«[54] In der Überzeugung, daß »dies auch den weniger nahen – oder gar nicht – Fachgenossen wichtig und interessant sein muß«, hielt er darüber im Herbst in Bonn im wissenschaftlichen Kränzchen einen Vortrag, der dank Kaysers Unterstützung mit Photographien und Anschauungsmaterial »sämtliche Zuhörer interessierte, wie es nach der Natur des Gegenstandes nicht anders zu erwarten war«.[55]

Auf der Rückreise von Bremen besuchte Heinrich Hertz einige Tage Eltern und Geschwister. In Bonn stellte er seine Abhandlung »Über die Grundgleichungen der Elektrodynamik für bewegte Körper« fertig und kümmerte sich um die letzte Phase der Einrichtung der Laboratorien. »Wir freuen uns sehr, wie hübsch und praktisch alles geworden ist, er ist sehr vergnügt damit«[56], schrieb seine Frau, aber er ergänzte: »Jetzt schwebe ich zwischen den Ängsten, daß sich für die Zukunft zu wenig und daß sich zu viele finden könnten, zunächst wird es noch leer sein.«[57]

Fürs erste war die Leere ganz recht, denn der tüchtige Assistent Carl Pulfrich hatte von Ernst Abbe eine attraktive Stellung in der Firma Carl Zeiß in Jena angeboten bekommen und verließ das Institut. Das interessierte übers Berufliche hinaus, denn seit Elisabeths Schwester Mathilde im Sommer 1889 zu Besuch war, »spielte« etwas zwischen Bonn und Karlsruhe, und tatsächlich gab es übers Jahr in der Familie Doll einen zweiten Physiker als Schwiegersohn. Da Heinrich Hertz so schnell keinen neuen Assistenten fand, ließ er sein angekündigtes Spezialkolleg über »Die Lehre von der Energie« wegfallen. Um seinen zukünftigen Schwager wenigstens teilweise bei der Betreuung des Anfängerpraktikums zu ersetzen, lernte er den einzigen fortgeschrittenen Studenten Franz Breisig an.[58] Dann stellte er noch einen neuen Mechaniker ein, aber die Fähigkeiten dieses Christian Rennen reichten nicht entfernt an die von Julius Ammann in Karlsruhe heran. In den Institutsakten ist er nur dadurch verewigt, daß er »wegen Sachbeschädigung zu einer Geldstrafe von 10 Mark, event. 2 Tagen Gefängnis verurteilt worden ist«.[59]

In seinem Privatlaboratorium griff Heinrich Hertz wieder die im April abgebrochenen Experimente über die magnetische Komponente der elektromagnetischen Wellen auf. Sie wollten zunächst »nicht recht gehen«, zumal er »auch wenig Zeit dafür« hatte. Schließlich brachte er sie doch zu einem guten Ende und schloß sie am 7. November ab.[60] Als er ans Aufschreiben der Veröffentlichung gehen wollte, kam es wieder zu einer »Störung«, freilich einer sehr erfreulichen: In einem Brief aus London wurde ihm mitgeteilt, daß »der Präsident und der Rat der Royal Society Ihnen die Rumford-Medaille für Ihre Arbeiten über elektromagnetische Strahlung zuerkannt haben«.[61]

Die Rumford-Medaille war und ist immer noch die höchste Auszeichnung der berühmtesten aller gelehrten Gesellschaften. Verliehen wurde sie gemäß der 1796 erfolgten Stiftung von Count Rumford für »die wichtigste Entdeckung ... während der letzten zwei Jahre auf dem Gebiet von Wärme oder Licht«, worunter man mittlerweile eben Physik verstand. Die Liste der Preisträger war eine Ahnengalerie der Größten dieses Faches und enthielt die Namen von Faraday, Maxwell und Kirchhoff.

Während Heinrich Hertz beim Prix Lacaze schlicht aufgefordert worden war, sich Urkunde und Geld auf dem Sekretariat der Akademie abzuholen oder gegen konsularische Vollmacht zuschicken zu lassen, was er bevorzugte, wurde es von der Royal Society gern gesehen, wenn der Preisträger beim Jahrestag der Gesellschaft am 1. Dezember die Medaille persönlich entgegennahm. Also beantragte Heinrich Hertz beim Kurator einige Tage Urlaub, die auch genehmigt wurden, und fuhr am Freitag, dem 28. November, nach London.

Er freute sich darauf, englische Kollegen zu treffen, zumal sich die Beziehungen sehr angenehm entwickelt hatten. Seine Briefe hatte er in beinahe fehlerfreiem Englisch geschrieben, was ihm manches Kompliment eintrug, und der Ton war freundlich und ungezwungen. So hatte Lodge die elektromagnetischen Wellen durch eine große Linse aus Pech fokussiert und damit das Hertzsche Experiment zur Brechung der Wellen durch ein Pechprisma variiert. In seiner Antwort scherzte Hertz, der Kollege wolle wohl ein riesiges Teleskop aus Pech bauen, und er amüsierte sich über dessen Kampf mit diesem Material.[62] Vor allem aber vermied er jedes Argument, das nach Prioritätsstreiterei hätte aussehen können, und er bestand sogar bei deutschen Kollegen darauf, es ihm gleichzutun. »Es ist auch Politik in meiner Forderung«, begründete er Cohn seinen Wunsch, in einem theoretischen Zusammenhang den Namen Hertz hinter den von Heaviside zu setzen: »Die Engländer sind bisher sehr großmütig gegen mich gewesen; sie würden aufhören, wenn sie sich im Geringsten durch mich geschädigt glaubten, und es würde wirklich eine versuchte Schädigung sein, sollten ich oder meine guten Freunde nicht dies Verdienst ganz und voll an Heaviside lassen.«[63]

Man wußte also in London, daß man nicht nur einen großen Physiker, sondern einen sehr angenehmen Kollegen begrüßen würde. Entsprechend herzlich war der Empfang. William Ayrton war sein persönlicher Gastgeber, der ihm »die Honneurs von London« machte. Das umfangreiche Programm reichte vom Besuch der Laboratorien Faradays in der »Royal Institution« bis zu einer modernen Transformatorenstation. Er sah die Laboratorien vieler Kollegen, besuchte zwei Klubs und wurde ins Theater geführt. Bei der großen Zeremonie am Montag erhielt er wie üblich die Medaille in zweifacher Ausfertigung: Ein mehrere Pfund schweres goldenes Exemplar mit auf dem Rand eingraviertem Namen, und dazu ein silbernes Duplikat, um die goldene »versilbern« zu können und doch ein Andenken zu haben. Er bedankte sich in schönstem Englisch, was ihm »schmeichelhafte Bemerkungen« eintrug.

Abschließend besuchte er noch auf einen Tag Cambridge, wo J. J. Thomson ihm das »physikalische Laboratorium, mehrere Colleges, die Kapellen und die Reliquien Newtons« zeigte. Über Nacht fuhr er nach Hause. In seinem Hörsaal wurde er am Donnerstag von den »Studenten mit ebenso lebhaftem Trampeln begrüßt wie am Montag in der Royal Society, so daß ich wirklich nicht mehr verlangen kann«.[64]

In den letzten Wochen des Jahres 1890 waren Heinrich Hertz und seine Frau damit beschäftigt, daß das von Elisabeth so bezeichnete »Zukunftszimmer« hergerichtet wurde, denn die beiden erwarteten ihr zweites Kind. Aus früherer Erfahrung schöpfend, hatte er seinem Freund Emil Cohn einmal geschrieben: »Es sind allerdings für den Mann keine angenehmen Zeiten, für die Frau übrigens auch nicht«.[65] Immerhin ging mit der Schwangerschaft der Vorteil einher, daß er von den zeitraubenden gesellschaftlichen Pflichten für einige Monate dispensiert war. Die Zeit nutzte er für allerlei Experimente, allerdings eher explorativer Art, und fürs Schreiben langer Briefe. Zur nicht abnehmen wollenden wissenschaftlichen Korrespondenz trat auch eine kuriose, denn über die Verleihung der Rumford-Medaille war mehrfach in der »Kölnischen Zeitung« und in anderen Blättern berichtet worden und wie schon bei früheren Gelegenheiten hatte das zur Folge, »daß ich jedesmal eine Reihe von Briefen von Gott weiß was für Leuten, gelegentlich offenbar Verrückten, bekomme, die mir ihre geheimsten Gedanken über Elektrizität, Äther etc. anvertrauen«.[66]

Da ans Verreisen nicht zu denken war, verbrachten Elisabeth und Heinrich Hertz die Ferien und einen »sehr vergnügten Weihnachtsabend«[67] allein in Bonn. Erst im neuen Jahr wurde am 14. Januar in der Mittagszeit das Kind geboren, ein gesundes Mädchen, das auf den Namen von Elisabeths Schwester Mathilde getauft wurde. Elisabeth hätte gern einen Jungen bekommen, aber ihr Mann war, wie schon beim ersten Kind, mit allem einverstanden: »Daß es wieder ein Mädchen ist, verdarb ihr etwas die Freude an der Arbeit, sie tröstete sich aber, da sie sieht, daß ich darin keinen Ehrgeiz habe.«[68]

Im Jahr 1890 hatte Heinrich Hertz zum Beginn und zum Ende die beiden höchsten Auszeichnungen erhalten, die in seiner Wissenschaft verliehen wurden, und er hätte es deshalb als sehr erfolgreich verbuchen können. Daß er aber kaum zur experimentellen Arbeit gekommen war, bedrückte ihn, und zu Silvester hat er als Vorsatz fürs neue Jahr »Pläne für freieres Experimentieren gemacht«.[69] Im abgelaufenen Jahr war er publizistisch jedoch nicht untätig gewesen, sondern hatte zwei bedeutende theoretische Arbeiten veröffentlicht. Daneben war er intensiv mit der Aufklärung von Fehldeutungen seiner Versuche beschäftigt und damit, daß sich eine vermeintliche Entdeckung schließlich als Täuschung herausstelllte.

3. »die Natur muß ihr Recht haben« – Irrtümer, Kontroversen und eine Enttäuschung

Anfang 1892 erschienen auf Anregung des Verlegers der »Annalen« die elektrodynamischen Arbeiten von Heinrich Hertz als Buch mit dem Titel »Untersuchungen über die Ausbreitung der elektrischen Kraft«. Für diese Sammlung schrieb Hertz nicht nur ein ausführliches Vorwort, sondern auch den Entwurf einer Annonce für den Verlag, in der er eine vorläufige Bilanz zog: »Seit der ersten Veröffentlichung jener Arbeiten sind viele Physiker auf diesem Gebiete tätig gewesen. Die Versuche sind wiederholt, erweitert, vervollkommnet worden. Dabei haben sich die Hauptergebnisse nur bestätigt gefunden; in einigen durchaus nicht unwesentlichen Fragen aber haben sich Irrtümer teils sicher herausgestellt, teils sind solche wahrscheinlich geworden. Der Verfasser ergreift also die Gelegenheit, um die begangenen Fehler da anzuerkennen, wo er sicher ist, solche begangen zu haben, und die Möglichkeit der Fehler da zu diskutieren, wo die auftretenden Schwierigkeiten nicht völlig gelöst sind.«[1]

So viel Aufrichtigkeit war dem Verlag entweder zu ausführlich oder zu wenig verkaufsfördernd, vielleicht auch beides, so daß in der gedruckten Annonce diese Passage entfiel. Sie bündelte jedoch einige Streitfragen, mit denen sich Heinrich Hertz nach seinen spektakulären Entdeckungen konfrontiert sah. Diese Probleme haben nicht in seinen Veröffentlichungen, sondern in der Korrespondenz mit Kollegen eine große Rolle gespielt und schließlich in seiner »Einleitenden Übersicht« zu dem Buch ihren Niederschlag gefunden. Dabei ging es allerdings nicht immer so friedfertig und souverän um die Sache bemüht zu, wie es die eigene Darstellung von Heinrich Hertz vermuten läßt.

Ausgerechnet die Verleihung des »Prix Lacaze« der Pariser Akademie an Heinrich Hertz zum Ende des Jahres 1889 hatte zur Folge, daß seine Versuche von einem prominenten französischen Gelehrten scharf attackiert und die aus ihnen gezogenen Schlüsse bestritten wurden. Marie Alfred Cornu hatte sich als Mitglied der

Kommission für den Prix Lacaze gegen die Verleihung an Hertz ausgesprochen und nach seiner Abstimmungsniederlage die Gründe für seine Ablehnung in den »Comptes rendus« der Akademie öffentlich gemacht. Sie waren, da Cornu ein ausgezeichneter Physiker war, nicht völlig aus der Luft gegriffen. Allerdings hatte er selbst nie mit elektrischen Schwingungen experimentiert, sondern er verschärfte nur Argumente, die Édouard Sarasin und Auguste de la Rive ins Spiel gebracht hatten.

Die beiden Genfer Physiker hatten im Frühjahr 1889 die Experimente mit Drahtwellen wiederholt. Da einige Diskrepanzen zu den Beobachtungen von Hertz auftraten, wollten sie die Versuche in getreuer Reproduktion aller apparativen Einzelheiten ausführen, was Heinrich Hertz jedoch »in Verlegenheit« brachte: »Denn die Apparate, mit welchen ich arbeitete, sind gar nicht von einem geschickten Mechaniker nach guten Zeichnungen in eleganter Weise ausgeführt, sondern teils von mir selber, teils vom Mechaniker des physikalischen Kabinetts in Karlsruhe in roher und provisorischer Weise aus Holzstücken, Drähten, Siegellack zusammengeklebt und dann beständig abgeändert worden.« Das war jedoch kein Grund, an der Reproduzierbarkeit der Resultate zu zweifeln, denn er glaubte nicht, »daß es an den Apparaten liegen kann, denn dieselben sind zu einfach«.[2]

Im Sommer 1889 machten Sarasin und de la Rive dann ein Phänomen dingfest, das sie »multiple Resonanz« nannten: Bei einem bestimmten Oszillator sprachen Resonatoren nahezu beliebiger Abmessungen an. Die Resonanzfrequenz war also durch die Abmessung des Empfängers bestimmt und nicht durch die des Senders. Das schien den Genfern unverträglich mit der Hertzschen Behauptung, daß der Sender mit einer einzigen Frequenz schwingen und Wellen dieser Frequenz erzeugen würde. Sie meinten, gezeigt zu haben, daß der Oszillator nicht eine charakteristische Frequenz besitze, sondern alle in einem weiten Bereich liegenden Schwingungen gleichzeitig ausführe. Hätten sie recht gehabt, wären viele der von Hertz gezogenen Schlüsse hinfällig gewesen.

Die Erscheinung als solche war Heinrich Hertz bekannt: Er hatte sie bei langen Wellen bemerkt und war dadurch auf die fruchtbare Idee gekommen, den Oszillator zu verkleinern und es mit kurzen Wellen zu versuchen. Daher brauchte er sich die Erklärung, die er Sarasin schrieb, nicht lange zu überlegen, denn sie war für ihn evident: »Die Schwingung des primären Kreises ist keine regelmäßige, langandauernde Schwingung ... sondern beginnt mit einem scharfen Stoß, dem einige schnell abnehmende Schwingungen folgen.« Dieser erste Stoß und seine Reflexion wirken auf Empfängerkreise jeder Abmessung und erzeugen so Resonanzen, die wie beliebige Frequenzen aussehen. Eine andere, der Sache nach gleiche Erklärung bot ein einfaches mathematisches Argument, die sogenannte Fourier-Analyse, nach der man den ersten steilen Anstieg als Summe von Schwingungen vieler Frequenzen auffassen kann: »Jeder Resonator hört aus dem Gemisch seine eigene Schwingung heraus und gibt deren Knoten an ... Alle Schwingungsdauern innerhalb gewisser Grenzen sind vertreten.«

Daß Heinrich Hertz auf diese Aspekte in seinen Veröffentlichungen nicht eingegangen war, hatte einen einfachen Grund: »In den ersten Arbeiten, wohin sie passten, kannte ich sie noch nicht, und in die letzte Arbeit passten sie nicht.«[3] Immerhin hatte er aber schon in der ersten Arbeit »Über sehr schnelle elektrische Schwingungen«, als es freilich noch nicht um Wellen ging, aber doch um die Eigenschaften des Oszillators, darauf hingewiesen, man dürfe als akustisches Analogon nicht die »harmonischen Schwingungen von Stimmgabeln oder Saiten wählen, sondern etwa die schnell verklingenden, mit unregelmäßigen Bewegungen vermischten Schwingungen, welche hölzerne Stäbe beim Anschlag mit einem Hammer geben«.[4] Und ganz ähnlich versuchte er es bei Édouard Sarasin noch einmal mit einem akustischen Beispiel: »Wenn sie mit dem Finger auf die Tischplatte oder gegen die Fensterscheibe klopfen, so ist die entstehende Bewegung gewiß sehr unregelmäßig; trotzdem ist noch eine bestimmte Tonhöhe erkennbar, in welcher sich eine regelmäßige Periode eben noch erkennbar offenbart.«[5]

In seinen langen Briefen an die Genfer Kollegen predigte Heinrich Hertz jedoch tauben Ohren, denn seine Argumente, die unmittelbar hätten einleuchten sollen, wurden nicht akzeptiert, vielleicht nicht einmal verstanden. Sarasin und de la Rive berichteten über ihre Beobachtungen auf der schweizerischen Naturforscherversammlung in Lugano am 10. September 1889 und veröffentlichten zwei Mitteilungen.[6] Heinrich Hertz freute sich immerhin, »zu sehen, daß Sie Ihre Beobachtungen nicht in Gegensatz stellen zu meinigen, denn in der Tat sehe ich darin keinen Gegensatz, sondern eine Vervollständigung, und sind wir hierin glücklicherweise einig«.[7] Allerdings bestanden Sarasin und de la Rive darauf, man müsse die »multiple Resonanz« der Welle auch »dem Oszillator zuschreiben und hinzufügen, daß sie an der komplexen oszillatorischen Bewegung, die sie aussendet, teilhat«.[8] Für Heinrich Hertz, der an den Beobachtungen nichts auszusetzen fand, gingen die Genfer Kollegen »in der Deutung allerdings etwas zu weit. Sie scheinen mir zu leugnen, daß der primäre Leiter überhaupt eine primäre Schwingungsdauer habe.«[9]

Eine Einigung war nicht zu erreichen, aber ausgetragen wurde diese Kontroverse in so höflichem, ja herzlichem Ton, daß man sie kaum so nennen möchte. Allen Beteiligten ging es nicht ums Rechthaben, sondern darum, die Wahrheit zu finden, und dies in kollegialem Zusammenwirken. Die Genfer Physiker ließen weder in ihren Briefen noch in ihren Veröffentlichungen jemals den bissigen Ton von Konkurrenten anklingen, und Heinrich Hertz reagierte darauf in der ihm gemäßen liebenswürdigen Weise, so daß in diesem brieflich ausgefochtenen Disput trotz unterschiedlicher Ansichten eine kollegiale Freundschaft zum Ausdruck kam.

Die »Multiple Resonanz« diente jedoch dem verärgerten Professor Cornu als Munition für seinen öffentlichen Angriff gegen Heinrich Hertz, der drei Wochen nach der Verleihung des »Prix Lacaze« in den »Comptes rendus« publiziert wurde. Sarasin war es sehr unangenehm, daß seine Arbeiten zu diesem Zweck mißbraucht wurden. Heinrich Hertz, der davon zuerst durch Sarasin erfuhr, fand diese Sache ebenfalls »sehr unangenehm«, allerdings nur deshalb, »weil mir die Académie gerade den Preis erteilt hat, und wenn ich nun aus ihrer Mitte angegriffen werde, so muß es scheinen, als bereue die Académie ihre Tat, und als habe sie mir den Preis nur irrtümlich und aus falscher Schätzung meiner Versuche gegeben«.[10] Nachdem er den kurzen und sehr aggressiven Artikel Cornus gelesen hatte, beschloß er, wie er es gegenüber Sarasin begründete, zu schweigen: »Man sieht aus der Kritik, das Herr Cornu anderer Meinung ist, kaum mehr. Wenn er sagt, daß man meine Versuche mit äußerster Reserve aufnehmen soll, so stimme ich bei, mag er sie nur prüfen. Wenn er sagt, daß es besser gewesen wäre, wenn ich noch sorgfältiger gearbeitet hätte, so wie Sie, so stimme ich wieder bei. Aber das sind ja alles Dinge, die sich von selbst verstehen, die man auch sagt und denkt, aber doch dann noch nicht drucken läßt.«[11]

Unaufgeforderte Schützenhilfe erhielt Heinrich Hertz sogleich von Frederik Trouton, der in Dublin gleichfalls auf so etwas wie die »multiple Resonanz« gestoßen war und in der Zeitschrift »Nature« als Ergebnis seiner Versuche mitteilte, »daß die Vorsicht, zu der M. Cornu in Bezug auf die Messungen von Prof. Hertz rät ... zu einem großen Teil unnötig scheint«.[12] Während in England Cornus Attacke kaum beachtet wurde, war das in Frankreich anders.

So äußerte sich der führende Theoretiker Henri Poincaré in seiner Vorlesung »Electricité et Optique« an der Sorbonne, die Anfang 1891 als Buch erschien, sehr reserviert: »Die Theorie ist unvollständig, die Versuche sind wenig zahlreich und einander widersprechend. Es ist deshalb unmöglich zu entscheiden, ob Übereinstimmung oder Nichtübereinstimmung vorliegt. Ich schließe fortwährend mit einem Fragezeichen.«[13] Kurz nach Erscheinen seines Buches war Poincaré jedoch bekehrt, denn er publizierte in den Genfer »Archives« eine Interpretation der »multiplen Resonanz« mittels der Fourier-Analyse, die genau derjenigen Methode entsprach, die Hertz in seinen Briefen an Sarasin skizziert hatte. Obwohl Poincaré in dieser Analyse Hertz bestätigte, blieb Cornu weiterhin bei seiner ablehnenden Haltung.

Wenig später erschien auch die erste einer ganzen Folge von Arbeiten zum gleichen Thema, die in Bonn entstanden. Der Norweger Vilhelm Bjerknes, der in Paris Zeuge der skeptischen Stimmung bezüglich der Resultate von Hertz geworden war, hatte sich gleichwohl im Herbst 1890 für einen Wechsel nach Bonn entschieden. Das Problem der »multiplen Resonanz« behandelte er unter der umsichtigen Anleitung von Heinrich Hertz sowohl theoretisch als auch experimentell. Er wies nach, daß der Vorgang im Oszillator in guter Näherung tatsächlich eine harmonische, stark gedämpfte Schwingung definierter Frequenz ist.[14] Als Heinrich Hertz teils von Sarasin, teils aus anderen Quellen erfuhr, daß Cornu in Frankreich ein isolierter Einzelfall bleiben würde, brauchte er nicht mehr zu befürchten, daß die Pariser Akademie die Verleihung ihres hohen Preises bereuen würde. Gegen Ende des Jahres 1891 konnte er, nun völlig beruhigt, zu dem Angriff von Cornu schreiben: »Ich hoffe, man wird jetzt urteilen, daß für eine solche Kritik die Berechtigung fehlte.«[15]

In einer anderen Frage gab es nichts zu streiten, nicht einmal etwas zu deuteln, denn hier konnte Heinrich Hertz nur einen Fehler eingestehen. Er betraf den bereits erwähnten, beinahe trivialen Irrtum beim Ansatz für die Kapazitäten des Oszillators, durch den alle berechneten Schwingungsdauern um den Faktor $\sqrt{2}$=1,41 zu groß herausgekommen waren. Darauf hatte erstmals im Juli 1889 Oliver Lodge im »Philosophical Magazine« in sehr freundlich-kollegialer Form aufmerksam gemacht.[16] Hertz bekannte sofort: »Natürlich haben Sie völlig recht und ich völlig unrecht.« Diese Bemerkung war deutlich, aber das folgende war weniger klar: »Ich muß sogar gestehen, daß ich diesen Fehler vor einiger Zeit entdeckte; der Grund, daß ich mich nicht mit einer Berichtigung beeilte, liegt daran, daß ich in diese Rechnung alles Vertrauen verloren hatte.«[17]

Da Heinrich Hertz auch danach keine Berichtigung publizierte, wies Poincaré 1890 noch einmal öffentlich auf den Fehler hin.[18] Heinrich Hertz begnügte sich damit, seine Kollegen in Briefen vor diesem Irrtum zu warnen. »Jedenfalls möchte ich sie noch besonders darauf aufmerksam machen«, schrieb er zum Beispiel Heinrich Rubens, den er zur experimentellen Widerlegung der Genfer Interpretation der »multiplen Resonanz« veranlassen wollte, »daß bei mir seinerzeit ein wirklicher Rechenfehler untergelaufen ist, welchen Lodge und Poincaré (ich selbst freilich auch seit langem) bemerkt haben.«[19]

Erst in der »Einleitenden Übersicht« zu dem Buch wies er dann auch öffentlich darauf hin, daß die Arbeit »Über die Ausbreitung elektrodynamischer Wirkungen« durch diesen Fehler »entstellt« sei, die Konsequenzen aber nicht verheerend wären: »Der Fehler scheint den Inhalt der Arbeit wesentlich zu beeinflussen, beeinflußt in Wahrheit mehr die Form ... Die Arbeit wäre in der Form etwas verändert, in der Sache unverändert niedergeschrieben worden.«[20] Das Ergebnis von epochaler Bedeutung, daß nämlich erstmals die endliche Ausbreitungsgeschwindigkeit der elektrodynamischen Wirkung nachgewiesen worden war, war davon nicht betroffen.

Ein bedeutendes experimentelles »Resultat« der Arbeit über die endliche Ausbreitung, nämlich die unterschiedliche Geschwindigkeit längerer Wellen in Drähten und im Raum, mußte gleichfalls korrigiert werden. In diesem Falle war es für Heinrich Hertz jedoch ein verwickelter Prozeß der Ablösung von einer ebenso faszinierenden wie irritierenden, am Ende aber doch nur vermeintlichen Entdeckung. Irritierend war diese Beobachtung von Anfang an, weil alle Theorien gleiche Ausbreitungsgeschwindigkeiten verlangten. Heinrich Hertz hatte zunächst diese Identität erwartet und sie bei kurzen Wellen von einigen Dezimetern auch bestätigt gefunden.

Der Widerspruch zur Theorie war aber zugleich faszinierend, weil sich darin eine von niemandem vorhergesehene Neuigkeit anzukündigen schien.

Während Heinrich Hertz in seiner Veröffentlichung vom Anfang des Jahres 1888 noch fest von einer überraschenden Entdekkung überzeugt war, fand er eineinhalb Jahre später die Sache nicht mehr nur neu, sondern auch »sehr merkwürdig« und der Aufklärung bedürftig. Bei Sarasin fragte er an, ob er schon »Erfahrungen« damit habe: »Je mehr ich über die Sache nachdenke, je mehr fürchte ich, daß irgend etwas in meinen Versuchen mich getäuscht haben könnte. Wenn meine Versuche richtig sind, so wäre das sehr merkwürdig und würde auf irgend etwas Neues hindeuten ... Ich könnte mich wohl getäuscht haben, ich kannte damals die Reflexionen an den Wänden etc. nur sehr unvollkommen ... Wenn meine Versuche ein irrtümliches Resultat ergeben hätten, wäre es mir natürlich sehr lieb, wenn dies von wohlwollender Seite aufgedeckt würde.«[21]

Nun hätte Heinrich Hertz die Versuche in Karlsruhe noch öfter, als er es ohnehin schon getan hatte, wiederholen und kontrollieren können, hatte darin jedoch keinen Sinn gesehen, »weil ich ganz sicher war, unter gleichen Umständen mit gleichen Apparaten das Gleiche wieder zu finden. Aber in ganz anderen Räumen, mit anderen Apparaten, von anderen Personen wäre eine bestimmte Bestätigung oder Widerlegung zu erwarten.«[22] In Bonn wären zumindest die Räume andere gewesen, aber zu einer Wiederholung war es auch nach einem Jahr nicht gekommen: »Denn ich habe mir die nötigen Apparate noch gar nicht machen lassen, auch fehlt mir eine tüchtige Hilfe, wie ich sie in Karlsruhe an meinem Mechaniker hatte.« Wenn er es wirklich gewollt hätte, wäre diese Hürde freilich zu überwinden gewesen, aber es gab noch andere Gründe: »Sie wundern sich vielleicht«, entschuldigte er sich bei Sarasin, »aber die viele andere Arbeit, die ich vorfand, die Notwendigkeit, meine Augen zu schonen, und auch ein gewisser Überdruß an den elektromagnetischen Wellen, mit denen ich mich zwei Jahre ausschließlich beschäftigt hatte und die mich nun nicht wieder loslassen wollten, macht doch die Sache erklärlich.«[23]

Als ihm Sarasin aber im Frühjahr mitteilte, daß seine Beobachtungen auf die Lichtgeschwindigkeit auch bei Meterwellen in Drähten hindeuten würden, war das für Heinrich Hertz zunächst ein »unerfreulicher Brief«.[24] Mit der Antwort ließ er sich eine Woche Zeit, bevor er bekannte, es wäre »freilich für den Augenblick angenehmer, Sie hätten einfach meine Beobachtungen bestätigt gefunden, aber die Natur muß ihr Recht haben und kann sich nicht nach unseren Wünschen richten«.[25] Alsbald erschien auch eine gehaltvolle Studie des Österreichers Ernst Lecher; bei kapazitiv an den Oszilllator angekoppelten Doppeldrähten, die bald als »Lecher-Leitung« berühmt wurden, hatte er alle Beobachtungen von Hertz bestätigt gefunden mit der einen Ausnahme, daß auch längere Drahtwellen sich mit Lichtgeschwindigkeit fortpflanzen. »Meine Methode«, resümierte Lecher, »ist so einfach und übersichtlich, daß ich an die Richtigkeit derselben glaube, ohne zu wissen, warum Hertz andere Werte erhielt.«[26]

Über einen gleichzeitig aus Genf eingetroffenen Brief, in dem Sarasin berichtete, daß sich die früheren Andeutungen der Lichtgeschwindigkeit bestätigt hätten, war Heinrich Hertz zugleich enttäuscht und erleichtert: »Alles spricht dafür und ich selbst würde nie etwas anderes geglaubt haben, wenn nicht meine Versuche ganz bestimmt eine andere Deutung verlangt hätten. Was die Ursache hiervon war, weiß ich nicht.« Damit verflüchtigte sich die frühere Hoffnung auf die Entdeckung eines neuen Effekts mit weitreichenden Konsequenzen. Gewissermaßen als Entschädigung war nun die Theorie, zu der Heinrich Hertz gerade eine grundlegende Abhandlung publiziert hatte, im Einklang mit den Experimenten, »und da kann ich mich nur freuen, wenn dieser häßliche Gegensatz gegen die Theorie verschwindet und die Harmonie vollständig hergestellt wird«.[27]

Natürlich fiel es Heinrich Hertz nicht leicht zu akzeptieren, daß er sich geirrt haben sollte. Daher spekulierte er über den einen oder anderen Grund für Täuschungen wie Nischen in Wänden mit irregulären Beiträgen zur Reflexion, aber diese Ursachenforschung war unergiebig: »Es kommt indessen weniger darauf an, warum ich mich geirrt habe, als wie die Sache in Wirklichkeit ist.« Er versprach Sarasin, daß er ihm »nur beipflichten« wolle, allerdings doch mit einem Vorbehalt: »Wenn nicht spätere Versuche von mir wieder so ausfielen wie die früheren.«[28] Seine niemals ganz aufgegebene Hoffnung, daß nicht er, sondern die Genfer Kollegen sich geirrt hätten, gründete in dem Umstand, daß deren Laboratorium mit neun Metern Länge kleiner und daher für Experimente mit langen Wellen weniger geeignet war als der Karlsruher Hörsaal. Daher wandte er sich an Heinrich Rubens, der in dem langen Kellergang des Berliner Instituts über günstige Voraussetzungen verfügte: »Es wäre mir auch sehr angenehm, wenn einmal meine Versuche über die Interferenzen der Luftwellen und der Drahtwellen geprüft würden; ich kann mir gar nicht denken, daß Zufälligkeiten eine so irreleitende Regelmäßigkeit erzeugt haben sollten.«[29]

Die Verwirrung wurde noch gesteigert, weil Walter Thorp, der im Laboratorium von FitzGerald in Dublin arbeitete, ebenfalls bei längeren Wellen Abweichungen von der Lichtgeschwindigkeit feststellte, allerdings in Abhängigkeit von der Dicke der Drähte, was wiederum Hertz nicht beobachtet hatte. Eigene Experimente, die Heinrich Hertz schließlich in den Osterferien 1891 in seinem Hörsaal unternahm, ergaben keine eindeutigen Ergebnisse. »Dies ist ein sehr schöner Raum«, berichtete er FitzGerald, »aber weil die aufsteigenden Sitzreihen eine zu den Wänden symmetrische Richtung verhinderten, war ich gezwungen, die Wellen sich geneigt gegen die Wände ausbreiten zu lassen. Unter diesen Umständen waren die Knoten so schwach ausgebildet ... daß ich nicht einmal mit Sicherheit sagen konnte, ob die Beobachtungen besser mit denen von Sarasin und de la Rive übereinstimmen oder mit meinen eigenen.«[30]

Die Experimente von Sarasin und de la Rive in der großen Halle der Rhône-Wasserwerke in Genf.

Die Enttäuschung über diesen Fehlschlag war groß. »Ich hatte mir die Hoffnung gemacht«, schrieb er Sarasin, »daß die Versuche sehr schön gehen würden und daß ich Sie dann dazu einladen könnte, aber leider ist diese Hoffnung nicht in Erfüllung gegangen, wie so manche schöne Hoffnung.« Weitere Versuche wollte er nicht mehr anstellen, weil man, »um sicher zu gehen, viel größere Räume nötig hätte als bisher benützt ... Daß die Erscheinungen in dem Karlsruher Hörsaal so deutlich waren, wäre dann gewissermaßen ein Zufall, ebenso, wie der eine Saal eine gute ›Akustik‹ hat, der andere nicht.«[31]

Öffentlich äußerte sich Heinrich Hertz zu diesem Problem erst Ende 1891, als er die »Einleitende Übersicht« zu der Sammlung seiner elektrodynamischen Arbeiten schrieb. Dieser Text war damals für Helmholtz und ist auch heute noch als Einblick in »die innere psychologische Geschichte der Wissenschaft« einzigartig und »als eine höchst aufrichtige und eingehende Darstellung einer der wichtigsten und folgenreichsten Entdeckungen von hervorragendem Werte«, weil Heinrich Hertz den Leser »tief in das Innere seiner Gedankenwerkstatt und selbst in die Geschichte seiner zeitweiligen Irrtümer hat schauen lassen«.[32] Was die längeren Wellen betraf, so schienen ihm die Genfer Experimente wegen der geringen Abstände nicht zwingend und »entscheidende Versuche noch auszustehen«. Er zweifelte aber kaum noch, »daß dieselben für die Gleichheit der Geschwindigkeit in allen Fällen entscheiden werden«.[33]

Diese Vermutung wurde schließlich 1893 in Genf bestätigt. Sarasin und de la Rive nutzten die große Halle der Rhône-Wasserwerke auf dem »Pont de machine«, bevor dort die Generatoren eingebaut wurden. Innerhalb einer imposanten Holzkonstruktion hatten sie nun ausreichend Platz, so daß sich die Wellen in voller Länge entfalten konnten. Als Heinrich Hertz von den eindeutigen und zweifelsfreien Resultaten erfuhr und dazu eine Photographie erhielt, schrieb er Sarasin: »Daß dies geschehen ist und daß gerade Sie den Ruhm davon haben, ist mir eine große Befriedigung ... Ich hoffe, das Bild Ihrer großen Aufstellung wird ein bleibendes Denkmal in der Wissenschaft erhalten.«[34]

Bei der nächsten sich bietenden Gelegenheit – es war die englische Ausgabe seiner »Untersuchungen« – dankte Heinrich Hertz den Genfer Kollegen öffentlich »für die Freundlichkeit und das Wohlwollen, welches sie mir bei der Erörterung dieser Streitfrage stets erwiesen, – einer Streitfrage, welche jetzt völlig zu Ihren Gunsten entschieden ist.«[35] Aber der endgültige Abschied von einer vermeintlichen Entdeckung war nicht ohne Melancholie: »Ich hatte allerdings bis zum Schluß die geheime Hoffnung, es möchten sich zuletzt doch meine Resultate bestätigen, und deshalb war es mir schon lieber, wenn nicht ich, sondern ein anderer die Sache ausführte.«[36]

4. Die Wahrheit der nackten Theorie

Mit der Theorie der Elektrodynamik hatte sich Heinrich Hertz noch in seinen letzten Monaten in Karlsruhe intensiv auseinandergesetzt. Für eine Abhandlung reichte die Zeit jedoch nicht mehr aus. Überdies war ihm Oliver Heaviside mindestens teilweise zuvorgekommen, denn Heinrich Hertz hatte nach dem mühsamen Studium von dessen Arbeiten gefunden, »daß unter einer etwas unverdaulichen Hülle doch im Wesentlichen derselbe Kern liegt, den ich zu Tage zu bringen gedachte. Dadurch ist mir die Lust daran bedeutend vermindert worden«.[1] Deshalb verlor er jedoch nicht das Interesse an der Theorie, sondern schätzte sie als Erkenntnisquelle manchmal sogar höher ein als die Experimente: »Die Theorie geht viel weiter als die Experimente, denn die Experimente erzählen uns kaum mit flüsternder Stimme, was die Theorie uns in lauten und deutlichen Sätzen sagt.«[2]

Es dauerte aber bis zum Wintersemester 1889/90, als er in Bonn eine theoretische Spezialvorlesung hielt, daß er eine Veröffentlichung ankündigte, die in ihrer Stringenz über Heavisides Überlegungen hinausging: »Ich hoffe, in einigen Wochen, spätestens in den Osterferien, eine Abhandlung zu vollenden, in der ich die Maxwellschen elektrodynamischen Gleichungen nach Fortschaffen alles Überflüssigen auf ihre einfachste Gestalt zurückzuführen suche.«[3]

Bei Woldemar Voigt fragte er an, ob dieses Werk, das »etwa 30–40 (eher 40) Druckseiten füllen« werde, trotz seiner Länge für die »Nachrichten« der »Göttinger Gesellschaft der Wissenschaften« geeignet sei. Weil ihn diese Akademie Ende 1888 als erste zum Mitglied gewählt hatte, wünschte er, sich »als deren Korrespondent zu betätigen, da mir die Ernennung seinerzeit selbst so große Freude machte«.[4] Diese Geste wurde in Göttingen dankbar akzeptiert, obwohl das Manuskript, das Heinrich Hertz am 6. März 1890 zur Post gab, auf einen für Zeitschriften sperrigen Umfang angewachsen war und knapp 50 Druckseiten ergab.

In dieser Abhandlung ist Heinrich Hertz übrigens über jenen experimentellen Befund hinweggegangen, den er damals noch für eine seiner bedeutenderen Entdeckungen hielt, nämlich den Unterschied in den Ausbreitungsgeschwindigkeiten längerer elektromagnetischer Wellen in Drähten und im Raum. Trotz dieser und mancher anderer Schwierigkeiten drängte es ihn jedoch zur Veröffentlichung, »weil ich den Stoff für besonders zeitgemäß hielt und dachte, daß hier ein wenig früher mehr wert sei als ein wenig vollkommener«.[5] Damit hat er den Kollegen einen großen Dienst erwiesen, und weil sich die vermeintliche Differenz in den Geschwindigkeiten später in Nichts auflöste, brauchte an der Theorie und ihrer Darstellung nichts geändert zu werden.

In dem Traktat »Über die Grundgleichungen der Elektrodynamik für ruhende Körper« hat Heinrich Hertz für die Zeitgenossen und alle folgenden Generationen die Maxwellsche Theorie in ihre klassische Form gebracht.[6] Das war seine große Leistung als Physiker. Die Arbeit wurde als physikalische Darstellung konzipiert und von den Kollegen auch als solche rezipiert. Aber das »Fortschaffen alles Überflüssigen« aus der Theorie und die Reduzierung auf »ihre einfachste Gestalt« waren zugleich die Realisierung eines methodischen Programms, so daß er in dieser Abhandlung zum ersten Mal die Grundzüge seiner Philosophie der Physik öffentlich mitgeteilt hat. Innerhalb der Physik entfaltete er einen Modellfall dessen, was er als Möglichkeit der Erkenntnis durch Theoriebildung überhaupt ansah, und das philosophische Moment zeigte sich konkret in der Arbeit an der Theorie in der Absicht, begriffliche und methodische Klarheit zu erreichen.

In der Kieler Vorlesung über die »Konstitution der Materie« hatte Heinrich Hertz den rationalen Kern der Naturerkenntnis als »ein System eindeutiger Größenbeziehungen« bezeichnet, und in Fortführung dieser Überlegungen formulierte er zum Auftakt seiner Abhandlung verpflichtende Kriterien für jede Theorie: »Der Aufbau des Systems sollte durchsichtig seine logischen Grundlagen erkennen lassen; alle unwesentlichen Begriffe sollten aus demselben entfernt und die Beziehungen der wesentlichen Begriffe auf ihre einfachste Gestalt zurückgeführt sein.«[7] Diesen Anforderungen genügte keine Variante der elektrodynamischen Theorien, auch nicht die Maxwells, die für Heinrich Hertz »in dieser Hinsicht nicht das erreichbare Ziel« darstellte.

Zwar hatte er in den Rechnungen über die »Kräfte elektrischer Schwingungen«, also über die Abstrahlung elektromagnetischer Wellen von einem Dipol, die Formeln Maxwells virtuos benutzt, aber trotzdem stimmte er in den Chor vielfacher Klagen über die mangelnde Durchsichtigkeit der Maxwellschen Theorie ein: »Mancher hat sich mit Eifer an das Studium des Maxwellschen Werkes gemacht und ... dennoch darauf verzichten gemußt, sich eine völlig widerspruchsfreie Vorstellung von Maxwells Ansichten zu bilden. Mir selbst ist es nicht besser gegangen.«[8] Bei aller Bewunderung für das »der Sache nach vollkommene System« Maxwells kritisierte er Mängel, die sich aus der historischen Abfolge in der Darstellung ergeben hatten: »Sie schwankt häufig hin und her zwischen den Anschauungen, welche Maxwell vorfand, und denen, zu welchen er gelangte. Maxwell geht aus von der Annahme unvermittelter Fernkräfte, er untersucht die Gesetze, nach welchen sich unter dem Einfluß solcher Fernkräfte die hypothetischen Polarisationen des Äthers verändern und er endet mit der Behauptung, daß diese Polarisationen sich wirklich so verändern, ohne daß in Wahrheit Fernkräfte die Ursachen derselben seien. Dieser Gang hinterläßt das unbefriedigende Gefühl, als müsse entweder das schließliche Ergebnis oder der Weg unrichtig sein, auf welchem er gewonnen wurde.«[9]

Diese verwickelte Entstehungsgeschichte ließ zudem »in den Formeln eine Anzahl überflüssiger, gewissermaßen rudimentärer Begriffe zurück, welche ihre Bedeutung nur in der alten Theorie der unvermittelten Fernwirkung besaßen«. Einige dieser Rudimente wie die Dielektrizitätskonstante des Äthers betrafen die Physik; sie hatten in der entwickelten Theorie keinen Sinn mehr, so daß auf sie besser verzichtet wurde. Das mathematische Rudiment des Vektorpotentials, das als rechnerische Hilfsgröße manchen Vorteil beim Übergang von den Fern- zu Nahwirkungstheorien geboten hatte, sollte aus methodischen Gründen nicht auftreten, weil man in einem System von Grundgleichungen »ohnehin erwarten darf, Beziehungen zwischen Größen der physikalischen Beobachtung, nicht zwischen Rechnungsgrößen zu finden«. Die Beseitigung dieser Rudimente war aber nicht nur aus ästhetischen und methodischen, sondern auch aus praktischen Gründen wünschenswert, weil sie, wie er leidvoll erfahren hatte, die Anwendungen auf spezielle Fälle erschwerten. Daher hatte er sich »seit längerer Zeit bemüht, die Maxwellschen Formeln zu sichten und versucht, die wesentlichen Meinungen von der zufälligen Form, in welcher sie zuerst auftraten, abzulösen«.[10]

Zu der »zufälligen Form« gehörten auch die vielfältigen Ansätze

Maxwells, die Elektrodynamik aus der Mechanik herzuleiten oder sie durch mechanische Modelle des Äthers und der Isolatoren zumindest plausibel zu machen. Damit war Heinrich Hertz ebenso unzufrieden wie mit seiner eigenen, 1884 vorgelegten Herleitung aus Prinzipien, die er nicht einmal mehr einer Fußnote würdigte. Er entschloß sich, ohne es explizit anzukündigen, zum axiomatisch-deduktiven Vorgehen: Anstatt sich in unbefriedigende Begründungszusammenhänge zu verstricken, postulierte er die Grundgleichungen.

In der Elektrodynamik war eine axiomatische Theorie eine Neuerung ohne Vorbild. Komplizierte und weder durch Anschauung noch durch Erfahrung evident nahegelegte Differentialgleichungen sahen nicht so aus, als könnten sie als Axiome taugen. Als Ausgangspunkt und Grundlage einer Theorie mußten sie jedem mathematischen oder philosophischen Axiomatiker, auch jedem an Euklid und Newton geschulten Physiker, als pure Willkür erscheinen. Heinrich Hertz mag zu seinem Vorgehen aber durch den Triumph der axiomatischen Methode in der Thermodynamik ermutigt worden sein, die aus den zwei Postulaten der Energieerhaltung und der Entropiezunahme den gesamten, damals »mechanische Wärmetheorie« genannten Bereich zu deduzieren gestattet.

Im ersten Teil seiner Abhandlung definiert Heinrich Hertz also die Grundbegriffe und die sie verknüpfenden Gleichungen, zwar eingebettet in ausführliche Erläuterungen, »aber diese Erläuterungen sollen nicht Beweise der Formeln sein«.[11] Seine Grundbegriffe sind die elektrische und die magnetische Kraft; Emil Cohn schlug für die »elektrische Kraft« die Bezeichnung »elektrische Feldintensität« vor, was auch Hertz besser fand.[12] Später wird man vom »Feld« reden. Aus diesen Feldstärken wird ein Ausdruck für den Energieinhalt in einem Volumenelement gebildet. Im Anschluß an diese definitorischen Präliminarien postuliert Heinrich Hertz als den »Zusammenhang der Kräfte im Äther« diejenigen Gleichungen, in denen elektrische und magnetische Felder im Äther verknüpft sind. Weil der Äther in der Hertzschen Formulierung dem leeren Raum entspricht, brauchten diese Gleichungen auch nach Entfernung dieses Substrats aus der Physik nicht modifiziert zu werden: Sie sind die universell gültigen Gleichungen für das elektromagnetische Feld »im Vakuum«. Zur Vermeidung von Mißverständnissen unterstreicht Heinrich Hertz den axiomatischen Charakter seiner

Fassung der Theorie, die sich von ihrer Entstehungsgeschichte emanzipiert hat:

»Nachdem diese Gleichungen einmal gefunden sind, erscheint es nicht mehr zweckmäßig, dieselben aus Vermutungen über die elektrische und magnetische Konstitution des Äthers und das Wesen der wirkenden Kräfte, als wären dies bekanntere Dinge, herzuleiten, wie es allerdings dem historischen Gange entsprechen würde. Viel eher ist es zweckmäßig, an diese Gleichungen die weiteren Vermutungen über die Konstitution des Äthers anzuknüpfen.«[13] Allerdings beschränkt er sich auf eine einzige derartige Schlußfolgerung, die sehr wichtig ist: Durch einfache Dimensionsbetrachtungen wird eine »innere Konstante des Äthers« als Geschwindigkeit identifiziert, deren »Größe weder von dem Vorhandensein eines anderen Körpers noch von willkürlichen Festsetzungen unsererseits abhängig ist«. – Es ist die Lichtgeschwindigkeit.

Nach diesen Grundlegungen werden die Gleichungen auf ruhende Nichtleiter und Leiter erweitert, und schließlich folgen noch in beeindruckend eleganter Form die Bedingungen für die Grenzflächen zweier Körper, die für die Beschreibung von Reflexion und Brechung wichtig sind. Nach diesen Passagen, in denen von vertrauten Begriffen wie der elektrischen Ladung noch gar nicht die Rede war, wird zu den folgenden Teilen mit einer bemerkenswert präzisen terminologischen Klarstellung übergeleitet: »Von den bisherigen Abschnitten vermehrte ein jeder die Zahl der von der Theorie umfaßten Tatsachen. Im Gegensatz dazu handeln die nächstfolgenden Abschnitte von Namen und Bezeichnungen. Da durch ihre Einführung die Zahl der umfaßten Tatsachen nicht vermehrt wird, so sind sie nur ein Beiwerk der Theorie.«[14]

Als solches »Beiwerk« werden zunächst die Polarisationen konstruiert, und anschließend wird der Begriff der elektrischen Ladung als eine unzerstörbare Größe gewonnen: »Die Größe ist offenbar eine Funktion des elektrischen Zustandes des Systems und zwar eine solche Funktion, welche durch keine inneren oder äußeren Vorgänge vermehrt oder vermindert werden kann.«[15] Die elektrische Ladung und die Ströme, seit Coulomb und Ampère die Ausgangspunkte der Elektrizitätslehre und aller älteren Theorien, werden von Hertz als abgeleitete Größe konstruiert, als Namen für »eine Funktion des elektrischen Zustand des Systems«, wodurch der Primat der Felder noch einmal bestätigt wird.

In einem zweiten Teil wird die Vielfalt der elektrischen und magnetischen Erscheinungen aus den Grundgleichungen deduziert. So sind Elektrostatik und Magnetostatik nicht mehr das Fundament der Theorie, auf dem die Beschreibung der komplizierteren dynamischen Prozesse errichtet wird, sondern sie sind Folgerungen aus der voll entwickelten Theorie. Das gleiche gilt für das Ohmsche Gesetz oder die elektromagnetische Induktion und natürlich auch für die Elektrodynamik »ungeschlossener Ströme«, jenes Gebiet, das er in seinen Experimenten erschlossen und in seinen Rechnungen zur Dipolstrahlung erschöpfend behandelt hat.

Ende Mai 1890 verschickte Heinrich Hertz etwa 110 Sonderdrucke an Kollegen im In- und Ausland und hatte so »der Arbeit eine größere Verbreitung zu geben gesucht«.[16] Die Aufnahme war geteilt. Manche Physiker waren geneigt, die bis aufs Skelett abgemagerte Theorie und das Verfahren, die nach großen Mühen gefundenen Gleichungen einfach als Axiome hinzuschreiben, »für einen schlechten Witz« zu halten, wie sich Ludwig Boltzmann erinnerte.[17] Für Boltzmann war die Hertzsche Theorie »mathematische Phänomenologie«, was nicht als Lob gemeint war, weil er auf »Erklärungen« durch mechanische Modelle nicht verzichten mochte.

Für die Mehrzahl der Physiker wurde diese Abhandlung dagegen sofort weg- und richtungsweisend. Max Plack hat sie »mit großem Interesse und wahrhaftem Genuß studiert« und nannte insbesondere die Einführung der Grenzbedingungen »wundervoll«.[18] Hermann Ebert aus Erlangen, der sich ohnehin als »Apostel« von Hertz empfand, schrieb, daß er sich bei der Vorbereitung seiner Vorlesungen vergeblich mit der Maxwellschen Theorie geplagt habe, beim Studium der »Grundgleichungen« aber alle Schwierigkeiten »auf einen Schlag« verschwunden waren.[19] Noch ein halbes Jahrhundert später erinnerte sich Arnold Sommerfeld, wie sich um 1890 in Königsberg Dozenten und Studenten alle Mühe gaben, die »Ergebnisse der Hertzschen Versuche zu assimilieren und mit der ebenfalls schwer verständlichen ursprünglichen Darstellung des Maxwellschen ›Treatise‹ zu erklären. Da fiel es mir wie Schuppen von den Augen, als ich die große Abhandlung von Hertz ›Über die Grundgleichungen der Elektrodynamik für ruhende Körper‹ las.« Als Lehrer einiger Physiker-Generationen hat Sommerfeld »an der Anordnung dieser Hertzschen Arbeit ... in all meinen Vorlesungen über die Maxwellsche Theorie festgehalten«.[20]

Unter den Gratulanten war auch Ernst Mach, der die Arbeit »mit ganz besonderem Interesse« gelesen hatte und sich verstanden fühlte, weil die in seiner »Mechanik« entfaltete Konzeption einer denkökonomisch rationalen Theoriebildung nun von Hertz in der Elektrodynamik berücksichtigt worden sei: »Sie nähern sich darin sehr dem Ideal einer von Mythologie freien Physik, welches ich seinerzeit (Mechanik, S. 468) den Kollegen zu empfehlen mir erlaubte.«[21]

Gegen Ende des nächsten Jahres, als Heinrich Hertz die Einleitung zu der als Buch geplanten Sammlung seiner elektrodynamischen Arbeiten schrieb, nutzte er diese Gelegenheit, um seinen Standpunkt ausführlicher darzustellen. Dabei betonte er, daß der »unsterbliche Teil der Maxwellschen Arbeit« nicht die besonderen Vorstellungen und Methoden seien, sondern die Gleichungen, und in diesem Sinne erklärte er: »Auf die Frage ›Was ist die Maxwellsche Theorie?‹ wüßte ich also keine kürzere und bestimmtere Antwort als diese: Die Maxwellsche Theorie ist das System der Maxwellschen Gleichungen.«

Für sich genommen ist das ein geistreicher und deshalb oft zitierter, aber auch tautologischer Aphorismus. Erst durch die Fortsetzung erhält er Sinn und Inhalt: »Jede Theorie, welche auf diese Gleichungen führt, und damit dieselben möglichen Erscheinungen umfaßt, würde ich als eine Form der Maxwellschen Theorie bezeichnen; jede Theorie, welche auf andere Gleichungen und damit auf andere mögliche Erscheinungen führt, ist eine andere Theorie.« Für seine eigene Abhandlung erhob er natürlich nicht den Anspruch, »genau Maxwells Gedanken wiederzugeben. Es ist im Gegenteil zweifelhaft, ob Maxwell, falls er lebte, die vorgetragene Darstellung als die seine anerkennen würde.«[22]

Heinrich Hertz' Verfahren, in der Theorie »nur solche Elemente zuzulassen, welche nicht entfernt oder abgeändert werden können, ohne zugleich mögliche Erfahrungen abzuändern«, führte notwendig dazu, daß »die Theorie einen sehr abstrakten und farblosen Anblick erhält«, aber er war überzeugt, »daß man ohne Selbsttäuschung aus der Erfahrung nicht viel mehr entnehmen kann«. Mit diesem Plädoyer für eine sehr weit getriebene Abstraktion ging er über die in seiner Kieler Vorlesung dargelegten Auffassungen wesentlich hinaus. Damals war es für ihn »eine allgemeine und notwendige Eigenschaft des menschlichen Verstandes, daß wir uns die

Dinge weder anschaulich vorstellen noch begrifflich definieren können, ohne ihnen Eigenschaften hinzuzufügen, die in ihnen durchaus nicht vorhanden sind«.[23]

Nun ist es nicht mehr notwendig, sondern nur noch ins Belieben gestellt, »der Theorie mehr Farbe zu verleihen«, indem man »nachträglich der Einbildungskraft zu Hilfe komme durch konkrete sinnliche Vorstellungen von dem Wesen der elektrischen Polarisation, des elektrischen Stromes usw.« Wie in der Kieler Vorlesung besteht er jedoch auf der entscheidenden Differenz zwischen dem »System der Größenbeziehungen« und dem, was der Verstand hinzufügt, um Vorstellungen möglich zu machen: »Aber die Strenge der Wissenschaft erfordert doch, daß wir dies bunte Gewand, welches wir der Theorie überwerfen und dessen Schnitt und Farbe völlig in unserer Gewalt liegt, wohl unterscheiden von der einfachen und schlichten Gestalt selbst, welche die Natur uns entgegenführt und an deren Formen wir aus unserer Willkür nichts zu ändern vermögen.«[24]

Diese Bemerkung ist oft zitiert und manchmal auch ein wenig zurechtgerückt worden, am amüsantesten vielleicht von Ludwig Boltzmann, der von dem bunten Gewand mechanischer Modelle in der Elektrodynamik nicht lassen wollte: »Ich glaube aber, daß die Vorliebe für Nacktheit zu weit getrieben wäre, wenn wir auf alle Hypothesen verzichten. Wir dürfen nur von unseren Hypothesen nicht zu viel verlangen.«[25] In historischer Perspektive scheint der von Hertz praktizierte axiomatische Rigorismus einer »nackten« Theorie nur dann legitim, wenn ein Gebiet zur theoretischen Reife gelangt ist. Erst dann darf gewissermaßen »vergessen« werden, daß dieses Stadium auf dem holprigen Weg der Bildung und Prüfung von Hypothesen erreicht wurde.

Kaum war diese Arbeit abgeschlossen, hat Heinrich Hertz »viel nachgedacht über die Gleichungen für bewegte Körper«.[26] Eine weitere Abhandlung hatte er schon Ende Mai »im Kopf ziemlich fertig« und wollte sie bis Anfang Juli niedergeschrieben haben, wie er dem Herausgeber der »Annalen« versicherte, der die »Grundgleichungen für ruhende Körper« als Reprise und gleich im Anschluß die für »bewegte Körper« als Original drucken wollte. Zum Termin hatte er zwar »den größten Teil fix und fertig«, aber weil »ein Punkt ... mir nicht einmal ganz klar ist, so weiß ich sogar nicht, ob sich die Sache nicht noch lange hinzieht«. Ende Juli rückte er mit dem Manuskript zur militärischen »Avancement«-Übung ein, war dann aber »im Manöver so beschäftigt, daß ich die fehlenden wenigen Seiten nicht ergänzen konnte«, so daß die Arbeit erst Ende September 1890 abgeschickt wurde.[27]

Die neue Abhandlung war nicht bloß eine Erweiterung, sondern sie warf prinzipielle Fragen auf. Sie betrafen die Relativbewegung der Körper gegenüber dem Äther. In seiner Heidelberger Rede hatte Heinrich Hertz die Frage nach den Eigenschaften des Äthers, »nach seiner Struktur, seiner Ruhe oder Bewegung, seiner Unendlichkeit oder Begrenztheit« als die »gewaltige Hauptfrage« der Physik bezeichnet.[28] Bei ruhenden Körpern konnte er diese Probleme beiseite lassen, aber bei bewegten war eine Annahme über den Bewegungszustand des Äthers notwendig. Das berühmte Experiment von Fizeau über die Geschwindigkeit des Lichts in bewegten Medien wie Wasser schien auf eine teilweise Mitführung des Äthers durch die Körper hinzudeuten. Andererseits wurden Befunde wie die Aberration des Sternenlichts dadurch erklärt, daß sich die Erde durch einen das Weltall erfüllenden ruhenden Äther bewegt. Abraham Michelson konnte aber auch in der wesentlich verbesserten, 1887 in Cleveland gemeinsam mit Edward Morley ausgeführten Version seines Experiments keinen Hinweis auf eine solche Bewegung finden, so daß die Erde, wenn dieses Experiment richtig war, im Äther ruhen müßte.

An diesen Fragen war Heinrich Hertz brennend interessiert. Er schlug Otto Wiener ein Experiment mit stehenden Lichtwellen vor, denn es gebe »kein besseres Mittel, um die Frage nach der absoluten Bewegung des Äthers relativ zur Erde endgültig und ohne jeden Zweifel zu entscheiden, viel direkter und reiner als Michelson in seinen schwierigen Versuchen«.[29] Sein Vorschlag war jedoch ohne Aussichten auf Erfolg, wie ihm Wiener auseinandersetzte, aber das Problem ließ ihn nicht los: »Mich interessiert die Frage hauptsächlich vom elektrischen Standpunkte aus. Ich finde, in unseren Vorstellungen vom Äther sind doch recht viele schwer verständliche Widersprüche, aber wir müssen vielleicht noch lange warten, bis wir daraus klug werden.«[30]

So lange hatte er mit seiner Abhandlung freilich nicht warten wollen, so daß er sich unter Ausklammerung der vertrackten experimentellen optischen Widersprüche auf die Feststellung beschränkte, daß unter den bekannten elektromagnetischen Erscheinungen keine sei, »welche uns zwingt, eine von der ponderablen

Materie unabhängige Bewegung des Äthers im Innern derselben anzunehmen«. Daher »adoptierte« er die Vorstellung, daß »der hypothetisch im Innern der ponderablen Materie vorausgesetzte Äther sich nur zugleich mit dieser bewege«. Einen zwingenden Grund für diese Wahl gab es nicht; sie war eine willkürliche Beschränkung, die den Vorteil hatte, daß jeweils nur eine Richtungsgröße, ein Vektor, für die elektrische und die magnetische Feldstärke ausreichte, während er in den anderen Fällen deren zwei benötigt hätte, je einen für die ponderable, also wägbare Materie und einen weiteren für den Äther.[31]

Seine Gleichungen waren nach »Form und Absicht verwandt« mit einem System, das Helmholtz 1874 angegeben hatte, doch waren sie »nicht etwa nur der Form nach verschieden, vielmehr auch dem Inhalt nach hinsichtlich solcher Glieder, welche bisher an der Erfahrung nicht geprüft werden können«.[32] Anders als bei den »ruhenden Körpern« handelte es sich bei der Arbeit für bewegte Körper daher um einen Vorschlag, der immerhin »mögliche Antworten« erlaubte. Er wollte diesem Vorschlag freilich »einen Wert nur vom Standpunkt einer systemtischen Ordnung« beilegen, denn »die richtige Theorie dürfte vielmehr eine solche sein, welche in jedem Punkte die Zustände des Äthers von denen der eingebetteten Materie unterscheidet«.[33]

Unabhängig von den ungeklärten Eigenschaften des Äthers sah Heinrich Hertz freilich noch so manchen anderen dunklen Punkt in seiner Theorie. »Recht schwierig ist es, die elektrochemischen Erscheinungen einzureihen«, schrieb er Emil Cohn. »Wenn nämlich in den Elektrolyten der Strom in der Bewegung der Elektrizitäten besteht, in den Metallen aber diese Bewegung keine Fortsetzung findet, so ist es doch einigermaßen notwendig, die Vorstellung etwas neu zurechtzuschneidern.«[34] Dafür fehlte aber, weil in seiner phänomenologischen Theorie elementare Ladungsträger nicht vorkamen, die sozusagen mikrostrukturelle Basis. Diese Lücke schloß der Holländer Hendrik Antoon Lorentz in seiner 1892 vorgelegten Theorie, in der neben Feldern im leeren Raum auch materielle, elektrisch geladene Korpuskeln das Fundament bildeten. Die Entdeckung des Elektrons im Jahre 1897 verlieh der Lorentzschen Konzeption die realistische Grundlage, so daß sie als »Elektronentheorie« für die weitere Forschung richtungsweisend wurde. Die Problematik der Bewegung der Körper gegenüber dem Äther erforderte allerdings Zusatzhypothesen wie die »Längenkontraktion«, die willkürlich und bizarr blieben, bis 1905 ein 26jähriger Experte III. Klasse am Patentamt zu Bern namens Albert Einstein das Rätsel löste.

Einstein hatte 1899 als Student Hertz' Arbeit über die Grundgleichungen für bewegte Körper »aufs Genaueste« studiert, freilich in selbstbewußt kritischer Haltung: »Es wird mir immer mehr zur Überzeugung, daß die Elektrodynamik bewegter Körper, wie sie sich gegenwärtig darstellt, sich einfacher wird darstellen lassen.« Die von Hertz »adoptierte« Vorstellung, daß der Äther in den Körpern eingeschlossen sei und sich mit ihnen bewege, ließ in Einstein schon damals einen Verdacht aufkommen: »Die Einführung des Namens ›Äther‹ in die elektrischen Theorien hat zur Vorstellung eines Mediums geführt, von dessen Bewegung man sprechen könne, ohne daß man, wie ich glaube, mit dieser Aussage einen physikalischen Sinn verbinden kann.«[35] 1905 konnte Einstein diesen Verdacht erhärten und den Äther als überflüssig erweisen. Seine epochale Abhandlung »Zur Elektrodynamik bewegter Körper«, die dasjenige enthält, was man später Relativitätstheorie nennen wird, war nicht nur im Titel der Arbeit von Hertz »Über die Grundgleichungen der Elektrodynamik für bewegte Körper« verpflichtet.

Der experimentelle Beweis, daß die elektrodynamischen Wirkungen sich von einem Raumpunkt zum benachbarten mit endlicher Geschwindigkeit ausbreiten, hatte zur Folge, daß die Gravitation als den Raum überspringende »Fernkraft« mit frischer Skepsis betrachtet wurde. Aus diesem Grund wurde schon 1888 eine akademische Preisaufgabe zur Untersuchung der Anziehungskraft des Mondes durch ein spezielles Pendel gestellt, mit der sich auch Heinrich Hertz auseinandersetzte, als er in Karlsruhe »über ein neues Gravitationspendel für Mondattraktion« nachdachte.[36] Die Aufgabe war allerdings so wenig erfolgversprechend, daß Helmholtz seinem Sohn Robert von ihrer Bearbeitung abriet[37], und auch Heinrich Hertz hat sie nicht weiter verfolgt.

Das Problem der »unvermittelten Fernwirkungen überhaupt« konnte er in seiner Heidelberger Rede nicht ausklammern, aber zur einzig verbliebenen, der Gravitation, meinte er nur kurz und bündig: »Das Gesetz, nach welchem sie wirkt, macht sie schon verdächtig.«[38] Die anschließend bei einer Geselligkeit gestellte Frage, warum er sich nicht offen dazu bekannt habe, daß er auch diese

Fernwirkung beseitigen wolle, machte ihn verlegen: »Ich bin noch zu feige dazu.«[39]

Aber er wollte wenigstens wissen, worauf die Astronomen ihre Überzeugung von der Fernkraft gründeten. Nicht zufrieden war er mit der in Büchern fortgeschriebenen Behauptung, Laplace habe bewiesen, daß, wenn die Schwerkraft sich überhaupt mit endlicher Geschwindigkeit ausbreite, diese sehr viel größer sein müsse als die des Lichts. Wegen der Quelle bei Laplace und den Details der Rechnung hatte er »lange bei Kennern vergeblich eine Antwort« gesucht, bis er sich an Rudolf Lehmann-Filhés wandte, einen Bekannten aus der Assistentenzeit, der in Berlin Privatdozent und Lehrer an der Kriegsakademie war.[40] Lehmann-Filhés wußte Bescheid und konnte das Kapitel in der »Mécanique céleste« nennen, in dem Laplace zu dem Schluß kam, daß die Ausbreitungsgeschwindigkeit der Schwerkraft »mindestens 100 Millionen mal so groß sei wie die des Lichts«.[41]

Diese Rechnung von Laplace beurteilte Lehmann-Filhés jedoch als »völlig unhaltbar«, und Heinrich Hertz stimmte dem zu: »Die ungeheuerliche Größe des Laplaceschen Resultats läßt allerdings von vornherein erkennen, daß es nicht aus Tatsachen der Beobachtung abgeleitet sein kann, sondern aus mehr oder weniger willkürlichen Annahmen.« Statt dessen skizzierte er, wie die Astronomen den wahren Verhältnissen durch Beobachtungen von Kometenbahnen oder durch Anomalien in der Bewegung des Mondes oder des Planeten Merkur auf die Spur kommen könnten, und Lehmann-Filhés versicherte er: »Wenn Sie diese Frage ... erledigten, könnten Sie sich des größten Interesses aller Physiker sicher sein.«[42] Diese Hoffnung war vergeblich, und auch George Darwin, der »Plumian Professor of Astronomy« in Cambridge, war ratlos: »Ich sah sofort«, antwortete er Hertz auf einen übersandten Fragenkatalog, »daß ich Ihnen nicht helfen kann.«[43]

Da von der Astronomie keine Hilfe zu erwarten war, hat sich Heinrich Hertz im Frühjahr 1890 den Grundlagen zugewandt und seine »alten Vorlesungen über Dynamik und Hamiltonsches Prinzip wieder vorgenommen«[44], vor allem die Ausarbeitung der Vorlesung von Carl Wilhelm Borchardt über »Analytische Mechanik« aus seinem ersten Berliner Semester. Er hat auch den Kollegen Rudolf Lipschitz aufgesucht und sich »nach dem Hamiltonschen Prinzip erkundigt«.[45] Der Mathematiker hielt damaligem Brauch entsprechend Vorlesungen über »Analytische Mechanik« und war ein ausgewiesener Fachmann in den Grundlagen dieser Disziplin. Wenn Heinrich Hertz aber die Hoffnung auf intensive Gespräche gehegt haben sollte, so wurde er enttäuscht: »Ich beneide Sie etwas«, schrieb er Felix Klein, »daß Sie in Göttingen sich gegenseitig so schön aufklären können; hier ist die wissenschaftliche gemeinsame Arbeit in mathematischer Hinsicht nicht groß.«[46]

Dabei war im Winter 1890 Hermann Minkowski im physikalischen Praktikum aufgetaucht, ein 26jähriger hochbegabter Mathematiker, der in der Quantiusstraße auch privat bei einem »Herrenessen« zu Gast war und zudem über physikalische Probleme mathematisch gearbeitet hatte.[47] Der Privatdozent beschrieb sich damals als »gänzlich physikalisch Durchseuchten«, an dem sein Freund David Hilbert keine Freude haben würde, weil er vor einem Gespräch über Mathematik erst eine »zehntägige Quarantäne« durchmachen müsse. Der Physik hatte er sich zugewandt, weil er »als reiner Mathematiker augenblicklich hier unter Larven die einzige fühlende Brust sein würde«, denn Lipschitz war oft krank, und seine Frau intervenierte bei wissenschaftlichen Gesprächen nach spätestens fünf Minuten. »Um nun noch mit anderen Sterblichen gemeinsame Punkte zu haben, habe ich mich also vorderhand der Magie, wollte sagen, der Physik ergeben.«[48]

Kaum auszudenken, wenn es dabei geblieben wäre: Hertz und Minkowski im Gedankenaustausch oder gar in enger Zusammenarbeit. Bei den außergewöhnlichen Fähigkeiten der beiden hätte das außergewöhnliche Resultate zeitigen müssen. Minkowskis physikalische Anwandlungen waren jedoch nur von kurzer Dauer, und nicht einmal von einem wissenschaftlichen Gespräch mit Hertz ist etwas überliefert.[49] – So wurde die große Anstrengung, zu der sich Heinrich Hertz schließlich entschloß, nämlich die Klärung der Grundlagen der gesamten Physik, ein einsamer Weg.

5. Das letzte Experiment und ein Ausblick auf die drahtlose Telegraphie

Der Wechsel nach Bonn, die Einarbeitung in die neuen Pflichten und die Einrichtung des Instituts hatten es mit sich gebracht, daß Heinrich Hertz kaum noch zum Experimentieren gekommen war. So sehr er darüber klagte, so war er im Grunde der Beobachtung winziger Fünkchen überdrüssig, und dies nicht nur, weil seine Augen beeinträchtigt waren. Nur noch die in Karlsruhe begonnene Untersuchung über die magnetische Komponente der Wellen mittels mechanischer Wirkung setzte er fort. In Gängen, durch die im oberen Stockwerk des Instituts einige Räume verbunden waren, installierte er die von Ernst Lecher vorgeschlagene Doppelleitung und untersuchte mit einem selbstgebauten einfachen, höchst empfindlichen Instrument die durch die magnetische Komponente hervorgerufenen mechanischen Wirkungen der Wellen. Während der Weihnachtsferien schrieb er darüber einen Artikel[1], und weil Gustav Wiedemann im abgelaufenen Jahr die beiden großen theoretischen Abhandlungen von zusammen achtzig Druckseiten prominent plaziert hatte, bat er den Herausgeber »ausdrücklich um ein bescheidenes Plätzchen« in den »Annalen«.[2]

Als das Institut fertig eingerichtet war, zog es Heinrich Hertz nicht zu Wellen und Funken, sondern er schmiedete für das Jahr 1891 »Pläne für freieres Experimentieren«.[3] Durch exploratives, eher spielerisches Ausprobieren von Ideen begab er sich auf die Suche nach neuen und ergiebigen Forschungsmöglichkeiten. Im geheimen mochte er gehofft haben, durch »Herumexperimentieren«, wie er es nannte, noch einmal auf eine Goldader zu stoßen wie im Oktober 1886, die ihn der Lösung eines großen Problems näherbringen könnte.

Von solch hohem Anspruch waren zweifellos »Polarisationsversuche durch Gravitationswirkung«[4] inspiriert, die er Anfang 1891 unternahm. Sie sollten offensichtlich auf eine Verbindung zwischen der Schwerkraft und dem elektromagnetischen Feld führen. Faraday hatte bereits darüber spekuliert, aber erst im 20. Jahrhundert wurden solche Effekte innerhalb der Allgemeinen Relativitätstheorie von Albert Einstein vorhergesagt und bei den gewaltigen Massen der Himmelskörper bestätigt. Gern wüßte man Näheres über die Überlegungen und das Experiment von Heinrich Hertz, aber mehr als eine kryptische Eintragung im Tagebuch ist nicht überliefert.

Handfester waren Versuche über die damals kaum verstandene, auch für Elektrotechniker wichtige unipolare Induktion, die sich durch den Januar 1891 hinzogen. Sie schienen bald »wenig Aussicht zu versprechen, daher Entmutigung und Abbrechen derselben«.[5] Nach Untersuchungen von Metallspektren fühlte er sich »kraftlos zur Arbeit« und war »erschöpft von mißlungenen Versuchen«, hat »vergeblich nach Anhaltspunkten für neue Arbeit gesucht« und schließlich »großen Überdruß an der physikalischen Arbeit empfunden«.[6]

In dieser Situation mag es eine Erholung gewesen sein, daß er sich wieder große metallische Parabolspiegel sowie Drahtgitter baute und seine Experimente über »Strahlen elektrischer Kraft« erstmals in der Vorlesung demonstrierte.[7] In den Ferien hat er dann das Problem der unterschiedlichen Ausbreitungsgeschwindigkeit der Wellen in Drähten und im Raum aufzuklären versucht, aber, wie bereits erwähnt, wegen der ungünstigen geometrischen Verhältnisse im Bonner Hörsaal keine eindeutigen Resultate erhalten.

Neben eigenen Forschungen hatte Heinrich Hertz, anders als in Karlsruhe, in Bonn auch fortgeschrittene Studenten bei selbständigen Arbeiten und Dissertationen zu betreuen. Das Laboratorium organisierte er freilich anders als Helmholtz in Berlin. Für die Anfänger und Nebenfächler gab es ein »kleines« Praktikum an zwei Nachmittagen, während die Fortgeschrittenen die Woche hindurch ganztags arbeiteten. Bei der Eröffnung der großzügigen neuen Laboratorien im Herbst 1890 war der Andrang allerdings nicht groß. Wenn man von dem kurzen Auftauchen Hermann Minkowskis absieht, fanden sich nur zwei Fortgeschrittene ein: Franz Breisig, der bei der Beaufsichtigung der Anfänger aushalf, untersuchte die Einwirkung ultravioletten Lichts auf die elektrische Entladung, und der Norweger Vilhelm Bjerknes war mit einem staatlichen Stipendium aus Paris an den Rhein gekommen, um sozusagen an der Quelle über elektromagnetische Wellen zu forschen.

Im Sommersemester 1891 kamen noch drei Fortgeschrittene hinzu. Julius Precht, zuvor Student in Berlin, begann eine Dissertation über die sogenannte »Spitzenentladung«. Aspekten der elektromagnetischen Wellen widmeten sich der Österreicher Josef Ritter von Geitler, der schon seit dem Wintersemester in Bonn studierte und mit Heinrich Hertz über die Oppenheims verwandt war, sowie der Engländer Daniel Evan Jones, der später die Schriften von Heinrich Hertz übersetzte.

Mit fünf Fortgeschrittenen und zehn Anfängern im »kleinen« Praktikum war der Laboratoriumsbetrieb nun beinahe mit dem vergleichbar, den Heinrich Hertz in Berlin kennengelernt hatte. Für die kleine Schar der Fortgeschrittenen veranstaltete Heinrich Hertz unter dem Titel »Besprechung physikalischer Fragen« jeden Freitagabend ein Kolloquium und knüpfte damit in seinem kleineren Rahmen an die in der Berliner Physikalischen Gesellschaft gewonnene Erfahrung an, daß die wissenschaftliche Erkenntnis manchmal im Gespräch entsteht.

Beim Kolloquium wirkte auch der neue Assistent mit, der am 1. April 1891 seinen Dienst angetreten hatte. Philipp Lenard, nur fünf Jahre jünger als Hertz, war früher bei Quincke in Heidelberg Assistent und hatte 1889 bei der Naturforscherversammlung den im Mittelpunkt stehenden Heinrich Hertz bewundert, freilich nur aus der Ferne. Nun war Lenard glücklich, daß »mein alter Wunsch in Erfüllung gegangen ist, einen wirklich großen Geist von der Nähe kennenzulernen«. Zunächst hatte er Eingewöhnungsschwierigkeiten, weil der Institutsdirektor »fast in allen Angelegenheiten diametral entgegengesetzt unserem Prof. Quincke dachte«.[8] Hertz verhielt sich auch anders als die meisten Ordinarien. Seine unumschränkte Herrschaft im Institut hätte auch er sich wohl um kein Jota verkürzen lassen, aber deshalb brauchte er nicht den geheim- oder hofrätlichen Autokraten herauszukehren, sondern er pflegte mit Studenten und Assistenten den damals unkonventionellen Umgang eines hilfsbereiten älteren Freundes.

Beim Experimentieren ließ sich Heinrich Hertz nicht helfen, sondern arbeitete immer allein, wie er es gewohnt war. Insbesondere Lenard war deshalb betrübt, weil er dem »großen Geist« zu gern über die Schulter geschaut hätte. Angenehm überraschte ihn jedoch, daß der Ordinarius vor der Zeit des Assistenten »großen Respekt« hatte und die aus Heidelberg bekannte Assistentenklingel in Bonn nicht existierte. »Ich sehe ihn noch jetzt kommen«, schrieb Lenard kurz nach dem Tod von Hertz, »und bescheiden anklopfen an der Tür meines Lab.-Zimmers und fragen, ob er mit mir ein paar

Worte sprechen könnte.« Wenn Lenard ihm bei solchen Gelegenheiten seine Arbeiten zeigen konnte, war es »immer wunderbar, wie sehr er sich über Versuche freute, die etwas *Wesentliches*, Neues lehrten, und zugleich auch noch darüber, daß etwa *ich* sie gefunden hatte«.[9]

Auch Bjerknes, zwar als Student eingeschrieben, aber als Achtundzwanzigjähriger der Fortbildung wegen bei Hertz, fiel sofort »die außerordentliche Freundlichkeit, Schlichtheit und Bescheidenheit seines Wesens« auf. Nun werden solche Worte über die meisten bedeutenderen Gelehrten verbreitet, auch wenn sie eitle Ekel waren, aber bei Heinrich Hertz entsprechen sie durchaus den Charakterzügen, die in seinen Briefen und sogar in den Veröffentlichungen ihren Niederschlag gefunden haben. Die Wertschätzung war übrigens gegenseitig: Als der Norweger Ende 1891 in seine Heimat zurückkehrte, schrieb Hertz an Sarasin, daß Bjerknes »ein sehr lieber Freund und Schüler war«.[10] Trotz seiner überragenden Fähigkeiten wirkte Heinrich Hertz auf seine Mitarbeiter und Schüler keineswegs so erdrückend wie Helmholtz in seiner überwältigenden Autorität, sondern immer auf erfrischende Weise anregend, wie Bjerknes berichtete:

»Die vielen Ideenassoziationen, die überraschenden Einfälle in Verbindung mit seinen vielseitigen Interessen gaben immer den Gesprächen mit ihm einen wertvollen Inhalt. Durch treffende Bilder verstand er alles klarzumachen. Die kompliziertesten Aufgaben verstand er, von diesen Bildern geleitet, von der elementarsten Seite zu betrachten. Mit großer Meisterschaft wußte er auch seine Meinung in scherzhafter Form zu sagen, wodurch es ihm gelang, ohne jede Härte leitenden Einfluß auf seine Schüler zu nehmen ... Die Zeiten, wo er mich bei meiner Arbeit besuchte, waren für mich Feierstunden.«[11]

Bjerknes und Lenard verdanken wir auch Beschreibungen des Forschungstils von Heinrich Hertz, dessen Maximen er ihnen im Gespräch vermittelte. Diese Schilderungen werfen rückblickend ein interessantes Licht auch auf die Arbeitsweise, mit der Heinrich Hertz in Karlsruhe seine größten Triumphe erzielt hatte. So war Bjerknes von den »sehr einfachen« Apparaten beeindruckt, mit denen er die diffizile Problematik der»multiplen Resonanz« untersuchen sollte. Nach der ersten Woche in Bonn berichtete er seinem Vater, der in Kristiania, dem heutigen Oslo, Professor für Mathematik war: »Hertz führte mich im Laboratorium herum, zeigte mir das Werkzeug und die Materialien und fragte, ob ich sägen könnte. Dann habe ich zwei Tage als Tischler, Klempner und Mechaniker zugebracht ... Hertz kommt und sieht mir ein paar mal täglich zu. Als Lehrer finde ich ihn ausgezeichnet. Er sagt jedesmal wenig, aber was er sagt, ist gut.«[12]

Nach einigen Wochen hatte Bjerknes verstanden, worauf es Hertz beim Experimentieren ankam. »Ich preise mich glücklich, daß ich nicht in einem Musterlaboratorium sitze, um nach der fünften Dezimale irgendeiner Konstanten zu suchen, nach den besten Vorschriften wissenschaftlicher Pedanterie«, schrieb Bjerknes, und dabei spielte er auf den damals oft thematisierten Gegensatz zwischen Präzisionsphysikern und eher explorativen Experimentatoren an. Wahrscheinlich handelte es sich dabei weniger um einen tatsächlichen Gegensatz, sondern um die Markierung der extremen Pole experimenteller Forschung.

Obwohl es Heinrich Hertz in einigen seiner Untersuchungen in der Berliner Zeit keineswegs an Präzision hatte fehlen lassen und er zum Beipiel große Mühe in die Ermittlung von Fehlergrenzen investierte, war ihm Neues unvergleichlich wichtiger als Exaktheit, und das Neue steuerte er in einer für ihn charakteristischen Direktheit an. »Hier sind die Ziele und Methoden ganz andere«, berichtete Bjerknes seinem Vater. »Direkt auf die Hauptsache los, keine Zeitverluste an den Nebensachen, ehe nicht die Hauptsache in Ordnung ist. Ist erst der Weg gefunden, so können nachher die quantitativen Physiker alles in ihrer Weise wiederholen.«[13]

Auch Lenard, der nichts mehr liebte als ein korrekt und elegant ausgeführtes Experiment, fand Hertz in dieser Hinsicht zumindest ein wenig unkonventionell: »Vor der eigentlichen Experimentierkunst und ihren Regeln hatte er, wie ich glaube, keine besondere Achtung. Versuche interessierten ihn nicht der Ausführung, sondern der *Resultate* wegen; oder wenigstens, er betrachtete die Freude an schönen Versuchen (nämlich an diesen selbst) als etwas Untergeordnetes und Nebensächliches, das nicht in den Vordergrund treten dürfe, etwa Privatsache jedes Einzelnen sei.«[14]

Die Gelegenheit, Heinrich Hertz beim Experimentieren zuzusehen, hatten freilich nur wenige. Einer von ihnen war Harry Graf Kessler, der in Bonn Jura studierte und mit einem Joseph Hertz aus Hamburg befreundet war. Diesem Vetter und seinem fachfremden Freund gewährte Heinrich Hertz einmal ein Privatissimum, das bei

Kessler unvergeßliche Eindrücke hinterließ: »Er experimentierte mit primitiven Apparaten in seinem dürftig ausgestatteten Laboratorium flink und gewandt, um vor uns sein berühmtes Experiment zu wiederholen, ein rothaariger junger Mensch, von dem ich vor allem den Eindruck eines etwas unheimlichen, sehr bescheidenen, aber sehr sicheren Zauberers hatte.«[15]

Beim »Herumexperimentieren« war Heinrich Hertz irgendwann im Jahr 1891 auf die Kathodenstrahlen zurückgekommen, mit denen er sich in Berlin mit großem und in Karlsruhe ohne Erfolg beschäftigt hatte. Welche Überlegungen ihn zu diesen Untersuchungen veranlaßten, ist unbekannt, da sie weder im Tagebuch noch in Briefen erwähnt wurden. Offenbar hielt er sie zunächst nicht für sehr bedeutend, obwohl ihm dabei eine Entdeckung gelang, die nicht nur überraschend war, sondern auch völlig neuartige Forschungsmöglichkeiten eröffnete: Er bewies die Durchlässigkeit dünner Metallschichten für Kathodenstrahlen.

Metalle sind sowohl für Licht wie auch für Kathodenstrahlen undurchlässig. Blattgold aber, das für aufwendigen Buchschmuck nach alter Tradition hauchdünn ausgehämmert wird und nur noch einen Tausendstelmillimeter mißt, läßt geringe Mengen Licht hindurch. Vielleicht war es diese altbekannte Erfahrung, die Heinrich Hertz auf die Idee brachte, die Durchlässigkeit dünner Metallschichten für die rätselhaften Strahlen zu überprüfen.

In eine größere Röhre baute er gegenüber der Kathode eine Halterung für eine Platte aus phosphoreszierendem Uranglas ein und belegte einen Teil der Glasplatte mit Blattgold. Treffen Kathodenstrahlen auf die belegte Glasplatte, »so beginnt diese auch hinter der Goldschicht zu phosphoreszieren; dies Leuchten nimmt zu, und wenn die Kathodenstrahlen ihre lebhafteste Entwicklung erreicht haben, erscheint von der hinteren Seite betrachtet das Goldblatt nur noch als ein matter Schleier auf der Glasplatte ... Die Kathodenstrahlen durchsetzen also die Goldschicht, wie es scheint, mit geringem Verlust.«[16]

Diese Schlußfolgerung wurde durch Kontrollen mit dünnen Glimmerplättchen geprüft, die scharfe dunkle Schatten warfen, also undurchlässig waren. Daß die Transparenz an den zweifellos vorhandenen Poren der gehämmerten Goldplättchen liegen könnte, schloß Heinrich Hertz dadurch aus, daß er zwei oder mehrere Plättchen übereinanderlegte, wodurch die Zahl sich überdeckender

Poren vernachlässigbar klein wurde und die Kathodenstrahlen also wirklich das Metall passiert haben mußten. Die gleichen Resultate erhielt er mit gehämmertem Silber und Aluminium sowie mit chemisch auf das Glas aufgebrachten dünnen Schichten.

Eine treffende Beschreibung dieser Experimente war im November 1891 fertig, erschien aber erst im Juli 1892 in den »Annalen«.[17] Es war die letzte experimentelle Veröffentlichung von Heinrich Hertz. Wenn er die Absicht gehabt haben sollte, diese Versuche weiter auszubauen, gab er sie jedenfalls auf, als der Artikel erschienen war. Um so mehr war Lenard »hocherfreut, daß Hertz ... im Juli 1892 mich aufforderte, die Durchlässigkeit der Metallblätter zu reinen Versuchen mit Kathodenstrahlen zu nutzen«. Lenard kannte diese Experimente, denn Hertz hatte sie ihm bereits früher vorgeführt: »Es war das einzige Mal, daß ich ihn experimentieren sehen konnte.«[18]

Seinem Assistenten gab Heinrich Hertz mit auf den Weg, daß er eine Röhre mit einem Metallfenster in der Glaswandung ausprobieren möge. Die Kathodenstrahlen könnten durch das Metall aus der Röhre heraustreten und so erstmals außerhalb der Röhre und unabhängig von ihrem Erzeugungprozeß untersucht werden. Wegen der geringen Belastbarkeit der Metallplättchen glaubte Hertz, daß dies nur in evakuierten, an die Röhre luftdicht angeschlossenen Gefäßen möglich sein würde.

Lenard stürzte sich sofort auf diese attraktive Aufgabe und konnte noch vor Ende des Semesters erste Erfolge vermelden. Aus den Ferien brachte er dann sogannte Halbfabrikate gehämmerten Aluminiums mit, die er bei Nürnberger Metallschlägern aufgetrieben hatte. Die Vorprodukte waren dicker und reißfester als die ausgehämmerten Blättchen, so daß das Fenster dem Druckunterschied zwischen dem Vakuum der Röhre und der Raumluft standhielt, aber immer noch Kathodenstrahlen hindurchließ. Heinrich Hertz war davon so begeistert, daß er Helmholtz ausführlich berichtete:

»Eine sehr merkwürdige Entdeckung hat hier in den letzten Wochen Herr Dr. Lenard, mein Assistent, gemacht ... Dabei hat er gefunden, daß sich diese Strahlen, einmal erzeugt, auch im lufterfüllten Raume fortpflanzen, in verschiedenen Gasen verschieden gut, wodurch ein ganz neues Feld der Untersuchung geöffnet ist, denn man kann die Erzeugung dieser Strahlen von ihrer Beobachtung vollständig trennen. Ich habe ihm geraten, die Wichtigkeit seines Resultats dadurch zu dokumentieren, daß er zunächst eine kurze Mitteilung der Berliner Akademie schickt. Ich hoffe, sie wird seinerzeit der Aufnahme in die Sitzungsberichte für würdig gehalten werden.«[19]

Dabei äußert Heinrich Hertz kein Wort des Bedauerns, daß er seine Entdeckung nicht selbst weitergeführt hat, und er deutet nicht einmal an, daß er die Anregung zu der »merkwürdigen Entdekkung« gegeben hatte. Es war ebenso wie fünf Jahre zuvor beim photoelektrischen Effekt: Er hatte sich entschlossen, die Experimente aufzugeben, weil er Wichtigeres zu tun hatte, und wenn andere auf der Grundlage seiner Arbeit Erfolge hatten, freute er sich mit ihnen.

Über die Experimente zu den elektromagnetischen Wellen äußerte sich Heinrich Hertz zum letzten Mal Ende 1891 in der »Einleitenden Übersicht« zur Sammlung seiner Abhandlungen: »Durch die Gesamtheit der geschilderten Versuche ist zum ersten Male der Beweis geliefert worden für die zeitliche Ausbreitung einer vermeintlichen Fernkraft. Diese Tatsache bildet den philosophischen, in gewissem Sinne zugleich den wichtigsten Gewinn der Versuche.«[20] Für die nachfolgende Physikergeneration war von vergleichbarer Bedeutung, daß Heinrich Hertz die Existenz des elektromagnetischen Feldes sichergestellt hatte, das damit neben die Materie als Konstituent der Natur getreten war. Spätere Generationen sahen den »wichtigsten Gewinn« eher in der Realisierung der drahtlosen Telegraphie, dem darauf aufbauenden Rundfunk und allen weiteren Formen sogenannter Telekommmunikation.

In den beiden Jahren, die Hertz noch lebte, war von diesen Anwendungen noch kaum die Rede, und wenn, dann in Zeitschriften, die von Physikern nicht gelesen wurden.[21] Was hätte man auch mit Fünkchen, die sich über zwanzig oder höchstens vierzig Meter nachweisen ließen, schon anstellen können? Erst 1894 konstruierte Oliver Lodge einen entwicklungsfähigen Empfänger. In Fortführung einer Entdeckung des Franzosen Édouard Branly erfand er 1894 den sogenannten »Kohärer«, ein mit Eisenspänen gefülltes Röhrchen, das beim Einfall elektromagnetischer Wellen leitend wird und durch anschließendes Klopfen mit einem automatischen Hämmerchen wieder in den empfangsbereiten, nichtleitenden Zustand versetzt wird. Mit diesem »Kohärer« oder »Fritter« ließ sich immerhin an die Übertragung von Morsesignalen denken.

Etwa gleichzeitig und wahrscheinlich durch den »Kohärer« beflügelt, setzten Bemühungen ein, durch modifizierte Antennen die Wellen über größere Distanzen zu senden. Die Pioniere auf diesem Gebiet waren zunächst nicht etablierte Physiker, sondern eher Außenseiter. So brachte es 1896 Alexander Popov, ein Lehrer an der Torpedoschule der russischen Marine in Kronstadt bei St. Petersburg, auf einige hundert Meter, und die ersten drahtlos übertragenen Morsezeichen bildeten die Buchstabenfolge »heinrich hertz«.

Die spektakulärsten Erfolge hatte der junge Italiener Guglielmo Marconi. Nach etwas unordentlichem Bildungsgang begann er als Zwanzigjähriger auf dem Landsitz seines Vaters in der Nähe von Bologna mit elektromagnetischen Wellen zu experimentieren und konnte bereits 1895 eine Distanz von zwei Kilometern überbrükken. Weil sich in Italien niemand dafür interessierte, ging er 1896 nach England, beantragte noch im gleichen Jahr sein erstes fundamentales Patent und verblüffte 1899 mit der drahtlosen Nachrichtenübertragung über den Ärmelkanal. Schon 1901 konnte er von Cornwall in England bis nach Cape Cod in Amerika über den Atlantik hinweg senden.

In diesem Jahr 1901, als Marconi seinen Triumph feierte, wurde zugleich auch die Meinung poulär, daß der Entdecker der elektromagnetischen Wellen die Frage, ob sich daraus die drahtlose Telegraphie entwickeln ließe, verneint habe. Diese Geschichte wurde das 20. Jahrhundert hindurch oft wiederholt, weil sie sich offenbar für die Legitimation der von Anwendungsinteressen freien Grundlagenforschung eignet, nach der aus rein wissenschaftlichem Erkenntnisstreben immer auch Nützliches erwächst. Wenn nämlich einer der größten und erfolgreichsten Physiker das Anwendungspotential seiner bedeutenden Entdeckung verkannt hat, scheint es gerechtfertigt, den Nutzen jedweder Forschung eher vorauszusetzen als zu begründen, ganz im Sinne des von staatlich finanzierten Wissenschaftlern oft in Anspruch genommenen Lohengrin-Prinzips des »Nie sollst du mich befragen«. – Allerdings beruht diese Interpretation zumindest im Falle von Heinrich Hertz auf kuriosen Irrtümern.

Die Geschichte von Heinrich Hertz' vermeintlicher Ablehnung der Radiotelegraphie hat ihren Ursprung schon im Jahr 1889, als ihm ein »Heinrich Huber, Electriker« die Frage vorlegte, »ob es nicht möglich wäre, nach Ihrer Theorie, die magnetischen Kraftlinien (die unsichtbaren natürlich) in die Ferne zu übertragen? Ich habe hier Transformatoren und das Telephon in Betracht gezogen.« Mit einer Skizze illustrierte der Elektriker, wie er sich das dachte: »Auf der einen Station würde z.B. im Brennpunkt eines Hohlspiegels ein Pol eines Elektromagneten erregt. Die magnet. Linien (das magn. Feld) werden dann vom Spiegel der anderen Station aufgenommen & erzeugen mit Benützung einer Inductionsspule Inductions (secundäre) Ströme.«[22]

Hertz antwortete »ganz ergebenst« und umgehend: »Magnetische Kraftlinien lassen sich ebenso gut wie die elektrischen als Strahlen fortpflanzen, wenn ihre Schwingungen nur schnell genug sind ... Aber die Schwingungen eines Transformators oder eines Telephons sind viel zu langsam. Nehmen Sie tausend Schwingungen in der Sekunde, was doch eine hohe Zahl ist, so würde dem doch im Äther schon eine Wellenlänge von 300 Kilometern entsprechen, und von der gleichen Größenordnung müßten also auch die Spiegel sein. Könnten Sie also Hohlspiegel von der Größe eines Kontinents bauen, so könnten Sie die damit beabsichtigten Versuche sehr gut anstellen, aber praktisch ist nichts zu machen ...«[23]

Dieser Briefwechsel hatte erstens nicht eigentlich mit Telegraphie zu tun, und zweitens war Hertz' Ablehnung des Huberschen Vorschlags physikalisch einwandfrei. Zwölf Jahre später und sieben Jahre nach dem Tod von Hertz machte Ferdinand Braun diese Episode öffentlich, allerdings in völlig entstellter Form, denn er schrieb 1901 in einem populären Buch: »Schon im Jahre 1889 erhielt Hertz vom Civilingenieur Huber aus München die Anfrage, ob sich seine Wellen nicht zu einer drahtlosen Telegraphie würden verwenden lassen. Hertz verneinte diese Frage.«[24] Diese Interpretation findet in dem Briefwechsel zwischen Huber und Hertz keine Stütze; sie ist schlicht ein Irrtum, den man sich am leichtesten dadurch erklären kann, daß sich Huber gegenüber dem berühmten Professor Braun in ein interessantes Licht rücken wollte. Trotzdem wurde sie durch das 20. Jahrhundert hindurch tradiert und sogar dahingehend ausgeschmückt, Heinrich Hertz habe noch auf dem Sterbebett den Gedanken zurückgewiesen, daß die Wellen irgendeine technische Bedeutung haben könnten.[25]

Wenn Heinrich Hertz die Verwendung der Wellen für die drahtlose Telegraphie nicht verneint hat, so hat er sie freilich auch nicht bejaht, sondern er ist, so weit man sehen kann, nirgendwo auf diese

Frage eingegangen. Das lag nun nicht an der vermeintlich hochgehaltenen Reinheit der Naturforschung und auch nicht an Unkenntnis, sondern er bewegte sich damit im üblichen Diskussionsrahmen der Physiker. Weder Sarasin und de la Rive noch die englischen »Maxwellianer« haben diese Frage aufgeworfen, so daß Heinrich Hertz auch keinen Anlaß sah, in seiner Korrespondenz darauf einzugehen. Ob er mal in Gedanken damit gespielt hat, bleibt wohl unbekannt, aber unwahrscheinlich wäre es nicht.

Zwar hatte Heinrich Hertz nicht nur seinen Beruf, sondern auch seine Berufung in der Physik gefunden, und seine große Leidenschaft galt hier den tiefen Problemen, die man die naturphilosophischen nennen könnte. Gleichwohl hat er die Anwendungen der Wissenschaft nicht gering geachtet und nie das Interesse daran verloren. In Karlsruhe hat er nicht nur vier Jahre lang Elektrotechnik unterrichtet, sondern auch im Naturwissenschaftlichen Verein des öfteren über technische Dinge vorgetragen, und auch an der Universität Bonn hat er über »Anwendungen der Elektrizität« doziert. Im März 1892 hat er in Köln »einen Vortrag in einem neu gegründeten elektrotechnischen Verein zugesagt«, denn er »wollte gerne mit den bedeutenden Technikern auch etwas in Beziehung kommen«.[26] Das war wenige Monate vor Ausbruch der Krankheit, die erst seine Arbeitskraft einschränkte und schließlich zu seinem Tod führte.

6. »Schwierige Dinge«, ein Preis und die Steuern

Im März 1891 wurde Heinrich Hertz von Felix Klein gefragt, ob er für die als monumentale Bestandsaufnahme geplante »Enzyklopädie der mathematischen Wissenschaften« den Bericht über den gegenwärtigen Stand der »physikalischen Mechanik« übernehmen würde. Diese Bitte mag Heinrich Hertz wie ein Wink des Schicksals erschienen sein, denn er hatte sich gerade in die mathematischen Prinzipien der Mechanik vertieft.[1] Gern würde er den Beitrag schreiben, wenn sich das vage formulierte Thema auf die Grundfragen eingrenzen ließe. Sollte Klein also »vor allem an die Lehre von der Energie im allgemeinsten Sinne denken ... so gestehe ich Ihnen, daß ich mir für das nächste ganze oder halbe Jahr die Aufgabe gestellt habe, so weit es mir möglich ist, in diese schwierigen Dinge einzudringen, und daß ich also, wenn mir dies zu meiner Befriedigung gelingt, ich sehr gerne meine Arbeit auch anderen nützlich machte«. Einen Ablieferungstermin mochte er nicht zusagen, denn er konnte »nicht bestimmt wissen, ob es mir überhaupt gelingt, in den Geist und gemeinsamen Sinn jenes Arbeitsgebietes einzudringen«.[2]

So hatte Heinrich Hertz, der sich einst beinahe mit Händen und Füßen dagegen gesträubt hatte, den Ruf auf den Berliner theoretischen Lehrstuhl als Nachfolger Kirchhoffs anzunehmen, sich eine theoretische Untersuchung vorgenommen, deren Ende für ihn wegen der »natürlichen tiefen Schwierigkeiten« nicht einmal abzusehen war. Aus dem »ganzen oder halben Jahr« wurden schließlich zweieinhalb Jahre. Das Ergebnis seiner Anstrengungen erschien erst nach seinem Tod als eigenständiges Buch unter dem anspruchsvollen Titel: »Die Prinzipien der Mechanik, in neuem Zusamenhange dargestellt«.

Bei seiner Hinwendung zur Mechanik ging es Heinrich Hertz nicht um praktisch relevante Probleme wie Elastizität oder Härte, die er in Berlin erfolgreich bearbeitet hatte, und auch nicht um die Bewegung von Massen unter dem Einfluß der Schwerkraft, die in der

Himmelsmechanik so überwältigende Triumphe feierte, daß sie zum Vorbild aller exakten Wissenschaft geworden war. Was ihn interessierte, waren Fragen, über die er schon als Student in München beim Studium der Klassiker ins Grübeln geraten war, wie er damals berichtet hatte: »Gerade die Prinzipien der Mechanik, wie schon die Worte: Kraft, Zeit, Raum, Bewegung sagen, können einen hart genug beschäftigen.«[3] Tatsächlich mußte man bei schärferem Nachdenken darauf stoßen, daß die Fundamente des stolzen Gebäudes der Mechanik viel zu wünschen übrig ließen: Bei zentralen Aussagen war unklar, ob es sich um Resultate der Erfahrung oder um Axiome handelt, zirkuläre Definitionen wie diejenige der Kraft führten zu Pseudoerklärungen, und als Zumutung an den Verstand sollte sich auch noch die Schwerkraft mit unendlicher Geschwindigkeit ausbreiten.

Kirchhoff hatte daher in seinen Vorlesungen zur Mechanik, die Heinrich Hertz in Berlin hörte, »Dunkelheiten« wie den Begriff der Kraft als Ursache der Bewegung aus der Mechanik entfernen wollen und nur noch die Vorstellungen von Raum, Zeit und Materie vorausgesetzt. Die Aufgabe der Mechanik beschränkte er darauf, »die in der Natur vor sich gehenden Bewegungen zu *beschreiben*, und zwar vollständig und auf die einfachste Weise zu beschreiben«. Es sollte sich darum handeln, »anzugeben, *welches* die Erscheinungen sind, die stattfinden, nicht aber darum, ihre *Ursachen* zu ermitteln«.[4] Dieses phänomenologische Credo hat Kirchhoff in den Präliminarien eindrucksvoll formuliert, aber nicht eigentlich durchgehalten, denn in der Durchführung operierte er wieder mit dem dunklen Begriff. Obgleich Kirchhoff versprach, daß die »Einführung der Kräfte hier nur ein Mittel bildet, um die Ausdrucksweise zu vereinfachen«[5], mündete seine Mechanik schnurstracks in die konventionelle Darstellung ein.

Heinrich Hertz hat in seiner 1884 in Kiel gehaltenen Vorlesung über die »Konstitution der Materie« das Ziel verfolgt, »unter Annahme aller Voraussetzungen über Raum, Zeit, Kausalität, welche ich im übrigen bei der Betrachtung der Dinge mache, diejenigen Eigenschaften der Materie festzustellen, welche von der besonderen Form derselben unabhängig sind, und diese Eigenschaften auf möglichst wenige und möglichst einfache zurückzuführen«.[6] Den Begriff der Kraft hat er dabei nicht problematisiert, sondern sich auf die Analyse der fern- und nahwirkenden Kräfte beschränkt. Aber zur Vorbereitung dieser Vorlesung hat er die gerade erschienene große Studie von Ernst Mach über »Die Mechanik in ihrer Entwicklung« gelesen, und dessen scharfe Kritik des Begriffs der Kraft in der Newtonschen Formulierung ist gewiß nicht spurlos an ihm vorübergegangen.

Was er nun, sieben Jahre später, beabsichtigte, lag auf der Linie von Machs Kritik und Kirchhoffs Credo, sollte aber in Strenge durchgeführt werden und zur Klarheit der Begriffe führen: »Hier möchte ich gern etwas ordnen und die Anordnung der Begriffe so treffen, daß man viel klarer sieht, was Definition und was Erfahrungstatsache ist, z. B. in dem Begriffe der Kraft, der Trägheit etc. Ich bin auch bereits überzeugt, daß hier große Vereinfachungen möglich sind …«[7]

Zunächst studierte Heinrich Hertz einige neuere Arbeiten von Helmholtz über das »Prinzip der kleinsten Wirkung« und auch die älteren, tiefschürfenden Abhandlungen von William Hamilton, und im Frühjahr 1891 war er »durchaus, wiewohl mit wenig Erfolg mit mechanischen Prinzipien beschäftigt«.[8] Er war deshalb »nicht in ganz so vergnügter Stimmung als ich wünschte; ich bin einige Jahre durch den rüstigen Fortgang der Arbeit und der äußeren Erfolge allzusehr verwöhnt worden, um jetzt nicht die Stokkung etwas schwer zu empfinden.«[9]

Wieder forderte das beginnende Semester seinen Tribut, so daß er erst Ende Juni »die mechanischen Probleme, die seit den Osterferien ruhten, wieder aufgenommen« und über den »Zusammenhang des Gaußschen Prinzips der kleinsten Wirkung nachgedacht« hat.[10] Daß es nicht zügig vorwärtsging und die »Berufsarbeit, die mich mit vielen Kleinigkeiten in Anspruch nimmt«, ständig störte, trübte ihm die Stimmung: »Ich habe mein Pulver verschossen.«[11] Seine Frau korrigierte jedoch: »Heins arbeitet … fleißig, meist mathematisches, ist aber sehr vergnügt dabei.«[12] Auch er selbst zog schließlich eine günstigere Bilanz: »Zum ersten Mal hier wird mir die laufende Arbeit des Semesters leicht und habe ich trotz des Sommers noch Lust und Zeit zur eigenen Arbeit. Zwei Jahre sind immer der Preis der Umsiedelung.«[13]

Zum Ende des Semesters kam Heinrich Hertz freilich kaum noch zum Nachdenken, da wieder viele Physiker auf ihren Ferienreisen Bonn besuchten. Insbesondere bei den Engländern, die ihm in der großzügigsten Weise die »honneurs von London« gemacht hatten, kam er nicht umhin, sich zu revanchieren, so daß er mit seinen

Gästen zeitweilig öfter in Rolandseck und auf dem Drachenfels war als im Institut oder in seinem häuslichen Arbeitszimmer. Ebenso amüsant wie anstrengend war ein amerikanischer Professor, der für einen Artikel über Heinrich Hertz anekdotische Episoden aus dessen Leben sammeln wollte, aber daran scheiterte, »daß es nicht in seinem Geschmack liegt, mit dergleichen herauszurücken«, wie seine Frau wußte. Es machte ihr freilich Spaß, über ihren Mann zu hören, er sei »one of the most known men of America!« oder: »How do you pronounce your name, we call it Hörz.«[14]

Eine andere Ablenkung, die freilich eine Ehrenpflicht war, betraf die Vorbereitung einer für den Herbst geplanten Helmholtz-Feier, von der zwar niemand wußte, ob sie dem siebzigsten Geburtstag oder dem fünfzigjährigen Doktorjubiläum oder beidem gelten sollte, die aber auf jeden Fall großartig werden mußte. Schon im Frühjahr hatte Heinrich Hertz um Spenden für eine »Helmholtz-Stiftung« geworben und auch seinen Vater dafür eingespannt.[15] Als das Semester zu Ende war, ging er daran, eine Würdigung des Meisters zu schreiben, die er zu dessen Geburtstag am 31. August der »Münchener Allgemeinen Zeitung« zugesagt hatte.[16] Die Klippen einer solchen Huldigung, nach seiner Erfahrung oft »aus Trivialitäten und Übertreibungen zusammengesetzt«[17], hat er dank seiner intimen Kenntnis des wissenschaftlichen Werks von Helmholtz mit großem Takt umschifft und ein großartiges Porträt seiner Vaterfigur sowie ihrer einzigartigen Bedeutung für den Aufstieg der Naturwissenschaften in Deutschland entworfen. Erst als diese Aufgabe beendet war, hat er »endlich den Anfang der Ferien gefühlt.«[18].

Während Elisabeth mit den Töchtern nach Hamburg fuhr, unternahm Heinrich Hertz zunächst allein eine Rundreise durch Deutschland. Sie begann mit einem Besuch der Internationalen Elektrizitätsausstellung in Frankfurt, die im Stil der in der zweiten Hälfte des 19. Jahrhunderts populär gewordenen Weltausstellungen konzipiert war. Bei dieser repräsentativen Leistungsschau des neuen Industriezweiges konnte er elektrische Straßenbahnen und einen mit elektrischer Energie in Gang gehaltenen riesigen Wasserfall bewundern und dazu Dynamos und Beleuchtungssysteme, Meßgeräte und Telephonanlagen auf dem neuesten Stand der Technik besichtigen. Anschließend reiste er zu geruhsamen Stadtbesichtigungen über Würzburg nach Nürnberg und Bamberg. Als wollte er sich auf die Suche nach der verlorenen Zeit begeben, fuhr er in einer merkwürdigen Anwandlung über Coburg nach Sonneberg, wo er sechs Jahre zuvor die drei trübsten Monate seines Lebens in einer Wasserheilanstalt hatte zubringen müssen. Von diesem Ort schmerzlicher Erinnerungen ging es, teils per Bahn, oft auch als Fußtour, über den Thüringer Wald bis Erfurt und Eisenach, und von dort schließlich nach Hamburg.[19]

Nach zwei erholsamen Wochen in der Magdalenenstraße fuhr Heinrich Hertz Anfang September nach Berlin, dieses Mal nicht der Wissenschaft wegen, sondern um seiner Frau die Stadt und ihre Attraktionen zu zeigen. Helmholtz war ohnehin noch in Campiglio, wohin er sich vor der drohenden Gratulationscour über seinen Geburtstag hinweg geflüchtet hatte. So spazierten die beiden durch die Stadt, besichtigten Schloß und Zeughaus, besuchten das alte und das neue Museum, die Nationalgalerie sowie die Internationale Kunstausstellung und waren jeden Abend im Theater.[20]

Nach einigen Tagen in Hamburg fuhr Heinrich Hertz am 14. September 1891 mit Frau und Töchtern wieder nach Bonn. Es war ein kurzer Zwischenaufenthalt, der nur für die dringendste Korrespondenz und eilige Geschäfte im Institut ausreichte, denn Elisabeth und Heinrich Hertz wurden in Karlsruhe erwartet, wo Mathilde und der vormalige Bonner Assistent Carl Pulfrich am 21. September heirateten. »Heins hielt eine besonders nette Rede«, lobte ihn seine Frau, und daß er bis Mitternacht tanzte, »sogar sehr flott«[21], war eines weiteren Lobes wert, denn am nächsten Morgen brach er in aller Frühe nach Halle zur Naturforscherversammlung auf, die bereits in vollem Gange war.

Eigentlich hatte Heinrich Hertz wegen der Hochzeit den Kongreß schwänzen wollen, aber er war nicht nur Vorstandsmitglied der Gesellschaft, sondern auch der Sektion für Physik, so daß er »wiederholt sehr liebenswürdig eingeladen« wurde und sich dem nicht entziehen konnte. Wissenschaftlich war Halle wegen seiner Verspätung nicht sehr ergiebig, denn die Fachvorträge waren größtenteils schon gehalten und daher waren »manche derer, die ich sprechen wollte, schon wieder abgereist«. Der Festkommers und eine Aufführung von Wagners »Meistersingern von Nürnberg« waren keine rechte Entschädigung, ebensowenig wie die Debatten um die zukünftige Organisation der »Gesellschaft deutscher Naturforscher und Ärzte« und ihrer physikalischen Sektion.[22] Er hatte sich sogar die Mühe gemacht, einen Entwurf für die neuen Statuten auszuarbeiten, aber »die Statutenberatung der allgemeinen Versammlung war geradezu tödlich, für die Teilnehmer und ich fürchte, auch für die Versammlung. Wenn sie das lange überlebt, ist sie sehr gesund«.[23] – Die Gesellschaft existiert noch heute.

Nach der Rückkehr aus Halle beschäftigte sich Heinrich Hertz wieder mit seinen physikalischen Problemen, konnte aber »nicht recht in die Arbeit kommen« und war darüber »sehr unzufrieden«. Anfang Oktober faßte er einen rabiaten Entschluß: »Zuerst um $^1/_2$ 6 aufgestanden und bis neun gearbeitet. Mechanik.«[24] Konsequent blieb er bei dieser Lebensweise: »Ich habe nämlich allmählich die Hoffnung verloren, während des Tages einige ruhige Stunden herauszuschlagen, wo ich unaufhörlich unterbrochen und gestört werde, am Morgen ist man sicher.«[25] So hat er einige Wochen »emsig Mechanik gearbeitet« oder »heftig Mechanik getrieben«.[26] Diesen Rhythmus konnte er allerdings nicht über den Semesteranfang hinaus durchhalten.

Inzwischen hatten die Kollegen zu munkeln begonnen, was er eigentlich vorhabe. In Halle kursierte das Gerücht, natürlich hinter seinem Rücken, er arbeite über die Mechanik des elektrischen Feldes und die Bewegung des Äthers. Für Heinrich Hertz war das »leider ohne alle Begründung und weiß ich nicht, wie die Meinung entstanden. Über die Mechanik des elektrischen Feldes habe ich überhaupt nicht gearbeitet und über die Bewegung des Äthers gar nichts herausbekommen.« In seinen Bemühungen, in die »gewöhnliche Mechanik« Ordnung zu bringen, war er zwar vorangekommen, aber nicht weit: »z. B. was eine mechanische Kraft ist, habe ich mir erst jetzt in mich befriedigender Weise klar gemacht, aber weder habe ich die Sachen aufgeschrieben noch weiß ich, ob sie nachher auch andere befriedigen würden. Jedenfalls ist es eine Sache, die nur langsam reifen kann.«[27]

Daß die Mechanik nicht zügig vorankam, lag nicht nur am Semesterbeginn, sondern auch an immer neuen Verpflichtungen. Anfang November reiste Heinrich Hertz für einige Tage nach Berlin zur Helmholtz-Feier als offizieller Vertreter der Universität Bonn, an der Helmholtz für zwei Jahre Professor gewesen war. Die bei diesem Anlaß zu überreichende, künstlerisch gestaltete Adresse hatte Heinrich Hertz »ursprünglich verfaßt, aber viele Köpfe haben mitgedacht, und es war keine leichte Aufgabe, alle zu befriedigen«. Zu guter Letzt hatte der »hohe Senat einzelnes daran herumkorrigiert, was wohl nicht zu ihrem Vorteil ist.« Der Wortlaut wurde Heinrich Hertz allerdings »völlig gleichgültig«, als er sah, wie am Vormittag des 2. November etwa fünfzig derartiger Adressen überreicht wurden.[28]

Der Empfang in der prächtigen Direktorenvilla der Physikalisch-Technischen Reichsanstalt war ein Defilee der Spitzen von Staat und Gesellschaft, bei dem Helmholtz mit unzähligen Ehren überhäuft wurde, vom durch den König Italiens verliehenen Großkreuz des Mauritius- und Lazarusordens, das ihm sein Freund, der Senator und Professor Pietro Blaserna, überbrachte, bis zur Ehrenbürgerschaft seiner Vaterstadt Potsdam. Am Abend wurden die Feierlichkeiten mit einem Festessen im großen Saal des Hotels »Kaiserhof« fortgesetzt, zu dem zweihundertsechzig Gäste geladen waren. Das Menü war achtgängig, und die Weine waren erlesen. Den Reigen der Ansprachen eröffnete der Staatsminister von Bötticher, und nach vier Stunden beschloß ihn Heinrich Hertz mit einem Dank namens der Schüler und Assistenten.

Am nächsten Abend ging Heinrich Hertz noch zu einer »offenen« Gesellschaft, die Helmholtz in Charlottenburg gab, »aber es war wie an dem ersten Tag: mit einer Unmenge zum Teil sehr interessanter Männer wechselte man eine sehr kleine Menge sehr uninteressanter Worte«. Tagsüber hatte er Kollegen besucht und »manches Interessante gesehen in vielen Laboratorien, was man nur einmal auf der Welt sehen kann«. Trotzdem kam er, wie früher schon, »nicht nach Berlin, ohne dankbar zu sein, daß ich nicht dort Professor bin; wenn schon bei uns in Bonn wir mehr sogenannte Anregung und weniger Ruhe haben, als uns oder wenigstens mir lieb ist, so muß es in Berlin unerträglich sein.«[29]

Wieder in Bonn, murrte Heinrich Hertz darüber, daß er sich »leider habe verführen lassen«, seine elektrodynamischen Arbeiten in gesammelter Form als Buch herauszugeben. Der »Verführer« war Felix Meiner, Inhaber des Verlages »Johann Ambrosius Barth« in Leipzig, bei dem die »Annalen« erschienen und »der also wohl hoffen muß, ein Geschäft damit zu machen«. Wegen der Einleitung und einiger Zusätze sah sich Heinrich Hertz »wieder für einige Wochen für alle Arbeit, die mir Freude macht und Neues geben könnte, lahm gelegt. Diese Arbeiten sind auch Geister, die mich nicht gleich wieder loslassen.«[30] Weil er sich mit der »Einleitenden

Übersicht« viel Mühe gab, hat ihm diese Arbeit »bei großem Fleiße sechs Wochen genommen«.[31] Als auch noch die Korrekturen erledigt waren, bat er Helmholtz um die Erlaubnis, ihm dieses Buch als Ausdruck seiner »Dankbarkeit und Verehrung« widmen zu dürfen, und Helmholtz sah darin »einmal eine Widmung, an der ich ungetrübte Freude haben kann, und für die Belehrungsbedürftigen aller Länder ist es ein großer Vorteil, die Abhandlungen alle zusammen zu haben«.[32]

Zur Mechanik kam Heinrich Hertz erst wieder in den Weihnachtsferien, aber dann steckte er so »fest in theoretischem Nachdenken, daß ich mich mit Gewalt herausreißen muß, um das Fest nicht zu versäumen«.[33] Nach vergnügt verbrachten Weihnachtstagen, an denen die Schwiegereltern Doll zu Besuch waren, erhielt er am 27. Dezember per Telegramm aus Turin die Nachricht, daß er den Bressa-Preis der dortigen Akademie »für die wichtigste wissenschaftliche Entdeckung im Quattrenium 1886 bis 1890« erhalten habe.

Anders als viele Ehrungen, die immer noch routinemäßig erfolgten und wegen der erforderlichen Dankschreiben manchmal schon als lästig empfunden wurden, war das wieder ein großer Preis, vergleichbar mit denen der Pariser Akademie und der »Royal Society«. »Ehrenvoll ist der Preis, glaube ich, sehr«, freute sich Heinrich Hertz, »denn, soviel ich weiß, ist er für die beste Arbeit in einem sehr weiten Gebiete und in einer Reihe von Jahren bestimmt.«[34] Die große Wertschätzung dieses Preises lag allerdings auch an der hohen Geldprämie von zwölftausend Lire, was damals knapp zehntausend Mark entsprach, und am Ansehen der bisherigen Preisträger: vor Heinrich Hertz waren Charles Darwin und Louis Pasteur die einzigen Nichtitaliener.

In die Freude mischte sich wieder Nachdenklichkeit und sogar ein Hauch Unbehagen, wie er es einem Kollegen beschrieb: »Ich bin gewiß nicht unempfindlich gegen eine solche Ehre, aber unendlich viel wertvoller als äußere Auszeichnungen ist mir die gute Meinung und die freundliche Gesinnung der Fachgenossen, die ich hochschätze. Ich muß fast fürchten, daß die zu großen Belohnungen mir dieses freundliche Gesinnung vermindern könnte«, und dies besonders bei französischen Gelehrten, »deren gute Meinung ich dem Pariser Preis, den ich vor zwei Jahren erhielt, bei weitem vorgezogen hätte.«[35] Den Eltern, die sich sehr über die neuerliche

Auszeichnung freuten, gab er zu bedenken: »Mir wäre es lieber, der Preis hätte auf eine neue Gelegenheit des Preises gewartet ... Es ist nicht gut, wenn für eine Arbeit zu viele Preise gegeben werden. Indessen haben wir die Welt nicht gemacht und eingerichtet, und ihre Unvollkommenheiten sind in diesem Falle für mich nicht so schwer zu ertragen.«[36]

Die hohe Geldprämie war ihm sogar etwas peinlich, denn »die Freude über eine Medaille oder eine Mitgliedschaft ist eigentlich reiner«. Dazu vermehrte die »Kölnische Zeitung« durch einen Fehler das Preisgeld um eine Null auf das Zehnfache: »Man kommt in der Tat nicht in die Zeitung, ohne sich zu ärgern ... Wenn mir jetzt einer zu dem großen Preis gratuliert, kann ich mich gleich entschuldigen, es sei nur ein ganz kleiner Preis.«[37] Die Gratulanten bedauerten ihn zudem, manche sicher nicht ohne ein Gran Schadenfreude, »daß dies nun gerade in die Zeit der Steuerschätzung getroffen sei«.[38]

Die Preußen hatten nämlich als Novität die Einkommensteuer eingeführt, was trotz des moderaten Spitzensatzes von vier Prozent für die wirklich Reichen von vielen ansonsten staatstreuen Untertanen als Skandal empfunden wurde. Während der Beratung des Steuergesetzes Anfang 1891 hatte Heinrich Hertz sogar »nationalökonomische Bücher aus der Bibliothek geholt« und dazu ein finanzwissenschaftliches Werk konsultiert, um dem Fiskus auf die Schliche zu kommen[39], und in seitenlangen Briefen wurde mit dem Vater erörtert, wie wohl dessen zinslose Hypothek auf dem Haus in der Quantiusstraße und andere Dinge steuerlich zu Buche schlügen. Als Anfang 1892 erstmals die Steuern für die nächsten drei Jahre veranlagt wurden, war bei Bonner Professoren »in Gesellschaften der Herren von nichts anderem die Rede«, und Heinrich Hertz machte die denkwürdige Erfahrung, »wie sich der kgl. preußische Bürokrat den biederen Steuerbürger denkt, der sich beeilt, der Regierung die nötige Aufklärung zu geben«.[40]

Bedauerlicherweise versteifte sich der zuständige Bürokrat darauf, die neuntausendfünfhundert Mark des Bressa-Preises als wiederkehrendes Einkommen auch für die folgenden Jahre anzusetzen, als wäre der Herr Professor auf solche Nebeneinnahmen abonniert. Das war schon deshalb Unsinn, weil es weitere so hoch dotierte Preise gar nicht gab, aber alle Aufklärung half nicht, und der Steuerbürger Heinrich Hertz wurde zornig: »Ich mag gar nicht an die Sache denken und gebe mir alle Mühe, sie als das zu behandeln, was sie ist, als Bagatelle, denn wenn ich mich in sie versenke, ist gleich ein halber Tag im Ärger hin und ich hadere mit allen möglichen Personen, die es leider in Wirklichkeit nicht gibt, und sage ihnen die Wahrheit und werfe ihnen meine Professur ins Gesicht.«[41]

Dazu kam es natürlich nicht, sondern er legte Widerspruch ein und ging nach dessen Ablehnung vor Gericht. Den Rechtsstreit gewann er, wenn auch sozusagen posthum: Erst im Oktober 1894 erging in zweiter und letzter Instanz im Namen des Königs das Urteil des kgl. Oberverwaltungsgerichts in Köln, daß die jährliche Steuer um 450 Mark zu hoch angesetzt war.[42]

Die Arbeit an der Mechanik konnte Heinrich Hertz nach Weihnachten kaum noch fortsetzen: »Die ewige Korrespondenz, so ein Preis nimmt auch immerhin ein paar Tage, das frühe Aufstehen ist wegen der Gesellschaften nicht möglich, ich kann nichts machen.«[43] Da er den vielen Gesellschaften nicht entgehen konnte, nahm er sich vor, sie unter positiven Aspekten zu betrachten: »Daß man sich alle paar Tage sieht, bewirkt ein wirkliches Zusammenleben, welches … dadurch so angenehm wird, daß einige Bekannte sehr angenehme, der Durchschnitt angenehme Leute sind und die geradezu unangenehmen Leute fast ganz fehlen.«[44] Weil die Familie Hertz aber mit Rückeinladungen arg in Verzug geriet, wurden auch die Einladungen seltener. Das war ihm nur recht: »Es hat mir sehr große Freude gemacht, im Winter die Kollegen recht oft zu sehen; soll ich die Wahrheit sagen, so gibt es vielleicht noch etwas Schöneres, sie nämlich nicht so oft zu sehen.«[45]

Weil er im März »fleißig, wenn auch ohne viel Erfolg gearbeitet« hatte, natürlich an der Mechanik, wollte er sich etwas Abwechslung »von der Arbeit und der Kinderstube« gönnen, zumal sich in letzterer gerade der Keuchhusten eingenistet hatte. »Wenn ich gerade sehr erfolgreich wäre mit meiner Arbeit, würde ich nicht ermüden und die Kinderstube nicht stören, aber da eigentlich alles, was ich anfasse, nicht gehen will und anderes nur sehr langsam im Laufe der Zeit vorangehen kann, so habe ich sehr das Bedürfnis, mich herauszureißen.«[46]

Daher fuhr er Ende März in die Schweiz, zunächst nach Basel und anschließend über Lausanne und Montreux nach Genf. Dort wohnte er auf eigenen Wunsch zwar im Hotel, war aber doch Gast von Édouard Sarasin, der ihm die Stadt zeigte und ihn großzügig bewirtete. Trotz großer Sympathien war Heinrich Hertz von den Genfern auch ein wenig enttäuscht: »Die dortigen Physiker haben mir eigentlich weniger als Physiker als als Millionäre imponiert, welches in Genf jeder anständige Mensch zu sein scheint.«[47] Die Rückreise führte über Bern und Luzern nach Baden-Baden, wo er sich mit den Schwiegereltern traf. Die Reise war nicht nur »besonders glücklich« verlaufen, sondern durch den Abstand von der täglichen Routine waren auch die selbstquälerischen Zweifel verschwunden: »Ich sehe, daß ich zwar nichts Fertiges habe, aber doch allerlei, was wächst und wovon vielleicht das eine oder das andere doch mit der Zeit eine gute Ernte geben kann.«[48]

Wieder in Bonn, hat Heinrich Hertz sofort »herumexperimentiert«, aber dabei ist ihm »nichts geglückt«. Daraufhin hat er sich »wieder an die Mechanik gemacht und das ganze Sommersemester intensiv daran gearbeitet«, sogar »con amore«, wie er den Eltern einmal schrieb.[49] Seine Frau lobte ihn als »sehr fleißig« und wunderte sich, daß er »schon ein ganz dickes Manuskript« hatte, aber behauptete, »das sei noch nicht der vierte Teil der Arbeit«.[50] Im Juni hat er »die Arbeit über Mechanik aufs neue ganz abgeschrieben, dieselbe fängt an, greifbare Gestalt anzunehmen«.[51] Trotz wunderschönen Sommerwetters verbrachte er jede freie Minute an seinem Schreibtisch: »Diese mathematische Arbeit ist das allerzeitraubendste Vergnügen, wie ich das Zurücklegen von Geld das allerkostspieligste Vergnügen finde.«[52]

Im Institut gab es nun eine kleine englische Kolonie von drei Fortgeschrittenen, die alle über Probleme arbeiteten, die mit elektromagnetischen Wellen zuammenhingen. Heinrich Hertz freute sich über das internationale Flair, förderte die drei nach besten Kräften bis zur Publikation der Resultate in den »Annalen«[53] und lud sie des öfteren in die Quantiusstraße ein. »Wenn keine Damen dabei sind, reicht mein Englisch schon aus«, meinte die Gastgeberin, denn »die Herren kommen gleich in ein Fachgespräch und dann habe ich es gut«.[54]

Von den Auszeichnungen, die er immer noch erhielt, war die Mitgliedschaft in der »Accademia dei Lincei« zu Rom, in die er am 16. Juli 1892 aufgenommen worden war, etwas Besonderes, was ihm »viele Freude« machte, denn zu den Gründungsmitliedern dieser »Akademie der Luchse« gehörte Galileo Galilei, der Stammvater seiner Wissenschaft. Das einzige Problem war in diesem Falle der Dank, den er in Latein abstatten wollte. Wegen der Arbeitsbelastung der vergangenen Jahre hatte er kaum noch Zeit zur Lektüre gefunden, schon gar nicht für die antiken Autoren. Weil sein Latein daher etwas eingerostet war, mußte er den Altphilologen Hermann Usener bitten, »mich und damit unsere Universität vor der Lächerlichkeit lateinischer Sprachschnitzer zu bewahren und mir das beiligende Dankschreiben zu korrigieren«.[55]

Heinrich Hertz hatte allen Grund, erwartungsvoll in die Zukunft zu blicken. Nach mühsamen Jahren der Aufbauarbeit florierte das Institut, und junge Physiker produzierten unter seiner Leitung interessante Arbeiten. Zwar hatte er experimentell manchen Mißerfolg erlebt, und den einen Erfolg, die Durchlässigkeit von Metallblättchen für Kathodenstrahlen, überließ er Philipp Lenard, weil ihm die Vollendung der Mechnik wichtiger war. Diese Arbeit beschäftigte ihn sehr, aber sie war schon so weit gediehen, »daß ich sie nicht eher los werde, bis sie fertig ist«. Damit rechnete er für das nächste Frühjahr.

Unter dem 19. Juli trug er dann aber ins Tagebuch ein: »Anfang des Schnupfens.« Das war zunächst eine kuriose Irritation, bald eine schlimme Plage und schließlich der Beginn einer unablässigen Kette qualvoller Leiden.

7. Ein »wüster Traum« und ein »hohes Gelübde« – Krankheit und Mechanik

Mitten im schönsten Sommer ist ein Schnupfen zwar ungewöhnlich, sicher auch lästig, aber kaum Anlaß zur Besorgnis. Heinrich Hertz empfand seinen Schnupfen jedoch als so »bösartig«, daß er »die Arbeit abgebrochen und liegengelassen« hat. Er blieb im Bett, was aber nichts nützte, und konsultierte einen Arzt.[1] Dittmar Finkler, Professor und Direktor der medizinischen Poliklinik, war zu seinem Kollegen »so liebenswürdig wie möglich, versichert mir, daß es etwas Vorübergehendes sei, bläst mir alle schönen Dinge ein«. Die Rede war von Heufieber oder einem Katarrh, was bald vorübergehen würde. Der Patient konnte aber an nichts anderes mehr denken als an seine »Nase und das Kribbeln in ihr«, denn »zur Zeit ist meine Nase meine Welt, und alle meine Arbeiten sind mir fernliegend und gleichgültig«.[2]

Besserung wurde von einem Aufenthalt in Baden-Baden erwartet. Für die Töchter kaufte er dort ein Wägelchen und zog mit ihnen durch die Wälder, oft auch allein auf langen Wanderungen. Aber trotz der Waldluft und der ständigen Spülungen, der Pulver und Salben ging es ihm kaum besser. Daher folgte er dem Rat seiner Eltern, die ihn auf der Rückreise aus der Schweiz besuchten, und ging zu einer regelrechten Kur nach Münster am Stein, während seine Frau mit den Töchtern und ihren Eltern in Baden-Baden blieb. In Münster konzentrierte er sich ganz auf das »Trinken, Baden, Inhalieren« und pflegte sich »gründlich mit den kräftigen Salzen zu tränken«.[3]

Weil das Wetter schlecht und die Nase nicht besser wurde, fuhr er vorzeitig nach Bonn zurück und ging sofort zu Professor Finkler. Der diagnostizierte nun eine Geschwulst und versprach »energische Behandlung«, weil es sich offenbar nicht um einen gewöhnlichen Schnupfen handele. »Jetzt bin ich nur ärgerlich«, schrieb Heinrich Hertz seiner Frau nach Baden-Baden, »daß ich mir so lange habe einreden lassen, es sei nur ein Katarrh, da ich doch den ersten Tag sicher fühlte, daß es keiner sei. Es war ganz unerträglich, immer zu hören: es ist nur ein Schnupfen. Ich mußte denken: dann bin ich verrückt. Und da ist es mir lieber, nicht verrückt zu sein und etwas in der Sache aushalten zu müssen.« Seine Situation verglich er mit der militärischen Erfahrung, »daß nichts unerträglicher sein soll, als im feindlichen Feuer ruhig auszuhalten, viel lieber geht man vorwärts dagegen an. Ich bin in solcher Stimmung, daß, wenn der Arzt sagt, die Nase muß ab, so würde ich sagen: Weg damit! Lieber ohne Nase leben als so.«[4]

Als Spezialist wurde Heinrich Walb, der Professor für Hals-, Nasen- und Ohrenkrankheiten, hinzugezogen. »Beide Herren bemühen sich aufs liebenswürdigste um mich – leider weiß man ja aber, wie weit die Macht der Ärzte geht.« Walb versuchte es erst mit täglichem Wegätzen entzündeten Gewebes, riet dann aber zu einer Operation, die am 23. September der Chirurg Professor Witzel vornahm. Der Eingriff sei, wie seiner Frau versichert wurde, »sehr gut verlaufen«. Nur brachte er keine Besserung, so daß zwei Wochen später noch einmal operiert wurde, dieses Mal von Walb, der »drei kirschkerngroße Geschwulste erwischt« hat. Immerhin versicherte der Arzt seinem Patienten, »daß es nichts Bösartiges sei, und daß er es für seine Pflicht halten würde, mir das sofort zu sagen«. Etwas Harmloses wie Polypen war es aber auch nicht.[5]

Diesen Bericht an die Eltern konnte er nicht selbst schreiben, sondern er diktierte ihn seiner Frau, denn nach der Operation litt er an heftigen Entzündungen und starken Schluckbeschwerden, bekam Ohrenschmerzen und lag mit hohem Fieber im Bett.[6] Weitere Briefe diktierte er an den Dekan und den Kurator und ersuchte um Dispens von den Dienstgeschäften und die Erlaubnis, mit den Vorlesungen erst Mitte November beginnen zu dürfen.[7] Sechsmal täglich wurden Nase und Rachen kräftig ausgespült, dreimal von Walb und dreimal von Elisabeth, die von dem Arzt angelernt worden war und meinte, es gehe »sehr gut, und erleichtert Heins jedesmal sehr«. Die Kollegen reagierten »außerordentlich teilnehmend und freundlich, sogar einige ältere Professoren kommen fast täglich, persönlich nachzufragen«.[8]

Aber ein eiternder Abszeß hinter dem Ohr wurde trotz ständiger Spülungen immer dicker, so daß Ende Oktober Professor Witzel zur dritten Operation schritt und das Mittelohr aufmeißelte. »Also, zu Anfang des Semesters haben wir ihn wieder in Ordnung«, versicherte der Operateur.[9] Tatsächlich spürte Heinrich Hertz Linderung, aber seine ersten Berichte vom Krankenlager konnte er wieder nur diktieren: »Elisabeth pflegt mich voll Liebe, ärztliche Besuche erhalte ich wie ein Fürst.«[10] Eine durchgreifende Besserung ließ jedoch auf sich warten. Wochenlang konnte er vor Schmerzen kaum schlafen und nicht einmal kauen. Die Eltern schickten zur mundgerechten Stärkung ein Fäßchen Kaviar. Bald revidierten die Ärzte ihre Prognose und setzten bis zur vollen Genesung noch mehrere Wochen an. Deshalb mußte Heinrich Hertz am 15. November, als das Semester schon in vollem Gange war, darum bitten, daß vorläufig der Extraordinarius Hermann Lorberg die große Vorlesung übernehmen und Philipp Lenard das Praktikum leiten möge.[11]

Die Doktoranden wollte Heinrich Hertz freilich nicht ganz allein lassen. Er kümmerte sich um die Korrektur der Dissertationen und ging kurz vor Weihnachten zu den mündlichen Prüfungen ausnahmsweise in die Universität. Julius Precht und Josef von Geitler hatten schöne Arbeiten vorgelegt, bei denen er die gekürzte Veröffentlichung in den »Annalen« befürwortete.[12] Ein heikles Problem war dagegen der Vetter Joseph Hertz, der nach der Promotion weiterhin in Bonn arbeiten wollte. Heinrich Hertz war nicht begeistert und bat seinen Vater um diskrete Unterstützung, Joseph von Bonn abzuraten: »Einen Vetter möchte ich hier nur dann haben, wenn ich überzeugt wäre, daß er *trotz* der Vetternschaft durch seine ausgezeichneten Fähigkeiten vorwärts käme, und das habe ich nicht an ihm.«[13]

Während sich Heinrich Hertz mit seiner Krankheit quälte, hatte er zwar nicht die Kraft zu wissenschaftlicher Arbeit, aber doch zum Engagement für seine Vaterstadt, die in große Bedrängnis geraten war: In Hamburg war Ende August 1892 die Cholera ausgebrochen. Die rückständige Versorgung mit ungefiltertem Trinkwasser aus der Elbe und manchmal sogar aus den Fleeten sowie die aller Beschreibung spottenden sanitären Verhältnisse in den Elendsquartieren der Armen und in den Unterkünften der Auswanderer waren eine gefährliche Brutstätte für die Ausbreitung der Seuche. Anfängliches Verschweigen und zögerliches Handeln der Behörden taten ein übriges, so daß sich aus den ersten Erkrankungen eine galoppierende Epidemie entwickelte, die bei über sechzehntausend Erkrankungen schließlich achttausendsechshundert Tote forderte.

Daß eine solche Epidemie am Ende des 19.Jahrhunderts nicht mehr ein unabwendbares Verhängnis war, demonstrierte Preußen im an Hamburg angrenzenden Altona, wo die hygienischen Verhältnisse ungleich besser waren und die Seuche im Keim erstickt werden konnte. Hamburg sah sich daher in der besorgten Öffentlichkeit und im Reichstag schweren Vorwürfen und sogar der Drohung ausgesetzt, daß dem Stadtstaat die Souveränität entzogen und er unter Kuratel der Reichsregierung gestellt werden müsse.[14]

Heinrich Hertz war in großer Sorge um die Gesundheit der Eltern und Geschwister. Aus familiärer Loyalität war es ihm anfänglich sogar »ganz recht, mich in dieser Zeit auch nicht auf Rosen gebettet zu fühlen, sondern zu denken, daß wir gleichzeitig aushalten und dann gleichzeitig wieder miteinander fröhlich sein wollen«.[15] Was dann alle deutschen Zeitungen in sehr kritischem Ton über die Hansestadt, ihre katastrophalen hygienischen Verhältnisse und ihre offensichtlich überforderte Regierung berichteten, gefiel ihm jedoch gar nicht: »Es widert mich an, überall in den Zeitungen ein Verständnis dafür zu vermissen, wie ganz anders ein sich selbst regierendes Gemeinwesen beurteilt werden muß als irgendeine Provinzstadt, die nichts anderes kennt als Maßregeln von oben.«[16] Wenige Tage nach seiner ersten Operation schrieb er den Eltern kaum von seinen Beschwerden, sondern viel über Hamburg und die Cholera, und dies nicht nur aus Sympathie für den Vater, der als Senator besonders betroffen war, sondern aus Stolz auf Hamburg und seine republikanische Tradition.

Daß die Kritik an den Hamburger Verhältnissen in vielen Punkten berechtigt war, wollte Heinrich Hertz nicht einsehen. Der aus Berlin angereiste Chef des Reichsgesundheitsamtes Robert Koch, der 1883 den Erreger der Cholera identifiziert hatte, berichtete nach seiner Inspektion des Gängeviertels, er habe »noch nie solche ungesunden Wohnungen, Pesthöhlen und Brutstätten angetroffen«. Sein Urteil war für Hamburg vernichtend: »Meine Herren, ich vergesse, daß ich mich in Europa befinde.«[17] Dagegen hatte Heinrich Hertz um das berüchtigte Gängeviertel wahrscheinlich immer einen Bogen gemacht, zumindest hat er es aus seiner Vorstellungswelt ausgeklammert. Daher wurde er, zum Teil auch aus Unkenntnis, regelrecht »wütend«, weil er sich die Angriffe nicht anders erklären konnte »als entstanden aus dem Neid und der Schadenfreude, welche unfreie und armselige Menschen empfinden, wenn ein freies und reiches Gemeinwesen in Not gerät«.

Mit den Preußen, unter denen er lebte und in deren Diensten er stand, ging er so hart ins Gericht, als wären sie eine ihm fremde, nicht sonderlich achtenswerte Spezies, und sogar sein Allerhöchster Kriegsherr wurde von der Kritik nicht ausgenommen: »Daß sich der Kaiser kaum um die Sache zu kümmern scheint, kann ich mir auch nicht anders erklären, als daß er damit sagen will: Ja, wenn ich zu sagen hätte, könnte so etwas nicht passieren, und es will mich fast bedünken, daß die guten Preußen knechtisch genug denken, um dies ihnen vorgepfiffene Lied nachzupfeifen.«[18] Aber er schimpfte nicht nur auf die Preußen, sondern er versuchte auch, Hamburg zu helfen, indem er Geld spendete und sich in Bonn an einem Hilfskomitee beteiligte. Dessen erste Sitzung nutzte er dazu, »die gerechten gravamina der Hamburger über das Benehmen der übrigen Deutschen zur Sprache zu bringen; es waren ja freilich sehr wenige Herren da, und ich hätte dies gern zu vielen gesprochen«.[19]

Besonders interessierte sich Heinrich Hertz für einen wissenschaftlichen Grundsatzstreit um die Ursachen der Cholera, der die Epidemie in Hamburg lautstark begleitete. Die bakterielle Infektion und ihre Verbreitung vor allem durch verseuchtes Trinkwasser war zwar die offizielle Doktrin des Reichsgesundheitsamtes, aber längst nicht Allgemeingut der Mediziner. Viele hingen noch der älteren Lehre an, nach der verborgene Ursachen im Boden in Gestalt von »Miasmen« der Quell des Übels wären; der von Koch entdeckte »Kommabazillus« war danach nur eine Begleiterscheinung und nicht die entscheidende, zumindest nicht die alleinige Ursache. Exponent dieser Lehre war der ansonsten durchaus um die Volksgesundheit verdiente Münchner Hygieniker Max von Pettenkofer.

Für den Hamburger Senat hatte Pettenkofers Lehre den unschätzbaren Vorzug, daß die Epidemie als Verhängnis aufgefaßt werden konnte, für das letztlich niemand verantwortlich war. Auch der Senator Gustav Hertz machte sich diese für ihn günstige Doktrin zu eigen[20], und sein Sohn Heinrich ebenso. Der hatte, als er in die Anfangsgründe der Kontroverse eingedrungen war, wieder Anlaß für einen Wutausbruch: »Das ganze Zeitungsgeschrei ist auch wohl nur auf die böse Absicht zurückzuführen, der Unabhängigkeit Hamburgs zu schaden, der Neid der Knechte, anders kann ich es nicht fassen.«[21]

Dabei traf es sich, daß auch Professor Finkler, einer seiner Ärzte, die Lehre von den »Miasmen« vertrat. Finkler war für zwei Wochen nach Hamburg gegangen, um dort zu helfen, und anschließend schimpften die beiden gemeinsam auf Koch und Kaiser: »Der Kaiser stehe eben ganz unter dem Einfluß der hochwohlweisen

Berliner klugen Männer.«[22] Sogar die Freiheit der Forschung sah er gefährdet, weil die Kochsche Infektionslehre die Grundlage der Gesundheitspolitik des Reiches bildete, und »die ganze Art, wie in Berlin die Reichsregierung sich in die Wissenschaft einmischt, kann einen Gelehrten nur betrüben«.[23]

Daß Heinrich Hertz sich auf diesem Feld den Nachhutgefechten veralteter Wissenschaft anschloß, lag weniger daran, daß er hier auf die Ansichten anderer angewiesen war, sondern vor allem an der unbedingten Loyalität zu seiner Vaterstadt und ihren Lebensformen, besonders in diesen Zeiten großer Not: »Ich freue mich sehr, Hamburger zu sein, schon weil ich daraus das lebenslängliche Recht hernehme, mich als Republikaner zu bekennen, ohne daß mir das jemand zu übel nehmen dürfte.«[24]

Niemand anderem als seinem Vater hatte Heinrich Hertz sein Republikanertum so leidenschaftlich offenbart. Unter Badensern und unter Preußen dürfte er ein eher schüchterner, wenn nicht gar ein geheimer Republikaner gewesen sein. Freilich hatte er, um seiner Berufung zum Naturforscher zu folgen, seine Vaterstadt verlassen müssen und wurde als Professor zunächst Untertan eines Großherzogs und dann des Königs von Preußen. An seinem stolzen bürgerlichen Selbstbewußtsein hatte das jedoch nichts geändert.

Nach vielen Gesprächen mit Medizinern über »Bakterien und Bakteriologen« gelangte Heinrich Hertz zu der Überzeugung, »daß dies Gebiet neben höchster Wichtigkeit auch ein Gebiet höchsten Schwindels ist«.[25] Er interessierte sich brennend dafür, aber wegen der Cholera und nicht wegen seiner eigenen Erkrankung, obwohl die offensichtlich eine bakterielle Infektion war. Seine Ärzte hatten mit ihm und seiner Frau freilich weder über Bakterien gesprochen noch jemals eine klare Diagnose mitgeteilt, sondern die Symptome bekämpft und die Eiterungen zu beendigen versucht.

Der Anfang der Erkrankung im Sommer war offenbar eine Entzündung der Nasennebenhöhlen, hervorgerufen durch Streptokokken. Während heute eine solche Sinusitis mit Antibiotika bequem kuriert wird, mußten sich die Ärzte damals im wesentlichen auf die Abwehrkräfte des Patienten verlassen. Da Streptokokken nahezu allgegenwärtig sind, waren Entzündungen der Nasen- und Stirnhöhlen oder des Mittelohrs nicht eben selten, aber die meisten Erkrankten wurden damals auch ohne Antibiotika wieder gesund Daß die Infektion bei Heinrich Hertz besonders schwere und hartnäckige Formen annahm, hatte wohl mit geschädigten Schleimhäuten im Nasen-Rachen-Raum und in der Mundhöhle zu tun. Die Wunden der vielen Operationen, von denen vielleicht die ersten beiden übereilt oder sogar schädlich waren, boten dem aggressiven, eitererregenden Keim einen günstigen Nährboden zur Ausbreitung, so daß beinahe alle Hohlräume des Kopfes infiziert wurden.

Chronische Läsionen der Schleimhäute rührten möglicherweise von jener leichten Vergiftung her, die sich Heinrich Hertz in Berlin durch Quecksilber zugezogen hatte, wodurch die Schleimhäute und das Zahnfleisch angegriffen wurden, vielleicht hatten sie auch in unglücklichen Begleiterscheinungen der in Karlsruhe vorgenommenen Zahnextraktionen ihre Ursache. Mit Sicherheit aber haben die klimatischen Verhältnisse im Südflügel des Bonner Schlosses, in dem das Physikalische Institut untergebracht war, wesentlich zur Erkrankung und ihrem schlimmen Verlauf beigetragen.

Im Innenhof dieses Südflügels war auf der Höhe des oberen Stockwerks einst für den Kurfüsten jener »Semiramisgarten« angelegt worden, aus dem mangels Drainage das Regenwasser von zwei Jahrhunderten in das Mauerwerk eingedrungen war. Im Keller mußte Heinrich Hertz seinen Regenschirm aufspannen, und wenn es draußen regnete, war auch im Korridor des Erdgeschosses ein Schirm nützlich. Die meterdicken unteren Mauern waren dermaßem durchnäßt, daß in Philipp Lenards schön gelegener Assistentenwohnung »über die Ferienzeit der Schimmel zentimeterhoch aus den Ritzen des Fußbodens« wuchs.[26] Das obere Stockwerk, in dem Heinrich Hertz seine Räume hatte und wo er sich meistens aufhielt, war nicht ganz so feucht, aber für den Daueraufenthalt immer noch völlig ungeeignet. Spätere Messungen ergaben im Mauerwerk des Erdgeschosses einen Wassergehalt von zwanzig Prozent und im Obergeschoß von einem bis zu drei Prozent.[27] Daß ständiger Aufenthalt in naßkalter Luft die Schleimhäute schädigt und schlimme Entzündungen in den Nasennebenhöhlen begünstigt, wenn nicht auslöst, war auch damals nicht unbekannt.

Während Heinrich Hertz nur darauf aufmerksam gemacht worden war, daß er im Schloß besser nicht mit seiner Familie wohnen sollte, wurde sein Nachfolger Heinrich Kayser gleich bei Amtsantritt von mehreren Medizinern vor den ungesunden Verhältnissen im Südflügel nachdrücklich gewarnt. Der Arzt, der Heinrich Hertz behandelt hatte, »behauptete mit aller Bestimmtheit, Hertz sei am Institut gestorben«.[28] Als würde die Probe aufs Exempel gemacht, zeigten sich bei Kaysers Assistent August Hagenbach schon nach einem Semester verdächtige Symptome. Auf ärztlichen Rat zog er aus seiner Assistentenwohnung aus und wurde bald wieder gesund. Kayser drängte beim Kultusministerium in Berlin auf Änderung, aber ein angereister Ministerialrat soll auf die Vorhaltung, welche Verantwortung die Regierung für den Tod eines Mannes wie Hertz trage, zu der Forderung eines Neubaus erklärt haben: »Nein, lieber Professor, so schnell geht das nicht. Da müssen erst noch ein paar Herren draufgehen.«[29] – Kayser betonte, daß er diese ministerialrätliche Deklaration »wörtlich« wiedergegeben habe.

Prompt erkrankte im nächsten Semester auch Kayser an einer Stirnhöhlenentzündung. Das geriet nebst Schilderung der desolaten Verhältnisse im Bonner Institut in die »Kölnische Zeitung« und wurde von vielen anderen Blättern aufgegriffen. Erst dadurch sah sich die Regierung zum Handeln genötigt: Der »Semiramisgarten« wurde beseitigt und der Erdkern ausgehoben. Im Innenhof wurden große Fenster eingezogen und eine Zentralheizung eingebaut, die durch Dauerbetrieb winters wie sommers das Gebäude allmählich austrocknete.[30]

Heinrich Hertz hat offenbar niemals mit seinen Ärzten über das völlig duchnäßte Gemäuer im Südflügel gesprochen. Zumindest hat er das naßkalte Klima im Institut mit keinem Wort als mögliche Krankheitsursache erwähnt und niemals auch nur den Verdacht angedeutet, daß er durch die Zustände im Institutsgebäude krank geworden sein könnte.

Mitte November 1892 hoffte Heinrich Hertz noch, seine »Tätigkeit so bald wie möglich aufzunehmen«, und die Ärzte stellten ihm in Aussicht, daß »dies in 14 Tagen bis drei Wochen möglich« sei.[31] Das war, wie schon so oft, ein Irrtum. Erst Anfang Dezember sah es so aus, als sei die Eiterung im Ohr zum Stillstand gekommen. »Welcher Erfolg dies ist, könnt Ihr kaum fassen«, schrieb er seinen Eltern, »da Ihr nicht wißt, wie niedergedrückt wir in den letzten Wochen waren«.[32] Eine durchgreifende Besserung trat jedoch nicht ein, und weil ihm die Ärzte von anstrengender geistiger Arbeit abgeraten hatten und er dazu meistens auch gar nicht in der Lage war, vertrieb er sich die Zeit mit dem Basteln eines Modells des Kölner Doms aus vorgefertigten Pappbögen. Seinen Schwiegervater erfüllte dieser Anblick mit »Wehmut«.[33]

Zu Weihnachten hatte Heinrich Hertz das dunkle Gefühl, daß

er seit dem Sommer nichts anderes »erlebt habe als einen wüsten Traum, aus dem ich immer noch nicht erwachen kann«.[34] Die Familie verbrachte einen »stillen Weihnachtsabend«, bei dem der Assistent Philipp Lenard zu Gast war. »Wir schleppen uns so weiter in den ärgerlichsten, unwürdigsten Leiden«, klagte Heinrich Hertz zum Jahreswechsel, »und wenn das Ende des neuen Jahres nicht besser wird wie sein Anfang, dann habe ich den einzigen Wunsch, es nicht zu erleben«.[35]

Das neue Jahr begann damit, daß Heinrich Hertz wieder »einen Schlag auf den Kopf« bekam. Zwar war die Nase durch ständige Spülungen »auf den Zustand des Erträglichen, wenn auch äußerst Lästigen zurückgebracht«, aber er fühlte sich sehr elend, auch wegen einer mittlerweile eingetretenen Nierenschädigung. Die Ärzte vermuteten einen verborgenen Eiterherd im Oberkiefer, weshalb ein Zahn gezogen und ein Kanal gebohrt wurde. Der »Schlag auf den Kopf« bestand nun darin, daß der Eiter sich nicht ausspülen ließ: »Darob Verlegenheit, Ratlosigkeit und Projekte für weitere Anbohrungen ... aber so immer nur geschnitten und gebohrt und geätzt zu werden, ohne Erfolg, man wird es müde.«[36]

Nachdem weitere Kanäle gebohrt und Kanülen eingesetzt wurden, ließ sich der Eiter durch Spülungen mit hohem Druck entfernen. Dieses Mal ging es Heinrich Hertz nach zwei qualvollen Wochen tatsächlich besser, wenn auch auf bescheidenem Niveau. Ein Militärarzt, der ihn Ende Januar untersuchte, wollte ihn »für dauernd feld- und garnisonsdienstunfähig« erklären. »Das letztere wird hoffenlich nicht nötig sein«, meinte der Premier-Lieutenant Hertz, hatte aber auch »nichts dagegen«.[37] – Am 16. März wurde er aus dem Militär entlassen.[38]

Inzwischen konnte er sich wenigstens vormittags wieder mit seiner Wissenschaft beschäftigen, natürlich mit der Mechanik. »Da er offenbar mit dem Erfolg des Arbeitens zufrieden scheint, ist er sehr vergnügt«, bemerkte seine Frau, während er sich »wünschte, daß das Damoklesschwert endlich über meinem Haupt entfernt würde«. Erleichtert stellte er fest, »daß die Krankheit trotz Schmerz und allem mir nicht mehr Zeit und Kraft nimmt, als es sonst meine Vorlesungen täten«.[39] Wenn es ihm mal wieder schlechter ging, glaubte seine Frau, er habe »die letzten Wochen zu viel über seiner Arbeit gesessen«, aber intervenieren wollte sie nicht, »da gerade die Arbeit ihn glücklich macht«.[40] Obwohl er noch am Sprechen gehindert war, traute er sich allmählich wieder unter Menschen, ging in sein wissenschaftliches Kränzchen und nahm zum Semesterende die Prüfungen ab, obwohl das »eine schwere Aufgabe« war.[41]

Mitte März erhielt Heinrich Hertz von seinen Ärzten die Erlaubnis und den Rat zu einer Reise nach Italien wegen des günstigeren Klimas. Das schien ihm »eine kühne Absicht, ein Sprung ins Wasser und fast als Unsinn«.[42] Dem Kurator teilte er mit, er »gehe nicht als geheilt fort, sondern eher zur allgemeinen Kräftigung und Erholung«, und weil er sich hinsichtlich seiner Arbeitsfähigkeit »noch äußerst unsicher« fühlte, bat er um Urlaub bis Ende April und die Erlaubnis, mit den Vorlesungen erst eine Woche später beginnen zu dürfen.[43]

Während die Töchter in Karlsruhe bei den Schwiegereltern blieben, reiste Heinrich Hertz mit seiner Frau über Luzern und den Gotthard nach Mailand und weiter an die Ligurische Riviera. Zunächst war er glücklich, »wieder einmal das Leben zu genießen«, aber bald hatte er »wieder Gelegenheit, meine Geduld weiter zu üben, so daß wir die Hoffnung aufgeben mußten, anders nach Hause zu kommen, als wir von dort weggegangen waren«.[44] Obwohl er äußerlich gebräunt und gekräftigt wirkte, war die Infektion in der Nase nicht beseitigt, so daß er, als er »voll ins Geschirr« gehen mußte, sich sorgte: »Wie wird es werden?«[45]

Die Studenten empfingen ihren zurückgekehrten Professor in seinem Hörsaal mit einer Ovation. Er begann »sehr zaghaft«, doch es ging »sehr gut«.[46] Seine Frau berichtete, »daß es ihm nicht so schwer fällt und daß er die 3/4 Stunde sprechen kann, ohne angegriffen zu werden«.[47] Nach der ersten Woche bestätigte er: »Das Sprechen macht etwas Mühe, aber ... ich habe den Eindruck, daß mir das viele Sprechen nicht mehr schadet.« Die Nase war freier und gab ihm »Urlaub, wieder stundenlang an andere Dinge zu denken und dem Leben hin und wieder sogar Genuß abzugewinnen«. Gesund war er freilich nicht, aber zufrieden mit dem Niveau des Erträglichen: »Obwohl die Eiterung unvermindert ist, so ist doch der Unterschied ein so gewaltiger, daß ich mich bisweilen ordentlich wie neugeboren fühle.«[48]

Er wagte sich auch wieder ein wenig in Gesellschaft, ging, wohl Elisabeth zuliebe, in ein Konzert des Beethoven-Festes und besuchte mit den Töchtern, die er »närrisch« liebte und denen er gern ein fröhlicherer Vater gewesen wäre als im letzten Jahr, den

Zoologischen Garten in Köln. Über Pfingsten fuhr er zu seinen Eltern nach Hamburg, um sich ihnen, die ihn des öfteren auf dem Krankenlager besucht hatten, nun als halbwegs »Neugeborenen« zu präsentieren. Er wußte freilich immer, daß er unter einem Damoklesschwert lebte, denn wegen der Eiterungen, die trotz ständiger Spülungen andauerten, war »die Gefahr neuer Verschlechterung naheliegend«.[49]

Dies trat Mitte Juni ein, als er starke Gelenk- und Rückenschmerzen bekam. Deshalb wurde der Ordinarius Ungar konsultiert, der in den Eiterungen die Ursache für die rheumatischen Attacken sah und zu »energischen Mitteln« drängte, um die Eiterungen abzustellen. Obwohl sich Heinrich Hertz »vergiftet und von allen Seiten angefaßt fühlte«, ließ er keine Vorlesung ausfallen. Wieder wurde eine Kieferoperation erwogen, aber weil Medikamente Linderung brachten, empfahlen die Ärzte einen Versuch mit einer Badekur.[50] Anfang August fuhr er daher in Begleitung seiner Frau und der Töchter nach Bad Kirchberg bei Reichenhall im Berchtesgadener Voralpenland.

Im Gepäck hatte Heinrich Hertz ein dickes Mauskript. In den letzten Wochen des Semesters war die »Mechanik« nämlich »nahezu fertig geworden, und natürlich war es verlockend, «sie ganz fertig zu machen».[51] Nach einigen Tagen begann aber »die ausruhende Faulheit der Sommerfrische«, und das Manuskript wurde nicht mehr angerührt. Der Aufenthalt tat allen gut, nur blieb trotz Baden und Spülen das Leiden von Heinrich Hertz »immer gleich, die Eiterung wie die Nase, aber die Ärzte vertrösten einen ja immer auf die Nachkur«.[52] Obwohl er inzwischen der Überzeugung war, »daß ich eigentlich ein ganz gesunder Mensch bin«, war er ebenso überzeugt, »daß auch das Baden nichts nützte«, so daß er sich entschloß, »nach der Rückkehr die gewaltsame Beendigung zu suchen«.[53]

Am 23. September, auf den Tag genau ein Jahr nach der ersten Operation, wurde in der Universitätsklinik auf dem Venusberg der Oberkiefer aufgemeißelt. Wiederum waren die Ärzte der Meinung, daß nun der Eiterherd als Ursache des Übels entfernt wäre und der Patient bald gesund würde. Nur müsse die große Öffnung nach der Heilung mit einer Metallplatte verschlossen werden. Heinrich Hertz trugs mit Fassung und beschloß, »er wolle den Sonnenuntergang auf dem Venusberg kühn genießen«. Nach vier Tagen kehrte er nach Hause zurück, und zwei Wochen später zog er in melancholischer Stimmung Bilanz: »Geschadet hat mir ja die Operation nicht viel, leider der Krankheit auch nicht.«[54]

Mit den Vorlesungen begann Heinrich Hertz am 22. Oktober, überstand auch die erste Woche recht gut, aber dann mußte erneut der Kiefer aufgemeißelt werden, dieses Mal zu Hause von den beiden Professoren Witzel und Walb mit Hilfe von zwei Assistenten sowie einem Wärter. Nach dieser Tortur fühlte er sich erstaunlich gut und war nach einigen Stunden wieder »merkwürdig frisch und kräftig, gar nicht geschwächt«, und die Ärzte waren wie immer »sehr zufrieden«.[55] Spät abends schrieb der frisch Operierte selbst nach Hamburg, und dabei richtete er an seinen Vater, der bald zu Besuch kommen wollte, eine spezielle Bitte: »Vielleicht bringt Papa auch den Plan zu einigen physikalischen Versuchen mit, die wir zusammen ausführen können … ich hoffe, es wird nett werden.«[56]

Der Vorschlag war durchaus ernst gemeint, denn Gustav Hertz hatte, angespornt durch die Erfolge seines Sohnes, seine Kenntnisse der Physik beträchtlich erweitert. Der Senator hatte im Jahr zuvor sogar einen Kursus des akademischen Vortragswesens über Elektrizitätslehre besucht und von seinem Sohn dafür milden Spott geerntet, als erst gegen Ende des Kurses auch die elektromagnetischen Wellen erwähnt wurden: »Der arme Papa mußte nun schon den ganzen Winter gewissenhaft hingehen, damit es nicht schiene, als ob er eigens wegen seines Sohnes komme und nicht wegen der Elektrizität.«[57] – Der Besuch wurde wirklich »sehr nett«, Heinrich Hertz erholte sich rasch und konnte seine Vorlesungen fortsetzen. Ob Vater und Sohn gemeinsam experimentiert haben, ist nicht bekannt, aber der Vater konnte seinen Sohn in einer wichtigen Angelegenheit beraten, nämlich den Vertragsverhandlungen über das Buch, das nun bald veröffentlicht werden sollte.

Der 10. Oktober 1893 war trotz der Krankheit für Heinrich Hertz »ein großer Tag«, denn er hatte »heute den letzten Satz an meiner Arbeit geschrieben«. Das war eine große Erleichterung, denn schon früher hatte er »ein hohes Gelübde … getan, so bald nicht wieder auf eine theoretische Arbeit einzugehen«. Einige Wochen wollte er vergehen lassen, »ehe ich ihr die Politur gebe«.[58] Nachdem er das Manuskript noch einmal durchgegangen war, bat er Lenard, gegen ein übliches Honorar eine Abschrift anzufertigen, und mit seinem Vater beratschlagte er die Verhandlungsstrategie mit den Verlegern. Die bevorzugten, wie Heinrich Hertz wußte, gern als Geschäftsgrundlage, daß die Gelehrten ihre Bücher um der Sache willen schreiben sollten und daher neben der Ehre einige Freiexemplare als Honorar ausreichend wären. Heinrich Hertz trat dagegen als geschickter und selbstbewußter Verhandlungspartner auf, ganz im Stile eines hanseatischen Kaufmanns, der eine gute Ware anbietet und es nicht nötig hat, über den Preis zu feilschen.

Mitte November bot er das Buch Felix Meiner an, dem Inhaber des Verlages »Johann Ambrosius Barth« in Leipzig, in dem die »Annalen« erschienen und der bereits die »Untersuchungen über die Ausbreitung der elektrischen Kraft« herausgebracht hatte. Wie er Meiner schrieb, war er »entschlossen, jedenfalls zu versuchen, ob ich nicht ein Honorar von 3000 Mark neben verständigen Bedingungen betreffs Übersetzung etc. erlangen kann«. Das war keine geringe Forderung: »Ich kann mir an den Fingern abrechnen, daß dies ein ziemlich hohes Honorar für ein mathematisches Werk von geringem Umfange ist. Aber ich glaube auch, mir berechnen zu können, daß ein Verleger mir so viel gewähren kann und doch noch ein gutes Geschäft an dem Buche machen.«[59]

Über die Honorarfrage hinaus hatte Heinrich Hertz weitere Forderungen, die einen Verleger verdrießen, und auch dabei ließ er es an Verbindlichkeit fehlen, aber nicht an Entschlossenheit: »Es ist unumgänglich nötig, daß die Papierersparnis gänzlich zurücktrete gegenüber der schönen Form. Jede Formel soll frei für sich auf einer weißen Fläche stehen, jeder Absatz reichlich bemessen sein. Es ist dies nicht reine Eitelkeit von mir, sondern der Zweck des Buches verlangt es. Es ist zum großen Teil sein Zweck, absolute Klarheit zu schaffen, wo bisher Unklarheit herrschte. Hierfür habe ich mir so viele Mühe gegeben, und dies darf mir der Setzer nicht verderben, im Gegenteil, er kann und muß dazu wesentlich mithelfen. Ich muß mir auch in dieser Hinsicht jedes Recht der Korrektur vorbehalten.«[60]

Meiner mag über die Forderungen und den kompromißlosen Ton erstaunt gewesen sein, griff aber sofort zu, denn der Name des Autors schien ihm zu garantieren, daß er mit diesem Buch zumindest keinen Verlust machen würde. Heinrich Hertz war es zufrieden, mit Meiner handelseinig geworden zu sein: »Wenn ich auch nicht zweifelte, daß einer der Herren Verleger meine Bedingungen annehmen würde, so ist es mir doch viel lieber, nicht mit dem Buch hausieren gehen zu müssen.«[61] Seinem Vater schrieb er, daß Meiner »sehr unvorsichtig sein muß, um so schnell so viel zu bieten«.[62]

Andererseits wußte er, daß seine finanziellen Forderungen nicht überzogen waren, denn gleichzeitig erhielt er die Offerte eines anderen Verlegers, der von der »Mechanik« nichts wußte, sondern ins Blaue hinein Heinrich Hertz vorschlug, »ein Buch zu schreiben, für welches er Heins 120 Mark von vornherein für den Bogen angeboten hat, was ungefähr fast ebenso viel ist«.[63]

Allerdings hatte Meiner angenommen, für das hohe Honorar das Recht zu beliebigen Neuauflagen in unbegrenzter Zeit zu erwerben. Das war aber nicht das Geschäft, welches Heinrich Hertz abschließen wollte, teils aus finanziellen Gründen, vor allem aber wegen seiner Freiheit als Autor, das Buch später eventuell in erweiterter Form herauszubringen. »Was ich Ihnen um die 3000 Mark verkaufe«, belehrte er daher den Verleger, »ist die gegenwärtige geschäftliche Ausnutzung meines Manuskripts nach Ihrem freiesten Ermessen. Die entferntere Zukunft des Buches, wenn es eine hat, und das Recht, über den Gegenstand weiter nachzudenken, die kann und will ich nicht verkaufen ... Für mich aber ist die Wiedererlangung der Freiheit etwas Großes, und hierin ist mein Entschluß unerschütterlich.«[64] – Meiner mußte auch diese Forderung akzeptieren; der Vertrag wurde auf eine Auflage beschränkt, und nach zwölf Jahren konnte der Autor völlig frei über sein Werk verfügen.

Weil bald der Druck beginnen sollte und schon Probeseiten gesetzt wurden, beschlich Heinrich Hertz ein unbehagliches Gefühl: »Das Buch ist sehr geeignet, meinen guten Ruf gründlich zu verderben und zu verbrennen, ›wenn der Guß mißlang‹. Ein kleiner Fehler kann schon das Ganze mißklingend machen. Und es ist doch ein etwas bängliches Gefühl, mit einer Sache herauszutreten, die man niemals mit keinem Menschen besprochen hat.«[65]

8. Mechanik in Bildern: Physik als strenge Philosophie

Dem Verleger Felix Meiner erläuterte Heinrich Hertz, sein Buch über die »Prinzipien der Mechanik« sei »eine Arbeit, welcher ich in den letzten drei Jahren meine ganze Zeit gewidmet habe ... Ich habe keine Mühe gescheut, um etwas Dauerhaftes und Gutes zu schaffen, ich habe jedes Wort drei- und viermal umgewendet und die ganze Arbeit ebenso oft neu geschrieben.«[1] Später ist viel gerätselt worden, warum der passionierte Experimentator sich einer so ausufernden Untersuchung gewidmet hat, die ihm für anderes kaum noch Zeit ließ, und manchmal hat er selbst seine langwierige Verstrickung in diese Arbeit bedauert: »Leider hat sie nur ein theoretisches und gar kein praktisches Interesse, ich denke oft, ich hätte sie nicht anfangen sollen.«[2]

Auch wenn Heinrich Hertz niemals seine Gründe für dieses Abenteuer deutlich ausgesprochen hat, braucht man für die Motive vor dem Hintergrund der Physik des ausgehenden 19. Jahrhunderts nicht lange zu suchen. Die Mechanik war zugleich die Königin und das Fundament aller Naturerkenntnis, und ein Vorgang war erst dann verstanden, wenn seine »Mechanik« durchschaut war oder ein mechanisches Modell angegeben werden konnte. Eine Analyse der begrifflichen Unklarheiten in den Prinzipien dieser Mechanik und der Versuch einer widerspruchsfreien Formulierung bedurfte daher keiner Rechtfertigung, sondern war eine intellektuelle Herausforderung allerhöchsten Ranges.

Zudem war die Klärung dunkler Begriffe wie desjenigen der Kraft kein akademischer Selbstzweck, sondern eng mit der Konzeption einer einheitlichen Beschreibung der Natur verbunden. Diese Einheit hatte Heinrich Hertz einen großen Schritt vorangebracht, indem er die Identität der elektromagnetischen Erscheinungen mit dem Licht nachgewiesen hatte, aber zugleich hatte er sie tief in den Fundamenten zerstört. Neben die sich mit unendlicher Geschwindigkeit ausbreitende Fernwirkung der Schwerkraft, die vom atomaren Zusammenhalt der Materie bis zur Harmonie der Himmelsmechanik die Welt zu regieren schien, war die Nahwirkung des elektromagnetischen Feldes getreten, die sich mit der endlichen Lichtgeschwindigkeit ausbreitet. Die zerbrochene Einheit wiederherzustellen erforderte daher eine Elimination der von Newton postulierten fernwirkenden Schwerkraft. Während die Mechanik seit Newton auf die vier Grundbegriffe Raum, Zeit, Masse und Kraft gegründet wurde, wollte Heinrich Hertz allein mit Raum, Zeit und Masse auskommen.

Schließlich hat er ebenso wie seine Zeitgenossen in einer Klärung der Grundlagen der Mechanik eine notwendige Voraussetzung für das Verständnis der Elektrodynamik gesehen. Die von Maxwell vorgeschlagenen mechanischen Friktionsrollen und Ätherwirbel als Substrat und Erklärung des elektromagnetischen Feldes hatten sich als unbrauchbar erwiesen. Heinrich Hertz hat deshalb in seiner axiomatischen Formulierung der Elektrodynamik einen autonomen, von der Mechanik unabhängigen Status verschafft, und mit seinem Diktum »Der Inhalt der Maxwellschen Theorie sind die Maxwellschen Gleichungen« hat er einer mechanischen Begründung sogar den Weg abgeschnitten – aber nur vorläufig.

Nachdem er die Elektrodynamik für bewegte Körper ohne Bezug auf den »Äther« nur provisorisch als Vorschlag hatte ausarbeiten können, suchte er die endgültige Formulierung im Rahmen einer umfassenden mechanischen Theorie sowohl des Äthers wie der elektromagnetischen Erscheinungen, wie er es im Gespräch mit Bjerknes andeutete: »Dort in der Gegend muß das Geheimnis liegen.«[3] Bevor er sich diesem Geheimnis nähern konnte, mußten aber erst die Unklarheiten in der Mechanik beseitigt werden, wie er im Vorwort erklärte: »So ist z.B. der Versuch verfrüht, die Bewegungsgleichungen des Äthers auf die Gesetze der Mechanik zurückführen zu wollen, solange man sich nicht eindeutig darüber verständigt hat, was man mit diesem Namen bezeichnet haben will.«[4] – Dies war die erste und auch schon die letzte Erwähnung des Äthers in dem Buch, aber im Hintergrund war der Äther wohl immer gegenwärtig. Seine unerbittliche Forderung, nach zwölf Jahren das Buch neu herausbringen zu können, begründete er übrigens damit, daß »sich wohl noch ein dritter Teil denken ließe«[5], und der hätte nach Lage der Dinge wohl vom Äther und der Elektrodynamik handeln sollen.

Während Heinrich Hertz seinem Verleger gegenüber betont hatte, der Inhalt seines Buches »sei größtenteils neu und nirgends anders veröffentlicht«, klang das in seinem Vorwort weniger auftrumpfend: »Was, wie ich hoffe, neu ist, und worauf ich einzig Wert lege, ist die Anordnung und Zusammenstellung des Ganzen, also die logische, oder, wenn man will, die philosophische Seite des Gegenstandes.«[6] Die äußere Form und die Struktur sollten diesen Anspruch durch Anlehnung an das große Vorbild der axiomatischen Geometrie Euklids unterstreichen: »Das Buch besteht aus einer Einleitung und einem streng mathematisch gehaltenen Corpus, welcher in kleineren und größeren Absätzen fortschreitet nach Art der Alten, also: Definition – Lehrsatz – etc. Keine Figuren, keine Tafeln, ziemlich viel Formeln, aber zum größten Teil sehr einfache.«[7]

Tatsächlich besteht der »Corpus« aus 736 durchnumerierten Absätzen, von denen jeder einzelne in asketischer Strenge formuliert und mit den früheren in logischer Stringenz verknüpft ist. Durch diesen hermetischen Stil erhält die Hertzsche Mechanik mehr noch als seine Elektrodynamik »einen sehr abstrakten und farblosen Anblick«. Wahrscheinlich als Kompensation hat er diesem spröden Werk eine knapp fünfzig Druckseiten lange Einleitung vorangestellt, die ungleich farbiger und lebendiger gehaltenen ist. Darin hat er in einem ersten Durchgang seine Absichten und die ihnen zugrundeliegende Philosophie vorgestellt, wie sie sich im Nachdenken über physikalische Probleme herausgebildet hat. Mit dieser Einleitung hat er einen der großen, klassischen Texte der Philosophie geschaffen.

Wie schon in seiner Kieler Vorlesung über »Die Konstitution der Materie« entfaltet Heinrich Hertz in der Einleitung zu den »Prinzipien der Mechanik« einen geläuterten, an Kant orientierten Phänomenalismus, wie er ihn in Ansätzen bei Kirchhoff und Helmholtz kennengelernt hatte. Das bereits 1884 skizzierte Konzept des »Bildes« wird nun als allgemeiner Modus theoretischer Erkenntnis vorgestellt: »Wir machen uns innere Scheinbilder oder Symbole der äußeren Gegenstände, und zwar machen wir sie von solcher Art, daß die denknotwendigen Folgen der Bilder stets wieder die Bilder seien von den naturnotwendigen Folgen der abgebildeten Gegenstände.«[8] Die Bilder sind durch diese Forderung nicht eindeutig bestimmt, sondern »verschiedene Bilder derselben Gegenstände sind möglich, und diese Bilder können sich nach verschiedenen Richtungen unterscheiden«.[9]

Als »unzulässig« auszusondern sind Bilder, die »einen Widerspruch gegen die Gesetze unseres Denkens in sich tragen«; ferner sind Bilder »unrichtig«, wenn »ihre wesentlichen Beziehungen den Beziehungen der äußeren Dinge widersprechen«. Von zwei zulässigen und richtigen Bildern desselben Gegenstandes ist dasjenige zweckmäßiger, »welches mehr wesentliche Beziehungen widerspiegelt als das andere« und welches »die geringere Zahl überflüssiger oder leerer Beziehungen enthält, welches also das einfachere ist«. Damit hat er diejenigen Kriterien angegeben, nach denen man »den Wert physikalischer Theorien und den Wert der Darstellung physikalischer Theorien zu beurteilen hat«.[10]

Diese Auffassung physikalischer Theorien als Bilder macht den wesentlichen Unterschied zum traditionellen Verständnis aus. Seit Isaak Newton sahen alle Physiker in den Gesetzen und Theorien etwas Objektives, in der Natur tatsächlich Vorhandenes, das der Mensch auffinden und erkennen, aber nicht ändern kann. Für Heinrich Hertz sind Theorien zwar auf Erfahrung bezogen, aber Schöpfungen des Verstandes. Diese Wendung mag schon in den Studentenjahren eingesetzt haben, als er sich wunderte, wie in der Elektrodynamik geschlossener Ströme völlig verschiedene Theorien mit konträren Begriffssystemen identische Resultate lieferten und daher gleichermaßen zur Beschreibung der Wirklichkeit taugten. Durch die Auflösung der eindeutigen Beziehung zwischen Theorien und ihren Gegenständen im Konzept der Bilder gewann er die Freiheit, erstens die überlieferten Theorien trotz ihrer unbestreitbaren Erfolge zu kritisieren und zweitens die Alternative einer axiomatischen, logisch einwandfreien Theorie der Mechanik zu entwerfen.

Große Sorgfalt widmet Heinrich Hertz der »gewöhnlichen« Darstellung der Mechanik, die er als das »erste Bild« vorstellt. Am einfachen Beispiel des an einer Schnur in einem Kreis herumgeschwungenen Steins illustriert er die vielfachen Bedeutungsschattierungen, in denen die Kraft mal als Schwerkraft, mal als Zentrifugalkraft auftritt, wobei letztere sogar als Scheinkraft bezeichnet wird. Er schließt, »daß in sehr vielen Fällen die Kräfte ... nur als leergehende Nebenräder mitlaufen, um überall da außer Wirksamkeit zu treten, wo es gilt, wirkliche Tatsachen darzustellen.«[11] Freilich will er damit nicht die Zulässigkeit des Bildes dieser »gewöhnlichen« Mechanik bestreiten, was wegen seines durchgängigen Erfolges auch schlecht möglich wäre, sondern er will den Boden bereiten für die Einsicht, daß es erhebliche formale Mängel aufweise und daß »durch geeignete Anordnung der Definitionen, Bezeichnungen und weiter durch vorsichtige Ausdrucksweise jede Unklarheit vermieden werden kann«.[12]

Als »zweites Bild« diskutiert Heinrich Hertz modernere Fassungen der Mechanik, die auf der Erhaltung der Energie und entsprechender »Integralprinzipien« wie dem Hamiltonschen Prinzip gegründet waren. Auf diesem Wege hatte er, beginnend im Frühjahr 1890, selbst versucht, die Mechanik logisch einwandfrei zu begründen, aber nicht »die Härten und Rauhigkeiten vermeiden können, welche uns in dem ersten Bilde der Mechanik anstößig waren«.[13]

Daher die Entwicklung eines »dritten Bildes«, das »von nur drei unabhängigen Grundvorstellungen ausgeht: denen der Zeit, des Raumes und der Masse ... Ein vierter Begriff, wie der Begriff der Kraft oder der Energie, an welchen sich vorhin die Schwierigkeiten knüpften, ist als selbständige Grundvorstellung beseitigt.«[14] Allerdings muß Heinrich Hertz für diese Reduktion einen Preis in Gestalt einer weiteren Hypothese entrichten. Waren in den ersten beiden Bildern Kraft und Energie so etwas wie »heimliche Mitspieler«, um eine durch Gesetze strukturierte Theorie zu ermöglichen, so braucht er in seinem dritten Bild ebenfalls ein »verborgenes Etwas«, allerdings eines, das bereits mit den drei Grundbegriffen hinreichend erfaßt ist: »Es steht uns frei, anzunehmen, daß auch das Verborgene nichts anderes sei als wiederum Bewegung und Masse, und zwar solche Bewegung und Masse, welche sich von der sichtbaren nicht an sich unterscheidet, sondern nur in Beziehung auf uns und auf unsere gewöhnlichen Mittel der Wahrnehmung.«[15]

Die durch die Konzeption der »Bilder« gewonnene Freiheit nutzt Heinrich Hertz also, »den sichtbaren Massen des Weltalls andere, denselben Gesetzen gehorchende Massen hinzuzudichten von solcher Art, daß dadurch das Ganze Gesetzmäßigkeit und Verständlichkeit gewinnt, und zwar nehmen wir an, daß dies ganz allgemein und in allen Fällen möglich sei, und daß es daher andere Ursachen der Erscheinungen auch gar nicht gebe, als die hierdurch zugelassenen.«[16] Ein derartiges »Hinzudichten« verborgener Massen und verborgener Bewegungen mag heutigen Physikern als ziemlich willkürlich, ja gewalttätig erscheinen, aber gegen Ende des 19. Jahrhunderts gehörte dieses Verfahren zum Repertoire gerade der avanciertesten Überlegungen etwa von Lord Kelvin oder Hermann von

Helmholtz.[17] Doch ganz anders als Helmholtz, der versucht hatte, mit dieser Hypothese die rätselhaften Kräfte aus einigen Theorien wieder zu eliminieren, nutzte sie Heinrich Hertz, um zu »verhindern, daß sie überhaupt in die Mechanik eintreten«.[18]

Der erste Hauptteil »Zur Geometrie und Kinematik der materiellen Systeme« beginnt mit einer Vorbemerkung: »Den Überlegungen des ersten Buches bleibt die Erfahrung völlig fremd. Alle vorgetragenen Aussagen sind Urteile a priori im Sinne Kants.« Er handelt also von den rein geometrischen Verhältnissen der Bewegung von Massenpunkten und aus Massenpunkten bestehenden Systemen in Raum und Zeit. Das mathematische Gewand ist das der Riemannschen Differentialgeometrie, jener »elastischen«, allgemeinsten Darstellung räumlicher Beziehungen, der Heinrich Hertz wahrscheinlich zuerst in den Vorlesungen von Carl Wilhelm Borchardt in Berlin begegnet ist. Während die Mathematiker die gewöhnliche Mechanik in dieser Geometrie lediglich »umgeschrieben« haben, um zu erfahren, wie sie dann aussieht, gewinnt Heinrich Hertz neue Aspekte, die für alle späteren Darstellungen der Mechanik von unverzichtbarem Wert sind.[19]

Die Physik beginnt erst nach den 295 Paragraphen des ersten Teils mit dem zweiten, »Mechanik der materiellen Systeme« überschriebenen Teil. Auch hier eine Vorbemerkung: »... Unsere Aussagen über die Beziehungen zwischen Zeiten, Räumen und Masse sollen daher nicht mehr allein den Ansprüchen unseres Geistes genügen, sondern sie sollen allen zukünftigen Erfahrungen entsprechen.« Die Summe aller Erfahrung aber »werden wir zusammenfassen in eine einzige allgemeine Aussage, welche wir als Grundgesetz voranstellen. Eine spätere, nochmalige Berufung auf die Erfahrung findet dann nicht mehr statt.«[20]

Während Newton für die Mechanik also drei Grundgesetze benötigt hatte, kommt Heinrich Hertz mit einem einzigen aus. Nach einigen Präliminarien formuliert er dieses Grundgesetz im Paragraphen 309: »Jedes freie System beharrt in seinem Zustande der Ruhe oder der gleichförmigen Bewegung in einer geradesten Bahn.« Um die Dignität, die Verpflichtung gegenüber Newton und zugleich den Unterschied zu diesem herauszustreichen, wiederholt er das Grundgesetz in lateinischer Übersetzung.[21]

Die beiden Teile des Satzes, in dem das Hertzsche Grundgesetz ausgedrückt ist, sind nicht ohne historische Vorgänger, neu aber ist ihre Verbindung und der Bezugsrahmen der Differentialgeometrie. Der erste Teil stimmt mit der entsprechenden Passage des Trägheitsgesetzes, dem ersten der Newtonschen Axiome, überein. Der zweite Teil weicht insofern von Newtons »geradliniger Bewegung« ab, als er ein Minimalprinzip zum Ausdruck bringt. Es ist die differentialgeometrische Fassung des von Carl Friedrich Gauß formulierten »Prinzips des kleinsten Zwanges«, nach dem die Körper Bewegungen ausführen, die aus dem Minimum dieses Zwanges resultieren. Heinrich Hertz erweitert dieses Prinzip auf Systeme mit Nebenbedingungen: Ein materielles System bewegt sich stets auf einer »kürzesten« oder »geradesten« Bahn im Sinne der Riemannschen Geometrie. – Dieses Grundgesetz ist in der Hertzschen Mechanik der einzige Bezug auf Erfahrung. Der Rest ist Deduktion.

In diesem »Rest« von immerhin mehr als 400 Paragraphen auf 140 Seiten leitet Hertz alle wesentlichen Aussagen der Mechanik her, wobei die Kräfte der »gewöhnlichen« Mechanik vermieden werden und die Bewegungen der Systeme durch mathematisch korrekte und logisch einwandfreie Bedingungsgleichungen bestimmt werden.

Nach dem Tod von Heinrich Hertz hatte sich schnell herumgesprochen, daß er unter Aufbietung seiner letzten Kräfte noch die »Prinzipien der Mechanik« vollendet hatte und sein Assistent Philipp Lenard die Herausgabe überwachen würde. Wegen Heinrich Hertz' überragenden Leistungen und wegen seines legendären Ruhms waren die Erwartungen an dieses Werk so hoch gespannt, als stünden neue Gesetzestafeln für die Physik in Aussicht. Entsprechend enthusiastisch wurde es bei seinem Erscheinen im Sommer 1894 begrüßt. In einer englischen Zeitschrift, die für viele stehen möge, klang es, als habe Heinrich Hertz den Nationalheros Newton übertroffen: »Es war der selbe philosophische Geist, der einst in Newton eine verborgene Welt durch ein Glasprisma offenbarte, der nun in der Person unseres genialen Kollegen das gleiche durch schwache Funken erreichte. Diese geistige Kraft sah die Natur als ein Ganzes und faßte ihre Wirkungsweise, für die bisher drei Gesetze nötig waren, nun in einem einzigen Gesetz von einfacher Bedeutung zusammen.«[22]

Nun ist die Reduzierung der Anzahl von Axiomen immer ein intellektueller Triumph, aber in dem Hertzschen System wurde noch mehr gesehen, beinahe eine Offenbarung: »Es steht vor uns in einzigartiger und überwältigender Schönheit, und wie die Natur selbst ist es von allerhöchster Wahrscheinlichkeit. ... Hertz' Mechanik trägt all unsere Hoffnungen, dem Ziel wesentlich näher zu kommen, nach dem der menschliche Geist immer gestrebt hat, nämlich die Naturerscheinungen auf einfache, allgemeine Gesetze zurückzuführen.«[23] Nicht so enthusiastisch, aber immer noch voller Bewunderung war FitzGeralds Fazit seiner ausführlichen Rezension des Werkes: »Es ist sehr philosophisch und dicht, und es gibt eine der philosophischsten, wenn nicht die philosophischste Darstellung der Dynamik, die je veröffentlicht wurde. Es ist seines Autors würdig; was könnte mehr gesagt werden?«[24]

Mit der genaueren Lektüre setzte jedoch Ernüchterung ein. Der abstrakte, nachgerade hermetische Stil war dem Verständnis hinderlich, und was Physikern am angenehmsten weiterhilft, nämlich instruktive Beispiele und Anwendungen, fehlte völlig. Schon Helmholtz, der von Lenard bei der Drucklegung um Hilfe gebeten wurde, brauchte einige Zeit, »eine so von den bisherigen Wegen abweichende und in sich so scharfsinnig verkettete Sache ... in ihrem Zusammenhange zu verstehen. Ich kann nur sagen: ich fange jetzt an, das Ziel zu begreifen, nach welchem er hinstrebte, aber dies ist erst der Fall seit einigen Tagen, seit ich die letzte Sendung der Druckbogen erhielt. Bis dahin hatte ich nicht die leiseste Ahnung ...«[25]

Auch fünf Jahre später wußten die Physiker nicht recht, wie sie es mit der Hertzschen Mechanik halten sollten. Er habe, erklärte Ludwig Boltzmann, »Hertz' Mechanik zwar oft preisen gehört, aber noch niemanden sah ich auf dem von Hertz gewiesenen Weg weiterwandeln.«[26] So intensiv hatte sich Boltzmann in das Hertzsche Werk vertieft, daß er, als er einen Brief an seine Frau mit der Anrede »Liebes Herz!« beginnen wollte, unversehens »Herz mit tz geschrieben« hatte.[27] Aber trotz dieser Mühen schwankte sein Verständnis zwischen Bewunderung und Hilflosigkeit: »Er schuf so ein frappierend einfaches, von ganz wenigen, gewissermaßen sich logisch von selbst darbietenden Prinzipien ausgehendes System der Mechanik. Leider schloß sich im gleichen Moment sein Mund auf ewig den tausend Fragen um Erläuterungen, die gewiß nicht auf meinen Lippen allein schweben.«[28]

Die Schwierigkeiten betrafen vor allem die verborgenen Massen, und dies weniger aus Skepsis gegenüber einem wie ein »deus ex machina« eingeführten Konzept, sondern rein praktisch: Schon bei ganz einfachen Systemen ließen sich entweder keine oder allenfalls höchst komplizierte Arrangements verborgener Massen ersinnen, welche die Beschreibung der Bewegungen im Sinne der Hertzschen Mechanik gestatten. Die Hertzsche Mechanik ohne Kräfte erwies sich in der Praxis als kraftlos.

Daher blieb den Physikern gar nichts anderes übrig, als mit den beiden von Hertz als logisch defizient kritisierten »Bildern« der Mechanik zu arbeiten, wie er es übrigens selbst zum Schluß seiner »Einleitung« empfohlen hatte. So haben von den Hertzschen Prinzipien nur einige mathematisch-technische Aspekte wie die »holonomen« Nebenbedingungen Eingang in die theoretische Mechanik gefunden; alles andere wurde immer weniger beachtet und schließlich ignoriert. Als die Physik zu Beginn des 20. Jahrhunderts durch Quanten- und Relativitätstheorie neue Inhalte und Problemfelder erschloß, die sich zu Hertz' Lebzeiten nicht einmal abgezeichnet hatten, ließ diese Entwicklung seine »Prinzipien der Mechanik« wie einen irritierend fremdartigen Monolithen zurück.

Einer der vielen, die den Hertzschen »Prinzipien« kein großes Interesse abgewinnen konnten, war ein Student des Polytechnikums in Zürich namens Albert Einstein. Er hatte das Buch zwar gelesen, aber an der Stelle aufgehört, als Hertz ankündigte, statt der Kräfte feste Bindungen einzuführen, also wohl schon in der Einleitung.[29] Hätte er sich intensiver damit beschäftigt und einiges in Erinnerung behalten, hätte er später allerdings nicht so verzweifelt nach der geeigneten Mathematik suchen müssen, die er für seine Allgemeine Relativitätstheorie benötigte, denn die Differentialgeometrie mit ihrem Konzept der »geradesten« Bahn war direkt aus dem Hertzschen Buch zu entnehmen.[30]

Seinen Ausgangspunkt für die Entwicklung der Allgemeinen Relativitätstheorie, die Äquivalenz von schwerer und träger Masse, hätte Einstein in dem Buch freilich nicht finden können. Hertz hatte dieses Problem zwar gesehen und sehr scharf beleuchtet, aber nur in seiner nicht veröffentlichten Kieler Vorlesung, während er erstaunlicherweise in den »Prinzipien der Mechanik« kein Wort darüber verloren hat. So konnte Einstein diese Frage für sich neu entdecken und dann in der Allgemeinen Relativitätstheorie auf anderem Wege das schaffen, was Hertz vorgeschwebt hatte, nämlich eine Theorie ohne Kräfte.

So abstrakt die »Prinzipien der Mechanik« waren, so praktisch hat Heinrich Hertz seinem Verleger gegenüber argumentiert: »Was die Bemessung der Höhe der Auflage anlangt, so glaube ich, daß Sie wegen der Einleitung auch den philosophischen Leserkreis ein wenig dazurechnen dürfen.«[31] Das war keine schlechte Prognose, und nach einem Jahrhundert ist es sogar hauptsächlich ein »philosophischer Leserkreis«, der die Mechanik von Hertz noch zur Hand nimmt.

Ernst Mach, der große philosophierende Physiker, nutzte 1897 die dritte Auflage seiner historisch-kritischen Darstellung der Mechanik zur eingehenden Würdigung der Hertzschen »Prinzipien«. Er rühmte dieses Werk als »einen ganz wesentlichen Fortschritt« und stellte zusamenfassend fest: »In dem schönen Idealbild der Mechanik, welches Hertz entwickelt hat, ist der physikalische Gehalt bis auf einen scheinbar kaum merklichen Rest zusammengeschrumpft. Es ist kaum zu zweifeln, daß Descartes, wenn er heute leben würde, in der Hertzschen Mechanik sein eigenes Ideal wiedererkennen würde.« Aber wie es Idealen zukommt, sind sie von der rauhen Wirklichkeit ein wenig entfernt, was auch Mach einräumt: »Als ideales Programm ist die Hertzsche Mechanik schöner und einheitlicher, für die Anwendung empfielt sich aber unsere gewöhnliche Mechanik, wie dies Hertz selbst mit der ihm eigenen Aufrichtigkeit hervorhebt.«[32]

Alsbald wurde auch von Fachphilosophen vor allem im Umkreis der Neokantianer und der sich gerade formierenden Positivisten die Hertzsche Mechanik rezipiert und im »Archiv für systematische Philosophie« sowie in anderen Fachzeitschriften intensiv diskutiert.[33] Diese ziemlich lebhafte Debatte griff sogar auf intellektuelle Kreise über, bei denen man kaum ein Interesse an den philosophischen Aspekten der Mechanik vermutet hätte.

So war 1908 ein russischer Emigrant namens Wladimir Iljitsch Uljanow, besser bekannt als Lenin, in Genf damit beschäftigt, dem sich teilweise an Mach orientierenden Austro-Marxismus die Leviten zu lesen. Die Verteidigung des dialektisch genannten Materialismus gegen die revisionistischen Irrlehren des »Empiriokritizismus« war ihm sogar ein Buch über »Materialismus und Empiriokritizismus« wert. Lenins darin vorgetragene Diagnose, daß der Streit zwischen »Neokantianern« und »Machisten«, wem nun Hertz gehöre, »kurios« sei, war sicher zutreffend, aber ebenso kurios, weil ideologisch verbogen, wirkt sein Versuch, Hertz für seine Zwecke zu reklamieren: »In Wirklichkeit zeigt die philosophische

Einleitung von H. Hertz zu seiner »Mechanik« den üblichen Standpunkt des Naturforschers, der durch das Professorengeheul gegen die »Metaphysik« des Materialismus eingeschüchtert ist, aber dennoch die spontane Überzeugung von der Realität der Außenwelt nicht überwinden kann.«[34] Als Lenins Texte in einem Teil der Welt für mehr als ein halbes Jahrhundert zur verbindlichen Doktrin wurden, garantierte dieses eher als Entschuldigung denn als Kompliment gemeinte Diktum, daß Hertz und sein Denken mit wiederum kuriosen Argumenten dem dialektischen Materialismus assimiliert wurde.

Aber auch das bürgerliche Publikum, das nach dem Weltkrieg, den man später den »Ersten« nannte, der Diagnose Oswald Spenglers vom »Untergang des Abendlandes« zuzustimmen geneigt war, wurde in diesem Buch über Hertz belehrt, und das war nicht nur kurios, sondern hatte schon böse Untertöne, weil den Juden das Verständnis der »faustischen« Kraft abgesprochen wurde. »Und es ist ein erstaunliches Zeichen für die Intensität der Urbegriffe, daß Hertz, der einzige Jude unter den großen Physikern der jüngsten Vergangenheit, auch der einzige ist, der den Versuch gemacht hat, das Dilemma der Mechanik durch Ausschaltung des Kraftbegriffs zu lösen.«[35] Das allerdings war jenes obskure Gekräusel in intellektuellen Randzonen, dem man die verpflichtende Bezeichnung des Philosophischen nicht mehr zubilligen kann.

Eine originär philosophische Wirkung entfaltete die Hertzsche Mechanik im Denken von Ludwig Wittgenstein, dem bedeutendsten unter den um logische Klarheit bemühten Denkern des 20. Jahrhunderts. Als junger Mann auf der Suche nach intellektueller Orientierung las Wittgenstein die »Populären Schriften« von Ludwig Boltzmann, bei dem er studiert hätte, wenn der nicht 1906 seinem Leben durch Selbstmord ein Ende gesetzt hätte. Durch die vielen Diskussionen und Verweise auf die Hertzsche Mechanik in Boltzmanns Reden und Essays wurde Wittgenstein auf das Buch von Hertz aufmerksam und hat es so intensiv studiert, daß es ihm immer gegenwärtig war. Der »Tractatus logico-philosophicus«, mit dem Wittgenstein einen wesentlichen Teil des modernen philosophischen Denkens geprägt hat, ist nicht nur, was offensichtlich ist, den Logikern Gottlob Frege und Bertrand Russell verpflichtet, sondern in vielen Passagen auch den »Prinzipien der Mechanik« von Heinrich Hertz. Eine Liste derer, die ihn beeinflußt haben, begann Wittgenstein mit den beiden Physikern Boltzmann und Hertz.[36]

So adaptierte Wittgenstein die Konzeption, in der nach Hertz den äußeren Gegenständen »Bilder« entsprechen, zur Darstellung der Beziehung zwischen Sprache und Welt, wenn er in einem der zentralen Sätze des »Tractatus« behauptete: »Wir machen uns Bilder der Tatsachen.« Erläuterungen wurden in den folgenden Sätzen gegeben, in denen er ausführt: »Das Bild ist ein Modell der Wirklichkeit« oder »Das Bild ist eine Tatsache«.[37] Die Ähnlichkeiten sind freilich nicht auf Passagen der Einleitung zur Mechanik beschränkt, sondern beziehen sich auch auf den »Corpus«, wenn Ludwig Wittgenstein zur Erläuterung dessen, was einen »Satz« ausmacht, ausdrücklich auf die dynamischen Modelle in Heinrich Hertz' Mechanik verweist.[38]

Vor allem aber hatten der Physiker und der Philosoph das gemeinsame Ziel, Probleme durch den Nachweis leerer Beziehungen als Pseudoprobleme zu identifizieren und damit zu beseitigen. In den »Philosophischen Untersuchungen« hat Wittgenstein die Auflösung der traditionellen philosophischen Fragestellungen in aphoristische Sätze gegossen, in denen er zum Beispiel »die Ergebnisse der Philosophie« als »Beulen« bezeichnete, »die sich der Verstand beim Anrennen an die Sprache geholt hat«. Aus diesem Grunde soll das Geschäft des Philosophen ein therapeutisches sein: »Der Philosoph behandelt eine Frage; wie eine Krankheit.«[39] In Sätzen wie diesen ist Wittgensteins Einsicht gebündelt, daß vieles, was traditionell als philosophisches oder wissenschaftliches Problem gilt, gar keines ist, weil es eine Frage nur dort wirklich geben kann, wo es auch eine Antwort gibt.

Dieser Einsicht ist Wittgenstein in den »Prinizipien der Mechanik« begegnet. So versuchte Heinrich Hertz auf die populäre Frage nach dem »Wesen der Kraft« oder dem »Wesen der Elektrizität« gar keine Antwort zu geben, sondern er zeigte eher einen Ausweg auf: »Auf die Zeichen ›Kraft‹ und ›Elektrizität‹ aber hat man mehr Beziehungen gehäuft, als sich völlig miteinander vertragen; dies fühlen wir dunkel, verlangen nach Aufklärung und äußern unsern unklaren Wunsch in der unklaren Frage nach dem Wesen von Kraft und Elektrizität. Aber offenbar irrt die Frage in bezug auf die Antwort, die sie erwartet. Nicht durch die Erkenntnis von neuen und mehreren Beziehungen und Verknüpfungen kann sie befriedigt werden, sondern durch die Entfernung der Widersprüche unter den vorhandenen, vielleicht also durch Verminderung der vorhandenen Beziehungen. Sind diese schmerzenden Widersprüche entfernt, so ist zwar nicht die Frage nach dem Wesen beantwortet, aber der nicht mehr gequälte Geist hört auf, die für ihn unberechtigte Frage zu stellen.«[40]

9. Zerstörte Hoffnungen

Nachdem Heinrich Hertz bei seinem Verleger das Recht durchgesetzt hatte, sein Buch über die »Prinzipien der Mechanik« in zwölf Jahren neu gestalten zu können, kam er sich bei dieser langen Frist und seinem miserablen Gesundheitszustand vor »wie die Römer, die bei der Schlacht von Cannae nicht an der Rettung des Vaterlandes verzweifelten. Hoffentlich habe ich den gleichen Erfolg wie sie.«[1]

Ende November hatten heftige, einer rheumatischen Attacke ähnliche Beschwerden bei ständigem Fieber eingesetzt. Ob die Gelenkversteifungen und Schmerzen von der Eiterungen herrührten, interessierte den Kranken nur noch wenig: »Ich habe so viele Ärzte, daß ich jede Meinung durch eine Autorität stützen kann.« Er bat Professor Walb, die Rechnung zu schicken. Der hätte lieber gewartet, bis sein Patient gesund wäre, »aber gab zu, daß dies nachgerade ein etwas unbestimmtes Ziel geworden ist«. Für 212 Besuche und die vielen Operationen berechnete Walb 800 Mark, was Heinrich Hertz nachsichtig kommentierte: »Sehr viel für das gehabte Vergnügen, aber sehr wenig für seine Behandlung; ohne sich selbst gemachter Fehler zu beschuldigen, konnte er nicht weniger nehmen. Er hat sich auch hierin sehr nett benommen; schade, daß er so gar nichts zu Wege gebracht.«[2]

Ein Trost war die Fertigstellung der »Mechanik«. Die Einleitung war bereits im Satz, und Anfang Dezember war die Arbeit am Hauptteil im wesentlichen abgeschlossen, »nur ein kleiner Teil bedarf noch der letzten Feile«. Am 4. Dezember 1893 schickte Heinrich Hertz »den größten Teil des Manuskripts druckfertig« nach Leipzig und kündigte dem Verleger Felix Meiner den Rest an: »Es fehlen jetzt also noch etwa 200 Schriftseiten, von denen ich noch Abschrift nehmen muß.«[3] – Es war sein letzter Brief.[4]

Die schmerzhaften Attacken in den Gelenken und die Lähmungen ganzer Körperpartien, besonders des Rückens, wurden heftiger und häufiger. Sie waren Anzeichen für eine beginnende Blutvergiftung, eine Sepsis als Folge der ständigen Eiterungen. Die großen Fortschritte der Medizin in der zweiten Hälfte des 19. Jahrhunderts hatte Heinrich Hertz einmal als jene »großen Geschenke« benannt,

»die allen gemacht und doch niemandem genommen werden ... und uns den Glauben erhalten, daß es überhaupt einen Fortschritt gibt«.[5] Ausdrücklich hatte er auch die »antiseptische Wundbehandlung« zu diesen Geschenken gezählt, aber was ihn selbst und seine Krankheit betraf, so wurde dieser Glaube durch die fortschreitende Vergiftung auf eine harte Probe gestellt.

Das Kolloquium am Freitagabend, das nicht nur für Philipp Lenard dank der Beiträge und Bemerkungen von Heinrich Hertz »immer so großartig war«[6], mußte schon im November ausfallen, weil er nach der großen Vorlesung völlig erschöpft war und sich am Nachmittag kaum noch bewegen konnte. Am Donnerstag, dem 7. Dezember, hielt er noch unter größten Anstrengungen seine Vorlesung, am Freitag ging es nicht mehr.

Nur noch wenige Stunden konnte er etwas »herumhumpeln«; den größten Teil des Tages mußte er im Bett liegen, »weil er ganz steif wird«, wie seine Frau am 10. Dezember nach Hamburg berichtete. »Der gute Heins muß sich an- und ausziehen, pflegen und teilweise füttern lassen wie ein Kind, dabei die Ausspülungen, Umschläge, Medizinen und das Gelaufe der Ärzte den ganzen Tag.« In diese traurige Situation brachten nur die Töchter noch ein wenig Licht. Die nicht ganz zweijährige Mathilde tobte fröhlich durchs Haus, während die fünf Jahre alte Johanna »verständig, teilnehmend und voll Mitgefühl für den Papa« war: »Sie sucht seine Wünsche zu erraten und ist glücklich, wenn sie etwas für ihn tun kann.«[7]

Schon zu Beginn des Jahres 1893 hatten Heinrich Hertz düstere Ahnungen heimgesucht: »Nichts ist schwerer als ein Kampf, den man nicht mehr um den Sieg kämpft, sondern um nicht unanständig zu fallen.«[8] Nun mußte er, als das Jahr zu Ende ging, damit rechnen, daß er den Kampf verlieren würde: Am 9. Dezember schrieb er sein Vermächtnis »An meine liebe Frau und meine Eltern für den Fall meines Todes«, denn er wollte »in keinem Fall ohne ein letztes Wort des Abschieds gehen«.

Es war nicht eigentlich ein Testament im bürgerlich-rechtlichen Sinne, denn die materiellen Dinge waren im Ehevertrag zugunsten seiner Frau geregelt, wobei er sich, wie schon vor der Hochzeit, auf die »mir nicht verständlichen Rechtsgrundsätze« verlassen mußte. Große Sorge machte er sich um die Zukunft seiner Frau und der Töchter. Zwar war das Haus bis auf die vom Vater zinslos zur

Verfügung gestellten zehntausend Mark schuldenfrei, und zusätzlich hatte er Wertpapiere für dreißigtausend Mark angesammelt, aber bei dem mäßigen »Witwengehalt« von jährlich zweitausendfünfzig Mark würde das zur Fortführung des Haushalts auf Dauer nicht ausreichen. Deshalb bat er seine Eltern, dafür einzustehen, daß seine Frau mit den Töchtern in dem Haus in der Quantiusstraße wohnen bleiben könnte, solange sie es wünschte. Keine Sorge machte er sich dagegen um die »Mechanik«, denn die »wird Herr Dr. Lenard in jedem Falle fertigstellen können und wollen«. Für seine »Treue und Freundlichkeit« sollte Lenard das schöne Mikroskop erhalten.

Nach diesen eher sachlichen Regelungen richtete er, was ihm unvergleichlich wichtiger war, »an Euch, liebe Eltern, an Dich, liebe Elisabeth, und für später auch an Euch, meine Kinder« Worte des Abschieds, die vor allem Worte des Trostes und Zuspruchs sein sollten. Was er einmal als junger Mann seiner Mutter beim frühen Tod eines Vetters geraten hatte, den Tod »als etwas Gottgesandtes und also auch Gutes, wenn auch vielleicht Unverständliches hinzunehmen«[9] – das mußte nun für sein eigenes Sterben gelten. Im Ausdruck seiner Gefühle und Gedanken und in der Annahme seines Schicksals waren ihm die Lehren der antiken Stoa eine seit der Jugend vertraute Zuflucht:

»Wenn mir wirklich etwas geschieht, so sollt Ihr nicht trauern, sondern sollt ein wenig stolz sein und denken, daß ich dann zu den besonders Auserwählten gehöre, die nur kurz leben und doch genug leben. Dies Schicksal habe ich mir nicht gewünscht und gewählt, aber so es mich getroffen, muß ich zufrieden sein, und wenn mir eine Wahl geblieben wäre, würde ich es vielleicht selbst gewählt haben. Und ähnlich müßt Ihr denken. Freilich ist das ein harter Trost, aber es ist ein Trost, und ich möchte gern, daß Ihr so dächtet.«

Bei aller Gefaßtheit bekannte er doch mit anrührend schlichten und sehr menschlichen Worten den Wunsch, daß der Kelch an ihm vorübergehen möge: »Hoffentlich habe ich aber alles dieses umsonst geschrieben.«[10]

Auf die schlechten Nachrichten aus Bonn hatte sich seine Mutter sofort in den Zug gesetzt und wollte bei ihrem Sohn bleiben, bis es ihm besser ginge. Es wurde aber ständig schlimmer. Als Heinrich Hertz Mitte Dezember den Dekan bat, ihn »bis auf Weiteres von der Teilnahme an den Fakultätsgeschäften zu entbinden«, diktierte er dieses Schreiben Lenard und konnte nicht einmal mehr seinen Namen daruntersetzen.[11] Er war unfähig zu jeder Bewegung und mußte im Bett von einem Pfleger in erträgliche Lagen gedreht werden. Dazu wurden die Eiterungen so stark, daß er »bei Tage sehr viel und bei Nacht alle Stunde ausspülen« mußte. Die Ärzte waren bemüht, doch hilf- und ratlos. »Sie versichern uns aber auf das Bestimmteste«, schrieb seine Frau an ihre Eltern nach Karlsruhe, »daß es nicht tuberkulös und nicht krebsartig sei, und daß es heilbar sein müsse.«[12]

Wenn Heinrich Hertz dagegen gefühlt haben sollte, daß seine Krankheit nicht heilbar war, so hat er sich das nicht anmerken lassen. Kein Wort der Angst oder Verzweiflung kam über seine Lippen. Wenn ihm seine Frau oder seine Mutter vorlasen, das einzige, was sie neben aufopfernder Pflege noch für ihn tun konnten, dann versuchte er, es ihnen leicht zu machen und im Gespräch so heiter und liebenswürdig zu sein wie in früheren Jahren.[13]

Die Mutter hoffte vergebens, Weihnachten bei ihrer Familie in Hamburg zu verbringen. Sie blieb bei ihrem Sohn, und unmittelbar nach Weihnachten kam auch der Vater nach Bonn. Ein treuer Besucher am Krankenlager war Philipp Lenard, der Heinrich Hertz in den letzten Wochen »gräßlich« leiden sah: »Er magerte furchtbar ab im Bett und war so steif, daß er zuletzt auch die Hand nicht mehr zum Abschied reichen konnte.«[14] Sein Verstand aber war bis zuletzt hell und klar.

Zum Jahreswechsel mußte sich der 63jährige Senator Gustav Hertz darauf gefaßt machen, daß, nachdem vor zehn Jahren sein jüngster Sohn gestorben war, er auch seinen ältesten verlieren würde. Am Neujahrstag ging er zur Post und gab ein Telegramm nach Hamburg auf: »Die Ärzte haben keine Hoffnung mehr.« Wieder in der Quantiusstraße, schrieb er an Gustav, Rudolf und Melanie: »Verlangt keine Krankengeschichte und keine Beschreibung von mir, ich würde sie nicht geben können ... Aller Anschein ist gegen uns und gebietet, uns auf den schrecklichen Schlag vorzubereiten.« So weit war er gekommen, als er gegen 15 Uhr 30 von Elisabeth unterbrochen wurde. Er brauchte Zeit, bevor er den Brief fortsetzen konnte: »Es ist wirklich vorbei! Euer guter Bruder, unser geliebter Sohn, unser aller Stolz lebt nicht mehr. Sein Ende war plötzlich, nachdem er wenige Minuten vorher noch gesprochen hatte. Nun liegt er friedlich da. Begreife, wer es kann.«[15]

Heinrich Hertz ist nur 36 Jahre alt geworden. Dieses Schicksal teilte er mit Raffael, den er liebte und von dessen Bild »Die Visionen des Ezechiel« er sich eine Kopie gewünscht hatte.[16] Der frühe Tod dieses genialen Künstlers hatte Friedrich Nietzsche empört: »Es beleidigt zum Beispiel die Moral«, protestierte er in seiner »Zweiten Unzeitgemäßen Betrachtung«, »daß ein Raffael sechsunddreißig Jahre alt sterben mußte: solch ein Wesen sollte nicht sterben.« Trotzdem wurde das frühe Sterben von Raffael, von Mozart und Schubert und auch von Heinrich Hertz zur Erfüllung von »Frühvollendeten« verklärt. Gewiß, sie alle hatten »genug gelebt«, um der Unsterblichkeit sicher zu sein, aber haben sie deshalb wirklich genug gelebt? Berechtigter ist Helmholtz' zornige Klage in seinem Nachruf auf Heinrich Hertz, daß eine tückische Krankheit »dieses der Menschheit so kostbare Leben vernichtete und alle darauf gesetzten Hoffnungen grausam zerstörte«.[17]

ANHANG

Danksagung

Bei der Vorbereitung dieses Buches haben mir die Mitarbeiter vieler Archive und Sammlungen in großzügiger Weise geholfen.

Insbesondere Dr. Klaus-Peter Hoepke von der Universität Karlsruhe und Dr. Wolfgang Knobloch von der Berlin-Brandenburgischen Akademie der Wissenschaften haben mir auch auf schriftliche Fragen Material herausgesucht, wofür ich ihnen herzlich danken möchte.

Herr Prof. Karl-Heinz Althoff war ein freundlicher Führer durch die Hertz-Sammlung des Bonner Physikalischen Instituts und hat mir an einem unvergeßlichen Nachmittag einige Experimente mit den von Heinrich Hertz gebauten und benutzten Apparaten vorgeführt. – Darüber hinaus hat mir dipl. phys. Roland Wittje an der Universität Oldenburg seine Versuche zur Replikation einiger Experimente von Hertz erläutert.

Herrn Prof. Gerhard Hertz in Karlsruhe danke ich für sein stetiges und förderndes Interesse an diesem Buch, und zu ganz besonderem Dank bin ich Frau Christa Hertz verpflichtet, die mir in überaus großzügiger Weise Zugang zu dem Nachlaß von Mathilde Hertz und der darin enthaltenen umfangreichen Hinterlassenschaft von Heinrich Hertz gewährt hat.

Zeittafel

1857	22. Febr.	Heinrich Rudolf Hertz wird in Hamburg geboren. Sein Vater Dr. jur. Ferdinand Hertz ist angesehener Advokat, seine Mutter Anna Elisabeth, geb. Pfefferkorn, stammt aus Frankfurt am Main.
1858	13. März	Geburt des Bruders Gustav.
1861	12. Mai	Geburt des Bruders Rudolf.
1863	1. Oktober	Besuch einer privaten »Bürgerschule«.
1864		Der Vater kauft das Haus Magdalenenstr. 3 vor den Toren der Stadt in Pöseldorf.
1867	30. März	Geburt des Bruders Otto.
1872	25. März	Heinrich Hertz verläßt die Bürgerschule; er erhält in allen Fächern die Note »vorzüglich«.
1872–1874		Privatunterricht zur Vorbereitung auf das Abitur. Daneben intensive handwerkliche Tätigkeiten und naturwissenschaftliche Experimente.
1873	Febr.	Geburt der Schwester Melanie.
1874	1. April	Eintritt in die Prima der Gelehrtenschule des Johanneums zu Hamburg.
1875	2. März	Zeugnis der Reife (Abitur).
1875	1. April	Praktikum zur Vorbereitung auf das Studium als Bauingenieur in Frankfurt am Main.
1876	1. April	Studium des Bauingenieurwesens am Polytechnikum in Dresden.
1876	1. Okt.–	
1877,	30. Sept.	Militärjahr beim 1. Garde-Eisenbahnregiment in Berlin.
1877	Nov.	Fortsetzung des Studiums in München; Wechsel zur Physik an der Universität.
1878	Nov.	Studium in Berlin; Vorlesungen bei Kirchhoff und Borchard sowie Arbeit im Laboratorium bei Helmholtz an einer Preisaufgabe der Philosophischen Fakultät, die über den Transport träger Masse bei der Stromleitung in Metallen Aufschluß geben soll.
1879	März/April	Militärübung in Freiburg im Br.; Beförderung zum Vizefeldwebel. Fertigstellung der Preisaufgabe.

	Mai–Juli	Alternative Bearbeitung des in der Preisaufgabe gestellten Problems.
	3. August	Erhält den Preis der Phil. Fakultät der Universität Berlin.
	Aug.–Okt.	Studien zu einer von Helmholtz formulierten Preisaufgabe der Berliner Akademie über die elektrodynamischen Wirkungen von Dielektrika. Er hält diese Aufgabe mit damaligen Mitteln für nicht lösbar und lehnt entgegen den Erwartungen von Helmholtz die Bearbeitung ab.
 1880,	Nov.– 13. Jan	Arbeit an der theoretischen Dissertation »Über Induktion in rotierenden Kugeln«.
	15. März	Promotion »magna cum laude«.
	Mai–Juli	Exp. Arbeiten im Phys. Inst. Berlin.
	Juni	Mitglied der Physikalischen Gesellschaft zu Berlin.
	1. Okt.	Assistent im Phys. Inst. bei Helmholtz; zuständig für Praktikumsversuche über Mechanik, Akustik und Wärme.
1881		Arbeiten zur Elastizität und Härte fester Körper, experimentelle Untersuchungen auf verschiedenen Gebieten.
	12. Juli	»Second-Lieutenant« der Reserve des Badischen Infantrie-Regiments Nr. 113.
1882	ab Juni	Untersuchungen über Kathodenstrahlen.
1883	31. März	Beendigung der Assistentenstelle in Berlin.
	1.–5. Mai	Habilitation in Kiel für »Mathematische Physik« mit der Arbeit »Über die Berührung fester elastischer Körper«. Stipendium aus einem Fonds des Preuß. Kultusministeriums zur Förderung von Privatdozenten.
	Mai-Juli	Vorlesung über »Mechanische Wärmetheorie«.
1884	Nov.–Febr.	Im Wintersemester Vorlesung »Theorie von Elektrizität und Magnetismus« sowie »Optik für Mediziner«.
1884	8. April	Tod des jüngsten Bruders Otto.
	Mai-Juli	Vorlesung »Moderne Anschauungen über die Konstitution der Materie«. Ausarbeitung der Vorlesung zu einem Buch, das aber nicht erscheint. Wichtige Arbeit zur Maxwellschen Theorie der Elektrodynamik.
	Aug.	Reise nach Norwegen.
	Dez.	Einziger Kandidat für ein neu zu errichtendes Extraordinariat für Theoretische Physik in Kiel. Zugleich Ruf ans Polytechnikum Karlsruhe.
	28. Dez.	Entscheidung für Karlsruhe.
1885	1. April	Antritt der Professur für Physik in Karlsruhe. Dazu Vorlesungen über Elektrotechnik und Meteorologie sowie »Wissenschaftlicher Beirat« des »Centralbureau für Meteorologie« des Großherzogtums Baden.
	24. Juni	Verlobung; unmittelbar folgend die Auflösung der Verlobung. Schwere psychische Krise.
	8. Aug.– 25. Okt.	Aufenthalt in einem Sanatorium in Sonneberg in Thüringen.

1886	12. April	Verlobung mit Elisabeth Doll.
	31. Juli	Heirat.
	8. Okt.	Beginn der Versuche über sehr schnelle Schwingungen.
	4. Dez.	Erste Beobachtung des photoelektrischen Effekts.
1887	23. März	Fertigstellung der Arbeit »Über sehr schnelle elektrische Schwingungen.« Sie erscheint Ende Juni.
	26. Mai	Fertigstellung der Arbeit »Über einen Einfluß des ultravioletten Lichts auf die elektrische Entladung«. Sie erscheint Ende August.
	1. Juni	Kurzfassung für die Sitzungsberichte der Berliner Akademie, die bereits im Juni erscheint.
	2. Okt.	Geburt der Tochter Johanna.
	Sept.–Nov.	Experimente über elektrodynamische Wirkungen von Isolatoren.
	5. Nov.	Akademiebericht über elektrodynamische Wirkungen.
	Dez.	Der Vater wird Senator und damit Mitglied der Regierung Hamburgs.
	Nov.–Dez.	Experimente über die Ausbreitung elektromagnetischer Wellen in Drähten und im Raum. Ende Dezember findet er eine endliche Ausbreitungsgeschwindigkeit der Wellen.
1888	15. Jan.	Akademiebericht über die endliche Ausbreitungsgeschwindigkeit.
	Febr.–April	Weitere Veröffentlichungen über elektromagnetische Wellen.
	30. Sept.	Verhandlungen wegen Berufung an eine preußische Universität.
	3. Nov.	Die kgl. Gesellschaft der Wissenschaften zu Göttingen ernennt H. Hertz zum »Correspondenten in der mathematischen Classe«.
	7. Nov.	Fertigstellung der theoretischen Arbeit »Die Kräfte elektrischer Schwingungen, behandelt nach der Maxwellschen Theorie«.
	10. Dez.	Angebot von Professuren in Berlin und Bonn; Entscheidung für Bonn.
	11. Dez.	Akademiebericht »Über Strahlen elektrischer Kraft«.
1889	9. Jan.	Wilhelm II. unterzeichnet als König von Preußen die Urkunde für die Bestallung zum Prof. der Physik an der Univ. Bonn.
	7. März	Wahl zum Korrespondierenden Mitglied der Kgl. Preußischen Akademie der Wissenschaften zu Berlin.
	27. März	II. Klasse der Landwehr-Dienstauszeichnung.
	1. April	Dienstantritt in Bonn.
	21. Sept.	Vortrag über »Licht und Elektrizität« auf der Versammlung der Deutschen Ges. d. Naturforscher und Ärzte in Heidelberg. Wahl in den Vorstand der Gesellschaft.
	27. Nov.	Ehrenmitglied des Naturwissenschaftlichen Vereins zu Hamburg.
	30. Dez.	Prix Lacaze der Académie des Sciences, Paris.

1890	März	Theoretische Abhandlung »Über die Grundgleichungen der Elektrodynamik für ruhende Körper«.
	April	Beginn der theoretischen Untersuchungen zur Mechanik.
	24. Juni	Mateucci-Preis der Societá delle scienze in Neapel.
	Sept.	»Über die Grundgleichungen der Elektrodynamik für bewegte Körper«.
	6. Nov.	Rumford-Medaille der »Royal Society«.
	15. Dez.	Beförderung zum »Premier-Lieutenant«.
1891	14. Jan.	Geburt der Tochter Mathilde.
	März	Intensive theoretische Untersuchungen zur Mechanik.
	Juli	Die letzte experimentelle Veröffentlichung über den Durchgang von Kathodenstrahlen durch dünne Metallschichten.
	30. Dez.	Bressa-Preis der Akademie von Turin.
1892	Juli	Beginn einer Infektion der Nasennebenhöhlen, die sich als sehr hartnäckig erweist und auf Mittelohr und Kiefer übergreift.
	Nov.	Wegen Krankheit kann Heinrich Hertz keine Vorlesungen halten.
1893	16. März	Abschied vom Militär aus gesundheitlichen Gründen.
	März/April	Reise nach Italien.
	Mai	Wiederaufnahme der Vorlesungen; die Infektion ist nicht ausgeheilt.
	August	Kuraufenthalt bei Bad Reichenhall.
	23. Sept.	Operation des vereiterten Kiefers.
	10. Okt.	Fertigstellung des Buches über »Die Prinzipien der Mechanik«.
	Nov.	Verhandlungen wegen der Veröffentlichung der »Mechanik«.
	1. Dez.	Einsetzen von Lähmungen wegen einer Blutvergiftung als Folge der nun länger als ein Jahr andauernden Infektion.
	7. Dez.	Heinrich Hertz hält seine letzte Vorlesung.
	9. Dez.	Er verfaßt sein Testament.
1894	1. Jan.	Heinrich Hertz stirbt an der Blutvergiftung.

Zur Literatur, den Quellen und den Zitatangaben

I. Vorbemerkungen

Veröffentlichte Schriften von Heinrich Hertz werden nach den Gesammelten Werken GW zitiert. Einige nicht in GW enthaltene Veröffentlichungen werden nach den Zeitschriften, in denen sie erschienen sind, zitiert. Nicht aufgeführt werden Übersetzungen der Arbeiten von Heinrich Hertz in englischen, amerikanischen, französischen oder italienischen Zeitschriften.

Veröffentlichte Briefe an die Eltern und Tagebucheintragungen sind enthalten in der Auswahl »Erinnerungen, Briefe, Tagebücher«, 1927 zusammengestellt von Johanna Hertz, 2. erweiterte Auflage herausgegeben von Mathilde Hertz und Charles Süsskind, Weinheim und San Francisco 1977. Die 2. Auflage wird als EBT zitiert. (Daß hier nur gerade Seitenzahlen auftreten, liegt daran, daß auf den ungerade numerierten Seiten die englische Übersetzung gedruckt ist.)

Die Korrespondenz mit englischen Physikern wurde, soweit damals zugänglich, von J. G. O'Hara und W. Pricha veröffentlicht (O'Hara & Pricha 1987). Die Originale der wichtigen Briefe von Heinrich Hertz an Oliver Heaviside sind verloren; nur durch das Buch von Appleyard wurden Auszüge überliefert. Hier wie auch bei englisch oder französisch geschriebenen Briefen von Heinrich Hertz wurde rückübersetzt.

Nicht veröffentlichte Briefwechsel mit Physikerkollegen – zum größten Teil in Abschriften, die Elisabeth Hertz nach dem Tode ihres Mannes angefertigt hat, manchmal allerdings nicht vollständig – befinden sich im Deutschen Museum München.

Aus den Beständen der Archive wurden alle erreichbaren Briefe und Akten herangezogen, wobei oft bisher nicht erschlossenes Material aufgefunden wurde. Die konsultierten Archive, deren Quellenmaterial benutzt wurde, sind aus der Liste der Siglen ersichtlich.

Nicht veröffentlichte private Briefe von Heinrich Hertz und seiner Frau Elisabeth an die Eltern Hertz wurden im Hamburgischen Staatsarchiv im Nachlaß des Vaters, des Senators Gustav Ferdinand Hertz, deponiert. Von den nahezu tausend Briefen wurde nur etwa der fünfte Teil für EBT herangezogen und ausgewählt. Viele der in EBT nicht enthaltenen, für diese Biographie erstmals verwendeten Briefe sind unverzichtbar sowohl für das Verständnis der Persönlichkeit von Heinrich Hertz als auch seiner wissenschaftlichen Arbeiten. Diese Briefe werden mit einem Hinweis auf das Hamburgische Staatsarchiv HSTA zitiert. – Gelegentlich wird aus einem in EBT in Auszügen gedruckten Brief und aus seinem nicht veröffentlichten Teil zitiert; in solchen Fällen wird sowohl die Seitenzahl in EBT als auch mit HSTA ein Hinweis auf den vollständigen Brief angegeben.

Der Nachlaß von Mathilde Hertz ist eine bisher unbekannte und für diese Biographie erstmals erschlossene Quelle für sehr umfangreiche und aufschlußreiche Materialien. Dieser sehr große Teil der schriftlichen Hinterlassenschaft von Heinrich

Hertz enthält Experimentierprotokolle, Entwürfe für Veröffentlichungen, Vorlesungsausarbeitungen und viele persönliche Dokumente sowie einen großen Teil der privaten und der an Heinrich Hertz gerichteten Briefe wissenschaftlichen Inhalts und Tagebücher.

Das seit 1883 geführte Tagebuch im Nachlaß von Mathilde Hertz ist eine nahezu vollständige, aber sehr knapp gehaltene Chronologie der Jahre von 1884 bis 1891; in den beiden letzten Lebensjahren wurde das Tagebuch nur noch sporadisch geführt. Einige Auszüge wurden in EBT veröffentlicht. Dabei wurde nach Tagen ausgewählt und die Eintragungen der einzelnen Tage wurden auf dasjenige verkürzt, was wichtig oder zur Mitteilung geeignet schien. Interpretationen, die sich auf diese doppelte Auswahl stützen, sind riskant und können leicht in die Irre führen. – Das möge an einem Beispiel gezeigt werden.

So heißt es in EBT für Ende Oktober 1884:

24. Okt. Wieder zur Elektrodynamik gewendet.

25. Okt. Elektrodynamik nachgedacht.

29. Okt. Sehr schlechter Laune.

Daraus und aus Eintragungen vom Juli 1884 schließt Jed Z. Buchwald (Buchwald 1994, S. 183): »Twice within a few months Hertz had troubled himself deeply over ›electromagnetics‹. Twice he became depressed shortly afterwards. Later he repeated the same pattern of intense work followed by failure and then depression.« Abgesehen davon, daß »sehr schlechte Laune« als »depressed« nicht adäquat wiedergegeben wird, scheint Buchwalds Schluß nicht unbegründet, daß die »schlechte Laune« in Schwierigkeiten mit der Elektrodynamik ihre Ursache habe.

Die vollständigen Eintragungen lassen diesen Schluß jedoch nicht zu. Sie lauten:

24. Okt. Briefe von Oberbeck und Haug beantwortet. Wieder zur Elektrodynamik gewendet.

25. Okt. Elektrodynamik nachgedacht.

26. Okt. Erster Besuch bei Krümmel, bei Ladenburg. Von Dr. Hagen sein Buch über die elektrische Beleuchtung erhalten.

27. Okt. Optik-Colleg. Von Dr. Köppen Brief über die Änderung der Symbole erhalten und beantwortet.

28. Okt. Reichstagswahl. Elektrodynamik. Kaffee bei Graf Spee.

29. Okt. Sehr schlechter Laune nach Brief von Dr. Hagen. Den ganzen Tag im Kampf mit mir zugebracht.

Die »sehr schlechte Laune« hat also nichts mit der Elektrodynamik zu tun, sondern mit einem Brief von Ernst Hagen. Die Korrespondenz mit Hagen ist verschollen, aber Briefen an die Eltern im Hamburgischen Staatsarchiv ist zu entnehmen, daß Hagen in seiner Stelle als Extraordinarius an der Technischen Hochschule in Dresden wegen Reibereien mit dem dortigen Ordinarius sehr unzufrieden war. Die »sehr schlechte Laune« und der »Kampf« rühren also daher, daß Heinrich Hertz in seiner wahrscheinlich nächsten Karrierestation eines Extraordinarius selbst ähnliche Schwierigkeiten befürchtete wie Hagen und deshalb mal wieder an seiner Berufswahl zweifelte.

In ähnlicher Weise ließe sich übrigens zeigen, daß auch die »schlechte Stimmung« Mitte Juni nichts mit Elektrodynamik zu tun hatte, wie Buchwald aus den gedruckten Auszügen nicht zu Unrecht schließt, sondern mit einem privaten Problem.

Aus dem Tagebuch wird ohne besondere Kennzeichnung nur nach dem Original zitiert.

In der Bibliographie habe ich für die veröffentlichten Schriften von Heinrich Hertz Vollständigkeit angestrebt und einiges gefunden, was in den Gesammelten Werken nicht enthalten ist. Bei der ausufernden, aber nicht immer ergiebigen Sekundärliteratur habe ich mich auf dasjenige beschränkt, was mir sinnvoll oder aus sonstigen Gründen erwähnenswert schien. Eine ausführlichere Bibliographie wird demnächst erscheinen in: Baird, Hughes und Nordmann (Hg.): Heinrich Hertz – Classical Physicist, Modern Philosopher. Dordrecht 1997.

Für häufiger erwähnte Zeitschriften werden Abkürzungen verwendet. Sonstige Literatur wird nach dem Verzeichnis mit Angabe des Autors, des Erscheinungsjahres und der Seitenzahl zitiert.

Die Orthographie wurde behutsam der heute üblichen Schreibweise angepaßt. Zur Verbesserung der Lesbarkeit der von Hertz geschriebenen langen Perioden wurde gelegentlich ein Komma durch ein Semikolon ersetzt.

II. Siglen und Abkürzungen

Archive und Handschriften-Sammlungen

ABBAW	Archiv der Berlin-Brandenburgischen Akademie der Wissenschaften, Berlin.
BGLAK	Badisches Generallandesarchiv, Karlsruhe.
DMMü	Deutsches Museum, München.
GSAPK	Geheimes Staatsarchiv Preußischer Kulturbesitz, Berlin.
HSTA	Hamburgisches Staatsarchiv.
HLHU	Houghton Library der Harvard University, Cambridge, Mass., USA.
LASH	Landesarchiv Schleswig-Holstein, Schleswig.
MPG	Archiv der Max-Planck-Gesellschaft, Berlin.
NSUBG	Niedersächsische Staats- und Universitätsbibliothek, Göttingen.
NMH	Nachlaß Mathilde Hertz.
SAB	Stadtarchiv Bonn.
SBPK	Staatsbibliothek Preußischer Kulturbesitz, Berlin.
ScML	Science Museum, London.
UAB	Archiv der Universität Bonn.
UAHUB	Archiv der Humboldt Universität Berlin.
UAK	Archiv der Universität Karlsruhe.
UBB	Universitäts- und Landesbibliothek Bonn.
UBPhI	Universität Bonn, Physikalisches Institut.

Biographische Nachschlagewerke

DSB	Dictionary of Scientific Biography. New York 1970–76.
NDB	Neue Deutsche Biographie, Berlin. 1953ff.
Pogg.	J. C. Poggendorff's Biographisch-Literarisches Handwörterbuch zur Geschichte der exacten Wissenschaften. Leipzig, 1863ff. , insbesondere IV, 1884–1903.

Zeitschriften

AmJPh	American Journal of Physics.
Ann. Phys.	Annalen der Physik und Chemie. Ab 1877 eine neue Zählung der Bände als Neue Folge. Hg. Wiedemann, daher in Briefen oft »Wiedemanns Annalen« genannt.
ArHES	Archive for History of Exact Sciences.
ArSphnG	Archives des Sciences physiques et naturelles. Genève.
ComRen	Comptes Rendus de Académie des Sciences Paris.
Electrician	The Electrician, London.
FdPh	Fortschritte der Physik.
FrK	Fridericiana – Zeitschrift der Universität Karlsruhe.
HSPS	Historical Studies in the Physical Sciences.
Isis	Isis.
LuÉl	La Lumière Électrique.
MetZ	Meteorologische Zeitschrift.
Nature	Nature, London.
NW	Die Naturwissenschaften.
Phys. Bl.	Physikalische Blätter.
SBB	Sitzungsberichte der Kgl. Preußischen Akademie der Wissenschaften zu Berlin.
SBW	Sitzungsberichte der K&K Akademie der Wissenschaften zu Wien.
SHPS	Studies in the History and Philosophy of Science.
TGDNÄ	Tageblätter der Jahresversammlungen der Gesellschaft Deutscher Naturfoscher und Ärzte.
VdPhG	Verhandlungen der Physikalischen Gesellschaft zu Berlin.

III. Schriften von Heinrich Hertz

EBT Heinrich Hertz – Erinnerungen, Briefe, Tagebücher. Zusammengestellt von Johanna Hertz, 1927. 2., erw. Auflage hg. von Mathilde Hertz und Charles Süsskind. Weinheim und San Francisco, 1977.

GW I-III Gesammelte Werke von Heinrich Hertz
Bd. I: Schriften vermischten Inhalts. Hg. von Philipp Lenard. Leipzig 1895.
Bd. II: Untersuchungen über die Ausbreitung der elektrischen Kraft. Zweite Auflage. Leipzig 1894.
Bd. III: Die Prinzipien der Mechanik in neuem Zusammenhange dargestellt. Hg. von Philipp Lenard. Mit einem Vorwort von H. v. Helmholtz. Leipzig 1894.

Die Veröffentlichungen im einzelnen, chronologisch geordnet nach Erscheinungsdatum. Bei mehrfachem Abdruck, z.B. in den Sitzungsberichten der Berliner Akademie und in den »Annalen«, wurde das Datum der Erstveröffentlichung zugrunde gelegt.

Hertz, Heinrich

1880a Versuche zur Feststellung einer oberen Grenze für die kinetische Energie der elektrischen Strömung. Ann. Phys. Bd. 10, S. 414–448. 1880. GW I, Nr. 1, S. 1–36.

1880b Ueber die Induction in rotirenden Kugeln. Inaugural-Dissertation. Berlin, Verlag von G. Schade, 1880. GW I, Nr. 2, S. 37–134.

1881a Ueber die Vertheilung der Elektricität auf der Oberfläche bewegter Leiter. Ann. Phys., Bd. 13, S. 266–75. GW I, Nr. 3, S. 135–44.

1881b Obere Grenze für die kinetische Energie der bewegten Elektrizität. Ann. Phys. Bd. 14, S. 581–590. GW I, Nr. 4, S. 145–54.

1881c Über die Berührung fester elastischer Körper. Journal f. d. reine und angew. Mathematik, Bd. 92, S. 156–171.
GW I, Nr. 5, S. 155–73.

1882a Über die Berührung fester elastischer Körper und über die Härte. Vhdlg. des Vereins zur Beförderung des Gewerbefleisses. Bd. 61, S. 449–63. Berlin, 1882. GW I, Nr. 6, S. 175–96.

1882b Über ein neues Hygrometer. VdPhG, Sitzung vom 20. Jan. 1882. Heft 1, S. 18–20. GW I, Nr. 7, S. 197–8.

1882c Über die Verdunstung der Flüssigkeiten, insbesondere des Quecksilbers, im luftleeren Raume. Ann. Phys., Bd. 17, S. 177–93. GW I, Nr. 8, S. 199–214.

1882d Über den Druck des gesättigten Quecksilberdampfes.
1. VdPhG, Sitzung vom 9. Juni 1882. Heft 1, S. 80–84.
2. Ann. Phys., Bd. 17, S. 193–200. GW I, Nr. 9, S. 215–22.

1882e Dynamometrische Vorrichtung von geringem Widerstande und verschwindender Selbstinduktion.
1. VdPhG vom 21. Dezember 1882, Heft 1, S. 102–4.
2. Zeitschrift für Instrumentenkunde, Bd. 3, S. 17–19.
GW I, Nr. 11, S. 227–232.

1883a Über die continuierlichen Ströme, welche die flutherregende Wirkung der Gestirne im Meere veranlassen muß. VdPhG, Sitzung vom 5. Jan. 1883, Heft 2, S. 2–5. GW I, Nr. 10, S. 223–26.

1883c Über eine die elektrische Entladung begleitende Erscheinung.
1. VdPhG, Sitzung vom 2. Febr. 1883, Heft 2, S. 15f.
2. Ann. Phys., Bd. 19, S. 78–86. GW I, Nr. 12, S. 233–241.

1883d Versuche über die Glimmentladung. Ann. Phys. Bd. 19, S. 782–816. GW I, Nr. 13, S. 242–276.

1883e Ueber das Verhalten des Benzins als Isolator und Rückstandsbildner. Ann. Phys., Bd. 20, S. 279–284. GW I, Nr. 14, S. 277–282.

1883f Ueber die Verteilung des Druckkräfte in einem elastischen Kreiszylinder. Zeitschrift für Mathematik und Physik. Bd. 28, S. 125–128. GW I, Nr. 15, S. 283–7.

1884a Ueber das Gleichgewicht schwimmender elastischer Platten. Ann. Phys., Bd. 22, S. 449–455. GW I, Nr. 16, S. 289–294.

1884b Ueber die Beziehung zwischen den Maxwellschen Grundgleichungen und den Grundgleichungen der gegnerischen Elektrodynamik. Ann. Phys., Bd. 23, S. 84–103. GW I, Nr. 17, S. 295–314.

1884c Referate über ›Theorie der Kette‹. In: Die Fortschritte der Physik im Jahre 1878. Kap. 31, S. 746–752. Hrsg. F. Neesen. Berlin 1884. (In diesem Band auch verschiedene Einzelreferate.)

1885a Ueber die Dimensionen des magnetischen Poles in verschiedenen Massystemen. Ann. Phys., Bd. 24, S. 114–118.
GW I, Nr. 18, S. 315–319.

1885b Graphische Methode zur Bestimmung der adiabatischen Zustandsänderung feuchter Luft. Meteorologische Zeitschrift, Bd. 1, S. 421–31. GW I, Nr. 19, S. 321–336. Nachtrag S. 337–8.

1886 Referate über ›Elektrochemie‹, ›Thermoelektrizität‹, ›Elektrische Wärmeerzeugung‹. In: Die Fortschritte der Physik im Jahre 1879. Kap. 32–34, S. 792–805. Hrsg. F. Neesen. Berlin 1886.

1887a Fließende Bewegung des Schnees auf Dächern. Meteorologische Zeitschrift, Bd. 4, S. 72. (Febr. 1877)

1887b J. L. Böckmanns meteorologische Zeichnungen aus den Jahren 1779–1783. Vortrag vor der Versammlung der Deutschen Meteorologischen Gesellschaft am 13. April 1887 in Karlsruhe. Met. Z., Bd. 4, S. 231–2.

1887c Ueber sehr schnelle elektrische Schwingungen. Ann. Phys., Bd. 31, S. 421–48. GW II, Nr. 2, S. 32–58.

1887d Nachtrag zu der Abhandlung über sehr schnelle elektrische Schwingungen. Ann. Phys., Bd. 31, S. 543–544. Andere Fassung in GW II, S. 59–68.

1887e Ueber einen Einfluss des ultravioletten Lichtes auf die elektrische Entladung.
1. SBB vom 9. Juni 1887, S. 487–90.
2. Ann. Phys. Bd. 31, S. 983–1000. GW II, Nr. 4, S. 69–86.

1887f Ueber Inductionserscheinungen, hervorgerufen durch die elektrischen Vorgänge in Isolatoren.
1. SBB vom 10. Nov. 1877. S. 885–96.
2. Ann. Phys., Bd. 34, S. 273–285. 1888. GW II, Nr. 6, S. 102–14.

1887g Referate über »Allgemeine Theorie der Elektricität und des Magnetismus«. In: Die Fortschritte der Physik im Jahre 1881, S. 869–901. Hrsg. F. Neesen. Berlin, 1887.

1888a Ueber die Ausbreitungsgeschwindigkeit der elektrodynamischen Wirkungen. 1. SBB vom 2. Febr. 1888. S. 197–210.
2. Ann. Phys., Bd. 34, S. 551–69. GW II, Nr. 7, S. 115–132.

1888b Ueber die Einwirkung einer geradlinigen elektrischen Schwingung auf eine benachbarte Strombahn. Ann. Phys., Bd. 34, S. 155–170. GW II, Nr. 5, S. 87–101.

1888c Ueber elektrodynamische Wellen im Luftraume und deren Reflexion. Ann. Phys., Bd. 34, S. 610–23. GW II, Nr. 8, S. 133–146.

1888d Ueber Strahlen elektrischer Kraft.
1. SBB vom 13. Dez. 1888, S. 1297–1307.
2. Ann. Phys. Bd. 36, S. 796–806. 1889. GW II, Nr. 11, S. 184–198.

1889a Die Kräfte electrischer Schwingungen, behandelt nach der Maxwellschen Theorie. Ann. Phys. Bd. 36, S. 1–22. GW II, Nr. 9, S. 147–70.

1889b Recherches sur les ondulation électriques. Archives des Sciences physiques et naturelles, Genève. Bd. 21, S. 281–309.

1889c Ueber die Fortleitung elektrischer Wellen durch Drähte. Ann. Phys. Bd. 37, S. 395–408. GW II, Nr. 10, S. 171–183.

1889d Nicht gezeichnete, von Hertz verfaßte Kurzfassung seines am 22. Febr. 1889 im Nat.wiss. Verein in Karlsruhe gehaltenen Vortrags. Vhdlg. des Nat.wiss. Vereins Karlsruhe, Bd. 11, S. 41. Auch abgedruckt ohne Nennung des Autors in der »Karlsruher Zeitung« vom 7. März 1889.

1889e Ueber die Beziehung zwischen Licht und Elektrizität. Vortrag auf der 62. Versammlung der Ges. Deutscher Naturforscher und Ärzte in Heidelberg am 20. Sept. 1889. Tageblatt, S. 144–149. Separate Broschüre im Verlag Emil Strauss, Bonn.
GW I, S. 339–354.

1889f Referate über ›Allgemeine Theorie der Elektricität und des Magnetismus‹ und über ›Thermoelektrizität‹. In: Die Fortschritte der Physik des Aethers im Jahre 1883. S. 503–23. Hrsg. E. Rosochatius und B. Schwalbe. Berlin 1889.

1890a Ueber die Grundgleichungen der Electrodynamik für ruhende Körper. 1. Nachrichten der Göttinger Akademie der Wissenschaften vom 19. März 1890. 2. Ann. Phys., Bd. 40, S. 577–624. GW II, Nr. 13, S. 208–255.

1890b Ueber die Grundgleichungen der Electrodynamik für bewegte Körper. Ann. Phys., Bd. 41, S. 369–99. GW II, Nr. 14, S. 256–285.

1890c Die Bildung des elektrischen Stromes mit Bemerkungen über die Theorie des Blitzableiters. Vhdlg. des Naturhistorischen Vereins der Rheinlande und Westfalens. Bd. 47, S. 1, 1890. Abgedruckt in der »Kölnischen Zeitung« und anderen Zeitungen. (Referat, nicht von Heinrich Hertz, sondern von einem ungenannten Dritten verfaßt.)

1891a Ueber die mechanischen Wirkungen electrischer Drahtwellen. Ann. Phys., Bd. 42, S. 407–15. GW II, Nr. 12, S. 199–207.

1891b Zum 31. August 1891. (70. Geburtstag von Helmholtz) Münchner Allgemeine Zeitung, Beilage zur Ausg. vom 31. Aug. 1891.
GW I, Nr. 20, S. 360–368.

1892a Untersuchungen über die Ausbreitung der elektrischen Kraft. Leipzig 1892.
Die 2. Auflage 1894 mit den für die englische Ausgabe 1893 geschriebenen Anmerkungen ist der zweite Band der Gesammelten Werke, GW II.

1892b Ueber den Durchgang der Kathodenstrahlen durch dünne Metallschichten. Ann. Phys., Bd. 45, S. 28–32, 1892. GW I, Nr. 21, S. 355–9.

1894 Die Prinzipien der Mechanik in neuem Zusammenhange dargestellt. Hg. Philipp Lenard. Mit einem Vorwort von H. v. Helmholtz. GW III.

Einige nicht veröffentlichte wiss. Manuskripte von Heinrich Hertz

1879 (n.p.) a Nachweis elctr. Wirkungen in Dielectricität. (Ausarbeitung zur 1879 gestellten Preisaufgabe der Berliner Akademie.) ScML, MSS 245.

1879 (n.p.) b Bewegung von Leitern unter dem Einfluß statischer Elektricität. Oct. 1879, Berlin, Phys. Institut der Universität. NMH.

1883 (n.p.) Die mechanische Theorie der Wärme. Antrittsvorlesung in Kiel am 5. Mai 1883. NMH.

1884 (n.p.) Die Constitution der Materie. Manuskript einer Vorlesung, gehalten in Kiel, Sommersemester 1884. NMH. zit. als CdM.

1885 (n.p.) Der Energiehaushalt der Erde. Antrittsvorlesung am 20. April 1885 am Polytechnikum Karlsruhe. HLHU, * 20 M–65.

IV. Literatur

Abraham, Max
1903 Prinzipien der Dynamik des Elektrons. Ann. Phys., Bd. 10, S. 105–179. 1903.

Arons, Leo und Rubens, Heinrich
1891 Über die Fortpflanzungsgeschwindigkeit electrischer Wellen in isolirenden Flüssigkeiten. Ann. Phys. Bd. 42, S. 581–592. 1891.

Aitken, Hugh G. J.
1985 Syntony and Spark – The Origins of Radio. Princeton Univ. Press. 1985.

Appleyard, Rollo
1930 Pioneers in Electrical Communications. London, 1930.

Aulinger, Eduard
1885 Über das Verhältnis der Weberschen Theorie der Elektrodynamik zu dem von Hertz aufgestellten Princip der Einheit der electrischen Kräfte. 1. SBW. Bd. 91, S. 1–14, April 1885.
2. Ann. Phys., Bd. 27, S. 119–32. 1886.

Baird, Davis, Hughes, R. I. G., Nordmann, Alfred (Hrsg.)
1997 Heinrich Hertz: Classical Physicist, Modern Philosopher. Boston Studies in the Philosophy of Science. Dordrecht, 1997.

Barker, Peter
1980 Hertz and Wittgenstein. HSPS, Bd. 11, S. 243–256. 1980.

Bernstein, J.
1871 Über elektrische Oszillationen in inducirten Leitern. Ann. Phys. Bd. 142, S. 54–88. 1871.

Bertheau, F. R.
1912 Chronologie zur Geschichte der geistigen Bildung und des Unterrichtswesens in Hamburg von 1831 bis 1912. Hamburg, 1912.

Bezold, Wilhelm von
1870a Untersuchungen über elektrische Staubfiguren. Ann. Phys., Bd. 140, S. 145–159. 1870.
1870b Untersuchung über die elektrische Entladung. Vorläufige Mitteilung. Ann. Phys. Bd. 140, S. 541–552. 1870.
Auszugsweiser Nachdruck in GW II, Nr. 3, S. 59–68.
1872 Über das Bildungsgesetz der Lichtenbergschen Figuren. Ann. Phys., Bd. 144, S. 337–363. 1872.

Bjerknes, Vilhelm
1891a Über die Dämpfung schneller elektrischer Schwingungen. Ann. Phys., Bd. 44, S. 74–91. 1891.

1891b Über die Erscheinungen der multiplen Resonanz elektrischer Wellen. Ann. Phys., Bd. 44, S. 92–101.

1891c Über den zeitlichen Verlauf der Schwingungen im primären Hertzschen Leiter. Ann. Phys. Bd. 44, S. 513–26.

1923 Untersuchungen über Elektrische Resonanz. Sieben Abhandlungen aus den Jahren 1891–1895. Mit einer Einleitung dem Andenken an Heinrich Hertz gewidmet. Leipzig, 1923.

Blondlot, René und Poincaré, Henri

1893 Détermination expérimentale de la vitesse de propagation des ondes électromagnétiques. Comptes Rendus, Bd. 113, Sp. 628–631. 1893.

Bonfort, Helene

1894 Heinrich Hertz. Popular Science Monthly, Bd. 45, Nr. 3, S. 401–409. 1894.

Boltzmann, Ludwig

1886 Bemerkungen zu dem Aufsatz des Hrn. Lorberg über einen Gegenstand der Elektrodynamik. Ann. Phys., Bd. 29, S. 598–603.

1897 Vorlesungen über die Principe der Mechanik. Teil I, Leipzig, 1897. Teil II, Leipzig, 1904.

1891 Vorlesungen über Maxwells Theorie der Electricität und des Lichtes. Leipzig, 1891.

1905a Populäre Schriften. Wien 1905.

1905b Brief an »Nature«, 28. Febr. 1895.

Braun, Ferdinand

1901 Drahtlose Telegraphie durch Wasser und Luft. Leipzig, 1901.

Broda, Engelbert

1955 Ludwig Boltzmann: Mensch, Physiker, Philosoph. Wien, 1955.

Bryant, J. H.

1988 Heinrich Hertz –The beginning of Microwaves. Inst. of Electrical and Electronic Engineers. New York, 1988.

Buchwald, Jed Z.

1985 From Maxwell to Microphysics. Aspects of Electromagnetic Theory in the Last Quarter of the Nineteenth Century. Chicago, 1985.

1994 The Creation of Scientific Effects. Heinrich Hertz and Electric Waves. Chicago, 1994.

Cahan, David

1985 The Institutional Revolution in German Physics 1865–1914. HSPS, Bd. 15, S. 1–65. 1985.

Colley, R.

1885 Über einige Methoden zur Beobachtung electrischer Schwingungen und einige Anwendungen derselben. Ann. Phys., Bd. 26, S. 432–456. 1885.

1891 Ein Apparat zur Beobachtung electrischer Schwingungen. Ann. Phys. Bd. 44, S. 102–108. 1891.

Cornu, Mariè Alfred

1890 Remarque à propos de la communication de M. M. Sarasin et De la Rive: ›Resonance multiple des ondulations électriques de M. Hertz‹. Comptes Rendus, Bd. 110, Sp. 163.

Cohn, Emil

1890 Zur Systematik der Electricitätslehre. Ann. Phys., Bd. 40, S. 625–639. 1890.

Cohn, Emil und Heerwagen, Friedrich

1891 Über die Periode sehr schneller electrischer Schwingungen. Ann. Phys., Bd. 43, S. 343–370. 1891.

Crookes, William

1879 Strahlende Materie oder der vierte Aggregatzustand. Vortrag, gehalten auf der 49. Jahresversammlung der British Association for the Advancement of Science in Sheffield am 23. August 1879. Deutsche Übersetzung Leipzig 1879.

D'Agostino, Salvo

1975 Hertz's Researches on Electromagnetic Waves. HSPS, Bd. 6, S. 261–323.

1990 Boltzmann and Hertz on the Bild-Conception of Physical Theory. History of Science, Bd. 28, S. 380–398.

Darrigol, Olivier

1993 The electrodynamic revolution in Germany as documented by early German exposition of »Maxwell's Theory«. ArHESc, Bd. 45, S. 189–280. 1993.

Doll, Max

1894 Mitteilungen über Heinrich Hertz im Naturwissenschaftlichen Verein am 2. Febr. 1894. Vhdlg. des Nat.wiss. Vereins in Karlsruhe. Bd. 11, S. 1–5. 1895.

Doncel, Manuel

1991 On the process of Hertz's conversion to Hertzian waves. ArHESc, Bd. 43, S. 1–27. 1991.

1994 Heinrich Hertz. Spektrum der Wiss.schaft, Okt. 1994, S. 88–96.

Einstein, Albert

1917 Über die spezielle und die allgemeine Relativitätstheorie. Braunschweig, 1917.

1946 Autobiographisches. In: Paul Arthur Schilpp (Hg.): Albert Einstein als Philosoph und Naturforscher. Braunschweig und Wiesbaden, 1979.

1987 The Collected Papers of Albert Einstein. Hg. John Stachel et al.; Bd. 1. Princeton, 1987.

Elsas, Adolf
1886a Der Schall. Band 51 der Reihe »Wissen der Gegenwart«. Leipzig, 1886.
1886b Über die Psychophysik. Physikalische und erkenntnistheoretische Betrachtungen. Marburg, 1886.
1890 Über elektrische Wellen in offenen Strombahnen. Ann. Phys., Bd. 41, S. 833–849.

Eve, Arthur Steward
1939 Rutherford. Cambridge, 1939.

Evans, Richard J.
1990 Tod in Hamburg. Stadt, Gesellschaft und Politik in den Cholera-Jahren 1830–1910. Reinbek bei Hamburg, 1990.

Fahie, John Joseph
1899 A History of Wireless Telegraphy. Edinburgh & London, 1899.

Feddersen, Berend Wilhelm
1858 Beiträge zur Kenntnis des elektrischen Funkens. Diss. Univ. Kiel. Ann. Phys., Bd. 103, S. 69–88. 1858.
1859 Über die elektrische Wellenbewegung. Ann. Phys., Bd. 108, S. 497–501. 1859.
1861a Über die oscillatorische elektrische Entladung und ihre Grenze. Ann. Phys., Bd. 112, S. 452–459. 1861.
1861b Über die elektrische Flaschenentladung. Ann. Phys., Bd. 113, S. 437–467. 1861.
1862a Über eine eigenthümliche Stromtheilung bei Entladung der Leidner Batterie. Ann. Phys., Bd. 115, S. 336–343. 1862.
1862b Über die elektrische Flaschenentladung. Ann. Phys., Bd. 116, S. 132–171. 1862.

FitzGerald, George F.
1879 On the Possibility of originating Wave Disturbances by means of Electric Forces. Scientific Transactions of the Royal Dublin Society. Nov. 17, 1879. In: »Writings«, S. 90–92.
1880 On the Possibility … Part 2, Sc. Tr. Royal Dublin Soc., May 19, 1880. In: »Writings«, S. 93–98.
1882 On the Possibility … Corrections and Additions. Sc. Tr. Royal Dublin Soc., May 6, 1882. In: »Writings«, S. 99–101.
1883a On the Quantity of Energy Transferred to the Ether by a Variable Current. Sc. Tr. Royal Dublin Soc., Nov. 19, 1883. In: »Writings«, S. 128–129.
1883b On the Energy lost by Radiation from Alternating Electric Currents. British Association for the Advancement of Science, Report 1883. In: »Writings«, S. 128–129.
1883c On a Method of Producing Electromagnetic Disturbances of Comparatively short Wavelengths. British Assoc. Report 1883. In: »Writings«, S. 129.
1891 Hertz's Experiments. Nature, Bd. 43, S. 536–538; Bd. 44, S. 12–14 und 31–35.

1893 Hertz's Electric Waves. Rezension. Nature, Bd. 48, S. 538–539.

1895 Hertz's Principles of Mechanics. Rezension. Nature, Bd. 51, S. 283–285. 1895.

1896 Hertz's Miscellaneous Papers. Rezension. Nature, Bd. 55, S. 6–9.

1902 The Scientific Writings of the late George Francis FitzGerald. Hrsg. Joseph Larmor. Dublin, 1902.

Flückiger, Max

1974 Albert Einstein in Bern. Bern, 1974.

Föppl, Ludwig

1894 Einführung in die Maxwell'sche Theorie der Elektricität. Leipzig.

Forman, Paul, Heilbron, John. L. and Weart, Spencer

1975 Physics around 1900. Personnel, Funding and Productivity of the Academic Establishments. HSPS, Vol. 5, 1975.

Garber, Elizabeth

1976 Thermodynamics and Meteorology (1850–1900). Annals of Science, Bd. 33, S. 51–66. 1976.

Geitler, Josef Ritter von

1893 Über Reflexion electrischer Drahtwellen. Ann. Phys., Bd. 49, S. 184–195.

Gerlach, Walther

1958 Heinrich Hertz. Alma mater – Beiträge zur Geschichte der Universität Bonn. Heft 4.

Goldstein, Eugen

1881a Ueber elektrische Lichterscheinungen in Gasen. Ann. Phys., Bd. 12, S. 90–109. 1881.

1881b Ueber die Entladung der Elektricität in verdünnten Gasen. Ann. Phys., Bd. 12, S. 249–279. 1881.

1921 Helmholtz. Erinnerungen eines Laboratoriumspraktikanten. NW, Bd. 9, S. 699–702. 1921.

1925 Aus vergangenen Tagen der Berliner Physikalischen Gesellschaft. NW, Bd. 16, S. 39–45. 1925.

Graetz, Leo

1894 Heinrich Hertz und seine wissenschaftlichen Leistungen. Allgemeine Zeitung, München, 11. April. Beilage zur Nr. 99, S. 1–5.

1914 Die Elektrizität und ihre Anwendungen. 17. Auflage. Stuttgart.

Graßhoff, Gerd

1994 Wittgenstein's Metaphysical Tractatus. Studien aus dem Philosophischen Seminar der Universität Hamburg. Nr. 26.

Harnack, Adolf v.

1900 Geschichte der Königlich Preußischen Akademie der Wissenschaften zu Berlin. Band 2: Urkunden und Actenstücke zur Geschichte der Königlich Preußischen Akademie der Wissenschaften zu Berlin. Berlin, 1990.

Havas, Peter

1966 A Note on Hertz's ›Derivation of Maxwell's Equations‹. Am. J. Ph., Bd. 34, S. 667–669. 1966.

Heimann, Peter

1970 Maxwell, Hertz and the Nature of Electricity. Isis, Bd. 62, S. 149–157.

Heinrich-Hertz-Institut Berlin

1988 Festschrift anläßlich der Erforschung der elektromagnetischen Wellen vor 100 Jahren.

Helmholtz, Hermann von

1847 Über die Erhaltung der Kraft. Berlin, 1847. Wiss. Abh. I, S. 3–75.

1867 Handbuch der physiologischen Optik.

1869 Über electrische Oszillationen. Wiss. Abh. I, S. 531–536.

1870a Über die Gesetze der inconstanten elektrischen Ströme in körperlich ausgedehnten Leitern. Wiss. Abh. I, S. 537–544.

1870b Über die Theorie der Elektrodynamik. Erste Abhandlung. Wiss. Abh. I, S. 545–682.

1871 Über die Fortpflanzungsgeschwindigkeit der elektrodynamischen Wirkung. Wiss. Abh. I, S. 629–635.

1872 Über die Theorie der Elektrodynamik. Vorläufiger Bericht. Wiss. Abh. I, S. 636–646.

1873a Über die Theorie der Elektrodynamik. Zweite Abhandlung. Kritisches. Wiss. Abh. I, S. 647–687.

1873b Vergleich des Ampère'schen und Neumann'schen Gesetzes für die elektrodynamischen Kräfte. Wiss. Abh. I, S. 688–671.

1874a Über die Theorie der Elektrodynamik. Dritte Abhandlung. Die elektrodynamischen Kräfte in bewegten Leitern. Wiss. Abh. I, S. 702–762.

1874b Kritisches zur Elektrodynamik. Wiss. Abh. I, S. 763–773.

1875 Versuche über die im ungeschlossenen Kreise durch Bewegung inducirten elektromotorischen Kräfte. Wiss. Abh. I, S. 774–790.

1884 Principien der Statik monocyclischer Systeme. In: Wiss. Abh. III, S. 142–162 und S. 179–202.

1886 Über die physikalische Bedeutung des Princips der kleinsten Wirkung. Wiss. Abh. III, S. 203–248.

1887 Geschichte des Princips der kleinsten Action. Wiss. Abh. III, S. 249–263.

1892 Das Princip der kleinsten Wirkung in der Elektrodynamik. Wiss. Abh. III, S. 476–504.

1882–95 Wissenschaftliche Abhandlungen. 3 Bände. Leipzig.

1894 Vorwort von H. v. Helmholtz zu Heinrich Hertz: Die Prinzipien der Mechanik. GW III, S. XIII–XXVIII.

Hermann, Armin

1969 Heinrich Rudolf Hertz. NDB, Bd. 8, S. 713–14.

1994 Heinrich Hertz als Physiker und Philosoph. Phys. Bl., Mai 1994, S. 450–453.

Hertz, Gerhard

1988 Heinrich Hertz. Persönliche und historische Hintergründe der Entdeckung. Fridericiana – Zeitschrift der Universität Karlsruhe. Heft 41, S. 3–37. 1988.

Hertz, Gerhard und Doncel, Manuel

1995 Heinrich Hertz's Laboratory Notes of 1887. ArHESc, Bd. 49, S. 197–270. 1995.

Hertz, Gustav

1971 Heinrich Hertz, sein Leben und sein Werk. In: Über sehr schnelle elektrische Schwingungen – vier Arbeiten von Heinrich Hertz. Ostwalds Klassiker der exakten Wissenschaften. Leipzig.

Hertz, Rudolf

1957 Heinrich Hertz – Vater des Radios. Aufbau, New York, 22. Febr. 1957.

Hirosige, Tetu

1966 Electrodynamics Before the Theory of Relativity. Japanese Studies in the History of Science, Nr. 5, S. 1–49.

1969 Origins of Lorentz' Theory of Electrons and the Concept of the Electromagnetic Field. Historical Studies in the Physical Sciences. Bd. 1, S. 151–209. 1969.

Hon, Giora

1987 »The Electrostatic and Electromagnetic Properties of the Cathode Rays are Either Nil or very Feeble« (1883): A Case Study of an Experimental Error. SHPS, Bd. 18. S. 367–382.

Hörtz, Herbert und Laaß, Andreas

1989 Ludwig Boltzmanns Weg nach Berlin. Studien zur Geschichte der Akademie der Wissenschaften der DDR. Bd. 13. Berlin.

Hunt, Bruce J.

1991 The Maxwellians. Ithaca, N.Y.

Jüdische Familienforschung

1926 Die Abstammung von Heinrich Hertz. Nr. 2, Heft 6, S. 148. Gez. J. F.

1928 Zur Abstammung von Heinrich Hertz. Nr. 4, Heft 14, S. 63–64. 1928. Gez. P. E.

1929 Ahnentafel des Physikers Heinrich Hertz. Nr. 5, Heft 19, S. 171–72. Gez. Peter v. Gebhardt.

Jungnickel,Christa und McCormmach, Russel

1986 Intellectual Mastery of Nature. Theoretical Physics from Ohm to Einstein. 2 Bände. Chicago, 1986.

Kaiser, Wolfgang

1981 Theorien der Elektrodynamik im 19. Jahrhundert. Hildesheim, 1981.

Kayser, Heinrich
1936 Erinnerungen. Unveröffentlichtes Typoskript. 344 Seiten. Original in der Bibliothek der American Philosophical Society, Philadelphia.

Kelter, Edmund
1912 Hamburg und sein Johanneum im Wandel der Jahrhunderte 1529–1912. Hamburg.

Kessler, Harry Graf
1935 Gesichter und Zeiten. 1935; 2. Aufl., Frankfurt am Main, 1962.

Kirchhoff, Gustav
1864 Zur Theorie der Entladung einer Leydener Flasche. Ann. Phys., Bd. 121, S. 551–566.
1877 Vorlesungen über mathematische Physik. Bd. 1: Mechanik. Leipzig, 1877.
1895 Bd. 3: Elektricität und Magnetismus. Hg. Max Planck. Leipzig, 1891.

Kirchhoff, Gustav und Hansemann, Gustav
1880a Über die Leitungsfähigkeit des Eisens für Wärme. Ann. Phys., Bd. 9, S. 1–47.
1880b Versuche über stehende Schwingungen des Wassers. Ann. Phys., Bd. 10, S. 337–347.

Kirsten, Christa (Hrsg.)
1986 Dokumente einer Freundschaft. Briefwechsel zwischen Hermann von Helmholtz und Emil Du Bois-Reymond 1846–1894. Berlin.

Kirsten, Christa und Körber, Hans-Günther (Hrsg.)
1975 Physiker über Physiker. (Wahlvorschläge zur Aufnahme von Physikern in die Berliner Akademie, 1870 bis 1929). Berlin.
1979 Physiker über Physiker II. (Antrittsreden, Erwiderungen, Gedächtnisreden, 1870 bis 1929) Berlin.

Kleinpeter, Hans
1899 Über Ernst Mach's und Heinrich Hertz' principielle Auffassung der Physik. Archiv für systematische Philosophie. Bd. 5, S. 159–184.
1905 Die Erkenntnistheorie der Naturforschung. Unter Zugrundelegung der Anschauungen von Mach, Stallo, Clifford, Kirchhoff Hertz, Pearson und Ostwald. Leipzig.

Königsberger, Leo
1902/3 Hermann von Helmholtz, Bd. 1–3. Braunschweig.
1919 Aus meinem Leben. Heidelberg.

Koláček, František
1887 Versuch einer Disperationserklärung vom Standpunkt der elektromagnetischen Lichttheorie. Ann. Phys., Bd. 32, S. 224–255.
1888 Beiträge zur elektromagnetischen Lichttheorie. Ann. Phys., Bd. 34, S. 673–711.

1890 Beiträge zur elektromagnetischen Lichttheorie. Ann. Phys., Bd. 39, S. S.236–257.
1891 Zur Theorie der elektrischen Schwingungen. Ann. Phys., Bd. 43, S. 371–384.

Kuczera, Josef
1975 Heinrich Hertz, Entdecker der Radiowellen. Leipzig.

Kurylo, Friedrich
1965 Ferdinand Braun. München.

Laue, Max von
1961 Heinrich Hertz 1857–1892. In: Gesammelte Schriften und Vorträge. Bd. 3, S. 247–256. Braunschweig. Nachdruck in EBT.

Lazarus, M. J.
1986 Electromagnetic radiation: megahertz to gigahertz. A tribute to Heinrich Rudolf Hertz and John Turton Randall. IEE Proceedings, Vol. 133, S. 109–118.

Lecher, Ernst
1890 Eine Studie über elektrische Resonanzerscheinungen.
1. SBW, Bd. 99, Sitzung vom 24. April 1890.
2. Ann. Phys., Bd. 41, S. 850–870.

Lenin, Wladimir Iljitsch
1909 Materialismus und Empiriokritizismus. Kritische Bemerkungen über eine reaktionäre Philosophie. 19. Auflage der deutschen Übersetzung, hrsg. vom Institut für Marxismus und Leninismus beim ZK der SED. Berlin, 1989.

Lenard, Philipp
1894 Über Kathodenstrahlen in Gasen von atmosphärischem Druck und im Vakuum. SBB vom 12. Jan. 1894. Ausführliche Fassung in Ann. Phys., Bd. 51, S. 225–267.
1895 Einleitung zu GW I, S. IX–XXIX.
1906 Über Kathodenstrahlen. Nobel-Vortrag.
1931 Lebenserinnerungen eine Naturforschers, der Kaiserreich, Judenherrschaft und Hitler erlebt hat. Manuskript begonnen ca. 1931 ff. Als Typoskript veröffentlicht von der Universität Heidelberg 1968.
1937 Große Naturforscher. Eine Geschichte der Naturforschung in Lebensbeschreibungen. 3. Aufl., München.

Lodge, Oliver J.
1888 On the Theory of Lightning Conductors. Phil. Mag., Bd. 26, S. 217–230.
1889a Modern Views of Electricity. London, New York, 1889. Dieses Buch basiert auf einer Folge von Artikeln, die in »Nature« zwischen dem 6. Oktober 1887 und dem 31. Januar 1891 erschienen sind.
1889b On Electric Radiation and its Concentration by Lenses. (mit J. L. Howard) Phil. Mag., Bd. 28, S. 48–63.

1894 The Work of Hertz. Nature, Bd. 50, S. 133–139 und S. 160–161.

1900 Signalling through Space without Wires: The Work of Hertz and His Successors. London.

Lorberg, Hermann

1886 Bemerkungen zu zwei Aufsätzen von Hertz und Aulinger über einen Gegenstand der Elektrodynamik. Ann. Phys., Bd. 29, S. 666–672.

1887 Erwiderung auf die Bemerkung des Herrn Boltzmann zu meiner Kritik zweier Aufsätze von Hertz und Aulinger. Ann. Phys., Bd. 31, S. 131–137.

Lorenz, Ludwig

1879 Über die Fortpflanzung der Elektricität. Ann. Phys. Bd. 7, S. 161–193.

Mach, Ernst

1887 Die Mechanik in ihrer Entwicklung – historisch-kritisch dargestellt. Dritte Auflage, Leipzig, 1897. Zit. nach der 7. Aufl. 1912.

Maxwell, James Clerk

1856 On Faraday's lines of force. Sc. Papers, Bd. 1, S. 155.

1862 On physical lines of force. Sc. Papers, Bd. 1, S. 451.

1864 A dynamical theory of the electromagnetic field. Sc. Papers, Bd. 1, S. 526.

1873 A treatise on electricity and magnetism. 2 Bände.

1890 Scientific Papers. 2 Bände.

McGuiness, Brian

1988 Wittgensteins frühe Jahre. Frankfurt.

Minkowski, Hermann

1911 Gesammelte Abhandlungen. Hg. David Hilbert. Berlin.

1973 Briefe an David Hilbert. Hg. L. Rüdenberg und H. Zassenhaus. Berlin.

Mulligan, Joseph F.

1987 The influence of Hermann von Helmholtz on Heinrich Hertz' contributions to Physics. AmJPh, Bd. 55, S. 711–19.

1989a Heinrich Hertz and the development of physics. Physics Today, Bd. 42, S. 50–57.

1989b Hermann von Helmholtz and his students. AmJPh, Bd. 57, S. 68–74.

1994 Heinrich Rudolf Hertz. A Collection of Articles and Adresses. New York und London. Garland Publishing.

O'Hara, J. G. und Pricha, W.

1987 Hertz and the Maxwellians. London.

Paalzow, Carl

1863 Über die Lichterscheinungen bei der Entladung der Leydener Batterie, wenn sie in einem rotierenden Spiegel betrachtet wird. Ann. Phys., Bd. 118, S. 178–182. 1863.

Planck, Max

1894 Gedächtnisrede auf Heinrich Hertz. VdPhG, Bd. 13, S. 9–29; Physikalische Abhandlungen und Vorträge, Bd. 3, S. 268–88. Braunschweig, 1958.

1935 Persönliche Erinnerungen. VdPhG, Bd. 16, S. 11–16; Phys. Abh. und Vorträge, Band 3, S. 358–363. Braunschweig, 1958.

1946 Persönliche Erinnerungen aus alten Zeiten. NW, Bd. 33, S. 230–235.

1948 Wissenschaftliche Selbstbiographie. Göttingen. Phys. Abh. und Vorträge, Bd. 3, S. 374–401.

Poincaré, Henri

1890 Électricité et optique. Les théories de Maxwell et la théorie électromagnétique de la lumière. Hg. J. Blondin. Bd. 1 und 2, Paris, 1890/1.

Precht, Julius

1893 Absolute Messungen über das Ausströmen der Elektricität aus Spitzen. Ann. Phys., Bd. 49, S. 150–183.

Pupin, Michael

1926 From Immigrant to Inventor. New York. zit. nach der deutschen Übersetzung: Vom Hirten zum Erfinder. Berlin 1929.

Ritter, Robert

1890 Bemerkungen zu den Hertz'schen Versuchen über Strahlen elektrischer Kraft. Ann. Phys., Bd. 40, S. 53–54.

Ritter, Robert und Rubens, Heinrich

1890 Über das Verhalten von Drahtgittern gegen electrische Schwingungen. Ann. Phys., Bd. 40, S. 55–73.

de la Rive, Lucien

1890 Sur la théorie des interférences de l'onde électrique propagée dans un fil conducteur et du résonateur. ArSphnG, Bd. 23, S. 391–401 und S. 547–49.

Rubens, Heinrich

1891 Über stehende electrische Wellen in Drähten und deren Messung. Ann. Phys., Bd. 42, S. 154–164.

Röntgen, Wilhelm Conrad

1885 Versuche über die elektromagnetische Wirkung der dielektrischen Polarisation. SBB, S. 195–198, 1885.

1888 Über die durch Bewegung eines im homogenen electrischen Felde befindlichen Dielectricums hervorgerufene electrodynamische Kraft. SBB, S. 23–29, 1888; Ann. Phys., Bd. 35, S. 264–269.

1890 Beschreibung des Apparates, mit welchem die Versuche über die electro-dynamischen Wirkungen bewegter Dielectrica ausgeführt wurden. Ann. Phys., Bd. 40, S. 93–108.

Rosenfeld, Léon

1957 The Velocity of Light and the Evolution of Electrodynamics. Nuovo cimento, supp. 4, S. 1630–1669.

Sachse, Arnold

1928 Friedrich Althoff und sein Werk. Berlin.

Sarasin, Edouard und de la Rive, Lucien

1889 Sur la résonance multiple. Vorläufige Mitteilungen. In: ArSphnG, Bd. 22, S. 283 und S. 363.

1890 Sur la résonance multiple des ondulations électriques de M. Hertz se propageant le long de fils conducteurs. ArSphnG, Bd. 23, S. 113–60.

1892 Sur la production de l'etincelle de l'oscillateur hertzien dans un diélectrique liquide, au lieu de l'air. 1. ArSphnG, Bd. 28, S. 309–9. 2. Comptes Rendus, Bd. 115, Sp.439–440.

1893a Sur l'égalite des vitesses de propagation de l'ondulation électrique dans l'air et de l'ond de fils conducteurs, vérifiée par l'emploi d'une grande surface métallique. Comptes Rendus, Bd. 115, Sp. 439–440.

1893b Interférence des ondulations électriques par réflexion normale sur une paroi métallique. Égalité des vitesses de propagation dans l'air et le long des fils conducteurs. ArSphnG, Bd. 29, S. 358–93 und S. 441–70.

Schleiermacher, August

1906 Heinrich Hertz. In: Badische Biographien. 5.Teil, S. 301–306.

Schmidt, Gerrit

1989 Die Geschichte der Hamburgischen Anwaltschaft von 1815–1870. Hamburg.

Siemens, Werner

1876 Messung der Fortpflanzungsgeschwindigkeit der Electricität in suspendierten Drähten. Ann. Phys., Bd. 157, S. 309–322.

Simpson, T. K.

1966 Maxwell and the Direct Experimental Test of His Electromagnetic Theory. Isis, Bd. 57, S. 411–432.

Stuewer, Roger H.

1971 Hertz' Discovery of the Photoelectric Effect. Proc. 13th Int. Congress on the Hist. of Science, Moskau, 1971. Bd. 6, S. 35–43.

Sommerfeld, Arnold

1948a Vorlesungen über Theoretische Physik. Bd. 1: Mechanik.

1948b Bd. 3: Elektrodynamik.

Spengler, Oswald

1919 Der Untergang des Abendlandes. München.

Süsskind, Charles

1964 Observations of Electromagnetic-Wave Radiation Before Hertz. Isis, Bd. 55, S. 32–42.

1965 Hertz and the Technological Significance of Electromagnetic Waves. Isis, Bd. 56, S. 342–345.

Szabo, István
1976 Geschichte der mechanischen Prinzipien. Basel und Stuttgart 1976.

Tageblätter der Gesellschaft Deutscher Naturforscher und Ärzte GDNÄ
1888 61. Versammlung in Köln
1889 62. Versammlung in Heidelberg
1890 63. Versammlung in Bremen
1891 64. Versammlung in Halle
1892 65. Versammlung in Nürnberg

Thiele, J.
1968 Ernst Mach und Heinrich Hertz. Zwei unveröffentlichte Briefe aus dem Jahre 1890. Schriftenreihe für Geschichte der Naturwissenschaften, Technik und Medizin. Bd. 5, S. 132–34.

Trouton, Frederik Thomas
1889a Repetition of Hertz' Experiments and Determination of the Direction of the Vibration of Light. Nature, 21. Febr. 1889, S. 391–393. – Correction, 28. Febr. 1889, S. 412.
1889b Experiments on Electro-magnetic Radiation, Including some of the Phase of Secondary Waves. Nature, 22. Aug. 1889, S. 398–400.
1890 Multiple resonance obtained with Hertz's vibrators. Nature, 30. Jan. 1890. S. 295–296.

Universität Bonn
1933 Geschichte der Rheinischen Friedrich-Wilhelms-Universität zu Bonn am Rhein. Hg. A. Dyroff. Bd. 2. Institute und Seminare. Bonn, 1933.
1970 150 Jahre Rheinische Friedrich-Wilhelms-Universität zu Bonn 1818–1968. Bonner Gelehrte. Beiträge zur Geschichte der Wissenschaften in Bonn. Mathematik und Naturwissenschaften. Bonn, 1970.
1968 O. Wenig: Verzeichnis der Professoren und Dozenten an der Rheinischen Friedrich-Wilhelms-Universität zu Bonn 1818–1968. Bonn, 1968. (Hertz S. 117)

Universität Karlsruhe
1885–87 Programme des Polytechnikums / Technische Hochschule Karlsruhe.
1892 Festgabe zum Jubiläum der vierzigjährigen Regierung Seiner Königlichen Hoheit des Grossherzogs Friedrich von Baden. Karlsruhe, 1892.
1899 Die Grossherzogliche Technische Hochschule Karlsruhe. Festschrift zur Einweihung der Neubauten im Mai 1899. Stuttgart, 1899.

Universität Kiel

1883–85 Chronik der Universität Kiel.

1986 Geschichte der Christian-Albrechts-Universität Kiel. 1665–1965. Bd. 6, Hg. Karl Jordan: Geschichte der Mathematik, der Naturwissenschaften und der Landwirtschaftswissenschaften. Neumünster, 1968.

Universität Marburg

1896 Chronik für 1895/96. Marburg, 1896.

Unsöld, Albrecht

1970 H. Hertz' ›Prinzipien der Mechanik‹. Phys. Bl., Bd. 26, S. 337–342.

Warburg, Emil

1925 Zur Geschichte der Physikalischen Gesellschaft. NW., Bd. 16, S. 35–39.

Wehler, Hans-Ulrich

1995 Deutsche Gesellschaftsgeschichte. Dritter Band 1849–1914. München.

Wiedemann, Gustav

1894/5 Die Lehre von der Elektricität. Vier Bände. Braunschweig.

Wiener, Otto

1890 Stehende Lichtwellen und die Schwingungsrichtung polarisirten Lichtes. Ann. Phys., Bd. 40, S. 203–243.

Wilson, Andrew D.

1989 Hertz, Boltzmann and Wittgenstein Reconsidered. SHPS, Bd. 20, S. 245–263.

Whittaker, Edmund T.

1951 A History of the Theories of Aether and Electricity. Vol. 1. The Classical Theories. Revised Ed. London, 1951.

Wittgenstein, Ludwig

Werkausgabe in acht Bänden. Frankfurt am Main, 1984 ff.

Wittje, Roland

1996 Die frühen Experimente von Heinrich Hertz zur Ausbreitung der »Elektrischen Kraft«. – Entstehung, Entwicklung und Replikation eines Experiments. Diplom-Arbeit, Carl-v.-Ossietzky-Universität Oldenburg.

Wolf, Franz

1957 Hertz und Lenard. Phys. Bl., Bd. 13, S. 567–68.

1968 Heinrich Hertz. FrK, Heft 1, S. 5–18.

Yule, G. Udny

1893 Ueber den Durchgang electrischer Wellen durch Electrolytenschichten. Ann. Phys., Bd. 50, S. 742–751.

Zatzkis, H.
1965 Hertz's Derivation of Maxwell's Equations. AmJPh, Bd. 33, S. 898–904.

Zenneck, Jonathan
1929 Heinrich Hertz: Rede bei der Heinrich Hertz Feier der Universität Bonn am 19. Nov. 1927. Deutsches Museum: Abhandlungen und Berichte, Bd. 1, Heft 2, S. 1–36.
1946 Zum 90. Geburtstag von Heinrich Hertz. NW, Bd. 33, S. 225–230.

Anmerkungen

Vorwort

1 H. v. Helmholtz 1894, S. XIIV/XIV.

2 H. v. Helmholtz an Leo Königsberger, Berlin, 11. Juli 1894. In: Königsberger 1903, Bd. 3, S. 121. – Helmholtz erlitt am 12. Juli 1894 einen Schlaganfall, von dem er sich nicht mehr erholte. Er starb am 8. September 1894 im Alter von 73 Jahren.

I.1 »Glänzt als Stern erster Größe«

1 EBT, S. 1.

2 Jüdische Familienforschung, 1929, enthält die Ahnentafel von Heinrich Hertz; zusätzliche Angaben über die väterlichen Vorfahren in zwei weiteren Beiträgen in: Jüdische Familienforschung, Nr. 2, Heft 6, S. 148; 1926 und Nr. 4, Heft 14, S. 63–64; 1928. Vgl. auch: Heinrich Hertz' jüdische Abstammung. Hamburger Familienblatt für die israelitischen Gemeinden, 5. Nov. 1925, S. 2. Vgl. auch NDB, Bd. 8, S. 713.

3 Stargard Autographen-Katalog Nr. 654, Pos. 183; 1993. Die Rechnungen für Herzog Ernst II. stammen aus dem Jahr 1788.

4 Zu Jacob und Adolph Hertz vgl. NDB, Bd. 8, S. 708/9. Auch Paul Hertz: Unser Elternhaus. Hamburg 1883.

5 HSTA.

6 In der ersten Bürgerschaft von 1860 gab es drei Abgeordnete des Namens Hertz; nur Heinrich David war getauft, der Kaufmann Hartwig Samson Hertz und der Jurist Dr. Daniel Hertz waren Juden.

7 HSTA; Schmidt, Gerrit: S. 349.

8 Schmidt, Gerrit: S. 349.

9 Heinrich David Hertz an seine Kinder, Frankfurt, 16. Okt. 1856. HSTA.

10 EBT. S. 1

11 Gustav Ferd. Hertz an seine Eltern; Hamburg, 13. Mai 1861. HSTA.

12 EBT, S. 2.

13 EBT, S. 2.

14 Rudolf H. Hertz, 1957.

15 Die in Hamburg üblichen zwei Klassen von Anwälten, die Advokaten und die Prokuratoren, entsprachen in etwa der heute noch in England bestehenden Unterscheidung in »solicitors« und »barristers«. Vgl. Schmidt, Gerrit.

16 Ernst Albrecht: Heinrich Hertz zum Gedächtnis. Manuskript ohne Datum, ca. 1930. NMH.

17 H. Hertz: Lebensbeschreibung für die Zulassung zum Abitur. Hamburg, 18. Jan. 1875. Eine Abschrift von Elisabeth Hertz wurde mir von G. Hertz, Karlsruhe, zur Verfügung gestellt. – Die Darstellung des 17jährigen Heinrich Hertz unterscheidet sich hier erheblich von der, die seine Mutter mehr als ein Vierteljahr-

hundert später gab. In EBT sind Kindergarten und die »kleinere Schule« nicht erwähnt. Dies ist nicht der einzige Fall, in der die Erinnerung von Anna Elisabeth Hertz nicht zuverlässig ist.

18 Viele Briefe des kleinen Heinrich Hertz sind in NMH erhalten. Im HSTA befindet sich ein gereimter Glückwunsch »An die liebe Großmama am 25. Februar«.

19 Wie Anm. 17.

20 Erst am 11. November 1870 erging in Hamburg ein Gesetz über die Schulpflicht und die Einrichtung von Volksschulen.

21 Berteau, S. 188.

22 EBT, S. 10

23 EBT. S. 4.

24 EBT, S. 6–8.

25 EBT, S. 6.

26 Das erste Tagebuch von 1867 bis 1872 ist erhalten in NMH.

27 Wie Anm. 17; auch in EBT, S. 14.

I.2 Zwischen Hobelbank und Homer

1 EBT, S. 8.

2 EBT, S. 10.

3 Ernst Albrecht: Heinrich Hertz zum Gedächtnis. Typoskript ca. 1930. NMH.

4 Tagebuch, 12. März 1872. NMH.

5 ETB, S. 16.

6 Tagebuch, 18. Febr. 1872. NMH.

7 Appleyard, Rollo: S. 110f. Appleyard hat diese Informationen von Elisabeth Hertz, der Witwe von Heinrich Hertz, erhalten, als er für seine Studie Ende der zwanziger Jahre Material sammelte. Er hat die Waage des Heinrich David Hertz noch in Bonn gesehen.

8 Tagebuch, 22. Febr. 1872. NMH.

9 – an die Eltern; Kiel, 31. Mai 1884. HSTA.

10 – an die Eltern; Berlin, 10. Juli 1882. EBT, S. 166.

11 Ein Beispiel für einen Forschungsbericht an den Vater ist der lange Brief über die Entdeckung des »lichtelektrischen Effekts«; EBT, S. 224–228.

12 EBT, S. 6.

13 EBT, S. 8.

14 EBT, S. 14.

15 Tagebuch, 18. März 1872. NMH.

16 EBT, S. 12.

17 Tagebuch, 28. März 1872. NMH.

18 EBT, S. 16. Rudolf Hertz, in: Aufbau, S. 12. New York, 22. Febr. 1957.

19 Vilhelm Bjerknes an Carl Anton Bjerknes, Bonn, Oktober 1890. Abgedruckt in Bjerknes 1923, S. XIX.

20 Ernst Albrecht, wie Anm. 3.

21 EBT, S. 16.

22 Tagebuch, 17. Juli 1872. NMH.

23 EBT, S. 18.

24 Vgl. dazu das Material in dem inhaltsreichen Buch von Richard J. Evans: Tod in Hamburg, Reinbek bei Hamburg, 1990.

25 Kessler 1962, S. 163f.
26 EBT, S. 18.
27 Kessler 1962, S. 149.
28 Kelter 1929, S. 185.
29 ibid.
30 ibid.
31 EBT, S. 18.
32 – an den Vater, Bonn, 11. Jan. 1891. HSTA.
33 Ernst Albrecht, wie Anm. 3.
34 Rudolf Hertz, in: Aufbau, S. 12. New York, 27. Febr. 1957.
35 EBT, S. 18.
36 Kelter 1929, S. 187.
37 Eine Abschrift des Zeugnisses im Faksimile, in: Gerhard Hertz, 1988, das Original in NMH.
38 EBT, S. 20.
39 EBT, S. 20.
40 Tagebuch vom 5. Nov. 1875; EBT, S. 38.
41 H. v. Helmholtz: Vorwort zu GW III, S. XV.

I.3 Im Baubüro – und dabei »ganz naturwissenschaftlich zumute«

1 – an die Eltern, Frankfurt, 23. März 1875. HSTA.
2 – an die Eltern, Frankfurt, 29. März 1875. HSTA.
3 – an die Eltern, Frankfurt, 29. März 1875. HSTA.
4 – an die Eltern, Frankfurt, 29. März 1875. EBT, S. 22.
5 – an die Eltern, Frankfurt, 2. Juli 1875. EBT, S. 30.
6 – an die Eltern, Frankfurt, 4. April 1875. EBT, S. 24.
7 – an die Eltern, Frankfurt, 7. April 1875. EBT. S. 26.
8 – an die »Liebe Mama«, Frankfurt, 10. April 1875. EBT, S. 26.
9 – an die Eltern, Frankfurt, 1. Juni 1875. EBT, S. 26.
10 Tagebuch. 31. Okt. 1875. EBT, S. 36.
11 – an die Eltern, Frankfurt, 1. Juni 1875. EBT, S. 28.
12 – an die Eltern, Frankfurt, 17. Juni 1875. EBT, S. 28.
13 – an die Eltern, Frankfurt, 8. Juli 1875. EBT, S. 30.
14 – an die Eltern, Frankfurt, 7. Juni 1875. EBT, S. 26.
15 – an die Eltern, Frankfurt, 17. Juni 1875. EBT, S. 30.
16 Tagebuch, 5. Nov. 1875. EBT, S. 36.
17 Tagebuch, 22. Dez. 1875. EBT, S. 42.
18 Tagebuch, 25. Sept.1875. EBT, S. 30.
19 Tagebuch, 28. Okt. 1875. EBT, S. 36.
20 Tagebuch, 5. Nov. 1875. EBT, S. 36.
21 Zu Boettger vgl. Jungnickel und McCormmach 1986, Bd.1, S. 126.
22 Tagebuch, 5. Nov, 1875. EBT, S. 38.
23 Tagebuch, 5. Nov. 1875. EBT, S. 38.
24 Tagebuch, 22. Dez. 1875. EBT, S. 42.
25 Tagebuch, 14. und 26. Nov. 1875. EBT, S. 38–40.
26 Tagebuch, 11. Dez. 1875. EBT, S. 40.

27 Tagebuch, 22. Dez.1975 und eine undatierte Eintragung vom April 1876. EBT, S. 42.
28 – an die Eltern, Frankfurt, 17. Januar 1876. HSTA.
29 Tagebuch, Eintrag ohne Datum, April 1876. EBT, S. 42.
30 – an die Eltern, Frankfurt, 17. Febr.1876. HSTA.
31 – an die Eltern, Karlsruhe, 1. Mai 1887. HSTA.
32 – an die Eltern, Frankfurt, 25. März 1876. HSTA.
33 Tagebuch, Eintrag ohne Datum, April 1876. EBT, S. 42.

I.4 Kurz im Kolleg und lang in der Kaserne

1 – an die Eltern, Dresden, 24. April 1876. HSTA.
2 Tagebuch, 25. April 1876. EBT, S. 44.
3 Tagebuch, 3. Mai 1876. EBT, S. 46.
4 Tagebuch, 25. April 1876. EBT, S. 44.
5 – an die Eltern, 24. Mai 1876. EBT, S. 48.
6 Tagebuch, 12. Juni 1876. EBT, S. 50.
7 Königsberger 1919, S. 184.
8 Tagebuch, 29. Mai 1876. EBT, S. 50.
9 Tagebuch, 7. Juni 1876. NMH.
10 – an die Eltern, 24. Mai 1876. EBT, S. 48.
11 ibid.
12 ibid.
13 Tagebuch, 22. Mai 1876. NMH.
14 Tagebuch, 26. April 1876. EBT, S. 46.
15 – an den Vater, Dresden, 30. April 1876. HSTA.
16 ibid.
17 – an die Eltern, Dresden, 3. Mai 1876. EBT, S. 46.
18 – an die Eltern, Dresden, 16. Mai 1876. EBT, S. 48.
19 Tagebuch, 11. Mai 1876. NMH.
20 Zu Heinrich von Kusserow vgl. NDB.
21 Zu Adolph von Hansemann vgl. NDB.
22 Tagebuch, 30. Sept. und 1. Okt. 1876. NMH.
23 – an die Eltern, Berlin, 6. Okt. 1876. EBT, S. 52.
24 – an die Eltern, Berlin, 12. Okt. 1876. HSTA.
25 – an die Eltern, Berlin, 13. Nov. 1876. EBT, S. 52.
26 – an die Eltern, Berlin, 12. Okt. 1876. NMH.
27 – an die Eltern, Berlin, 25. Okt. 1876. HSTA.
28 Abgangszeugnis der Bauakademie Berlin, Juli 1877. NMH.
29 – an den Vater, Berlin, 27. Aug. 1877. HSTA.
30 – an die Eltern, Berlin, 22. Dez. 1876. HSTA.
31 – an die Eltern, Berlin, 8. Jan. 1877. HSTA.
32 – an die Eltern, Berlin, 19. Febr. 1877. HSTA.
33 – an die Eltern, Berlin, 23. Febr. 1877. EBT, S. 54/56.
34 – an die Eltern, Berlin, 18. Okt. 1876. HSTA.
35 – an die Eltern, Berlin, 4. Mai 1877. EBT, S. 56.
36 – an die Eltern, Berlin, 17. Juni 1877. HSTA.
37 Tagebuch, 9. Sept. 1877. NMH.

38 – an die Eltern, München, 10. Dez. 1877. EBT, S. 74.
39 Tagebuch, 15. Sept. 1877. NMH.
40 – an die Eltern, Berlin, 19. Sept. 1887. EBT, S. 58.
41 ibid.
42 – an die Eltern, Berlin, 27. Aug. 1877. HSTA.

I.5 »Jetzt oder gar nicht«: Entscheidung für die Physik

1 – an die Eltern, München, 22. und 29. Okt. 1877. EBT, S. 60/62.
2 – an die Eltern, München, 7. Nov. 1877. EBT, S. 66.
3 – an die Eltern, München, 7. Nov. 1877. EBT, S. 66.
4 – an die Eltern, München, 1. Nov. 1877. EBT, S. 62–66.
5 – an die Eltern, München, 7. Nov. 1877. EBT. S. 66.
6 Max Planck, 1942.
7 – an die Eltern, München, 7. Nov. 1877. EBT, S. 68.
8 Vgl. Abgangszeugnis der Univ. München. NMH.
9 – an die Eltern, München, 27. Jan. 1878. EBT, S. 78.
10 – an die Eltern, München, 27. Jan. 1878. EBT, S. 78.
11 ibid.
12 Wahrscheinlich las Hertz nicht das Original der »Mécanique analytique« von 1788, sondern eine weiter verbreitete Ausgabe von 1811 mit Anmerkungen von J. Bertrand und G. Darboux.
13 – an die Eltern, München, 13. Jan. 1888. EBT, S. 76.
14 Eine erste zweibändige Ausgabe von Montuclas »Histoire« war bereits 1758 erschienen. Die Ausgabe von 1799 ist jedoch wesentlich erweitert und auf den damals neuesten Stand gebracht worden. Die beiden letzten Bände wurden übrigens von dem hervorragenden Mathematiker Joseph Jérôme de Lalande fertiggestellt und herausgegeben. Hertz fand die beiden letzten Bände »daher leider nicht so schön klar und geordnet wie die ersten.« (EBT, S. 82)
15 – an die Eltern, München, 25. Nov. 1877. EBT, S. 70.
16 ibid.
17 – an die Eltern, München, 25. Nov. 1877. EBT, S. 70.
18 – an Onkel und Tante Pfefferkorn, München, 17. Dez. 1878. HSTA.
19 – an die Eltern, München, 5. Jan. 1878. HSTA.
20 – an die Eltern, München, 26. Dez. 1877. EBT, S. 74.
21 – an die Eltern, München, 9. Dez. 1877. HSTA.
22 – an die Eltern, München, 5. Jan. 1878. HSTA.
23 – an die Eltern, München, 9. Dez. 1877. HSTA.
24 – an die Eltern, München, 4. Febr. 1878. EBT, S. 80.
25 Bei dieser Erwerbung von Heinrich Hertz muß es sich gehandelt haben um Opuscula mathematica, philosophica, et philologica. Ed. Johann Castillon. Lausanne & Genève, 1744. – Der Herausgeber hieß Giovanni Francesco Salvemini bevor er sich den französischen Namen Castillon zulegte.
26 – an die Eltern, München, 27. Jan. 1878. EBT, S. 78.
27 – an die Eltern, München, 4. Febr. 1878. EBT, S. 80.
28 ibid.
29 – an die Eltern, München, 15. Febr. 1878. EBT, S. 82.
30 – an die Eltern, München, 24. Febr. 1878. EBT, S. 84.

31 ibid.
32 – an die Eltern, München, 25. Nov. 1877. EBT, S. 72.
33 Vgl. dazu die Briefe an die Eltern vom 8. und 22. Mai 1878. EBT, S. 84 und 86.
34 – an die Eltern, München, 8. Mai 1878. HSTA. »ganz umsonst« bedeutet, daß die Hörer kein Kolleggeld zu entrichten hatten.
35 – ibid.
36 – an die Eltern, München, 16. Mai 1878. HSTA.
37 ibid.
38 – an den Vater, München, 22. Mai 1878. HSTA.
39 – an die Eltern, München, 16. Mai 1878. HSTA.
40 – an den Vater, München, 25. Juni 1878. EBT, S. 88.
41 – an den Vater, München, 4. Juni 1878. EBT, S. 86.
42 – an den Vater, München, 13. Juli 1878. HSTA.
43 – ibid.
44 – an den Vater, München, 22. Juli 1878. EBT, S. 88.
45 – an die Eltern, Hamburg, 21. Aug. 1878. EBT, S. 90.

II.1. Das »riesige Leben« und ein großer Lehrer

1 – an die Eltern, Berlin, 24. Okt. 1878. HSTA. – Seit 1913 befindet sich an der Stelle des Hauses, in dem Heinrich Hertz gewohnt hat, die Staatsbibliothek.
2 ibid.
3 – an die Eltern, Berlin, 31. Okt. 1878. HSTA.
4 – an die Eltern, Berlin, 31. Okt. 1878. EBT, S. 92.
5 – an die Eltern, Berlin, 31. Okt. 1878. HSTA.
6 Vgl. dazu Lexis 1893, Bd. 2, S. 177.
7 ibid., Bd. 1, S. 118.
8 F. Schleiermacher: Gelegentliche Gedanken über Universitäten in deutschem Sinn. 1808. Zit. nach Lexis 1893, S. 32.
9 – an die Eltern, Berlin, 6. Nov. 1878. EBT, S. 96. Zu einer anderen, eher negativen Beurteilung von Kirchhoffs Vorlesungen vgl. Max Planck, 1948, S. 376.
10 Vgl. dazu die gedruckten Vorlesungen: Kirchhoff 1891.
11 Die von Heinrich Hertz belegten Lehrveranstaltungen sind aufgeführt im Abgangszeugnis der Univ. Berlin vom 6. Dez. 1880 in NMH. – Zu Hermann Aron vgl. NDB.
12 – an die Eltern, Berlin, den 6. Nov. 1878. EBT, S. 96.
13 Hertz 1895, GW III, Vorwort des Verfassers, S. XXXII. Heinrich Hertz' Nachschrift der Vorlesung von Borchardt ist verschollen. – Borchardts Debüt als Mathematiker war ein wichtiger Beitrag aus dem Jahre 1846 zur Lösung der »charakteristischen Gleichung« für die säkularen Störungen der Planetenbewegung. Weil er danach auf anderen Gebieten gearbeitet und nichts mehr über Mechanik veröffentlicht hat, können über den Inhalt seiner Vorlesung nur Vermutungen angestellt werden. Als Herausgeber des »Journals f. d. reine und angewandte Mathematik« war er zweifellos mit den Bemühungen einiger Mathematiker wie Bernhard Riemann und Rudolf Lipschitz vertraut, das in der Geometrie erfolgreiche Programm der Transformationstheorie in die Mechanik zu übertragen; diese Thematik könnte einer der Schwerpunkte von Bor-

chardts Vorlesung gewesen sein, die sie für Heinrich Hertz später »wertvoll« machte.
14 – an die Eltern, München, 25. Nov. 1877. EBT, S. 70.
15 – an die Eltern, Berlin, 6. Nov. 1878. EBT, S. 96.
16 – an die Eltern, München, 1. Mai 1878. HSTA.
17 – an die Eltern, Berlin, 31. Okt. 1878. HSTA.
18 ibid.
19 – an die Eltern, Berlin, 6. Nov. 1878. EBT, S. 94.
20 – an die Eltern, Berlin, 31. Okt. 1878. EBT, S. 92.
21 Zu Helmholtz immer noch am schönsten und ergiebigsten die Biographie von Königsberger 1902/3.
22 Planck 1948, S. 382.
23 Boltzmann 1905, S. 102.
24 Pupin 1929, S. 229.
25 – an die Eltern, Berlin, 6. Nov. 1878. EBT, S. 94.
26 – an die Eltern, Berlin, 31. Okt. 1878. HSTA.
27 – an die Eltern, Berlin, 6. Nov. 1878. EBT, S. 96.
28 – an die Eltern, Berlin, 10. Dez. 1878. EBT, S. 100.
29 – an die Eltern, Berlin, 6. Nov. 1878. EBT, S. 94.
30 ibid.
31 – an die Eltern, Berlin, 17. Nov. 1878. EBT, S. 96/98.
32 Forman et. al., S. 105 ff.
33 Kayser 1936, S. 106 ff. für eine ausführliche Darstellung der Arbeitsweise und der Organisationsstrukturen in Helmholtz' Institut.
34 Goldstein 1921, S. 709.
35 Kayser 1936, S. 92.
36 Goldstein 1921, S. 710.
37 Goldstein 1925, S. 40.
38 – an die Eltern, Berlin, 17. Nov. 1878. EBT, S. 98.
39 Helmholtz 1895, in: GW III: Vorwort von H. v. Helmholtz, S. XV.
40 – an die Eltern, Berlin, 2. Dez. 1878. HSTA.
41 Hertz 1891b. GW I, S. 368.
42 Helmholtz 1895, in: GW III: Vorwort von H. v. Helmholtz, S. XVI.
43 Z. B. Buchwald 1994 und Mulligan 1987 scheinen keinen Blick für die Eigenständigkeit schon des Studenten Heinrich Hertz zu haben und sehen ihn hauptsächlich als Schüler von Helmholtz.
44 Helmholtz 1895, in: GW III, S. XVI. In der zweiten Auflage von 1910 hat der Herausgeber Ph. Lenard eine richtigstellende Anmerkung hinzugefügt. Auch Königsberger 1902, Bd.II, S. 259/60 enthält diese Fehlerinnerung von Helmholtz.

II.2 Elektrodynamik

1 – an die Eltern, Berlin, 6. Nov. 1878. EBT, S. 94.
2 Die Formulierung der Preisaufgabe lautete:
»Wenn die Elektrizität bei ihrer Bewegung in Leitern sich mit träger Masse bewegte, würde die elektromotorische Kraft der Extracurrents größer erscheinen müssen, als sich aus der Größe der Induktion zwischen verschiedenen Lei-

tern ergibt. Es sollen Versuche über die Größe der Extracurrents angestellt werden, welche erlauben, wenigstens eine obere Grenze für die träge Masse der bewegten Elektrizität festzustellen. Namentlich ist auch zu versuchen, wie weit in zweidrähtigen Spiralen, deren beide Drähte in entgegengesetzter Richtung durchströmt werden, die Extracurrents beseitigt werden können.« – Die Aufgabe ist enthalten in der Broschüre:

»Urteile der vier Fakultäten über die Bewerbungsschriften, welche zur Lösung der im Jahre 1878 aufgestellten Preisaufgaben eingereicht worden sind.« Ein Exemplar in NMH.

Die sog. »Extracurrents« sind durch Selbstinduktion erzeugte Gegenströme. Wird z. B. ein Stromkreis aus Ohmschem Widerstand R und Induktivität L unterbrochen, geht der Strom nicht sofort auf Null zurück, sondern klingt ab gemäß $i = i_0 e^{\lambda t}$. Dabei ist $\lambda = R/L$. Wäre der Strom mit dem Transport einer trägen Masse m verbunden, ist L durch L' = L + m zu ersetzen. Die – etwa aus der Potentialtheorie errechnete – Induktivität erscheint also um den Betrag der Masse m vergrößert. Vgl. dazu Hertz 1880a, GW I, S. 2 ff.

3 Helmholtz 1894 in GW III: Vorwort von H. v. Helmholtz, S. XVII.

4 Auf detaillierte Belege wird bei dieser kursorischen Übersicht verzichtet. Ausführliche Darstellungen der Elektrodynamik im 19. Jahrhundert sind z. B. enthalten in den Büchern von Whittaker 1951 und Kaiser 1981, ferner in dem Artikel von Darrigol 1993. Von besonderem Reiz sind zeitgenössische Lehrbücher wie Wiedemann 1885.

5 Maxwell 1871. Treatise ..., Bd. 2, S. 162.

6 Das Neumannsche Potentialgesetz lautet für zwei Stromelemente:

$$p = -A^2 \frac{i \cdot j}{r} \cdot d\mathbf{s} \cdot ds'$$

Dabei bezeichnen i und j die Intensitäten der Ströme, ds und ds' die geometrischen Längenelemente und A eine Konstante, die sich bei den berühmten Messungen von Kohlrausch und Weber zum »absoluten« Maßsystem als das Inverse der Lichtgeschwindigkeit c ergab.

7 Das Webersche Gesetz für die Kraft zwischen zwei Ladungen lautet als Erweiterung des Coulombschen Gesetzes

$$K = \frac{ee'}{r^2}\left[1 - \frac{1}{c^2}\left(\frac{dr}{dt}\right)^2 + \frac{2r}{c^2}\,\frac{d^2r}{dt^2}\right]$$

8 Helmholtz 1870b, in: Wiss. Abh. I, S. 546.

9 Helmholtz erweiterte das Neumannsche Potential zu

$$p = -\frac{1}{2} A^2 \frac{i \cdot j}{r}\left[(1+k)\, d\mathbf{s} \cdot d\mathbf{s}' + (1-k)\,\frac{(\mathbf{r} \cdot ds)\,(\mathbf{r} \cdot ds')}{r^2}\right]$$

Wird für die Konstante k = +1 gesetzt, entspricht das der Neumannschen, bei k = –1 der Weberschen und bei k = 0 der Maxwellschen Theorie. – Die mit k multiplizierten Ausdrücke bilden ein totales Differential, das bei Integration über einen geschlossenen Weg, also für geschlossene Ströme, verschwindet. Nur bei offenen Stromkreisen treten Unterschiede auf, weshalb Helmholtz von Experimenten mit offenen Stromkreisen die richtige Theorie zu finden hoffte.

10 1859 war Urbain Le Verrier darauf gestoßen, daß sich der Planet Merkur nicht auf einer geschlossenen Ellipsenbahn bewegt, sondern auf einer Art Rosette, die durch ein langsames Vorrücken des sonnennächsten Punktes, des Perihel, charakterisiert ist. Diese geringe Periheldrehung widerspricht der Newtonschen Gravitations-

theorie. Sie konnte jedoch mit dem Weberschen Gesetz und einigen willkürlichen Zusatzannahmen berechnet werden. Eine befriedigende und richtige Erklärung gelang erst 1915 Albert Einstein in der Allgemeinen Relativitätstheorie.

11 Helmholtz 1870b, in: Wiss. Abh. I, S. 553.

12 Für ausführliche Darstellungen der Kontroverse zwischen Helmholtz und Weber cf. Kaiser 1981, S. 100–106 und Wiedemann 1885, Bd. 4, S. 1089–95.

13 DoSB, Bd. 14, S. 205. Weber kam erst 1935 zu der posthumen Ehre, daß die Einheit des magnetischen Flusses nach ihm benannt wurde.

14 – an die Eltern, Berlin, 17. Nov. 1878. EBT, S. 98 und HSTA.

15 – an die Eltern, Berlin, 24. Nov. 1878. EBT, S. 98.

16 ibid.

17 – an die Eltern, Berlin, 24. Nov. 1878. HSTA.

18 Hertz 1880a, GW I, S. 12.

19 Neusilber sieht aus wie Silber, enthält aber keins; es ist eine Legierung aus Kupfer, Zink und Nickel, die sich für elektrische Instrumente wegen ihrer Korrosionsbeständigkeit gut eignet.

20 – an die Eltern, Berlin, 24. Nov. 1878. EBT, S. 98.

21 – an die Eltern, Berlin, 2. Dez. 1878. EBT, S. 100.

22 GW I, S. 6. – Die »Quecksilbernäpfe« waren damals übliche, gut leitende Kontakte.

23 Hertz 1880a, GW I, S. 12.

24 – an die Eltern, Berlin, 10. Dez. 1878. HSTA.

25 – an die Eltern, Berlin, 12. Jan. 1879. EBT, S. 104.

26 – an die Eltern, Berlin, 9. Febr. 1879. EBT, S. 104. – Das Manuskript der von Heinrich Hertz erwähnten Studien zum Magnetismus ist erhalten. ScML, MSS 244.

27 – an die Eltern, Berlin, 21. Jan. 1879. EBT, S. 102.

28 Hertz 1880a, GW I, S. 26

29 – an die Eltern, Berlin, 21. Jan. 1879. EBT, S. 102.

30 Hertz 1880a, GW I, S. 29.

31 – an die Eltern, Berlin, 31. Jan. 1879. EBT, S. 104.

32 – an die Eltern, Berlin, 31. Jan. 1879. EBT, S. 104.

33 – an die Eltern, Berlin, 15. Febr. 1879. EBT, S. 104.

34 – an die Eltern, Berlin, 9. Febr. 1879. EBT, S. 104.

II.3 Erfolge

1 – an die Eltern, Berlin, 31. Jan. 1879 und 15. Febr. 1879. EBT, S. 104 und HSTA

2 Zum »Berliner Antisemitismusstreit« cf. Wehler 1995, S. 924–934.

3 – an die Eltern, Berlin, 31. Jan. 1879. EBT, S. 104.

4 – an die Eltern, Berlin, 15. Febr. 1879, EBT, S. 106 und HSTA.

5 – an die Eltern, Berlin, 9. Febr. 1879. EBT, S. 104.

6 – an die Eltern, Berlin, 6. Nov. 1878. EBT, S. 96.

7 – an die Eltern, Berlin, 23. Febr. 1879. HSTA.

8 – an die Eltern, Karlsruhe, 26. Febr. 1887. HSTA.

9 – an die Eltern, Berlin, 23. Febr. 1879. HSTA.

10 – an die Eltern, Freiburg, 13. März 1879. HSTA.

11 – an die Eltern, Freiburg, 9. April 1879. EBT, S. 106.

12 Zum Militarisierung der Gesellschaft im Kaiserreich cf. Wehler 1995, S. 873–883.
13 – an die Eltern, Berlin, 5. Mai 1879. EBT, S. 108.
14 – an die Eltern, Freiburg, 9. April 1879. EBT, S. 106.
15 – an die Eltern, Freiburg, 24. April 1879. HSTA.
16 – an die Eltern, Berlin, 5. Mai 1879. EBT, S. 110.
17 Abgangszeugnis der Friedrich-Wilhelms-Univ. Berlin. NMH.
18 Königsberger 1902, Bd. 1, S. 56.
19 – an die Eltern, Berlin, 22. Mai 1879. EBT, S. 110.
20 – an die Eltern, Berlin, 5. Mai 1879. EBT, S. 110.
21 In der Preisaufgabe wurde eine Wheatstonesche Brücke verwendet. Wäre zufällig die Stromdichte proportional der spezifischen Leitfähigkeit des verwendeten Leitermaterials, wäre mit der Brücke eine etwaige träge Masse der Elektrizität überhaupt nicht nachweisbar.
22 Hertz 1881b, GW I, S. 146.
23 – an die Eltern, Berlin, 5. Mai 1879. EBT, S. 110.
24 – an die Eltern, Berlin, 22. Mai 1879. EBT, S. 110.
25 – an die Eltern, Berlin, 15. Juni 1789. HSTA.
26 – Hertz 1881b.
27 – an die Eltern, Berlin, 4. Aug. 1879. EBT, S. 112.
28 Urteile der vier Fakultäten über die Bewerbungsschriften, welche zur Lösung der im Jahre 1878 aufgestellten Preisaufgaben eingereicht worden sind. – Ein Exemplar dieser Broschüre in NMH.
29 ibid.
30 – an die Eltern, Berlin, 4. Aug. 1879. EBT, S. 110/2.
31 – an die Eltern, Berlin, 11. Aug. 1879. HSTA.
32 Wie Anm. 26.
33 – an die Eltern, Göttingen, 25. März 1885. HSTA.
34 Das Webersche Gesetz hat Heinrich Hertz z. B. in seiner Kieler Vorlesung »Über die Constitution der Materie« einer deutlichen Kritik unterzogen. NMH.
35 Hertz 1889d, GW I, S. 342.
36 Lorenz 1879. – Hertz hatte seine Abhandlung wahrscheinlich schon eingereicht, als die Arbeit von Lorenz im Herbst 1879 in den »Annalen« erschien. Zweifellos hätte er aber bei der Fahnenkorrektur Gelegenheit gehabt, auf Lorenz' Arbeit einzugehen, hat diese Möglichkeit aber nicht genutzt.
37 – an die Eltern, Berlin, 11. Aug. 1879. EBT, S. 112/4.
38 Harnack 1900, S. 617, Preisaufgabe Nr. 229.
39 – an die Eltern, Hamburg, den 19. Aug. 1879. EBT, S. 114.
40 – an die Eltern. Hamburg, 29. Aug. 1879. HSTA.
41 – Hertz 1879 n.p.
42 Das Manuskript »Bewegung von Leitern unter dem Einfluß statischer Elektrizität« ist im NMH erhalten. Hertz schrieb darunter: »Oct. 1879, Berlin, Phys. Institut der Universität«. Sein Inhalt ist teilweise aufgegangen in Hertz 1881a.
43 Hertz 1879 n.p., ScML; Nr. 245, S. 1.
44 ibid. S. 6.
45 – an die Eltern, Berlin, 4. Nov. 1879. EBT, S. 114/116.
46 Harnack 1900, S. 617.
47 Abgangszeugnis der Friedrich-Wilhelms-Univ. Berlin. NMH.
48 – an die Eltern, Berlin, 7. Nov. 1879. EBT, S. 116.
49 – an die Eltern, Berlin, 13. Dez. 1879. EBT, S. 116.

50 Hertz 1880b, GW I, S. 37/38.
51 Promotionsakte Hertz, Zirkular des Dekans Hübner vom 15. Jan. 1880. UAHUB. – Das eine Semester, das Hertz am Dresdner Polytechnikum studiert hatte, konnte mangels akademischer Würde dieser Anstalt nicht berücksichtigt werden.
52 – an die Eltern, Berlin, 17. Jan. 1880. HSTA.
53 Gutachten von Helmholtz und Kirchhoff in der Promotionsakte Hertz. UAHUB.
54 – an die Eltern, Berlin, 17. Jan. 1880. HSTA.
55 – an die Eltern, Berlin, 6. Febr. 1880. EBT, S. 118. – Dieser sehr lange Brief ist eine erschöpfende Beschreibung der Prüfungsvorbereitungen und des Examens.
56 Protokoll der Promotionsprüfung des Cand. Hertz am 5. Febr. 1880. UAHUB.
57 – an die Eltern, Berlin, 10. Febr. 1880. EBT, S. 122.
58 Beiblätter der »Annalen der Physik«, Bd. 4, S. 622.
59 – an die Eltern, Berlin, 10. Febr. 1880. HSTA.
60 – an den Bruder Rudolf, Berlin, 13. März 1880. Katalog der Fa. Stargard zur Auktion im Juni 1968, Nr. 414.

II.4 Assistent bei Helmholtz

1 – an die Eltern, Berlin, 5. Mai 1879. EBT, S. 106.
2 – an die Eltern, Berlin, 1. Mai 1880. HSTA.
3 Zum »Rückstand« und dem Interesse an diesem Phänomen um 1880 cf. Wiedemann 1885, Bd. 2, S. 83–104.
4 – an die Eltern, Berlin, 1. Juli 1880. EBT, S. 124.
5 – an die Eltern, Berlin, 29. Mai 1880. EBT, S. 124.
6 Pupin 1929, S. 261.
7 Königsberger 1902/3, Bd. 3, S. 3.
8 – an die Eltern, Berlin, 14. Juni 1880. HSTA.
9 – an die Eltern, Berlin, 1. Juli 1880. HSTA.
10 – an die Eltern, Berlin, 14. Juni 1880. HSTA.
11 – an die Eltern, Berlin, 1. Juli 1880. EBT, S. 126.
12 – an die Eltern, Berlin, 8. Juli 1880. HSTA.
13 – an die Eltern, Berlin, 25. Jan. 1881. EBT, S. 142.
14 Hertz 1883e.
15 – an die Eltern, Berlin, 8. Juli 1880. EBT, S. 128.
16 – an den Vater, Wyk auf Föhr, 31. Juli 1880. HSTA.
17 – an die Mutter, Helgoland, 9. August 1880. HSTA.
18 H. Helmholtz an Heinrich Hertz, Berlin, 8. Aug. 1880. EBT, S. 346. Diesen Brief hat Heinrich Hertz ebenso wie alle späteren Briefe von Helmholtz aufbewahrt Abschriften, teilweise nur in Auszügen, in DMMü, die vollständigen Originale in NMH.
19 Erinnerungen der Mutter Elisabeth Hertz, geschrieben 1901. NMH.
20 Goldstein 1921, S. 711 und Kayser 1936, S. 105/6.
21 – an die Eltern, Berlin, 9. Mai 1882. EBT, S. 162.
22 H. Helmholtz an Heinrich Hertz, Berlin, 8. Aug. 1880. EBT, S. 346.
23 Erinnerungen der Mutter Elisabeth Hertz, geschrieben 1901. NMH.
24 – an H. Helmholtz, Hamburg, 11. Aug. 1880. Stargard, Katalog 653 zur Auktion im März 1993, Nr. 511.

25 Helmholtz' Formulierungen finden sich als Entwurf auf der vierten Seite des Briefes von Heinrich Hertz vom 11. Aug. 1880. Sie sind mit dem 22. August datiert. Stargard, Katalog 653, Nr. 511.
26 – an die Eltern, Berlin, 14. Okt. 1880. HSTA. – Über die Assistentenzeit von Heinrich Hertz existiert weder in der Berliner Universität noch im Preußischen Geheimen Staatsarchiv eine Personalakte, weil Assistenten nicht Beamte waren.
27 – an Arthur König, Hamburg, 11. April 1883. DMMü.
28 H. v. Helmholtz an Heinrich Hertz, Berlin, 29. Sept. 1880. NMH.
29 – an die Eltern, Berlin, 30. Sept. 1880. HSTA.
30 – an Arthur König, Hamburg, 11. April 1883. DMMü.
31 – an die Eltern, Berlin, 5. Okt. 1880. HSTA.
32 – an die Eltern, Berlin, 25. Jan. 1881. EBT, S. 142.
33 – an die Eltern, Berlin, 1. Juni 1881. HSTA.
34 – an die Eltern, Berlin, 9. Okt. 1880. EBT, S. 132.
35 – an die Eltern, Berlin, 24. Okt. 1880. EBT, S. 136.
36 – an die Eltern, Berlin, 8. Febr. 1881. HSTA.
37 – an die Eltern, Berlin, 17. März 1881. EBT, S. 144.
38 – an die Eltern, Berlin, 9. Okt. 1880. EBT, S. 132.
39 Kayser 1936, S. 106.
40 – an die Eltern, Berlin, 14. Okt. 1880. EBT, S. 134.
41 – an die Eltern, Berlin, 1. Nov. 1880. HSTA.
42 – an die Eltern, Berlin. 15. Nov. 1880. EBT, S. 136.
43 – an die Eltern, Berlin, 27. Nov. 1880. EBT, S. 138.
44 – an die Eltern, Berlin, 24. Okt. 1880. HSTA.
45 – an die Eltern, Berlin, 1. Nov. 1880. HSTA.
46 Zur Assistentenbesoldung cf. Helmholtz an Hertz, Berlin, 29. Sept. 1880, NMH. Der Brief vom 8. Aug. 1880 in EBT, S. 346 enthält etwas andere Beträge, die inzwischen offenbar geändert worden waren. Außerdem Kayser 1936, S. 95. – Der zweite Assistent erhielt 120 Mark monatlich, der erste 150 Mark.
47 Kayser 1936, S. 95.
48 – an die Eltern, Berlin, 11. Dez. 1881. HSTA.
49 – an die Eltern, Berlin, 23. Febr. 1880. EBT, S. 122.
50 Kirchhoff und Hansemann 1880.
51 – an die Eltern, Berlin, 2. Febr. 1882. EBT, S. 154.
52 – an die Eltern, Berlin, 24. Okt. 1880. EBT, S. 136.
53 – an die Eltern, Berlin, 7. Dez. 1880. EBT, S. 140.
54 – an die Eltern, Berlin, 25. Jan. 1881. EBT, S. 142.
55 – an die Eltern, Berlin, 25. Jan. 1881, EBT, S. 142.
56 – an die Eltern, Berlin, 8. März 1881. EBT, S. 144.
57 Erinnerungen der Mutter Elisabeth Hertz, geschrieben 1901. NMH.
58 – an die Eltern, 8. Febr. 1881. HSTA.
59 – an die Eltern, Berlin, 23. Febr. 1881, HSTA.

II.5 Druck, Stoß und Härte

1 – an die Eltern, Berlin, 7. Dez. 1880. EBT, S. 140.
2 – an die Eltern, Berlin, 24. Jan. 1881. HSTA.
3 Cf. Szabó 1976, S. 460 und 472ff.

4 Lenard 1895, S. XX.
5 Hertz 1881c, GW I, S. 155/6.
6 Szabó 1976, S. 474.
7 Hertz 1881c, GW I, S. 173.
8 Das Manuskript mit den Korrekturen und Ergänzungen von Kirchhoff sowie den Änderungen von Heinrich Hertz wird im Science Museum London als Ms. 240 aufbewahrt.
9 – an die Eltern, Berlin, 4. Mai 1881. EBT, S. 146.
10 ibid.
11 – an die Eltern, Berlin, 30. Juni 1881. EBT, S. 148.
12 – an die Eltern, Berlin. 4. Mai 1881. EBT, S. 148.
13 ibid.
14 ibid.
15 – an die Eltern, Berlin, 9. Mai 1882. EBT, S. 162.
16 – an die Eltern, Berlin, 1. Juni 1881. HSTA.
17 Hertz 1882a, GW I, S. 187.
18 ibid.
19 Hertz 1882a, GW I, S. 190–196.
20 – an die Eltern, Berlin, 9. Mai 1882. EBT, S. 162.
21 Hertz 1882a, GW I, S. 193.
22 – an Felix Auerbach, Bonn, 13. April 1890. SBPK.
23 FitzGerald 1896, S. 7.
24 Cf. etwa das weitverbreitete Standardwerk »Die Grundlagen der Ingenieurwissenschaft«. Hrsg. vom Akad. Verein Hütte, Berlin. Springer Verlag, 30. Aufl. 1996. Dazu auch das »Taschenbuch des Ingenieurs« aus der gleichen Quelle.

II.6 Quecksilberdampf und »Hexenküche«

1 – an die Eltern, Berlin, 4. Mai 1881. HSTA.
2 ibid.
3 – an die Eltern, Berlin, 17. März 1881. EBT, S. 146.
4 ibid.
5 Hertz 1887f, S. 880.
6 Hertz 1881b.
7 – an die Eltern, Berlin, 3. Nov. 1881. EBT, S. 152.
8 – an die Eltern, Berlin, 2. Nov. 1881. EBT, S. 152.
9 – an den Vater, Berlin, 18. März 1881. HSTA.
10 – an den Vater, Berlin, 23. März 1881. HSTA.
11 ibid.
12 Die Ernennung zum »Second-Lieutenant« und alle weiteren Militärpatente im NMH.
13 – an die Eltern, Berlin, 24. Juli 1881. EBT, S. 148.
14 Z. B. H. v. Helmholtz an H. Hertz, Pontresina, 26. Aug. 1881. NMH.
15 – an die Eltern, Berlin, 31. Juli 1881. EBT, S. 150.
16 – an Oliver Lodge, Karlsruhe, 28. Sept. 1888. In: O'Hara & Pricha 1987, S. 88 – Lodge an Hertz, Liverpool, 1. Okt. 1888. NMH.
17 – an die Eltern, Berlin, 15. Okt. 1881. EBT, S. 152.
18 – an die Eltern, Berlin, 2. Nov. 1881. HSTA.

19 – an die Eltern, Berlin, 15. Okt. 1881. EBT, S. 152.

20 Für die Berliner Jahre gibt es keine Belege für Besuche und Diskussionen auf der Seewarte in Hamburg. Erst ab 1883 führte Hertz ein detailliertes Tagebuch, und dort sind solche Besuche regelmäßig verzeichnet. Da er aber schon als Gymnasiast und Student mit Neumayer in Verbindung stand, wäre es sonderbar, wenn diese Kontakte nicht auch zwischen 1879 und 1883 bestanden hätten.

21 Hertz 1882c, GW I, S. 200.

22 Eine ausführliche, wenn auch etwas eigenwillige Interpretation der Hertzschen Arbeiten zur Verdunstung in Buchwald 1994, S. 113–130. – Nicht zutreffend ist übrigens Buchwalds Behauptung, daß Hertz' Interesse an der Verdunstung als Nebenprodukt seiner hygrometrischen Arbeit entstanden sei. Buchwald folgert das offenbar aus der Reihenfolge der Publikationen. Die hat aber mit dem tatsächlichen Ablauf nichts zu tun, wie schon aus den veröffentlichten Briefen zu entnehmen ist.

23 Hertz 1882b.

24 Hertz 1882c, GW I, S. 202.

25 – an die Eltern, Berlin, 9. Okt. 1880. HSTA.

26 – an die Eltern, Berlin, 23. Febr. 1882. EBT, S. 156.

27 – an die Eltern, Berlin, 10. März 1882. EBT, S. 158.

28 – an die Eltern, Berlin, 23. Febr. 1882. EBT, S. 158.

29 – an die Eltern, Freiburg, 31. März 1882. EBT, S. 158.

30 – an die Eltern, Berlin, 1. Mai 1882. EBT, S. 160.

31 – an die Eltern, Berlin, 13. Juni 1882. EBT, S. 164.

32 Hertz 1882c, GW I, S. 201.

33 – an die Eltern, Berlin, 13. Juni 1882. EBT, S. 164.

34 Planck 1894. Phys. Abhandlungen und Vorträge, Bd.3, S. 275.

35 Hertz 1882d, GW I, S. 219. – Die erwähnte Gleichung wird meistens als Knudsen-Hertzsche Gleichung bezeichnet, weil später der dänische Physiker Martin Knudsen die Verdunstung als Diffusion betrachtete und dabei ein ähnliches Resultat erhielt wie Heinrich Hertz.

36 Hertz 1882d, GW I, S. 222.

37 – an die Eltern, Berlin, 29. Juni 1882. EBT, S. 164.

38 Crookes 1879, S. 38.

39 – an die Eltern, Berlin, 29. Juni 1882, EBT, S. 164 und HSTA.

40 – an die Eltern, Berlin, 29. Juni 1882. EBT, S. 166.

41 Die Danksagung an Goldstein findet sich als Fußnote 1 in Hertz 1883d, GW I, S. 242.

42 – an die Eltern, Berlin, 31. Juli 1882. EBT, S. 166.

43 – an die Eltern, Berlin, 6. Sept. 1882. HSTA.

44 Zu den Planté-Elementen, ihrem komplizierten Bau und ihren Eigenschaften cf. Graetz 1914, S. 445–450. Zum speziellen Aufbau der von Hertz verwendeten Batterie cf. Hertz 1883d, GW I, S. 243–245.

45 – an die Eltern, Berlin, 6. Sept. 1882. EBT, S. 166.

46 – an die Eltern, Berlin, 20. Sept. 1882. EBT, S. 166.

47 – an die Eltern, Berlin, 7. Okt. 1882. EBT, S. 168.

48 Für die hochinteressanten experimentellen und meßtechnischen Verfahren von Hertz cf. die Hertzsche Originalarbeit und Buchwalds erschöpfende Analyse, in: Buchwald 1994, S. 131–174.

49 Hertz 1883d, GW I, S. 254/5.

50 – an die Eltern, Berlin, 7. Okt. 1882. EBT, S. 168. Dazu auch Hertz 1883d, GW I, S. 245.
51 – an die Eltern, Berlin, 6. Nov. 1882. HSTA.
52 – ibid.
53 – an die Eltern, Berlin, 9. Dez. 1882. EBT, S. 170.
54 – an die Eltern, Berlin, 18. Nov. 1882, HSTA.
55 – an die Eltern, Berlin, 9. Dez. 1882. EBT, S. 170.
56 Hertz 1882e. GW I, S. 227–232 und Zenneck 1929, S. 10.
57 Hertz 1883a, GW I, S. 226.
58 Hertz 1883c.
59 – an die Eltern, Berlin, 20. Jan. 1883. EBT, S. 170.
60 – Hertz 1883d. GW I, S. 275.
61 H. v. Helmholtz an H. Hertz, Berlin, 29. Juli 1883. Das Original in NMH, vollständig abgedruckt in Königsberger 1903, Bd. 2, S. 305 sowie in EBT, S. 348.
62 ibid.
63 – an H. v. Helmholtz, Kiel, Anfang August 1883; Königsberger 1903, 2. Band, S. 307/8.
64 Graetz 1894, S. 1. Graetz hat den bedeutenden Physiker nicht genannt, aber es dürfte – nach Graetz' Werdegang zu urteilen – Georg Hermann Quincke, Ordinarius in Heidelberg, gewesen sein.
65 Stuewer 1971; Hon 1987; Buchwald 1984.

II.7 Porträt des jungen Physikers

1 – an die Eltern, Berlin, 24. Febr. 1883. HSTA.
2 – an den Vater, Berlin, 1. März 1883. HSTA.
3 – an die Eltern, Berlin, 17. Febr. 1883. EBT, S. 174.
4 Cf. Vorlesungsverzeichnis der Univ. Berlin. UAHUB.
5 – an den Vater, Berlin, 1. März 1883. EBT, S. 176.
6 Goldstein 1925, S. 42.
7 Die Geschichte muß sich nach Goldsteins Bericht im Januar oder Februar 1883 zugetragen haben. Aus diesen zwei Monaten sind die »Wochenbriefe« vollständig erhalten, aber kein einziger enthält einen Hinweis auf diese Episode.
8 – an den Vater, Berlin, 1. März 1883. EBT, S. 176.
9 Philosophische Fakultät Kiel an den preußischen Kultusminister Gustav von Gossler, Kiel, 14. Dez. 1882. – Der Kurator der Univ. Kiel Friedrich Mommsen an von Gossler; Kiel, 27. Dez. 1882. GSAPK.
10 Zum Stipendienfonds des preußischen Kultusministeriums zur Förderung von Privatdozenten cf. Sachse 1928, S. 212.
11 Cf. Sachse 1928, S. 212. Jed Z. Buchwald schreibt von einem monatlichen Stipendium von 500 Talern; das hätte dann aber die höchsten Professorengehälter weit übertroffen. Buchwald 1994, S. 170.
12 – an den Vater, Berlin, 1. März 1883. EBT, S. 176/8.
13 – an den Vater, Berlin, 1. März 1883, HSTA.
14 Ein schriftlicher Beleg für das Gespräch mit Althoff ist nicht vorhanden, aber der erste Brief, den Heinrich Hertz im Mai 1883 an Althoff schrieb, läßt erkennen, daß die beiden miteinder gesprochen hatten.
15 Antrag von Heinrich Hertz zur Habilitation in Kiel. Berlin, 14. März 1883.

LASH sowie weitere Aktenstücke in GSAPK. – In der Literatur wird oft behauptet, daß sich Heinrich Hertz in Kiel mit der Arbeit »Versuche über die Glimmentladung« habilitiert habe. Dieser Fehler findet sich auch in sonst zuverlässigen Nachschlagewerken wie der Neuen Deutschen Biographie, cf. Herrmann 1969. – Die experimentelle Arbeit zur Glimmentladung wäre für eine Habilitation in Mathematischer Physik ohnehin nicht geeignet gewesen; zudem hätte Hertz sie gar nicht einreichen können, da sie noch nicht schriftlich ausgearbeitet war.

16 – an die Eltern, Berlin, 24. Febr. 1883. HSTA.

17 – an Arthur König, Hamburg, 11. April 1883. DMMü.

18 – »Vita« zur Habilitation in Kiel. Berlin, 14. März 1883. LASH.

19 Heinrich Kayser fand zwar in Berlin das große Thema seines Lebens in der Spektroskopie, aber das verdankte er, wenn überhaupt jemandem, nicht Helmholtz, sondern Ernst Hagen. cf. Kayser 1936, S. 117ff.

20 – an die Eltern, Berlin, 8. Febr. 1881. EBT, S. 144.

21 – an die Eltern, Berlin, 7. Okt. 1882. EBT, S. 168.

22 – an die Eltern, Berlin, 11. Febr. 1883. EBT, S. 172.

23 Kirchhoff 1876, S. 1.

24 Helmholtz 1867, S. 451.

25 Kayser 1936, S. 139.

26 Jed Z. Buchwald hat das Konzept eines spezifischen »Helmholtzianismus« entfaltet, der sich in der Konzentration auf Laborobjekte und die Wechselwirkung zwischen Objekt-Zuständen ausdrückt. In diesem Rahmen wird Heinrich Hertz vornehmlich als praktizierenden »Helmholtzianer« analysiert und dargestellt (Buchwald 1994 und viele Artikel aus früheren Jahren). Eine Biographie ist nicht der Ort zur Diskussion metahistorischer Thesen, aber ich möchte doch darauf hinweisen, daß zum Verständnis und zur Einordnung der Helmholtzschen Auffassungen und insbesondere seiner Elektrodynamik die an Neumann und Kirchhoff orientierte phänomenologische Ausrichtung genügt.

27 – an Adolf Elsas, Kiel, 26. Jan. 1885. DMMü.

28 – an die Eltern, Karlsruhe, 17. Okt. 1887. EBT, S. 230.

29 – an die Eltern, Karlsruhe, 30. Okt. 1887. HSTA.

30 Da Adolf Elsas weder in Poggendorf noch in anderen Nachschlagewerken erwähnt wird (mit der Ausnahme eines kurzen Eintrags in Rudolf Eisler: Philosophen-Lexikon 1912), sei auf den Nachruf in der Chronik der Univ. Marburg für 1895/96 als einzige biographische Quelle zu Elsas hingewiesen.

31 – an Friedrich Althoff, Bonn, 29. Sept. 1889. GSAPK.

32 – an die Eltern, Berlin, 1. Juni 1881. HSTA.

33 – an die Eltern, Berlin, 11. Febr. 1883. EBT, S. 172.

34 – an die Eltern, Berlin, 15. Okt. 1881. EBT, S. 152.

35 Hertz 1887f. – Zur Arbeitsweise bei der Kompilation der »Fortschritte der Physik« cf. Kayser 1936, S. 108.

36 Hertz 1889e und 1889f.

37 Tagebuch, 10., 11. und 12. Jan. 1889. NMH.

38 Hertz 1887f, S. 876.

39 FitzGerald 1879 und 1880. Das Referat in Hertz 1887f, S. 885.

40 FitzGerald 1883a. Das Referat in Hertz 1889f, S. 515.

41 – an die Eltern, Berlin, 24. Febr. 1883. EBT, S. 174.

42 ibid.

43 Tagebuch, 14.–17. März 1884; das Manuskript wurde am 17. Mai abgeschickt.

44 Hertz 1884a, GW I, S. 288.
45 ibid., S. 293.
46 ibid., S. 294
47 – an die Eltern, Berlin, 13. Febr. 1882. HSTA.
48 ibid.
49 – an die Eltern, Berlin, 18. Nov. 1882. HSTA.
50 – an die Eltern, Berlin, 6. Nov. 1882. HSTA.
51 – an die Eltern, Berlin, 31. Juli 1882. EBT, S. 150.
52 – an die Mutter, Freiburg, 16. April 1882. EBT, S. 160.
53 Einstein 1946, S. 2.
54 – an die Eltern, Karlsruhe, 17. März 1888. EBT, S. 254.
55 – an die Eltern, Berlin, 6. Nov. 1882. HSTA.

III.1 »Kleine Verhältnisse« – Dozent in Kiel

1 – an die Eltern, Kiel, 2. Mai 1883. EBT, S. 182.
2 – an die Eltern, Kiel, 20. April 1883. HSTA.
3 Cf. die Statistiken in Lexis 1893, Bd. 1, S. 118–121 und Bd. 2, 176/7 sowie die Chroniken der Univ. Kiel.
4 Die Denkschrift von Gustav Karsten »Von der Stellung der Naturwissenschaften, besonders der physikalischen, an unseren Universitäten« wurde 1849 ohne Nennung des Verfassers von der Akademischen Buchhandlung zu Kiel als Broschüre gedruckt. Darin wurde die unzulängliche Ausstattung der »physikalischen Cabinette« wortreich beklagt: »Die Universität Berlin, die erste Deutschlands, besass bis vor kurzem gar keine physikalische Sammlung. Wenn jetzt eine solche, wie man sagt, angekauft ist, so ist sie weder in der Universität aufgestellt, noch haben junge Physiker Gelegenheit, diesen Apparat zu selbständigen Untersuchungen zu benutzen. Zu Halle und Greifswald stand es bis vor Kurzem nicht besser; an letzterer Universität hat das physikalische Cabinet 80 Thaler zu verthun, wofür vielleicht auch noch Heizung und Beleuchtung bestritten werden sollen. Wie viele Jahre muß wohl der Greifswalder Physiker sparen, um eine Luftpumpe anzuschaffen?« Für ein physikalisches Institut verlangte Karsten Räumlichkeiten für »1. die physikalische Sammlung, 2. die Modellsammlung, 3. Auditorium, 4. drei Säle zu physikalischen Untersuchungen, 5. eine meteorologische Station, 6. Laboratorien für Praktikanten, 7. Bibliothek, 8. Werkstätte und Wohnung eines Mechanikers, 9. Wohnung des Direktors, 10. Wohnung des Assistenten, 11. (im Garten) ein magnetisches Observatorium.« Für die Baukosten veranschlagte er 15 000 Taler, für den laufenden jährlichen Etat 1200 Taler.
5 Für die Entwicklung der Physikalischen Institute in der zweiten Hälfte des 19. Jahrhunderts cf. August Kundt: Physik, in: Lexis 1893, S. 25–35, sowie Forman et al., 1975.
6 Chronik der Univ. Kiel für 1883, S. 28.
7 August Kundt: Physik, in: Lexis 1893, S. 28/29.
8 – an die Eltern, Kiel, 2. Mai 1883. EBT, S. 180.
9 Hertz 1883a.
10 Pers. Akte Heinrich Hertz. Sign. 47.7. LASH.
11 – an die Eltern, Kiel. 2. Mai 1883. EBT, S. 180/2.
12 – an die Eltern, Kiel, 2. Mai 1883. HSTA.

13 – an die Eltern, Kiel, 9. Mai 1883. EBT, S. 182.
14 Das Manuskript der Antrittsvorlesung »Über die Grundlagen der mechanischen Wärmetheorie« (Hertz 1883 n.p.) besteht aus 32 numerierten Seiten und einer Zusammenfassung von drei nicht numerierten Seiten. Die Zitate entstammen der letzten dieser nicht numerierten Seiten. NMH.
15 – an die Eltern, Kiel, 27. Mai 1883. EBT, S. 182.
16 – an die Eltern, Kiel, 9. Mai 1883. HSTA.
17 – an die Eltern, Kiel, 27. Mai 1883. EBT, S. 182.
18 – an die Eltern, Kiel, 10. Juni, HSTA und 7. Juli 1883, EBT, S. 184.
19 – an die Eltern, Kiel, 27. Mai 1883. EBT, S. 182.
20 – an Friedrich Althoff, Geh.ORegRat im preußischen Kultusministerium, Kiel, 5. Jun 1883. GSAPK. Nachlaß Althoff.
21 Kurator der Univ. Kiel an Minister von Gossler, Kiel, 17. Mai 1883. Fr. Althoff an »kgl. Regierung in Schleswig«, Berlin, 1. Juni 1883. GSAPK. Nachlaß Althoff.
22 – an die Eltern, Kiel, 10. Juni 1883. HSTA.
23 – an die Eltern, Kiel, 4. Nov. 1883. HSTA.
24 – an die Eltern, Kiel, 8. Dez. 1883. HSTA.
25 – an den Vater, Kiel, 12. Dez. 1884. HSTA.
26 Tagebuch, 11. August 1883.
27 – an die Eltern, Lockstedter Lager, 19. Aug. 1883. EBT, S. 184. (In EBT ist irrtümlich das Datum 24. Aug. 1883 angegeben.)
28 Cf. dazu Eintragungen im Tagebuch.
29 – an die Eltern, Kiel, 17. Sept.1883. EBT, S. 186.
30 – an die Eltern, Kiel, 27. Okt. 1883. EBT, S. 186.
31 – an die Eltern, Kiel, 8. Dez. 1883. EBT, S. 188.
32 – an die Eltern, Kiel, 27. Mai 1883. HSTA.
33 – an die Eltern, Kiel, 3. Nov. 1883. EBT, S. 186.
34 Cf. Arthur von Hippel: Ophtalmologie, in: Lexis 1893, Bd. 2, S. 308–314.
35 – an die Eltern, Kiel, 17. Nov. 1883. HSTA.
36 – an die Eltern, Kiel, 8. Dez. 1883. EBT, S. 188.
37 Tagebuch, 9. Jan. 1884 und an die Eltern, Kiel, 12. Jan. 1884. HSTA.
38 ibid.
39 Tagebuch, 5., 6. und 8. Febr. 1884.
40 Zu diesem von 1884 bis 1893 geführten Tagebuch und zur Problematik der in EBT veröffentlichten Auszüge sei auf den Literaturbericht verwiesen.
41 Tagebuch, 4., 6., 10. und 11. Jan. 1884.
42 Kirchhoff 1876, 15. bis 20. Vorlesung, insbesondere die 20. Vorlesung.
43 – an die Eltern, Kiel, 12. Jan. 1884. HSTA.
44 Tagebuch 8., 16., 18. Sept. 1884.
45 Tagebuch, 30. und 31. Okt., 3., 4., 5., 6., 7. und 11. Nov. 1884.
46 Hertz 1895, S. XXXII.
47 Tagebuch, 12., 16. 19. Febr. sowie 4. und 8. März.
48 Tagebuch, 8. und 9. April 1884. Der Brief des Vaters an Heinrich Hertz existiert nicht mehr. Daß Tetanus die Ursache des Todes von Otto war, beruht auf mündlicher Überlieferung in der Familie.
49 Tagebuch, 10.–14. April 1884.
50 – an die Eltern, Berlin, 6. Nov. 1882. HSTA.
51 – an die Eltern, Kiel, 16. und 21. April 1884. HSTA.
52 – an die Eltern, Kiel, 2. Mai 1884. HSTA.

III.2 »Die Tatsachen der Natur«

1 Das Manuskript »Über die Constitution der Materie« (aufbewahrt in NMH) wurde auf jeweils gefalteten Doppelbögen von acht Seiten geschrieben. Die Seiten sind nicht numeriert; dies habe ich in meiner Kopie nachgeholt und zitiere nach dieser nachträglich angebrachten, fortlaufenden Seitenzählung als CdM. – Solange eine Edition dieses Manuskripts, die freilich beabsichtigt ist, nicht vorliegt, muß dieses Provisorium hingenommen werden.

Die ersten drei Vorlesungen wurden im April 1884 geschrieben. Danach wurde das Manuskript fortlaufend geschrieben und läßt ab S. 122 eine Trennung in einzelne Vorlesungen nicht mehr erkennen.

2 Max Planck an Elisabeth Hertz, Berlin, 22. März 1895. NMH.

3 CdM, S. 1.

4 CdM, S. 7. – Die hier von Hertz postulierte Zurückführung auf letzte und einfachste Gesetze ist eine Anlehnung an den Reduktionismus etwa in dem von Helmholtz in seiner Schrift »Über die Erhaltung der Kraft« formulierten Sinn. Allerdings ist sie allgemeiner gehalten, weil Hertz die Reduktion nicht auf Newtonsche Zentralkräfte beschränkt.

5 CdM, S. 7/8.

6 CdM, S. 26/27.

7 CdM, S. 35.

8 CdM, S. 27.

9 CdM, S. 33. Es wäre zweifellos übertrieben zu behaupten, Hertz habe hier Quantenmechanik und Komplementarität vorweggenommen. Allerdings ist bemerkenswert, wie klar Hertz schon für die Ontologie der später »klassisch« genannten Physik herauspräpariert, wie problematisch die Übertragung makroskopischer Eigenschaften der Körper in den Bereich der Atome ist.

10 CdM, S. 33.

11 CdM, S. 33/34.

12 CdM, S. 34/35. – Cf. die Einleitung zu den »Prinzipien der Mechanik«, S. 2/3. Hier wird von »Bildern« verlangt, daß sie »logisch zulässig«, »richtig« und »zweckmäßig« sein müssen.

13 CdM, S. 28.

14 CdM, S. 39.

15 CdM, S. 39/40.

16 CdM, S. 245/6

17 CdM, S. 250.

18 CdM, S. 28/29.

19 CdM. S. 58/59.

20 CdM, S. 216.

21 CdM, S. 98.

22 CdM, S. 99.

23 CdM, S. 122–141. – Bei der Interpretation der Newtonschen Gravitation als Feld- und Nahwirkungstheorie rekurriert Hertz wesentlich auf die Potentialtheorie und insbesondere den Gaußschen Flächensatz. Weder in Kirchhoffs »Mechanik« noch in einem anderen Buch sind derart avancierte Überlegungen zu finden.

24 CdM, S. 143.

25 CdM, S. 148.
26 CdM, S. 178/9.
27 CdM, S. 184. – Kirchhoff z. B. erwähnte die Maxwellsche Theorie nur ganz am Rande. cf. Kirchhoff 1891.
28 CdM, S. 1.
29 Zur Rolle der Lichtgeschwindigkeit in der Geschichte der Elektrodynamik cf. Rosenfeld 1957. Für Kirchhoffs knappe, nur registrierende Bemerkung cf. Kirchhoff 1891, S. 187.
30 CdM, S. 181. Hertz hat Riemanns Arbeit »Ein Beitrag zur Elektrodynamik« in der posthumen Edition von 1876 gelesen. (cf. Riemanns »Gesammelte mathematische Werke«, Nachträge, S. 49–54.) Riemann entwickelte im wesentlichen die Methode der retardierten Potentiale. Hertz fand Riemanns Arbeit so dunkel, »daß sich kaum entscheiden läßt, ob die Dunkelheit in der Sache oder im Ausdruck liegt.« Rosenfeld weist auf einen möglichen Grund hin, daß Riemann diese Arbeit vor der Veröffentlichung wieder zurückzog, nämlich ein vergleichsweise triviales mathematisches Versehen: »Es ist eine seltsame Laune des Schicksals, daß ausgerechnet Riemann in eine derjenigen Fallen stolpern sollte, die die Göttin der Mathesis gewöhnlich für ihre weniger begünstigten Diener bereithält: die nicht erlaubte Vertauschung der Reihenfolge zweier Integrationen.« Cf. Rosenfeld 1957, S. 1635.
31 CdM, S. 182.
32 Kirchhoff 1891, S. 187/8.
33 Rosenfeld 1957, S. 1664.
34 Denkschrift vom 16. Juni 1883 zur Begründung eines Instituts für die experimentelle Förderung der exacten Naturforschung und der Präcisionstechnik, Votum von H. v. Helmholtz. Abgedruckt in Königsberger 1903, Bd. 2, S. 349.
35 CdM, S. 195. – Für die Schwingungsdauer T eines aus Kapazität C und Induktivität I bestehenden Stromkreises hatten Thomson und Kirchhoff bereits 1857 die Formel $t = 2\pi\sqrt{LC}$ angegeben. Beobachten konnte man nur sehr viel langsamere Schwingungen als die von Hertz diskutierten, so daß er hier eine Extrapolation bemühen muß.
36 CdM, S. 201.
37 CdM, S. 204/5. – Hertz gibt die Lichtgeschwindigkeit mit 42 000 Meilen pro Sekunde an; es handelt sich dabei um preußische Meilen von 7,14 Kilometern. Das wurde zu dem ziemlich genauen Äquivalent von 300 000 Kilometern pro Sekunde geändert.
38 CdM, S. 210. – Damit ist natürlich auch der Helmholtzschen Theorie der Boden entzogen, was Hertz aber nicht sagt.
39 CdM, S. 216.
40 CdM, S. 351/2.
41 CdM, S. 353/4.
42 CdM, S. 258.
43 Einstein 1917, S. 44.
44 – an die Eltern, Kiel, 31. Mai 1884. HSTA. Ähnlich auch im Tagebuch, 28. Mai 1884.
45 – an die Eltern, Kiel, 31. Mai 1884. HSTA.
46 – an die Eltern, Kiel, 31. Juli 1884. HSTA.
47 Tagebuch, 17. Nov. 1884.
48 – an die Eltern, Kiel, 23. Nov. 1884. HSTA.

III.3 »Morgens glückte die elektrodynamische Frage.«

1 Tagebuch, 27. und 29. Jan. 1884.
2 Tagebuch, 11. und 13. bis 19. Mai 1884.
3 – an die Eltern, Kiel, 31. Mai 1884. HSTA.
4 Tagebuch, 26., 27., 28., und 30. Juni 1884.
5 – an die Eltern, Kiel, 28. Juni 1884. HSTA.
6 Hertz 1884a.
7 Planck 1894. In: Phys. Abh. u. Vorträge, Bd. 3, S. 278.
8 Hertz 1884a, GW I, S. 296.
9 Hertz 1884a, GW I, S. 297. – Die mathematische Realisation dieses Prinzips der Superposition ist natürlich die Forderung, daß die Differentialgleichungen linear sein müssen.
10 Hertz erhält die Maxwellschen Gleichungen »für das Vakuum« in der symmetrischen Form

$$\frac{1}{c}\frac{dH}{dt} = \nabla \times E \text{ und } \frac{1}{c}\frac{dE}{dt} = -\nabla \times H$$

(E bezeichnet die elektrische, H die magnetische Feldstärke; Hertz benutzt allerdings nicht die von Heaviside eingeführte Vektordarstellung, sondern die auf heutige Physiker abschreckend wirkende Schreibweise in Komponenten. Cf. Hertz 1884a, GW I, S. 311). Aus diesen Gleichungen erhält er durch einfache Elimination einmal die »Vakuumbedingung« sowie die Wellengleichung.
11 Hertz 1884a, GW I, S. 313.
12 ibid.
13 Tagebuch, 2., 3. und 4. Juli 1884.
14 Tagebuch, 8. und 14. Juli 1884.
15 Tagebuch, 25. Sept. 1884.
16 Heinrich Hertz hat alle Briefe von Helmholtz aufbewahrt, und alle sind in NMH erhalten. Ein Brief von Helmholtz zu der Arbeit über die Grundgleichungen ist jedoch nicht vorhanden, und nichts deutet darauf hin, daß hier ein Schriftstück aussortiert wäre.
17 Tagebuch, 20., 21., 24., 25., und 28. Okt. 1884.
18 Aulinger 1885. – Diese Arbeit von Aulinger hat Hertz weder im Tagebuch noch sonst erwähnt.
19 Lorberg 1886.
20 Boltzmann 1886.
21 Lorberg 1887.
22 Tagebuch, 19. April 1887.
23 Dieser Brief von Hertz an Heaviside ist verloren. Heaviside erwähnt ihn in einem Brief an Oliver Lodge vom 6. Mai 1889. Cf. O'Hara & Pricha, S. 82.
24 Hertz 1890a, GW II, S. 209/10.

III.4 Kieler Konflikte

1 – an die Eltern, Kiel, 31. Mai 1884. HSTA.
2 – an die Eltern, Kiel. 1. März 1884. HSTA.
3 – an die Mutter, Freiburg, 16. April 1882. EBT, S. 158.

4 Tagebuch, 16.–24. April 1884.
5 Tagebuch, 26. April 1884.
6 Die im Hamburgischen Staatsarchiv vorhandenen Briefe aus Kiel sind nicht sehr zahlreich. Wegen der regelmäßigen Reisen nach Hamburg wurden ohnehin seltener Briefe geschrieben, aber vermutlich sind auch Briefe vernichtet worden.
7 Tagebuch, z. B. 28. April und 14. Mai 1884 sowie 29. Mai.
8 Tagebuch, 2.–9. Juni.
9 Tagebuch August–September, div. Eintragungen.
10 Hertz 1885a.
11 Tagebuch, 27. Sept. bis 29. Sept; 6. Oktober.
12 Zur Meteorologie im 19. Jahrhundert cf. Wilhelm von Bezold: Meteorologie. In: Lexis 1893, Bd. 2, S. 140–145. Dazu auch Garber 1976.
13 In einem Brief an den Vater aus Bonn vom 11. Jan. 1891 erinnert sich Heinrich Hertz an seine meteorologischen Aktivitäten als Primaner. HSTA.
14 Hertz 1882b.
15 – an die Eltern, Berlin, 2. Febr. 1882. EBT, S. 154.
16 ibid., S. 154/5.
17 Hertz 1885b, GW I, S. 320.
18 Tagebuch, 9. bis 20. Oktober 1884.
19 Garber 1976, S. 59/60. Der wesentlichste Mangel an dem Hertzschen Verfahren war die Beschränkung auf die Thermodynamik reversibler Vorgänge, während schon die Kondensation irreversibel ist. Die Änderung der Hertzschen Kurven für die realistische Situation irreversibler Prozesse wurde im Jahr 1900 von dem Berliner Meteorologen Otto Neuhoff angegeben.
20 W. von Bezold an Leo Königsberger, Berlin, 9. Okt. 1902. In Königsberger 1903, Bd. 2, S. 343.
21 – an die Eltern, Kiel, 4. Okt. 1884. HSTA.
22 – an die Eltern, Kiel, 23. Nov. 1884. HSTA.
23 – an die Eltern, Kiel, 30. Nov. 1884. EBT, S. 198.
24 – an die Eltern, Kiel, 6. Dez. 1884. EBT, S. 198.
25 – an die Eltern, Kiel, 12. Dez. 1884. EBT, S. 200.
26 Gutachten der Professoren Carl Engler und Franz Grashof, als Anlage zu der Vorlage der Direktion des Polytechnikums an das Grhzgl. Min. der Justiz, des Kultus und des Unterrichts. Karlsruhe, 3. Dez. 1884. BGLAK, Rep. 448/ 2355.
27 ibid. – Der Brief von Helmholtz, in dem er Oberbeck und Hertz empfahl, ist nicht mehr erhalten; er ist aber teilweise wörtlich in dem Gutachten von Engler und Grashof aufgegangen. Dazu hat Engler, der als Reichstagsabgeordneter im Herbst in Berlin gewesen war, mit Helmholtz die Braun-Nachfolge mündlich erörtert.
28 Tagebuch, 20, 21. und 22. Dezember.
29 Friedrich Althoff an Heinrich Hertz, Berlin, 23. Dez. 1884. NMH.
30 – an Fr. Althoff, Hamburg, 24. Dez. 1884. Nachlaß Althoff. GSAPK.
31 Tagebuch, 26. und 27. Dez. 1884.
32 – an die Eltern, Kiel, 30. Nov. 1884. EBT, S. 198.
33 Tagebuch, 5. und 6. Dez. 1884.
34 Tagebuch, 29. Dez. 1884.
35 Heinrich Kayser, der ebenfalls 1885 Ordinarius in Hannover wurde, erhielt dort 4500 Mark. Kayser 1936, S. 192.
36 – an die Eltern, Kiel, 30. Nov. 1884. EBT, S. 198.

37 – an den Dekan der Phil. Fak. Kiel, Hamburg, 31. Dez. 1884. LASH, Abt. 47.7.
38 – an Fr. Althoff, Hamburg, 31. Dez. 1884. GSAPK, Nachlaß Althoff.
39 Fr. Althoff an H. Hertz. Berlin, 2. Jan. 1885. NMH.
40 – an die Eltern, Kiel, 10. Jan. 1885. HSTA.
41 – an die Eltern, Kiel, 30. Nov. 1884. EBT, S. 198.
42 – an die Eltern, Kiel, 15. Febr. 1885. HSTA.
43 – an Adolf Elsas, Kiel, 10. Jan. 1885. DMMü.
44 Tagebuch, 6. Jan. 1885. – Brief an A. Elsas vom 26. Jan. 1885 DMMü. – Ein laut Tagebuch am 19. Januar geschriebener weiterer Brief, in dem Hertz seinem Freund Elsas mitteilen mußte, daß er in Kiel keine Aussichten hätte, ist offensichtlich vernichtet worden.
45 Fr. Althoff an den Kurator der Univ. Kiel, Berlin, 2. Jan. 1885. – Kurator Friedrich Mommsen an Kultusminister von Gossler, Kiel, 12. Febr. 1885. GSTAPK.
46 Planck 1948, in: Phys. Abhandlungen und Vorträge, Bd. 3, S. 380.
47 Kurator Friedrich Mommsen an Phil. Fak. Univ. Kiel, 6. Mai 1885. LASH, Abt. 47.7.
48 – an die Eltern, Kiel, 10. Jan. 1885. HSTA.
49 Tagebuch, 16. Jan. und 6. Febr. 1885. – Viele Eintragungen in diesen Wochen wurden später unleserlich gemacht. Briefe an die Eltern zwischen dem 10. Jan. und 7. Febr. 1885 wurden vernichtet.
50 Tagebuch, 30. Jan. und 7. Febr. 1885.
51 – an die Eltern, Kiel, 7. Febr. 1885. Hertz zitierte Dante: Göttliche Komödie, Inferno, Sechster Gesang, Vers 7–9, und zwar italienisch: »de la piova/ Eterna, maladetta, frede e greve:/ Regola e qualitá mai non l'è nuova.«
52 – an Aloys Schulte, Bonn, 20. April 1889. UBB.
53 Tagebuch, 3. und 8. März 1885.
54 Div. Eintragungen ins Tagebuch vom März, insbesondere 16. März 1885.
55 Tagebuch, z. B. 5., 6., 7. und 9. März 1885.
56 Die Antrittsvorlesung »Über den Energiehaushalt der Erde« wurde in englischer Übersetzung mit Erläuterungen von Joseph F. Mulligan u. G. Hertz publiziert in: AmJPh, Bd. 65, S. 36–45, 1997. Ich zitiere nach dem deutschen Original, das sich in der Houghton Library der Harvard University in Cambridge, USA, befindet. Viele Blätter mit Rechnungen zum Inhalt der Vorlesungen befinden sich in NMH.
57 Tagebuch, 24. und 25. März 1885 und Postkarte an die Eltern, Göttingen, 25. März 1885. HSTA.
58 Tagebuch, 26. bis 29. März 1885.
59 Tagebuch, 30. März 1885.
60 – an die Eltern, Karlsruhe, 30. März 1885. HSTA.

III.5 Karlsruher Krisen

1 – an die Eltern, Karlsruhe, 4. April. HSTA.
2 ibid. und Tagebuch, 30. März bis 2. April 1885. Die Adresse war Kaiserstr. 113 an der Ecke zur Adlerstraße.
3 Cf. die »Programme« der Polytechnischen Schule bzw. Technischen Hochschule Karlsruhe.

4 Zur Entwicklung der Technischen Hochschulen gegen Ende des 19. Jahrhunderts cf. Wehler, 1995, S. 414–417.
5 Erlaß des Grhzgl. Bad. Min. für Justiz etc. vom 16. Febr. 1885. BGLAK, Rep. 76/9942.
6 Cf. Kurylo 1965, S. 98.
7 – an die Eltern, 14. April 1885. HSTA.
8 – an die Eltern, Karlsruhe, 21. April 1885. EBT, S. 204.
9 – an die Eltern, Karlsruhe, 14. Mai 1885. HSTA. – Erst 1997, also mehr als hundert Jahre später, wurde die Vorlesung doch noch gedruckt, wenn auch in englischer Übersetzung. Cf. Anm. 56 zu III. 4.
10 – an die Eltern, Karlsruhe, 6. Mai 1885. HSTA.
11 Cf. die »Programme« der Technischen Hochschule Karlsruhe für die Studienjahre 1885/86, 1886/87 und 1888/89. Das Programm für 1887/88 existiert nicht mehr, kann aber interpoliert werden.
12 – an die Eltern, Karlsruhe, 21. April 1885. EBT, S. 204.
13 – an die Eltern, Karlsruhe, 28. April 1885. HSTA.
14 Tagebuch, 23. April, 2. Mai 1885 und 6. Juni 1885.
15 Z. B. Brief an die Eltern, Karlsruhe, 26. März 1886. HSTA.
16 – an die Eltern, Karlsruhe, 9. April 1885. HSTA.
17 – an die Eltern, Karlsruhe, 21. April 1885. EBT, S. 206.
18 – an die Eltern, Karlsruhe, 6. April 1885. HSTA.
19 – an die Eltern, Karlsruhe, 21. April und 17. Juni 1885. EBT, S. 206/8.
20 Tagebuch, div. Eintragungen vom 24. April bis zum 30. Mai 1885.
21 Tagebuch, 6. und 11. Mai 1885.
22 – an die Eltern, Karlsruhe, 21. April 1885. EBT, S. 206.
23 Tagebuch, div. Eintragungen.
24 Tagebuch, 14. und 31. März 1885.
25 – an die Eltern, Karlsruhe, 21. April 1885. EBT, S. 206.
26 Tagebuch, 14. bis 24. Juni 1885.
27 Tagebuch, 25., 26. und 27. Juni 1885.
28 – an die Eltern, Karlsruhe, 16. April 1885. HSTA.
29 – an die Eltern, Karlsruhe, 19. April 1886. HSTA.
30 Tagebuch, 3. Juli bis 24. Juli.
31 Tagebuch, 25. Juli bis 8. August 1885.
32 Tagebuch, 10. und 11. August 1885.
33 Tagebuch, 17. Sept. 1885 und Direktion der Grhzgl. Badischen technischen Hochschule an das Grhzgl. Min. der Justiz, des Kultus und des Unterrichts. Karlsruhe, 18. Sept. 1885. BGLAK, Rep. 76/9942.
34 Tagebuch, 26. Okt. 1885.
35 Tagebuch, 17. Nov. 1885.
36 – an die Eltern, Karlsruhe, 16. April 1886. HSTA.
37 Div. Tagebucheintragungen, Nov. 1885 bis April 1886.
38 Tagebuch, 9. bis 12. Dez. 1885.
39 Tagebuch, 22. bis 31. Dez. 1885.
40 – an die Eltern, Karlsruhe, 14. März 1885. HSTA.
41 – an Adolf Elsas (vermutlich, die Anrede ist »Lieber Freund!«), Karlsruhe, 12. Mai 1886, Galerie Bassenge Berlin, Auktion Nr. 68, Nov. 1996.
42 Tagebuch, 16. Jan. und 30. Jan. 1886.
43 – an die Eltern, Karlsruhe, 14. März 1886. HSTA. Tagebuch, 10. März 1886.

44 – an die Eltern, Karlsruhe, 16. April 1886. HSTA.
45 – an die Eltern, Karlsruhe, 14. März 1886. HSTA.
46 – an die Eltern, Karlsruhe, 19. März 1886. HSTA.
47 – an die Eltern, Karlsruhe, 12. April 1886. HSTA.
48 Elisabeth Doll an Elisabeth Hertz, Karlsruhe, 13. April 1886, HSTA.
49 – an die »Liebe Mama«, Karlsruhe, 9. April 1887. HSTA.
50 – an die Eltern, Karlsruhe, 16. April 1886. HSTA.
51 ibid.
52 Tagebuch, 21. bis 25. April.
53 – an den Vater, Karlsruhe, 4. April 1886. HSTA.
54 – an Adolf Elsas, Karlsruhe, 12. Mai 1886. Galerie Bassenge, Berlin, Auktion Nr. 68, Nov. 1996.
55 – an die Eltern, Karlsruhe, 19. März 1886. HSTA.
56 Tagebuch, 7. April 1886.
57 – an die Eltern, Karlsruhe, 21. März 1886. HSTA.
58 Tagebucheintragungen von Januar bis Juni 1886.
59 Tagebuch, div. Eintragungen vom 14. Mai bis 15. Juni 1886.
60 Tagebuch, div. Eintragungen vom 31. Juli bis 3. Sept. 1886.
61 – an die Eltern, Karlsruhe, 12., 17., 19. und 26. Sept. 1886. HSTA.
62 – an die Eltern, Karlsruhe, 26. Sept. 1886. HSTA.
63 Elisabeth Hertz an ihre Schwiegereltern, Karlsruhe, 31. Okt. 1886.

IV.1 »viel Freude«

1 Elisabeth Hertz an ihre Schwiegereltern, Karlsruhe, 31. Okt. und 14. Nov. 1886. HSTA.
2 Experimentierprotokoll, 1. Nov. 1886. NMH. – Diese Protokolle, die alle Experimente vom Oktober 1886 bis zum Mai 1887 dokumentieren, waren bisher nicht bekannt. – Die Tagebucheintragungen dieser Zeit, die, soweit sie die Experimente betreffen, von Mathilde Hertz in Auszügen in EBT abgedruckt worden sind, sind nur eine ungefähre Chronologie der Ereignisse.
3 – an die Eltern, Karlsruhe, 12. Sept. 1886. HSTA.
4 Tagebuch, div. Eintragungen, 4. Sept. bis 4. Okt. 1886.
5 Die Leidener Flasche, 1745 in Leiden von Pieter van Musschenbroek und gleichzeitig von E. G. von Kleist erfunden, ist ein zylindrisches Glasgefäß, das außen und innen mit Metallbelägen versehen ist. Zu Hertz' Zeiten waren diese Beläge elektrolytisch aufgebracht.
6 Experimentierprotokoll. Anfang Okt. 1886. NMH. – Das Experimentierprotokoll ist offenbar erst mit dem 1. November fortlaufend datiert worden, als Hertz klar wurde, daß es sich um den Beginn umfangreicher Forschungen handeln würde. Bis dahin sind Datierungen offenbar nachträglich und manchmal pauschal vorgenommen worden.
7 Hertz 1892a. Einleitende Übersicht, S. 1/2.
8 Helmholtz 1847, in Wiss. Abh. I, S. 46.
9 Im heute gebräuchlichen SI-System lautet die Formel für die Schwingungsdauer bei verschwindendem Ohmschen Widerstand $T = 2\pi \sqrt{LC}$. Hertz benutzte durchgängig das Gaußsche System, wobei Selbstinduktion P und Kapazität C in Zentimetern angegeben werden. Die Schwingungsdauer ist in diesem System

$T = \frac{\pi}{c} \cdot \sqrt{P \cdot C}$ mit c als Lichtgeschwindigkeit. – Wenn die Angabe von Formeln nicht zu vermeiden ist, wird Hertz gefolgt.

10 Feddersen 1858 bis 1862b. Für eine zeitgenössische Literaturübersicht cf. Colley 1885.

11 Experimentierprotokoll. 8. Okt. 1886. NMH. – Es überrascht, daß ein Funkenmikrometer in Karlsruhe nicht vorhanden war. Es war ein Standardinstrument zum Beispiel zur Ermittlung der »Schlagweite« und damit der Sekundärspannung eines Rühmkorffschen Induktoriums und hätte zur Grundausstattung eines jeden besseren Laboratoriums gehören sollen.

12 Experimentierprotokoll, Ende Oktober 1886. NMH.

13 ibid.

14 Hertz 1892a. S. 2. – Daß Hertz hier »löslich« schrieb statt »lösbar«, gab übrigens nach der Erinnerung Max von Laues noch Jahrzehnte später zu der Witzelei Anlaß, »sämtliche wissenschaftlichen Probleme wären löslich, nämlich in Gemischen von Wasser und Alkohol.« (Max von Laue an Mathilde Hertz, Berlin, 7. Febr. 1956. MPG.) Es handelte sich aber weder um einen Schreib- noch einen Druckfehler und hat auch nichts mit gelöstem Alkohol zu tun, dem Heinrich Hertz nur gemäßigt zusprach, sondern er benutzte das seltsame »löslich« einigermaßen konsequent in allen seinen Texten. Dieser Gebrauch ist übrigens dem Deutschen Wörterbuch von Jacob und Wilhelm Grimm unbekannt, so daß es sich wohl um eine Hertzsche Idiosynkrasie handelt.

15 Experimentierprotokoll, 1. Nov. 1886. NMH.

16 – an die Eltern, Karlsruhe, 24. Okt. und 7. Nov. 1886. HSTA.

17 Tagebuch, 29. Sept. und Brief an die Eltern, Karlsruhe, 28. Nov. 1886. HSTA.

18 Tagebuch, 16. Dez. 1886.

19 Neuerdings wird geschrieben, Heinrich Hertz' Frau »arbeitete ... stets mit ihm zusammen.« (Doncel 1994, S. 92), oder gar, sie sei »an seinen frühen Entdekkungen beteiligt gewesen« (Buchwald 1994, S. 216). Diese sehr weitgehenden Behauptungen stützen sich auf den bislang allein bekannten, in EBT abgedruckten Auszug des Tagebuchs vom 1. November 1886: »Elisabeth bei mir im Laboratorium, Funken bei Rühmkorffentladung.« Die Behauptungen von Doncel und Buchwald mögen als wunderliche Verbeugungen vor feministisch gefärbter »Political correctness« exkulpiert sein; sie überstrapazieren aber schon das veröffentlichte Material reichlich und widersprechen den vielen im HSTA einsehbaren Briefen. Sie hätten nicht zuletzt einen spöttischen Kommentar von Elisabeth Hertz provoziert. – Übrigens ist es kein Zufall, daß eine Rekonstruktion des Wochentages für den 1. November 1886 auf einen Sonntag führt: Daß Ehefrauen ihre Männer in die Hochschule begleiten, hätte damals als »not politically correct« gegolten. Eine solche Extravaganz war offenbar nur bei ruhendem Betrieb an einem Sonntag möglich.

20 Experimentierprotokoll, 8. bis 13. Nov. 1886. NMH.

21 ibid. 11. Nov. 1886.

22 Elisabeth Hertz an ihre Schwiegereltern, Karlsruhe, 14. Nov. 1886. HSTA.

23 Experimentierprotokoll, 2. Dez. 1886. NMH.

24 ibid. 3. Dez. 1886.

25 ibid. 4. Dez. 1886.

26 Tagebuch, 5. Dez. 1886.

27 – an H. v. Helmholtz, Karlsruhe, 5. Dez. 1886. Dieser Brief ist vollständig abgedruckt in EBT, S. 214/6.

28 Experimentierprotokoll, 6. bis 22. Dez. 1886.
29 – an Adolf Elsas, Karlsruhe, 7. März 1886. DMMü.
30 – an die Eltern, Karlsruhe, 16. Jan. 1887. HSTA.
31 Experimentierprotokoll, 21. Jan 1887. NMH.
32 Experimentierprotokoll, 22. Jan. 1887. Die Zahlenkolonnen für die in Hertz 1887c veröffentlichten Resonanzkurven sind in dem Protokoll enthalten.
33 – an die Eltern, Karlsruhe, 30. Jan. 1887. HSTA.
34 Tagebuch, 28. Jan. 1887.
35 – an Adolf Elsas, Karlsruhe, 20. Febr. 1887. DMMü.
36 Hertz 1887c, GW II, S. 54.
37 Tagebuch, 23. Febr., 17., 19. und 23. März 1887.
38 Von Bezold 1870. Teilweiser Abdruck in GW II, S. 59–68.
39 – an Gustav Wiedemann, Karlsruhe, 13. Mai 1887. DMMü. Hertz 1887d; Hertz 1892a, Einleitung, S. 2/3 und Nr. 3 in GW II.
40 Tagebuch, 4. Febr. 1887.
41 Cf. die »Einleitende Übersicht«, S. 9, und die »Nachträgliche Anmerkung« Nr. 5, in: GW II, S. 287.

IV.2 Intermezzo in Ultraviolett

1 Experimentierprotokoll, 3. Dez. 1886. NMH. Hertz 1887e, GW II, S. 69.
2 Experimentierprotokoll, 3. Dez. 1886. NMH.
3 Experimentierprotokoll, 4. Dez. NMH. – Die Schaltung der beiden Induktorien ist reproduziert in Hertz: 1887e, GW II, S. 71.
4 Hertz 1887e, S. 72. In dem Experimentierprotokoll taucht dieses Bezeichnung nicht auf. Obwohl ich mich in meiner Rekonstruktion an dem Protokoll orientiere, benutze ich zur Vereinfachung der Terminologie schon jetzt diese erst in der Veröffentlichung definierten Bezeichnungen.
5 Experimentierprotokoll, 4. Dez. NMH.
6 ibid.
7 Experimentierprotokoll, 9. Dez. 1886. NMH.
8 Experimentierprotokoll, 24. Jan. 1887. NMH.
9 Experimentierprotokoll, 25. Jan. 1887. NMH.
10 ibid., dazu Tagebuch, 24. und 25. Jan. 1887, sowie der Brief an die Eltern, Karlsruhe, 30. Jan. 1887. HSTA.
11 – an den Vater, Karlsruhe, 7. Juli 1887. EBT, S. 226.
12 Zum für Hertz relevanten Stand der »Selenforschung« cf. Wiedemann 1885, Bd. 1, S. 543–552.
13 Wie Anm. 11.
14 ibid.
15 Experimentierprotokoll, 25. Jan. 1887. NMH.
16 Experimentierprotokoll, 26. Jan. 1887. NMH.
17 – an die Eltern, Karlsruhe, 27. März 1887. HSTA.
18 Experimentierprotokoll, 16. und 21. April 1887. NMH.
19 Experimentierprotokoll, 25. April bis 30. April 1887. NMH.
20 Experimentierprotokoll. 6. Mai bis 17. Mai 1887. NMH.
21 – an den Vater, Karlsruhe, 7. Juli 1887. EBT, S. 222.
22 Cf. den Brief an Adolf Elsas, Kiel, 10. Jan 1885. DMMü.

23 – an den Vater, Karlsruhe, 7. Juli 1887. EBT, S. 226/8.
24 – an die Eltern, Karlsruhe, 29. Mai 1887. HSTA.
25 Hertz 1887e. GW II, S. 83 und S. 86.
26 Tagebuch, 31. Mai und 1. Juni 1887.
27 – an den Vater, Karlsruhe, 7. Juli 1887. EBT, S. 226.
28 H. v. Helmholtz an H. Hertz, Berlin, 3. Juni 1887. DMMü.
29 – an H. v. Helmholtz, Karlsruhe, 1. Juni 1887. DMMü.
30 – an den Vater, Karlsruhe, 7. Juli 1887. EBT, S. 226.
31 Hertz 1892a, Einleitung, S. 4.
32 – an den Vater, Karlsruhe, 7. Juli 1887. EBT, S. 226.
33 Tagebucheintragungen vom 2. Juni bis zum 19. Juli 1887. – Die wenig ergiebigen Protokolle für Experimente, die nach dem 17. Mai 1887 zum photoelektrischen Effekt unternommen wurden, sind kürzlich veröffentlicht worden: G. Hertz & M. Doncel 1995.
34 – an den Vater, Karlsruhe, 5. Juli 1888. HSTA.

IV.3 »den Anschluß nicht verpaßt«

1 – an die Eltern, Karlsruhe, 26. Febr. 1887. HSTA.
2 ibid.
3 ibid.
4 Insbesondere der Bruder Gustav hat seiner Schwägerin Elisabeth nach dem Tod von Heinrich Hertz oft versichert, wie dankbar er ihr war, daß Heinrich an ihrer Seite glückliche Jahre hatte verbringen können. Briefe in NMH.
5 Tagebuch, 24. Dez. 1886 bis 7. Jan. 1887.
6 Zu Mädchenbildung und Frauenstudium cf. Wehler 1995, S. 410 und S. 1218. – Eine offiziöse, »Sr. Majestät dem Kaiser« gewidmete Darstellung der deutschen Universitäten, die zur Präsentation auf der Weltausstellung 1894 in Chicago erarbeitet wurde, enthielt beinahe revolutionären Sprengstoff, indem bedauert wurde, daß die »breite Masse der Bevölkerung mit Einschluß der Handwerker und Kleinbauern« immer weniger an den Universitäten vertreten wäre. Über den Ausschluß einer Hälfte der Bevölkerung, nämlich der weiblichen, wurde dagegen kein Wort verloren. Lexis 1993. Bd.1, S. 59. – Als erster deutscher Bundesstaat ließ Baden 1900 die Immatrikulation von Frauen zu; Preußen und die Reichsgesetzgebung folgten erst 1908.
7 Elisabeth Hertz an ihre Schwiegermutter, Karlsruhe, 5. Juni 1887. HSTA.
8 Elisabeth Hertz an ihre Schwiegermutter, Karlsruhe, 12. Febr. 1887, und Heinrich Hertz an die Eltern, Karlsruhe, 29. Mai 1887. HSTA.
9 – an die Eltern, Karlsruhe, 28. Nov. 1886, 26. Febr. und 20. März 1887. HSTA.
10 Elisabeth Hertz an ihre Schwiegereltern, Karlsruhe, 8. Mai 1887. HSTA.
11 Elisabeth Hertz an ihre Schwiegermutter, Karlsruhe, 12. Febr. 1887. HSTA.
12 Elisabeth Hertz an ihre Schwiegermutter, Karlsruhe, 23. Jan. 1887. HSTA.
13 – an die Eltern, Karlsruhe, 6. Febr. 1887. HSTA.
14 ibid.
15 – an die Eltern, Karlsruhe, 30. Jan. 1887. HSTA.
16 – an die Eltern, Karlsruhe, 6. Febr. 1887. HSTA.
17 In seinen Briefen hat Heinrich Hertz nicht ausdrücklich erwähnt, für welche Partei er gestimmt hat, weil darin mit dem Vater offenbar eine selbstverständli-

che Übereinstimmung vorausgesetzt werden konnte. Daher ergibt sich nur aus dem Zusammenhang seines Briefes vom 27. Februar 1887, daß beide der Nationalliberalen Partei ihre Stimme gegeben haben. Heinrich Hertz begrüßte insbesondere die hohen Verluste des linksliberalen »Freisinns« unter Eugen Richter, zu deren prominenten Vertretern Wissenschaftler wie Rudolf Virchow gehörten.

18 Tagebuch, 16. Mai 1887.
19 – an die Eltern, Karlsruhe, 27. Febr. 1887. HSTA.
20 – an die Eltern, Karlsruhe, 13. März 1887. HSTA.
21 Tagebuch, 10. bis 13. März 1887.
22 – an die Mutter, Karlsruhe, 9. April 1887. HSTA.
23 Tagebuch, 29. März bis 1. April 1887.
24 – an die Eltern, Karlsruhe, 27. Febr. 1887. HSTA.
25 Tagebuch, 25. Mai 1887.
26 – an die Eltern, Karlsruhe, 13. Okt. 1887. HSTA.
27 Hertz 1887a.
28 Hertz 1887a. – Auf diesen kleinen Artikel folgte eine etwas komische Anrempelei durch Otto Volger, verdient durch die Gründung des Freien Deutschen Hochstifts in Frankfurt am Main und auch naturwissenschaftlicher Privatgelehrter. In einer sehr langen und energisch formulierten Stellungnahme zu dem Hertzschen Artikel beanspruchte er Priorität unter Berufung auf sein 1857 erschienenes Buch »Erde und Ewigkeit« und hatte auch sonst noch allerlei auszusetzen (Met. Zeitschrift Bd. 4, S. 225–227). Hertz reagierte am 3. Juli 1887 mit einem sehr höflichen und vornehm gehaltenen Brief an Volger, dessen Abschrift im DMMü, Nr. 3214, erhalten ist.
29 – an die Eltern, Karlsruhe, 26. Febr. 1887. HSTA.
30 Hertz 1887b. Karlsruher Zeitung, 11. Mai 1887, Beilage Nr. III.
31 – an die Eltern, Karlsruhe, 28. Nov. 1886. HSTA.
32 Tagebuch, z. B. 1. Dez. 1886, 23. Febr. und 9. März 1887.
33 Tagebuch, 5. Nov. 1886 und 14. Jan. 1887.
34 Karlsruher Zeitung, Nr. 32, 6. Febr. 1887.
35 Eine Erfassung aller ungezeichneten Zeitungsartikel von Heinrich Hertz war nicht möglich.
36 Der Brief an den Vater vom 7. Juli 1887 ist nahezu vollständig abgedruckt in EBT, S. 224–228. Die Kürzungen sind nicht wesentlich.
37 Kölnische Zeitung, Beilage, Sonntag, 6. November 1887. Der Autor ist nicht genannt.
38 Tagebuch, 9. Nov. 1887; – an die Eltern, Karlsruhe, 13. Nov. 1887. EBT, S. 236.
39 – an die Eltern, Karlsruhe, 20. Nov. 1887. HSTA.
40 – an die Eltern, Karlsruhe, 1. Mai 1887. EBT, S. 220.
41 – an die Eltern, Karlsruhe, 29. Mai 1887. HSTA.
42 Tagebuch, 28. bis 31. Mai 1887.
43 Tagebuch, 13., 17., 22. Jan. und 26. Febr. 1887.
44 Tagebuch, 19. Mai 1887.
45 – an die Eltern, Karlsruhe, 1. Mai 1887. HSTA.
46 – an die Eltern, Karlsruhe, 24. Juli 1887. HSTA.
47 Elisabeth Hertz an ihre Schwiegereltern, Karlsruhe, 6. Sept. 1887. HSTA.
48 Tagebuch, 8. Sept. 1887.
49 Elisabeth Hertz an ihre Schwiegereltern, Karlsruhe, 25. Sept. 1887. HSTA.
50 Tagebuch, 28. Sept. bis 2. Okt. 1887.

51 – an die Eltern, Karlsruhe, 2. Okt. 1887. HSTA.
52 – an die Eltern, Karlsruhe, 24. Juli 1887. HSTA.
53 – an die Eltern. Karlsruhe, 3. Okt. 1887. HSTA.
54 ibid.
55 – an die Eltern, Karlsruhe, 13. Okt. 1887. HSTA.
56 – an die Eltern, Karlsruhe, 5. Okt. 1887. HSTA.

IV.4 Elektrodynamische Wirkungen

1 Elisabeth Hertz an ihre Schwiegereltern. Karlsruhe, 6. Sept.1887. HSTA.
2 Experimentierprotokoll, 7. Sept. 1887. – Die Protokolle vom 18. Mai bis zum 29. Dezember 1887 hat Gerhard Hertz bereits 1987 aufgefunden. Die 23 Blätter wurden kürzlich als Faksimiles mit einer Transkription sowie einer Übersetzung ins Englische veröffentlicht: G. Hertz & M. Doncel 1995.
3 Tagebuch, 7. Sept. 1887. – Die in EBT abgedruckten Tagebuchauszüge geben die Eintragungen nahezu vollständig wieder, soweit sie sich auf die experimentellen Arbeiten in der zweiten Jahreshälfte 1887 beziehen. Das Tagebuch ist in dieser Periode manchmal sogar ausführlicher als die Experimentier-Protokolle, die beonders beim Thema der elektrodynamischen Wirkungen offensichtlich nicht kontinuierlich geführt wurden.
4 Experimentierprotokoll. Sept. 1887. G. Hertz & M. Doncel 1995, S. 232.
5 Tagebuch, 15. Sept. 1887.
6 Tagebuch, 15. und 16. Sept. 1887.
7 Tagebuch, 21. Sept. 1887. Das Tagebuch und die Experimentierprotokolle sind für den September und Oktober 1887 sehr lückenhaft.
8 Experimentierprotokoll, 7. Dez. 1886. NMH. – Die Abmessungen des Paraffinringes waren »20 cm äußerer Durchmesser, 8 cm innerer Durchmesser, 6 cm hoch.« Die Breite des Zwischenraums hat Heinrich Hertz nicht notiert.
9 Experimentierprotokoll, 10. Dez. bis 22. Dez. 1886. NMH.
10 Experimentierprotokoll, 22. Dez. 1886. NMH.
11 In Hertz 1892a schrieb Heinrich Hertz in der Einleitung: »Der Sommer 1887 verstrich mit vergeblichen Versuchen, mit Hilfe der neuen Klasse von Schwingungen den elektrischen Einfluß der Isolatoren wirklich nachzuweisen.« Es ist allerdings nicht klar, worauf sich Hertz dabei bezieht. Dokumentiert sind solche Versuche aus dem Dezember 1886 und nur andeutungsweise aus dem September 1887.
12 Experimentierprotokoll, 10. Okt. 1887. G. Hertz & M. Doncel 1995.
13 Hertz 1887f, GW II, S. 109.
14 Hertz 1887f, GW II, S. 109. – Der »Kreis B« ist der Resonator.
15 – an Paul Drude, Bonn, 30. April 1890. DMMü.
16 Hertz 1887f, GW II, S. 109.
17 Tagebuch, 5. und 6. Okt. 1887.
18 – an die Eltern, Karlsruhe, 6. Okt. 1887. HSTA.
19 – an die Eltern, Karlsruhe, 10. Okt. 1887. HSTA.
20 – an die Eltern, Karlsruhe, 17. Okt. 1887. HSTA.
21 Elisabeth Hertz an ihre Schwiegereltern, Karlsruhe, 26. Okt. 1887. HSTA.
22 – an die Eltern, Karlsruhe, 11. Dez. 1887. HSTA.
23 – an die Eltern, Karlsruhe, 13. Okt. 1887. HSTA.

24 Tagebuch, 17. und 20. Okt. 1887. – Hertz 1887f, GW II, S. 111.
25 – an die Eltern, Karlsruhe, 25. Okt. 1887. EBT, S. 230.
26 – an die Eltern, Karlsruhe, 30. Okt. 1887. EBT, S. 232.
27 – an die Eltern, Karlsruhe, 25. Okt. 1887. EBT, S. 230.
28 – an H. v. Helmholtz, Karlsruhe, 5. Nov. 1887. EBT, S. 234.
29 – an die Eltern, Karlsruhe, 30. Okt. 1887. EBT, S. 230.
30 H. v. Helmholtz an Heinrich Hertz, Berlin, 7. Nov. 1887. EBT, S. 236. Original in NMH.
31 Tagebuch, 27. März 1885.
32 W. C. Röntgen an Heinrich Hertz, Gießen, 23. Okt. 1887. NMH. – Röntgen hat in diesem Brief noch davon berichtet, daß er im Frühjahr 1887 Helmholtz in Berlin besucht und ihm »die Sachlage« mitgeteilt habe. – Der am 20. Okt. 1887 geschriebene Brief von Hertz an Röntgen ist nicht erhalten, da Röntgen seine wissenschaftliche Korrespondenz im Alter nahezu vollständig verbrannt hat.
33 Hertz 1887f, GW II, S. 103.
34 – an die Eltern, Karlsruhe, 11. Dez. 1887. HSTA. – Die Auslassungspunkte gegen Ende des Briefes sind von Hertz.
35 W. C. Röntgen an Heinrich Hertz, Gießen, 1. März 1888. DMMü, Nachlaß Hertz.
36 Röntgen 1888. – Diese Veröffentlichung Röntgens wird in der Röntgen-Gedenkliteratur als wissenschaftliche Großtat ausgegeben, oft sogar als experimenteller Beweis der Maxwellschen Theorie. Das sind Übertreibungen, die wohl dem Bedürfnis entspringen, aus dem Entdecker der X-Strahlen einen Physiker zu machen, der auch sonst Bedeutendes geleistet habe. Eine erheiternde Spitzenleistung vollbrachte in dieser Hinsicht das Deutsche Museum München in der graphisch aufwendig gestalteten Schrift »Röntgenstrahlen – zum 100. Jubiläum der Entdeckung der X-Strahlen«, die 1995 in der Reihe »Beiträge zur Technikgeschichte für die Aus- und Weiterbildung« erschien. Dort heißt es auf S. 24: »H. von Helmholtz stellte diese Veröffentlichung in seiner späteren Festansprache zu Röntgens siebzigsten (sic!) Geburtstag auf eine Stufe mit der Entdeckung der X-Strahlen.« – Helmholtz hat allerdings die Entdeckung der X-Strahlen im Jahre 1895 nicht erlebt, und bei Röntgens siebzigstem Geburtstag war er zwanzig Jahre tot. Übrigens gab es bei diesem Geburtstag Röntgens überhaupt keine Festansprache, nicht einmal von einem lebendigen Redner. – Eine Äußerung von Helmholtz zu den Versuchen von Röntgen ist mir nicht bekannt.
37 H. A. Rowland & C. T. Hutchinson: On the electromagnetic effect of convection-currents. Phil. Mag., Bd. 27, S. 445ff.; 1889.
38 Hertz 1890b, GW II, S. 274.
39 1892a. GW II, Einleitende Übersicht, S. 1.

IV.5 »mit der Natur allein«

1 Elisabeth Hertz an ihre Schwiegereltern, Karlsruhe, 9. Nov. 1887. EBT, S. 234.
2 Experimentierprotokoll, 7. Nov. 1887. Für die Protokolle dieses und der folgenden Experimente sei verwiesen auf die kürzlich erfolgte Veröffentlichung: G. Hertz & M. Doncel, 1995. – Im Tagebuch vom 7. November 1887 ist zusätzlich »3 m Wellenlänge« angegeben. – In der Skizze vom 8. November ist eingefügt: »In dieser Lage sind die stärksten (übrigens schwache) Funken an den Knoten.

D[n] 6. Nov.« Für den 6. November heißt es im Tagebuch lediglich: »Sonntags zu Hause.« Im Protokoll wäre das richtige Datum wohl der 7. November gewesen.

3 Hertz 1888a, GW II, S. 119/120. – Weder im Tagebuch noch in den Experimentierprotokollen sind diese Versuche mit dem im Freien aufgespannten Draht erwähnt.

4 Hertz 1888a, GW II, S. 120.

5 Tagebuch, 10. Nov. 1887.

6 – an die Eltern, Karlsruhe, 23. Dez. 1887. EBT, S. 240. – Hertz gab die Geschwindigkeit in geographischen Meilen an, was stillschweigend geändert wurde. Bei der erwähnten Arbeit handelt es sich um Helmholtz 1871, Wiss. Abh. 1, S. 629–35. Auf S. 635 heißt es: »Pflanzen sich also die induzierenden Wirkungen wirklich mit einer angebbaren Geschwindigkeit fort, so muß diese größer sein als 314 000 Meter oder etwa 42,4 geograph. Meilen.« Eine preußische geographische Meile entspricht etwa 7,14 Kilometern.

7 Cf. die Kapitel III.2 und III.3.

8 An den Referaten für die »Fortschritte« hat Heinrich Hertz laut Tagebuch noch am 24. Nov. und 5. Dez. 1887 gearbeitet. Das knappe Referat über die Arbeit von FitzGerald 1883a findet sich in Hertz 1889f, S. 515/6. – Ein anderes Referat über eine im Maxwellschen Sinne geschriebene Arbeit betraf Horace Lamb: On Electrical Motions in a Spherical Conductor. Auch in dieser ganz anders gearteten Arbeit wird gemäß Hertz' Zusammenfassung »nach Maxwells Theorie endliche Ausbreitungsfähigkeit der elektrodynamischen Wirkungen in Betracht genommen.« Hertz 1889f, S. 509.

9 Bei Armin Hermann z. B. führt ein gerader Weg von der Kieler Arbeit zu der Untersuchung über sehr schnelle Schwingungen im Herbst 1886, die sogar etwas gewesen sein soll, das »man ein ›experimentum crucis‹ nennt, ein Experiment, das eindeutig zwischen zwei Theorien unterscheidet.« (Hermann 1994, S. 450.) Diese Darstellung entbehrt jeder physikalischen und historischen Grundlage.

10 Hertz 1892a, GW II, Einleitende Übersicht, S. 7.

11 Hertz 1892a, GW II, Einleitende Übersicht, S. 9.

12 ibid.

13 Experimentierprotokoll, 11.–12. Nov. 1887, und Tagebuch, 12. Nov. 1887. Das Tagebuch enthält für den 11. Nov. nur den für die Physik nicht relevanten Eintrag: »Die Amme der Kleinen verliert die Milch, dadurch neue Unruhe.«

14 – an die Eltern, Karlruhe, 13. Nov. 1887. EBT.

15 Tagebuch, 17. und 18. Nov. 1887. – Experimentierprotokolle sind für diese beiden Tage nicht vorhanden.

16 Tagebuch, 26. Nov. 1887.

17 – an die Eltern, Karlsruhe, 23. Dez. 1887. EBT, S. 240.

18 Tagebuch, 2. bis 8. Dez. 1887.

19 – an H. v. Helmholtz, Karlsruhe, 8. Dezember 1887. EBT, S. 238.

20 Tagebuch, 16. Dez. 1887. Experimentierprotokoll 16. Dez. 1887. – Tatsächlich steht im Protokoll der 15. Dezember; dies muß allerdings ein Irrtum zu sein, denn das Tagebuch verzeichnet für diesen Tag nur: »Weihnachtsbesorgungen gemacht.« Es war zudem aus Gründen der Arbeitsökonomie sinnvoll, erst am Freitag nach der Vorlesung und nicht schon am Donnerstag die Apparate im Hörsaal aufzubauen.

21 – an die Eltern, Karlsruhe, 23. Dez. 1887. EBT, S. 240 und HSTA.

22 Tagebuch, 23. Dez. 1887 und Experimentierprotokoll. – Die relevante Position des Resonators wird hier als »Dritte Hauptlage« gekennzeichnet.
23 – an die Eltern, Karlsruhe, 26. Dez. 1887. EBT, S. 244/6.
24 Tagebuch, 26. Dez. 1887.
25 Experimentierprotokoll, 28. Dez. 1887. Hertz & Doncel 1995, S. 260.
26 – an die Eltern, Karlsruhe, 1. Jan. 1888.
27 Tagebuch, 31. Dez. 1887.
28 – an die Eltern, Karlsruhe, 13. Okt. 1887. HSTA.
29 – an die Eltern, Karlsruhe, 8. Jan. 1888. HSTA. – Tagebuch, 2. Jan. 1888. Den ganzen Januar 1888 hindurch enthält das Tagebuch viele Eintragungen über Zahnschmerzen, Zahnarztbesuche und Zahnoperationen.
30 Tagebuch, 6. und 7. Jan. 1888.
31 Elisabeth Hertz an ihre Schwiegereltern, Karlsruhe, 8. Jan. 1888. HSTA.
32 – an die Eltern, Karlsruhe, 15. Jan. 1888. EBT, S. 248.
33 – an die Eltern, Karlsruhe, 29. Jan. 1888. HSTA und EBT, S. 250.
34 Tagebuch, 13. Jan. 1888.
35 – an die Eltern, Karlsruhe, 15. Jan. 1888. EBT, S. 248.
36 Hertz 1892a, Einleitende Übersicht, S. 10.
37 – an H. v. Helmholtz, Karlsruhe, 21. Jan. 1888. EBT, S. 250.
38 ibid., S. 248.
39 H. v. Helmholtz an Emil Du Bois-Reymond, Berlin, 24. Jan. 1888. In: Kirsten 1986, S. 266/7. – Bei der Arbeit von Kundt handelte es sich um »Über die Brechungsexponenten der Metalle«, SBB, S. 255–272. 1888.
40 Pupin 1926, S. 261/2.
41 – an die Eltern, Karlsruhe, 29. Jan. 1888. EBT, S. 250.
42 – an Gustav Wiedemann, Karlsruhe, 24. Jan. 1888. DMMü.
43 Im Band II der »Gesammelten Werke« sind die Fassungen der »Annalen«-Artikel gedruckt. Von den eher philologischen Aspekten der nicht sehr wesentlichen Unterschiede kann man sich durch direkten Vergleich mit den Akademieberichten oder durch Doncel 1991 einen Eindruck verschaffen.
44 Tagebuch, 26. Febr. 1888.
45 W. C. Röntgen an Heinrich Hertz, Gießen, 1. März 1888. DMMü.
46 – an die Eltern, Karlsruhe, 4. März 1888. HSTA.
47 Tagebuch, 23., 24., 25. und 26. Jan. 1888.
48 Hertz 1892a. Einleitende Übersicht, S. 11/12.
49 Tagebuch, 23. und 27. Febr., 1., 2. und 3. März 1888.
50 Tagebuch, 10. März 1888.
51 Tagebuch, 12. und 15. März 1888. – In EBT ist beim Datum der Vereidigung ein Übertragungsfehler unterlaufen.
52 Tagebuch, 17. März 1888.
53 Tagebuch, 19. März 1888.
54 Hertz 1888c, S. 135/6.
55 ibid. – Hier auch eine ausführliche Beschreibung des Hörsaals und des Versuchsaufbaus.
56 – an H. v. Helmholtz, Karlsruhe, 19. März 1888. DMMü und EBT, S. 254.
57 Tagebuch, 20. bis 28. März 1888.
58 – an Gustav Wiedemann, Karlsruhe, 1. April 1888. DMMü.
59 Hertz 1888c, GW II, S. 146.
60 – an Adolf Elsas, Karlsruhe, 22. April 1888. DMMü, und an einen nicht identi-

fizierten »Hochgeehrten Kollegen«, Karlsruhe, 4. April 1888. Stargard Katalog 653, Nr. 512. 1993.

61 – an die Eltern, Karlsruhe, 17. März 1888. EBT, S. 254.

IV.6 »kein wichtigeres Experiment«

1 Königsberger 1919, S. 184.

2 Tagebuch, 12. Dez. 1887. Die Vorträge im »Mathematischen Kränzchen« und im »Naturforschenden Verein« belaufen sich etwa auf ein Dutzend.

3 – an die Eltern, 29. Jan. 1888.

4 Phil. Fakultät der Univ. Berlin an Minister von Gossler, 6. Dez. 1887 und Vereinbarung zwischen Friedrich Althoff und Boltzmann vom 3. Jan. 1888. Diese wie alle weiteren Akten zur Berufung Boltzmanns nach Berlin sind abgedruckt in: Hörtz & Laaß 1889. – Die Fakultät hatte für die Besetzung der Professur für theoretische Physik nur Boltzmann nominiert und abweichend von den Gepflogenheiten keinen Kandidaten an zweiter oder dritter Stelle nominiert. Daß Hertz in Betracht gezogen worden war, hat in den Akten also keinen Niederschlag gefunden.

5 – an die Eltern, Karlsruhe, 5. Februar 1888. HSTA.

6 ibid. – Auch hier hat sich die Erörterung einer Berufung von Hertz offenbar auf das Vorfeld beschränkt. Die Fakultät hat Kohlrausch nominiert und für den Fall seiner Ablehnung an zweiter Stelle Ferdinand Braun vorgeschlagen. Ein dritter Kandidat wurde nicht benannt. Cf. Math. Naturwissenschaftliche Fakultät Straßburg an das Kaiserliche Ministerium für Elsaß-Lothringen, 15. Jan. 1888. Archives Départementales du Bas-Rhin, Strasbourg, Akte 103 AL 245.

7 – an die Eltern, Karlsruhe, 1. Mai 1887. HSTA.

8 – an die Eltern, 5. Febr. 1888. HSTA.

9 ibid.

10 – an den Vater, Karlsruhe, 23. Febr. 1888. HSTA.

11 – an den Vater, Karlsruhe, 15. und 18. Dez. 1888. HSTA.

12 – an die Eltern, Karlsruhe, 29. Jan. 1888. HSTA.

13 Tagebuch, 1. Febr. 1888.

14 Tagebuch, 19., 20. und 21. Febr. 1888.

15 Tagebuch, 4. und 11. März 1888.

16 Tagebuch, 25. Febr. 1888.

17 – an die Eltern, Karlsruhe, 15. Juli 1888. HSTA.

18 Elisabeth Hertz an ihre Schwiegereltern, Karlsruhe, 11. und 25. März 1888. HSTA.

19 – an seine Frau, Tübingen, 3. April 1888. HSTA.

20 – an den Vater, Karlsruhe, 30. Okt. 1887. HSTA.

21 – an die Eltern, Karlsruhe, 14. Okt. 1888. EBT, S. 264.

22 Kurylo 1965, S. 111.

23 Tagebuch, 5. und 6. April 1888.

24 Tagebuch, 16. Mai bis 2. Mai 1888.

25 – an die Eltern, Karlsruhe, 29. April 1888.

26 – an die Mutter, Karlsruhe, 10. Mai 1888. HSTA.

27 Elisabeth Hertz an ihre Schwiegereltern, Karlsruhe, 6. Mai 1888. HSTA.

28 – an die Mutter, Karlsruhe, 10. Mai 1888. HSTA.

29 Großhzgl. Ministerium der Justiz, des Kultus und des Unterrichts, Karlsruhe, 31. Mai 1888. BGLAK.
30 Minsterium des Kultus etc. vom 29. Mai 1888. BGLAK. Brief an den Vater, Karlsruhe, 10. Juni 1888. HSTA. – Die Gehaltserhöhung wurde rückwirkend ab dem 1. April 1888 bewilligt.
31 G. F. FitzGerald an Heinrich Hertz, Dublin, 8. Juni 1888. O'Hara & Pricha 1987, S. 23/4. – Fitzgerald schrieb Englisch, Hertz in der Korrespondenz mit FitzGerald zunächst Deutsch, später Englisch.
32 – an G. F. FitzGerald, Karlsruhe, 11. Juni 1888. O'Hara & Pricha 1987, S. 24/5.
33 – an den Vater, Karlsruhe, 5. Juli 1888. HSTA.
34 – an die Direktion der Technischen Hochschule. Karlsruhe, 14. Juli 1888. BGLAK.
35 Tagebuch, diverse Eintragungen vom 3. bis 16. Aug. 1888.
36 Tagebuch, diverse Eintragungen vom 22. Aug. bis 15. Sept. 1888.
37 Elisabeth Hertz an ihre Schwiegereltern, Karlsruhe, 19. Sept. 1888. HSTA.
38 – an Adolf Elsas, Karlsruhe, 6. Sept. 1888. HSTA.
39 – an die Eltern, Karlsruhe, 14. Okt. 1888. EBT, S. 264.
40 G. F. FitzGerald: Presidential Address. British Association Report 1888, S. 2.
41 – an die Eltern, Karlsruhe, 21. Sept. 1888. HSTA.
42 Elisabeth Hertz an ihre Schwiegereltern, Karlsruhe, 23. Sept. 1888. HSTA.
43 – an G. F. FitzGerald, Karlsruhe, 23. Sept. 1888. O'Hara & Pricha 1987, S. 26.
44 – an die Eltern, Karlsruhe, 21. Sept. 1888. HSTA.

IV.7 Ein »Kopf ersten Ranges«

1 W. C. Röntgen an H. Hertz, Gießen, 31. Juli 1888. DMMü.
2 – an die Eltern, Karlsruhe, 21. Sept. 1888. HSTA.
3 W. C. Röntgen an Heinrich Hertz, Gießen, 27. Sept. 1888. DMMü.
4 – an die Eltern, Karlsruhe, 5. Okt. 1888. HSTA.
5 Friedrich Althoff an Hertz, Berlin, 18. Sept. 1888. NMH.
6 – an Fr. Althoff, Karlsruhe, 20. Sept. 1888. GSAPK. Nachlaß Althoff.
7 – an die Eltern, Karlsruhe, 21. Sept. 1888. HSTA.
8 Elisabeth Hertz an ihre Schwiegereltern, Karlsruhe, 29. Sept. 1888. HSTA. – In diesem Brief beschrieb Elisabeth Hertz alle Einzelheiten der Berufungsangelegenheiten.
9 – an Fr. Althoff, Karlsruhe, 26. Sept. 1888. GSAPK.
10 Fr. Althoff an Heinrich Hertz, Berlin, 27. Dez. 1888. NMH.
11 – an Fr. Althoff, Telegramm, Karlsruhe, 29. Sept. 1888. GSAPK.
12 Ludwig Boltzmann an Friedrich Althoff, Graz, 24. Juni 1888. – Dieser Brief und alle Aktenstücke der verwickelten Beziehungen Boltzmanns zu Berlin sind bei Hörtz & Laaß 1989, hier S. 109, abgedruckt.
13 Zu Althoff cf. Sachse 1928; sehr kritische Bemerkungen finden sich in Kayser 1936, S. 170–175. Kayser berichtet auf S. 172, daß Althoff in Marburg in einer Rede gesagt habe: »Professoren sind wie die Huren; wer sie am besten zahlt, hat sie.«
14 Zur Reise nach Berlin: Tagebuch, 29. und 30. Sept. 1888. – Telegramm an Elisabeth Hertz, Berlin, 30. Sept. 1888. HSTA. – Brief an die Eltern, Karlsruhe, 5. Okt. 1888. HSTA und EBT, S. 260/262.

15 Vereinbarung zwischen Boltzmann und Althoff, Berlin, 3. Jan. 1888. Hörtz & Laaß 1989, S. 103.
16 – an die Eltern, Karlsruhe, 5.Okt. 1888. HSTA und EBT, S. 260/2. – Tagebuch, 29. Sept. bis 4. Okt. 1888.
17 H. v. Helmholtz an R. Lipschitz, Weggis (Schweiz), 9. Sept. 1888. Auszug in EBT, S. 350/2. Original in NMH.
18 Diverse Schreiben in der Pers. Akte Ketteler, z. B. Preuß. Kultusministerium an den Kurator Gandtner der Univ. Bonn, Berlin, 30. Aug. 1884. Kurator Gandtner an Min. 11. Sept. 1884, Min. an Kurator Bonn, 30. Juni 1885.
19 H. v. Helmholtz an R. Lipschitz, Weggis (Schweiz), 9. Sept. 1888. NMH. – Der Abdruck in EBT, S. 350 ist stark gekürzt.
20 Bericht der (naturwissenschaftlichen) Sektion der Phil. Fak. der Univ. Bonn, 12. Okt. 1888. Beschluß der Phil. Fak. über die »Wiederbesetzung der erledigten ordentlichen Professur für Physik«. Beide Aktenstücke in der Personalakte Clausius des UAB.
21 L. Boltzmann an Fr. Althoff, Graz, 14. Okt. 1888. Fr. Althoff an L. Boltzmann, 20. Okt. 1888. In Hörtz & Laaß 1989, S. 112/3.
22 Protokoll über die Sitzung der Kommission zur Beratung der Wiederbesetzung der Professur für theoretische Physik. Berlin, 8. Nov. 1888. UAHUB. – Auf Zitate aus Helmholtz' Bericht wurde verzichtet, da sie bereits Bekanntes komprimiert wiederholen.
23 – an die Eltern, Karlsruhe, 14. Okt. 1888. HSTA.
24 Tagebuch, 18. und 19. Okt. 1888.
25 Elisabeth Hertz an ihre Schwiegereltern, Karlsruhe, 11. Nov. 1888. HSTA.
26 Tagebuch, 28. Okt. 1888.
27 – an die Eltern, Karlsruhe, 28. Okt. 1888. HSTA.
28 Elisabeth Hertz an ihre Schwiegereltern, Karlsruhe, 11. Nov. 1888. HSTA. – Der Brief war von Laspeyres, cf. Tagebuch, 11. Nov. 1888.
29 Elisabeth Hertz an ihre Schwiegereltern, Karlsruhe, 9. Dez. 1888. HSTA. cf. auch Tagebuch, 4. Dez. 1888.
30 ibid. – Die Urkunde der Kgl. Ges. der Wissenschaften zu Göttingen in NMH.
31 Fr. Althoff an Heinrich Hertz, Berlin, 7. Dez. 1888. NMH.
32 – an Fr. Althoff, Karlsruhe, 10. Dez. 1888.
33 H. v. Helmholtz an H. Hertz, Berlin, 15. Dez. 1888. EBT, S. 350.
34 – an die Eltern, Karlsruhe, 16. Dez. 1888. EBT, S. 270/2.
35 Fr. Althoff an H. Hertz, Berlin, 13. Dez. 1888. NMH. – H. Hertz an Fr. Althoff, Karlsruhe, 15. Dez. 1888. GSAPK.
36 – an die Eltern, Karlsruhe, 25. Dez, 1888. EBT, S. 274/6.
37 Schriftliche Vereinbarung zwischen Boltzmann und Althoff, Berlin, 3. Jan. 1888. Cf. Hörtz & Laaß 1989, S. 103.
38 Schriftliche Vereinbarung zwischen Hertz und Althoff, Bonn, 22. Dez. 1888. GSAPK. Rep. 76 Va Sekt.3, Tit. IV, Nr. 40: Die Professoren der Philosophischen Fakultät Bonn, 1884–1894.
39 – an die Eltern, Karlsruhe, 25. Dez. 1888. EBT, S. 276.
40 – an Fr. Althoff, Karlsruhe, 7. Jan 1889. GSAPK, Nachlaß Althoff.
41 – an Karl Schuberg, Direktor der Techn. Hochschule, Karlsruhe, 24. Dez. 1888. BGLAK.
42 Tagebuch, 24. Dez. und 31. Dez. 1888.

IV.8 »Strahlen elektrischer Kraft«

1 – an die Eltern, Karlsruhe, 21. Sept. 1888. HSTA.
2 Tagebuch, 2. und 3. Okt. 1888.
3 Tagebuch, 4. bis 10. Okt. 1888.
4 Tagebuch, 13. und 14. Okt. 1888.
5 Tagebuch, 17. und 22. Okt. 1888.
6 – an die Eltern, Karlsruhe, 28. Okt. 1888. EBT, S. 266.
7 Tagebuch, 30. Okt., 4. Nov. und 7. Nov. 1888.
8 Hertz 1889a, GW II, S. 147.
9 ibid., S. 148/9.
10 Hertz 1992a, Einleitende Übersicht, S. 23.
11 ibid., S. 155.
12 ibid. S. 161.
13 – an H. v. Helmholtz, Karlsruhe, 19. März 1888. EBT, S. 254.
14 Hertz 1889a, GW II, S. 165.
15 ibid., S. 168/9.
16 ibid., S. 170.
17 Tagebuch, 8., 10. und 12. Nov. 1888.
18 Hertz 1892a, Einleitende Übersicht, S. 17.
19 Tagebuch, 14., 15., 16 und 17. Nov. 1888. – Hertz gibt als Wellenlänge oft Knotenabstände an, also nur die halbe Wellenlänge. Das ist auch hier der Fall
20 Hertz 1888d, GW II, S. 185. Zeichnungen mit Erläuterungen dazu in GW II, S. 196ff. – Dieser letzte, die Apparate detailliert beschreibende Teil war nicht in dem Akademiebericht enthalten, weil dort keine Zeichnungen gedruckt wurden. Er wurde erst für den Nachdruck in den »Annalen« geschrieben.
21 Tagebuch, 19. und 20. Nov. 1888.
22 Hertz 1888d, GW II, S. 187.
23 Hertz 1888d, GW II, S. 187, und Tagebuch, 22. Nov. 1888.
24 Tagebuch, 24. Nov. 1888.
25 – an die Eltern, Karlsruhe, 25. Nov. 1888. HSTA.
26 Tagebuch, 27., 28., 29. und 30. Nov. 1888.
27 – an H. v. Helmholtz, Karlsruhe, 30. Nov. 1888. EBT, S. 266/8.
28 Hertz 1888d, GW II, S. 189.
29 – an H. v. Helmholtz, Karlsruhe, 30. Nov. 1888. DMMü. – Der Abdruck dieses Briefes in EBT ist gekürzt. Die von Elisabeth Hertz angefertigte Abschrift in DMMü enthält auch Pausen der zwei Zeichnungen, mit denen Heinrich Hertz seinen Bericht für Helmholtz anschaulich gestaltet hat.
30 Hertz 1888d, GW II, S. 189. Eine zweite Bemerkung dieser Art findet sich auf S. 195, wo der Gehilfe vor oder hinter dem Prisma steht.
31 – an Julius Ammann, Bonn, 22. Aug. und 28. Okt. 1888. UBPhI, Kopierbuch. – In einem »Kopierbuch« wurden mit Tinte geschriebene Briefe auf transparentes, saugfähiges Papier gepreßt, auf dem sie einen gut lesbaren Abdruck hinterließen.
32 Hertz 1888d, GW II, S. 191.
33 Tagebuch, 6., 7. und 8. Dez. 1888. – Hertz 1888d, GW II, S. 194/5.
34 – an H. v. Helmholtz, Karlsruhe, 11. Dez. 1888. DMMü.
35 Elisabeth Hertz an ihre Schwiegereltern, Karlsruhe, 9. Dez. 1888. EBT, S. 270.
36 Hertz 1888d, GW II, S. 196.
37 – an die Eltern, Karlsruhe, 25. Nov. 1888. HSTA. – 16. Dez. 1888. EBT, S. 272.

38 – an H. v. Helmholtz, Karlsruhe, 11. Dez, 1888. DMMü.
39 E. Du Bois-Reymond an Carl Runge, Berlin, 20. Dez. 1888. SBPK.
40 H. v. Helmholtz an H. Hertz, Berlin, 15. Dez. 1888. EBT, S. 348.
41 G. F. FitzGerald an H. Hertz, 14. Jan. und 25. Jan. 1889. O'Hara & Pricha 1987, S. 28 und S. 33.
42 – an die Eltern, Karlsruhe, 13. Jan. 1889. HSTA.
43 Volkszeitung, Berlin, 20. Jan. 1889.
44 Badische Landeszeitung, 29. Jan. 1889. Kieler Zeitung, 25. Jan. 1889.
45 Zitiert nach einer Abschrift von Elisabeth Hertz in einem Brief an ihre Schwiegereltern, Karlsruhe, 27. Jan. 1889. HSTA.
46 – an die Eltern, Karlsruhe, 3. Febr. 1889. HSTA.
47 Hertz 1892a. Einleitende Übersicht, S. 19/20.
48 – an die Eltern, München, 4. Febr. 1878. EBT, S. 80.

IV.9 »zu spät«

1 H. v. Helmholtz an H. Hertz, Berlin, 15. Dez. 1888. NMH. – In EBT, S. 348/50, wurde nur der für Hertz besonders schmeichelhafte Auszug gedruckt.
2 – an H. v. Helmholtz, Karlsruhe, 29. Dez. 1888. DMMü.
3 H. v. Helmholtz an H. Hertz, Berlin, 2. Jan. 1889. NMH.
4 Cf. Sachse 1928, S. 211/2. – Arthur König wurde schließlich Leiter einer Abteilung und Extraordinarius am Physiologischen Institut der Berliner Universität.
5 – an die Eltern, Karlsruhe, 18. Febr. 1889. HSTA.
6 Tagebuch, 25. Jan. 1889.
7 – an Leo Graetz, Karlsruhe, 28. Jan. 1889. DMMü.
8 – an H. v. Helmholtz, Karlsruhe, 29. Dez. 1888. DMMü.
9 – an den Vater, Bonn, 2. Jan. 1889. HSTA.
10 – an den Vater, Karlsruhe, 28. Dez. 1888. HSTA.
11 – an den Vater, Bonn, 2. Jan. 1889. HSTA.
12 – an seine Frau, Bonn, 2. Jan. 1889. NMH.
13 Tagebuch, 2. bis 5. Jan. 1889. An die Eltern, 6. Jan. 1889. HSTA und EBT, S. 276/78.
14 Tagebuch, 18. Juni 1889.
15 – an den Vater, Karlsruhe, 6. und 13. Jan. 1889. HSTA.
16 – an den Vater, Bonn, 1. August 1889. HSTA.
17 Elisabeth Hertz an ihre Schwiegereltern, Karlsruhe, 27. Jan. 1889. HSTA.
18 ibid.
19 O. Heaviside an H. Hertz, London, 14. Febr. 1889. O'Hara & Pricha 1887, S. 56. Das englische »electromagnetic« wird entsprechend damaliger Terminologie als »elektrodynamisch« wiedergegeben.
20 – an O. Heaviside, Karlsruhe, 21. März 1889. O'Hara & Pricha 1987, S. 62/3. – Dieser Brief ist wie alle Briefe von Hertz an Heaviside nicht im Original erhalten. Auszüge wurden in Appleyard 1930 gedruckt und bei O'Hara & Pricha wiedergegeben.
21 Heaviside an Hertz, London, 14. Febr. 1889. O'Hara & Pricha 1987, S. 58. Hertz an Heaviside, 21. März 1889. O'Hara & Pricha 1987, S. 63.
22 Hertz 1892a, Einleitende Übersicht, S. 3. – Lodge 1888; diese Arbeit enthält die Beschreibung des »recoil kick«, der bei der Entladung kleiner Leidener Flasche

in Doppelleitern beobachtet wurde und auf stehende Wellen in Drähten hinweist.
23 Für eine gute Übersicht über »Die Beobachtung elektromagnetischer Wellen vor Hertz« cf. Süsskind 1964.
24 Fahie 1899, S. 289ff.; Süsskind 1964.
25 – an É. Sarasin, Karlsruhe, 7. Febr. 1889. DMMü.
26 – an die Eltern, Karlsruhe, 24. Febr. 1889. HSTA.
27 – an die Eltern, Karlsruhe, 17. März. EBT, S. 1889.
28 Tagebuch, 5. Febr. 1889. – an die Eltern, Karlsruhe, 10. Febr. 1889. EBT, S. 280. Die Clark University hat sich übrigens nicht so erfolgreich entwickelt, wie ihre Gründer beabsichtigt hatten. In den zwanziger Jahren ist sie endgültig ins Mittelfeld der amerikanischen Universitäten zurückgefallen.
29 Diese wenig bekannten Anfänge von Ernest Rutherford auf dem Gebiet der elektromagnetischen Wellen sind beschrieben in Eve 1939, S. 8–10. Ein magnetischer Detekor zum Empfang Hertzscher Wellen, den Rutherford in England gebaut hat, wird im Cavendish Laboratory in Cambridge aufbewahrt.
30 – an die Eltern, Karlsruhe, 17. März 1889. HSTA.
31 Elisabeth Hertz an ihre Schwiegereltern, Karlsruhe, 17. Febr. 1889. HSTA.
32 Z. B. Tagebuch, 22., 23., und 24. Jan. 1889.
33 Tagebuch, 9. Febr. 1889.
34 Tagebuch, 21. Jan. 1889.
35 Tagebuch, 28. Jan. 1889.
36 – an Walther König, Karlsruhe, 14. Jan. 1889. DMMü.
37 – an Walther König, Karlsruhe, 24. Febr. 1889. DMMü.
38 R. Ritter 1889, S. 53/54.
39 ibid. S. 54.
40 – an Walther König, Karlsruhe, 24. Febr. 1889. DMMü.
41 Vhlg. des Nat. wiss. Vereins Karlsruhe 1889, S. 41ff.; Schleiermacher 1904.
42 – an die Eltern, Karlsruhe, 24. Febr. 1889. Elisabeth Hertz an ihre Schwiegereltern, Karlsruhe, 10. März 1889. EBT, S. 282 und 284. – Cf. auch Hertz 1889d
43 – an die Eltern, Karlsruhe, 24. Febr. 1889. EBT, S. 282.
44 Elisabeth Hertz an ihre Schwiegereltern, Karlsruhe, 10. März 1889. EBT, S. 284 und HSTA.
45 – an die Eltern, Karlsruhe, 17. März 1889. HSTA.
46 Elisabeth Hertz an ihre Schwiegereltern, Karlsruhe, 10. März 1889. HSTA.
47 Tagebuch, 27., 28. Febr. und 2. März.
48 Tagebuch, 8., 9., 10. und 11. März 1889.
49 – an É. Sarasin, Karlsruhe, 7. März 1889. DMMü.
50 Hertz 1889b, S. 302.
51 Tagebuch, 17. und 21. Febr. 1889
52 – an die Eltern, Karlsruhe, 17. März 1889. HSTA.
53 Tagebuch, 22. und 26. März 1889.
54 Hertz 1889c, GW II, S. 183.
55 – an die Eltern, Karlsruhe, 1. April 1889. HSTA.
56 Geheimes Cabinet S.K.H. des Großherzogs von Baden an Heinrich Hertz. 28. März 1889. NMH.
57 Der Wahlvorschlag ist abgedruckt in Kirsten und Körber 1975, S. 114/5.
58 Protokolle der Sitzung der phys. math. Klasse der Akademie vom 14. Febr. 1889 und des Plenums vom 7. März 1889. BBAW.

59 – an die Eltern, Karlsruhe, 17. März 1889. EBT, S. 284.
60 – an H. v. Helmholtz, Karlsruhe, 16. März 1889. DMMü.
61 – an Ernst Curtius, amtierender Sekretar der Kgl. Preuß. Akademie zu Berlin, Karlsruhe, 16. März 1889. BBAW.
62 – an die Eltern, Karlsruhe, 24. Febr. 1889. EBT, S. 282.
63 – an die Eltern, Karlsruhe, 10. Febr. 1889. EBT, S. 280.
64 Planck 1894, Phys. Abh. und Vorträge, Bd. 3, S. 283.

V.1 »Böse Zeiten«

1 Tagebuch, 2.,3. und 4. April 1889.
2 – an Elisabeth Hertz, Bonn, 4. April 1889.
3 Kayser, 1936, S.
4 – an die Eltern, Karlsruhe, 5. Jan. 1889. EBT, S. 272/4 und HSTA.
5 – an die Eltern, Bonn, 5. April 1889. EBT, S. 288.
6 ibid., HSTA.
7 – an die Mutter, Bonn, 10. April 1889. HSTA.
8 – an E. Cohn, Bonn, 26. Mai 1889. DMMü.
9 – an A. Elsas, Bonn, 31. Mai 1889. DMMü.
10 Kurator Univ. Bonn an Althoff, Bonn, 30. Juni 1889. Dieser Bericht wurde am 2. August 1889 an den Finanzminister weitergeleitet. GSAPK.
11 Tagebuch, 21. Juni 1890.
12 – an die Eltern, Bonn. 5. April 1889. EBT, S. 288. – Das von Heinrich Hertz angelegte und geführte Inventarbuch ist im Phys. Institut der Univ. Bonn erhalten.
13 Tagebuch, 27. Nov. 1889.
14 – an die Eltern, Karlsruhe, 25. Dez. 1888. EBT, S. 274.
15 Tagebuch, 15. und 16. April 1889.
16 Das »Copierbuch« ist im Phys. Inst. der Univ. Bonn erhalten.
17 Cf. Lexis 1893, Bd. 2. S. 164/5.
18 – an die Eltern, Bonn, 28. April 1889. HSTA.
19 Elisabeth Hertz an ihre Schwiegereltern, Bonn, 21. April 1889. HSTA. – In EBT, S. 290 ist durch einen Lesefehler die Ankunft Elisabeths irrtümlich auf den 26. April datiert.
20 H. v. Helmholtz an E. Du Bois-Reymond, Bonn, 3. Mai 1856. In Kirsten 1986, S. 160.
21 – an die Eltern, Bonn, 12. Mai 1889. HSTA.
22 – an E. Cohn, Bonn, 26. Mai 1889. DMMü.
23 – an die Eltern, Bonn, 22. Juni 1889. HSTA.
24 – an die Mutter, Bonn, 14. Juli 1889. HSTA.
25 – an die Mutter, Bonn, 10. April 1889. HSTA.
26 Tagebuch, 9. und 10. Juni 1889 sowie verschiedene Eintragungen seit April 1889.
27 Tagebuch, 12., 13., 18. und 25. Juni 1889.
28 Tagebuch, 15., 17., 21., und 24. Juni 1889.
29 – an die Eltern, Karlsruhe, 10. Febr. 1889. EBT, S. 280.
30 – an E. Cohn, Bonn, 26. Mai 1889. DMMü.
31 Tagebuch, 1. Juli 1889.

32 – an É. Sarasin, Bonn, 2. Mai 1890. DMMü.
33 Tagebuch, 12., 16. und 17. Juli 1889.
34 Tagebuch, 20. Juli 1889.
35 – an den Vater, 1. Aug. 1889. EBT, S. 292.
36 Tagebuch, 3. Aug. 1889 und Brief an die Eltern, Bonn, 11. Aug. 1889. HSTA.
37 – an die Eltern, Bonn 8. Sept. 1889. EBT, S. 292 und HSTA.
38 Tagebuch, 26. und 27. Aug., 2. Sept. 1889. – an die Eltern, Bonn, 8. Sept. 1889. EBT, S. 192. – Ein delikates Problem bei dem Vortrag war das akademische »name dropping«, also die gebührende Erwähnung von Vorgängern und Kollegen. Nach reiflicher Überlegung entschloß sich Hertz, nur Physiker zu nennen, »die der Geschichte angehören.«- Später mußte er sich bemühen, diese Zurückhaltung zu erklären. Cf. Hertz an Lodge, Bonn, 9. Okt. 1889. In: O'Hara & Pricha 1987, S. 95.
39 Tagebuch, 15. und 16. Sept. 1889. – Elisabeth Hertz an ihre Schwiegereltern, Bonn, 15. Sept. 1889. HSTA. – Heinrich Hertz an E. Cohn, Bonn, 15. Sept. 1889. DMMü.
40 – an Elisabeth Hertz, Heidelberg, 18. Sept. 1889. NMH.
41 – an die Eltern, Bonn, 26. Sept. 1889. EBT, S. 294. – Zur Vorführung des Edisonschen Phonographen cf. Tageblätter der GDNÄ 1889, S. 141–143.
42 – an Elisabeth Hertz, Heidelberg, 21. Sept. 1889. NMH. – Elisabeth Hertz an ihre Schwiegereltern, Bonn, 22. Sept. 1889. HSTA.
43 H. v. Helmholtz an seine Frau, Heidelberg, 20. Sept. 1889. In: Königsberger 1903, Bd.3, S. 25.
44 Hertz 1889e. – an die Eltern, Bonn, 12. Jan. 1890.
45 Königsberger 1919. S. 184/5.
46 – an die Eltern, Bonn, 26. Sept. 1889. EBT, S. 294.
47 Heinrich Rubens in den Tageblättern der GDNÄ 1889, S. 212.
48 ibid.
49 Otto Wiener in den Tageblättern der GDNÄ 1889, S. 209. Cf. Wiener 1890.
50 – an die Eltern, Bonn, 26. Sept. 1889. EBT, S. 296.
51 Neue Freie Presse, Wien, 23. Sept. 1889.
52 Z.B. im Feuilleton der Frankfurter Zeitung, 15. Nov. 1889.
53 – an die Eltern, Bonn, 6. Okt. 1889. HSTA.
54 Illustrirte Zeitung, Leipzig und Berlin, 30. Nov. 1889. S. 575/6.
55 ibid.
56 – Elisabeth Hertz an ihre Schwiegereltern, Bonn, 1. Dez. 1889. HSTA.

V.2 Zwei Preise

1 Tagebuch, 25., 29. und 30. Sept. 1889.
2 Elisabeth Hertz an ihre Schwiegereltern, Bonn, 13. Okt. 1889.
3 Tagebuch, 14. und 17. Okt. 1889.
4 Cf. Kayser 1936, S. 175.
5 – an A. Elsas, Karlsruhe, 15. Jan. 1888. DMMü.
6 – an Fr. Althoff, Bonn, 29. Sept. 1889. GSAPK.
7 Fr. Althoff an H. Hertz, Berlin, 1. Okt. 1889. NMH.
8 – an Fr. Althoff, Bonn, 2. Okt. 1889. NMH. – Dabei handelt es sich um einen Entwurf, was bei Hertz sonst nicht vorkam. Daß er in diesem Falle einen Ent-

wurf aufsetzte, mag darauf hindeuten, wie schwer ihm diese Auskünfte in Personalsachen gefallen sind.

9 Minister von Gossler an den Kurator der Univ. Bonn, Berlin, 19. Okt. 1889. UAB. – Daß Ketteler entgegen eigenem Wunsch versetzt werden konnte, entsprach nicht dem Dienstrecht, sondern einem speziellen Herrschaftsmittel Althoffs. Bei Professoren, die aus einer schwachen Position heraus berufen wurden und dabei auf die Gnade des Ministeriums angewiesen waren, ließ sich Althoff einen Revers unterschreiben, in dem sich der Professor mit jeder zukünftigen Versetzung einverstanden erklärte. Obwohl diese Reverse rechtswidrig waren, konnten sie doch von einem Ehrenmann nicht angefochten werden. Zu den Reversen cf. Sachse 1928, S. 185–189.

10 Elisabeth Hertz an ihre Schwiegereltern, Bonn, 17. Nov. 1889. HSTA.

11 Tagebucheintragungen im Nov. 1889. – an die Eltern, Bonn, 3. Nov. 1889. EBT, S. 298.

12 Erlaß des preuß. Kultusministeriums an die Kuratoren der Universitäten vom 2. Jan. 1892. Cf. Sachse 1928, S. 80/81

13 Elisabeth Hertz an ihre Schwiegereltern, Bonn, 1. Dez. 1889. HSTA.

14 – an A. Schulte, Bonn, 12. Jan. 1890. UAB. – H. Hertz hat diesen Brief noch irrtümlich auf 1889 datiert.

15 – an A. Elsas, Bonn, 17. Nov. 1889. DMMü.

16 – an die Eltern, Bonn, 24. Nov. 1889. EBT, S. 298.

17 Tagebuch, 24. bis 31. Dez. 1889.

18 Tagebuch, 6. Jan. 1890. Die Urkunde des Nat.wiss. Vereins zu Hamburg ist in NMH erhalten.

19 – an den Vorstand des Nat.wiss. Vereins zu Hamburg, Bonn, 6. Jan. 1890. SBPK.

20 Elisabeth Hertz an ihre Schwiegereltern, Bonn, 8. Jan. 1890. EBT, S. 300.

21 – an É. Sarasin, Bonn, 15. Jan. 1890. DMMü.

22 – an den Vater, 23. Febr. 1890. HSTA.

23 – an die Eltern, Bonn, 19. Jan. 1890. HSTA.

24 Elisabeth Hertz an ihre Schwiegereltern, Bonn, 2. März und 1. Aug. 1890. HSTA.

25 Tagebuch, 6. März 1890. Hertz 1890a.

26 Elisabeth Hertz an ihre Schwiegereltern, Bonn, 9. Febr., 1890. HSTA.

27 Tagebuch, 14. bis 18. März 1890.

28 Tagebuch, div. Eintragungen, März bis April 1890.

29 – an W. Voigt, Bonn, 1. Febr. 1890. NSUBG.

30 Tagebuch, 17. Nov. 1889. – an A. Elsas, Bonn, 17. Nov. 1889. DMMü.

31 – an W. Voigt, Bonn, 6. Febr. 1890. NSUBG.

32 Minister von Gossler an Kurator der Univ. Bonn, Berlin, 14. Juni 1890.

33 – an E. Cohn, Bonn, 15. Sept. 1890. DMMü.

34 Cf. Kayser 1936, S. 252ff.

35 Koláček 1887, 1888 und 1890.

36 – an W. Voigt, Bonn, 6. Febr. 1890. NSUBG.

37 – an die Eltern, Bonn, 27. April 1890. HSTA.

38 – an den Vater, 11. Mai 1890. HSTA.

39 Hertz 1890c.

40 – an den Vater, Bonn, 15. Juni 1890. HSTA.

41 Minister von Gossler an H. Hertz, Berlin, 13. Juni 1890. DMMü.

42 – an den Vater, Bonn, 15. Juni 1890. HSTA.

43 – an Minister von Gossler, Bonn, 17. Juni 1890. SBPK. Ein Entwurf zu diesem Brief in DMMü.
44 – an den Kurator der Univ., Bonn, 24. Juni und 14. Juli 1890.
45 – an E. Cohn, Bonn, 9. Juni 1890.
46 Elisabeth Hertz an ihre Schwiegereltern, Bonn, 19. Aug. 1890. HSTA.
47 Tagebuch, 21. Juli bis 4. Aug. 1890. – an die Eltern, Bonn, 27. Juli 1890. EBT, S. 302.
48 – an die Eltern, Bonn, 1. Aug. 1890. HSTA.
49 Tagebuch, 14. Aug. 1890.
50 – an die Eltern, Bonn, 15. Sept. 1890. EBT, S. 302.
51 Alle militärischen Urkunden in NMH.
52 – an die Eltern, Bonn, 15. Sept. 1890. EBT, S. 304.
53 Tageblatt der GDNÄ 1890.
54 – an H. Kayser, Bonn, 8. Nov. 1890. SBPK.
55 – an H. Kayser, Bonn, 17. Dez. 1890. SBPK. Tagebuch, 10. Dez. 1890. – Zwei Briefe von Kayser an Hertz zu diesem Thema in DMMü.
56 Elisabeth Hertz an ihre Schwiegereltern, Bonn, 4. Okt. 1890. HSTA.
57 – an die Eltern, Bonn, 19. Okt. 1890. EBT, S. 304.
58 Tagebuch, 6. Nov. 1890.
59 Kurator der Univ. Bonn an H. Hertz, 23. Juni 1893. UBPhI.
60 Tagebuch, 10. Okt. 1890.
61 Archibald Guithrie, Sekretär der Royal Society, an H. Hertz. London, 6. Nov 1890. NMH.
62 – an O. Lodge, Bonn, 21. Juli 1889. O'Hara & Pricha 1987, S. 94.
63 – an E. Cohn, Bonn, 13. Juni 1889. DMMü. – Es ging dabei um die symmetrische, von Potentialen freie Form der Maxwellschen Gleichungen, die Hertz 1884 in Kiel gefunden hatte. Damit hatte er zeitlich die Priorität gegenüber Heaviside, aber nach Hertz kam es »dabei auf die Jahreszahl allein nicht an, sondern auf die Ausdehnung, in welcher er die Potentiale vermieden hat, und da habe ich noch gar nichts veröffentlicht«.
64 – an die Eltern, Bonn, 5. Dez. 1890. EBT, S. 306–310. Dieser sehr lange Brief ist eine ebenso ausführliche wie lebendige Schilderung des Besuchs in London.
65 – an E. Cohn, Bonn, 15. Sept. 1889. DMMü.
66 – an die Eltern, 25. Dez. 1890. HSTA.
67 Tagebuch, 24. Dez. 1890
68 – an die Eltern, Bonn, 14. Jan. 1891. HSTA.
69 Tagebuch, 31. Dez. 1890.

V.3 »die Natur muß ihr Recht haben«

1 – Entwurf einer Verlagsankündigung zu Hertz 1892a, ohne Datum, Ende 1891, Anfang 1892. Stargard Katalog 666 zur Auktion vom 18. März 1997, Nr. 529.
2 – an É. Sarasin, Bonn, 27. Juni 1889. DMMü.
3 – an É. Sarasin, Bonn, 3. Sept. 1889. DMMü.
4 Hertz 1887c, GW II, S. 54.
5 – an É. Sarasin, Bonn, 30. Jan. 1890. DMMü.
6 Cf. Sarasin & de la Rive 1889.
7 – an É. Sarasin, Bonn, 16. Sept. 1889. DMMü.

8 Sarasin & de la Rive 1890, S. 158.
9 – an É. Sarasin, Bonn, 15. Jan. 1890. DMMü.
10 – an É. Sarasin, Bonn, 22. Jan. 1890. DMMü.
11 – an É. Sarasin, Bonn, 30. Jan. 1890. DMMü.
12 Trouton 1890, S. 296.
13 H. Poincaré: Electricité et Optique II, S. 249. – In der »Einleitenden Übersicht« zu Hertz 1892a ist Heinrich Hertz in der Anm. 1 auf Seite 18 ein kurioses Versehen unterlaufen, indem er ›Electricité et Optique‹ mit einer späteren Arbeit von Poincaré verwechselte.
14 Bjerknes, 1891a, b und c.
15 Hertz 1892a, GW II, Einleitende Übersicht, S. 18.
16 Lodge 1889, Appendix.
17 – an O. Lodge, Bonn, 21. Juli 1889. O'Hara & Pricha 1987, S. 93.
18 In der Ende 1891 geschriebenen »Einleitenden Übersicht« zu Hertz 1892a schrieb Heinrich Hertz auf S. 9: »Auf diesen Fehler hat zuerst Herr Poincaré aufmerksam gemacht.« – Das war offensichtlich eine Fehlerinnerung.
19 – an H.Rubens, Bonn, 16. Nov. 1890. DMMü.
20 Hertz 1892a, GW II, Einleitende Übersicht, S. 9.
21 – an É. Sarasin, Bonn, 16. Sept. 1889. DMMü.
22 ibid.
23 – an É. Sarasin, Bonn, 2. Mai 1890. DMMü.
24 Tagebuch, 24. April 1890.
25 – an É. Sarasin, Bonn, 2. Mai 1890. DMMü.
26 Lecher 1890, Nr. 2, S. 867.
27 – an É. Sarasin, Bonn, 22. Juni 1890. DMMü.
28 ibid.
29 – an H. Rubens, Bonn, 16. Nov. 1890. DMMü.
30 – an G. F. FitzGerald, Bonn, 20. Juli 1891. O'Hara & Pricha 1987, S. 46. – Im Tagebuch finden sich keine Eintragungen zu diesen Versuchen. Das besagt jedoch nichts, weil das Tagebuch 1891 und in den folgenden Jahren nur noch sporadisch geführt wurde.
31 – an É. Sarasin, Bonn, 12. April 1891. DMMü.
32 Helmholtz 1894, S. XXII.
33 Hertz 1892a, Einleitende Übersicht, S. 14/15.
34 – an É. Sarasin, Bonn, 19. Mai 1893. DMMü. Die Genfer Resultate wurden veröffentlicht als Sarasin & de la Rive 1893a und b.
35 Zusatz zur 1893 erschienen englischen Ausgabe von Hertz 1892a, in der zweiten Auflage im deutschen Original auf S. 15 als Ergänzung abgedruckt.
36 – an É. Sarasin, Bonn, 19. Mai 1893. DMMü.

V.4 Die Wahrheit der nackten Theorie

1 – an E. Cohn, Bonn, 19. April 1889. DMMü.
2 – an O. Heaviside, Bonn, 10. Aug. 1889. O'Hara & Pricha 1987, S. 68.
3 – an W. Voigt, Bonn, 1. Febr. 1890. NSUBG.
4 ibid.
5 – an E. Cohn, Bonn, 9. Juni 1890. DMMü.
6 Cf. Darrigol 1993, S. 251ff.

7 Hertz 1890a, GW II, S. 208.
8 Hertz 1892a, GW II, Einleitende Übersicht, S. 22.
9 ibid.
10 Hertz 1890a, GW II, S. 209.
11 ibid., S. 210
12 Hertz 1892a, S. 30, Anm. 2 und Cohn 1890.
13 ibid., S. 214.
14 ibid., S. 223.
15 ibid., S. 226.
16 – an G. Wiedemann, Bonn, 1. Juni 1890. DMMü.
17 Boltzmann 1905, S. 221.
18 M. Planck an H. Hertz, Berlin, 6. Juli 1890. DMMü.
19 H. Ebert an H. Hertz, Erlangen, 2. Juni 1890. DMMü.
20 Sommerfeld 1947, S. 2.
21 E. Mach an H. Hertz, Prag, 25. Sept. 1890. DMMü; veröffentlicht in Thiele 1968.
22 Hertz 1892a, S. 23.
23 CdM, S. 35.
24 Hertz 1892a, Einleitende Übersicht, S. 31.
25 Boltzmann 1905b.
26 Tagebuch, 30. März 1890.
27 – an G. Wiedemann, Bonn, 1. Juni, 1. Juli, 30. Sept. 1890. DMMü.
28 Hertz 1889e, GW I, S. 354.
29 – an O. Wiener, Bonn, 22. Juni 1890. DMMü.
30 – an O. Wiener, Bonn, 25. Dez. 1890. DMMü.
31 Hertz 1890b, GW II, S. 257/8.
32 Hertz 1890b, GW II, S. 262. Das Helmholtzsche Gleichungssystem findet sich in Helmholtz 1874a, Wiss. Abh. I, S. 745.
33 Hertz 1890b, GW II, S. 285.
34 – an E. Cohn, Bonn, 9. Juni 1890. DMMü.
35 A. Einstein an Mileva Marić, 10. Aug. 1899. Einstein 1987, S. 226.
36 Tagebuch, 2. Febr. 1889.
37 H. von Helmholtz an seinen Sohn Robert. Pontresina, 18. Aug. 1888. Königsberger 1903, Bd. 3, S. 3.
38 Hertz 1889e, GW I, S. 353.
39 Königsberger 1903, Bd. 3, S. 26.
40 – an R. Lehmann-Filhés, Bonn, 10. Nov. 1889. DMMü.
41 – R. Lehmann-Filhés an H. Hertz, Berlin, 12. Nov. 1889. DMMü. – Die interessierende Stelle findet sich in Laplace: Mécanique céleste, Bd. 4, X. Buch, Kap. 8. Tatsächlich gibt Laplace als untere Grenze für die Ausbreitungsgeschwindigkeit der Gravitation das 10^9-fache der Lichtgeschwindigkeit an. Cf. DSB, Bd. 15, S. 287–289 und S. 356.
42 – an R. Lehmann-Filhés, Bonn, 17. Nov. 1889. DMMü.
43 G. Darwin an H. Hertz, Cambridge, 9. Mai 1891. NMH. – George Darwin war ein Sohn von Charles Darwin.
44 Tagebuch, 3. Mai 1890.
45 Tagebuch, 7. Mai 1890.
46 – an F. Klein, Bonn, 23. März 1891. NSUBG.
47 Tagebuch, 24. Nov. 1890. Die physikalische Abhandlung betraf die Hydrodynamik: Minkowski 1888.

48 H. Minkowski an D. Hilbert, Bonn, 22. Dez. 1890. In: Minkowski 1973, S. 39/40.

49 Erst später hat sich Minkowski wieder physikalischen Problemen zugewandt. Seine bedeútendste Leistung in diesem Gebiet wurde die vierdimensionale Formulierung der Relativitätstheorie im Jahre 1908. Hilbert äußerte in seiner Gedenkrede auf Minkowski, »daß er, wenn Hertz am Leben geblieben wäre, sich schon damals mehr der Physik zugewandt hätte.« (In: Minkowski 1911, S. XXI / XXII.) Es gibt jedoch nicht den winzigsten Anhaltspunkt dafür, daß Minkowski und Hertz im Anschluß an das Praktikum in den vier Jahren, die sie noch gemeinsam in Bonn verbrachten, jemals über Physik oder Mathematik gesprochen hätten.

V.5 Das letzte Experiment

1 Hertz 1891a.

2 – an G. Wiedemann, 11. Jan. 1891. DMMü.

3 Tagebuch, 31. Dez. 1891.

4 Tagebuch, 5. Jan. 1891.

5 Tagebuch, 23. Jan. 1891.

6 Tagebuch, 25. und 26. Jan.; 2. und 3. Febr. 1891.

7 Tagebuch, 30. Jan. und 5. Febr. 1891. – Diese Geräte sind im Physikalischen Institut der Universität Bonn erhalten und werden noch heute für Demonstrationsversuche verwendet.

8 Ph. Lenard an M. Wolf, Bonn, 27. Jan. 1894. Wolf 1957, S. 567. – Lenard geht auf seine Zeit in Bonn auch in seinen 1931 begonnen »Lebenserinnerungen« ausführlich ein. Allerdings sind diese »Erinnerungen« durch den nach dem I. Weltkrieg manifest gewordenen paranoiden Antisemitismus Lenards erheblich getrübt und verzerrt. Nicht nur die Trennung der Arbeiten des »Halbjuden« Hertz in einen »gesunden, arischen« experimentellen und einen »krankhaft jüdischen« theoretischen Teil ist absurd, auch die Schilderung mancher Charakterzüge von Hertz ist durch Lenards »rassekundlichen« Wahn entstellt. Seine »Erinnerungen« können daher auch dann, wenn sie durch seinen späteren Antisemitismus nicht völlig entwertet sind, nur mit Vorsicht betrachtet werden. Einen authentischen Eindruck der Erlebnisse Lenards in Bonn vermittelt dagegen der lange Brief an Max Wolf vom 27. Jan. 1894.

9 Wolf 1957, S. 567/8.

10 – an É. Sarasin, 30. Dez. 1891. DMMü.

11 Bjerknes 1923, S. VIII / IX.

12 V. Bjerknes an C. A. Bjerknes, Bonn, Okt. 1890. In: Bjerknes 1923, S. XIV.

13 V. Bjerknes an C. A. Bjerknes, Bonn, Nov. 1890. In: Bjerknes 1923, S. X.

14 Wolf 1957, S. 568.

15 Kessler 1935, S. 197.

16 Hertz 1892b, GW I, S. 356.

17 Hertz 1892b. – Dieser Artikel endet mir der Datierung »Bonn, Nov. 1891«.

18 Lenard 1931, S. 24.

19 – an H. v. Helmholtz, Bonn, 15. Dez. 1892. EBT, S. 332.

20 Hertz 1892a, S. 20.

21 Der erste Hinweis auf drahtlose Nachrichtenübertragung findet sich 1890 in der Ansprache von Richard Threlfall vor der »Australasian Association for the Ad-

vancement of Science« in Sydney. Threlfall hatte Hertz in Karlsruhe besucht. – William Crookes publizierte 1892 einen Artikel, der die wesentlichen Elemente der drahtlosen Telegraphie zugleich realistisch und visonär diskutierte. Der Artikel erschien in der »Fortnightly Review«, Febr. 1892, S. 173–181. Diese Zeitschrift gehörte verständlicherweise nicht zur Lektüre von Heinrich Hertz. Cf. Fahie 1899, S. 197 ff.

22 H. Huber an H. Hertz, 3. Dez. 1889. DMMü.

23 – an H. Huber, Bonn, 3. Dez. 1889. DMMü.

24 Braun 1901, S. 15.

25 Cf. Süsskind 1965, wo der Hintergrund der Mär, Hertz habe die technische Nutzung elektromagnetischer Wellen verkannt, erschöpfend zurechtgerückt wurde. Zweckmäßige Legenden sind jedoch zählebig, und so wurde noch 1979 von einem Physikhistoriker kolportiert, daß Hertz »eine praktische Verwertbarkeit der von ihm entdeckten elektromagnetichen Wellen praktisch ausschloß.« (Karl v. Meyenn: Einleitende Bemerkung zur Neuausgabe, S. XII. von: Helle Zeit-Dunkle Zeit. Hg. Carl Seelig. Braunschweig 1979.) – In einer 1988 erschienenen Festschrift zum 100jährigen Jubiläum der Entdeckung der elektromagnetichen Wellen hieß es apodiktisch über Hertz: »Der heute oft so wichtige Bezug zur Anwendung interessierte ihn überhaupt nicht, die große technische Bedeutung seiner Ergebnisse blieb ihm völlig verborgen.« (Festschrift des Heinrich-Hertz-Instituts Berlin, S. 62. 1988.)

26 – an die Eltern, Bonn, 14. März 1892 und Elisabeth Hertz an ihre Schwiegereltern, Bonn, 20. März 1892. HSTA. – Den Vortrag im elektrotechnischen Verein in Köln hielt Heinrich Hertz »ohne viel Vorbereitung ganz frei«. Weder den Titel noch eine Mitschrift oder ein Referat habe ich auffinden können.

V.6 »Schwierige Dinge«

1 Tagebuch, 19. März 1891.

2 – an F. Klein, Bonn, 25. März 1891. NSUBG.

3 – an die Eltern, München, 13. Jan. 1878. EBT, S. 76.

4 Kirchhoff 1876, Vorrede, S. V.

5 ibid. S. VI.

6 CdM, S. 28.

7 – an E. Cohn, 27. Nov. 1891. DMMü.

8 – an F. Klein, Bonn, 25. März 1891. NSUBG. Tagebuch, 19. und 28. März 1891.

9 – an die Eltern, Bonn, 10. April 1891. EBT, S. 314.

10 Tagebuch, 20. und 29. Juni 1891.

11 – an die Eltern, Bonn, 12. Juli 1891. HSTA.

12 Elisabeth Hertz an ihre Schwiegereltern, Bonn, 20. Juli 1891. HSTA.

13 – an die Eltern, Bonn, 27. Juli 1891. HSTA.

14 Elisabeth Hertz an ihre Schwiegereltern, Bonn, 28. Juni 1891. HSTA.

15 – an die Eltern, Bonn, 4. März 1891. HSTA.

16 Hertz 1891b, GW I, S. 360–368.

17 – an R. Neesen, Hamburg, 26. Aug. 1891. DMMü.

18 Tagebuch, 8. bis 11. Aug. 1891.

19 Tagebuch, 14. bis 24. Aug. 1891.

20 Tagebuch, 5. bis 9. Sept. 1891.

21 Elisabeth Hertz an ihre Schwiegereltern, Karlsruhe, 22. Sept. 1891. HSTA.
22 – an die Eltern, Bonn, 30. Sept. 1891. HSTA. Tagebuch, 22.bis 25. Sept. 1891.
23 – an E. Cohn, Bonn, 27. Nov. 1891. DMMü. – Ein von Heinrich Hertz auf acht großformatigen Seiten ausgearbeiteter Vorschlag zur Statutenänderung der GDNÄ für die Versammlung in Halle befindet sich in NMH.
24 Tagebuch, 30. Sept. und 5. Okt. 1891.
25 – an die Eltern, Bonn, 25. Okt. 1891. HSTA.
26 Tagebuch, 12. und 17. Okt. 1891.
27 – an E. Cohn, Bonn, 27. Nov. 1891. DMMü.
28 – an die Eltern, Bonn, 7. Nov. 1891. HSTA.
29 ibid.
30 – an die Eltern, Bonn, 7. Nov. 1891, HSTA, und 17. Jan. 1892, EBT, S. 320.
31 – an die Eltern, Bonn, 14. Dez. 1891. EBT, S. 316.
32 – an H. v. Helmholtz, Bonn, 24. Febr. 1892. EBT, S. 320. H. v. Helmholtz an H. Hertz, Charlottenburg, 26. Febr. 1892. EBT, S. 350.
33 – an die Eltern, Bonn, 23. Dez. 1891. EBT, S. 318.
34 – an die Eltern, Bonn, 30. Dez. 1891. EBT, S. 318.
35 – an É. Sarasin, Bonn, 30. Dez. 1891. DMMü.
36 – an die Eltern, Bonn, 30. Dez. 1891. EBT, S. 320.
37 – an die Eltern, Bonn, 30. Dez. 1891 HSTA.
38 – an die Eltern, Bonn, 8. Febr. 1893. HSTA.
39 Tagebuch, 4. und 22. Febr. 1891.
40 – an die Eltern, Bonn, 17. Jan. 1891. HSTA.
41 – an die Eltern, 24. April 1891. HSTA.
42 Zu den Steuerangelegenheiten viele Briefe in HSTA. Das Urteil der zweiten Kammer des Ersten Senats des OG Köln vom 9. Okt. 1894 in NMH.
43 – an die Eltern, Bonn, 17. Jan. 1892. HSTA.
44 – an die Eltern, Bonn, 14. Dez. 1891. EBT, S. 318.
45 – an die Eltern, Bonn, 20. Juni 1892. HSTA.
46 – an die Eltern, Bonn, 27. März 1892. HSTA.
47 – an die Eltern, Baden-Baden, 10. April 1892. HSTA.
48 – an die Eltern, Baden-Baden, 10. April 1892. EBT, S. 322.
49 Tagebuch, 12. und 16. April 1892. – an die Eltern, Bonn, 24. April 1892. HSTA.
50 Elisabeth Hertz an ihre Schwiegereltern, Bonn, 9. Mai 1892. HSTA.
51 Tagebuch, 12. Juni 1892.
52 – an die Eltern, Bonn, 20. Juni 1892. HSTA.
53 Z.B. Yule 1893.
54 Elisabeth Hertz an ihre Schwiegereltern, Bonn, 4. Juli 1892. HSTA.
55 – an H. Usener, Bonn, 28. Juli 1892. UAB.

V.7 Ein »wüster Traum«

1 Tagebuch, 27. Juli und 3. Aug. 1892.
2 – an die Eltern, Bonn, 15. Aug. 1892. EBT, S. 326.
3 – an seine Frau, Münster am Stein, 2. Sept. 1892. NMH.
4 – an seine Frau, Bonn, 11. Sept. 1892. NMH.
5 – an die Eltern, Bonn, 9. Okt. 1892. HSTA. – Wahrscheinlich handelte es sich bei den Geschwulsten um gutartige sog. Osteome.

6 Tagebuch, 7. bis 19. Okt. 1892. Dazu auch viele Briefe an die Eltern in HSTA
7 – an den Dekan Prof. Bender und den Kurator Dr. Gandtner, Bonn, 15. Okt. 1892. UAB. – Kurator an H. Hertz, Bonn, 18. Okt. 1892. UBPhI.
8 Elisabeth Hertz an ihre Schwiegereltern, Bonn, 16. und 19. Okt. 1892. HSTA.
9 Tagebuch, 28. bis 30. Okt. 1892. – Elisabeth Hertz an ihre Schwiegereltern, Bonn, 9. Okt. 1892. HSTA.
10 – an die Eltern, Bonn, 5. Nov. 1892. In der Handschrift von Elisabeth Hertz. HSTA.
11 – an den Kurator, Bonn, 15. Nov.
12 Precht 1893; Geitler 1893. Dazu auch der Brief von H. Hertz an J. Precht vom 16. Dez. 1892. DMMü.
13 – an den Vater, Bonn, 18. Dez. 1892. HSTA.
14 Zur Cholera-Epidemie in Hamburg das materialreiche Buch von Richard J. Evans: Tod in Hamburg. Reinbek 1990.
15 – an die Eltern, Münster am Stein, 7. Sept. 1892. HSTA.
16 – an die Eltern, Bonn, 28. Sept. 1892. HSTA.
17 Evans 1990. S. 398.
18 – an die Eltern, Bonn, 28. Sept. 1892. HSTA.
19 ibid.
20 Cf. Evans 1990, S. 619.
21 – an die Eltern, Bonn, 3. Okt. 1892. HSTA.
22 ibid.
23 – an die Eltern, Bonn, 25. Nov. 1892. HSTA.
24 – an die Eltern, Bonn, 28. Sept. 1892. HSTA.
25 – an die Eltern, Bonn, 25. Nov. 1892. HSTA.
26 Lenard 1931, S. 22.
27 Kayser 1936, S. 181.
28 Kayser 1936, S. 182. Den Namen des Arztes nannte Kayser nicht. Es dürfte sich um Dittmar Finkler oder um Heinrich Walb gehandelt haben.
29 ibid. – Den Namen des Ministerialrats wollte Kayser »aus Schonung nicht nennen«.
30 Kayser 1936, S. 182. Cf. Heinrich Konen: Das Physikalische Institut. In: Universität Bonn 1933, S. 352.
31 – an den Kurator, Bonn, 15. Nov. 1892. UAB.
32 – an die Eltern, Bonn, 5. Dez. 1892. HSTA.
33 Doll 1894, S. 5.
34 – an die Eltern, Bonn, 23. Dez. 1892. HSTA.
35 – an die Eltern, Bonn, 30. Dez. 1892. NMH.
36 – an die Eltern, Bonn, 3. Jan. 1893. HSTA.
37 – an die Eltern, Bonn, 30. Jan. 1892. HSTA.
38 Entlassungsurkunde in NMH.
39 – an die Eltern, Bonn, 23. Jan. und 9. Febr. 1893. HSTA und EBT, S. 334.
40 Elisabeth Hertz an ihre Schwiegereltern, Bonn, 26. Febr. 1893.
41 – an die Eltern, 24. Febr. 1893, EBT, S. 334 und 3. März 1893. HSTA.
42 – an die Eltern, Bonn, 15. März 1893. EBT, S. 334.
43 – an den Kurator, Bonn, 18. März 1893. UAB.
44 – an die Eltern, Sa. Margeritha, 29. März 1893, HSTA, und 17. April 1892, EBT, S. 336.
45 – an die Eltern, Bonn, 28. April 1893. HSTA.

46 Tagebuch, 1. Mai 1893.
47 Elisabeth Hertz an ihre Schwiegereltern, Bonn, 3. Mai 1893. HSTA.
48 – an die Eltern, Bonn, 7. Mai 1893. EBT, S. 336.
49 Elisabeth Hertz an ihre Schwiegereltern, Bonn, 14. Mai 1893 und 7. Juni 1893. HSTA. Tagebuch, 20. Mai 1893. – an die Eltern, Bonn, 28. April 1893. EBT, S. 336.
50 Elisabeth Hertz an ihre Schwiegereltern, Bonn, 28. Juni 1893. HSTA.
51 – an die Eltern, Bonn, 6. Aug. 1893. EBT, S. 338.
52 – an die Eltern, Bad Kirchberg, 2. Sept. 1892. EBT, S. 338. – Elisabeth Hertz an ihre Schwiegereltern, Bad Kirchberg, 29. Aug. 1892. HSTA.
53 – an die Eltern, Bonn, 14. und 22. Sept. 1892. EBT, S. 338.
54 Elisabeth Hertz an ihre Schwiegereltern, 23. und 24. Sept. 1893. HSTA. – an die Eltern, Bonn, 26. Sept. 1893, HSTA, und 10. Okt. 1893, EBT. S. 340.
55 Elisabeth Hertz an ihre Schwiegereltern, Bonn, 29. Okt. 1893. HSTA.
56 – an die Eltern, Bonn, 29. Okt. 1893. HSTA.
57 – an die Eltern, Bonn, 15. Mai 1892. EBT, S. 322.
58 – an die Eltern, Bonn, 10. Okt. 1893. EBT, S. 340/2.
59 – an F. Meiner, Bonn, 12. Nov. 1893. DMMü.
60 ibid.
61 – an F. Meiner, Bonn, 15. Nov. 1893. DMMü.
62 – an die Eltern, Bonn, 19. Nov. 1893. HSTA.
63 Elisabeth Hertz an ihre Schwiegereltern, Bonn, 24. Nov. 1893. HSTA.
64 – an F. Meiner, Bonn, 23. Nov. 1892. DMMü.
65 – an die Eltern, Bonn, 19. Nov. 1893. EBT, S. 342.

V.8 Mechanik in Bildern

1 – an F. Meiner, Bonn, 12. Nov. 1893. DMMü.
2 – an É. Sarasin, Bonn, 19. Mai 1893. DMMü.
3 Bjerknes 1923, S. IX.
4 Hertz 1894, S. XXIX.
5 – an F. Meiner, Bonn, 12. Nov. 1893. DMMü.
6 Hertz 1894, S. XXXII.
7 – an F. Meiner, Bonn, 12. Nov. 1893. DMMü.
8 Hertz 1894, S. 1.
9 Hertz 1894, S. 2.
10 Hertz 1894, S. 3/4.
11 Hertz 1894, S. 14.
12 Hertz 1894, S. 10.
13 Hertz 1894, S. 29.
14 Hertz 1894, S. 29.
15 Hertz 1894, S. 30.
16 Hertz 1894, S. 30/31.
17 Z. B. Helmholtz 1884.
18 Hertz 1894, S. 31.
19 Es handelt sich dabei vor allem um die Einführung der »holonomen Nebenbedingungen«, die durch Funktionen dargestellt werden, die nur die Koordinaten von Punkten des betreffenden Systems enthalten. Enthalten diese Funktionen

auch zeitliche Ableitung der Koordinaten, nennt sie Hertz »nichtholonom«. Cf. Hertz 1894, S. 91.

20 Hertz 1894, S. 158.

21 Als lateinische Fassung des Grundgesetzes wurde gedruckt: »Systema omne perseverare in statu suo quiescendi vel movendi uniformiter in directissimam.« Es sollte wohl besser »perseverat« heißen.

22 The Electrician, London, 10. Aug. 1894. S. 415–417. Mit P. L. gezeichneter Artikel.

23 ibid., S. 417.

24 FitzGerald 1895, S. 285.

25 H. v. Helmholtz an Ph. Lenard. Charlottenburg, 21. Mai 1894. In: Königsberger 1903, S. 104.

26 Boltzmann 1905, S. 213.

27 Boltzmann 1905, S. 313.

28 Boltzmann 1905, S. 214.

29 Flückiger 1974, S. 154.

30 Cf. Unsöld 1970.

31 – an F. Meiner, Bonn, 23. Nov. 1893. DMMü.

32 Mach 1897, S. 256ff.

33 Z. B. Kleinpeter 1899 und 1905.

34 Lenin 1909, S. 339.

35 Spengler 1919, zit. nach der 48. Aufl. 1923, S. 537.

36 In einem Eintrag in sein Tagebuch schrieb Wittgenstein: »Ich glaube, ich habe nie eine Gedankenbewegung erfunden, sondern sie wurde mir immer von jemand anderem gegeben. Ich habe sie nur sogleich leidenschaftlich zu meinem Klärungswerk aufgegriffen. So haben mich Boltzmann, Hertz, Schopenhauer, Frege, Russell, Kraus, Loos, Weininger, Spengler, Sraffa beeinflußt.« – Vermischte Bemerkungen, in: Werkausgabe, Bd. 8, S. 476.

37 Wittgenstein: Tractatus. Nr. 2, 2.12 und 2.141. In: Werkausgabe, Bd. 1.

38 Tractatus, Nr. 4.04. Die Passage, auf die sich Wittgenstein bezieht, sind die Paragraphen 418 bis 428 der »Mechanik« von Hertz.

39 Wittgenstein: Phil. Untersuchungen, 119 und 255. In: Werkausgabe, Bd. 1.

40 Hertz 1894, S. 9.

V.9 Zerstörte Hoffnungen

1 – an die Eltern, Bonn, 3. Dez. 1893. EBT, S. 342.

2 – an die Eltern, Bonn, 3. Dez. 1893. HSTA.

3 – an die Eltern, Bonn, 3. Dez. 1893, EBT, S. 342. – an F. Meiner, Bonn, 4. Dez. 1893. DMMü.

4 Armin Hermann beschloß einen Artikel zum 100. Todestag von Heinrich Hertz in den ›Physikalischen Blättern‹ mit folgendem Text: »In einem seiner letzten Briefe hatte Heinrich Hertz geschrieben: ›Ich fühle eine stolze Freude darüber, daß meine Gedankenarbeit fortleben soll und fortwirken soll in künftigen Generationen über mein individuelles Leben hinaus.‹« (Hermann 1994.) – Eine Quelle wurde nicht angegeben. Das wäre auch nicht möglich gewesen, denn dieser Brief existiert nicht. Der von Hermann »zitierte« Text ist mit Sicherheit nicht von Heinrich Hertz geschrieben worden.

5 Hertz 1891b, GW I, S. 363.
6 Ph. Lenard an M. Wolf, Bonn, 27. Jan 1894. Wolf 1957.
7 Elisabeth Hertz an ihre Schwiegereltern, Bonn, 10. Dez. 1893. HSTA.
8 – an die Eltern, Bonn, 3. Jan. 1893. EBT, S. 332.
9 – an die Mutter, Berlin, 6. Nov. 1882. HSTA.
10 Vermächtnis von Heinrich Hertz, Bonn, 9. Dez. 1893. Abschrift in der Hand von Elisabeth Hertz in HSTA.
11 – an den Dekan der Philosophischen Fakultät, Bonn, 15. Dez. 1893, in der Handschrift von Philipp Lenard. UAB.
12 Elisabeth Hertz an ihre Eltern, Bonn, 16. Dez, 1893. HSTA.
13 Bonfort 1894, S. 401.
14 Ph. Lenard an M. Wolf, Bonn, 27. Jan. 1894. Wolf 1957.
15 Telegramm und Brief vom 1. Jan. 1894 von Gustav Ferdinand Hertz an seine Kinder in NMH.
16 Mathilde Hertz an Max von Laue, Cambridge, 3. Febr. 1956. MPG.
17 Helmholtz 1894, S. XIV.

Personenregister